U0185060

最优传输理论与计算

OPTIMAL TRANSPORTATION THEORY AND COMPUTATION

雷　　娜
顾　险　峰

高等教育出版社·北京

前　　言

缘起

1995 年秋季, 第二作者刚刚来到哈佛大学开始攻读计算机科学领域的博士学位, 并在数学系学习丘成桐先生的微分拓扑课程, 同时在麻省理工学院人工智能实验室学习 Berthold Horn 教授的机器人视觉课程. Horn 教授提倡从物理的角度来理解视觉机理, 用偏微分方程来解决工程问题. Horn 教授讲解了他的经典工作 "Shape from Shading", 将从二维图片重建三维几何的问题归结为求解双曲型偏微分方程. Horn 教授也讲解了 "Extended Gauss Image" 的想法, 目的是用 Gauss 曲率来重建凸曲面, 这等价于微分几何中的 Minkowski 问题, 归结为求解 Monge-Ampère 方程. 但是, 那时计算机视觉领域并没有严格高效的计算方法. 当时, 由于无法理解艰深的非线性偏微分方程理论, 为了求解 Minkowski 问题, 第二作者冒昧地向丘先生求教. 丘先生非常平易近人, 看到有人对 Minkowski 问题有兴趣, 他非常兴奋, 并且亲自复印了他与郑绍远教授的经典论文 "On the Regularity of the Solution of the n-Dimensional Minkowski Problem". 在文章中, 丘先生与郑教授证明了任意维 Minkowski 问题解的存在性、唯一性和正则性. 在丘先生的指导下, 第二作者系统地学习了 Alexandrov 和 Pogorelov 的经典文章和著作. 在随后的多次讨论中, 丘先生传授了求解 Monge-Ampère 方程的算法. Monge-Ampère 方程具有强烈的非线性, 而那个时代, 通用计算机的算力非常有限, 每次实验运行时间都会长达数天, 因此算法设计与实验颇具挑战性.

时代要求

二十多年后, 人工智能再度兴起, 大数据、深度学习技术在工程领域取得了巨大成功, 但是这些算法背后的理论解释依然处于初始状态. 为新一代人工智能技术奠定理论基础, 成为时代发展的迫切要求. 在丘先生的带领下, 作者团队用现代拓扑几何理论为深度学习提出了一个理论框架. 在计算机视觉领域, 每个概念对应一类自然的图像数据; 每个图像被视为高维图像空间中的一个点; 同类图像构成图像空间中的一个稠密点云, 而此点云分布在某个低维数据流形附近. 由此, 此类数据被表示为数据流形上的概率分布. 从而, 我们得到深度学习的两个核心任务: 学习数据流形的结构, 学习流形上的概率分布. 深度学习算法本质上是在数据流形上以所有概率测度构成的空间中进行优化. 而最优传输映射为第二个核心任务 (即学习概率分布) 提供了坚实的理论基础和强大的计算工具.

正是因为深度学习和大数据的兴起, 最优传输理论进入了计算机科学的中心舞台. 交叉学科开始涌现, 近似计算方法层出不穷. 在各类方法中, 最为直观、最为精确的算法却是来自最优传输的 Brenier 理论, 而这一理论恰恰与 Minkowski、Alexandrov 和 Pogorelov 的凸微分几何理论等价, 最后归结为求解 Monge-Ampère 方程. 这令作者百感交集, 感慨万千, 对于丘先生的高瞻远瞩更是无比钦佩. 每个年轻学者的终极梦想都是希望在刚入门时导师能够给出一套深刻直观的方法, 同时指明一个有长远发展前景的方向. 为此, 作者深感幸运, 对丘先生更是无比感激!

简明历史

2010 年前后, 丘先生与作者团队开始了最优传输几何化方向的研究, 很快给出了 Alexandrov 定理的构造性证明, 发展了几何变分算法, 并且很快应用于可解释深度学习的研究. 同时, 我们在海内外的一些大学 (包括纽约州立大学石溪分校、清华大学丘成桐数学科学中心、大连理工大学、首都师范大学) 开设最优传输理论的课程, 并在数十个国际会议、大学讨论班中做了相关演讲. 2020 年, 由于全球疫情的影响, 作者在线上讲授了 ‘最优传输理论和算法” 的课程. 在高峰期, 一节课有三万多人同时听讲, 同学们的巨大热情令作者非常感动. 同学们来自社会的各行各业, 既有高等院校计算机科学、数学、电子自动化等理工专业的本科生与研究生, 又有自动驾驶、虚拟现实、动漫动画、医学影像、电子金融、人工智能等领域高科技公司的技术科研人员. 这些都显示了最优传输理论、可解释人工智能技术的广阔应用前景.

内容简介

我们课程的重点在于了解理论体系, 建立几何直觉, 开发实用算法, 应用于工程实践. 线上大篇幅讲解最优传输理论具有很大的挑战性, 该理论的体系宏大, 内容艰深, 对数理基础要求较高, 初学者难以掌握. 针对绝大多数同学都是来自信息技术产业, 具有工程科学背景, 作者为课程安排了多次编程作业, 将复杂算法分解成多个步骤, 循序渐进, 由浅入深, 这有助于同学们将抽象的理论和具体的算法实现联系起来, 通过动手实践来加深并检验对于抽象理论的理解. 在课程结束后, 课程的关键算法在网上开源, 以帮助同学们进一步理解, 并且在实践中找到具体应用.

课程特色在于从多种观点讲解最优传输理论, 并且核心理论与计算方法并重. 最优传输理论大致有三种主要观点, 同时有相应的计算方法: 对偶观点、几何观点和流体观点. 这些观点相辅相成, 浑然一体. 我们首先介绍了 Monge-Kantorovich 理论, Monge 最早提出了最优传输映射问题, Kantorovich 将其推广为最优传输方案, 并且发展出线性规划方法, 提出了等价的对偶问题. Kantorovich 对偶问题成为后来理论发展的起点. 在深度学习领域中, 常用的 Sinkhorn 算法本质上是线性规划加上熵正则项. 如果传输代价为欧氏距离的平方, Brenier 证明了最优传输映射是 Brenier 势能函数的梯度映射, 而 Brenier 势能函数满足经典的 Monge-Ampère 方程, Monge-Ampère 方程又天然联系着 Minkowski 问题和 Alexandrov 问题. 于是, 我们进入了最优传输理论的几何观点, 即 Minkowski、Alexandrov 和 Pogorelov 的经典凸几何理论, 丘先生在高维的推广以及汪徐家教授在球面几何上的推广. 从计算角度而言, 我们应用顾险峰–罗锋–孙剑–丘成桐定理, 与经典计算几何的 power 图理论相联系, 详细介绍了几何变分算法, 并且从欧氏空间推广到球面几何, 从低维推广到高维. 第三个阶段, 我们介绍了流体力学观点下的最优传输理论, 着重介绍 Benamou-Brenier 理论, 将最优传输映射和极小化动能流场相联系, 用流体力学方程来描述最优传输问题. 这一观点自然将 Riemann 几何引入最优传输理论, 为流形上以概率测度构成的无穷维抽象空间引入了测地线、Riemann 度量和协变微分. 从计算角度而言, 我们着重介绍了 Benamou-Brenier 算法和 Tennanbaum 算法. 更进一步, 我们简要介绍了 Monge-Ampère 方程理论, 用经典方法证明了解的存在性、唯一性和正则性, 然后介绍了 Monge-Ampère 方程的数值方法和最优传输映射的计算方法. 最后, 我们介绍了最优传输映射在人工智能领域的应用, 用最优传输理论的 Riemann 几何观点, 重新诠释了深度学习中的最大熵原则, 用 Monge-Ampère 方程的正则性理论来解释最优传输中的模式坍塌问题, 等等.

鸣谢

Monge 于 1781 年提出最优传输问题, 历经二百余年的发展, 目前这一理论已经广袤深邃, 博大精深. 为了教学, 我们收集了大量的资料, 主要的经典教材包括 Cédric Villani、Alessio Figalli、A. D. Alexandrov、Fillippo Santambrogio 的著作, 主要的论文包括丘成桐、汪徐家、Brenier 及很多数学家和计算机科学家的工作. 我们也将自己团队近期的理论工作、计算方法, 以及在人工智能、计算机视觉、图形学等领域的工作融汇其中. 在本书编写过程中, 我们得到了很多师长、朋友和学生们的帮助, 作者表示衷心的感谢! 特别是丘成桐、汪徐家、方复全、徐宗本、高小山、罗钟铉等教授, 为这门课程提供了大力支持; 罗锋、孙剑、王雅琳、苏科华、崔丽、刘佳堃、陈世炳等教授, 与我们团队共同建立了最优传输的几何优化理论, 提出了严密精确的算法; Arie Kaufman、段晔、曾薇、章敏、马明、郑晓朋等教授, Joe Marino、Saad Nadeem、苏正宇、陈伟、温成峰、齐鑫、李新元、安东生、郭洋、涂颜帅、王发强等博士, 将算法加以实现, 并且广泛应用于人工智能、计算机视觉、图形学与医学影像各领域, 作者对所有这些合作者以及帮助过我们的学者朋友, 表示由衷的谢意!

期望

一门课程无法涵盖这门理论的方方面面，也无法达到理想的深度；同时因为最优传输计算方法的飞速发展，我们无法详细追踪新建立的算法.在本书编写过程中，不可避免地存在错误和遗漏，希望广大读者指出，以帮助作者进一步改进！

展望未来，作者认为经典的最优传输映射正则性理论忽略了映射的奇异集合，而这正是深度学习中模式坍塌的关键所在，由此最优传输映射奇异集理论需要长足发展. 同时，经典最优传输映射的计算方法，通常只关注于低维方法的精确度和收敛性分析，而高维的近似方法则过于粗略. 发展高效而精密的高维最优传输映射的算法，是人工智能技术发展不可或缺的环节. 作者希望更多的年轻人能够投入到这一古老而又年轻的领域，从理论到实践，进一步推动最优传输理论的发展，更加深刻地应用到工程和医疗领域，引领下一代人工智能技术发展的浪潮！

雷娜、顾险峰

2021 年 7 月

目　录

第一部分

最优传输的对偶理论

本部分介绍经典的最优传输对偶理论. Monge 最早提出了最优传输映射问题, Kantorovich 将其推广为最优传输方案问题, 然后用广义 Lagrange 乘子法将其变换成对偶问题. 在以欧氏距离平方为代价函数的情形下, Kantorovich 对偶问题转化成 Brenier 问题. 由 Kantorovich 对偶问题, 我们得到 c-变换的概念, 并且研究了它的重要性质. 由最优传输方案的循环单调性, 我们得到 Kantorovich 问题与对偶问题的等价性. 我们详细分析各个问题解的存在性和唯一性, 各个问题之间的内在关系, 并进一步介绍了 Brenier 极分解定理, 给出保测度映射的结构性定理.

第一章 Monge-Kantorovich 理论

1.1 凸函数的 Alexandrov 理论

我们首先介绍有关凸函数的一些基本概念和性质, 特别是凸函数正则性的 Alexandrov 理论 ([1]), 这些结果会在后面的证明中频繁使用. 详细证明可以参看 Rockafellar [70] 和 Figalli [30].

给定一个开凸集 $\Omega \subset \mathbb{R}^d$ 和一个函数 $u : \Omega \to \mathbb{R}$, 如果

$$u(tx + (1-t)y) \leqslant tu(x) + (1-t)u(y), \quad \forall x, y, \forall t \in [0,1], \tag{1.1}$$

我们说函数 u 是凸的. 如果 Ω 非凸, 我们可以如下定义广义凸函数 (generalized convex function).

定义 1.1 (广义凸函数) 给定一个开集 $\Omega \subset \mathbb{R}^d$ 和一个函数 $u : \Omega \to \mathbb{R}$, 如果 u 可以被拓展成定义在整个 $\mathbb{R}^d$ 上的凸函数 (值域可能拓展到 $\mathbb{R} \cup \{+\infty\}$), 我们说 u 是凸的. ♦

给定一个凸函数 $u : \Omega \to \mathbb{R}$, 在补集 $\mathbb{R}^d \setminus \Omega$ 上, 我们可以设 $u \equiv +\infty$, 如此将 u 拓展成定义在整个 $\mathbb{R}^d$ 上的凸函数.

定理 1.1 (凸函数的连续性) 假设 $\Omega \subset \mathbb{R}^d$ 是开集, $f : \Omega \to \mathbb{R}$ 是凸函数, 那么 f 是连续的 (如图 1.1). ♦

证明 由凸性, 我们有

$$f(t) = f\left(\frac{u-t}{u-s}s + \frac{t-s}{u-s}u\right) \leqslant \frac{u-t}{u-s}f(s) + \frac{t-s}{u-s}f(u),$$

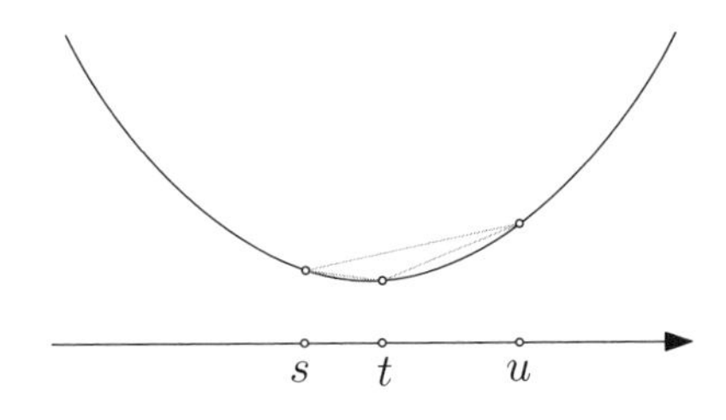

图 1.1 凸函数是连续的.

即

$$(u-s)f(t) \leqslant (u-t)f(s) + (t-s)f(u).$$

等价地

$$(u-s)(f(t)-f(s)) \leqslant (t-s)(f(u)-f(s)),$$

$$(u-t)(f(u)-f(s)) \leqslant (u-s)(f(u)-f(t)),$$

由此得到

$$\frac{f(t)-f(s)}{t-s} \leqslant \frac{f(u)-f(s)}{u-s} \leqslant \frac{f(u)-f(t)}{u-t}.$$

我们选取单调递增序列 $s_0 < s_1 < s_2 < \cdots$ 收敛到 t, $s_k \to t$,

$$\frac{f(t)-f(s_k)}{t-s_k} \leqslant \frac{f(t)-f(s_{k+1})}{t-s_{k+1}} \to L_x,$$

因此极限 L_t 和 R_t 都存在,

$$\lim_{h\to 0^+} \frac{f(t)-f(t-h)}{h} = L_t,$$

$$\lim_{h\to 0^+} \frac{f(t+h)-f(t)}{h} = R_t.$$

这表明 $f(t)$ 在点 t 左连续同时右连续, 因此 $f(t)$ 在任意 $t \in \Omega$ 连续. ■

1.1.1 次微分

定义 1.2 (次微分) 给定开集 $\Omega \subset \mathbb{R}^d$ 和凸函数 $u : \Omega \to \mathbb{R}$, 对于任意的 $x \in \Omega$, 我们定义 u 在点 x 的次微分 (subdifferential)为

$$\partial u(x) := \{p \in \mathbb{R}^d : u(z) \geqslant u(x) + \langle p, z-x \rangle, \quad \forall z \in \Omega\}. \quad \blacklozenge \tag{1.2}$$

根据定义, 我们得到次微分 $\partial u(x)$ 是闭凸集.

定义 1.3 (支撑平面) 在几何上, 如果 $p \in \partial u(x)$, 则仿射函数 $l_{x,p}(z) := u(x) + \langle p, z-x \rangle$ 从下侧在 x 点接触 u, 即

$$l_{x,p} \leqslant u \text{ 在 } \Omega \text{ 中, 并且 } l_{x,p}(x) = u(x),$$

这时, 我们说 $l_{x,p}$ 是函数 u 在点 x 的支撑平面 (supporting plane). ♦

定义 1.4 (严格凸函数) 一个凸函数 u 在 Ω 中是严格凸的 (strictly convex), 如果对任意 $x \in \Omega$ 和 $p \in \partial u(x)$,

$$u(z) > u(x) + \langle p, z-x \rangle, \quad \forall z \in \Omega \setminus \{x\},$$

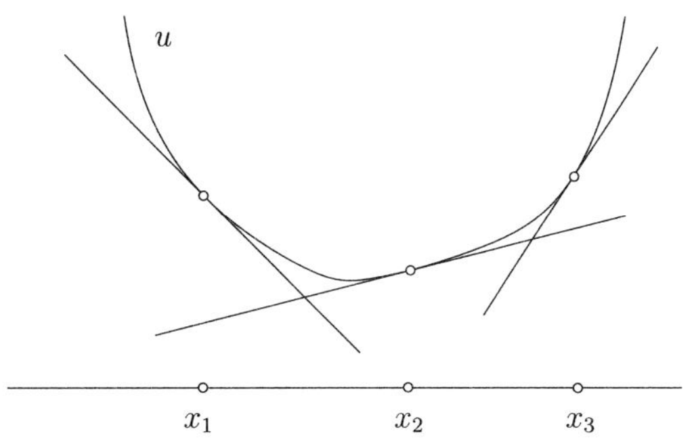

图 1.2 凸函数 u 及其支撑平面.

等价地, u 的支撑平面只在一点接触 u 的图 (graph). ♦

图 1.2 中, u 函数在点 x_1 和 x_3 处是严格凸的, 但是在点 x_2 则不然.

由次微分的定义, 如果对于某点 $x \neq z \in \Omega$, $p \in \partial u(x) \setminus \partial u(z)$, 那么

$$u(z) > u(x) + \langle p, z - x \rangle.$$

如果等式成立, 那么仿射函数 $l_{x,p}$ 从下面与 u 在 z 点接触; 因此 $p \in \partial u(z)$, 矛盾. 容易证明 $\partial u(x)$ 非空. 凸函数在其有效域 $(\{x|f(x) < \infty\})$ 内连续.

引理 1.1 令 $\Omega \subset \mathbb{R}^d$ 是开集, 并且 $u : \Omega \to \mathbb{R}$ 是凸函数. 如果 u 在 $x \in \Omega$ 点可微, 那么 $\partial u(x) = \{\nabla u(x)\}$, 并且

$$u(z) \geqslant u(x) + \langle \nabla u(x), z - x \rangle, \quad \forall z \in \Omega.$$ ♦

证明 挑选 $p \in \partial u(x)$, 固定单位向量 $v \in \mathbb{R}^d$ 并且 $|v| = 1$, 考虑足够小的 $\varepsilon > 0$ 满足 $x + \varepsilon v \in \Omega$. 结合 $\partial u(x)$ 的定义与函数 u 在 x 点的可微性, 我们得到

$$u(x) + \varepsilon \langle p, v \rangle \leqslant u(x + \varepsilon v) = u(x) + \varepsilon \langle \nabla u(x), v \rangle + o(\varepsilon),$$

当 $\varepsilon \to 0^+$ 时,

$$\langle p - \nabla u(x), v \rangle \leqslant \frac{o(\varepsilon)}{\varepsilon} \to 0.$$

这显示 $\langle p - \nabla u(x), v \rangle \leqslant 0$, 将 v 用 $-v$ 替换, 我们得到对于任意单位向量 $|v| = 1$ 都有 $\langle p - \nabla u(x), v \rangle = 0$, 由此得到 $p = \nabla u(x)$. ■

逆命题也成立.

引理 1.2 令 $\Omega \subset \mathbb{R}^d$ 是开集, $u : \Omega \to \mathbb{R}$ 是凸函数, 假设 $\partial u(x)$ 是独点集, 那么 u 在 x 点可微. ♦

更进一步, ∂u 将紧集映射到紧集, 特别地, 对任意的 $x \in \Omega$, 像 $\partial u(x)$ 是紧集.

引理 1.3 令 $\Omega \subset \mathbb{R}^d$ 是开集, 并且 $u : \Omega \to \mathbb{R}$ 是凸函数, 如果 $K \subset \Omega$ 是紧集, 那么 $\partial u(K)$ 也是紧集. ♦

证明 令 $\delta := \operatorname{dist}(K, \partial\Omega)/2 > 0$, 固定 $x \in K$ 和某个单位向量 $|v| = 1$, 令 $z = x + \delta v$, 定义紧集

$$K_\delta := \{z \in \Omega : \operatorname{dist}(z, K) \leqslant \delta\} \subset\subset \Omega,$$

因为 u 连续, 在 Ω 中局部有界, 因此在 K_δ 中有界. 由此, 因为 $x, z \in K_\delta$, 我们得到对于任意 $p \in \partial u(x)$,

$$\delta\langle p, v\rangle \leqslant u(z) - u(x) \leqslant 2\|u\|_{L^\infty(K_\delta)};$$

从而,

$$|p| = \sup_{|v|=1} \langle p, v\rangle \leqslant \frac{2\|u\|_{L^\infty(K_\delta)}}{\delta}, \quad \forall p \in \partial u(x), \quad x \in K, \tag{1.3}$$

这就证明了 $\partial u(K)$ 是一个有界集.

为了证明 $\partial u(K)$ 是闭集, 考察序列 $\{p_k\}_{k\in\mathbb{N}}$, 这里对于某点 $x_k \in K$, $p_k \in \partial u(x_k)$. 因为 K 是紧集, $\partial u(K)$ 有界, 直至一个子序列, 我们有 $x_k \to x \in K$ 并且 $p_k \to p$. 因为 $p_k \in \partial u(x_k)$, 对任意 $z \in \Omega$, 我们有

$$u(z) \geqslant u(x_k) + \langle p_k, z - x_k\rangle,$$

并且令 $k \to \infty$, 得到

$$u(z) \geqslant u(x) + \langle p, z - x\rangle,$$

这意味着, $p \in \partial u(x) \subset \partial u(K)$, 引理得证. ■

推论 1.1 令 $\Omega \subset \mathbb{R}^d$ 是开集, $u : \Omega \to \mathbb{R}$ 是凸函数. 那么 u 在 Ω 内局部 Lipschitz, 并且对任意紧集 $K \subset\subset \Omega' \subset \Omega$,

$$\|\nabla u\|_{L^\infty(K)} \leqslant \frac{2\|u\|_{L^\infty(\Omega')}}{\operatorname{dist}(K, \partial\Omega')}.$$ ♦

证明 首先证明 u 局部 Lipschitz. 令 $B_r(x) \subset \Omega$, 考虑集合

$$\partial u\left(\overline{B_{r/2}(x)}\right).$$

由引理 1.3, 该集合为紧集, 因而有界, 即存在 $R>0$, 使得

$$\partial u\left(\overline{B_{r/2}(x)}\right) \subset B_R(0).$$

现在选取 $y, z \in \overline{B_{r/2}(x)}$, 并且考虑 $p \in \partial u(y) \subset B_R(0)$, 于是

$$u(z) \geqslant u(y) + \langle p, z-y\rangle \geqslant u(y) - R|z-y|,$$

即

$$u(y) - u(z) \leqslant R|z-y|.$$

颠倒 y 和 z, 我们得到

$$|u(y) - u(z)| \leqslant R|z-y|;$$

故 u 在 $\overline{B_{r/2}(x)}$ 内是 R-Lipschitz 的. 这说明 u 在 Ω 内局部 Lipschitz, 推出 u 几乎处处可微. 现在考虑 $K \subset\subset \Omega' \subset \Omega$, 用和引理 1.3 相同的证明, 我们得到

$$|p| \leqslant \frac{2\|u\|_{L^\infty(\Omega')}}{\operatorname{dist}(K, \partial\Omega')}, \quad \forall p \in \partial u(x), \quad x \in K$$

[与不等式 (1.3) 比较]. 特别地, 因为在 u 的任意可微的点 x, $p = \nabla u(x)$ (见引理 1.1), 我们得到

$$|\nabla u(x)| \leqslant \frac{2\|u\|_{L^\infty(\Omega')}}{\operatorname{dist}(K, \partial\Omega')}, \quad \text{几乎处处 } x \in K.$$ ■

可微的凸函数一定是 C^1 的.

引理 1.4 令 $\Omega \subset \mathbb{R}^d$ 是开集, $u: \mathbb{R}^d \to \mathbb{R}$ 是凸函数, 并且假设 u 在 Ω 中的每一点处可微, 那么 $u \in C^1(\Omega)$. ♦

证明 引理 1.3 的证明显示了

$$p_k \in \partial u(x_k), \quad p_k \to p, x_k \to x \implies p \in \partial u(x). \tag{1.4}$$

因为 u 在 Ω 内部可微, 由引理 1.1 得到对于任意的 $z \in \Omega$, 次导数为独点集, $\partial u(z) = \{\nabla u(z)\}$. 因此等式 (1.4) 蕴含着序列 $\{\nabla u(x_k)\}_{k\in\mathbb{N}}$ 唯一的极限点必然是 $\nabla u(x)$, 这证明了 $\nabla u(x_k) \to \nabla u(x)$. 因此, ∇u 连续. ■

如果一个凸函数沿着一条无穷直线是仿射函数, 则函数的次导数被包含在一个超平面内, 此超平面与直线相互垂直.

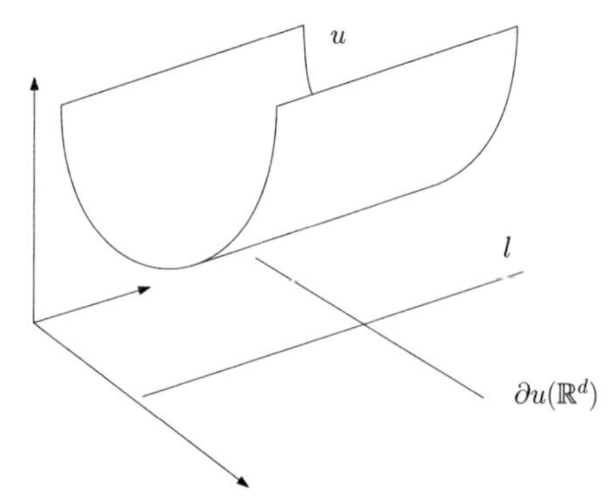

图 1.3 如果凸函数沿着一条直线是仿射的, 那么其次导数被包含在一个与此直线相垂直的超平面内.

引理 1.5 令 $u:\mathbb{R}^d\to\mathbb{R}$ 是一个凸函数, 并且假设 u 在一条直线上仿射, 那么 $\partial u(\mathbb{R}^d)$ 在和 l 相垂直的超平面内. ♦

证明 如图 1.3 所示, 假设

$$u(z)=\langle\bar{p},z\rangle+a \text{ 在直线 } l:=\{t\sigma+\bar{x}:t\in\mathbb{R}\} \text{ 上},$$

这里 $\sigma\in\mathbb{S}^{d-1}$. 那么对于给定的 $x\in\mathbb{R}^d$ 和 $p\in\partial u(x)$, 有

$$\begin{aligned}
t\langle\bar{p},\sigma\rangle+\langle\bar{p},\bar{x}\rangle+a&=u(t\sigma+\bar{x})\\
&\geqslant u(x)+\langle p,t\sigma+\bar{x}-x\rangle\\
&=u(x)+\langle p,\bar{x}-x\rangle+t\langle p,\sigma\rangle,\quad\forall t\in\mathbb{R},
\end{aligned}$$

等价地,

$$\langle\bar{p},\bar{x}\rangle+a-u(x)-\langle p,\bar{x}-x\rangle\geqslant t\langle p-\bar{p},\sigma\rangle,\quad\forall t\in\mathbb{R}$$

左侧有界, 令 $t\to\pm\infty$, 得到 $\langle p-\bar{p},\sigma\rangle=0$. 因此我们显示了对任意 $x\in\mathbb{R}^d$ 和 $p\in\partial u(x)$, 向量 p 在超平面内,

$$\Pi:=\{q\in\mathbb{R}^d:\langle q-\bar{p},\sigma\rangle=0\},$$

即 $\partial(\mathbb{R}^d)\subset\Pi$. ■

定义 1.5 (支撑超平面) 令 $\Sigma\subset\mathbb{R}^d$ 是闭凸集, 一个超平面 $H\subset\mathbb{R}^d$ 支撑 Σ, 如果

- H 将 $\mathbb{R}^d$ 分成两个半空间, Σ 被包含在其中的一个半空间;
- $\Sigma\cap H\neq\emptyset$. ♦

定义 1.6 (暴露点) 令 $\Sigma\subset\mathbb{R}^d$ 是闭的凸集合, 一个点 $x\in\Sigma$ 是暴露

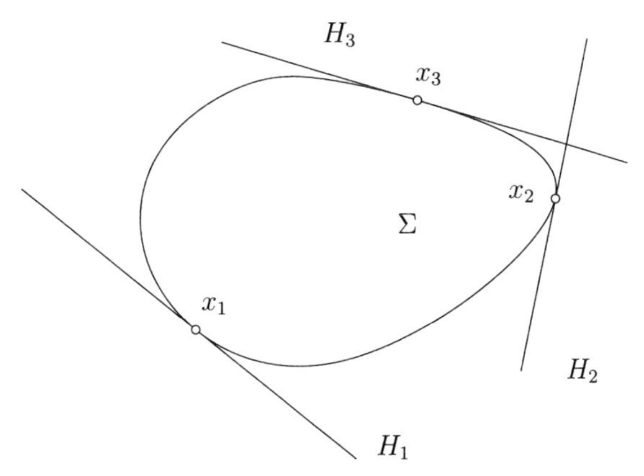

图 1.4 H_1、H_2 和 H_3 是 Σ 的支撑平面. x_1 和 x_2 是暴露点, x_3 非暴露点.

的, 如果存在一个支撑超平面 $H \subset \mathbb{R}^d$, 使得 $\Sigma \cap H = \{x\}$ (如图 1.4). ♦

下面的定理表明对于紧凸集, 所有暴露点的凸包可以生成原来的集合 (证明可参看 Rockafellar [70], 定理 18.7).

定理 1.2 每个紧凸集是其暴露点凸包的闭包. ♦

下面的命题将暴露点和凸函数的次导数联系起来.

命题 1.1 令 $\Omega \subset \mathbb{R}^d$ 是开集, $u : \Omega \to \mathbb{R}$ 是凸函数, 令 $x \in \Omega$ 并且考虑 $\partial u(x)$ 的一个暴露点 p. 那么存在一个序列 $x_k \to x$, 满足 u 在点 x_k 处可微, 并且 $\nabla u(x_k) \to p$. ♦

推论 1.2 令 $\Omega \subset \mathbb{R}^d$ 是开集, $u : \Omega \to \mathbb{R}$ 是凸函数, 并且令 $D_u \subset \Omega$ 表示 u 的可微点集合. 那么 $\partial u(\Omega)$ 被包含在 $\nabla u(D_u)$ 的凸包的闭包内,

$$\partial u(\Omega) \subset \overline{\mathrm{conv}(\nabla u(D_u))}. \quad ♦$$

证明 结合定理 1.2 和命题 1.1. ■

1.1.2 Legendre-Fenchel 变换

设 $\mathbb{R}^d$ 是一个欧氏空间, 它的对偶空间 $(\mathbb{R}^d)^*$ 是所有的定义在 $\mathbb{R}^d$ 上的仿射函数构成的线性空间. 设 $l_{p,q} : \mathbb{R}^d \to \mathbb{R}$ 是一个仿射函数 $l_{p,q}(x) := \langle p, x\rangle - q$, 它的对偶是在 $(\mathbb{R}^d)^*$ 中的一个点, 其坐标为 $l^*_{p,q} := (p, q)$,

$$l_{p,q}(x) = \langle p, x\rangle - q \iff l^*_{p,q} = (p, q).$$

定义 1.7 (支撑超平面) 设 $u:\mathbb{R}^d\to\mathbb{R}$ 是一个连续函数. 若 $u(x)\geqslant l_{p,q}(x), \forall x\in\mathbb{R}^d$, 则超平面 $l_{p,q}$ 是 u 的一个支撑平面; 若在某些点 $x\in\mathbb{R}^d$ 处, $l_{p,q}(x)=u(x)$, 则 $l_{p,q}$ 称为 u 的严格支撑超平面. ♦

直观上, 如果超平面 $l_{p,q}$ 在 u 的图 S_u 下方, 则 $l_{p,q}$ 支撑 u. 如果更进一步, 一个支撑超平面 $l_{p,q}$ 在某点 $(x,u(x))$ 与 S_u 相交, 则 $l_{p,q}$ 是一个严格支撑超平面.

定义 1.8 (支撑超平面集) 设 $u:\mathbb{R}^d\to\mathbb{R}$ 是一个连续函数, 其支撑超平面集合定义为

$$\mathcal{B}_u:=\{l_{p,q}:u(x)\geqslant l_{p,q}(x),\forall x\}.$$

严格支撑超平面集合定义为

$$\mathcal{S}_u:=\{l_{p,q}\in\mathcal{B}_u:u(x)=l_{p,q}(x),\text{对某些 }x\}.$$ ♦

图 1.5 展示了 u 的一些支撑平面, 其中红色标注的平面 $l_{p,q}$ 是一个严格支撑平面. 连续函数的支撑平面集合构成一个凸集.

引理 1.6 若 $u:\mathbb{R}^d\to\mathbb{R}$ 是一个连续函数, 则它的支撑超平面集合 $\mathcal{B}_u$ 是凸的. ♦

证明 设 l_{p_1,q_1}, l_{p_2,q_2} 在 $\mathcal{B}_u$ 中, 则对每个 x,

$$\begin{aligned}\langle(1-\lambda)p_1+\lambda p_2,x\rangle-&((1-\lambda)q_1+\lambda q_2)\\&=(1-\lambda)(\langle p_1,x\rangle-q_1)+\lambda(\langle p_2,x\rangle-q_2)\\&\leqslant u(x).\end{aligned}$$

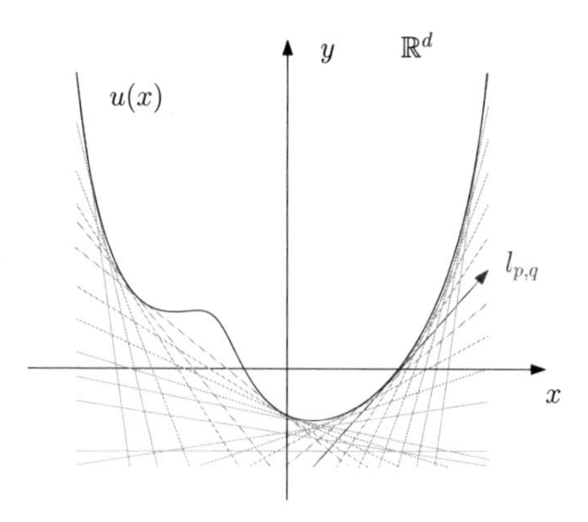

彩 图

图 1.5 u 支撑平面集合.

所以 $l_{(1-\lambda)p_1+\lambda p_2,(1-\lambda)q_1+\lambda q_2} \in \mathcal{B}_u$, 即 $\mathcal{B}_u$ 是凸的. 注意 $\mathcal{B}_u$ 的凸性不依赖 u 的凸性. ■

定义 1.9 (上境图) 设 $u:\mathbb{R}^d \to \mathbb{R}$ 是一个连续函数, 上境图 (epigraph) 是在 $\mathbb{R}^{d+1}$ 的点集,

$$\mathrm{epi}(u) := \{(x,\xi) \in \mathbb{R}^d \times \mathbb{R} | \xi \geqslant u(x)\}.$$

定义 1.10 (Legendre-Fenchel 变换) 给定开集 $\Omega \subset \mathbb{R}^d$ 和函数 $u:\Omega \to \mathbb{R}$, u 的 Legendre-Fenchel 变换 $u^*:\mathbb{R}^d \to \mathbb{R}\cup\{+\infty\}$ 定义为

$$u^*(p) := \sup_{x\in\Omega}\langle p,x\rangle - u(x). \quad \blacklozenge \tag{1.5}$$

如图 1.6 左帧所示, 所有在 u 的图下方的直线构成了 $\mathcal{B}_u$. 右帧的阴影部分显示了 u^* 的上境图.

引理 1.7 设 $u:\mathbb{R}^d \to \mathbb{R}$ 是连续的, $u^*:(\mathbb{R}^d)^* \to \mathbb{R}$ 是 u 的 Legendre 对偶, 则在 $\mathcal{B}_u$ 和 $\mathrm{epi}(u^*)$ 之间有一对一的对应关系, $l_{p,q} \in \mathcal{B}_u$ 当且仅当 $l^*_{p,q} \in \mathrm{epi}(u^*)$. ♦

证明 设 $l_{p,q} \in \mathcal{B}_u$, 对任意 $x \in \mathbb{R}^d$, $u(x) \geqslant \langle p,x\rangle - q$, 则

$$\forall x, \quad q \geqslant \langle p,x\rangle - u(x) \longrightarrow q \geqslant \sup_x\langle p,x\rangle - u(x) = u^*(p),$$

所以 $(p,q) \in \mathrm{epi}(u^*)$. 相反, 设 $(p,q) \in \mathrm{epi}(u^*)$, 则

$$q \geqslant u^*(p) = \sup_x\langle p,x\rangle - u(x) \geqslant \langle p,x\rangle - u(x), \quad \forall x,$$

所以 $u(x) \geqslant \langle p,x\rangle - q$, $\forall x \in \mathbb{R}^d$. 即 $l_{p,q} \in \mathcal{B}_u$. ■

引理 1.8 设 $u:\mathbb{R}^d \to \mathbb{R}$ 是一个连续函数, u^* 是 u 的 Legendre 对偶.

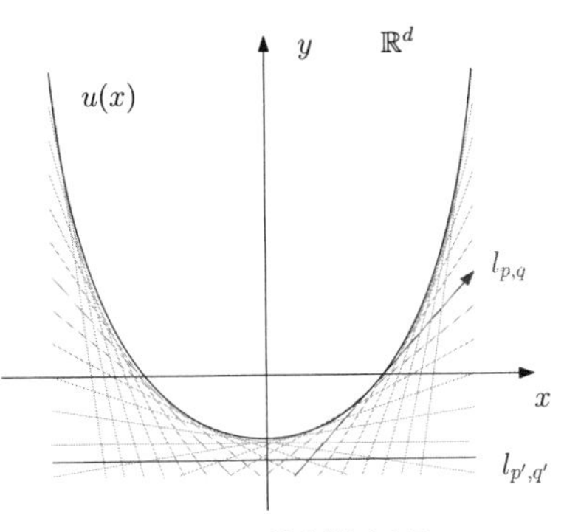

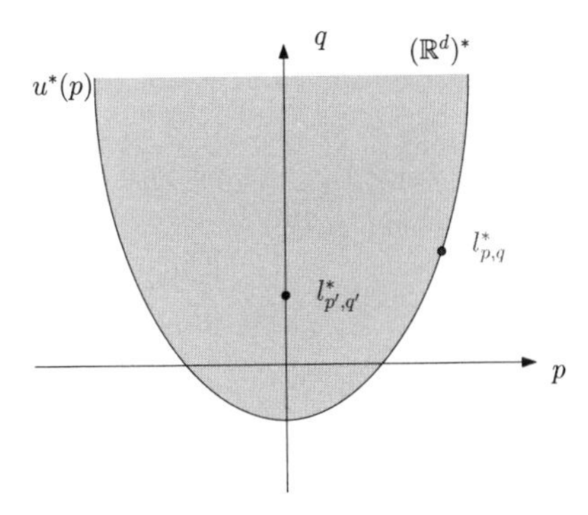

彩 图

图 1.6 u 支撑平面和 u^* 的上境图对偶.

u 的严格支撑平面集合 $\mathcal{S}_u$ 及 u^* 的图 S_{u^*} 有一对一的对应关系, $l_{p,q} \in \mathcal{S}_u$ 当且仅当 $(p,q) \in S_{u^*}$. ♦

证明 设 $l_{p,q} \in \mathcal{S}_u$, 则 $\forall x$, $u(x) \geqslant \langle p,x\rangle - q$, 即 $\forall x$, 我们有 $q \geqslant \langle p,x\rangle - u(x)$, 所以

$$q \geqslant \sup_x \langle p,x\rangle - u(x) = u^*(p).$$

类似地, 存在点 $\bar{x}$, 使得 $u(\bar{x}) = \langle p,\bar{x}\rangle - q$,

$$q = \langle p,\bar{x}\rangle - u(\bar{x}) \leqslant \sup_x \langle p,x\rangle - u(x) = u^*(p),$$

所以 $u*(p) = q$, $(p,q) \in S_{u^*}$. 相反, 若 $(p,q) \in S_{u^*}$, 则 $q = u^*(p)$, 所以 $l_{p,u^*(p)}$ 是 u 的一个严格支撑超平面, $l_{p,u^*(p)} \in \mathcal{S}_u$. ■

引理 1.9 设 $u : \mathbb{R}^d \to \mathbb{R}$ 是一个连续函数, $u^* : (\mathbb{R}^d)^* \to \mathbb{R}$ 为 u 的 Legendre 对偶, 则 u^* 是一个凸函数. ♦

证明 支撑超平面集合 $\mathcal{B}_u$ 是凸的, 且跟 $\text{epi}(u^*)$ 有一对一的对应关系, 所以 $\text{epi}(u^*)$ 是凸的. 上境图是凸的, 所以 u^* 也是凸的. 注意即使 u 可能是非凸的, 它的 Legendre 对偶 u^* 也还是凸的. 或者因为 u^* 是一族线性函数的上确界, 因此是凸的. ■

命题 1.2 设 $u : \mathbb{R}^d \to \mathbb{R}$ 是一个连续函数, u^* 是 u 的 Legendre 对偶. 则

$$p \in \partial u(x) \iff u(x) + u^*(x) = \langle p,x\rangle \tag{1.6}$$

和

$$p \in \partial u(x) \implies x \in \partial u^*(p). \tag{1.7}$$

进一步, 若 u 是凸的, 则

$$p \in \partial u(x) \iff u(x) + u^*(x) = \langle p,x\rangle \iff x \in \partial u^*(p). \quad ♦ \tag{1.8}$$

证明 关系 (1.6): 设 $p \in \partial u(x)$, 则存在一个支撑超平面 $l_{p,q}$ 与 S_u 会交于 $(x, u(x))$, 即

$$\begin{aligned}
\forall y, \quad u(y) \geqslant l_{p,q}(y) = \langle p,y\rangle - q &\implies \forall y, \quad q \geqslant \langle p,y\rangle - u(y) \implies q \geqslant u^*(p),\\
u(x) = l_{p,q}(x) = \langle p,x\rangle - q &\implies q = \langle p,x\rangle - u(x) \implies q \leqslant u^*(p),
\end{aligned}$$

这表明 $q=u^*(p)$. 已知 $u(x)=\langle p,x\rangle-q$, 可以得到

$$\langle p,x\rangle=u(x)+q=u(x)+u^*(p).$$

相反, 若 $\langle p,x\rangle=u(x)+u^*(p)$, 则

$$u^*(p)=\langle p,x\rangle-u(x)=\sup_y\langle p,y\rangle-u(y)\geqslant\langle p,y\rangle-u(y),\quad\forall y,$$

这意味着 $\forall y$, $u(y)\geqslant\langle p,y-x\rangle+u(x)$, 表明 $l_{p,u^*(p)}$ 是 u 在 x 的一个支撑超平面. 所以 $p\in\partial u(x)$.

关系 (1.7): 设 $p\in\partial u(x)$, 则可以得到 $u(x)+u^*(p)=\langle x,p\rangle$. 由定义可知,

$$\begin{aligned}u^*(q)&=\sup_x\langle x,q\rangle-u(x)\\&\geqslant\langle x,q\rangle-u(x)\\&=\langle x,q\rangle-(\langle p,x\rangle-u^*(p))\\&=\langle x,q-p\rangle+u^*(p),\end{aligned}\tag{1.9}$$

即有 $x\in\partial u^*(p)$.

关系 (1.8): 若 $x\in\partial u^*(p)$, 则

$$u^*(p)+u^{**}(x)=\langle x,p\rangle,$$

因为 u 是凸的, $u^{**}=u$, 所以 $u^*(p)+u(x)=\langle x,p\rangle$, 由 (1.6) 可知 $p\in\partial u(x)$. ■

给定开集 $\Omega\subset\mathbb{R}^d$, 函数 $u:\Omega\to\mathbb{R}$ 及其 Legendre-Fenchel 变换 $u^*:\mathbb{R}^d\to\mathbb{R}\cup\{+\infty\}$, 那么

$$x\in\Omega,\ p\in\partial u(x)\implies x\in\partial u^*(p).\tag{1.10}$$

为了证明逆命题, 我们首先将 u 拓展到整个 $\mathbb{R}^d$. 假设 Ω 是凸的, 我们在补集 $\mathbb{R}^d\setminus\Omega$ 上如下定义 u,

$$u(x):=\begin{cases}\liminf_{\Omega\ni z\to x}u(z), & x\in\partial\Omega,\\ +\infty, & x\in\mathbb{R}^d\setminus\bar{\Omega}.\end{cases}\tag{1.11}$$

由 Ω 的凸性, 如此得到的 $u:\mathbb{R}^d\to\mathbb{R}\cup\{+\infty\}$ 是下半连续凸函数, 并且

$$u^*(p)=\sup_{x\in\mathbb{R}^d}\langle p,x\rangle-u(x)=\sup_{x\in\bar{\Omega}}\langle p,x\rangle-u(x).\tag{1.12}$$

采用这个定义, 经典理论表明 u 和 u^* 的次导数互逆, 即

$$p \in \partial u(x) \iff x \in \partial u^*(p). \tag{1.13}$$

更进一步, 如果 u 和 u^* 都是 C^2 光滑, 则 Legendre 变换成为对合 (involution), $(u^*)^* = u$. 公式 (1.13) 可以被重新写成:

$$\nabla u(\nabla u^*(p)) = p,$$

对此关系式求导, 我们得到

$$D^2 u(\nabla u^*(p)) D^2 u^*(p) = \mathrm{id}\,.$$

两侧求行列式, 如果 $\det D^2 u = f$, 我们得到

$$\det D^2 u^* = \frac{1}{f \circ \nabla u^*}.$$

引理 1.10 令 $\Omega \subset \mathbb{R}^d$ 是有界开凸集, $u : \Omega \to \mathbb{R}$ 是凸函数, 其 Legendre 变换为 $u^* : \mathbb{R}^d \to \mathbb{R}$. 那么 $\partial u^*(\mathbb{R}^d) \subset \bar{\Omega}$. ♦

证明 因为 Ω 是凸集, 我们可以将 u 用公式 (1.11) 拓展, 关系式 (1.12) 成立, 因为 Ω 有界并且 u 下半连续, 我们得到

$$u^*(p) = \max_{x \in \bar{\Omega}} \langle p, x \rangle - u(x), \tag{1.14}$$

即等式 (1.12) 中的上确界在某点 $x \in \bar{\Omega}$ 取到.

令 $D_{u^*} \subset \mathbb{R}^d$ 表示 u^* 可微分点的集合, 给定 $p \in D_{u^*}$, 令 $x \in \bar{\Omega}$ 为等式 (1.14) 的最大值点. 由引理 1.1, 可知 $\nabla u^*(p) = x \in \bar{\Omega}$, 这证明了 $\nabla u^*(D_{u^*}) \subset \bar{\Omega}$. 因为 Ω 为凸集, 推论 1.2 蕴含了 $\partial u^*(\mathbb{R}^d) \subset \bar{\Omega}$. ■

如果 E 和 F 相离, 通常情况下, $\partial u(E)$ 和 $\partial u(F)$ 不一定相离. 但是下面的引理表明它们的交集为零测度.

引理 1.11 给定凸函数 $u : \Omega \to \mathbb{R}$, 定义

$$\mathcal{Z} := \{p \in \mathbb{R}^d : p \in \partial u(x) \cap \partial u(y), x \neq y \in \Omega\}. \tag{1.15}$$

那么 $|\mathcal{Z}| = 0$. ♦

证明 我们首先证明 Ω 有界的情形, 然后再应对一般情形.

假设 Ω 是有界的, 由公式 (1.5) 对 u 进行 Legendre 变换, 得到 u^*. 因

为 Ω 有界, 存在某个 $R>0$ 使得 $\Omega\subset B_R(0)$, 得到对于任意 $x\in\Omega$, 映射

$$p\mapsto\langle p,x\rangle-u(x)$$

是 R-Lipschitz 的; 因此, u^* 是一族 R-Lipschitz 函数的上确界, 因此也是 R-Lipschitz 的. 特别地, 由 Rademacher 定理, u^* 几乎处处可微.

令 $p\in\mathcal{Z}$, 则存在 $x\neq y\in\Omega$, 使得 $p\in\partial u(x)\cap\partial u(y)$, 由等式 (1.10),

$$x,y\in\partial u^*(p).$$

引理 1.1 蕴含 u^* 在 p 点不可微. 因此

$$\mathcal{Z}\subset\{p\in\mathbb{R}^d: u^* \text{ 在 } p \text{ 点不可微}\},$$

既然后面的集合零测度, 我们得到 $|\mathcal{Z}|=0$, 这是欲证的结果.

一般的情形, 对于任意的 $k\in\mathbb{N}$, 我们考虑集合 $\Omega_k:=\Omega\cap B_k(0)$ 并且定义

$$\mathcal{Z}_k:=\{p\in\mathbb{R}^d: p\in\partial(u|_{\Omega_k})(x)\cap\partial(u|_{\Omega_k})(y),\quad x\neq y\in\Omega_k\}.$$

那么,

$$\begin{aligned}p\in\mathcal{Z}&\Rightarrow p\in\partial u(x)\cap\partial u(y),\quad x\neq y\in\Omega\\&\Rightarrow p\in\partial u(x)\cap\partial u(y),\quad x\neq y\in\Omega_k,\quad \text{对于 } k\gg1\\&\Rightarrow p\in\mathcal{Z}_k\quad \text{对于 } k\gg1,\end{aligned}$$

这证明了 $\mathcal{Z}\subset\cup_{k\in\mathbb{N}}\mathcal{Z}_k$. 因为每个集合 $\mathcal{Z}_k$ 都是零测度, 所以 $\mathcal{Z}$ 也是零测度. ■

1.1.3 Alexandrov 定理

Alexandrov 证明了凸函数几乎处处二次可微 (Alexandrov [1]), 更为详尽的证明可参看 Crandall et al. [25] 和 Mignot [62].

定义 1.11 (可微性) 令 $f:\mathbb{R}^n\to\mathbb{R}^m$, 那么 f 在 $x_0\in\mathbb{R}^n$ 点可微, 当且仅当存在一个线性映射 $L:\mathbb{R}^n\to\mathbb{R}^m$ 使得

$$f(x)-f(x_0)=L(x-x_0)+o(\|x-x_0\|).$$

这时线性映射 L 唯一, 记为 $f'(x_0)$. ♦

Alexandrov 定理的证明依赖于下面有关 Lipschitz 函数正则性的

Rademacher 定理, 具体证明可参考 Rademacher [67] 和 Ambrosio and Tilli [4] 的第三章.

定理 1.3 (Rademacher [67]) 如果函数 $f:\mathbb{R}^n\to\mathbb{R}^m$ 是 Lipschitz 的, $\|f(x_1)-f(x_0)\|\leqslant M\|x_1-x_0\|$, 那么导数 $f'(x)$ 在几乎所有的 $x\in\mathbb{R}^n$ 处都存在. ♦

Alexandrov 定理的证明也依赖于经典的 Sard 引理.

定义 1.12 (奇异点和正则点) 令映射 $G:\mathbb{R}^n\to\mathbb{R}^n$, 定义 G 的奇异点集 (critical points) 为

$$\mathcal{S}(G):=\{x: G'(x)\text{ 不存在, 或者 } G'(x)\text{ 存在, 但是 }\det G'(x)=0\}.$$

奇异点也称为临界点. 映射 G 的正则点 (regular points) 是奇异点的补集 $\mathbb{R}^n\setminus\mathcal{S}(G)$, 即 x 是正则点当且仅当 $G'(x)$ 存在并且是 $\mathbb{R}^n$ 的线性自同胚. ♦

定义 1.13 (奇异值和正则值) 映射 G 的奇异值 (critical values) 集合是 $G[\mathcal{S}(G)]$, 并且正则值 (regular values) 集合是 $\mathbb{R}^n\setminus G[\mathcal{S}(G)]$. 因此 y 是正则值当且仅当存在一个 $x\in\mathbb{R}^n$, $G'(x)$ 存在并且非奇异, 并且 $G(x)=y$. ♦

注意, 如果 y 不在 G 的像中, 那么 y 也是 G 的正则值. 微分拓扑中的经典 Sard 引理断言奇异值集是零测度的, 详细证明可以参看 Milnor [63] 和 Hirsch [43].

引理 1.12 (Sard) 令映射 $G:\mathbb{R}^n\to\mathbb{R}^n$ 是 Lipschitz 的, 那么 G 的奇异值集合 $G[\mathcal{S}(G)]$ 的测度为零

$$\mathcal{L}^nG[\mathcal{S}(G)]=0,$$

这里 $\mathcal{L}^n$ 是 $\mathbb{R}^n$ 的 Lebesgue (外) 测度. 换言之, 几乎每一个点 $y\in\mathbb{R}^n$ 都是映射 G 的正则值. ♦

可微映射的逆函数定理 我们先考虑在某点可微的连续映射的逆映射.

定义 1.14 (算子范数) 令 $A:\mathbb{R}^n\to\mathbb{R}^m$ 是一个线性映射. A 的算子范数定义为

$$\|A\|_{Op}:=\inf_{v\in\mathbb{S}^{n-1}}\|Av\|.$$

由此, 不等式

$$\|Av\| \leqslant \|A\|_{Op}\|v\|$$

成立. ♦

定理 1.4 令 $G:\mathbb{R}^n \to \mathbb{R}^n$ 在 x_0 连续可微, 并且 $G'(x_0)$ 非奇异. 令 $y_0 = G(x_0)$, 则存在一个 $\gamma_0 > 0$, 使得如果

$$\beta := \frac{1}{2\|G'(x_0)^{-1}\|_{Op}}, \quad \gamma_1 = \beta\gamma_0,$$

则

(1) 对一切 $y \in \bar{B}(y_0, \gamma_1)$, 存在一个 $x \in \bar{B}(x_0, \gamma_0)$ 满足 $G(x) = y$.

(2) 如果 $y \in \bar{B}(y_0, \gamma_1)$ 并且 $x \in \bar{B}(x_0, \gamma_0)$ 使得 $G(x) = y$, 则不等式

$$\beta\|x - x_0\| \leqslant \|y - y_0\| \leqslant (\beta + \|G'(x_0)\|_{Op})\|x - x_0\|$$

成立. ♦

证明 由导数的定义, 存在 $\gamma_0 > 0$ 使得 $\|x - x_0\| \leqslant \gamma_0$ 蕴含

$$\begin{aligned} &\|G(x) - y_0 - G'(x_0)(x - x_0)\| \\ &\quad \leqslant \frac{1}{2\|G'(x_0)^{-1}\|_{Op}}\|x - x_0\| \\ &\quad = \beta\|x - x_0\|. \end{aligned} \tag{1.16}$$

给定 $y \in \mathbb{R}^n$, 定义 $\Phi_y : \mathbb{R}^n \to \mathbb{R}^n$,

$$\Phi_y(x) := x - G'(x_0)^{-1}(G(x) - y).$$

那么

$$\Phi_y(x) = x \quad 当且仅当 \quad G(x) = y, \tag{1.17}$$

并且

$$\begin{aligned} x_0 - \Phi_y(x) &= x_0 - x + G'(x_0)^{-1}(G(x) - y) \\ &= x_0 - x + G'(x_0)^{-1}(G(x) - y_0) \\ &\quad + G'(x_0)^{-1}(y_0 - y) \\ &= G'(x_0)^{-1}(G(x) - y_0 - G'(x_0)(x - x_0)) \\ &\quad + G'(x_0)^{-1}(y_0 - y). \end{aligned}$$

应用 γ_0 的定义, 我们得到: 如果 $\|x-x_0\| \leqslant \gamma_0$, 则

$$
\begin{aligned}
\|x_0-\Phi_y(x)\| &\leqslant \|G'(x_0)^{-1}\|_{Op}\|G(x)-y_0-G'(x_0)(x-x_0)\| \\
&\quad + \|G'(x_0)^{-1}\|_{Op}\|y-y_0\| \\
&\leqslant \|G'(x_0)^{-1}\|_{Op}\frac{1}{2\|G'(x_0)^{-1}\|_{Op}}\|x-x_0\| \\
&\quad + \|G'(x_0)\|_{Op}^{-1}\|y-y_0\| \\
&\leqslant \frac{1}{2}\|x-x_0\| + \|G'(x_0)^{-1}\|_{Op}\|y-y_0\|.
\end{aligned}
\tag{1.18}
$$

因此应用 β 和 γ_1 的定义,

$$
\|x-x_0\| \leqslant \gamma_0, \quad \|y-y_0\| \leqslant \gamma_1 \implies \|\Phi_y(x)-x_0\| \leqslant \gamma_0.
$$

如果 $y \in \bar{B}(y_0,\gamma_1)$, 我们有 $\Phi_y : \bar{B}(x_0,\gamma_0) \to \bar{B}(x_0,\gamma_0)$. 因此由 Brouwer 不动点定理 4.9, 映射 Φ_y 在 $\bar{B}(x_0,\gamma_0)$ 内具有一个不动点. 但是由 (1.17), $\Phi_y(x)=x$ 蕴含 $G(x)=y$. 至此, 我们证明了定理中的前两个结论.

如果 $x \in \bar{B}(x_0,\gamma_0)$ 并且 $y \in \bar{B}(y_0,\gamma_1)$, 那么由 (1.17) 和估计 (1.18), 我们有

$$
\|x-x_0\| = \|\Phi_y(x)-x_0\| \leqslant \frac{1}{2}\|x-x_0\| + \|G'(x_0)^{-1}\|_{Op}\|y-y_0\|,
$$

这与 β 的定义一起蕴含着

$$
\beta\|x-x_0\| = \frac{1}{2\|G'(x_0)^{-1}\|_{Op}}\|x-x_0\| \leqslant \|y-y_0\|,
$$

这就证明了定理中第二个结论的下界. 我们再用不等式 (1.16) 来证明上界

$$
\begin{aligned}
\|y-y_0\| &\leqslant \|G(x)-y_0\| \\
&\leqslant \|G(x)-y_0-G'(x_0)(x-x_0)\| + \|G'(x_0)(x-x_0)\| \\
&\leqslant \beta\|x-x_0\| + \|G'(x_0)\|_{Op}\|x-x_0\| \\
&= (\beta + \|G'(x_0)\|_{Op})\|x-x_0\|.
\end{aligned}
$$

这就完成了证明. ■

Lipschitz 函数的逆函数定理 我们这里将逆函数定理推广到 Lipschitz 映射, 其逆映射为集值函数. 更进一步, 若此映射是满射, 则其逆映射几乎处处可微.

定义 1.15 集值 (set-valued) 函数 $F: \mathbb{R}^n \to \mathbb{R}^m$ 在点 x_0 可微, 当

且仅当存在一个线性映射 $L:\mathbb{R}^n\to\mathbb{R}^m$ 满足对于一切 $\varepsilon>0$ 都有一个 $\delta>0$, 使得

$$\begin{gathered}\|x-x_0\|\leqslant\delta,\quad y_0\in F(x_0),\\ y\in F(x)\implies\|y-y_0-L(x-x_0)\|\leqslant\varepsilon\|x-x_0\|.\quad\blacklozenge\end{gathered}\tag{1.19}$$

若 F 在 x_0 点是单值的, 并且 $y_0=F(x_0)$, 那么 F 在 x_0 可微当且仅当

$$y\in F(x)\implies y-y_0=L(x-x_0)+o(\|x-x_0\|).$$

命题 1.3 假设 $F:\mathbb{R}^n\to\mathbb{R}^m$ 是集值映射, 那么

(1) 如果 F 是单值的 (single valued), 那么 F 在 x_0 点, 在定义 1.15 的意义下可微, 当且仅当它在通常意义 (定义 1.11) 下可微.

(2) 如果映射 F 在 x_0 点可微, 那么 F 在 x_0 点是单值的, 并且线性映射 L (1.19) 是唯一定义的. 我们称此线性映射为 F 在 x_0 点的导数, 并且记为 $G'(x_0)=L$.

(3) 如果集值函数 F 在 x_0 可微, 并且单值函数 $f:\mathbb{R}^n\to\mathbb{R}^m$ 在 x_0 点也可微, 那么集值函数 $H(x):=f(x)+F(x)$ 在 x_0 点也可微, 并且

$$H'(x_0)=f'(x_0)+F'(x_0).\qquad\blacklozenge$$

证明 第一个和最后一个结论的证明很直接, 我们主要来证明第二个结论. 令 $y_0,y_1\in F(x_0)$, 在不等式 (1.19) 中令 $x=x_0$ 和 $y=y_1$, 我们得到 $\|y_1-y_0\|\leqslant 0$, 因此 $y_1=y_0$, 这表明了 F 在 x_0 是单值的. 如果 L 和 L_1 都是不等式 (1.19) 中的线性映射, 那么对任意 $\varepsilon>0$, 令 $\delta>0$ 满足不等式 (1.19). 那么对于 $y_0=F(x_0)$ 和任意 $y\in F(x)$, 这里 $\|x-x_0\|\leqslant\delta$,

$$\begin{aligned}\|(L-L_1)(x-x_0)\|&=\|L(x-x_0)-L_1(x-x_0)\|\\&=\|L(x-x_0)-(y-y_0)-L_1(x-x_0)+(y-y_0)\|\\&\leqslant\|y-y_0-L(x-x_0)\|+\|y-y_0-L_1(x-x_0)\|\\&\leqslant 2\varepsilon\|x-x_0\|.\end{aligned}$$

由此, 通过缩放变换我们得到对于一切 $v\in\mathbb{R}^n$, 都有 $\|(L-L_1)v\|\leqslant 2\varepsilon\|v\|$. ε 的任意性蕴含着 $L=L_1$. 这就完成了证明. ■

定理 1.5 令映射 $G:\mathbb{R}^n\to\mathbb{R}^n$ 是 Lipschitz 满射, 并且假设对任意的 $y\in\mathbb{R}^n$ 原像 $G^{-1}[y]$ 是连通的. 定义集值映射 $F:\mathbb{R}^n\to\mathbb{R}^n$ 为 G 的逆映射,

$$F(y):=G^{-1}[y]=\{x:G(x)=y\},$$

那么 F 几乎处处可微, $F'(G(x))=G'(x)^{-1}$. ♦

证明 令 $x_0\in\mathbb{R}^n$ 为 G 的可微点, $G'(x_0)$ 存在并且非奇异. 令 $y_0\in G(x_0)$. 我们首先证明 F 在 y_0 点可微并且 $F'(x_0)=G'(x_0)^{-1}$. 我们用反函数定理 1.4 来得到正数 γ_0 和 β, 使得如果 $\gamma_1=\beta\gamma_0$ 并且 $C_0=(\beta+\|G'(x_0)\|_{Op})$, 那么对于一切 $y\in\bar{B}(y_0,\gamma_1)$ 都存在某个 $x\in\bar{B}(x_0,\gamma_0)$ 满足 $G(x)=y$, 并且

$$\begin{aligned}&x\in\bar{B}(x_0,\gamma_0),\, y\in\bar{B}(y_0,\gamma_1), G(x)=y\\&\qquad\Longrightarrow\beta\|x-x_0\|\leqslant\|y-y_0\|\leqslant C_0\|x-x_0\|.\end{aligned}\tag{1.20}$$

如果 $y\in B(y_0,\gamma_1)$, 即 $\|y-y_0\|\leqslant\gamma_1=\beta\gamma_0$, 那么对一切 $x\in\bar{B}(x_0,\gamma_0)$, 我们都有 $\beta\|x-x_0\|\leqslant\|y-y_0\|<\beta\gamma_0$, 因而 $x\in B(x_0,\gamma_0)$. 这蕴含着: 若 $y\in B(y_0,\gamma_1)$, 则 $G^{-1}[y]\cap\partial B(x_0,\gamma_0)=\emptyset$. 但是因为 $G^{-1}[y]\cap\bar{B}(x_0,\gamma_0)\neq\emptyset$ 并且 $F(y)=G^{-1}[y]$ 是连通集, 我们得到对一切 $y\in B(y_0,\gamma_1)$ 都有 $G^{-1}[y]\subset B(x_0,\gamma_0)$. 因此 (1.20) 可以增强为

$$\begin{aligned}&x\in\mathbb{R}^n,\, y\in\bar{B}(y_0,\gamma_1), G(x)=y\\&\qquad\Longrightarrow\beta\|x-x_0\|\leqslant\|y-y_0\|\leqslant C_0\|x-x_0\|.\end{aligned}\tag{1.21}$$

由于 G 在 x_0 可微,

$$G(x)-y_0=G'(x_0)(x-x_0)+o(\|x-x_0\|);$$

又由于 $G'(x_0)$ 可逆, 上式等价于

$$x-x_0=G'(x_0)^{-1}(G(x)-y_0)+o(\|x-x_0\|).$$

令 $y\in B(y_0,\gamma_1)$, 则最后的等式蕴含

$$x\in F(y)\implies x-x_0=G'(x_0)^{-1}(G(x)-y_0)+o(\|x-x_0\|).$$

但是由 (1.21) 中的不等式, 对于一切 $y\in B(y_0,\gamma_1)$, 我们有 $o(\|x-x_0\|)=$

$o(\|y-y_0\|)$, 因此对于一切 $y \in B(y_0, \gamma_1)$,

$$x \in F(y) \implies x - x_0 = G'(x_0)^{-1}(y-y_0) + o(\|y-y_0\|).$$

这表明 F 在 y_0 点可微, 并且导数等于 $G'(x_0)^{-1}$, 恰如定理中所声明的.

再定义集合

$$E := \{y \in \mathbb{R}^n : y = G(x),\ \text{在 } x \text{ 点 } G'(x) \text{ 存在并且非奇异}\}.$$

我们已经证明 F 在 E 中的每点可微, 并且在这些点处 $F'(G(x)) = G'(x)^{-1}$. Sard 定理 1.12 蕴含着 $\mathcal{L}(\mathbb{R}^n \setminus E) = 0$. 这就完成了证明. ■

Alexandrov 定理 函数 $f : \mathbb{R}^n \to \mathbb{R}$ 是凸函数, 当且仅当对一切 $x \in \mathbb{R}^n$ 次微分 $\partial f(x)$ 非空. 这个定义和经典定义 1.1 等价. 若 f 是凸函数, 则对所有的 x, 函数次微分 $\partial f(x)$ 是凸集.

命题 1.4 给定凸函数 $f : \mathbb{R}^n \to \mathbb{R}$, 集值函数 ∂f 在如下意义下是单调的,

$$b_0 \in \partial f(x_0),\ b_1 \in \partial f(x_1) \quad \text{蕴含} \quad \langle b_1 - b_0, x_1 - x_0 \rangle \geqslant 0.$$

如果 f 在点 x_0, x_1 处可微, 那么我们有

$$\langle \nabla f(x_1) - \nabla f(x_0), x_1 - x_0 \rangle \geqslant 0.$$

一般情形, 我们记为

$$\langle \partial f(x_1) - \partial f(x_0), x_1 - x_0 \rangle \geqslant 0. \quad ♦$$

证明 由假设 $b_0 \in \partial f(x_0)$ 和 $b_1 \in \partial f(x_1)$, 我们有

$$f(x_1) - f(x_0) \geqslant \langle b_0, x_1 - x_0 \rangle, \quad f(x_0) - f(x_1) \geqslant \langle b_1, x_0 - x_1 \rangle,$$

两式相加, 即得结论. ■

命题 1.5 给定凸函数 $f : \mathbb{R}^n \to \mathbb{R}$, 那么集值映射

$$F(x) = x + \partial f(x)$$

是满射, 即对于一切 $y \in \mathbb{R}^n$, 存在一个 $x \in \mathbb{R}^n$, 使得 $y \in F(x)$. 同时映射非压缩 $\|F(x_1) - F(x_0)\| \geqslant \|x_1 - x_0\|$, 更加精确地,

$$y_1 \in F_1(x_1), y_0 \in F(x_0) \implies \|y_1 - y_0\| \geqslant \|x_1 - x_0\|. \tag{1.22}$$

定义 F 的逆映射 G 为

$$G(y) = x \iff y \in F(x),$$

则逆映射 G 是单值并且 Lipschitz 的,

$$\|G(x_1) - G(x_0)\| \leqslant \|x_1 - x_0\|. \quad \blacklozenge \tag{1.23}$$

证明 为了证明 F 是满射, 固定 $y \in \mathbb{R}^n$ 并且定义函数 $\varphi : \mathbb{R}^n \to \mathbb{R}$,

$$\varphi(x) := \frac{1}{2}\|x\|^2 + f(x) - \langle x, y \rangle.$$

由于 $h_y(x) := \frac{1}{2}\|x\|^2 - \langle x, y \rangle$ 是凸函数, 函数 φ 是凸函数之和, 因此也是凸函数. 同时 $h_y(x)$ 光滑, 其下支撑向量 (lower support vector) 就是经典的梯度 $\nabla h_y(x) = x - y$, 由命题 1.3 我们有

$$\partial\varphi(x_0) = \nabla h_y(x_0) + \partial f(x_0) = x_0 - y + \partial f(x_0) = F(x_0) - y,$$

这里 $F(x_0) - y = \{\eta - y : \eta \in F(x_0)\}$. 同理, 函数

$$\psi(x) := \frac{1}{4}\|x\|^2 + f(x) - \langle x, y \rangle = \varphi(x) - \frac{1}{4}\|x\|^2$$

也是凸的. 令 b 是 ψ 在 0 点的下支撑向量, 那么不等式 $\psi(x) - \psi(0) \geqslant \langle b, x - 0 \rangle$ 可以被重写为

$$\varphi(x) \geqslant \varphi(0) + \frac{1}{4}\|x\|^2 + \langle b, x \rangle = \varphi(0) + \frac{1}{4}\|x + 2b\|^2 - \|b\|^2.$$

φ 的连续性蕴含 φ 有一个全局最小点 x_0, 0 是 φ 在 x_0 点处的下支撑向量. 但是 $0 \in \partial\varphi(x_0) = F(x_0) - y$ 蕴含着 $y \in F(x_0)$. 因为 y 任意选取, 这蕴含着 F 是满射.

令 $y_1 \in F(x_1)$ 和 $y_0 \in F(x_0)$, 那么存在 $b_1 \in \partial f(x_1)$ 和 $b_0 \in \partial f(x_0)$, 满足 $y_1 = x_1 + b_1$ 和 $y_0 = x_0 + b_0$, 那么由命题 1.4,

$$\begin{aligned}\langle y_1 - y_0, x_1 - x_0 \rangle &= \langle x_1 + b_1 - x_0 - b_0, x_1 - x_0 \rangle \\ &= \|x_1 - x_0\|^2 + \langle b_1 - b_0, x_1 - x_0 \rangle \\ &\geqslant \|x_1 - x_0\|^2.\end{aligned}$$

因此有 Cauchy-Schwartz 不等式

$$\|y_1 - y_0\| \cdot \|x_1 - x_0\| \geqslant \langle y_1 - y_0, x_1 - x_0 \rangle \geqslant \|x_1 - x_0\|^2,$$

这蕴含着非压缩性 (1.22). 特别地, 这蕴含着: 如果 $y \in F(x_1)$ 并且 $y \in F(x_0)$, 那么 $\|x_1 - x_0\| \leqslant \|y - y\| = 0$, 即得 $x_1 = x_0$. 我们定义 F 的逆映射 G 为 $G(y) = \{x : y \in F(x)\}$, 则 G 是单值的. 于是不等式 (1.23) 与不等式 (1.22) 彼此等价. 这就完成了证明. ■

我们下面证明凸函数次微分逆映射的可微性定理, 证明的细节可参看 Busemann and Feller [18] 和 Alexandrov [1].

定理 1.6 (Busemann-Feller 和 Alexandrov) 令 $f : \mathbb{R}^n \to \mathbb{R}$ 为凸函数, 那么集值函数 ∂f 几乎处处可微. ♦

证明 令 $f : \mathbb{R}^n \to \mathbb{R}$ 为凸函数, 并且令 $F(x) = x + \partial f(x)$ 为集值映射. 由命题 1.5, 集值映射 F 是 Lipschitz 函数 G 的逆映射. 更进一步, 每个点的次微分 $\partial f(x)$ 是凸集, 同样每个点的像 $F(x) = x + \partial f(x)$ 也是凸集, 因此 $F(x)$ 是连通的. 定理 1.5 蕴含着 F 几乎处处可微. 但是 $\nabla f(x) = F(x) - x$ 的可微点等于 F 的可微点, 因此 $\nabla f(x)$ 几乎处处可微. ■

进一步, 我们可以证明给定凸函数 $f : \mathbb{R}^n \to \mathbb{R}$, 那么对于几乎所有的 $x \in \mathbb{R}^n$, 集值映射 ∂f 的导数是单值的, 并且是对称正定矩阵. 具体证明可以参看 Mignot [62].

1.2 Monge 问题与 Kantorovich 问题

一般情形下, X 和 Y 是完备、可分的度量空间, 例如欧氏空间中的子集 $\Omega \subset \mathbb{R}^n$, 通常是紧集. $\mathcal{P}(X)$ 代表 X 上所有概率测度构成的空间.

问题 1.1 (Monge) 给定两个概率测度 $\mu \in \mathcal{P}(X)$, $\nu \in \mathcal{P}(Y)$ 和一个代价函数 $c : X \times Y \to [0, +\infty]$, 求

$$\text{(MP)} \quad \inf \left\{ M(T) := \int_X c(x, T(x)) d\mu(x) : T_\# \mu = \nu \right\},$$

其中由映射 T 诱导的推前测度 $T_\# \mu$ 定义为

$$(T_\# \mu)(A) := \mu(T^{-1}(A)),$$

这里 $A \subset Y$ 是任意可测集合. ♦

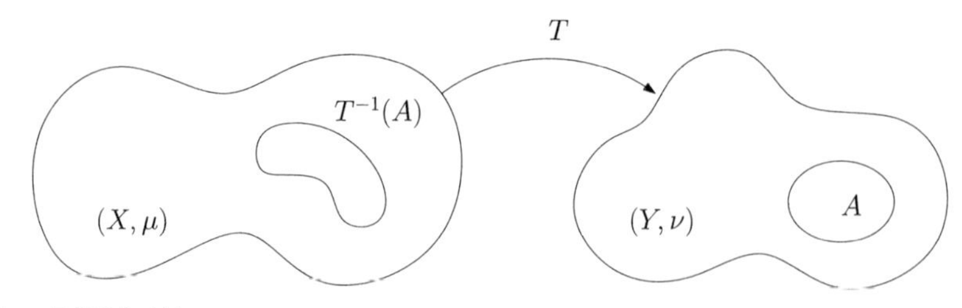

图 1.7 最优传输映射.

映射空间

$$\Sigma(\mu, \nu) := \{T : X \to Y | T_{\#}\mu = \nu\}$$

在弱收敛下不是闭的. 这导致了直接求解 Monge 问题的内在困难.

Kantorovich [46] 将传输映射 (如图 1.7) 推广成传输方案 (如图 1.8), 即联合概率分布 $\gamma \in \mathcal{P}(X \times Y)$, 其边际概率分布分别等于 μ 和 ν, $(\pi_x)_{\#}\gamma = \mu$, $(\pi_y)_{\#}\gamma = \nu$, 这里 $\pi_x : X \times Y \to X$ 和 $\pi_y : X \times Y \to Y$ 是投影映射: $\pi_x(x, y) = x$, $\pi_y(x, y) = y$.

问题 1.2 (Kantorovich) 给定两个概率测度 $\mu \in \mathcal{P}(X)$, $\nu \in \mathcal{P}(Y)$ 和一个代价函数 $c : X \times Y \to [0, +\infty]$, 求解

$$(\mathrm{KP}) \quad \inf\left\{K(\gamma) := \int_{X \times Y} c(x, y) d\gamma(x, y) : \gamma \in \Pi(\mu, \nu)\right\},$$

其中联合概率测度 γ 属于传输方案空间

$$\Pi(\mu, \nu) := \{\gamma \in \mathcal{P}(X \times Y) : (\pi_x)_{\#}\gamma = \mu, (\pi_y)_{\#}\gamma = \nu\}. \qquad \blacklozenge$$

如果有一个最优传输映射为 $T : X \times Y$, 则最优传输方案 γ 有如

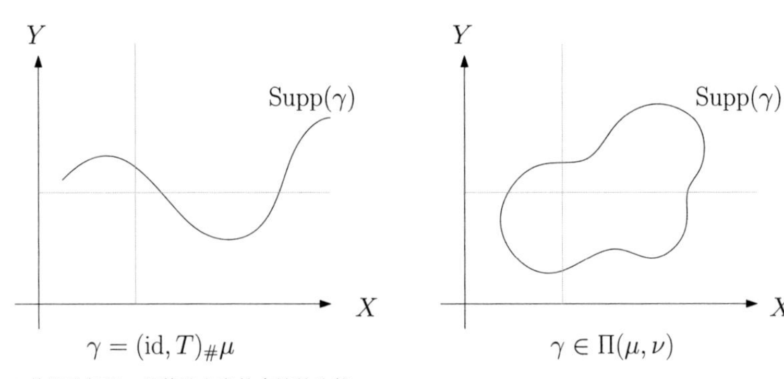

图 1.8 传输映射和一般传输方案的支撑的比较.

下形式

$$\gamma = (\mathrm{id}, T)_{\#}\mu.$$

一个传输映射不能分解质量, 因此给定离散的 μ 和 ν, 可能不存在任何传输映射:

$$\mu = \delta(x - x_0), \quad \nu = \frac{1}{n}\sum_{i=1}^{n}\delta(y - y_i).$$

但传输方案总是存在的, 例如 $\mu \otimes \nu \in \Pi(\mu, \nu)$, 因此, Kantorovich 问题是 Monge 问题的一个弱化和推广.

1.2.1 空间、弱收敛和连续性

定义 1.16 (可分空间) 拓扑空间 $\mathcal{X}$ 称为可分的, 如果它包含可数个稠密子集; 即空间 $\mathcal{X}$ 中存在一个序列 $\{x_n\}_{n=1}^{\infty}$, 使得空间 $\mathcal{X}$ 的任何非空开子集, 都包含该序列的至少一个元素. ♦

定义 1.17 (紧空间) 一个度量空间 $\mathcal{X}$ 是紧的, 若对任意序列 $\{x_n\}$, 都可以找出一个收敛子列 $\{x_{n_k}\}$, $x_{n_k} \to x \in \mathcal{X}$. ♦

空间的范数 (norm) 可以用于定义向量的长度. 一个空间称为完备的 (complete), 如果每一个 Cauchy 列均有极限, 且极限也在空间中.

定义 1.18 (Banach 空间) 一个完备的赋范线性空间称为一个 Banach 空间. ♦

定义 1.19 (对偶空间) 假设 $\mathcal{X}$ 是一个向量空间, 它的对偶空间定义为

$$\mathcal{X}' := \left\{\xi : \mathcal{X} \to \mathbb{R}, \xi \text{ 是一个线性函数}\right\}.$$

配对定义为 $\langle \xi, x\rangle := \xi(x)$. ♦

定义 1.20 (弱收敛) 一个在 Banach 空间 $\mathcal{X}$ 中的序列 $\{x_n\}$ 弱收敛于 x, 记为 $x_n \rightharpoonup x$, 若对任意的 $\xi \in \mathcal{X}'$, 我们有 $\langle \xi, x_n\rangle \to \langle \xi, x\rangle$.

一个在 $\mathcal{X}'$ 中的序列 $\{\xi_n\}$ 称为弱 * 收敛到 ξ, 记为 $\xi_n \overset{*}{\rightharpoonup} \xi$, 若对每一个 $x \in \mathcal{X}$, 我们有 $\langle \xi_n, x\rangle \to \langle \xi, x\rangle$. ♦

下面关于对偶空间的弱收敛定理会经常用到.

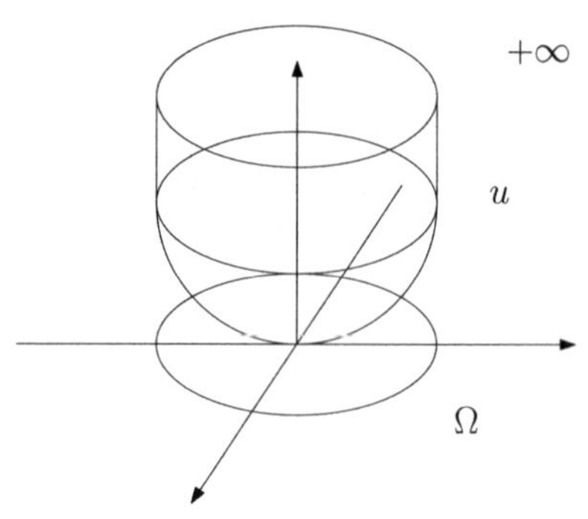

图 1.9 $\Omega \subset \mathbb{R}^n$ 是一个闭凸集. u 在 Ω 上是一个凸函数, u 在 Ω 之外等于 $+\infty$. 则 u 是一个下半连续函数. u 的上境图是一个闭的凸集.

定理 1.7 (Banach-Alaoglu) 若 $\mathcal{X}$ 是可分的 Banach 空间, 并且 $\{\xi_n\}$ 是 $\mathcal{X}'$ 的一个有界点列, 则存在子列 $\{\xi_{n_k}\}$ 弱收敛到某个 $\xi \in \mathcal{X}'$. ♦

可分 Banach 空间的对偶空间 $\mathcal{X}'$ 是紧的.

定义 1.21 (下半连续) 在一个度量空间 $\mathcal{X}$ 上, 一个函数 $f : \mathcal{X} \to \mathbb{R} \cup \{+\infty\}$ 称为下半连续, 若对任意的收敛子列 $\{x_n\}$, $x_n \to x$,

$$f(x) \leqslant \liminf_n f(x_n).$$

其中 $\liminf_{n\to\infty} x_n := \lim_{n\to\infty} (\inf_{m\geqslant n} x_m)$. 如图 1.9 所示，定义在凸集上的广义凸函数是下半连续函数. ♦

类似地, 一函数是上半连续的, 如果

$$f(x) \geqslant \limsup_n f(x_n).$$

一个函数是连续的当且仅当它同时是上和下半连续的. 一个开集上的示性函数是下半连续的, 而闭集上的示性函数是上半连续的 (如图 1.10).

下面的 Weierstrass 定理是证明在紧空间上具有下半连续代价的 KP 有解的关键.

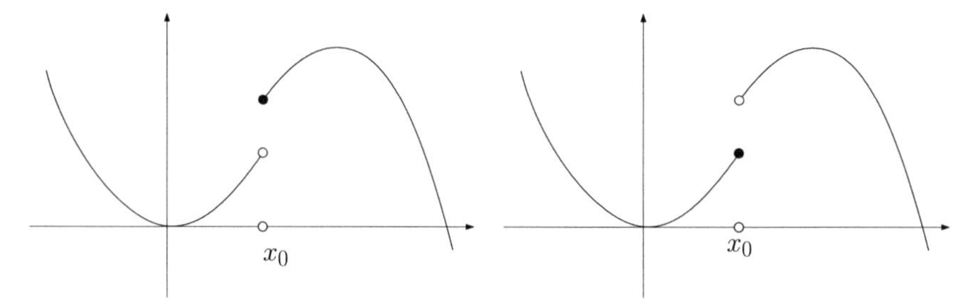

图 1.10 (a) 上半连续函数和 (b) 下半连续函数的对比.

定理 1.8 (Weierstrass) 若 $f: X \to \mathbb{R} \cup \{+\infty\}$ 下半连续, 并且 X 是紧的, 则存在 $\bar{x} \in X$, 满足

$$f(\bar{x}) = \min\{f(x) : x \in X\}. \qquad \blacklozenge$$

1.2.2 $\mathcal{M}(X)$ 和 $C_0(X)$ 间的对偶

定义 1.22 (有限带符号测度) 定义在度量空间 X 上的一个有限带符号测度 λ 是一个映射, 对任意的 Borel 集 $A \subset X$, λ 给 A 指定一个实数 $\lambda(A) \in \mathbb{R}$, 使得对任意的可数不交并 $A = \bigcup_i A_i$, $A_i \cap A_j = \emptyset$ 若 $i \neq j$, 我们有

$$\sum_i |\lambda(A_i)| < +\infty \text{ 并且 } \lambda(A) = \sum_i \lambda(A_i). \qquad \blacklozenge$$

记 $\mathcal{M}(X)$ 为 X 上有限带符号测度的集合. 我们可以定义一个正的有限标量测度 $|\lambda| \in \mathcal{M}_+(X)$,

$$|\lambda|(A) := \sup\left\{\sum_i |\lambda(A_i)| : A = \bigcup_i A_i,\ A_i \cap A_j = \emptyset \text{ 如果 } i \neq j\right\}.$$

定义 1.23 (概率测度) 假设 $\mu \in \mathcal{M}(X)$, μ 是一个概率测度, 当且仅当 μ 是正测度, $\mu \in \mathcal{M}_+(X)$ 并且 $\mu(X) = 1$. 全部的概率测度的集合记为 $\mathcal{P}(X)$. $\blacklozenge$

定义 1.24 假设 X 是一个度量空间, $C_0(X)$ 是 X 上在无穷远处为 0 的连续函数空间. 即, $f \in C_0(X)$ 当且仅当 $f \in C(X)$, 并且对每一个 $\varepsilon > 0$, 都存在一个紧集 $K \subset X$ 在 $X \setminus K$ 上满足 $|f| < \varepsilon$. $C_0(X)$ 的上确界范数定义为

$$\|f\|_\infty := \sup_{x \in X} f(x). \qquad \blacklozenge$$

空间 $C_0(X)$ 在上确界范数 $\|\cdot\|_\infty$ 下是一个 Banach 空间. $C_b(X)$ 是 X 上有界连续函数空间,

$$C_b(X) := \{f \in C(X) : \text{存在某个 } M \text{ 使得 } \forall x \in X, |f(x)| \leqslant M\}.$$

测度空间 $\mathcal{M}(X)$ 的弱收敛, 依赖于对偶空间的定义. 空间 $C_0(X)$ 是 $C_b(X)$ 的闭子集, $C_0(X)$ 和 $C_b(X)$ 皆可以定义成 $\mathcal{M}(X)$ 的对偶空间.

命题 1.6 ($C_b(X)$ 的紧性) 有界连续函数空间 $C_b(X)$ 在上确界范数 $\|\cdot\|_\infty$ 下是一个紧度量空间. ♦

证明 首先设 $\{f_n\}$ 是 $C_b(X)$ 中的一个 Cauchy 列. 对任意 $\varepsilon > 0$, 存在一个 n_0 使得对所有的 $n, m \geqslant n_0$, $\|f_n - f_m\|_\infty < \varepsilon/4$. 特别地, 这意味着对每一个 $x \in X$, $\{f_n(x)\}$ 是 $\mathbb{R}$ 中的一个 Cauchy 列. 由 $\mathbb{R}$ 的紧性, 极限 $\lim_{n\to\infty} f_n(x)$ 存在并且我们可以定义 $f(x) := \lim_{n\to\infty} f_n(x)$. 假设 $f \in C_b(X)$, 通过在上面不等式中取 $m \to \infty$, 我们可以立即得到 $\|f_n - f\|_\infty \leqslant \varepsilon/4 < \varepsilon$, 因此 $f_n \to f \in C_b(X)$.

为了说明 $f \in C_b(X)$, 我们令 $|f_n(x) - f_m(x)| < \varepsilon/4$ 中的 $m \to \infty$, 得到对所有的 x 和 $n \geqslant n_0$ 有 $|f_n(x) - f(x)| \leqslant \varepsilon/4$. 取 $n = n_0$, 我们得到 $|f(x)| \leqslant |f(x) - f_{n_0}(x)| + |f_{n_0}(x)| \leqslant \varepsilon/4 + \|f_{n_0}\|_\infty$, 因此 f 有界. 另一方面, 由于 f_{n_0} 连续, 对每一个 x 我们都可以找到一个 δ 满足当 $d(y,x) < \delta$ 时 $|f_{n_0}(y) - f_{n_0}(x)| < \varepsilon/4$. 由此推出对所有的 y, $d(y,x) < \delta$,

$$|f(y)-f(x)| \leqslant |f(y)-f_{n_0}(y)|+|f_{n_0}(y)-f_{n_0}(x)|+|f_{n_0}(x)-f(x)| \leqslant \frac{3}{4}\varepsilon < \varepsilon.$$

因此 f 连续, 即 $f \in C_b(X)$. 这里 $C_b(X)$ 上的度量由上确界范数给出, $d(f,g) = \|f - g\|_\infty$. ■

从证明中我们可以看出 $C_b(X)$ 的紧性继承于 $\mathbb{R}$ 的紧性, 所以底空间 X 在这方面没有起到任何作用.

定理 1.9 (Riesz 表示) 假设 X 是一个可分且局部紧的度量空间. 令 $\mathcal{X} = C_0(X)$, 则对于每一个元素 $\xi \in \mathcal{X}'$, 存在唯一的 $\lambda \in \mathcal{M}(X)$, 使得

$$\langle \xi, \varphi \rangle = \int \varphi d\lambda$$

对每一个 $\varphi \in \mathcal{X}$ 都成立; 更进一步, $\mathcal{X}'$ 同构于 $\mathcal{M}(X)$, $\mathcal{X}'$ 中的范数定义为

$$\|\lambda\| := |\lambda|(X), \quad \forall \lambda \in \mathcal{M}(X) \cong \mathcal{X}'.$$ ♦

这一定理揭示 $C_0(X)$ 与 $\mathcal{M}(X)$ 的对偶性.

定义 1.25 (带符号测度的弱 * 收敛) 考察 $\mathcal{M}(X)$ 中的一个带符号测度序列 $\{\mu_n\}$, 我们称其在关于 $C_0(X)$ 的对偶意义下收敛, 当且仅当对

每一个 $\varphi \in C_0(X)$ 都有

$$\int \varphi d\mu_n \to \int \varphi d\mu.$$

这时我们也称序列 $\{\mu_n\}$ 弱 * 收敛于 μ, 记为 $\mu_n \stackrel{*}{\rightharpoonup} \mu$. ♦

在关于 $C_b(X)$ 的对偶意义下的收敛概念可以类似定义. 如果 X 是紧的, 则 $C_0(X) = C_b(X) = C(X)$, 两个收敛的概念相同.

1.2.3 紧空间上连续代价函数的 Kantorovich 问题

对紧度量空间上的连续代价函数的 Kantorovich 问题 (KP), 我们将用 Weierstrass 定理 1.8 来证明其解的存在性.

定理 1.10 (KP 解存在性) 假设 X 和 Y 为紧度量空间, $\mu \in \mathcal{P}(X)$, $\nu \in \mathcal{P}(Y)$, 代价函数 $c: X \times Y \to \mathbb{R}$ 连续, 则 Kantorovich 问题 (KP) 1.2 存在一个解. ♦

证明 我们只需要说明集合 $\Pi(\mu,\nu)$ 是紧的, $\gamma \mapsto K(\gamma) = \int c d\gamma$ 是连续的, 然后再应用 Weierstrass 定理.

我们应用概率测度在关于 $C_b(X \times Y)$ 对偶意义下的收敛概念. 因为 X 和 Y 是紧的, 所以 $C_b(X \times Y)$ 和 $C(X \times Y)$ 或者 $C_0(X \times Y)$ 相同. 考虑一个序列 $\{\mu_n\} \in \Pi(\mu,\nu) \subset \mathcal{M}(X \times Y)$, $\mu_n \rightharpoonup \mu$, 则通过弱收敛性的定义 1.20, 对任意的 $\varphi \in C(X \times Y)$,

$$\lim_{n\to\infty} \langle \mu_n, \varphi \rangle = \lim_{n\to\infty} \int_{X \times Y} \varphi d\mu_n = \langle \mu, \varphi \rangle = \int_{X \times Y} \varphi d\mu.$$

因为 $c \in C(X \times Y)$, 我们用 c 代替 φ 得到

$$\lim_{n\to\infty} \langle c, \mu_n \rangle = \langle c, \mu \rangle,$$

也就是说

$$\lim_{n\to\infty} K(\mu_n) = \lim_{n\to\infty} \int_{X \times Y} c d\mu_n = \int_{X \times Y} c d\mu = K(\mu).$$

因此 K 是连续的.

为了证明 $\Pi(\mu,\nu)$ 的紧性, 我们取一序列 $\{\gamma_n\} \subset \Pi(\mu,\nu)$, 它们是概率测度, 所以其总测度为 1, 因此它们在 $\mathcal{M}(X \times Y)$ 中是有界的. 因为 $\mathcal{M}(X \times Y)$ 对偶于 $C(X \times Y)$, 这是一个可分 Banach 空间 (X 和 Y 的

紧性表明 $C(X\times Y)$ 是可分的). 由 Banach-Alaoglu 定理 1.7, 对偶空间 $\mathcal{M}(X\times Y)$ 的弱 * 紧性保证了 $\{\gamma_n\}$ 存在一个收敛子列 $\{\gamma_{n_k}\}$, 收敛极限为 γ, $\gamma_{n_k}\rightharpoonup\gamma$. 我们需要检查一下 $\gamma\in\Pi(\mu,\nu)$. 固定 $\varphi\in C(X)$, 并对 $\int\varphi(x)d\gamma_{n_k}=\int\varphi d\mu$ 求极限, 这给出 $\int\varphi(x)d\gamma=\int\varphi d\mu$. 由此可见 $(\pi_x)_\#\gamma=\mu$. 同理可证 $(\pi_y)_\#\gamma=\nu$, 因此 $\gamma\in\Pi(\mu,\nu)$. (连续映射保持弱收敛性, 由 $\gamma_{n_k}\rightharpoonup\gamma$ 推出 $(\pi_x)_\#\gamma_{n_k}\rightharpoonup(\pi_x)_\#\gamma$, 因此 $\mu=(\pi_x)_\#\gamma$.)

由 Weierstrass 定理, 在紧集 $\Pi(\mu,\nu)$ 上, 连续泛函 $K(\gamma)$ 存在极小解 $\bar{\gamma}$, 则 $\bar{\gamma}$ 为 Kantorovich 问题的一个解. ■

1.2.4 紧空间下半连续代价函数的 Kantorovich 问题

我们将连续代价函数推广为下半连续代价函数, 来证明紧空间下半连续代价函数的 Kantorovich 问题解的存在性.

定义 1.26 (Lipschitz 函数) 若一个函数 f 满足

$$|f(x)-f(y)|\leqslant k|x-y|$$

对所有的 x 和 y 成立, 其中 k 是不依赖 x 和 y 的常数, 则 f 被称为一个 k-Lipschitz 函数. ♦

例如, 任何一阶导数有界的函数一定是 Lipschitz 的. Lipschitz 函数具有如下性质.

引理 1.13 任何 k-Lipschitz 函数族的下确界和上确界都是 k-Lipschitz. ♦

证明 假设 $\{f_i:X\to\mathbb{R}\}$ 是一族 k-Lipschitz 函数, 然后我们说明 $\inf_i f_i$ 也是 k-Lipschitz. 对于任意 x 和 y, 我们有 $|f_i(x)-f_i(y)|\leqslant kd(x,y)$, 因此 $f(x)=\inf_i f_i(x)\leqslant f_i(x)\leqslant kd(x,y)+f_i(y)$, 右侧取下确界, 我们得到 $f(x)\leqslant kd(x,y)+f(y)$. 因为 x 和 y 是对称的, 我们有 $f(y)\leqslant kd(x,y)+f(x)$. 这说明 f 是 k-Lipschitz. 类似地, 我们可以说明 $\sup_i f_i$ 也是 k-Lipschitz. ■

Rademacher 定理 1.3 保证 Lipschitz 函数几乎处处可微: 设 $f:\mathbb{R}^d\to\mathbb{R}$ 是一个 Lipschitz 连续函数, 则 f 关于 Lebesgue 测度不可微的点集是零测度.

定理 1.11 假设函数 $f : X \to \mathbb{R} \cup \{+\infty\}$ 下有界, 则 f 是下半连续函数当且仅当存在一个 k-Lipschitz 函数序列 $\{f_k\}$, 对每一个 $x \in X$, 满足 $f_k(x)$ 单调递增收敛于 $f(x)$. ♦

证明 一个方向的证明比较容易. 因为函数 f_k 是连续的, 因此它是下半连续的, 并且 f 是 $\{f_k\}$ 的上确界, 所以根据定理 1.12, f 也是下半连续的.

另一个方向的证明则较复杂. 给定 f 下半连续且下有界, 我们定义

$$f_k(x) := \inf_y \{f(y) + kd(x, y)\}. \tag{1.24}$$

因为 $x \mapsto f(y) + kd(x, y)$ 是 k-Lipschitz, 由引理 1.13, f_k 是 k-Lipschitz. 如图 1.11 所示, 红线描述的是固定 y 时的 $f(y) + kd(x, y)$, f_k 是灰色区域的下包络.

固定 x, 序列 $\{f_k(x)\}$ 是递增的, 并且我们有 $\inf f \leqslant f_k(x) \leqslant f(x)$. 我们只需要证明 $l := \lim_k f_k(x) = \sup_k f_k(x) = f(x)$. 用反证法, 假设 $l < f(x)$, 则 $l < f(x) \leqslant +\infty$. 对每一个 k, 由 $f_k(x)$ 在等式 (1.24) 中的定义, 对于任意的 ε, 存在一个 y_ε, 满足

$$f(y_\varepsilon) + kd(x, y_\varepsilon) < \inf_y \{f(y) + kd(x, y)\} + \varepsilon = f_k(x) + \varepsilon.$$

设 $\varepsilon = 1/k$, 则我们可以找到 y_ε, 记为 y_k, 于是便有 $f(y_k) + kd(y_k, x) < f_k(x) + 1/k$. 我们得到

$$d(y_k, x) \leqslant \frac{f_k(x) + 1/k - f(y_k)}{k} \leqslant \frac{l + 1/k - f(y_k)}{k} \leqslant \frac{C}{k},$$

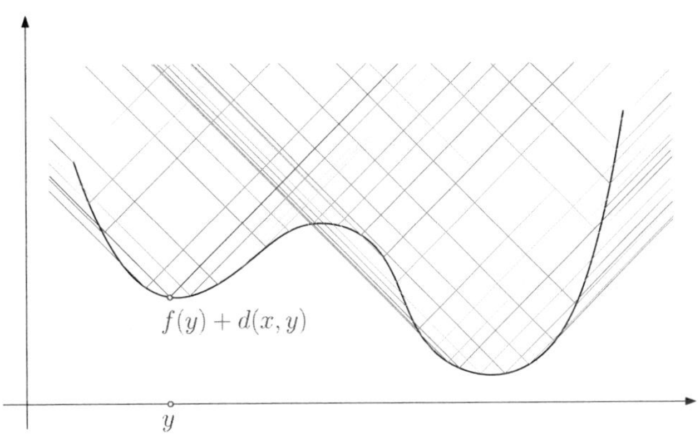

彩 图

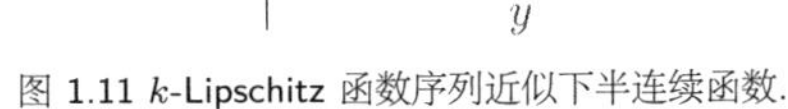
图 1.11 k-Lipschitz 函数序列近似下半连续函数.

这是由于 f 下有界和 $l < f(x) \leqslant +\infty$. 因此, $k \to \infty$ 推出 $d(y_k, x) \to 0$, 我们得到 $y_k \to x$. 然而由上面不等式我们有

$$f_k(x) + 1/k - f(y_k) \geqslant kd(y_k, x) \geqslant 0,$$

即 $f_k(x) + 1/k \geqslant f(y_k)$, 并且得到 $\lim_k f_k(x) \geqslant \liminf_k f(y_k) \geqslant f(x)$, 这就证明了 $l \geqslant f(x)$. 这和假设矛盾, 因此 $l = f(x)$. 最后, 通过取 f_k 等于 $\min\{f_k, k\}$ 可以使函数 f_k 有界. ■

我们说明下半连续函数的上确界也是下半连续. (下半连续函数上包络也是下半连续函数.)

定理 1.12 若 $\{f_\alpha\}$ 是 X 上的任意一族下半连续函数, 则 $f = \sup_\alpha f_\alpha$ (即 $f(x) := \sup_\alpha f_\alpha(x)$) 也是下半连续. ♦

证明 取 $x_n \to x$ 并且

$$f_\alpha(x) \leqslant \liminf_n f_\alpha(x_n) \leqslant \liminf_n f(x_n),$$

左侧关于 α 取上确界, 得到 $f(x) \leqslant \liminf_n f(x_n)$.

也可用上境图来验证同样的事实: 一个函数是下半连续的当且仅当它的上境图 $\{(x,t) : t \geqslant f(x)\} \subset X \times \mathbb{R}$ 是闭的, 并且上确界的上境图是所有上境图的交集. ■

基于下半连续函数可以由 Lipschitz 函数近似, 下半连续函数的上确界也为下半连续, 我们可以证明下面的引理.

引理 1.14 定义在度量空间 X 上的函数 $f : X \to \mathbb{R} \cup \{+\infty\}$ 下半连续且是下有界的, 则 $J(\mu) := \int f d\mu$ 是定义于 X 上的正测度的泛函 $J : \mathcal{M}_+(X) \to \mathbb{R} \cup \{+\infty\}$, 这个泛函就测度的弱收敛而言是下半连续的. ♦

证明 根据定理 1.11, 存在连续有界函数序列 $\{f_k\}$, 单调递增收敛于 f, 则

$$J(\mu) = \sup_k J_k(\mu) := \int f_k d\mu,$$

$J_k \leqslant J$ 并且对于任意 μ, $J_k(\mu)$ 单调收敛于 $J(\mu)$, $J_k(\mu) \to J(\mu)$.

由 Banach-Alaoglu 定理 1.7 和在 $\mathcal{M}(X)$ 和 $C(X)$ 对偶意义下的弱

收敛性定义, 可得每一个 J_k 就测度的弱收敛而言都是连续的. J 是连续泛函 J_k 的上确界, 由定理 1.12, J 也是下半连续的. ■

下面, 我们将证明 KP 解的存在性, 并从连续代价函数的情形推广到下半连续代价函数的情形.

定理 1.13 (下半连续代价函数 Kantorovich 问题的解) 设 X 和 Y 是紧的度量空间, $\mu \in \mathcal{P}(X)$ 且 $\nu \in \mathcal{P}(Y)$, $c : X \times Y \to \mathbb{R} \cup \{+\infty\}$ 下半连续且下有界. 则 Kantorovich 问题 1.2 存在一个解. ♦

证明 相比于定理 1.10 的证明, 唯一的不同在于 $K(\gamma)$ 不再是连续的; $K(\gamma)$ 关于概率测度的弱收敛是下半连续的. 将引理 1.14 应用于定义在 $X \times Y$ 空间的函数 $f = c(x, y)$ 即可得出. ■

1.2.5 Polish 空间下半连续代价函数 Kantorovich 问题的解

我们进一步推广在非紧 Polish 空间上半连续代价函数的 Kantorovich 问题解的存在性, 核心工具是 Prokhorov 定理 1.14.

定义 1.27 (Polish 空间) 一个完备的可分度量空间 X 称为 Polish 空间. ♦

定义 1.28 (紧概率测度) 在 X 上的一个概率测度列 $\{\mu_n\}$ 称为紧的 (tight), 若对每一个 $\varepsilon > 0$, 都存在一个紧子集 $K \subset X$, 满足对任意的 n, 有 $\mu_n(X \setminus K) < \varepsilon$. ♦

定理 1.14 (Prokhorov) 设 $\{\mu_n\}$ 是 Polish 空间上的一个紧概率测度序列, 则存在 $\mu \in \mathcal{P}(X)$ 和子序列 $\{\mu_{n_k}\}$ 在关于 $C_b(X)$ 对偶意义下收敛到 μ, $\mu_{n_k} \rightharpoonup \mu$. 相反, 每一个收敛序列 $\{\mu_n\}$, $\mu_n \rightharpoonup \mu$ 必然是紧的. ♦

证明 对每一个紧集 $K \subset X$, 在上确界范数下空间 $C(K)$ 是 Banach 空间, $\mu_n(K)$ 以 1 为上界, 由 Banach-Alaoglu 定理 1.7, $\{\mu_n\}$ 在 K 上的限制 $\{(\mu_n)|_K\}$ 有一个子列在与 $C(K)$ 对偶的意义下收敛. 由 $\{\mu_n\}$ 的紧性 (tightness) 得到, 存在一个递增紧集序列 K_i, 对每一个 i 和 n, 满足 $\mu_n(K_i^c) < \varepsilon_i = 1/i$. 通过对角线, 可以提取一个子列 $\{\mu_{n_k}\}$, 满足 $(\mu_{n_k})|_{K_i} \rightharpoonup \nu_i$ (随着 $n \to \infty$ 在关于 $C(K_i)$ 对偶的意义下弱收敛). 测度

ν_i 随着 i 递增, 由此定义了测度 $\mu = \sup_i \nu_i$, 即

$$\mu(A) := \sup_i \nu_i(A \cap K_i).$$

为了证明 $\mu_{n_k} \rightharpoonup \mu$, 取 $\varphi \in C_b(X)$,

$$\int_X \varphi d(\mu_{n_k} - \mu) \leqslant 2\varepsilon_i + \int_{K_i} \varphi d(\mu_{n_k} - \nu_i),$$

这允许我们证明收敛性. 为了证明 $\mu \in \mathcal{P}(X)$, 我们只需要验证 $\mu(X) = 1$, 这只需令 $\varphi \equiv 1$ 即可. ■

定理 1.15 (Polish 空间下半连续代价函数的 KP 解) 设 X 和 Y 是 Polish 空间, 即完备可分度量空间, $\mu \in \mathcal{P}(X)$ 和 $\nu \in \mathcal{P}(Y)$, 且 $c: X \times Y \to [0, +\infty]$ 下半连续, 则 Kantorovich 问题 1.2 有一个解. ♦

证明 主要困难在于缺少紧性 (compactness), 我们用 Prokhorov 定理来说明在 $\Pi(\mu, \nu)$ 中的任意序列都是测度紧的 (tight)①, 从而克服这个困难. 固定 $\varepsilon > 0$, 找到两个紧 (compact) 集 $K_X \subset X$ 和 $K_Y \subset Y$ 满足

$$\mu(X \setminus K_X) < \frac{1}{2}\varepsilon, \quad \nu(Y \setminus K_Y) < \frac{1}{2}\varepsilon,$$

Prokhorov 定理的逆命题决定这是可行的, 因为单个测度一定是紧的. 然后集合 $K_X \times K_Y$ 在 $X \times Y$ 中是紧的, 并且对任意 $\gamma_n \in \Pi(\mu, \nu)$, 我们有

$$\begin{aligned}\gamma_n((X \times Y) \setminus (K_X \times K_Y)) &\leqslant \gamma_n((X \setminus K_X) \times Y) + \gamma_n(X \times (Y \setminus K_Y)) \\ &= \mu(X \setminus K_X) + \nu(Y \setminus K_Y) < \varepsilon.\end{aligned}$$

这验证了 $\{\gamma_n\}$ 的紧性, 由此得到 $\Pi(\mu, \nu)$ 中的所有序列的紧性. 由引理 1.14 得到 $K(\gamma)$ 的下半连续性. 由 $\Pi(\mu, \nu)$ 的紧性和 $K(\gamma)$ 的下半连续性, Weierstrass 定理 1.8 保证了 KP 解的存在性. ■

①此处须区分 tight 和 compact, tight 是指概率测度性质, compact 是指集合性质.

第二章 对偶理论

本章讨论最优传输的对偶理论, 以及对偶理论与 Kantorovich 理论的等价性.

2.1 对偶问题

Kantorovich 问题 (KP) 将 Monge 问题 (MP) 转化为在凸约束下的线性优化问题, $\min \int c d\gamma$, 约束包括 $(\pi_x)_\# \gamma = \mu$, $(\pi_y)_\# \gamma = \nu$ 和 γ 非负, 这些约束可以用线性等式和不等式来分别表示. 更进一步, 通过上下确界互换, 我们可以将 Kantorovich 问题转换成对偶问题 (dual problem), 这可以提供更为深刻的洞察和更为有效的计算方法. 详尽证明可以参看 Brezis [16] 和 Santambrogio [72].

2.1.1 广义 Lagrange 乘子法

考虑约束 $\gamma \in \Pi(\mu, \nu)$, 假设 $\gamma \in \mathcal{M}_+(X \times Y)$, 则我们有

$$\sup_{\varphi,\psi} \int_X \varphi d\mu + \int_Y \psi d\nu - \int_{X\times Y} (\varphi(x) + \psi(y)) d\gamma = \begin{cases} 0, & \gamma \in \Pi(\mu,\nu), \\ +\infty, & \gamma \notin \Pi(\mu,\nu), \end{cases} \tag{2.1}$$

这里上确界取遍所有有界连续函数 $\varphi \in C_b(X)$ 并且 $\psi \in C_b(Y)$. 我们将其作为广义 Lagrange 乘子代入 Kantorovich 问题之中, 将 KP 重写为

$$\min_\gamma \int_{X\times Y} c d\gamma + \sup_{\varphi,\psi} \int_X \varphi d\mu + \int_Y \psi d\nu - \int_{X\times Y} (\varphi(x) + \psi(y)) d\gamma. \tag{2.2}$$

在适当条件下, 例如 Rockafellar 条件 ([70], 第 37 节), 我们可以交换上下确界, 如此得到:

$$\sup_{\varphi,\psi} \int_X \varphi d\mu + \int_Y \psi d\nu + \inf_\gamma \int_{X\times Y} (c(x,y) - (\varphi(x) + \psi(y))) d\gamma. \tag{2.3}$$

我们可以将 γ 的下确界作为 φ 和 ψ 的一个约束, 从而进一步变形:

$$\inf_{\gamma\geqslant 0}\int_{X\times Y}(c-\varphi\oplus\psi)d\gamma=\begin{cases}0, & \varphi\oplus\psi\leqslant c \text{ 在 } X\times Y \text{ 上},\\ -\infty, & \varphi\oplus\psi>c,\end{cases}$$

其中函数 $\varphi\oplus\psi$ 定义为

$$\varphi\oplus\psi(x,y):=\varphi(x)+\psi(y). \tag{2.4}$$

这一约束可以如下理解: 假若存在一个区域 $\varphi\oplus\psi>c$, 则将测度 γ 集中在严格不等式成立的集合上, 则此区域的测度趋于 ∞, 而积分则趋于 $-\infty$. 这样, Kantorovich 优化问题被转化为对偶优化问题.

问题 2.1 (对偶) 给定 $\mu\in\mathcal{P}(X)$ 和 $\nu\in\mathcal{P}(Y)$, 损失函数 $c:X\times Y\to[0,+\infty)$, 我们考虑以下问题

$$\text{(DP)}\quad \max\left\{\int_X\varphi d\mu+\int_Y\psi d\nu:\varphi\in C_b(X),\psi\in C_b(Y),\ \varphi\oplus\psi\leqslant c\right\}.\quad \blacklozenge \tag{2.5}$$

对所有可容许的函数对 (φ,ψ), 我们有不等式 $\varphi\oplus\psi\leqslant c$; 对每个可容许的测度 γ, 我们有

$$\int_X\varphi d\mu+\int_Y\psi d\nu=\int_{X\times Y}\varphi\oplus\psi d\gamma\leqslant\int_{X\times Y}cd\gamma.$$

由此得到

$$\sup DP\leqslant\min KP. \tag{2.6}$$

对偶问题解的存在性证明并不直截了当, 因为可容许函数集缺少紧致性, 即空间

$$\{\varphi\in C_b(X),\psi\in C_b(Y),\varphi\oplus\psi\leqslant c\}$$

是非紧的.

2.1.2 连续函数空间的紧致性

这一节, 我们讨论连续函数空间的紧致性.

定义 2.1 (等度连续) 假设 X 是一个紧度量空间, 函数序列 $\{f_n:X\to\mathbb{R}\}$ 被称为等度连续 (equicontinuous), 如果对每个 $\varepsilon>0$, 都存在

一个公共 $\delta>0$, 且对所有的 $x,y\in X$, 如果 $d(x,y)<\delta$, 对所有 n 都有 $|f_n(x)-f_n(y)|<\varepsilon$. ♦

定义 2.2 (一致有界) 假设 X 是紧度量空间, 函数序列 $\{f_n: X\to\mathbb{R}\}$ 被称为一致有界 (uniform boundedness), 如果存在一个公共常数 C, 对所有的 $x\in X$ 和 n, 都有 $|f_n(x)|\leqslant C$. ♦

定义 2.3 (一致收敛) 假设 X 是紧度量空间, 且 $\{f_n\}$ 是该空间上的实值函数. 我们说序列 $\{f_n\}$ 在 X 一致收敛 (uniform convergence) 到极限 $f: X\to\mathbb{R}$, 如果对于每个 $\varepsilon>0$, 都存在一个自然数 N, 使得对所有的 $n\geqslant N$ 和所有的 $x\in X$, 都有 $|f_n(x)-f(x)|<\varepsilon$. ♦

定理 2.1 (Ascoli-Arzela) 如果 X 是一个紧度量空间, 且 $\{f_n: X\to\mathbb{R}\}$ 是等度连续和一致有界的, 则序列 $\{f_n\}$ 有一个子序列 $\{f_{n_k}\}$ 一致收敛到连续函数 $f: X\to\mathbb{R}$. 反之, $C(X)$ 的一个子集就一致收敛而言是相对紧致的, 当且仅当其元素是等度连续和一致有界的. ♦

如果目标空间 $\mathbb{R}$ 和一致有界的假设被一个紧度量空间替换, 则对应的 Ascoli-Arzela 定理依然成立.

2.1.3 c-变换

定义 2.4 (c-变换) 给定一个函数 $\chi: X\to\bar{\mathbb{R}}$, 我们定义它的 c-变换 (c-共轭) 为 $\chi^c: Y\to\bar{\mathbb{R}}$,

$$\chi^c(y):=\inf_{x\in X} c(x,y)-\chi(x), \tag{2.7}$$

其中 $\bar{\mathbb{R}}:=\mathbb{R}\cup\{+\infty\}\cup\{-\infty\}$. ♦

类似地, $\xi: Y\to\bar{\mathbb{R}}$ 的 $\bar{c}$-变换定义为

$$\xi^{\bar{c}}(x):=\inf_{y\in Y} c(x,y)-\xi(y). \tag{2.8}$$

定义 2.5 (c-凹函数) 称 X 上的一个函数 $\varphi: X\to\bar{\mathbb{R}}$ 是 c-凹 (c-concave) 的, 如果有 $\xi: Y\to\bar{\mathbb{R}}$ 使得 $\varphi=\xi^{\bar{c}}$. 类似地, 一个函数 $\psi: Y\to\bar{\mathbb{R}}$ 是 $\bar{c}$-凹的, 如果存在 $\chi: X\to\bar{\mathbb{R}}$, 使得 $\psi=\chi^c$. 我们将 c-凹和 $\bar{c}$-凹的函数集分别记作 c-conc(X) 和 $\bar{c}$-conc(Y). ♦

命题 2.1 假设传输代价 c 为实值函数, 对于任意 $\varphi:\mathbb{R}^d\to\mathbb{R}\cup\{-\infty\}$,

我们有 $\varphi^{c\bar{c}} \geqslant \varphi$. 等式 $\varphi = \varphi^{c\bar{c}}$ 成立, 当且仅当 φ 是 c-凹的; 在通常情况下, $\varphi^{c\bar{c}}$ 是大于 φ 的最小 c-凹函数. ♦

证明 由定义

$$\varphi^{c\bar{c}}(x) = \inf_y c(x,y) - \varphi^c(y) = \inf_y \{c(x,y) - \inf_{\tilde{x}}[c(\tilde{x},y) - \varphi(\tilde{x})]\},$$

因为 $\inf_{\tilde{x}} c(\tilde{x},y) - \varphi(\tilde{x}) \leqslant c(x,y) - \varphi(x)$, 因此有

$$\varphi^{c\bar{c}} \geqslant \inf_y \{c(x,y) - c(x,y) + \varphi(x)\} = \varphi(x).$$

同理, 我们得到 $\zeta^{\bar{c}c} \geqslant \zeta$ 对于任意 $\zeta : Y \to \mathbb{R} \cup \{-\infty\}$ 都成立.

如果 φ 是 c-凹的, 那么 $\varphi = \zeta^{\bar{c}}$,

$$\varphi = \zeta^{\bar{c}} \Rightarrow \varphi^c = \zeta^{\bar{c}c} \geqslant \zeta \Rightarrow \varphi^{c\bar{c}} \leqslant \zeta^{\bar{c}} = \varphi.$$

我们得到 $\varphi^{c\bar{c}} \leqslant \varphi$, 因此 $\varphi^{c\bar{c}} = \varphi$.

最终我们可以证明对于任意 φ, 函数 $\varphi^{c\bar{c}}$ 是大于 φ 的最小 c-凹函数. 为了证明这点, 任取 c-凹函数 $\tilde{\varphi} = \chi^{\bar{c}}$, 假设 $\tilde{\varphi} \geqslant \varphi$, 然后考虑

$$\chi^{\bar{c}} \geqslant \varphi \Rightarrow \chi^{\bar{c}c} \leqslant \varphi^c \Rightarrow \chi \leqslant \varphi^c \Rightarrow \tilde{\varphi} = \chi^{\bar{c}} \geqslant \varphi^{c\bar{c}},$$

这就证明了期望得到的不等式. ■

由此可以推出下面的引理.

引理 2.1 给定一个定义在度量空间 X 上的函数 $\varphi : X \to \bar{\mathbb{R}}$, 则 $\varphi^{c\bar{c}c} = \varphi^c$. ♦

定义 2.6 (连续模) 一个连续函数 $f : X \to \mathbb{R}$ 的连续模为

$$\omega(\delta, f) := \sup_{d(x,y) \leqslant \delta} |f(x) - f(y)|. \quad ♦$$

连续模满足以下条件:

$$\lim_{\delta \to 0} \omega(\delta, f) = 0, \tag{2.9}$$

当且仅当 f 是一致连续的. 给定一个函数族 $\{f_\alpha\}$, 所有 f_α 具有共同的连续模, 则 $\{f_\alpha\}$ 是等度连续的. 连续模的定义可以拓展到度量空间 (X, d_X) 和 (Y, d_Y) 之间的映射 f, 只需设定

$$\omega(\delta, f) := \sup_{d_X(x,y) \leqslant \delta} d_Y(f(x), f(y)).$$

c-凹性可以界定连续模.

命题 2.2 (下确界保持连续模) 假设 $\{f_\alpha\}_\alpha$ 为一个函数族, 每个 f_α 都满足同样条件

$$|f_\alpha(x) - f_\alpha(x')| \leqslant \omega(d(x, x')).$$

考虑下确界 f 定义为 $f(x) := \inf_\alpha f_\alpha(x)$, 则 f 也满足同样的估计. ♦

证明 对每个 α 有

$$f_\alpha(x) \leqslant f_\alpha(x') + \omega(d(x, x')),$$

由 $f(x) \leqslant f_\alpha(x)$, 取右边的下确界, 可得

$$f(x) \leqslant f(x') + \omega(d(x, x')),$$

则有

$$|f(x) - f(x')| \leqslant \omega(d(x, x')).$$ ■

如果 $c : X \times Y \to \mathbb{R}$ 在紧集上连续且有限, 即一致连续, 则连续模是一个递增连续函数 $\omega : \mathbb{R}_+ \to \mathbb{R}_+$, 满足 $\omega(0) = 0$, 使得

$$|c(x, y) - c(x', y')| \leqslant \omega(d(x, x') + d(y, y')). \tag{2.10}$$

引理 2.2 (c-变换保持连续模) χ^c 的连续模为等式 (2.10) 中的 ω. ♦

证明 由 c-变换的定义可知,

$$\chi^c(y) = \inf_x g_x(y), \quad g_x(y) := c(x, y) - \chi(x).$$

对每个 $x \in X$,

$$\begin{aligned}|g_x(y) - g_x(y')| &= |(c(x, y) - \chi(x)) - (c(x, y') - \chi(x))| \\ &= |c(x, y) - c(x, y')| \leqslant \omega(d(y, y')),\end{aligned}$$

由命题 2.2, $\chi^c(y)$ 是 $\{g_x(y)\}$ 的下确界, 具有同样的连续模 ω. ■

定理 2.2 (紧致空间连续代价函数的对偶问题) 假设 X 和 Y 是紧的, 且 $c : X \times Y \to \mathbb{R}$ 是连续的. 则对偶问题 (DP) 存在一个解 (φ, ψ), 其中 $\varphi \in c\text{-conc}(X)$, $\psi \in \bar{c}\text{-conc}(Y)$, 且 $\psi = \varphi^c$. 特别地,

$$\max(\text{DP}) = \max_{\varphi \in c\text{-conc}(X)} \int_X \varphi d\mu + \int_Y \varphi^c d\nu. \quad ♦ \tag{2.11}$$

证明 取一个极大化序列 (φ_n,ψ_n) 如下: 初始函数 $\varphi_1\in C(X)$, 令 $\psi_1(y):=\varphi_1^c$, 得到 (φ_1,ψ_1). 然后令 $\varphi_2=\psi_1^{\bar{c}}$, $\psi_2=\varphi_2^c$, 得到 (φ_2,ψ_2). 在第 n 步, 令 $\varphi_n=\psi_{n-1}^{\bar{c}}$, $\psi_n=\varphi_n^c$, 得到 (φ_n,ψ_n). 我们需要证明 $\{\varphi_n\}$ 和 $\{\psi_n\}$ 是等度连续和一致有界的.

由引理 2.2, $\{\varphi_n\}$ 和 $\{\psi_n\}$ 都有与代价函数相同的连续模 ω, 所以这两个序列都是等度连续的.

我们可以在 φ 上加一个常数, 在 ψ 减去相同的常数, 则 $\varphi\oplus\psi=(\varphi+\lambda)\oplus(\psi-\lambda)$, 因为 $\mu(X)=\nu(Y)$, 对任意常数 λ, 我们有

$$\int_X\varphi d\mu+\int_Y\psi d\nu=\int_X(\varphi+\lambda)d\mu+\int_Y(\psi-\lambda)d\nu.$$

因此, 我们可以假设 $\min_{x\in X}\varphi_n(x)=0$, 则 $\varphi_n(x)\leqslant\omega(\operatorname{diam}X)$, 其中 $\operatorname{diam}X$ 是 X 的直径, 由此 $\{\varphi_n\}$ 是一致有界的. 因为 ψ_n 是 φ_n 的 c-变换,

$$\psi_n(y)=\inf_x c(x,y)-\varphi_n(x)\in[\min c(x,y)-\omega(\operatorname{diam}X),\max c(x,y)+0],$$

因此 $\{\psi_n\}$ 也是一致有界的. 由 Ascoli-Arzela 定理 2.1, 可得 $\{\varphi_n\}$ 一致收敛到 φ, $\varphi_n\to\varphi$, $\{\psi_n\}$ 一致收敛到 ψ, $\psi_n\to\psi$.

由 $\{\varphi_n\}$ 的一致收敛性, 对任意的 $\varepsilon>0$, 都存在一个自然数 N, 使得对任意 $n>N$ 和 $x\in X$, 都有 $|\varphi_n(x)-\varphi(x)|<\varepsilon$, 因此

$$\left|\int_X\varphi_n d\mu-\int_X\varphi d\mu\right|\leqslant\int_X|\varphi_n-\varphi|d\mu\leqslant\varepsilon\mu(X).$$

这表明

$$\int_X\varphi_n d\mu+\int_Y\psi_n d\nu\to\int_X\varphi d\mu+\int_Y\psi d\nu.$$

由逐点收敛可知,

$$\varphi_n(x)+\psi_n(y)\leqslant c(x,y)\quad\text{推得}\quad\varphi(x)+\psi(y)\leqslant c(x,y).$$

这说明 (φ,ψ) 对 (DP) 是容许的, 且是最优的, 因此

$$\psi=\varphi^c,\quad\varphi=\psi^{\bar{c}}.$$

φ,ψ 分别是 c-凹和 $\bar{c}$-凹的. ■

引理 2.3 在定理 2.2 中, 如果 μ 绝对连续, 则 (DP) 中的 Kantorovich

势能函数 φ 关于 μ 是几乎处处可微的. ♦

证明 由定理 2.2 的证明, φ 和 c 有相同的连续模 ω, 所以 φ 是 Lipschitz 的. 根据 Rademacher 定理 1.3, 就 Lebesgue 测度而言, φ 几乎处处可微. 因为 μ 是绝对连续的, 就 Lebesgue 测度而言, φ 的不可微点集是零测度的, 所以相对 μ 而言, 不可微点集也是零测度的. ■

2.2 Kantorovich 问题和对偶问题的等价性

2.2.1 循环单调性

定义 2.7 (次微分图) 假设 f 是凸函数, f 的次微分图 (subdifferential graph) 定义为

$$\mathrm{Graph}(\partial f) := \{(x,p) : p \in \partial f(x)\} = \{(x,p) : f(x) + f^*(p) = \langle x, p\rangle\}. \quad ♦$$

定义 2.8 (循环单调性) 集合 $A \subset \mathbb{R}^d \times \mathbb{R}^d$ 具有循环单调性 (cyclic monotonocity), 如果对任意 $k \in \mathbb{N}$, 任意有限点集 $(x_1, p_1), \cdots, (x_k, p_k) \in A$ 和任意一个排列 σ, 我们都有

$$\sum_{i=1}^{k} x_i \cdot p_i \geqslant \sum_{i=1}^{k} x_i \cdot p_{\sigma(i)}. \quad ♦$$

Rockafellar 证明了任意一个循环单调的集合, 都包含在某个凸函数的次微分图中.

图 2.1 揭示了 c-循环单调性的几何含义. $x_1, x_2, \cdots, x_n$ 是生产者, $y_1, y_2, \cdots, y_n$ 是消费者. 假设我们有一个如左帧所示的传输方案, 将 x_i 生产的产品传输到 y_i, $x_i \mapsto y_i$. 此方案的总费用为 $\sum_{i=1}^{k} c(x_i, y_i)$. 如果该

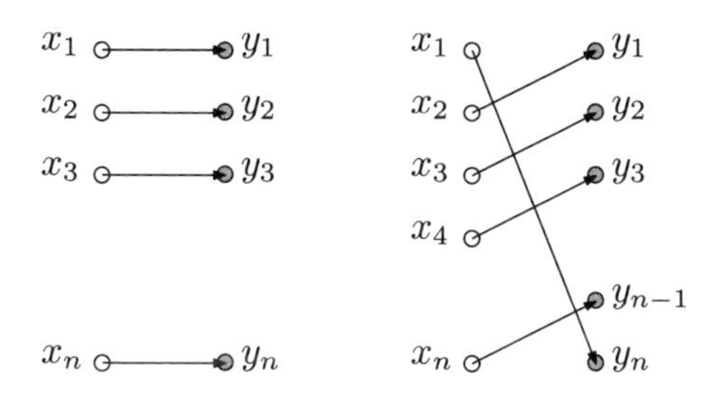

图 2.1 循环单调性.

方案是最优的, 则我们无法再对其改进. 我们考虑右帧所示的另一个方案, $x_i \mapsto y_{i-1}$, 其总成本为 $\sum_{i=1}^k c(x_i, y_{i-1})$, 那么我们必有

$$\sum_{i=1}^k c(x_i, y_i) \leqslant \sum_{i=1}^k c(x_i, y_{i-1}).$$

这种观察启发我们得到以下定义.

定义 2.9 (c-循环单调) 给定传输代价函数 $c : X \times Y \to \mathbb{R} \cup \{+\infty\}$, 我们说集合 $\Gamma \subset X \times Y$ 是 c-循环单调 (c-cyclic monotonocity) 的, 如果对于任意 $k \in \mathbb{N}$, 任意有限的点集 $(x_1, y_1), \cdots, (x_k, y_k) \in \Gamma$ 和任意排列 σ, 我们都有

$$\sum_{i=1}^k c(x_i, y_i) \leqslant \sum_{i=1}^k c\left(x_i, y_{\sigma(i)}\right). \quad \blacklozenge$$

定义 2.10 (c-次微分) 假设 φ 是一个 c-凹函数, 其 c-次微分 (c-subdifferential) 定义为

$$\partial^c \varphi := \{y \in Y : \varphi(x) + \varphi^c(y) = c(x, y)\}. \quad \blacklozenge$$

例如, 集合 $\{(x, y) \in X \times Y : y \in \partial^c \varphi(x)\}$ 是 c-循环单调的.

显然, 最优传输方案的支撑集应该满足循环单调性条件, 事实上逆命题也成立. 直观想法如下, 假设 (φ, ψ) 是某个最优传输方案 γ 的 Kantorovich 势, 那么 $\psi = \varphi^c$, 并且 $\varphi(x) + \psi(y) \leqslant c(x, y)$. 对于任意 $n \in \mathbb{N}$, 任意 γ 支撑集中的点对 $(x_0, y_0), \cdots, (x_n, y_n) \in \mathrm{Supp}(\gamma)$, 对于任意 $x \in X$, 下面的等式和不等式均成立:

$$\begin{cases} \varphi(x_0) + \psi(y_0) = c(x_0, y_0), \\ \varphi(x_1) + \psi(y_1) = c(x_1, y_1), \\ \vdots \\ \varphi(x_n) + \psi(y_n) = c(x_n, y_n), \end{cases} \qquad \begin{cases} \varphi(x_1) + \psi(y_0) \leqslant c(x_1, y_0), \\ \vdots \\ \varphi(x_n) + \psi(y_{n-1}) \leqslant c(x_n, y_{n-1}), \\ \varphi(x) + \psi(y_n) \leqslant c(x, y_n). \end{cases}$$

每行的不等式减去对应的等式, 然后取双侧求和, 我们得到

$$\begin{aligned} \varphi(x) - \varphi(x_0) \leqslant {} & [c(x, y_n) - c(x_n, y_n)] \\ & + [c(x_n, y_{n-1}) - c(x_{n-1}, y_{n-1})] + \cdots \\ & + [c(x_2, y_1) - c(x_1, y_1)] + [c(x_1, y_0) - c(x_0, y_0)]. \end{aligned} \quad (2.12)$$

右侧取遍所有的 $n\in\mathbb{N}$ 和所有的点对 $\{(x_i,y_i)\}_{i=1}^n\subset\mathrm{Supp}(\gamma)$，再将 $\varphi(x)$ 定义为右侧的下确界.

同样, 重写这些等式和不等式, 对于任意 $y\in Y$, 我们有

$$\begin{cases}\varphi(x_0)+\psi(y_0)=c(x_0,y_0),\\ \varphi(x_1)+\psi(y_1)=c(x_1,y_1),\\ \vdots\\ \varphi(x_{n-1})+\psi(y_{n-1})=c(x_{n-1},y_{n-1}),\\ \varphi(x_n)+\psi(y)=c(x_n,y),\end{cases}\qquad \begin{cases}\varphi(x_1)+\psi(y_0)\leqslant c(x_1,y_0),\\ \varphi(x_2)+\psi(y_1)\leqslant c(x_2,y_1),\\ \vdots\\ \varphi(x_n)+\psi(y_{n-1})\leqslant c(x_n,y_{n-1}).\end{cases}$$

每行等式减去相应的不等式, 我们得到

$$\begin{aligned}\psi(y)+\varphi(x_0)\geqslant\ & c(x_n,y)-[c(x_n,y_{n-1})-c(x_{n-1},y_{n-1})]-\cdots\\ & -[c(x_2,y_1)-c(x_1,y_1)]-[c(x_1,y_0)-c(x_0,y_0)].\end{aligned}\tag{2.13}$$

右侧取遍所有的 $n\in\mathbb{N}$ 和所有的点对 $\{(x_i,y_i)\}_{i=1}^n\subset\mathrm{Supp}(\gamma)$，再将 $\psi(y)$ 定义为右侧的上确界.

下面知名的 Rockafellar 定理断言每一个循环单调集合都包含在某个凸函数的次微分图中 (Rockafellar [70], 定理 24.8).

定理 2.3 (Rockafellar) 给定传输代价函数 $c: X\times Y\to\mathbb{R}$ (c 不取值 $+\infty$), 如果 $\Gamma\neq\emptyset$ 在 $X\times Y$ 中 c-循环单调, 则存在一个 c-凹函数 $\varphi: X\to\mathbb{R}\cup\{-\infty\}$ (不同于常值函数 $-\infty$), 使得

$$\Gamma\subset\{(x,y)\in X\times Y:\varphi(x)+\varphi^c(y)=c(x,y)\}.$$ ♦

经典证明请参考 Rüschendorf [71].

证明 固定点 $(x_0,y_0)\in\Gamma$, 对于任意 $x\in X$, 我们设

$$\varphi(x)=\inf\Bigg\{[c(x,y_n)-c(x_n,y_n)]+\sum_{k=1}^n[c(x_k,y_{k-1})-c(x_{k-1},y_{k-1})]\\ :n\in\mathbb{N},\forall i,(x_i,y_i)\in\Gamma\Bigg\}.$$

因为 c 取实值而 Γ 非空, 因此 φ 永远不会取值 $+\infty$. 对于任意 $y\in Y$, 我们设

$$\psi(y)=\sup\left\{c(x_n,y)-\sum_{k=1}^n[c(x_k,y_{k-1})-c(x_{k-1},y_{k-1})]:n\in\mathbb{N},\forall i,(x_i,y_i)\in\Gamma\right\}.$$

根据定义, 我们有 $\psi(y) > -\infty$ 当且仅当 $y \in (\pi_y)(\Gamma)$. 通过变换,

$$\begin{aligned}\psi^{\bar{c}}(x) &:= \inf_y c(x,y) - \psi(y) \\ &= \inf_y \left\{ [c(x,y) - c(x_n,y)] + \sum_{k=1}^{n} [c(x_k,y_{k-1}) - c(x_{k-1},y_{k-1})] \right. \\ &\qquad \left. : n \in \mathbb{N}, \forall i, (x_i,y_i) \in \Gamma \right\}. \end{aligned} \tag{2.14}$$

通过将 y 重新标记为 y_n, 我们获得 $\varphi = \psi^{\bar{c}}$, 因此 φ 是 c-凹的.

让我们评估 $\varphi(x_0)$,

$$\varphi(x_0) = \inf \left\{ \sum_{k=0}^{n} c(x_k,y_{k-1}) - \sum_{k=0}^{n} c(x_k,y_k) : n \in \mathbb{N}, \forall i, (x_i,y_i) \in \Gamma \right\}.$$

因为 Γ 是循环单调的, $\varphi(x_0) \geqslant 0$, 因此 φ 并不是常值函数 $-\infty$.

为了证明在 Γ 上 $\varphi(x) + \varphi^c(y) = c(x,y)$, 根据 c-变换的定义, 已知 $\varphi(x) + \varphi^c(y) \leqslant c(x,y)$, 我们需要证明 $\varphi(x) + \varphi^c(y) \geqslant c(x,y)$. 因为 $\varphi^c = \psi^{c\bar{c}}$ 且 $\psi^{c\bar{c}} \geqslant \psi$, 我们只需验证 $\varphi(x) + \psi(y) \geqslant c(x,y)$.

假设 $(x,y) \in \Gamma$ 并固定 $\varepsilon > 0$. 由 $\varphi = \psi^{\bar{c}} = \inf_y c(x,y) - \psi(y)$ 得到存在点 $\bar{y} \in \pi_y(\Gamma)$, 使得

$$\varphi(x) < c(x,\bar{y}) - \psi(\bar{y}) < \varphi(x) + \varepsilon, \tag{2.15}$$

$\psi(\bar{y}) \neq \pm\infty$. $\psi(y)$ 可以被重新解释为特殊算子作用在一条链上:

$$y, x_n, y_{n-1}, x_{n-1}, y_{n-2}, x_{n-2}, y_{n-3}, \cdots, y_0, x_0,$$

算子定义为: $c(\cdot,\cdot)$ 将两个连续元素作为输入, 求其交错和,

$$\begin{aligned}\psi(y) = &\sup\{c(x_n,y) - c(x_n,y_{n-1}) + c(x_{n-1},y_{n-1}) \\ &- c(x_{n-2},y_{n-1}) + \cdots - c(x_1,y_0) + c(x_0,y_0)\}.\end{aligned}$$

对于以 $\bar{y}$ 开头的任何链, $\gamma = \bar{y}, x_n, y_{n-1}, \cdots, x_0, y_0$, 我们可以在 γ 之前添加 (y,x)

$$\tilde{\gamma} = y, x, \gamma = y, x, \bar{y}, x_n, y_{n-1}, \cdots, x_0, y_0.$$

因此

$$\psi(y) = \sup_x \{c(x,y) - c(x,\bar{y}) + \psi(\bar{y})\},$$

$$\psi(y) \geqslant c(x,y) - c(x,\bar{y}) + \psi(\bar{y}), \tag{2.16}$$

结合两个不等式 (2.15) 和 (2.16), 我们得到

$$-\psi(y) \leqslant -c(x,y) + c(x,\bar{y}) - \psi(\bar{y}) \leqslant -c(x,y) + \varphi(x) + \varepsilon,$$

由于 ε 是任意的, 因此我们得到 $\varphi(x) + \psi(y) \geqslant c(x,y)$. ■

2.2.2 连续代价函数 (KP) 与 (DP) 的等价性

定理 2.4 如果 γ 是连续代价函数 c 的最优传输方案, 则其支撑集 $\mathrm{Supp}(\gamma)$ 是循环单调的. ♦

证明 反证法: 假设存在一个 k, $(x_1,y_1),\cdots,(x_k,y_k) \in \mathrm{Supp}(\gamma)$, 使

$$\Delta = \sum_{i=1}^{k} c(x_i,y_i) - \sum_{i=1}^{k} c(x_i,y_{\sigma(i)}) > 0.$$

取 $\varepsilon < \frac{1}{2k}\Delta$. 由 c 的连续性, 存在 $r>0$ 使得对于所有 $i=1,\cdots,k$ 和 $(x,y) \in B(x_i,r) \times B(y_i,r)$, 我们有 $c(x,y) > c(x_i,y_i) - \varepsilon$, 并且对于所有 $(x,y) \in B(x_i,r) \times B(y_{\sigma(i)},r)$, 我们有 $c(x,y) < c(x_i,y_{\sigma(i)}) + \varepsilon$.

考虑 $V_i := B(x_i,r) \times B(y_i,r)$, 因为 $(x_i,y_i) \in \mathrm{Supp}(\gamma)$, 我们有 $\gamma(V_i) > 0$ 对所有 i 都成立. 定义测度

$$\gamma_i := \frac{1}{\gamma(V_i)}\gamma|_{V_i}$$

和 $\mu_i := (\pi_x)_{\#}\gamma_i$, $\nu_i := (\pi_y)_{\#}\gamma_i$, 并且取 $\varepsilon_0 < \frac{1}{k}\min_i \gamma(V_i)$.

对每个 i, 构造测度 $\tilde{\gamma}_i \in \Pi(\mu_i, \nu_{\sigma(i)})$, 比如 $\tilde{\gamma}_i = \mu_i \otimes \nu_{\sigma(i)}$. 定义

$$\tilde{\gamma} := \gamma - \varepsilon_0 \sum_{i=1}^{k} \gamma_i + \varepsilon_0 \sum_{i=1}^{k} \tilde{\gamma}_i.$$

我们想证明 $\int c d\tilde{\gamma} < \int c d\gamma$. 首先证明 $\tilde{\gamma}$ 是一个正测度,

$$\varepsilon_0 \gamma_i = \frac{\varepsilon_0}{\gamma(V_i)}\gamma|_{V_i} < \frac{1}{k}\gamma|_{V_i},$$

因此 $\gamma - \varepsilon_0 \sum_{i=1}^{k} \gamma_i$ 是正的, $\tilde{\gamma}$ 是正的. 我们检查 $\tilde{\gamma}$ 边际分布的条件,

$$\begin{aligned}(\pi_x)_{\#}\tilde{\gamma} &= \mu - \varepsilon_0 \sum_{i=1}^{k} (\pi_x)_{\#}\gamma_i + \varepsilon_0 \sum_{i=1}^{k} (\pi_x)_{\#}\tilde{\gamma} \\ &= \mu - \varepsilon_0 \sum_{i=1}^{k} \mu_i + \varepsilon_0 \sum_{i=1}^{k} \mu_i = \mu,\end{aligned}$$

$$
\begin{aligned}
(\pi_y)_\#\tilde{\gamma} &= \nu - \varepsilon_0 \sum_{i=1}^{k} (\pi_y)_\#\gamma_i + \varepsilon_0 \sum_{i=1}^{k} (\pi_y)_\#\tilde{\gamma} \\
&= \nu - \varepsilon_0 \sum_{i=1}^{k} \nu_i + \varepsilon_0 \sum_{i=1}^{k} \nu_i = \nu,
\end{aligned}
$$

因此 $\tilde{\gamma} \in \Pi(\mu, \nu)$. 接下来计算

$$
\begin{aligned}
\int c d\gamma - \int c d\tilde{\gamma} &= \varepsilon_0 \sum_{i=1}^{k} \int c d\gamma_i - \varepsilon_0 \sum_{i=1}^{k} \int c d\tilde{\gamma}_i \\
&\geqslant \varepsilon_0 \sum_{i=1}^{k} (c(x_i, y_i) - \varepsilon) - \varepsilon_0 \sum_{i=1}^{k} (c(x_i, y_{\sigma(i)}) + \varepsilon) \\
&= \varepsilon_0 \left(\sum_{i=1}^{k} c(x_i, y_i) - \sum_{i=1}^{k} c(x_i, y_{\sigma(i)}) - 2k\varepsilon \right) > 0.
\end{aligned}
$$

这证明了 $\tilde{\gamma}$ 比方案 γ 更好, 矛盾. ■

定理 2.5 (连续代价 $\max(\mathrm{DP}) = \min(\mathrm{KP})$) 假设 X 和 Y 是 Polish 空间, 传输代价函数 $c : X \times Y \to \mathbb{R}$ 一致连续并有界, 那么对偶问题存在一个解 (φ, φ^c), 并且我们有 $\max(\mathrm{DP}) = \min(\mathrm{KP})$. ♦

证明 从定理 1.15 得知, 传输代价的连续性意味着存在 (KP) 的解 γ. 从定理 2.4 得到最优传输方案 γ 的支撑集 Γ 是循环单调的. 由于 c 是连续的实值函数, 根据定理 2.3, 存在一个 c-凹函数 φ, 使得

$$
\Gamma \subset \{(x, y) \in X \times Y : \varphi(x) + \varphi^c(y) = c(x, y)\}.
$$

由于 c-凹性和 $\bar{c}$-凹性, φ 和 φ^c 是连续函数. 更进一步, 从 c 有界和 $\varphi^c(y) = \inf_x c(x, y) - \varphi(x)$, 我们获得 φ^c 的一个上界, 对应 φ 的下界. 对称地, 我们还可获得 φ 的上界和 φ^c 的下界, 故 φ 和 φ^c 都是连续有界的.

我们将 (φ, φ^c) 视为 (DP) 的一个可容许函数对, 考虑

$$
\int_X \varphi d\mu + \int_Y \varphi^c d\nu = \int_{X \times Y} (\varphi(x) + \varphi^c(y)) d\gamma = \int_{X \times Y} c(x, y) d\gamma,
$$

其中最后一个等式是由于 γ 集中在 Γ 上, 而在 Γ 上 $\varphi(x) + \varphi^c(y) = c(x, y)$. 这表明,

$$
(\mathrm{DP}) \geqslant \int_X \varphi d\mu + \int_Y \varphi^c d\nu = \int_{X \times Y} c(x, y) d\gamma = (\mathrm{KP}).
$$

上式中最后一个等号应用了方案 γ 的最优性. 我们已经知道 $(\mathrm{DP}) \leqslant (\mathrm{KP})$, 因此 $(\mathrm{DP}) = (\mathrm{KP})$. 同时, 我们还证明了 (φ, φ^c) 是 (DP) 的最

优解. ■

2.2.3 下半连续代价函数 (KP) 与 (DP) 的等价性

我们想将 $\min(\mathrm{KP}) = \max(\mathrm{DP})$ 的结果推广到传输代价函数是下半连续的情形. 下半连续的代价函数足以保证最优传输方案的存在性.

假设传输代价函数 c 下半连续并且下有界, 则存在一个连续函数序列 $\{c_k\}$, 每个函数 c_k 都是 k-Lipschitz, 递增收敛到 c.

引理 2.4 假设 c_k 和 c 都是下有界的下半连续函数, 并且 $\{c_k\}$ 递增收敛到 c, 那么

$$\lim_{k\to\infty} \min\left\{\int c_k d\gamma : \gamma \in \Pi(\mu,\nu)\right\} = \min\left\{\int c d\gamma : \gamma \in \Pi(\mu,\nu)\right\}. \quad \blacklozenge$$

证明 由递增收敛到极限的条件, 对于每个 k, $c_k \leqslant c$,

$$\min\left\{\int c_k d\gamma : \gamma \in \Pi(\mu,\nu)\right\} \leqslant \min\left\{\int c d\gamma : \gamma \in \Pi(\mu,\nu)\right\},$$

左侧单调递增, 因此存在极限, 并且该极限不大于右侧. 对于每个代价函数 c_k, 我们为其挑选相应的最优传输方案 $\gamma_k \in \Pi(\mu,\nu)$. 由 $\Pi(\mu,\nu)$ 的紧性, $\{\gamma_k\}$ 存在收敛子列, 不妨设 $\gamma_k \rightharpoonup \bar{\gamma}$. 固定索引 j, 因为对 $k \geqslant j$, 我们有 $c_k \geqslant c_j$, 得到

$$\lim_k \min\left\{\int c_k d\gamma : \gamma \in \Pi(\mu,\nu)\right\} = \lim_k \int c_k d\gamma_k \geqslant \liminf_k \int c_j d\gamma_k,$$

通过代价 c_j 积分的半连续特性, 我们有

$$\liminf_k \int c_j d\gamma_k \geqslant \int c_j d\bar{\gamma}.$$

因此, 我们获得了

$$\lim_k \min\left\{\int c_k d\gamma, \gamma \in \Pi(\mu,\nu)\right\} \geqslant \int c_j d\bar{\gamma}.$$

由于 j 任意选取, 且 $\lim_j \int c_j d\bar{\gamma} = \int c d\bar{\gamma}$ 单调收敛, 我们得到

$$\lim_k \min\left\{\int c_k d\gamma, \gamma \in \Pi(\mu,\nu)\right\} \geqslant \int c d\bar{\gamma} \geqslant \min\left\{\int c d\gamma, \gamma \in \Pi(\mu,\nu)\right\}.$$

这证明了结论. 对于极限代价函数 c, 证明还给出了传输方案 $\bar{\gamma}$ 的最优性. ■

定理 2.6 如果 X 和 Y 是 Polish 空间, $c : X \times Y \to \mathbb{R} \cup \{+\infty\}$ 下

半连续且下有界, 则对偶公式 $\min(\mathrm{KP}) = \sup(\mathrm{DP})$ 成立. ♦

证明 构造 k-Lipschitz 函数序列 $\{c_k\}$, 递增收敛到 c. 那么同样的对偶公式对每个 c_k 都成立, 因此我们有

$$\begin{aligned}\min\left\{\int c_k d\gamma : \gamma \in \Pi(\mu,\nu)\right\} &= \max\left\{\int \varphi d\mu + \psi d\nu : \varphi \oplus \psi \leqslant c_k\right\} \\ &\leqslant \sup\left\{\int \varphi d\mu + \psi d\nu : \varphi \oplus \psi \leqslant c\right\},\end{aligned}$$

遍历 C_b 中所有的函数 φ, ψ 来求取 max 和 sup. 由 $c_k \leqslant c$, 每对函数 (φ,ψ) 满足 $\varphi(x)+\psi(y) \leqslant c_k(x,y)$, 必然也满足 $\varphi(x)+\psi(y) \leqslant c(x,y)$, 因此不等式成立. 让 $k \to \infty$, 利用引理 2.4, 左侧收敛到 $\min(\mathrm{KP})$, 因此 $\min(\mathrm{KP}) \leqslant \max(\mathrm{DP})$. 上述证明给出所需结论. 对于下半连续的代价函数 c, 我们无法保证存在最大化函数对 (φ,ψ). ■

对偶公式还为我们提供了下半连续代价函数的最优传输方案的 c-循环单调性.

定理 2.7 如果传输代价 c 下半连续, 并且 γ 是相应的最优传输方案, 则 γ 集中在一个 c-循环单调集合 Γ 上 (通常情况下 Γ 非闭). ♦

证明 由定理 2.6, 对偶公式依然成立. 在对偶问题中, 取最大化函数对序列 $\{(\varphi_h,\psi_h)\}$, 我们有

$$\int(\varphi_h(x)+\psi_h(y))d\gamma = \int \varphi_h d\mu + \int \psi_h d\nu \to \int c d\gamma,$$

因为 $\int c d\gamma$ 的值是初始问题 (KP) 的最小值, 所以它也是对偶问题 (DP) 的最大值. 此外, 我们有 $c(x,y)-\varphi_h(x)-\psi_h(y) \geqslant 0$, 这意味着函数 $f_h := c(x,y)-\varphi_h(x)-\psi_h(y)$ 在 $L^1(X\times Y,\gamma)$ 中收敛到 0 (因为它们是正数, 并且它们的积分趋于 0). 由此, 存在一个子序列逐点 γ-几乎处处收敛到 0. 让 $\Gamma \subset X \times Y$ 是一个子集, $\gamma(\Gamma)=1$, $\{(\varphi_h,\psi_h)\}$ 在 Γ 上收敛.

取任意 k, 排列 $\sigma \in S_k$ 和 $(x_1,y_1),\cdots,(x_k,y_k) \in \Gamma$, 我们有

$$\begin{aligned}\sum_{i=1}^k c(x_i,y_i) &= \lim_h \sum_{i=1}^k \varphi_h(x_i)+\psi_h(y_i) \\ &= \lim_h \sum_{i=1}^k \varphi_h(x_i)+\psi_h(y_{\sigma(i)}) \leqslant \sum_{i=1}^k c(x_i,y_{\sigma(i)}),\end{aligned}$$

这证明了此集合 Γ 是 c-循环单调的. ■

下半连续代价函数与连续代价函数的对偶公式相同 $\min(\mathrm{KP}) = \max(\mathrm{DP})$, 主要区别在于下半连续代价函数的对偶问题可能无解.

第三章 Brenier 理论

本章讨论凸代价函数下最优传输问题的 Brenier 理论和 Brenier 极分解定理.

3.1 Brenier 问题

本节介绍严格凸代价函数下的最优传输问题. [14] 和 [15] 研究了欧氏距离平方代价函数的情形, [32] 将其推广到一般严格凸代价函数的情形.

3.1.1 严格凸的代价函数

假设 $X = Y = \Omega \subset \mathbb{R}^d$ 是欧氏空间的紧子集, 并且传输代价函数具有形式 $c(x, y) = h(x - y)$, 这里 $h : \Omega \to \mathbb{R}$ 是一个严格凸函数. 在这种情况下, 最优传输方案成为最优传输映射, 并且可以用公式直接表达.

在这种情况下, Kantorovich 问题和对偶问题彼此等价, $\max(\mathrm{DP}) = \min(\mathrm{KP})$, 我们考虑最优传输方案 γ 和相应的 Kantorovich 势能函数 φ,

$$\varphi(x) + \varphi^c(y) \leqslant c(x, y) \quad \text{在 } \Omega \times \Omega \text{ 上}$$

以及在 γ 的支撑集上, 我们有等式

$$\varphi(x) + \varphi^c(y) = c(x, y) \quad \text{在 } \mathrm{Supp}(\gamma) \text{ 上}.$$

支撑集 $\mathrm{Supp}(\gamma)$ 上的等式如下得出: 因为 $c(x, y) \geqslant \varphi(x) \oplus \psi(y)$,

$$\int_{\Omega\times\Omega} c(x, y)d\gamma \geqslant \int_\Omega \varphi d\mu + \int_\Omega \varphi^c d\nu = \int_{\Omega\times\Omega} (\varphi(x) + \varphi^c(y))d\gamma,$$

若 $\min(\mathrm{KP})$ 等于 $\max(\mathrm{DP})$, 则等式 $c(x, y) = \varphi(x) \oplus \psi(y)$ 几乎处处成立.

定义 3.1 (支撑集) 测度 γ 定义在一个可分度量空间 X 上, γ 的支撑集 (support) 是所有补集为 γ-零测度的闭集之交, 即

$$\mathrm{Supp}(\gamma) := \bigcap \{A : A \text{ 是闭的且 } \gamma(X \setminus A) = 0\}. \qquad \blacklozenge$$

γ 的支撑集具有以下属性:

$$\operatorname{Supp}(\gamma)=\{x\in X:\gamma(B(x,r))>0\text{ 对任意 }r>0\}.$$

命题 3.1 给定 C^1 光滑的代价函数 c, γ 是从 μ 到 ν 的最优传输方案, φ 是相应的 Kantorovich 势, 假设 (x_0,y_0) 属于 γ 的支撑集, φ 在 x_0 处可微, 那么我们有

$$\nabla_x c(x_0,y_0)=\nabla\varphi(x_0).\quad\blacklozenge \tag{3.1}$$

证明 固定点 $(x_0,y_0)\in\operatorname{Supp}(\gamma)$, $x_0\notin\partial\Omega$,

$$\varphi^c(y_0)=c(x_0,y_0)-\varphi(x_0)=\inf_{x\in\Omega}c(x,y_0)-\varphi(x),$$

因此在点 (x_0,y_0) 处, 右侧关于 x 的梯度消失, 即

$$\nabla_x(c(x,y_0)-\varphi(x))\big|_{x=x_0}=0,$$

这给出 $\nabla_x c(x_0,y_0)=\nabla\varphi(x_0)$. ■

定义 3.2 (扭曲条件) 给定 $\Omega\subset\mathbb{R}^d$, 我们说传输代价函数 $c:\Omega\times\Omega\to\mathbb{R}$ 满足扭曲条件 (twist condition), 如果 c 满足

(1) $c(x,y)$ 关于 x 处处可微;

(2) 对于任意 x_0, 映射 $y\mapsto\nabla_x c(x_0,y)$ 都是单射. ♦

如果传输代价 c 是 C^2 光滑, 则此条件对应于 Hesse 矩阵非退化:

$$\det\left(\frac{\partial^2 c}{\partial x_i\partial x_j}\right)\neq 0.$$

扭曲条件使我们能够从 $(x_0,y_0)\in\operatorname{Supp}(\gamma)$ 推断出 y_0 是由 x_0 所唯一确定的, 这表明 γ 集中在一个映射的图上, 该映射将每一个 x_0 关联到相应的 y_0, 并且该映射就是最优传输映射. 由于此映射仅由 φ 和 c 构造出来, 而与 γ 无关, 由此得到 γ 的唯一性.

定理 3.1 假设 $h:\Omega\to\mathbb{R}$ 是一个 C^2 上的严格凸函数, 定义域 Ω 为凸集, 则梯度映射 $x\mapsto\nabla h(x)$ 全局可逆, 并且是微分同胚 (如图 3.1). 其逆映射记为 $(\nabla h)^{-1}$. ♦

证明 首先, 我们用反证法来证明梯度映射整体可逆. 假设有两不同的点 $x_0,x_1\in\Omega$, $x_0\neq x_1$, 使得 $\nabla h(x_0)=\nabla h(x_1)$. 我们考虑线段

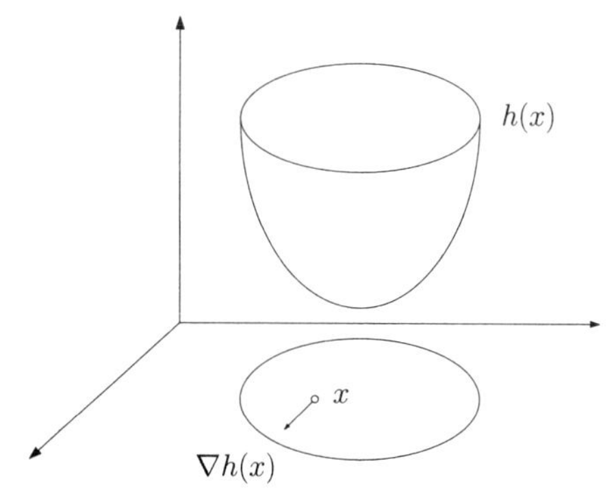

图 3.1 严格凸函数的梯度映射.

$\gamma:[0,1]\to\Omega,$

$$\gamma(t)=(1-t)x_0+tx_1,\quad t\in[0,1].$$

因为 Ω 是凸的, $\gamma\subset\Omega$. 考虑函数 $f(t)=h\circ\gamma(t)$, 由 h 的 Hesse 矩阵严格正定,

$$\frac{d^2h(t)}{dt^2}=(x_1-x_0)^T\left(\frac{\partial^2 h\circ\gamma(t)}{\partial x_i\partial x_j}\right)(x_1-x_0)>0,$$

我们有 $h'(1)>h'(0)$. 但是

$$h'(1)=(x_1-x_0)^T\nabla h(x_1)=(x_1-x_0)^T\nabla h(x_0)=h'(0),$$

矛盾. 因此, 梯度映射 ∇h 整体是单射.

进一步, 梯度映射的 Jacobi 矩阵 $x\mapsto\nabla h(x)$ 是 h 的 Hesse 矩阵, 正定非退化, 因此根据隐函数定理, 该映射是局部可逆的. 结合整体单射性与局部可逆性, 梯度映射 ∇h 是全局可逆的, 并且是微分同胚. ■

定理 3.2 给定紧区域 $\Omega\subset\mathbb{R}^d$ 上的概率测度 μ 和 ν, μ 绝对连续, $\partial\Omega$ 零测度, 传输代价函数具有形式 $c(x,y)=h(x-y)$, 其中 h 是一个严格凸函数, 则存在唯一的最优传输方案 γ, γ 具有表示形式 $(\mathrm{id},T)_{\#}\mu$. 更进一步, 存在一个 Kantorovich 势能函数 φ, T 和 φ 通过下公式相联系

$$T(x)=x-(\nabla h)^{-1}(\nabla\varphi(x)).\quad ♦ \tag{3.2}$$

证明 定理 2.2 给出了最优传输方案 γ 和 Kantorovich 势能函数 φ 的存在性. 由命题 3.1, 如果取点 $(x_0,y_0)\in\mathrm{Supp}(\gamma)$, 其中 $x_0\notin\partial\Omega$ 并且

$\nabla\varphi(x_0)$ 存在, 那么我们有 $\nabla h(x_0-y_0)=\nabla\varphi(x_0)$, 即

$$y_0=x_0-(\nabla h)^{-1}(\nabla\varphi(x_0)).$$

由假设, 在边界 $\partial\Omega$ 上的点 x_0 具有零测度. 由 Rademacher 定理 1.3, φ 上的不可微点也是 Lebesgue-零测度的.

因为 h 在紧集 Ω 上局部 Lipschitz 连续, 整体有界. 代价函数 $c(x,y)$ 在 $\Omega\times\Omega$ 上 Lipschitz. φ 具有和 c 相同的连续模, 因此 φ 也是 Lipschitz. 由引理 2.3, φ 的不可微分点 Lebesgue-零测度. 由 μ 的绝对连续性假设, φ 的边界点和不可微分点都是 μ-零测度. 这同时表明, 每个最优传输方案都是由传输映射 $x\mapsto x-(\nabla h)^{-1}(\nabla\varphi(x))$ 所诱导.

假设存在两个不同的最优传输方案 $\gamma_1=\gamma_{T_1}$ 和 $\gamma_2=\gamma_{T_2}$, 图 3.2 显示了它们的支撑集 $\mathrm{Supp}(\gamma_1)$ 和 $\mathrm{Supp}(\gamma_2)$. 考虑传输方案 $\gamma:=\frac{1}{2}\gamma_1+\frac{1}{2}\gamma_2$, 则由凸性 γ 也是最优方案.

γ 的支撑集等于 $\mathrm{Supp}(\gamma_1)$ 和 $\mathrm{Supp}(\gamma_2)$ 的并集. 除非 $\mathrm{Supp}(\gamma_1)$ 与 $\mathrm{Supp}(\gamma_2)$ 重合, 否则 γ 的支撑集与一条垂直线有两个交点 (即发生了单点的拆分), 这意味着 γ 不是由某个最优传输映射 T 所诱导, 矛盾. 因此 $\mathrm{Supp}(\gamma_1)$ 和 $\mathrm{Supp}(\gamma_2)$ 重合, $T_1=T_2$ 几乎处处成立. 这表明了最优传输方案的唯一性. ■

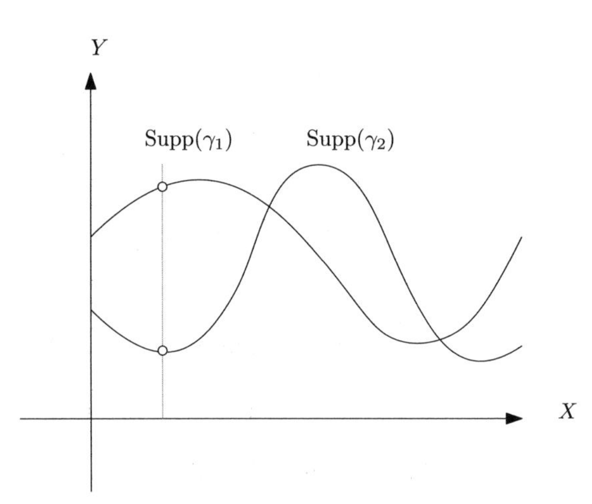

图 3.2 $\frac{1}{2}\gamma_1+\frac{1}{2}\gamma_2$ 的支撑没有形式 $(\mathrm{id},T)_{\#}\mu$.

3.1.2 欧氏距离平方代价函数

定义 3.3 (上境图) 给定一个函数 $f:\mathbb{R}^n\to\mathbb{R}$, f 的上境图是点集

$$\mathrm{epi}(f):=\{(x,u):x\in\mathbb{R}^n,u\in\mathbb{R},u\geqslant f(x)\}\subset\mathbb{R}^{n+1}. \qquad \blacklozenge$$

假设定义在 $\mathbb{R}^d$ 上的实值函数 $f:\mathbb{R}^d\to\mathbb{R}\cup\{+\infty\}$ 是凸函数 (如图 3.3), 则 f 自动连续且局部 Lipschitz. 但是在 $\{f<+\infty\}$ 和 $\{f=+\infty\}$ 之间的边界处, 它们可能不连续. 因此, 我们考虑下半连续情形.

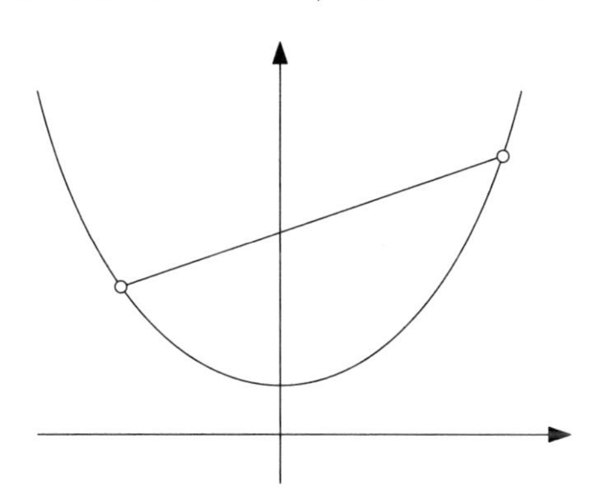

图 3.3 凸函数的图.

引理 3.1 如果 $\{f_\alpha\}$ 是凸函数族, 那么其上确界 $f(x):=\sup_\alpha f_\alpha(x)$ 也是凸的 (如图 3.4). $\blacklozenge$

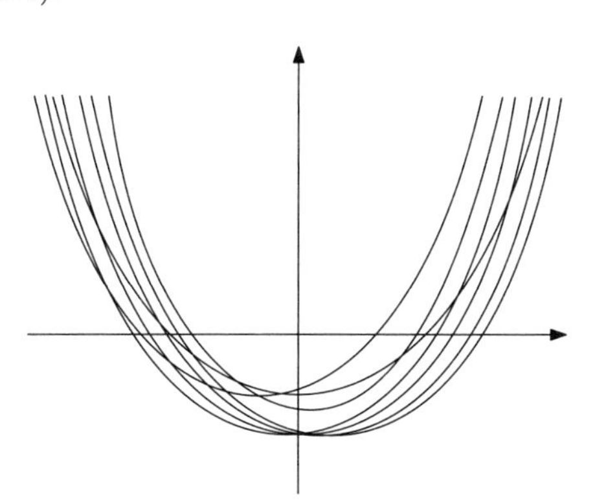

图 3.4 凸函数的上确界也是凸的.

证明 f 是凸的, 当且仅当它的上境图是凸的, 上确界的上境图等于成员函数上境图的交集, 而凸集的交集是凸的. $\blacksquare$

定理 3.3 函数 $f:\mathbb{R}^d\to\mathbb{R}\cup\{+\infty\}$ 是凸的且下半连续, 当且仅当存

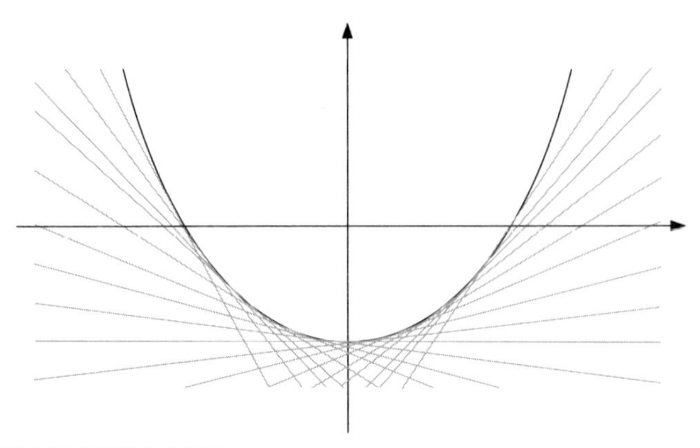

图 3.5 凸函数是仿射函数族的上确界.

在一族仿射函数 f_α, 满足 $f(x) := \sup_\alpha f_\alpha$. 这一族仿射函数也特殊选取, 使得任意一个成员函数 f_α 都小于 f (如图 3.5). ♦

证明 f 是凸的且下半连续, 当且仅当它的上境图是闭且凸的. 一个凸闭集合是包含它的所有半空间的交集. 每个半空间由一个仿射函数界定. ■

给定函数 $\chi : \mathbb{R}^d \to \mathbb{R}$, 由定义 1.10 其 Legendre-Fenchel 变换定义为:

$$\chi^*(x) := \sup_y \langle x, y\rangle - \chi(y). \tag{3.3}$$

例如 $x \mapsto \frac{1}{p}|x|^p$ 的 Legendre-Fenchel 变换是 $x \mapsto \frac{1}{q}|x|^q$, 其中 $\frac{1}{p} + \frac{1}{q} = 1$.

引理 3.2 函数 $f : \mathbb{R}^d \to \mathbb{R} \cup \{+\infty\}$ 是凸的且下半连续, 当且仅当存在 g 满足 $f = g^*$. ♦

证明 假设 $f = g^*$, 那么

$$f(x) = \sup_y \langle x, y\rangle - g(y),$$

对于一个固定的 y, $l_y(x) := \langle x, y\rangle - g(y)$ 是 x 的仿射函数, $f(x)$ 的上境图是所有 $l_y(x)$ 的上半空间交集, 所以上境图是凸的闭集. 故 $f(x)$ 是凸的下半连续函数.

假设 $f(x)$ 是凸的下半连续函数, 根据定理 3.3,

$$f(y) = \sup_\alpha \langle x_\alpha, y\rangle + b_\alpha,$$

对于每个使得 $g(x) = -\sup\{b_\alpha : x = x_\alpha\}$ 成立的 x 集合 (如果没有 α 满足 $x = x_\alpha$, 我们令 $g(x) = +\infty$), 我们有 $f = g^*$. ■

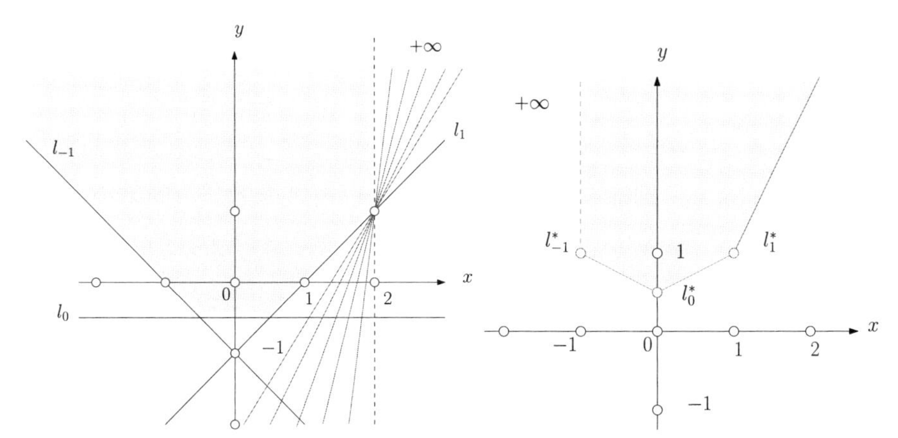

彩 图

图 3.6 凸下半连续函数的 Legendre-Fenchel 变换.

图 3.6 显示了一个凸的下半连续函数的 Legendre-Fenchel 变换; 图 3.7 显示了 Legendre-Fenchel 变换的定义.

命题 3.2 函数 $f:\mathbb{R}^d\to\mathbb{R}$ 是凸的且下半连续, 当且仅当 $f^{**}=f$. ♦

证明 由引理 3.2, f 是凸的且下半连续当且仅当存在 g, 使得 $f=g^*$. 再由命题 2.1, 我们得到 $f=g^*$ 当且仅当 $f=f^{**}$. ■

对每一个凸函数 f , 由定义 1.2, 它在 x 处的次微分为集合

$$\partial f(x)=\left\{p\in\mathbb{R}^d: f(y)\geqslant f(x)+\langle p,y-x\rangle,\forall y\in\mathbb{R}^d\right\}.$$

可以证明如果 x 在集合 $\{f<+\infty\}$ 的内部, 则 $\partial f(x)$ 不为空. 在函数 f 所有的可微点处, ∂f 为独点集合 $\{\nabla f(x)\}$. 对于凸函数 f 和它的 Legendre 对偶 f^*, 它们的次微分满足

$$p\in\partial f(x)\Longleftrightarrow x\in\partial f^*(p)\Longleftrightarrow f(x)+f^*(p)=\langle x,p\rangle.$$

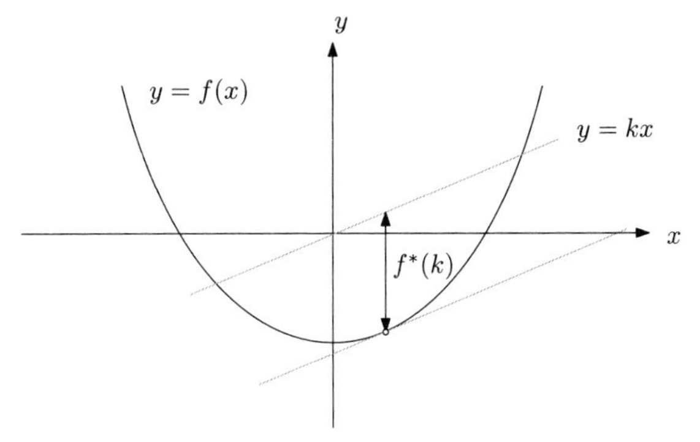

图 3.7 Legendre-Fenchel 变换.

这有助于证明以下等价性: 取两个共轭函数 f 和 f^* (其中 $f^{**}=f$), 那么 f 是 C^1 当且仅当 f^* 是严格凸的. 这是因为 C^1 意味着每个集合 $\partial f(x)$ 最多有一个 p, 而严格凸意味着同一向量不能属于超过一个点的次微分. 特别地, 如果 f 是严格凸的, 则可以求多值映射 ∂f 的逆映射, 其逆映射 $(\partial h)^{-1}$ 为单值. 最后, 由命题 1.4 凸函数的次微分具有单调性: 如果 $p_1\in\partial f(x_1)$ 和 $p_2\in\partial f(x_2)$, 那么 $\langle p_1-p_2, x_1-x_2\rangle\geqslant 0$.

命题 3.3 给定一个函数 $\chi:\mathbb{R}^d\to\mathbb{R}\cup\{-\infty\}$, 将 $u_\chi:\mathbb{R}^d\to\mathbb{R}\cup\{+\infty\}$ 定义为

$$u_\chi(x):=\frac{1}{2}\langle x,x\rangle-\chi(x), \tag{3.4}$$

那么 $u_{\chi^c}=(u_\chi)^*$, $c(x,y)=\frac{1}{2}|x-y|^2$. 函数 ζ 是 c-凹的, 当且仅当 u_ζ 是凸的且下半连续. ♦

证明 通过定义,

$$\begin{aligned}u_{\chi^c}(x)&=\frac{1}{2}|x|^2-\chi^c(x)=\frac{1}{2}|x|^2-\inf_y\left(\frac{1}{2}|x-y|^2-\chi(y)\right)\\&=\sup_y\frac{1}{2}|x|^2-\frac{1}{2}|x-y|^2+\chi(y)\\&=\sup_y\langle x,y\rangle-\left(\frac{1}{2}|y|^2-\chi(y)\right)=(u_\chi)^*,\end{aligned}$$

这就给出 $u_{\chi^c}=(u_\chi)^*$.

假设 u_ζ 是凸的且下半连续, 那么由定理 3.3, u_ζ 可以表示成仿射函数族 $\{f_y\}$ 的上确界, $y\in\mathbb{R}^d$. 每一个超平面都有如下形式 $f_y:=\langle y,x\rangle+c(y)$, 其中 $c(y)$ 由 y 所决定. 所以 $u_\zeta=\sup_y\{\langle y,x\rangle-c(y)\}$, 我们有

$$\begin{aligned}\zeta=\frac{1}{2}|x|^2-u_\zeta&=\frac{1}{2}|x|^2-\sup_y\{\langle y,x\rangle-c(y)\}\\&=\inf_y\frac{1}{2}|x-y|^2-\left(\frac{1}{2}|y|^2-c(y)\right)\\&=\inf_y\left\{\frac{1}{2}|x-y|^2-\varphi(y)\right\}=\varphi^c,\end{aligned}$$

其中 $\varphi(y)=\frac{1}{2}|y|^2-c(y)$. 因此 ζ 是 c-凹的.

相反, 如果 ζ 是 c-凹的, $\zeta=\chi^c$, 那么

$$u_\zeta=u_{\chi^c}(x)=(u_\chi)^*=\sup_y\langle x,y\rangle-\left(\frac{1}{2}|y|^2-\chi(y)\right).$$

对于一个固定的 y, $\langle x, y\rangle - \left(\frac{1}{2}|y|^2 - \chi(y)\right)$ 是仿射变换, 根据定理 3.3, u_ζ 是凸的. ■

Brenier 最先给出了欧氏距离平方代价下的最优传输映射 [14].

定理 3.4 (Brenier) 给定紧区域 $\Omega \subset \mathbb{R}^d$ 上的概率测度 μ 和 ν, μ 绝对连续, $\partial\Omega$ Lebesgue-零测度, 传输代价函数为 $c(x,y) = \frac{1}{2}|x-y|^2$, 则存在唯一的最优传输方案 γ, γ 具有表示形式 $(\mathrm{id}, T)_{\#}\mu$. 并且存在 Kantorovich 势 φ, T 和 φ 的关系为

$$T(x) = x - \nabla\varphi(x). \tag{3.5}$$

更进一步, 我们有 $T(x) = \nabla u(x)$, 其中 u 是一个凸函数, 被称为 Brenier 势能函数. ♦

证明 因为代价函数 $h(x,y) = \frac{1}{2}|x-y|^2$ 严格凸, 根据定理 3.2, 存在唯一最优传输方案 γ, γ 有形式 $(\mathrm{id}, T)_{\#}\mu$, 其中 T 是最优传输映射 $T: \Omega \to \Omega$,

$$T(x) = x - (\nabla h)^{-1}(\nabla\varphi(x)).$$

因为 $h(x) = \frac{1}{2}|x|^2$, $\nabla h(x) = x$, 上述公式变形为 $T(x) = x - \nabla\varphi(x)$. 进一步推导得,

$$T(x) = x - \nabla\varphi(x) = \nabla\left(\frac{1}{2}|x|^2 - \varphi(x)\right) = \nabla u_\varphi.$$

根据定理 2.2, Kantorovich 势 φ 是 c-凹的, 由命题 3.3 得到 u_φ 是凸的. ■

我们可以用距离平方的代价函数来检验初始的 Monge 问题,

$$\inf\left\{M(T) := \frac{1}{2}\int_X |x - T(x)|^2 d\mu, \quad T_{\#}\mu = \nu\right\}.$$

我们展开传输总代价 $M(T)$ 得到

$$\frac{1}{2}\int_X |x - T(x)|^2 d\mu = \frac{1}{2}\int_X |x|^2 d\mu - \int_\Omega \langle x, T(x)\rangle d\mu + \frac{1}{2}\int_X |T(x)|^2 d\mu,$$

第一项独立于传输映射 T. 因为 $T_{\#}\mu = \nu$, 第三项

$$\frac{1}{2}\int_X |T(x)|^2 d\mu = \frac{1}{2}\int_Y |y|^2 d\nu$$

与 T 无关, 因此二次距离代价的 (MP) 等价于

$$\sup\left\{M(T):=\int_X\langle x,T(x)\rangle d\mu,\quad T_{\#}\mu=\nu\right\},$$

这可以转化为对偶问题

$$\inf\left\{\int_X\varphi d\mu+\int_Y\varphi^*d\nu:\varphi(x)+\varphi^*(y)\geqslant\langle x,y\rangle\right\}.$$

最优解 $\varphi(x)+\varphi^*(y)=\langle x,y\rangle$, $y\in\partial\varphi(x)$, φ 和 φ^* 都是凸的.

图 3.8 显示了一个基于 Brenier 定理 3.4 的计算实例. 我们将弥勒佛曲面 $(S,\mathbf{g})$ 用 Riemann 映射共形地映射到平面圆盘 $\mathbb{D}^2$ 之上, $\varphi:S\to\mathbb{D}^2$.

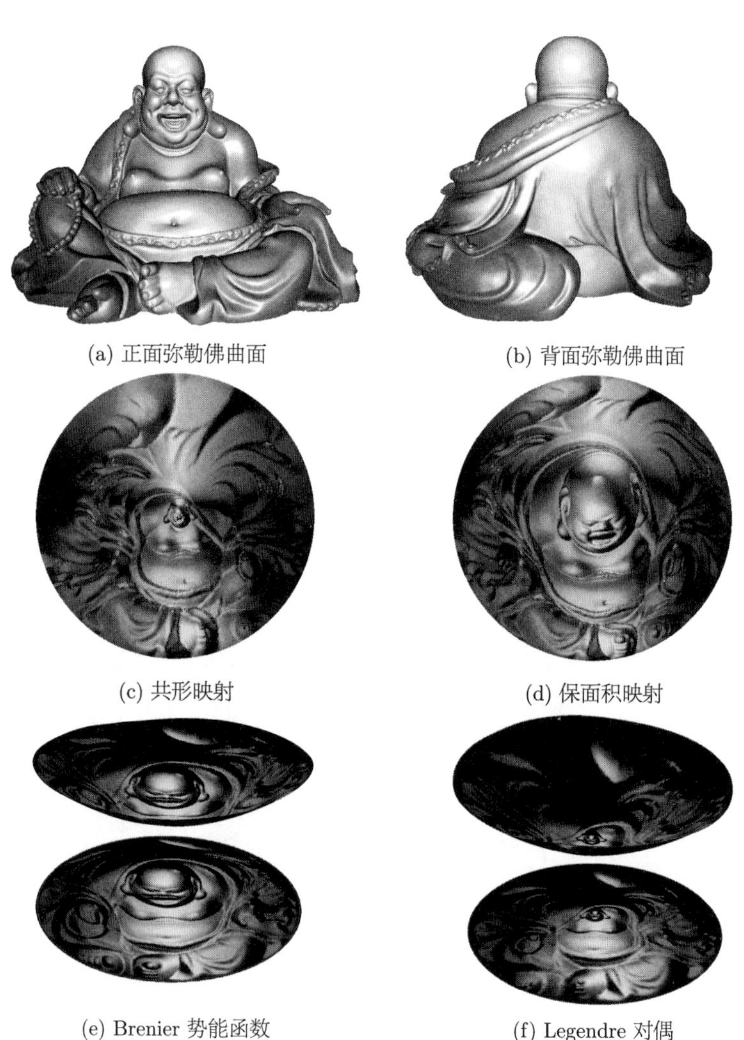

(a) 正面弥勒佛曲面　(b) 背面弥勒佛曲面

(c) 共形映射　(d) 保面积映射

(e) Brenier 势能函数　(f) Legendre 对偶

彩图

图 3.8 弥勒佛曲面的最优传输映射.

由映射的共形性, 曲面的 Riemann 度量 $\mathbf{g}$ 可以表示成 $e^{2u(z)}dzd\bar{z}$, 这样 φ 诱导圆盘上的一个概率测度 $\mu = e^{2u(z)}dxdy$. 圆盘上的均匀分布为 ν, 不妨设曲面的总面积等于圆盘面积 (否则将曲面做一个缩放变换), 则存在从 μ 到 ν 的欧氏距离平方代价下的最优传输映射, 如图 (c) 帧和 (d) 帧所示, 相应的 Brenier 势能函数 u 及其 Legendre 对偶在图 (e) 帧和 (f) 帧给出.

定义 3.4 (L^p 空间) L^p 空间可以定义为可测函数的空间, 函数绝对值的第 p 次幂是 Lebesgue 可积的. 两个函数等价, 如果它们几乎处处相等. 更一般地, 令 $1 \leqslant p < \infty$, (X, μ) 为带测度空间, 考虑从 X 到 $\mathbb{R}$ 的所有可测函数的集合, 这些函数绝对值的 p 阶次幂具有有限积分, 或者等价地,

$$\|f\|_p := \left(\int_S |f|^p d\mu\right)^{1/p} < \infty. \qquad \blacklozenge$$

定理 3.5 令 μ 和 ν 是定义在 $\mathbb{R}^d$ 上的概率测度, 传输代价函数为 $c(x, y) = \frac{1}{2}|x - y|^2$, 假设 $\int |x|^2 d\mu(x), \int |y|^2 d\nu < +\infty$. 考虑以下 (DP) 的变体:

$$\text{(DP-var)} \quad \sup\left\{\int_{\mathbb{R}^d} \varphi d\mu + \int_{\mathbb{R}^d} \psi d\nu : \varphi \in L^1(\mu), \psi \in L^1(\nu), \varphi \oplus \psi \leqslant c\right\},$$

那么 (DP-var) 存在解 (φ, ψ), 函数 $x \mapsto \frac{1}{2}|x|^2 - \varphi(x)$ 和 $y \mapsto \frac{1}{2}|y|^2 - \psi(y)$ 为凸函数, 并且关于 Legendre 变换共轭. 此外, 我们有 $\max(\text{DP-var}) = \min(\text{KP})$. $\blacklozenge$

证明 应用与定理 2.5 证明相同的推理过程, 我们得到了一对函数 (φ, ψ), 其中 φ 是 c-凹的且 $\varphi = \psi^c$, 使得对于任意 (x, y) 在最优传输方案 γ 的支撑集中, 都有 $\varphi(x) + \psi(y) = c(x, y)$.

从命题 3.3, 我们推断出 $x \mapsto \frac{1}{2}|x|^2 - \varphi(x)$ 和 $y \mapsto \frac{1}{2}|y|^2 - \psi(y)$ 是凸的且彼此共轭.

特别地, $\frac{1}{2}|x|^2 - \varphi(x)$ 的下界由某个线性函数给出, 因此 φ 的上界由某个二阶多项式给出. 从 μ 的假设可以证明 $\varphi_+ \in L^1(\mu)$. 同样可以证明 $\psi_+ \in L^1(\nu)$. 现在我们可计算 $\varphi \oplus \psi$ 关于 γ 的积分, 因此得到

$$\int_{\mathbb{R}^d} \varphi d\mu + \int_{\mathbb{R}^d} \psi d\nu = \int_{\mathbb{R}^d \times \mathbb{R}^d} \varphi \oplus \psi d\gamma = \int_{\mathbb{R}^d \times \mathbb{R}^d} c d\gamma \geqslant 0.$$

这证明了 $\int_{\mathbb{R}^d}\varphi d\mu, \int_{\mathbb{R}^d}\psi d\nu > -\infty$, 因此 $\varphi \in L^1(\mu)$ 且 $\psi \in L^1(\nu)$. 其他部分的证明与以前类似. ■

定理 3.6 令 μ 和 ν 是定义在 $\mathbb{R}^d$ 上的概率测度, 传输代价函数 $c(x,y) = \frac{1}{2}|x-y|^2$, 假设 $\int |x|^2 d\mu(x), \int |y|^2 d\nu < +\infty$, 这意味着 $\min(\mathrm{KP}) < +\infty$, 并且任意 $d-1$ 维曲面的 μ-测度为零, 则存在唯一的从 μ 到 ν 的最优传输映射 T, 其表示形式为 $T = \nabla u$, 这里 u 是某个凸函数. ♦

证明 我们再次遵循与以前相同的证明思路: 存在最优传输方案 γ, 定理 3.5 给出了最优 Kantorovich 势能函数对 $(\varphi,\psi) \in L^1(\mu)\times L^1(\nu)$, 并且保证 $\int_{\mathbb{R}^d\times\mathbb{R}^d} c d\gamma = \int_{\mathbb{R}^d}\varphi d\mu + \int_{\mathbb{R}^d}\psi d\nu$.

然后, 我们可以看到如果 u (或等价的 φ) 是 μ-几乎处处可微的, 则 γ 集中在 $x \mapsto x - \nabla\varphi(x) := \nabla u$ 的图上.

由 $\varphi \in L^1(\mu)$, 我们推断 u 是 μ-几乎处处有限的, 并且因为 u 是凸函数, 其支撑集 $\mathrm{Supp}(\mu) \subset \{u < +\infty\}$ 是凸集.

注意到 $\partial(\{u < +\infty\})$ 可以局部表示为凹函数的图, 因此它是 $d-1$ 维 C^2 可求长 (rectifiable) 的集合, 并且由假设它 μ-零测度. 在 $\{u < +\infty\}$ 内部, u 是 μ-几乎处处可微的 (基于 μ 的假设和 u 的凸性). ■

3.1.3 最优性条件

我们考虑 Ω 为紧集并且传输代价为 C^1 的函数时, 传输映射为最优的充分条件.

定理 3.7 令 $\Omega \subset \mathbb{R}^d$ 是紧集, 传输代价函数 c 为 C^1 函数, 且在 $\Omega\times\Omega$ 上满足扭曲条件. 给定概率测度 $\mu \in \mathcal{P}(\Omega)$, $\mu(\partial\Omega) = 0$, Kantorovich 势是 c-凹函数 $\varphi \in \text{c-conc}(\Omega)$, φ 是 μ-几乎处处可微的. 假设映射 T 满足 $\nabla_x c(x, T(x)) = \nabla\varphi(x)$, 则在传输代价 c 下, T 是从测度 μ 到 $\nu := T_\#\mu$ 的最优传输映射. ♦

证明 φ 是 c-凹的, 则存在函数 $\psi : \Omega \to \mathbb{R}$, 使得 $\varphi(x) = \inf_y c(x,y) - \psi(y)$. 我们可以假设 $\varphi(x)$ 是 $\bar{c}$-凹的 (否则可以令 $\psi(y) = \varphi^c$), 因此 ψ 连续. 选择一点 $x_0 \in \Omega$, 满足 $\nabla\varphi(x_0)$ 存在并且 $x_0 \notin \partial\Omega$. 由紧致性和连续

性, 可在某点 y_0 处达到 $\inf_y c(x_0,y)-\psi(y)$. 这意味着对 $\forall x$,

$$\varphi(x) \leqslant c(x,y_0)-\psi(y_0), \quad \varphi(x_0)=c(x_0,y_0)-\psi(y_0),$$

因此 $x \mapsto c(x,y_0)-\varphi(x)$ 在 $x=x_0$ 达到极小. 作为结果, 我们可以得到

$$\nabla\varphi(x_0)=\nabla_x c(x_0,y_0).$$

由扭曲条件假设 $y \mapsto \nabla_x c(x_0,y)$ 是单射: 这意味着 $y_0=T(x_0)$. 这证明了 $\varphi(x_0)+\psi(T(x_0))=c(x_0,T(x_0))$, 这一等式对于 μ-几乎处处的 x_0 也同样成立. 如果我们关于 μ 进行积分, 可以得到

$$\int \varphi d\mu+\int \psi d\nu=\int \varphi d\mu+\int \psi \circ T d\mu=\int c(x,T(x)) d\mu,$$

由 (φ,ψ) 是 (DP) 可容许的, 我们有 $\int \varphi d\mu+\int \psi d\nu \leqslant$ (DP) $\leqslant$ (KP), 而最后的积分等于 Monge 问题中 T 的总传输代价, 由此 (φ,ψ) 是 (KP) 的解, 这就证明了 T 的最优性. ■

如果传输代价函数为欧氏距离平方 $c(x,y)=\frac{1}{2}|x-y|^2$, 我们不需要空间的紧致性要求, 依然可以证明最优性.

定理 3.8 假设 $\mu \in \mathcal{P}(\mathbb{R}^d)$ 满足 $\int |x|^2 d\mu(x)<\infty$, $u:\mathbb{R}^d \rightarrow \mathbb{R} \cup\{+\infty\}$ 是凸的且 μ-几乎处处可微, 传输代价为欧氏距离的平方 $c(x,y):=\frac{1}{2}|x-y|^2$. 令 $T=\nabla u$, 假设 $\int |T(x)|^2 \mu(x)<+\infty$, 则 T 是从测度 μ 到 $\nu:=T_{\#}\mu$ 的最优传输映射. ♦

证明 凸函数 u 具有以下性质:

$$u(x)+u^*(y) \geqslant\langle x,y\rangle, \ \forall x,y \in \mathbb{R}^d, \quad u(x)+u^*(y)=\langle x,y\rangle, \text{ 若 } y=\nabla u(x).$$

考虑任意的传输方案 $\gamma \in \Pi(\mu,\nu)$, 我们有

$$\begin{aligned}
\int_{\mathbb{R}^d \times \mathbb{R}^d}\langle x,y\rangle d\gamma(x,y) & \leqslant \int_{\mathbb{R}^d \times \mathbb{R}^d}(u(x)+u^*(y)) d\gamma(x,y) \\
& =\int_{\mathbb{R}^d} u(x) d\mu(x)+\int_{\mathbb{R}^d} u^*(T(x)) d\mu(x) \\
& =\int_{\mathbb{R}^d}\langle x,T(x)\rangle d\mu(x),
\end{aligned}$$

这证明了 $\int\langle x,y\rangle d\gamma \leqslant \int\langle x,y\rangle d\gamma_T$. 另一方面,

$$\int_{\mathbb{R}^d \times \mathbb{R}^d} \frac{1}{2}\left(|x|^2+|y|^2\right) d\gamma=\int_{\mathbb{R}^d \times \mathbb{R}^d} \frac{1}{2}\left(|x|^2+|y|^2\right) d\gamma_T,$$

计算出上述两式的差, 可得

$$\int_{\mathbb{R}^d\times\mathbb{R}^d}\frac{1}{2}\left(|x-y|^2\right)d\gamma\geqslant\int_{\mathbb{R}^d\times\mathbb{R}^d}\frac{1}{2}\left(|x-y|^2\right)d\gamma_T.\qquad\blacksquare$$

下面, 我们证明对任意代价函数更加一般的最优性判定标准. 关键结果是: 一个传输方案是最优的当且仅当传输方案集中在一个 c-循环单调集合上. 主要工具是定理 2.3, 它只要求传输代价有限, 但同时也需要连续性和紧致性, 以避免可积性问题.

定理 3.9 给定传输方案 $\gamma\in\mathcal{P}(X\times Y)$, X 和 Y 是 Polish 空间, 传输代价函数 $c:X\times Y\to\mathbb{R}$ 一致连续且有界, 支撑集 $\mathrm{Supp}(\gamma)$ 是 c-循环单调的. 则 γ 是从边际分布 $\mu=(\pi_x)_\#\gamma$ 到 $\nu=(\pi_y)_\#\gamma$ 的最优传输方案. ♦

证明 由定理 2.3, 我们可以找到一个 c-凹函数 φ, 这样支撑集 $\mathrm{Supp}(\gamma)$ 包含在下面集合之中,

$$\{(x,y):\varphi(x)+\varphi^c(y)=c(x,y)\}.$$

因为 c 一致连续, 正如在定理 2.3 中的证明那样, 我们可以构造 φ 和 φ^c, 它们是连续的因此分别在 X 和 Y 上有界. 事实上, φ 和 φ^c 具有和 c 相同的连续模.

由对偶性, 我们有

$$\begin{aligned}(\mathrm{KP})\leqslant\int c(x,y)d\gamma&=\int(\varphi(x)+\varphi^c(y))d\gamma\\&=\int\varphi d\mu+\int\varphi^c d\nu\leqslant(\mathrm{DP})=(\mathrm{KP}),\end{aligned}$$

这表明了 γ 是最优的, 且 (φ,φ^c) 是对偶问题的解. ■

3.1.4 稳定性条件

定义 3.5 (Hausdorff 距离) 给定一个紧致度量空间 X, 一对紧子集 A 和 B 的 Hausdorff 距离定义为:

$$d_H(A,B):=\max\{\max\{d(y,A):y\in B\},\max\{d(x,B):x\in A\}\}.\qquad♦$$

Hausdorff 距离也可以等价定义为:

(1) $d_H(A,B)=\max\{|d(x,A)-d(x,B)|:x\in X\}$;

(2) $d_H(A,B)=\inf\{\varepsilon>0:A\subset B_\varepsilon,B\subset A_\varepsilon\}$, 其中 A_ε 和 B_ε 分别表示

A 和 B 的 ε-邻域.

定理 3.10 (Blaschke) d_H 是一个距离: 它是正对称的, 只有当两个集合重合时才消失, 并且满足三角不等式. 在这个距离下, X 的所有紧子集的集合本身, 也是一个紧度量空间. ♦

详尽证明可以参考 Ambrosio and Tilli [4].

命题 3.4 若 $d_H(A_n, A) \to 0$ 和 $\{\mu_n\}$ 是一个正测度序列, 满足 $\mathrm{Supp}(\mu_n) \subset A_n$ 并且 $\mu_n \rightharpoonup \mu$, 那么 $\mathrm{Supp}(\mu) \subset A$. ♦

证明 对每个 n, 我们有 $\int d(x, A_n) d\mu_n = 0$, 这是因为 μ_n 的支撑集在 A_n 中. 因为距离函数 $d(x, A_n)$ 一致收敛到 $d(x, A)$, $d(x, A_n) \to d(x, A)$, 并且 $\mu_n \rightharpoonup \mu$, 由于函数的一致收敛性和测度弱收敛性之间的对偶性, 我们得到 $\int d(x, A_n) d\mu_n \to \int d(x, A) d\mu$. 这意味着 $\int d(x, A) d\mu = 0$, 因此 μ 集中在 A 上. ■

在紧致的情况下, 我们可以得到稳定性结果.

定理 3.11 假设 X 和 Y 是紧度量空间, 且代价函数 $c: X \times Y \to \mathbb{R}$ 连续; 假设 $\gamma_n \in \mathcal{P}(X \times Y)$ 是一个传输方案序列, γ_n 是代价 c 下从自身边际分布 $\mu_n := (\pi_x)_\# \gamma_n$ 到 $\nu_n := (\pi_y)_\# \gamma_n$ 的最优传输方案; 假设 $\gamma_n \rightharpoonup \gamma$. 则 $\mu_n \rightharpoonup \mu := (\pi_x)_\# \gamma$, $\nu_n \rightharpoonup \nu := (\pi_y)_\# \gamma$, 并且 γ 是从 μ 到 ν 的最优传输方案. ♦

证明 定义支撑集 $\Gamma_n := \mathrm{Supp}(\gamma_n)$. 直至一个子序列, 我们不妨设在 Hausdorff 拓扑下 $\Gamma_n \to \Gamma$. 根据定理 2.4, 每个 Γ_n 是 c-循环单调的, 且 c-循环单调集合的 Hausdorff 极限依然是 c-循环单调的. 固定 $(x_1, y_1), \cdots, (x_k, y_k) \in \Gamma$, 存在点列 $(x_1^n, y_1^n), \cdots, (x_k^n, y_k^n) \in \Gamma_n$, 使得对每个 $i = 1, \cdots, k$, 我们都有 $(x_i^n, y_i^n) \to (x_i, y_i)$. Γ_n 的循环单调性给出了

$$\sum_{i=1}^{k} c(x_i^n, y_i^n) \leqslant \sum_{i=1}^{k} c(x_i^n, y_{\sigma(i)}^n),$$

取极限 $n \to \infty$,

$$\sum_{i=1}^{k} c(x_i, y_i) \leqslant \sum_{i=1}^{k} c(x_i, y_{\sigma(i)}).$$

这证明了 Γ 是 c-循环单调的. 进一步, 由收敛性 $\gamma_n \rightharpoonup \gamma$ 和 $\Gamma_n \to \Gamma$, 我们

得到 $\mathrm{Supp}(\gamma) \subset \Gamma$. 这表明了 $\mathrm{Supp}(\gamma)$ 的 c-单调循环性和 γ 的最优性. ■

对一个给定的传输代价 $c : X \times Y \to \mathbb{R}$, $\mu \in \mathcal{P}(X)$, $\nu \in \mathcal{P}(Y)$, 我们定义

$$\mathcal{T}_c(\mu, \nu) := \min\left\{\int_{X\times Y} c d\gamma : \gamma \in \Pi(\mu, \nu)\right\}.$$

定理 3.12 假设 X 和 Y 是紧度量空间, $c : X \times Y \to \mathbb{R}$ 连续; 假设 $\mu_n \in \mathcal{P}(X)$ 和 $\nu_n \in \mathcal{P}(Y)$ 是两个概率测度的序列, 且 $\mu_n \rightharpoonup \mu$ 和 $\nu_n \rightharpoonup \nu$. 则我们有 $\mathcal{T}_c(\mu_n, \nu_n) \to \mathcal{T}_c(\mu, \nu)$. ♦

证明 令 γ_n 为代价 c 下从 μ_n 到 ν_n 的一个最优传输方案. 直至子序列, 我们不妨假设 $\gamma_n \rightharpoonup \gamma$. 定理 3.11 给出了 γ 的最优性. 这表明

$$\mathcal{T}_c(\mu_n, \nu_n) = \int_{X\times Y} c d\gamma_n \to \int_{X\times Y} c d\gamma = \mathcal{T}_c(\mu, \nu).$$ ■

最后, 我们证明 Kantorovich 势能函数的稳定性.

定理 3.13 假设 X 和 Y 是紧度量空间, 且传输代价函数 $c : X\times Y \to \mathbb{R}$ 连续; 假设 $\mu_n \in \mathcal{P}(X)$ 和 $\nu_n \in \mathcal{P}(Y)$ 是两个概率测度序列, 且 $\mu_n \rightharpoonup \mu$ 和 $\nu_n \rightharpoonup \nu$. 对每个 n, 令 (φ_n, ψ_n) 是从 μ_n 到 ν_n 在 c 下的一对 c-凹 Kantorovich 函数. 则直至子序列, 我们有一致收敛 $\varphi_n \to \varphi$, $\psi_n \to \psi$, 且 (φ, ψ) 是从 μ 到 ν 的一对 Kantorovich 势能函数. ♦

证明 由于 c-凹函数具有与 c 相同的连续模, 因此, 经过平移一个常数, 我们可以应用 Ascoli-Arzela 定理, 得到一致收敛 $\varphi_n \to \tilde{\varphi}$ 和 $\psi_n \to \tilde{\psi}$. 由 $\varphi_n(x) + \psi_n(y) \leqslant c(x, y)$, 可以推断, 当 $n \to \infty$, 不等式 $\tilde{\varphi}(x) + \tilde{\psi}(y) \leqslant c(x, y)$ 成立, 并且我们有

$$\mathcal{T}_c(\mu_n, \nu_n) = \int \varphi_n d\mu_n + \int \psi_n d\nu_n \to \int \tilde{\varphi} d\mu + \int \tilde{\psi} d\nu.$$

更进一步, 由定理 3.12 得到 $\mathcal{T}_c(\mu_n, \nu_n) \to \mathcal{T}_c(\mu, \nu)$. 由此我们推断 $(\tilde{\varphi}, \tilde{\psi})$ 是 (DP) 可容许的, 并在对偶问题中实现最大值

$$\int \tilde{\varphi} d\mu + \int \tilde{\psi} d\nu = \mathcal{T}_c(\mu, \nu),$$

因此它们是 Kantorovich 势能函数. 如果 Kantorovich 势能函数的极限是唯一的, 则整个序列收敛而不必应用子序列的收敛性. ■

3.2 Brenier 极分解

定义 3.6 (保测度映射) 给定一个测度空间 (X,μ), 可测映射 $s:X\to X$ 被称为保测的, 如果

$$s_{\#}\mu=\mu.$$

换言之, 对任意可测子集 $A\subset X$, 都有 $\mu(s^{-1}(A))=\mu(A)$. 测度空间 (X,μ) 上的所有保测映射构成的集合记作 $\mathcal{S}(X)$. ♦

令 Ω 为欧氏空间 $\mathbb{R}^n$ 中的开子集, 如果 $s:\Omega\to\Omega$ 是一个保测度的微分同胚, 那么 $\det(Ds)\equiv 1$. 所有保测度的微分同胚构成的群记作 $G(\Omega)$.

3.2.1 实矩阵的极分解

线性代数的一个经典定理说, 任意一个 $n\times n$ 矩阵 $A\in M_n(\mathbb{R})$ 都可以被分解为乘积 $A=S\cdot U$, 这里 S 是对称半正定矩阵, U 是正交矩阵, $U\cdot U^t=I$. 正交矩阵群记为 $U_n(\mathbb{R})$. 如果 A 非退化, 则分解唯一, S 是正定矩阵, 否则 U 的定义不唯一. 直接计算可以得到 $S=\sqrt{A\cdot A^t}$, $U=S^{-1}A=(\sqrt{A\cdot A^t})^{-1}A$.

$M_n(\mathbb{R})$ 可等距嵌入 $\mathcal{L}^2(B(0,1),\mathbb{R}^n)$, 其中 $B(0,1)$ 是 $\mathbb{R}^n$ 上的单位球,

$$A\mapsto[x\mapsto Ax].$$

此处 $M_n(\mathbb{R}^n)$ 有 Hilbert-Schmidt 范数 $\|\cdot\|_{HS}$, 定义为

$$\|A\|_{HS}^2=\operatorname{tr}(A\cdot A^t)=\sum_{ij}a_{ij}^2,\quad A=(a_{ij}).$$

容易验证 $U_n(\mathbb{R})\subset S(B(0,1))$, 当对称正定矩阵被看作二次函数的梯度映射

$$x\mapsto\nabla f(x),\quad f(x):=\frac{1}{2}x^tSx.$$

特别地, 因子 U 可以表示为 A 在群 $U_n(\mathbb{R})$ 上的投影.

命题 3.5 (矩阵极分解) 令 $A\in M_n(\mathbb{R})$, 则存在正交矩阵 $U\in U_n(\mathbb{R})$ 和对称正定矩阵 $S\in S_n^+(\mathbb{R})$, 有 $A=SU$. 此外, 分解中的正交矩阵 U 是

A 在 $U_n(\mathbb{R})$ 上的正交投影,

$$AU^{-1} \in S_n^+(\mathbb{R}) \iff \left\{\forall \tilde{U} \in U_n(\mathbb{R}), \|A-U\|_{HS} \leqslant \|A-\tilde{U}\|_{HS}\right\}. \quad (3.6)$$

而且, 若 A 可逆, 则该分解是唯一的.

证明 因 $\|\tilde{U}\|_{HS}^2 = n$, 右侧不等式等价于 $\mathrm{tr}(A \cdot U^t) \geqslant \mathrm{tr}(A \cdot \tilde{U}^t)$. 但

$$\mathrm{tr}(A^t \cdot U) = \mathrm{tr}(U^t \cdot A) = \mathrm{tr}(A \cdot U^t) = \mathrm{tr}(A \cdot U^{-1}) = \mathrm{tr}(S),$$

类似地,

$$\mathrm{tr}(A^t \cdot \tilde{U}) = \mathrm{tr}(\tilde{U}^t \cdot A) = \mathrm{tr}(U\tilde{U}^t AU^{-1}) = \mathrm{tr}((AU^{-1}) \cdot (U\tilde{U}^t)) = \mathrm{tr}(S \cdot (U\tilde{U}^t)).$$

因为 $U\tilde{U}^t$ 可能是 $U_n(\mathbb{R})$ 中的任意一个元素, 实际上证明原命题等价于证明下面的命题: 对任意 $S \in M_n(\mathbb{R})$,

$$S \in S_n^+(\mathbb{R}) \iff \{\forall U \in U_n(\mathbb{R}), \mathrm{tr}(S) \geqslant \mathrm{tr}(S \cdot U)\}. \quad (3.7)$$

假如 S 是对称正定矩阵, 对角化 S, 其所有的特征根都是正的实数; 所有 U 的系数的绝对值都以 1 为界, 这就直接证明了方程 (3.7) 中的不等式.

反之, 选择 $U = I_n + \varepsilon D + O(\varepsilon^2)$, 其中 D 是一个任意反称矩阵, 由假设

$$\mathrm{tr}(S) \geqslant \mathrm{tr}(S \cdot (I + \varepsilon D + O(\varepsilon^2))),$$

令 $\varepsilon \to 0$, 可以推得

$$\mathrm{tr}(S) \geqslant \mathrm{tr}(S) + \varepsilon\, \mathrm{tr}(SD).$$

同理, 选择 $U = I_n - \varepsilon D + O(\varepsilon^2)$, 我们有

$$\mathrm{tr}(S) \geqslant \mathrm{tr}(S) - \varepsilon\, \mathrm{tr}(SD),$$

因此对任意的反称矩阵 $D \in A_n(\mathbb{R})$, 都有 $\mathrm{tr}(SD) = 0$. 这表明 $S \in S_n(\mathbb{R})$. 通过对角化 S, 可知它所有的特征值都是非负的. 该命题得证. ■

3.2.2 向量场的 Hodge-Helmholtz 分解

令 v 为 $\Omega \subset \mathbb{R}^n$ 上的一个向量场, 则考虑 $\mathcal{L}^2(\Omega; \mathbb{R}^n)$ 上的一条路径, 且形式为 $\gamma(\varepsilon) = \mathrm{id} + \varepsilon v + o(\varepsilon)$,

$$\gamma(\varepsilon) : \Omega \to \mathbb{R}^n, \quad x \mapsto x + \varepsilon v(x) + o(\varepsilon).$$

若 ε 很小, 并且向量场都是光滑的, 则 $\gamma(\varepsilon)$ 满足非退化条件, 所以可以对它进行因子分解, 且 $\gamma(\varepsilon)=\nabla\psi(\varepsilon)\circ s(\varepsilon)$. 函数 $\psi(\varepsilon)$ 有形式

$$\psi(\varepsilon,x)=\frac{1}{2}|x|^2+\varepsilon p(x)+o(\varepsilon),$$

且将 $s(\varepsilon)$ 写为

$$\mathrm{id}+\varepsilon w+o(\varepsilon),$$

其中 w 在恒同映射处与保测度映射空间相切, 这等价于说 w 是一个与边界 $\partial\Omega$ 相切的向量场, 且散度为零, 处处有 $\nabla\cdot w=0$. 则通过展开 $\gamma(\varepsilon)$ 和 $\nabla\psi(\varepsilon)\circ s(\varepsilon)$, 我们得到 $v=w+\nabla p$.

定理 3.14 (Hodge-Helmholtz 分解) 假设 $\Omega\subset\mathbb{R}^n$ 是一个开区域, v 是 Ω 上的光滑向量场, 则 v 可以唯一分解为零散度场 w 和一个零旋度场, 即梯度场 ∇p, 其中 $p:\Omega\to\mathbb{R}$ 是一个定义在 Ω 上的 C^1 函数,

$$v=w+\nabla p,\quad \nabla\cdot w=0. \quad \blacklozenge \tag{3.8}$$

证明 我们这里给出简略证明. 设 v 是定义在 Ω 上的光滑向量场, 我们可以通过解 Poisson 方程来求得梯度分量,

$$\nabla\cdot v=\nabla\cdot\nabla p=\Delta p,$$

函数 p 的存在性和唯一性由 Poisson 方程理论保证. 令 $w=v-\nabla p$, 则

$$\nabla w=\nabla v-\Delta p=0,$$

所以 $v=w+\nabla p$, w 为无散场, ∇p 为梯度场. ■

3.2.3 Brenier 极分解

矩阵极分解和向量场 Hodge-Helmholtz 分解定理可以推广为非线性 Brenier 极分解定理. 详细的证明可以参考 Brenier [14]、Brenier [15] 和 Gangbo [31].

定理 3.15 (Brenier 极分解) 给定欧氏空间中的一个开区域 $\Omega\subset\mathbb{R}^d$ 和一个向量值映射 $\xi:\Omega\to\mathbb{R}^d$, 考虑定义在 Ω 上归一化的 Lebesgue 测度 $\mathcal{L}_\Omega$, 假设 $\xi_\#\mathcal{L}_\Omega$ 是绝对连续的, 则存在一个凸函数 $u:\Omega\to\mathbb{R}$ 和一个保测

度映射 $s:\Omega \to \Omega$ (满足 $s_{\#}\mathcal{L}_{\Omega} = \mathcal{L}_{\Omega}$), 使得

$$\xi = (\nabla u) \circ s. \tag{3.9}$$

更进一步, s 和 ∇u 是几乎处处唯一定义的, 且 s 是下面优化问题的解:

$$\min \left\{ \int_{\Omega} |\xi(x) - \gamma(x)|^2 d\mathcal{L}_{\Omega}(x) : \gamma_{\#}\mathcal{L}_{\Omega} = \mathcal{L}_{\Omega} \right\}.$$

或者等价地,

$$\max \left\{ \int_{\Omega} \langle \xi(x), \gamma(x) \rangle d\mathcal{L}_{\Omega}(x) : \gamma_{\#}\mathcal{L}_{\Omega} = \mathcal{L}_{\Omega} \right\}.$$ ♦

图 3.9 显示了一个例子: 平面圆盘自映射的 Brenier 极分解.

证明 考虑 $\mu = \xi_{\#}\mathcal{L}_{\Omega}$, 在欧氏距离平方代价函数下从 μ 到 $\mathcal{L}_{\Omega}$ 的最优传输映射为 $T:(\Omega,\mu) \to (\Omega,\mathcal{L}_{\Omega})$, 则 T 是凸函数 $u^*:\Omega \to \mathbb{R}$ 的梯度映

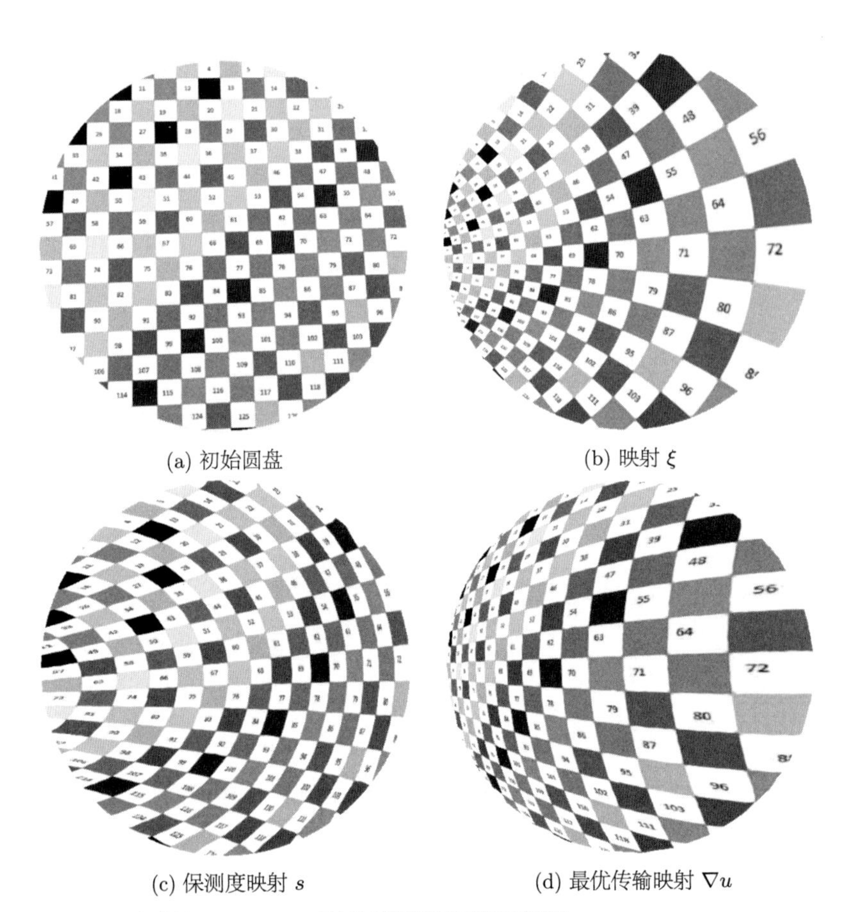

(a) 初始圆盘 (b) 映射 ξ

(c) 保测度映射 s (d) 最优传输映射 ∇u

彩 图

图 3.9 Brenier 极分解, $\xi = \nabla u \circ s$. 每个映射的像用纹理坐标来表示.

射. 令 $s := \nabla u^* \circ \xi$, 则

$$s_{\#}\mathcal{L}_\Omega = (\nabla u^*)_{\#}(\xi_{\#}\mathcal{L}_\Omega) = (\nabla u^*)_{\#}\mu = \mathcal{L}_\Omega,$$

因此 s 是保测度的. 设 u^* 的 Legendre 变换为 u, 那么

$$(\nabla u) \circ s = (\nabla u) \circ (\nabla u^*) \circ \xi = \xi,$$

则 u 和 u^* 的梯度几乎处处有定义, 并且我们总有 $(\nabla u) \circ (\nabla u^*) = \mathrm{id}$. 这样, 我们就得到了想要的分解.

∇u 的唯一性是因为 (∇u^*) 是唯一的最优传输映射. 由定理 3.4, 满足 $(\nabla u^*)_{\#}\mu = \mathcal{L}_\Omega$ 的 ∇u^* 是唯一的, 所以 ∇u 也是唯一的.

映射 s 的最优性由 ∇u 的最优性保证. 由 ∇u 最大化内积, 我们得到对每个 $\gamma \in \Pi(\mathcal{L}_\Omega, \mu)$, 都有

$$\int \langle \nabla u(x), x \rangle dx \geqslant \int_{\Omega \times \mathbb{R}^d} \langle y, x \rangle d\gamma(x, y).$$

如果考虑一个保测度映射 $r : \Omega \to \Omega$, 且令 $\gamma := (r, \xi)_{\#}\mathcal{L}_\Omega$, 我们可得

$$\begin{aligned}\int \langle \xi(x), r(x) \rangle dx = \int \langle y, x \rangle d\gamma(x, y) \leqslant \int \langle \nabla u(x), x \rangle dx \\ = \int \langle \nabla u(s(x)), s(x) \rangle dx = \int \langle \xi(x), s(x) \rangle dx.\end{aligned}$$

这证明了 s 的最优性, 这表明 s 是 ξ 到保测度微分同胚群 $S(\Omega)$ (非凸集合) 的正交投影, 如图 3.10 所示. ■

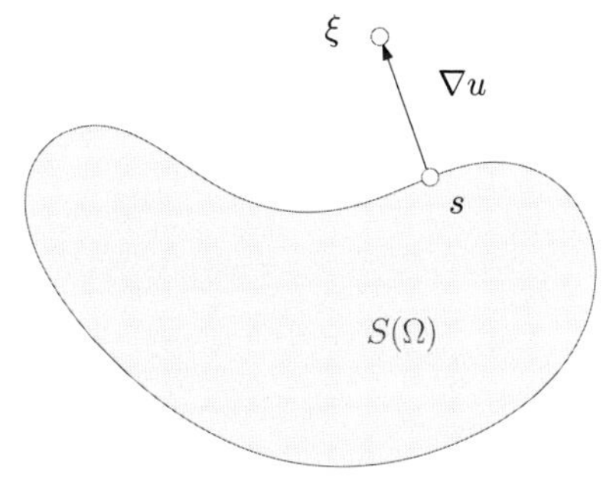

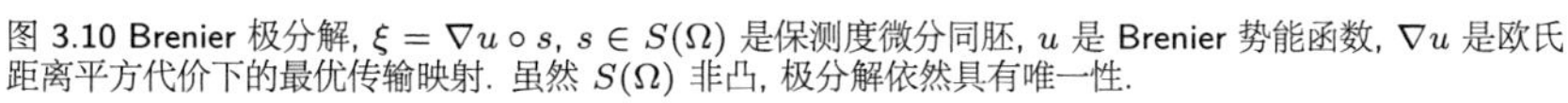
图 3.10 Brenier 极分解, $\xi = \nabla u \circ s$, $s \in S(\Omega)$ 是保测度微分同胚, u 是 Brenier 势能函数, ∇u 是欧氏距离平方代价下的最优传输映射. 虽然 $S(\Omega)$ 非凸, 极分解依然具有唯一性.

第二部分

凸几何理论

本部分首先介绍了等周不等式、Brunn-Minkowski 不等式和 Alexandrov 映射引理, 然后讨论了 Minkowski 定理、Alexandrov 定理和 Pogorelov 定理, 以及对这些存在性、唯一性定理的多种证明, 其中包括基于拓扑方法的证明和基于几何变分法的证明.

第四章 Minkowski-Alexandrov 凸几何理论

本章介绍 Minkowski-Alexandrov 凸几何理论 [2, 66], 证明基本的 Brunn-Minkowski 不等式 [73], Minkowski-Alexandrov 理论与最优传输理论 [77] 的关系, 以及与计算几何 [10, 11] 的联系.

4.1 Brunn-Minkowski 不等式

本节介绍凸几何中的基本概念和定理.

定义 4.1 (Minkowski 和) 给定两个集合 $P, Q \subset \mathbb{R}^d$, 它们的 Minkowski 和定义为

$$P \oplus Q := \{p + q : p \in P \text{ 且 } q \in Q\}.$$ ♦

Minkowski 和可以重写为

$$P \oplus Q = \bigcup_{q \in Q} P \oplus \{q\}.$$

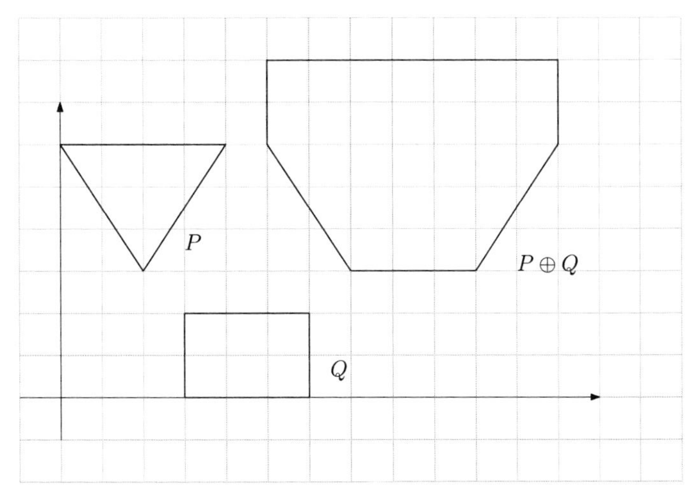

图 4.1 Minkowski 和 $P \oplus Q$.

它是集合 P 沿着 Q 中的点 q 平移后所得集合的并集. 图 4.1 显示了 Minkowski 和的概念.

定义 4.2 (Minkowski 扩张) 给定一个集合 $P \subset \mathbb{R}^d$ 和常数 $s \geqslant 0$, 以 s 为因子的 Minkowski 扩张 (dilation) 定义为

$$sP := \{sp : p \in P\}.$$ ♦

n 维欧氏空间 $\mathbb{R}^d$ 中的一个凸体 (convex body), 是一个内部非空的紧凸集. Minkowski 证明了如下定理.

定理 4.1 (Minkowski 和的多项式性质) 令 P 和 Q 为 $\mathbb{R}^3$ 上的凸体, 线性组合 $sP \oplus tQ$ 的体积是非负实数 s 和 t 的三次多项式,

$$V(sP \oplus tQ) = V(P)s^3 + 3V(P,P,Q)s^2t + 3V(P,Q,Q)st^2 + V(Q)t^3,$$

这里 $V(P,P,Q)$ 和 $V(P,Q,Q)$ 被称为混合体积. ♦

证明 我们对多面体证明这一定理. 假设 $X = sP_1 \oplus tP_2$, P_1 和 P_2 具有相同的组合结构. 我们用 f_i^α 来表示 P_α 的第 i 个面, $\alpha = 1, 2$; e_{ij}^α 表示在面 f_i^α 中的第 j 条边, v_{ijk}^α 表示在边 e_{ij}^α 中的第 k 个顶点. 经过平移, 我们将原点 O 挪到多面体的内部. 从原点到面 f_i^α 的距离为 $h_i^{(\alpha)}$, 从原点在面 f_i^α 中的垂足到边 e_{ij}^α 的距离为 $h_{ij}^{(\alpha)}$, 从边 e_{ij}^α 上的垂足到顶点 v_{ijk}^α 的距离为 $h_{ijk}^{(\alpha)}$, 如图 4.2 所示. 相应的在 X 中的支撑距离分别记为 h_i, h_{ij}

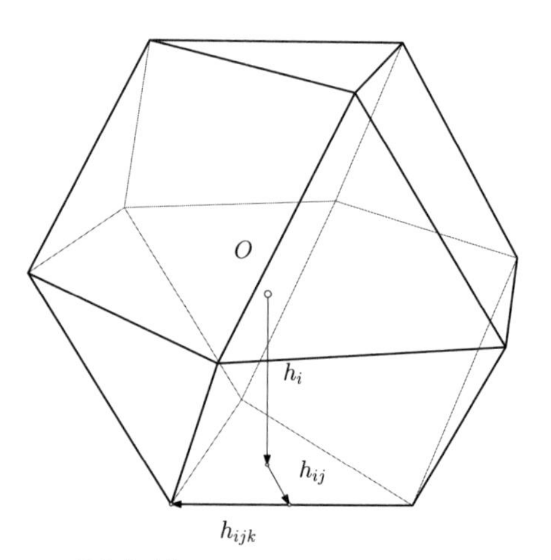

图 4.2 具有高度 h_i, h_{ij}, h_{ijk} 的凸多面体.

和 h_{ijk}. X 的体积为

$$\begin{aligned}V(X) &= \frac{1}{3}\sum_{i=1}^{n} h_i A(F_i) = \frac{1}{3}\sum_{i=1}^{n} h_i \frac{1}{2}\sum_{j} h_{ij} L(e_{ij}) \\ &= \frac{1}{3}\sum_{i=1}^{n} h_i \frac{1}{2}\sum_{j} h_{ij}\sum_{k=1}^{2} h_{ijk} = \frac{1}{6}\sum_{i,j,k} h_i h_{ij} h_{ijk} \\ &= \frac{1}{6}\sum_{i,j,k}(sh_i^{(1)} + th_i^{(2)})(sh_{ij}^{(1)} + th_{ij}^{(2)})(sh_{ijk}^{(1)} + th_{ijk}^{(2)}) \\ &= \frac{1}{6}\sum_{i,j,k}(h_i^{(1)}h_{ij}^{(1)}h_{ijk}^{(1)}s^3 + h_i^{(1)}h_{ij}^{(1)}h_{ijk}^{(2)}s^2t \\ &\quad + h_i^{(1)}h_{ij}^{(2)}h_{ijk}^{(2)}st^2 + h_i^{(2)}h_{ij}^{(2)}h_{ijk}^{(2)}t^3),\end{aligned}$$

我们将混合体积记为

$$V(P_\alpha, P_\beta, P_\gamma) = \frac{1}{6}\sum_{i,j,k} h_i^{(\alpha)} h_{ij}^{(\beta)} h_{ijk}^{(\gamma)}.$$

因此线性组合 $sP_1 \oplus tP_2$ 的体积是 s 和 t 的三次多项式, 其系数为 P_1 和 P_2 混合体积 $V(P_\alpha, P_\beta, P_\gamma)$. ■

混合体积有如下性质.

命题 4.1 假设 P, Q, R 是凸集且 s, t 非负, 则下列性质成立:

- $V(P, Q, Q) \geqslant 0$;
- $V(P, Q, Q) = V(Q, Q, P)$;
- 如果 ρ 是一个刚体变换, 则 $V(\rho P, \rho Q, \rho Q) = V(P, Q, Q)$;
- $V(P, P, P) = V(P)$;
- $V(sP \oplus tQ, R, R) = sV(P, R, R) + tV(Q, R, R)$;
- 如果 $P \subset Q$, 则

$$V(P, R, R) \leqslant V(Q, R, R) \quad 且 \quad V(P, P, R) \leqslant V(Q, Q, R). \quad \blacklozenge$$

引理 4.1 (体积导数) 令 P 是一个凸多面体, 假设其第 i 个面 f_i 的法向为 n_i, 支撑距离 h_i, 则

$$P := \{x \in \mathbb{R}^d : \langle n_i, x\rangle \leqslant h_i, \forall i = 1, \cdots, n\}.$$

设 f_i 的体积为 A_i, 则

$$\frac{\partial V(\mathbf{h})}{\partial h_i} = A_i. \quad \blacklozenge \tag{4.1}$$

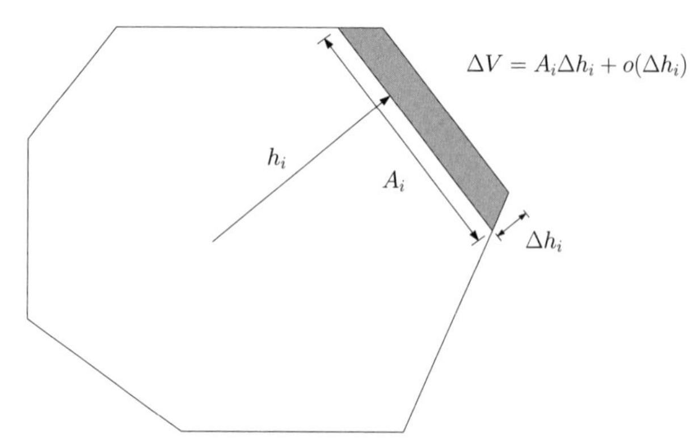

图 4.3 凸多面体体积导数 $\partial/\partial h_i = A_i$.

证明 如图 4.3 所示, 如果我们把支撑距离从 h_i 增大到 $h_i + \Delta h_i$, 体积增量是厚度 Δh_i 乘以面积 A_i 再加上高阶项,

$$\Delta V = A_i \Delta h_i + o(\Delta h_i),$$

因此

$$\frac{\partial V}{\partial h_i} = A_i.$$

■

引理 4.2 对于 $\mathbb{R}^3$ 中的凸多面体 P_1 和 P_2, 我们有混合体积的公式:

$$V(P_1, P_1, P_2) = \frac{1}{3} \sum_{i=1}^{n} h_i^{(2)} A_i^{(1)}. \quad \blacklozenge \tag{4.2}$$

证明 我们知道体积

$$\begin{aligned} V(sP_1 \oplus tP_2) = & V(P_1, P_1, P_1)s^3 + 3V(P_1, P_1, P_2)s^2 t \\ & + 3V(P_1, P_2, P_2)st^2 + V(P_2, P_2, P_2)t^3. \end{aligned}$$

用两种方式对体积求导,

$$\frac{\partial}{\partial t}\Big|_{t=0} V(P_1 \oplus tP_2) = 3V(P_1, P_1, P_2);$$

同时使用链式法则,

$$\begin{aligned} \frac{\partial}{\partial t}\Big|_{t=0} V(P_1 \oplus tP_2) &= \frac{\partial}{\partial t}\Big|_{t=0} V(P(h_1 + th_2)) \\ &= \sum_{i=1}^{n} h_i^{(2)} \frac{\partial}{\partial h_i} V(P(h_1 + th_2))\Big|_{t=0} \\ &= \sum_{i=1}^{n} h_i^{(2)} A_i(h_1 + th_2)\Big|_{t=0} = \sum_{i=1}^{n} h_i^{(2)} A_i^{(1)}. \end{aligned}$$

两种求导结果相同, 从而得到证明结果. ■

本节我们将证明 Brunn-Minkowski 不等式定理 4.2. 该定理指出, 由于 Minkowski 和趋向于 "圆滑化" 所添加的形状, 因此 Minkowski 和的体积超过了所添加形状的体积和.

定义 4.3 (位似) 两个多面体 A 和 B 是位似的, 如果它们的形状是相似的, 并且所处的位置和定向也是相似的, 这意味着存在一个平移和扩张使得

$$A = rB \oplus \{x\}.$$ ♦

现在我们给出经典 Brunn-Minkowski 不等式的证明.

定理 4.2 (Brunn-Minkowski 不等式) 令真子集 $A, B \subset \mathbb{R}^d$ 为凸集, 并且 $0 \leqslant \lambda \leqslant 1$, 则

$$V((1-\lambda)A \oplus \lambda B)^{\frac{1}{d}} \geqslant (1-\lambda)V(A)^{\frac{1}{d}} + \lambda V(B)^{\frac{1}{d}}, \tag{4.3}$$

等号成立当且仅当 A 和 B 是位似的. ♦

证明 我们用 H. Kneser 和 W. Süss 的方法 [73] 来证明不等式, 其主要思路是对维数进行归纳. 首先, 假设 $A, B \subset \mathbb{R}^d$ 是凸体且具有单位体积, $V(A) = V(B) = 1$. 选择一个方向, 例如 x_1 轴, A 在轴上的投影为区间 $[\alpha_1, \alpha_2]$. 沿着超平面 $x_1 = \xi$ 分割凸体, 定义左侧部分和截面为 (如图 4.4 所示)

$$A[\xi] = \{x \in A : x_1 \leqslant \xi\}, \quad a[\xi] = \{x \in A : x_1 = \xi\}.$$

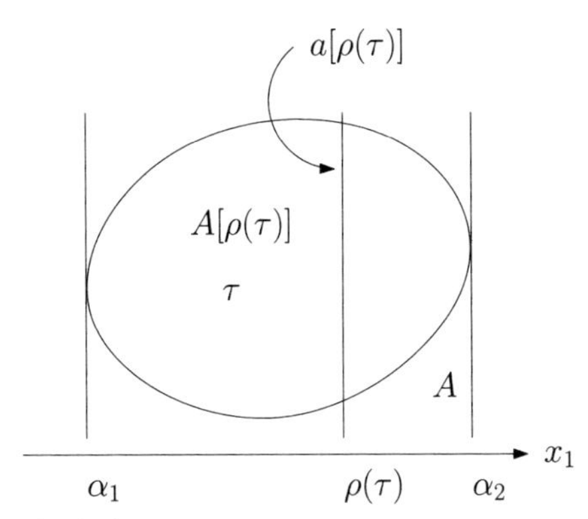

图 4.4 $A[\rho(\tau)]$ 表示 A 的左侧部分.

同样分割 B. 令 $\tau \in [0,1]$ 为左侧部分的体积, 定义 $\rho(\tau)$ 为 A 的相应 x_1 坐标, 亦即左侧 $A[\rho(\tau)]$ 的体积等于 τ. 同样定义 $\sigma(\tau)$ 为 B 的相应 x_1 坐标, 使得 $B[\sigma(\tau)]$ 的体积等于 τ,

$$\tau = V(A[\rho(\tau)]) = V(B([\sigma(\tau)])).$$

重新改写体积公式,

$$\tau = \int_{\alpha_1}^{\rho(\tau)} v(a[\xi])d\xi = \int_{\beta_1}^{\sigma(\tau)} v(b[\eta])d\eta,$$

这里 $v(\cdot)$ 是 $d-1$ 维体积. 微分后得到

$$1 = v(a[\rho(\tau)])\frac{d\rho}{d\tau} = v(b[\sigma(\tau)])\frac{d\sigma}{d\tau}. \tag{4.4}$$

初始步骤: 对 $d=1$, 如果 $A=[\alpha_1,\alpha_2]$ 且 $B=[\beta_1,\beta_2]$, 则

$$(1-\lambda)A \oplus \lambda B = [(1-\lambda)\alpha_1 + \lambda\beta_1, (1-\lambda)\alpha_2 + \lambda\beta_2],$$

因此 Minkowski 和的体积为

$$\begin{aligned} V((1-\lambda)A + \lambda B) &= (1-\lambda)\alpha_2 + \lambda\beta_2 - [(1-\lambda)\alpha_1 + \lambda\beta_1] \\ &= (1-\lambda)[\alpha_2 - \alpha_1] + \lambda[\beta_2 - \beta_1] \\ &= (1-\lambda)V(A) + \lambda V(B). \end{aligned}$$

归纳步骤: 对 $d>1$, 我们假设 Brunn-Minkowski 不等式对 $d-1$ 维成立. 令 $\gamma(\tau) = (1-\lambda)\rho(\tau) + \lambda\sigma(\tau)$. Minkowski 和

$$S_\lambda = (1-\lambda)A \oplus \lambda B$$

对 $x_1 \in [(1-\lambda)\alpha_1 + \lambda\beta_1, (1-\lambda)\alpha_2 + \lambda\beta_2]$ 有定义. 它的切片 $\gamma(\tau)$ 包含以下部分的 Minkowski 和

$$s_\lambda[\gamma(\tau)] \supset (1-\lambda)a[\rho(\tau)] \oplus \lambda b[\sigma(\tau)]. \tag{4.5}$$

S_λ 的体积由积分

$$V(S_\lambda) = \int_{(1-\lambda)\alpha_1+\lambda\beta_1}^{(1-\lambda)\alpha_2+\lambda\beta_2} v(s_\lambda[\zeta])d\zeta$$

给出, 用 (4.4) 式改变变量 $\zeta = \gamma(\tau)$. 由 (4.5) 式和归纳假设,

$$V(S_\lambda) = \int_0^1 v\left(s_\lambda[\gamma(\tau)]\right)\frac{d\gamma}{d\tau}d\tau$$

$$
\begin{aligned}
&\geqslant \int_0^1 v\left((1-\lambda)a[\rho(\tau)]+\lambda b[\sigma(\tau)]\right)\left((1-\lambda)\frac{d\rho}{d\tau}+\lambda\frac{d\sigma}{d\tau}\right)d\tau \\
&\geqslant \int_0^1 \left((1-\lambda)v(a[\rho(\tau)])^{\frac{1}{d-1}}+\lambda v(b[\sigma(\tau)])^{\frac{1}{d-1}}\right)^{d-1} \\
&\quad\cdot\left(\frac{1-\lambda}{v(a[\rho(\tau)])}+\frac{\lambda}{v(b[\sigma(\tau)])}\right)d\tau \\
&\geqslant 1=(1-\lambda)V(A)^{\frac{1}{d}}+\lambda V(B)^{\frac{1}{d}},
\end{aligned}
$$

上述最后一个不等式是利用 Jensen 不等式和单位体积假设得到的. 如图 4.5 所示, $\varphi(u)=u^{-\frac{1}{d-1}}$ 的 Jensen 不等式为

$$
(1-\lambda)\varphi(u_1)+\lambda\varphi(u_2)\geqslant\varphi((1-\lambda)u_1+\lambda u_2).
$$

令 $u_1=\frac{1}{v(a[\rho(\tau)])}$ 和 $u_2=\frac{1}{v(b[\sigma(\tau)])}$. 因此

$$
\begin{aligned}
(1-\lambda)\left(\frac{1}{v(a[\rho(\tau)])}\right)^{-\frac{1}{d-1}}&+\lambda\left(\frac{1}{v(b[\sigma(\tau)])}\right)^{-\frac{1}{d-1}} \\
&\geqslant\left(\frac{(1-\lambda)}{v(a[\rho(\tau)])}+\frac{\lambda}{v(b[\sigma(\tau)])}\right)^{-\frac{1}{d-1}},
\end{aligned}
$$

等价地

$$
(1-\lambda)v(a[\rho(\tau)])^{\frac{1}{d-1}}+\lambda v(b[\sigma(\tau)])^{\frac{1}{d-1}}\geqslant\left(\frac{(1-\lambda)}{v(a[\rho(\tau)])}+\frac{\lambda}{v(b[\sigma(\tau)])}\right)^{-\frac{1}{d-1}},
$$

这就得到所需的不等式.

等式成立推出 $u_1=u_2$: 为了证明等式 (4.3) 蕴含 A 和 B 位似, 必须且只需说明在 $V(A)=V(B)$ 的情况下, A 和 B 相差一个平移.

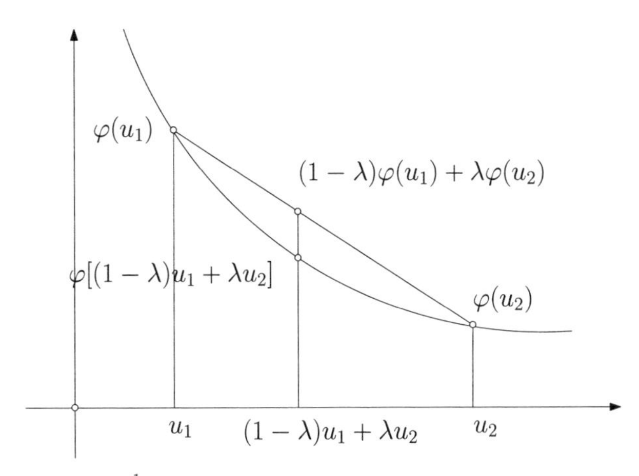

图 4.5 凸函数 $\varphi(u)=u^{-\frac{1}{d-1}}$, 曲线的高度和弦之间的不等式称为 Jensen 不等式.

因为不等式 (4.3) 不依赖于平移, 我们可以将 A 和 B 平移, 使得它们的质心重合. 质心的 x_1 坐标被表示为

$$\begin{aligned}\int_{\alpha_1}^{\alpha_2} \xi v(a[\xi])d\xi &= \int_0^1 \rho(\tau)v(a[\rho(\tau)])\frac{d\rho}{d\tau}d\tau \\ &= \int_0^1 \rho(\tau)d\tau = \int_{\beta_1}^{\beta_2} \xi v(b[\xi])d\xi \\ &= \int_0^1 \sigma(\tau)v(b[\sigma(\tau)])\frac{d\sigma}{d\tau}d\tau = \int_0^1 \sigma(\tau)d\tau. \qquad (4.6)\end{aligned}$$

如果 (4.3) 式中等号成立, 则 Jensen 不等式中的等式成立, 因此对于每一个 $\tau \in (0,1)$, 我们都有

$$v(a[\rho(\tau)]) = v(b[\sigma(\tau)]).$$

从 (4.4) 式得到

$$\rho(\tau) - \sigma(\tau) = \text{常数},$$

且从 (4.6) 式中看出常数为 0.

最后, 对 $0 < \tau < 1$, $\rho(\tau) = \sigma(\tau)$, 我们有

$$\alpha_2 = \lim_{\tau\to 1}\rho(\tau) = \lim_{\tau\to 1}\sigma(\tau) = \beta_2.$$

因此, 在 x_1 轴方向上, A 和 B 的支撑平面重合, 从而该方向上的支撑距离相等. 由于我们可以任意选择 x_1 轴的方向, 因此 A 和 B 的支撑距离在所有方向上都是相同的, 因此 A 和 B 重合.

非单位体积情形: 一般情况下, 我们把 A 和 B 变为 $V(A)^{-\frac{1}{d}}A$ 和 $V(B)^{-\frac{1}{d}}B$, 它们具有单位体积, 令

$$\bar{\lambda} = \frac{\lambda V(B)^{\frac{1}{d}}}{(1-\lambda)V(A)^{\frac{1}{d}} + \lambda V(B)^{\frac{1}{d}}},$$

则对单位体积的情况应用 (4.3) 式, 我们得到

$$V\left((1-\bar{\lambda})\frac{A}{V(A)^{1/d}} \oplus \bar{\lambda}\frac{B}{V(B)^{1/d}}\right)^{\frac{1}{d}} \geqslant \frac{(1-\bar{\lambda})}{V(A)^{\frac{1}{d}}}V(A)^{\frac{1}{d}} + \frac{\bar{\lambda}}{V(B)^{\frac{1}{d}}}V(B)^{\frac{1}{d}} = 1,$$

但是左侧为

$$V\left(\frac{(1-\lambda)V(A)^{\frac{1}{d}}\frac{A}{V(A)^{\frac{1}{d}}} \oplus \lambda V(B)^{\frac{1}{d}}\frac{B}{V(B)^{\frac{1}{d}}}}{(1-\lambda)V(A)^{\frac{1}{d}} + \lambda V(B)^{\frac{1}{d}}}\right)^{\frac{1}{d}} = \frac{V((1-\lambda)A \oplus \lambda B)^{\frac{1}{d}}}{(1-\lambda)V(A)^{\frac{1}{d}} + \lambda V(B)^{\frac{1}{d}}},$$

因此, 我们得到

$$V((1-\lambda)A \oplus \lambda B)^{\frac{1}{d}} \geqslant (1-\lambda)V(A)^{\frac{1}{d}} + \lambda V(B)^{\frac{1}{d}}.$$

全部证明完成. ■

定理 4.3 (Minkowski 不等式) 假设 $\mathbb{R}^3$ 中有界凸多面体 P 和 P', 带有相同的法线 $\{v_i\}_{i=1}^n$. 令 A_i, h_i 和 A'_i, h'_i 表示沿着 v_i 方向上的面积和支撑距离, 某些面积可能为 0. 则混合体积 $V(P,P',P')$ 满足

$$V(P,P',P') = \frac{1}{3}\sum_{i=1}^{n} h_i A'_i \geqslant V(P)^{1/3}V(P')^{2/3}. \tag{4.7}$$

如果等式成立, 则 P 和 $P' = cP + a$ 相差一个位似变换. ♦

证明 我们先证明对任意有界多面体 A, B,

$$V(A,A,B) \geqslant V(A)^{2/3}V(B)^{1/3}, \tag{4.8}$$

等式成立当且仅当 A, B 位似. 应用

$$\begin{aligned} V((1-t)A \oplus tB) = {} & V(A)(1-t)^3 + 3V(A,A,B)(1-t)^2 t \\ & + 3V(A,B,B)(1-t)t^2 + V(B)t^3, \end{aligned}$$

由 Brunn-Minkowski 不等式, $f : [0,1] \to \mathbb{R}$ 是非负下凹函数,

$$f(t) = V((1-t)A \oplus tB)^{\frac{1}{3}} - (1-t)V(A)^{\frac{1}{3}} - tV(B)^{\frac{1}{3}}.$$

在 $t=0$ 处微分, 由

$$0 \leqslant \frac{\partial f}{\partial t}\Big|_{t=0} = V(A)^{-\frac{2}{3}}[-V(A) + V(A,A,B)] + V(A)^{\frac{1}{3}} - V(B)^{\frac{1}{3}}$$

得出结果. 如图 4.6 所示, (4.8) 中等式成立蕴含 $f(t) \equiv 0$, 因此 Brunn-Minkowski 定理中等式成立, A 和 B 位似. ■

我们看出从 Brunn-Minkowski 不等式定理 4.2 可以推出 Minkowski 不等式定理 4.3, 反之亦然, 下面我们用 Minkowski 定理来推出 Brunn-Minkowski 不等式.

定理 4.4 (Brunn-Minkowsi 变体) 令 $A, B \in \mathbb{R}^d$ 是有界凸多面体, 则

$$V(A \oplus B)^{\frac{1}{d}} \geqslant V(A)^{\frac{1}{d}} + V(B)^{\frac{1}{d}}, \tag{4.9}$$

等式成立当且仅当 A 和 B 位似. ♦

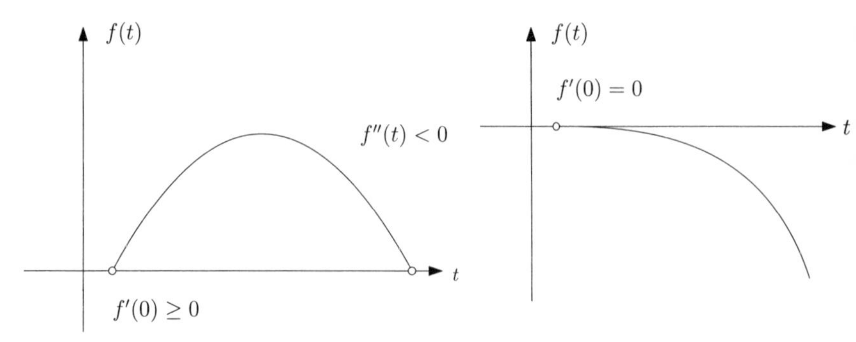

图 4.6 一个正的下凹函数, 如果 $f(0)=0$ 且 $f'(0)=0$, 则 $f(t)\equiv 0$.

证明 这里我们只证明 $d=3$ 的情形, 一般情形的证明类似. 我们展开体积 $V(sA\oplus tB)$ 为

$$V(sA\oplus tB)=V(A,A,A)s^3+3V(A,A,B)s^2t+3V(A,B,B)st^2+V(B,B,B)t^3.$$

因为

$$V(A,A,B)\geqslant V(A)^{\frac{2}{3}}V(B)^{\frac{1}{3}},V(A,B,B)\geqslant V(A)^{\frac{1}{3}}V(B)^{\frac{2}{3}},$$

所以

$$\begin{aligned}V(A\oplus B)&\geqslant V(A)+3V(A)^{\frac{2}{3}}V(B)^{\frac{1}{3}}+3V(A)^{\frac{1}{3}}V(B)^{\frac{2}{3}}+V(B)\\&=(V(A)^{\frac{1}{3}}+V(B)^{\frac{1}{3}})^3,\end{aligned}$$

等号成立当且仅当 A 和 B 位似. ■

定理 4.5 (Minkowski 多面体的唯一性) 假设 $\mathbb{R}^3$ 中两个有界凸多面体 P 和 P', 其相应外法线 $v_i=v_i'$ 和相应面积 $A_i=A_i'>0$ 重合, 则 P' 和 P 相差一个平移. ♦

证明 因为 $A_i=A_i'$, 则混合体积

$$V(P,P',P')=\frac{1}{3}\sum_{i=1}^{n}h_iA_i'=\frac{1}{3}\sum_{i=1}^{n}h_iA_i=V(P).$$

由 Minkowski 不等式,

$$V(P)=V(P,P',P')\geqslant V(P)^{1/3}V(P')^{2/3},$$

有

$$V(P)\geqslant V(P').$$

通过改变 P 和 P' 的位置, 同理得到 $V(P') \geqslant V(P)$. 因此 $V(P) = V(P')$ 且 (4.7) 中的等式成立, 因此 P 和 P' 相差一个位似变换. 但是因为它们体积相同, $c=1$, 所以 P 和 P' 相差一个平移. ■

4.2 等周不等式

等周不等式表明对于给定表面积, 球体的体积最大. 我们用 Minkowski 不等式和 Brenier 定理来证明等周不等式.

定理 4.6 (等周不等式) 设 $K \subset \mathbb{R}^3$ 是 $\mathbb{R}^3$ 中的一个紧凸集, 则

$$A(\partial K)^{\frac{3}{2}} \geqslant 6\sqrt{\pi} V(K),$$

等号成立当且仅当 K 是一个球体. ♦

证明 不失一般性, 我们设 K 是一个凸多面体. 令 B 是单位球, 则

$$3V(B,K,K) = \sum_{i=1}^{n} h_i(B)A_i(K) = A(\partial K).$$

由 Minkowski 不等式

$$\frac{1}{3}A(\partial K) = V(B,K,K) \geqslant V(B)^{\frac{1}{3}}V(K)^{\frac{2}{3}} = \left(\frac{4}{3}\pi\right)^{\frac{1}{3}} V(K)^{\frac{2}{3}},$$

即

$$A(\partial K)^{\frac{3}{2}} \geqslant 6\sqrt{\pi} V(K), \tag{4.10}$$

等号成立当且仅当 K 是一个球体. 对半径为 R 的球 B,

$$A(\partial B)^{\frac{3}{2}} = (4\pi R^2)^{\frac{3}{2}} = 6\sqrt{\pi}\left(\frac{4}{3}\pi R^3\right) = 6\sqrt{\pi}V(B).$$

如果 K 是 $\mathbb{R}^3$ 中的一个一般紧凸集, 我们可以用一系列凸多面体来逼近, 取极限, 不等式依然成立. ■

定理 4.7 (等周不等式) 假设 $E \subset \mathbb{R}^d$ 是一个可测集, B 是 $\mathbb{R}^d$ 中的单位球, 则等周不等式

$$V(E)^{1-\frac{1}{d}} \leqslant \frac{V(\partial E)}{dV(B)^{\frac{1}{d}}} \tag{4.11}$$

成立, 这里 $V(E) = \mathcal{L}^d(E)$, $V(B) = \mathcal{L}^d(B)$ 且 $V(\partial E) = \mathcal{H}^{d-1}(\partial E)$, $\mathcal{L}^d$ 是 Lebesgue 测度. ♦

证明 我们将用 Brenier 定理证明不等式, 忽略正则性问题. 令

$$\mu := \frac{1}{V(E)}\mathcal{L}\big|_E, \quad \nu := \frac{1}{V(B)}\mathcal{L}\big|_B,$$

且 $T : E \to B$ 是关于欧氏距离平方代价的最优传输映射. 由变量替换公式得到

$$\frac{1}{V(E)} = \det(\nabla T(x))\frac{1}{V(B)}, \quad \forall x \in E. \tag{4.12}$$

因为 $T(x) = \nabla u(x)$ 是一个凸函数的梯度, 则对任意 $x \in E$, $DT(x) = D^2u(x)$ 是一个特征值非负的对称矩阵. 因此算术几何平均值不等式保证了

$$(\det D^2u(x))^{\frac{1}{d}} \leqslant \frac{\nabla \cdot \nabla u(x)}{d}, \quad x \in E. \tag{4.13}$$

结合最后的等式 (4.12) 和不等式 (4.13), 我们得到

$$\frac{1}{V(E)^{\frac{1}{d}}} \leqslant \frac{\nabla \cdot T(x)}{d}\frac{1}{V(B)^{\frac{1}{d}}}, \quad \forall x \in E.$$

不等式两侧同时在 E 上积分, 并应用散度定理, 我们得到

$$\mathcal{L}^d(E)^{1-\frac{1}{d}} \leqslant \frac{1}{d\mathcal{L}^d(B)^{1/d}}\int_{\partial E}\langle T(x), v(x)\rangle d\mathcal{H}^{d-1}(x),$$

这里 $v : \partial E \to \mathbb{R}^d$ 是外单位法向量. 因为对每个 $x \in E$ 有 $T(x) \in B$, 则对 $x \in \partial E$ 有 $|T(x)| \leqslant 1$, 且因此 $\langle T(x), v(x)\rangle \leqslant 1$. 最后总结为

$$\mathcal{L}^d(E)^{1-\frac{1}{d}} \leqslant \frac{1}{d\mathcal{L}^d(B)^{1/d}}\int_{\partial E}\langle T(x), v(x)\rangle d\mathcal{H}^{d-1}(x) \leqslant \frac{V(\partial E)}{d\mathcal{L}^d(B)^{1/d}}. \quad \blacksquare$$

4.3 Alexandrov 映射引理

我们从一个关于单纯形着色的组合定理开始, 这个定理由 Sperner 最早发现 [75]. 令 Δ^n 是一个 n 维单纯形, 此单纯形具有 $n+1$ 个顶点 $v_1, \cdots, v_{n+1}$ 和 $n+1$ 个面 $f_1, \cdots, f_{n+1}$. 我们将顶点和面进行编号, 使得 f_k 是顶点 v_k 正对的面, $v_k \notin f_k$. 我们同样选择 $n+1$ 种不同的颜色 $\{1, 2, \cdots, n, n+1\}$, 并用第 k 种颜色对 v_k 进行染色. 现在我们考虑 Δ^n 的一个三角剖分 $\mathcal{T}$. 假设三角剖分中的所有顶点都被染色, 使得在每个面上, 我们只使用该面上 n 个 Δ^n 的顶点的颜色, 亦即我们不使用第

彩 图

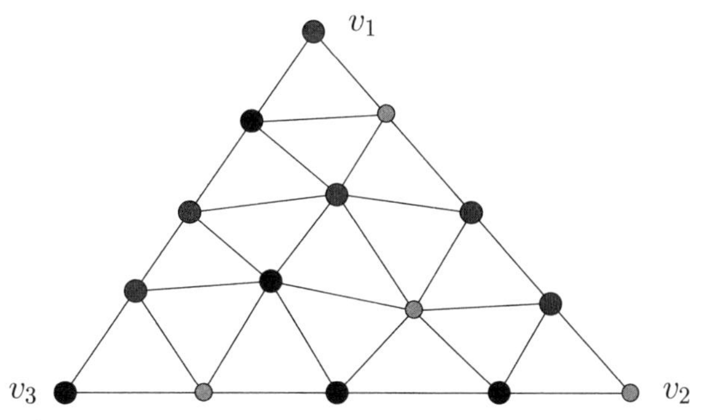

图 4.7 Sperner 染色.

k 种颜色对面 f_k 上的新顶点染色. 这种染色被称为一个 Sperner 染色, 图 4.7 显示了一个 Sperner 染色的例子. 如果存在三角剖分的一个 n 维单纯形 $\sigma \in \mathcal{T}$, 且 σ 的所有 $n+1$ 顶点染色都不同, 则 σ 被称为关于颜色 $\{1,2,\cdots,n,n+1\}$ 的一个全色单纯形 (如图 4.8).

定理 4.8 (Sperner 引理) 给定 Δ^n 的一个三角剖分 $\mathcal{T}$, 任给一个 Sperner 染色, 则总存在奇数个全色单纯形. ♦

证明 通过对维数 $n \geqslant 0$ 归纳来证明. 一个 0 单纯形只是一个点, 故 $n=0$ 的情形是平庸的. 假设定理在 $n-1 \geqslant 0$ 维时成立, 我们来证明 n 维情形. 给定 Δ^n 的一个三角剖分 $\mathcal{T}$ 和一个 Sperner 染色, 令 N 是所有 $(n+1)$-全色单纯形的数目. 我们的目标是证明 N 为奇数.

在每个 n 维小单纯形 σ_k 里放一个节点 $p_k \in \sigma_k$. 考察相邻的两个 n 维单纯形 σ_i 和 σ_j, 它们相交于一个 $n-1$ 维单纯形 τ_{ij}, 如果 τ_{ij} 是关于颜色 $\{1,2,\cdots,n\}$ 的全色单纯形, 那么我们用一条边连接两个单纯形对应

彩 图

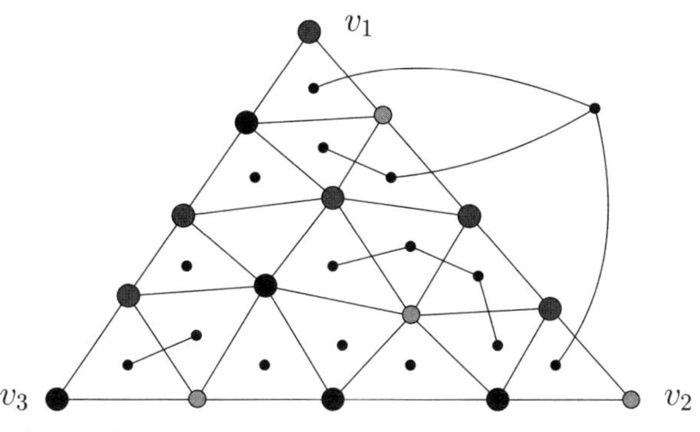

图 4.8 Sperner 染色中的全色单纯形.

的点 p_i 和 p_j. 同时, 在 Δ^n 外放一个节点, 记为 ∞ 点, 如果存在一个 n 维单纯形 $\sigma_i \in \mathcal{T}$, 对应的节点为 p_i, σ_i 的一个 $n-1$ 维面 τ_j 位于 Δ^n 的边界, $\tau_j \subset \partial\Delta^n$, 并且 τ_j 是关于颜色 $\{1,2,\cdots,n\}$ 的 $n-1$ 维全色单纯形, 那么我们用一条边连接 p_i 和 ∞. 根据 Sperner 染色的假设, 每个这样的面 τ_j 都必须位于 f_{n+1}. 这样, 我们得到一个图 G.

根据定义, 节点的度是与该节点相邻的边的数目. 因为每个 n 维小单纯形最多可以有两个 $n-1$ 维的面是关于颜色 $\{1,2,\cdots,n\}$ 的全色单纯形, 所以在图 G 中, 每一个节点的度只能为 0, 1 或 2. 那么, 图 G 中度为 1 的节点 p_i, 对应的 n 维小单纯形 σ_i 是关于颜色 $\{1,2,\cdots,n,n+1\}$ 的 n 维全色单纯形.

在任意图 G 中, 所有节点度的总和必须是偶数, 这是因为每个边恰好有两个端点. ∞ 节点的度数是 f_{n+1} 上的 $n-1$ 维全色单纯形的数目. 因为 f_{n+1} 是 Sperner 染色, 由归纳假设 f_{n+1} 上 $n-1$ 维全色单纯形的个数是奇数. 因此, Δ^n 内部度为 1 的节点个数一定为奇数. 亦即, n 维全色单纯形的个数为奇数. ■

基于 Sperner 引理, 我们可以证明闭单位球体 $B^n \subset \mathbb{R}^n$ 的不动点定理, 这个定理最早由 Brouwer 提出 [17].

定理 4.9 (Brouwer 不动点) 单位闭球的任意连续自映射 $f: B^n \to B^n$ 都存在一个不动点: 即有一个点 $x \in B^n$ 具有性质 $f(x) = x$. ♦

证明 因为 Δ^n 同胚于 B^n, 我们只需证明每一个连续自映射 $f: \Delta^n \to \Delta^n$ 有一个不动点.

设 Δ^n 的顶点为 $v_1, v_2, \cdots, v_{n+1}$, 每个点 $v \in \Delta^n$ 可以表示为顶点的线性组合

$$v = \lambda_1 v_1 + \lambda_2 v_2 + \cdots + \lambda_{n+1} v_{n+1},$$

其重心坐标 $\lambda = (\lambda_1, \cdots, \lambda_{n+1})$ 满足性质

$$\lambda_1 + \lambda_2 + \cdots + \lambda_{n+1} = 1, \quad \lambda_k \geqslant 0, k = 1, \cdots, n+1.$$

在 Δ^n 的面 f_k 上, $\lambda_k = 0$.

考虑 Δ^n 的细分并应用 Sperner 引理. 令 $\mathcal{T}$ 为任意一个三角剖分, 我

们用 $n+1$ 种颜色对顶点染色: 对顶点 $v \in \mathcal{T}$ 使用第 i 个颜色染色, 如果它满足

$$f_i(\lambda(v)) < \lambda_i(v).$$

如果有多个指标 i 满足这个条件, 则我们选择最小的 i. 这个要求总是可以被满足的, 即对每个 i 都有 $f_i(\lambda) > \lambda_i$ 是不可能的, 否则

$$1 = \sum_{i=1}^{n+1} f_i(\lambda) > \sum_{i=1}^{n+1} \lambda_i = 1.$$

对顶点 v_k 也可以使用第 k 种颜色来染色, 这是因为 v_k 的第 k 个重心坐标 λ_k 等于 1. 事实上, 选择染色的方式可以满足 Sperner 引理的假设: 如果 $v \in f_k$ 为第 k 个面的一个顶点, 则 $\lambda_k = 0$, 并且因为

$$\sum_{i=1}^{n+1} f_i(v) = \sum_{i=1}^{n+1} \lambda_i(v),$$

至少存在一个 $i \neq k$ 使得 $f_i(v) \leqslant \lambda_i(v)$, 从而将 v 染成第 i 个颜色. 因此, Sperner 引理保证了 $\mathcal{T}$ 中存在一个 n 维全色小单纯形. $\mathcal{T}$ 中所有单纯形直径的最大值记作 $\gamma(\mathcal{T})$.

选择 Δ^n 的一系列三角剖分 $\mathcal{T}^m$, 满足 $\gamma(\mathcal{T}^m) \to 0$. 对于每一个三角剖分 $\mathcal{T}^m$, 我们如上构造 Sperner 染色: 令 σ^m 是 $\mathcal{T}^m$ 中的一个全色小单纯形, 在每个 σ^m 里选择一个点 $x_m \in \sigma^m$, 这些点构成了 Δ^n 里的一个序列 $\{x_m\}$. 因为 Δ^n 是紧的, 我们可以得到一个有界子序列, $\{x_{n_k}\}$ 收敛到某个点 $x \in \Delta^n$.

现在我们可以证明 x 是 f 的一个不动点. 由我们对颜色的选择, 对每个 $i = 1, \cdots, n+1$, 单纯形 σ^m 至少有一个顶点 v 满足 $f_i(v) \leqslant \lambda_i(v)$. 根据假设 $\gamma(\mathcal{T}^m) \to 0$, σ^m 的顶点也收敛到点 x. 因为 f 是连续的, 这说明对所有的 i 都有 $0 \leqslant f_i(x) \leqslant \lambda_i(x)$, 但由于

$$\sum_{i=1}^{n+1} f_i(x) = \sum_{i=1}^{n+1} \lambda_i(x),$$

所有的不等式一定都是等式, 因此 $f(x) = x$. ■

下面介绍区域不变性定理.

命题 4.2 紧空间的每个闭子空间都是紧的. ◆

证明 令空间 X 是紧的并且 $Y \subseteq X$ 是闭的. 给定 Y 的一个开覆盖 $\mathcal{U}$, 我们通过增加一个开集 $U_0 = X \setminus Y$ 得到 X 的一个开覆盖. 因为 X 是紧的, 因此存在有限多个开集 $U_1, \cdots, U_n \in \mathcal{U}$ 满足 $X \subset U_0 \cup U_1 \cup \cdots \cup U_n$, 从而 $Y \subseteq U_1 \cup U_2 \cup \cdots \cup U_n$, 这证明了 Y 是紧的. ■

命题 4.3 如果空间 X 是紧的且 $f: X \to Y$ 是连续的, 则 $f(X)$ 也为紧的. ♦

证明 令 $\mathcal{U}$ 是 $f(X)$ 的任意一个开覆盖, 则 $\{f^{-1}(U) | U \in \mathcal{U}\}$ 是覆盖 X 的一组集合. 因为 f 是连续的, 则对任意 $U \in \mathcal{U}$, $f^{-1}(U)$ 是开的. 因为 X 是紧的, 存在有限多个开集 $U_1, \cdots, U_n \in \mathcal{U}$ 覆盖 X, $X = f^{-1}(U_1) \cup \cdots \cup f^{-1}(U_n)$. 现在得到 $f(X) = U_1 \cup \cdots \cup U_n$, 这说明 $f(X)$ 也为紧集. ■

命题 4.4 令 X 是一个 Hausdorff 拓扑空间. 如果 $Y \subseteq X$ 是紧子空间, 则 Y 在 X 里为闭集. ♦

证明 我们应证明 $X \setminus Y$ 是开集的并集, 因此是开的. 固定一个点 $x \in X \setminus Y$. 对任意 $y \in Y$, 我们可以找到不相交的开集 $U(y)$ 和 $V(y)$, 满足 $x \in U(y)$ 且 $y \in V(y)$, 这是因为 X 是 Hausdorff 的. 因此

$$Y \subseteq \bigcup_{y \in Y} V(y),$$

因为 Y 是紧的, 存在有限多个点 $y_1, \cdots, y_n \in Y$ 使得

$$Y \subseteq \bigcup_{i=1}^{n} V(y_i).$$

然而开集 $U(x) := U(y_1) \cap U(y_2) \cap \cdots \cap U(y_n)$ 与 $V(y_1) \cup V(y_2) \cup \cdots \cup V(y_n)$ 不相交, 因此 $U(x)$ 包含在 $X \setminus Y$ 中; 因为 $U(x)$ 是 x 的一个邻域, 并且 $x \in X \setminus Y$ 是任意的, $X \setminus Y$ 必须为开的, 由此 Y 是闭的. ■

定理 4.10 设 $f: X \to Y$ 为一个连续映射. 若 X 是紧的, 且 Y 为 Hausdorff, 则像 $f(X)$ 是闭的. ♦

证明 由命题 4.3, $f(X)$ 是紧的. 由命题 4.4, Y 是 Hausdorff, 则 $f(X)$ 是闭的. ■

推论 4.1 设 $f: X \to Y$ 是连续单射. 如果 X 是紧的, 且 Y 是 Hausdorff, 则 f 是同胚 (在 X 和 $f(X)$ 之间). ♦

证明 我们必须证明逆映射 $f^{-1}: Y \to X$ 是连续的. 这等价于说, 在 Y 中的每个闭集 $A \subseteq X$, 其原像 $f^{-1}(A) \subset Y$ 是闭的. A 作为紧空间的闭子集, 由命题 4.2, A 是紧的. 因此由命题 4.3, 它的像 $f(A) \subset Y$ 也是紧的. 因为 Y 是 Hausdorff, 由定理 4.10, $f(A)$ 是闭的. ■

定理 4.11 若 $f: B^n \to B^n$ 是连续单射, 则 $f(0)$ 是 $f(B^n)$ 的一个内点, 这里 B^n 为 $\mathbb{R}^n$ 中的单位球 $B^n := \{x \in \mathbb{R}^n : \|x\| \leqslant 1\}$. ♦

证明 第一步: 映射 $f: B^n \to f(B^n)$ 是连续单射, 因为 B^n 是紧的且 $\mathbb{R}^n$ 为 Hausdorff, 由推论 4.1 得到 f 必为 B^n 和 $f(B^n)$ 之间的同胚. 换言之, 逆映射 $f^{-1}: f(B^n) \to B^n$ 也是连续的.

因为 $f(B^n)$ 是紧集并且 Hausdorff, 由 Tietze 扩展定理 (Tietze extension theorem), f^{-1} 可以被扩展到映射 $G: \mathbb{R}^n \to \mathbb{R}^n$, 对于任意 $x \in B^n$,

$$G(f(x)) = f^{-1}(f(x)) = x.$$

第二步: 可以观察到函数映射 G 在紧集 $f(B^n)$ 上恰好有一个零点, 即点 $f(0)$. 这是恒同映射 $G(f(x)) = x$ 的一个结果. 在下面的意义下, 我们将会证明在 G 的小扰动下这个零点是 '稳定" 的.

命题 4.5 若 $\tilde{G}: f(B^n) \to \mathbb{R}^n$ 是一个连续映射, 使得

$$\|G(y) - \tilde{G}(y)\| \leqslant 1 \quad 对每个\ y \in f(B^n), \tag{4.14}$$

则 $\tilde{G}$ 在紧集 $f(B^n)$ 中也至少有一个零点. ♦

这意味着, 如果我们稍微扰动映射 G, G 的零点不会消失.

证明 考虑连续映射

$$B^n \to B^n, x \mapsto x - \tilde{G}(f(x)) = G(f(x)) - \tilde{G}(f(x));$$

由 $\tilde{G}$ 的假设 (4.14), 这一映射将 B^n 映入自身. 由 Brouwer 不动点定理 4.9, 至少存在一个不动点 $x \in B^n$; 但

$$x = x - \tilde{G}(f(x)),$$

这明显意味着点 $f(x)$ 是 $\tilde{G}$ 的一个零点. ■

第三步: 假设 $f(0)$ 不是 $f(B^n)$ 的一个内点, 那么 $f(0)$ 必须位于 $f(B^n)$ 的边界上, 因此映射 G 在边界上有一个零点. 但边界上的零点是不

稳定的: 通过微小扰动, 我们可以将零点推到 $f(B^n)$ 之外, 这就违背了稳定性命题 4.5.

因为 G 是连续的, 且 $G(f(0))=0$, 我们可以选择 $\varepsilon>0$ 使得对任意 $y\in B^n(f(0),2\varepsilon)$, 都有 $\|G(y)\|\leqslant 1/10$. 因为 $f(0)\in\partial f(B^n)$, 必有某个点 $p\in B^n(f(0),\varepsilon)$ 并且 $p\notin f(B^n)$. 我们可以平移整个空间使得 p 被移动到原点. 如图 4.9 所示, 我们有

$$0\notin f(B^n),\quad \|f(0)\|<\varepsilon,\quad \|G(y)\|\leqslant\frac{1}{10}\ 若\ \|y\|\leqslant\varepsilon. \tag{4.15}$$

第三项是因为 $\|y\|\leqslant\varepsilon$ 蕴含 $\|y-f(0)\|\leqslant\|y\|+\|f(0)\|\leqslant 2\varepsilon$.

第四步: 定义两个闭集

$$\Sigma_1=\{y\in f(B^n)|\ \|y\|\geqslant\varepsilon\}\quad 和\quad \Sigma_2=\{y\in\mathbb{R}^n|\ \|y\|=\varepsilon\}.$$

因为 $f(B^n)$ 是紧的, Σ_1 和 Σ_2 也都是紧的. 注意, 映射 G 在紧集 Σ_1 上没有零点. 我们定义一个映射

$$\varphi: f(B^n)\to\Sigma_1\cup\Sigma_2,\quad \varphi(y)=\max\left\{\frac{\varepsilon}{\|y\|},1\right\}y,$$

因为 $0\notin f(B^n)$, 所以该映射良定义并且连续. 对点 $y\in\Sigma_1$, 有 $\varphi(y)=y$; 对点 $y\in f(B^n)$ 并且 $\|y\|\leqslant\varepsilon$, 有

$$\varphi(y)=\varepsilon\cdot\frac{y}{\|y\|}\in\Sigma_2.$$

直观上, φ 的作用是将 $f(B^n)$ 中位于 ε-球内的部分挤压到 ε-球的边界. 特别地,

$$f(0)\notin\varphi(f(B^n)).$$

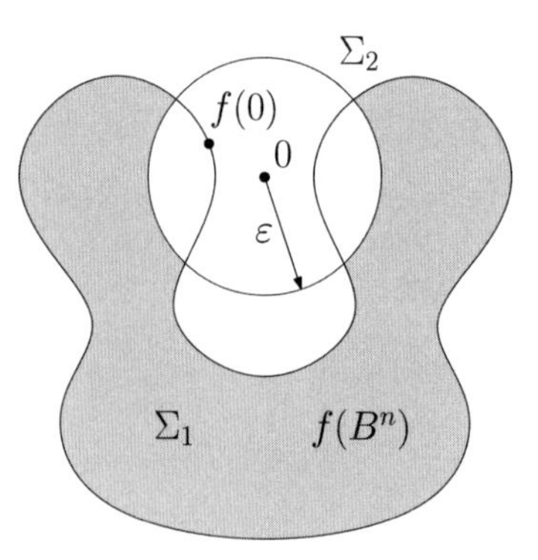

彩图

图 4.9 微小扰动将 $f(0)$ 推到 $f(B^n)$ 之外.

第五步: 我们想使用连续映射 $G\circ\varphi: f(B^n)\to\mathbb{R}^n$ 作为对 G 的扰动. 对 $y\in\Sigma_1$, 我们有 $(G\circ\varphi)(y)=G(y)\neq 0$, 所以该映射在 Σ_1 上没有零点. 这说明对每个 $y\in\Sigma_1$ 都有 $\|G(y)\|>0$. 由紧致性, 我们可以找到一个实数 $\delta>0$, 使得对每个 $y\in\Sigma_1$ 都有 $\|G(y)\|\geqslant\delta$. 可以假设 $\delta\leqslant 1/10$. 根据 Weierstrass 近似定理, 有一个多项式函数 $P:\mathbb{R}^n\to\mathbb{R}^n$, 具有以下性质:

$$\|G(y)-P(y)\|<\delta \quad \text{对任意 } y\in\Sigma_1\cup\Sigma_2.$$

注意到 P 在 Σ_1 上仍然没有任何零点: 如果有 $P(y)=0$, 则有 $\|G(y)\|<\delta$, 这与在 Σ_1 上 $\|G(y)\|\geqslant\delta$ 的事实相矛盾. 集合 Σ_2 有零测度, 因为 P 是一个多项式映射, 则可以证明像 $P(\Sigma_2)$ 也有零测度. 通过选择一个足够小的向量 $v\in\mathbb{R}^n\setminus P(\Sigma_2)$, 并用多项式函数 $P-v$ 来替换 P, 可以使得 P 在 $\Sigma_1\cup\Sigma_2$ 上没有任何零点.

第六步: 定义一个映射

$$\tilde{G}: f(B^n)\to\mathbb{R}^n, \quad \tilde{G}(y)=P(\varphi(y)).$$

该映射是连续的, 并且由构造, 在紧集 $f(B^n)$ 上没有零点. 我们欲证明 $\tilde{G}$ 是 G 的一个小扰动. 设 $y\in f(B^n)$ 为一个任意点, 则有两种情形:

(1) 若 $\|y\|\geqslant\varepsilon$, 则 $\varphi(y)=y$, 因此

$$\|G(y)-\tilde{G}(y)\|=\|G(y)-P(y)\|<\delta\leqslant\frac{1}{10};$$

(2) 若 $\|y\|\leqslant\varepsilon$, 则 $\varphi(y)\in\Sigma_2$ 且 $\|\varphi(y)\|=\varepsilon$, 而由 (4.15) 有

$$\begin{aligned}\|G(y)-\tilde{G}(y)\|&=\|G(y)-P(\varphi(y))\|\\&=\|G(y)-G(\varphi(y))+G(\varphi(y))-P(\varphi(y))\|\\&\leqslant\|G(y)\|+\|G(\varphi(y)\|+\|G(\varphi(y))-P(\varphi(y))\|\\&\leqslant\frac{1}{10}+\frac{1}{10}+\delta\leqslant\frac{3}{10}.\end{aligned}\tag{4.16}$$

在这两种情况下, $G(y)$ 和 $\tilde{G}(y)$ 之间的距离小于 1, 且稳定性命题 4.5 说明 $\tilde{G}(y)$ 在 $f(B^n)$ 某处有一个零点. 此为矛盾, 由此定理 4.11 得证. ■

基于以上定理, 我们能够证明一个重要的拓扑定理: 区域不变性定理.

定理 4.12 (区域不变性) 设 $U\subseteq\mathbb{R}^n$ 为一个开子集. 若 $f:U\to\mathbb{R}^n$ 是连续单射, 则 $f(U)$ 也是 $\mathbb{R}^n$ 的一个开子集. ♦

换言之, U 上的拓扑以某种方式记住了 U 是 $\mathbb{R}^n$ 的一个开子集, 即使我们以不同的方式将 U 嵌入在 $\mathbb{R}^n$ 中, 其像依然是开子集.

证明 因为 U 是开集, 对任意 $x \in U$, 都存在 $r > 0$, 使得闭球 $\overline{B_r(x)}$ 包含在 U 中. $f : U \to \mathbb{R}^n$ 是连续单射, 通过将定理 4.11 应用到 f 对这个闭球的限制, 我们得到 $f(x)$ 是 $f(B_r(x))$ 的内点, 因此 $f(U)$ 也是内点. 由此证明了 $f(U)$ 是一个开子集. ■

给定拓扑空间 X, 如果每个点都有一个邻域与 $\mathbb{R}^d$ 的开球同胚, 那么 X 是一个 d 维的流形. 如图 4.10 所示, 区域不变性定理要求映射 f 的定义域和值域都包含在同维度的欧氏空间中.

定理 4.13 (Alexandrov 映射引理) 假设 $\varphi : \mathcal{A} \to \mathcal{B}$ 是 d 维流形之间的一个映射, 且满足下列条件:

(1) $\mathcal{B}$ 的每个连通分支都包含 $\mathcal{A}$ 的像点;

(2) φ 是单射;

(3) φ 是连续的;

(4) φ 具有闭图 (closed graph): 如果 $\{B_j\} \subset \mathcal{B}$ 是一个像点的收敛序列, 即对任意 j, 都存在某个 $A_j \in \mathcal{A}$, 使得 $B_j = \varphi(A_j)$; 同时当 $j \to \infty$ 时, 序列 $\{B_j\}$ 收敛于 B. 那么存在 $A \in \mathcal{A}$, 使得 $\varphi(A) = B$; 并且存在 $\{A_i\}$ 的一个子序列 $\{A_{i_k}\}$, 当 $k \to \infty$ 时, $\{A_i\}$ 收敛于 A.

则 φ 是满射, 即 $\varphi(\mathcal{A}) = \mathcal{B}$. ♦

证明 我们应用既开又闭的子集必为全集的方法来证明. 由 (4), 闭

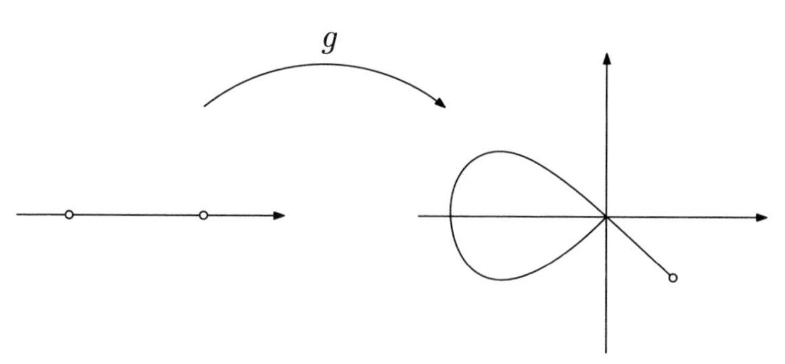

图 4.10 区域不变性定理要求映射 f 的定义域和值域都包含在同维度的欧氏空间中. 由 $g(t) = (t^2-1, t^3-t)$ 定义的映射为 $g : (-1.1, 1) \to \mathbb{R}^2$, 这里 g 是连续单射, 但 g 甚至不是定义域和其图像之间的同胚.

集的原像也是闭的, 因此逆映射 φ^{-1} 是连续的. 由 φ 也是连续的, 因此 $\varphi: \mathcal{A} \to \varphi(\mathcal{A})$ 是同胚. 由区域不变性定理 4.12, 开集 $\mathcal{A}$ 的像 $\varphi(\mathcal{A})$ 在 $\mathcal{B}$ 中是开集. 由 (4), $\varphi(\mathcal{A})$ 也是闭的. 由 (1), $\mathcal{B}$ 的每个连通分支都有 $\mathcal{A}$ 的像点. 如果 $\mathcal{B}'$ 是 $\mathcal{B}$ 的任意连通分支, 则 $\varphi(\mathcal{A}) \cap \mathcal{B}'$ 是 $\mathcal{B}'$ 的一个非空、既开又闭的子集, 因此 $\varphi(\mathcal{A}) \cap \mathcal{B} = \mathcal{B}'$. 因为这适用于所有连通分支, 所以我们得出 $\varphi(\mathcal{A}) = \mathcal{B}$. ■

4.4 Minkowski 问题 I

令 $K \subset \mathbb{R}^d$ 为一个包含原点的有界开凸域, 用极坐标将边界 ∂K 参数化:

$$\partial K = \{\rho(x)x : x \in \mathbb{S}^{d-1}, \rho : \mathbb{S}^{d-1} \to \mathbb{R}^+\}.$$

定义 4.4 (次法向量映射) 对任意一个点 $z \in \partial K$, 次法向量映射将点 z 映射到单位球面上的闭集, $z \mapsto N_K(z)$,

$$N_K(z) := \left\{y \in \mathbb{S}^{d-1} : K \subset \{w : \langle y, w - z\rangle \leqslant 0\}\right\}. \quad \blacklozenge \tag{4.17}$$

几何上, 次法向量映射将 z 点映到过 z 点 K 的所有支撑超平面的法向量集合 $N_K(z)$ (见图 4.11), 我们可以把 N_K 看作是次微分映射 (subdifferential map) 的类比.

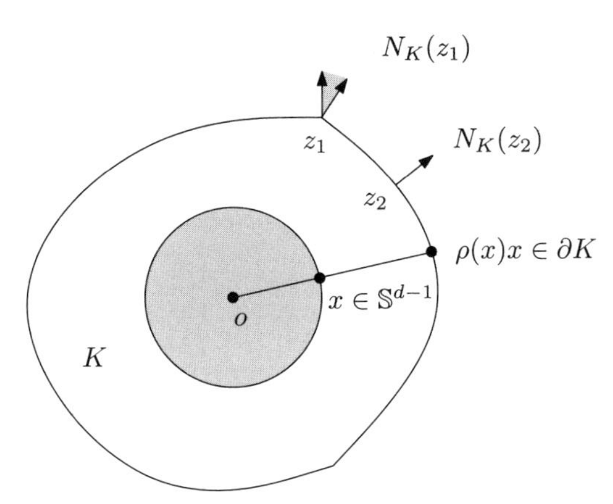

图 4.11 给定一个凸集 $K \ni 0$, 我们用极坐标来参数化它的边界, 极坐标用映射 $\rho : \mathbb{S}^{d-1} \to \mathbb{R}^+$ 来表示. 给定一个点 $z \in \partial K$, 集合 $N_K(z)$ 由所有在 z 处的外法向量构成. 当 K 在点 z 有唯一的切平面 (比如点 z_2), $N_k(z)$ 是独点集 (singleton). 如果 z 是一个角点, 则 $N_K(z)$ 包含多个元素 (比如 z_1).

定义 4.5 (Gauss 映射) 多值的 Gauss 映射 $G_K: \mathbb{S}^{d-1} \to \mathbb{S}^{d-1}$, 定义如下:

$$G_K(x) := N_K(\rho(x)x).$$

定义 Gauss 曲率测度:

$$\mu_K(E) := \mathcal{H}^{d-1}(G_K(E)), \quad \forall \text{ Borel 集合 } E \subset \mathbb{S}^{d-1}.$$

其中 $\mathcal{H}^{d-1}$ 表示 $\mathbb{S}^{d-1}$ 上的 $d-1$ 维 Hausdorff 测度. ♦

可以证明 μ_K 是一个 Borel 测度. Minkowski 提出下面的问题.

问题 4.1 (Minkowski I) 在球面 $\mathbb{S}^{d-1}$ 上给定一个 Borel 测度 ν, 我们能否找到一个有界开凸集 $K \ni 0$, 使得 $\nu = \mu_K$? ♦

图 4.12 显示了 Minkowski 问题.

定义 4.6 (球面凸集和极集) 令球面子集 $\omega \subset \mathbb{S}^{d-1}$, 我们说 ω 是凸的, 如果锥

$$\mathbb{R}^+\omega := \{tx : t > 0, x \in \omega\}$$

是凸的. 我们把 ω 极集 (polar set) 定义为

$$\omega^* := \{y \in \mathbb{S}^{d-1} : \langle x, y\rangle \leqslant 0, \forall x \in \omega\}.$$ ♦

定理 4.14 (Minkowski I) 令 ν 为 $\mathbb{S}^{d-1}$ 上的一个 Borel 测度. 则

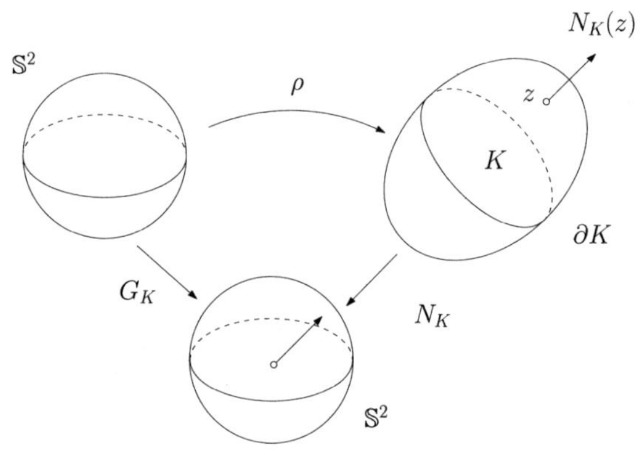

图 4.12 Minkowski 问题.

存在有界凸域 K, 使得

$$\nu=\mu_K \iff \begin{cases}(\text{a})\ \nu(\mathbb{S}^{d-1})=\mathcal{H}^{d-1}(\mathbb{S}^{d-1});\\(\text{b})\ \nu(\mathbb{S}^{d-1}\setminus\omega)>\mathcal{H}^{d-1}(\omega^*),\forall\omega\subsetneq\mathbb{S}^{d-1}\ \text{是紧且凸的}.\end{cases}$$

此外, 若 K 存在, 则不同的解之间相差一个扩张 (dilation). ♦

证明 充分性证明. 假设存在某个包含原点的凸域 K, 使得 $\nu=\mu_K$. 我们证明 (a) 和 (b) 都成立.

第一步: 证明 (a). 首先, 我们证明映射 $N_K:\partial K\to\mathbb{S}^{d-1}$ 是满射. 给定单位向量 $y\in\mathbb{S}^{d-1}$, 考虑超平面族

$$H_{y,a}:=\{z\in\mathbb{R}^d:\langle y,z\rangle=a\},\quad \forall a\in\mathbb{R},$$

我们注意到, 如果 $a\gg 1$, 则有 $H_{y,a}\cap\overline{K}=\emptyset$. 令

$$\hat{a}:=\inf\{a>0:H_{y,a}\cap\overline{K}=\emptyset\}$$

(如图 4.13), 换言之 $\hat{a}$ 为最大正数, 使得 $H_{y,\hat{a}}\cap\partial K\neq\emptyset$. 对所有的 $z\in H_{y,\hat{a}}\cap\partial K$, 都有 $y\in N_K(z)$. 因为 y 是任意的, 这就证明了

$$G_K(\mathbb{S}^{d-1})=N_K(\partial K)=\mathbb{S}^{d-1},$$

由此 (a) 得证.

第二步: 证明 (b). 由 K 的凸性, 又因 $0\in K$, 可以验证得到

$$\langle y,z\rangle>0,\quad \forall z\in\partial K,\quad y\in N_K(z),$$

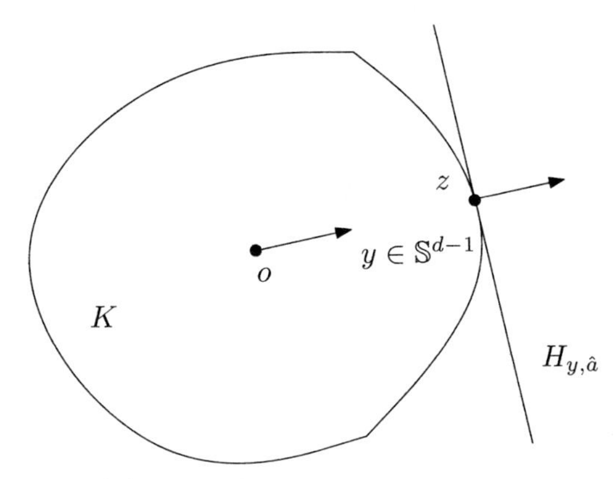

图 4.13 给定一个方向 $y\in\mathbb{S}^{d-1}$, 我们可以定义一个点 $z\in\partial K$ 有 $y\in N_K(z)$.

或等价有

$$\rho(x)\langle y,x\rangle>0,\quad \forall x\in\mathbb{S}^{d-1},\quad y\in G_K(x).$$

回顾 ω^* 的定义, 这表示有

$$\forall y\in G_K(\omega)\Rightarrow y\notin\overline{\omega^*},$$

因此,

$$G_K(\omega)\subset\mathbb{S}^{d-1}\setminus\omega^*.$$

由假设, ω 是紧的, 则有 $G_K(\omega)$ 也是紧的 (这可由引理 1.3 证明的思想证得), 又因为 $\mathbb{S}^{d-1}\setminus\omega^*$ 是开集, 可以得到 $\mathcal{H}^{d-1}((\mathbb{S}^{d-1}\setminus\omega^*)\setminus G_K(\omega))>0$. 因此,

$$\nu(\omega)=\mu_K(\omega)=\mathcal{H}^{d-1}(G_K(\omega))<\mathcal{H}^{d-1}(\mathbb{S}^{d-1}\setminus\omega^*).$$

结合 (a), 可以得到欲证结果

$$\begin{aligned}\nu(\mathbb{S}^{d-1}\setminus\omega)&=\nu(\mathbb{S}^{d-1})-\nu(\omega)\\&>\mathcal{H}^{d-1}(\mathbb{S}^{d-1})-\mathcal{H}^{d-1}(\mathbb{S}^{d-1}\setminus\omega^*)=\mathcal{H}^{d-1}(\omega^*).\end{aligned}\qquad\blacksquare$$

关于 Monge-Ampère 方程解的存在性, 当 ν 是 Dirac 测度的有限和时, 我们首先证明凸多面体 K 的存在性, 然后通过近似得到一般情况.

定理 4.15 (Minkowski 解的正则性) 设 $K\subset\mathbb{R}^3$ 是一个含有原点的有界开凸域, 假设 $\mu_K=fd\mathcal{H}^2$, 密度函数 $f:\mathbb{S}^2\to\mathbb{R}^+$ 有界, 则 ∂K 是 C^1 的. ♦

证明 假设在某点 $z_0\in\partial K$ 处, ∂K 不是 C^1 的. 通过坐标变换, 我们可以把 z_0 附近的 ∂K 写成某个凸函数的图

$$u:\Omega\subset\mathbb{R}^2\to\mathbb{R},$$

使得 $z_0=(x_0,u(x_0))$ 且 u 在 x_0 点是不可微的.

若函数 $u:\Omega\subset\mathbb{R}^d\to\mathbb{R}$ 是 C^2 的, 则其图像的 Gauss 曲率由下式给定

$$\frac{\det D^2u}{(1+|\nabla u|^2)^{(d+2)/2}}.$$

方程 $\mu_K = f d\mathcal{H}^2$ 写成关于 u 的方程为

$$\mu_u = f(1 + |\nabla u|^2)^2, \tag{4.18}$$

其中 ∇u 几乎处处有定义, 因为在 x_0 附近, 凸函数 u 是局部 Lipschitz 的.

特别地, μ_u 是局部有界的, 根据定理 13.6, 奇点从 x_0 开始沿着 u 为仿射的线段传播. 或者等价地, ∂K 包含线段 Σ, 沿着线段 Σ ∂K 是不可微的. 因为在 Σ 的邻域上, ∂K 可以写成一个函数的图, 再次应用定理 13.6, 可以看到奇点无限传播; 因此, ∂K 必须包含一条无限长的直线. 因为 K 是有界的, 由此得到矛盾.

下面, 我们证明 Minkowski 问题解的存在性.

定义 4.7 (球面 Legendre 对偶) 如图 4.14 所示, 给定 $\mathbb{R}^d$ 中的一张凸超曲面, 其极坐标表示为

$$S := \{\rho(x)x : x \in \mathbb{S}^{d-1}, \rho : \mathbb{S}^{d-1} \to \mathbb{R}^+\},$$

其球面 Legendre 对偶为

$$S^* := \{h(y)y : y \in \mathbb{S}^{d-1}, h : \mathbb{S}^{d-1} \to \mathbb{R}^+\},$$

其中

$$h(y) := \sup_{x \in \mathbb{S}^{d-1}} \rho(x)\langle x, y\rangle. \tag{4.19}$$

对称地, $S = (S^*)^*$, 并且

$$\rho(x) = \inf_{y \in \mathbb{S}^{d-1}} \frac{h(y)}{\langle x, y\rangle}, \tag{4.20}$$

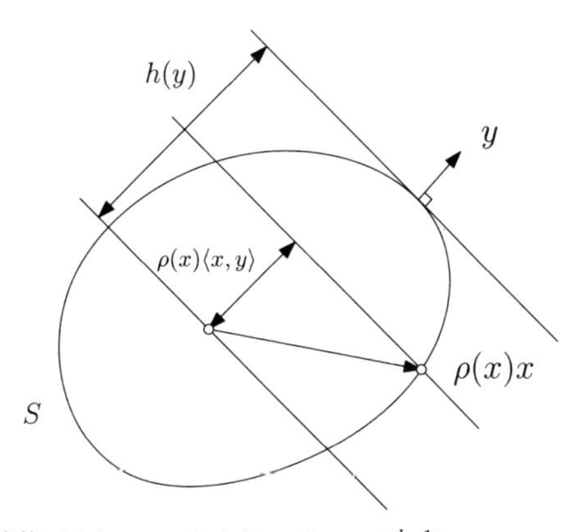

图 4.14 广义 Legendre 变换, $h(y) = \max\{\rho(x)\langle x, y\rangle, x \in \mathbb{S}^{d-1}\}$.

或者等价地,

$$\rho^{-1}(x) = \sup_{y \in \mathbb{S}^{d-1}} h^{-1}(y)\langle x, y\rangle. \qquad \blacklozenge$$

(4.19) 和 (4.20) 两边同取对数, 得到

$$\log \rho(x) = \inf_y \left\{ -\log\langle x, y\rangle - \log \frac{1}{h(y)} \right\}, \tag{4.21}$$

且

$$\log \frac{1}{h(y)} = \inf_x \left\{ -\log\langle x, y\rangle - \log \rho(x) \right\}. \tag{4.22}$$

我们可以定义损失函数 $c : \mathbb{S}^{d-1} \times \mathbb{S}^{d-1} \to \mathbb{R}^+ \cup \{0\}$,

$$c(x, y) := -\log\langle x, y\rangle, \tag{4.23}$$

则 (4.21) 和 (4.22) 表示 $\log \rho(x)$ 与 $-\log h(y)$ 互为对方的 c-变换:

$$(\log \rho(x))^c = \log \frac{1}{h(y)} \quad 和 \quad \left(\log \frac{1}{h(y)} \right)^{\bar{c}} = \log \rho(x).$$

现在我们可以证明 Minkowski I 定理 4.14 的存在性部分.

定理 4.14 的存在性证明 Minkowski 问题 4.1 可以重新表述为最优传输问题: 在 $\mathbb{S}^{d-1}$ 上给定 Borel 测度 ν, 找到一个最优传输映射 $T : (\mathbb{S}^{d-1}, \mathcal{H}^{d-1}) \to (\mathbb{S}^{d-1}, \nu)$,

$$\min_{T_\# \mathcal{H}^{d-1} = \nu} \int_{\mathbb{S}^{d-1}} -\log\langle x, T(x)\rangle d\mathcal{H}^{d-1}.$$

这等价于对偶问题:

$$\max \left\{ \int_{\mathbb{S}^{d-1}} \varphi(x) d\mathcal{H}^{d-1}(x) + \int_{\mathbb{S}^{d-1}} \varphi^c(y) d\nu(y), \quad \varphi \in c\text{-conv}\left(\mathbb{S}^{d-1}\right) \right\}.$$

损失函数 (4.23) 是连续的, 球面 $\mathbb{S}^{d-1}$ 是一个紧度量空间, 所以根据定理 2.2, 存在对偶问题的一个解 $(\varphi, \varphi^c) = (\rho(x), 1/h(y))$. ■

对方程 (4.22) 两边取指数, 得

$$\frac{1}{h(y)} = \inf_x \left\{ \frac{1}{\rho(x)\langle x, y\rangle} \right\}. \tag{4.24}$$

若固定 $x \in \mathbb{S}^{d-1}$ 考虑 $y \in \mathbb{S}^{d-1}$, 则右边是一个超平面的极坐标表示,

$$l_{x,\rho} := \left\{ \frac{y}{\rho(x)\langle x, y\rangle} : y \in \mathbb{S}^{d-1} \right\}.$$

超平面的法向量为 x, 它的 Cartesian 表示为

$$\langle x, z\rangle = \frac{1}{\rho(x)}, \quad \forall z \in l_{x,\rho} \subset \mathbb{R}^d.$$

这族超平面的内包络 (inner envelope) 是一个凸集, 用极坐标表示为

$$\text{env}\{l_{x,\rho} : x \in \mathbb{S}^{d-1}\} := \left\{\gamma(y)y : \gamma(y) \leqslant \frac{1}{\rho(x)\langle x, y\rangle}, y \in \mathbb{S}^{d-1}\right\}.$$

4.5 Minkowski 问题 II

图 4.12 显示了 Minkowski 问题的初始设定. 考察 $\mathbb{R}^3$ 中一个包含原点的凸区域 K, 假设其边界 ∂K 是一个光滑凸曲面, 极坐标表示为径向映射 $\{\rho(x)x : x \in \mathbb{S}^2\}$. Gauss 映射将 ∂K 映到单位 Gauss 球面 $\mathbb{S}^2$ 上, $N_K : S \to \mathbb{S}^2$. Gauss 曲率记为 $\mathcal{K}$. 极坐标表示和 Gauss 映射的复合映射记为 $G_K := N_K \circ \rho : \mathbb{S}^2 \to \mathbb{S}^2$.

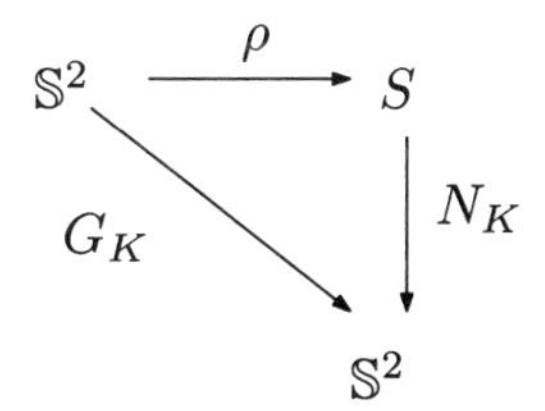

球面上通常的面积元记为 $dA_{\mathbb{S}^2}$. 因为 S 是凸的, 径向映射 ρ 和法向映射 (Gauss 映射) N_K 是可逆的, 从而 G_k 也是可逆的,

$$G_K^{-1} = (N_K \circ \rho)^{-1} = \rho^{-1} \circ N_K^{-1}.$$

记测度 ν 为由 G_k 诱导的拉回 (pull-back) 测度, 或者等价的由 G_k^{-1} 诱导的前推 (push-forward) 测度:

$$d\nu = (G_K^{-1})_{\#} dA_{\mathbb{S}^2}.$$

这等价于在源单位球面上定义 Gauss 曲率 $\mathcal{K}(x)$, 并求出相应凸曲面 $S(x)$ 的极半径 $\rho(x)$ 表示.

另一种类型的 Minkowski 问题如下. 假设曲面 S 是一个光滑的严格凸曲面, 它的 Gauss 映射 $N_K : S \to \mathbb{S}^2$ 是可逆的. 因此, 我们可以用

Gauss 球面来参数化曲面, 记为 $S(y)$, $y \in \mathbb{S}^2$. 曲面在 $S(y)$ 点处的法向量为 y, 曲面在 $S(y)$ 点处的 Gauss 曲率为 $\mathcal{K}(y)$. Gauss 曲率函数满足以下条件:

$$\int_{\mathbb{S}^2} \frac{y}{\mathcal{K}(y)} dA_{\mathbb{S}^2}(y) = 0. \tag{4.25}$$

由定义, 曲面面积元由下式给出:

$$d\nu := dA_S(y) = \frac{1}{\mathcal{K}(y)} dA_{\mathbb{S}^2}(y),$$

即 Gauss 映射 $N_K : S \to \mathbb{S}^2$ 将曲面 S 上的 Lebesgue 测度映射到 Gauss 球面 $\mathbb{S}^2$ 上的测度 ν. 我们的目标是从 ν 中找到凸曲面 $S(y)$, 该凸曲面满足条件:

$$\int_{\mathbb{S}^2} y d\nu(y) = 0. \tag{4.26}$$

我们可以通过 Dirac 分布和来近似测度 ν. 构造球面的一个胞腔分解 $\mathcal{T}$,

$$\mathbb{S}^2 = \bigcup_{i=1}^{n} W_i,$$

对每个 W_i, 计算向量

$$v_i = \int_{W_i} \frac{y}{\mathcal{K}(y)} dA_{\mathbb{S}^2},$$

令 $A_i = |v_i|$ 并且 $y_i = v_i / A_i$, 则基于 $\{(A_i, y_i)\}_{i=1}^n$, 可以构造一个凸多面体 P, 其第 i 个面的法向量等于 y_i, 面积等于 A_i. 若构造胞腔分解序列 $\mathcal{T}_1, \mathcal{T}_2, \cdots, \mathcal{T}_n, \cdots$, $\mathcal{T}_k$ 是 $\mathcal{T}_{k-1}$ 的细分 (subdivision), 胞腔的直径均匀单调地趋于 0, 则存在相应的凸多面体序列 $P_1, P_2, \cdots, P_n, \cdots$ 收敛于光滑凸曲面 S.

定义 4.8 (半球条件) 法向量集合不能被任何封闭半球 (hemisphere) 所包含. 等价地, 法向量的正锥 (positive cone)

$$\mathrm{Cone}_+(\mathcal{N}) = \left\{ X = \sum_{i=1}^{n} \theta_i v_i : \theta_i \geqslant 0 \right\}$$

覆盖整个空间 $\mathbb{R}^d$. ♦

举例而言, 否则, 存在一个单位向量 w , 使得

$$\langle v_i, w \rangle \geqslant 0, \quad \forall i = 1, \cdots, n.$$

这样多面体在负的 w 方向不会封闭, 会出现一个体积无穷大的面.

定理 4.16 (离散 Minkowski 问题解的存在性) 假设有 $n \geqslant d+1$ 个不同的单位向量 $\mathcal{N} = \{v_1, v_2, \cdots, v_n\}$, $v_i \in \mathbb{S}^{d-1}$ 和正实数 $\{\beta_1, \beta_2, \cdots, \beta_n\}$ 满足以下条件

$$\sum_{i=1}^{n} \beta_i v_i = 0. \tag{4.27}$$

则存在一个凸多面体 $P \subset \mathbb{R}^d$, P 具有 n 个面, 对所有的 $k = 1, \cdots, n$, 对应的第 k 个面的外单位法向量等于 $v_i \in \mathcal{N}$, 体积等于 β_k. 这样的凸多面体彼此相差一个平移. ♦

假设 P 是凸多面体, 如图 4.15 所示, 其支撑平面表示为

$$\langle x, v_i \rangle = h_i,$$

其中 h_i 是它的支撑距离, 也就是支撑平面到原点的有向距离. 若原点是 P 的内点, 则所有的 $h_i > 0$. 多面体 P 可以表示为半空间的交集,

$$P = \bigcap_{i=1}^{n} \left\{ x \in \mathbb{R}^d : \langle x, v_i \rangle \leqslant h_i \right\}.$$

固定所有的法向量, 我们可以用 $P(\mathbf{h})$ 来表示如此定义的多面体, 其中 $\mathbf{h} = (h_1, \cdots, h_n)$.

假设多面体相应面的体积为 $(A_1, \cdots, A_n)$. 如果我们将多面体投影到超平面 $x_k = 0$ 上, 则因为 P 是封闭的, 投影的有向总体积为 0. 这意味着

$$\sum_{i=1}^{n} A_i \langle v_i, e_k \rangle = \left\langle \sum_{i=1}^{n} A_i v_i, e_k \right\rangle = 0.$$

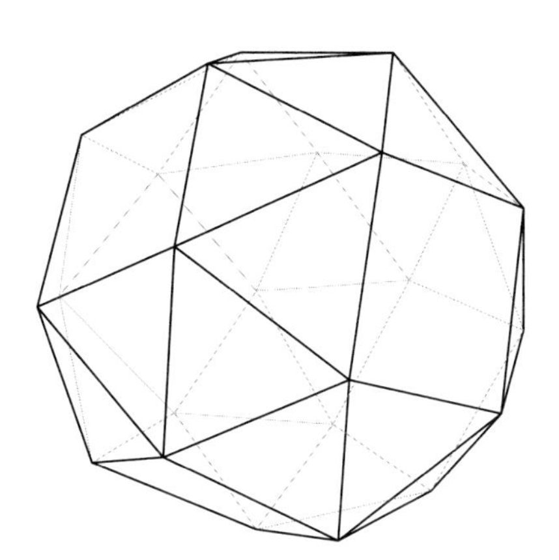

图 4.15 凸多面体.

等式对所有的 $k=1,2,\cdots,n$ 都成立, 因此我们得到

$$\sum_{i=1}^{n} A_i v_i = 0.$$

我们定义可容许高度向量空间. 首先, 我们定义 $\mathcal{H}$ 空间为

$$\mathcal{H} := \left\{(h_1,\cdots,h_n)\in\mathbb{R}^n : A_k(\mathbf{h})>0 \text{ 并且 } h_k>0, k=1,\cdots,n\right\}.$$

给定一个多面体 $P(\mathbf{h})$, 如果我们将其平移, 平移向量为 $w\in\mathbb{R}^d$, 那么多面体 $P\oplus w$ 的形状是不变的. 由此, 我们定义一个等价关系,

$$\mathbf{h_1}\sim\mathbf{h_2}\in\mathcal{H} \iff \exists w\in\mathbb{R}^d, \text{s.t. } \mathbf{h_1}-\mathbf{h_2}=(\langle w,v_1\rangle,\langle w,v_2\rangle,\cdots,\langle w,v_n\rangle).$$

所以可容许高度向量空间由 $\mathcal{H}/\sim$ 给定.

引理 4.3 可容许高度向量空间 $\mathcal{H}$ 是非空凸集. ♦

证明 由单位球面的外切凸多面体可知 $(\frac{1}{n},\frac{1}{n},\cdots,\frac{1}{n})\in\mathcal{H}$, 所以 $\mathcal{H}\neq\emptyset$. 由 Brunn-Minkowski 不等式, 可以看到若 $\mathbf{h_0},\mathbf{h_1}\in\mathcal{H}$, 则第 k 个面的体积

$$[A_k(\lambda\mathbf{h_0}+(1-\lambda)\mathbf{h_1})]^{1/d}\geqslant\lambda[A_k(\lambda\mathbf{h_0})]^{1/d}+(1-\lambda)[A_k(\mathbf{h_1})]^{1/d}>0,$$

故 $\lambda\mathbf{h_0}+(1-\lambda)\mathbf{h_1}\in\mathcal{H}$. 这证明了 $\mathcal{H}\mathbb{R}^{n-d}$ 中的非空、单连通、凸开集. ■

引理 4.4 多面体 $P(\mathbf{h})$ 的体积函数 $u:\mathcal{H}/\sim\to\mathbb{R}^+$ 是 C^1 可微的. ♦

证明 由体积定义和引理 4.1, 可得体积 $u(\mathbf{h})$ 的偏导数

$$\frac{\partial u(\mathbf{h})}{\partial h_k}=A_k(\mathbf{h}),\quad k=1,2,\cdots,n.$$

面体积 $A_k(\mathbf{h}):\mathcal{H}\to\mathbb{R}$ 是连续函数 (多项式), 这表明 $P(\mathbf{h})$ 的体积函数是 C^1 可微的. ■

现在我们可以证明离散 Minkowski 问题解的存在性定理 4.16 了.

定理 4.16 的证明 让我们为高度向量定义一个特殊的空间,

$$\Omega := \mathcal{H}/\sim\bigcap\{\mathbf{h}\in\mathbb{R}^n : h_1\beta_1+h_2\beta_2+\cdots+h_n\beta_n=1\}.$$

容易看出

$$\frac{1}{\beta_1+\beta_2+\cdots+\beta_n}(1,1,\cdots,1)\in\Omega,$$

Ω 是非空的, 而且它是两个凸集的交, 所以 Ω 也是凸的. 我们考虑以下最

优问题: 在空间 Ω 中极大化体积 $u(\mathbf{h})$,

$$\max_{\mathbf{h}\in\Omega} u(\mathbf{h}).$$

用 Lagrange 乘子法,

$$\max_{\mathbf{h}\in\mathcal{H}/\sim}\left\{u(\mathbf{h})-\lambda\left(\sum_{i=1}^{n}\beta_i h_i-1\right)\right\},$$

我们证明最优点是 Ω 的内点而不在边界 $\partial\Omega$ 上. 假设 $\mathbf{h}\in\partial\Omega$, 则存在一个 k, $1\leqslant k\leqslant n$, 使得 $A_k(\mathbf{h})=0$, 则 $\nabla u(\mathbf{h})=(A_1(\mathbf{h}),\cdots,A_n(\mathbf{h}))$, 投影到超平面 $\sum\beta_i h_i=1$ 上, 我们得到 u 的梯度限制在超平面上,

$$(A_1(\mathbf{h}),\cdots,A_n(\mathbf{h}))-\lambda(\beta_1,\cdots,\beta_n),$$

这里

$$\lambda=\frac{1}{|\beta|}\sum_i A_i(\mathbf{n})\beta_i>0.$$

梯度的第 k 个元素为 $-\lambda\beta_k<0$. 这表明如果 h_k 被 $h_k-\delta$ 替换, 则体积会增大. 几何上, 如果 h_k 减少 δ, 则 A_k 由 0 变为正值, $\delta A_k>0$. 如果 δ 足够小, 则所有更新后的 A_i 均为正值, 则 $\mathbf{h}$ 从边界 $\partial\Omega$ 挪到 Ω 的内部, 即 $\partial\Omega$ 上所有点的梯度都指向 Ω 的内部 (如图 4.16). 这表明体积能在 Ω 的内部达到最大值.

假设体积在内点 $\mathbf{h}^*\in\Omega$ 上达到极大, 则在 $\mathbf{h}^*$ 我们有

$$\frac{\partial u}{\partial h_i}(\mathbf{h}^*)-\lambda\beta_i=A_i(\mathbf{h}^*)-\lambda\beta_i=0.$$

然后我们把整个多面体放大 $\lambda^{-\frac{1}{d-1}}$ 倍, 就得到期望的结果. ∎

Alexandrov 映射引理 4.13 给出了另一种通过唯一性和先验估计来证

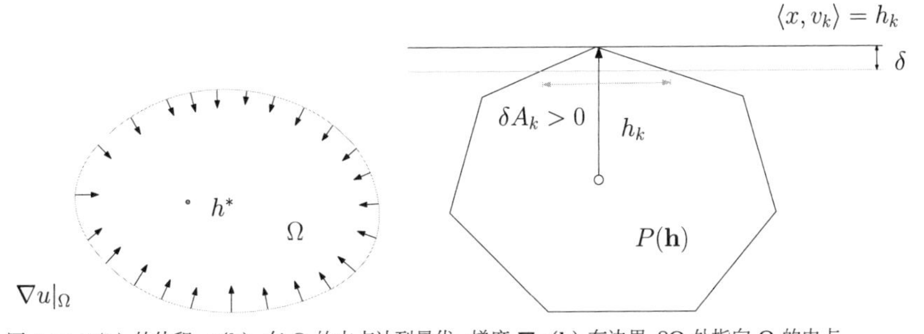

图 4.16 $P(\mathbf{h})$ 的体积, $u(\mathbf{h})$, 在 Ω 的内点达到最优. 梯度 $\nabla u(\mathbf{h})$ 在边界 $\partial\Omega$ 处指向 Ω 的内点.

明离散 Minkowski 问题 4.16 解存在性的方法. 我们构造两个流形: $\mathcal{A}$ 和 $\mathcal{B}$, $\mathcal{A}$ 定义为可容许高度向量空间, $\mathcal{A}=\mathcal{H}/\sim$, 则 $\mathcal{A}$ 是 $n-d$ 维流形. 任取 $\mathbf{h}\in\mathcal{A}$, 则凸多面体 $P(\mathbf{h})$ 的余维数 1 的面为 $F_1,F_2,\cdots,F_n$, 对应的体积为 $A_1,A_2,\cdots,A_n$, 满足 $\sum_{i=1}^n A_i v_i=\mathbf{0}$. 我们称之为凸多面体 $P(\mathbf{h})$ 的可容许体积向量. 法向固定的凸多面体的可容许体积向量构成了流形 $\mathcal{B}$,

$$\mathcal{B}=\left\{(A_1,A_2,\cdots,A_n)\middle|\sum_{i=1}^n A_i v_i=\mathbf{0},A_i>0,i=1,2,\cdots,n\right\},$$

那么 $\mathcal{B}$ 也是 $n-d$ 维流形. $\varphi:\mathcal{A}\to\mathcal{B}$ 将可容许高度向量 $\mathbf{h}$ 映到凸多面体 $P(\mathbf{h})$ 的边界面体积 $(A_1,A_2,\cdots,A_n)$. 我们将用 Alexandrov 映射引理来证明 φ 是从 $\mathcal{A}$ 到 $\mathcal{B}$ 的同胚.

定理 4.16 的另一种证明 我们这里假设维数 $d=3$, 一般情形的证明类似. 因为 $\mathbf{h}$ 的微小扰动不会破坏 $P(\mathbf{h})$ 的面, 因此 $\mathcal{A}$ 是 n 维开集模掉 3 维线性空间的商. 因此 $\mathcal{A}$ 是 $n-3$ 维的线性流形.

流形 $\mathcal{B}$ 可以表示为

$$\mathcal{B}=\left\{(\beta_1,\cdots,\beta_n)\in\mathbb{R}_+^n:\sum_{j=1}^n\beta_j v_j=0\right\},$$

这里有 3 个线性限制条件, 因此 $\mathcal{B}$ 是 $n-3$ 维的线性流形.

验证假设 (1). 流形 $\mathcal{B}$ 是 $\mathbb{R}^+$ 正象限的交集, 为一个开凸锥. 对 $\beta=(\beta_1,\cdots,\beta_n)\in\mathbb{R}^n$, $f:\mathbb{R}^n\to\mathbb{R}^3$ 的核

$$f(\beta)=\sum_{j=1}^n\beta_j v_j$$

定义了 $n-3$ 维的子空间. 因此 $\mathcal{B}$ 是子空间的一个凸开集, 且是单连通的.

为证明 (1), 我们需要证明 $\varphi(\mathcal{A})\neq\emptyset$. 对 $\mathbf{h}=(1,1,\cdots,1)\in\mathcal{A}$, $P(\mathbf{h})$ 是单位球的外切多面体, 所有面非空, 所以 $\varphi(\mathbf{h})\in\mathcal{B}$. 法向量 v_i 是第 i 个面的内点, 正如图 4.17 所示.

设 $P(\mathbf{h})$ 是一个紧的凸多面体, 它的第 i 个面有法向量 v_i、支撑距离 h_i 和面积 A_i. 经过平移变换, 将原点移到多面体内部 $0\in P(\mathbf{h})$, 则 $h_i\geqslant 0$. 多面体的体积可以表示为多个椎体的体积之和, 每个椎体以一个

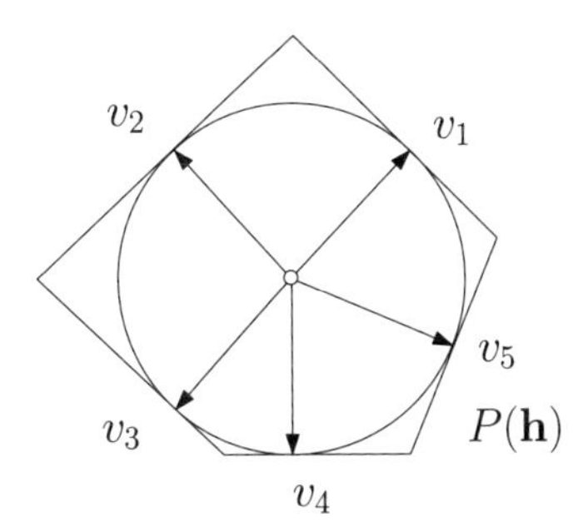

图 4.17 多面体 $P(\mathbf{h})$, 其中 $\mathbf{h}=(1,1,\cdots,1)$.

面为底面, 以原点 0 为顶点, 因此高为 h_i, 并且

$$u(\mathbf{h})=\frac{1}{3}\sum_{i=1}^{3}h_iA_i.$$

验证假设 (2). 根据对多面体 Minkowski 问题的唯一性定理 4.5, 若两个凸多面体具有相同的法向量和边界面的面积, 则它们彼此相差一个平移. 因此 φ 是单射.

验证假设 (3). 对于任意 $\mathbf{h}\in\mathcal{A}$, 多面体 $P(\mathbf{h})$ 的所有面非空. 如果我们固定所有的 h_i, $i\neq j$, 而只改变 h_j, 第 j 个面沿着 v_j 平行连续地移动. 第 j 个面上的所有边都被其他支撑平面切割而成, 因此其边长也连续变动, $P(\mathbf{h})$ 连续变化. 这意味着, φ 是一个连续映射.

验证假设 (4). 设 $P(\mathbf{h})$ 是一个凸多面体, 第 i 个边界面的面积为 A_i, 支撑距离为 h_i. 假设所有的面积有界 $0<\alpha\leqslant A_i\leqslant\beta$, 则

$$A(\partial P)=\sum_{j=1}^{n}A_j\leqslant n\beta.$$

以原点为顶点, 第 i 个面为底面的椎体体积小于 $P(\mathbf{h})$ 的总体积,

$$\frac{1}{3}h_iA_i\leqslant\frac{1}{3}\sum_{i=1}^{n}h_iA_i=V(P).$$

由等周不等式 (4.10), 多面体体积小于具有相同表面积的球体体积

$$V(P)\leqslant\frac{1}{6\sqrt{\pi}}A(\partial P)^{\frac{3}{2}},$$

由此可见

$$\frac{1}{3}h_i\alpha\leqslant\frac{1}{3}h_iA_i\leqslant\frac{1}{6\sqrt{\pi}}(n\beta)^{\frac{3}{2}},$$

由此推出

$$h_i \leqslant \frac{n^{\frac{3}{2}}\beta^{\frac{3}{2}}}{2\sqrt{\pi}\alpha}.$$

假设 (4) 的验证是一个紧致性论证. 假设 $P_i \in \mathcal{A}$ 是一个多面体, 其边界面的面积向量为 $B_i = \varphi(A_i)$, 当 $i \to \infty$ 时, 序列收敛 $B_i \to B$.

通过平移 P_i, 我们可以假设原点 0 是 P_i 的内点. 一个收敛序列是有界的, 故对所有的 i, $0 < \alpha < B_i \leqslant \beta$. 因此对 P_i 的第 j 个支撑距离我们有几何估计,

$$0 \leqslant h_{i,j} \leqslant K, \quad \forall (i,j).$$

但有限维空间中的有界序列是序列紧致的, 存在一个子序列 i_k 使得

$$h_{i_k,j} \to h_{\infty,j}, \quad \text{当 } k \to \infty \text{ 时},$$

所以在 $\mathcal{A}$ 中, $P_{i_k} \to P_\infty$. 由连续性,

$$B = \lim_{k\to\infty} B_{i_k} = \lim_{k\to\infty} \varphi(P_{i_k}) = \varphi\left(\lim_{k\to\infty} P_{i_k}\right) = \varphi(P_\infty).$$

因此, Alexandrov 映射引理 4.13 的所有条件均被满足, 映射 φ 为满射, 即离散 Minkowski 问题的解存在. ■

4.6 Alexandrov 定理

Alexandrov 和 Pogorelov 将 Minkowski 定理推广到无限凸多面体情形. 这里我们给出三种不同的证明: 基于 Brenier 最优传输映射理论、基于 Alexandrov 映射引理和基于几何变分原理.

如图 4.18 所示, 我们考察 $\mathbb{R}^{d+1}$ 中无界的开放凸多面体, 余维数 1 的面为 $F_1, F_2, \cdots, F_n$, 每个支撑超平面的梯度为 $p_1, p_2, \cdots, p_n$, 支撑超平面的线性方程为 $\pi_i(x) = \langle x, p_i\rangle - h_i$. 我们将高度向量记为 $\mathbf{h} = (h_1, h_2, \cdots, h_n)$, 将凸面体记为 $P(\mathbf{h})$. 每个超平面 $\pi_i(\mathbf{h})$ 将 $\mathbb{R}^d$ 分为上、下半空间 $H_i(\mathbf{h})$ 和 $D_i(\mathbf{h})$, 凸多面体是所有上半空间的交集,

$$P(\mathbf{h}) = \bigcap_{i=1}^{N} H_i(\mathbf{h}),$$

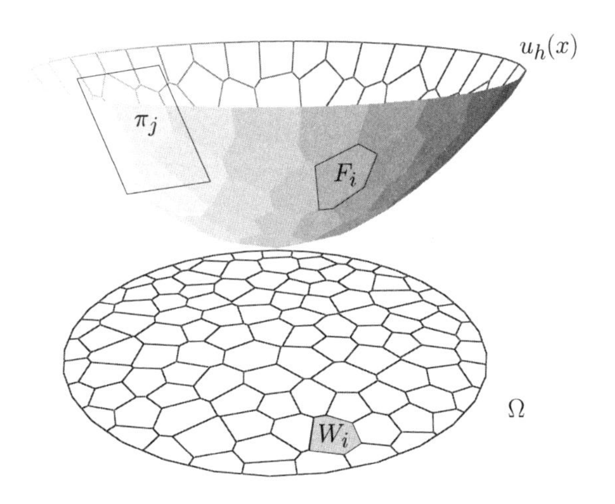

图 4.18 Alexandrov 定理.

等价地, 凸多面体等于超平面的上包络 (upper envelope),

$$P(\mathbf{h}) = \text{env}(\pi_1(\mathbf{h}), \pi_2(\mathbf{h}), \cdots, \pi_n(\mathbf{h})).$$

凸多面体 $P(\mathbf{h})$ 可以表示成一个分片线性凸函数的图, $u_{\mathbf{h}} : \mathbb{R}^d \to \mathbb{R}$,

$$u_{\mathbf{h}}(x) := \max_{1 \leqslant i \leqslant n} \{\pi_i(\mathbf{h}, x)\} = \max_{1 \leqslant i \leqslant n} \{\langle p_i, x \rangle - h_i\}. \tag{4.28}$$

F_i 向 $\mathbb{R}^d$ 投影, 得到 $\mathbb{R}^d$ 的一个胞腔分解, F_i 对应着一个胞腔 $W_i(\mathbf{h})$,

$$\mathbb{R}^d = \bigcup_{1 \leqslant i \leqslant n} W_i(\mathbf{h}) = \bigcup_{1 \leqslant i \leqslant n} \{x \in \mathbb{R}^d | \nabla u_{\mathbf{h}}(x) = p_i\}.$$

假设 $\Omega \subset \mathbb{R}^d$ 是凸集, 则 $P(\mathbf{h})$ 的投影也构成 Ω 的一个胞腔分解, 每个胞腔的体积记为 $w_i(\mathbf{h})$,

$$w_i(\mathbf{h}) := \text{vol}(W_i(\mathbf{h} \cap \Omega)), \quad i = 1, 2, \cdots, n. \tag{4.29}$$

定理 4.17 (Alexandrov) 假设 Ω 是 $\mathbb{R}^d$ 中的凸多面体, 内部非空, $p_1, \cdots, p_n \subset \mathbb{R}^d$ 是 n 个不同的点, $A_1, A_2, \cdots, A_n > 0$, 满足

$$\sum_{i=1}^{n} A_i = \text{vol}(\Omega),$$

则存在一个高度向量 $\mathbf{h}$, 使得凸多面体 $P(\mathbf{h})$ 每个余维数为 1 的面 F_i 的投影与 Ω 交集的体积等于 A_i,

$$w_i(\mathbf{h}) = \text{vol}(W_i(\mathbf{h}) \cap \Omega) = A_i, \quad i = 1, 2, \cdots, n.$$

这样的两个高度向量彼此相差一个常数向量 $(c, c, \cdots, c)$, 相应的两个凸多面体彼此相差一个垂直平移. ♦

证明 令 μ 为定义在 Ω 上的 Lebesgue 测度,

$$\nu = \sum_{i=1}^{n} A_i \delta(y - p_i),$$

令传输代价函数为欧氏距离的平方, $c(x, y) = \frac{1}{2}|x - y|^2$, 由 Brenier 定理, 存在一个凸函数 $u : \Omega \to \mathbb{R}$, 其梯度映射 $\nabla u : \Omega \to \{p_1, p_2, \cdots, p_n\}$ 给出了最优传输映射. 凸函数 u 几乎处处 C^2, 诱导了 Ω 的一个胞腔分解:

$$\Omega = \bigcup_{1 \leqslant i \leqslant n} W_i = \bigcup_{1 \leqslant i \leqslant n} (\nabla u)^{-1}(p_i).$$

因此在每一个胞腔 W_i 上, Brenier 势能函数的梯度为常数, 必为线性函数 $\langle p_i, x \rangle - h_i$, Brenier 势能函数为分片线性函数, 即

$$u(x) = \max_{1 \leqslant i \leqslant n} \{\langle p_i, x \rangle - h_i\}.$$

由最优传输映射的唯一性, 梯度映射唯一, 则两个 Brenier 势能函数彼此相差一个常数, 因此高度向量相差一个常数. ■

我们用 Alexandrov 映射引理给出第二个证明.

第二个证明 我们构造可容许高度向量空间

$$\mathcal{A} := \{\mathbf{h} : w_i(\mathbf{h}) > 0, i = 1, 2, \cdots, n\} \bigcap \left\{\mathbf{h} : \sum_{i=1}^{n} h_i = 0\right\}$$

和可容许体积空间

$$\mathcal{B} := \left\{\mathbf{A} : \sum_{i=1}^{n} A_i = \mathrm{vol}(\Omega), \quad A_i > 0, \quad i = 1, 2, \cdots, n\right\},$$

则 $\mathcal{A}$ 和 $\mathcal{B}$ 都是 $n-1$ 维流形. 映射 $\varphi : \mathcal{A} \to \mathcal{B}$ 将高度向量 $\mathbf{h}$ 映到凸多面体 $P(\mathbf{h})$, 再得到余维数为 1 面的体积向量 $\mathbf{A}$. 我们下面验证 φ 满足 Alexandrov 映射引理的 4 个条件.

条件 1. 不失一般性, 我们可以通过平移、缩放使得 $\{p_1, p_2, \cdots, p_n\} \subset \Omega$, 选择

$$h_i = \frac{1}{2}\langle p_i, p_i \rangle, \quad i = 1, 2, \cdots, n,$$

则 $P(h)$ 的投影是经典的 Voronoi 图, 每个胞腔的内部非空, 因此

$$\mathbf{h}_0 := \left(\frac{1}{2}|p_1|^2, \frac{1}{2}|p_2|^2, \cdots, \frac{1}{2}|p_n|^2\right) \in \mathcal{A},$$

$\varphi(\mathbf{h}_0) \in \mathcal{B}$.

条件 2. 假设存在 $\mathbf{h}_1$ 和 $\mathbf{h}_2$, 满足 $\varphi(\mathbf{h}_1) = \varphi(\mathbf{h}_2) = (A_1, A_2, \cdots, A_n)$. 构造 Minkowski 和 $(1-\lambda)P(\mathbf{h}_1) \oplus \lambda P(\mathbf{h}_2)$, 则其投影得到的每个胞腔也满足 Minkowski 和 $(1-\lambda)W_i(\mathbf{h}_1) \oplus \lambda W_i(\mathbf{h}_2)$, 由 Brunn-Minkowski 不等式, 我们有

$$\begin{aligned}
&\operatorname{vol}((1-\lambda)W_i(\mathbf{h}_1) \oplus \lambda W_i(\mathbf{h}_2))^{\frac{1}{d}} \\
&\qquad\qquad \geqslant (1-\lambda)\operatorname{vol}(W_i(\mathbf{h}_1))^{\frac{1}{d}} + \lambda \operatorname{vol}(W_i(\mathbf{h}_2))^{\frac{1}{d}} \\
&\qquad\qquad = A_i,
\end{aligned}$$

并且

$$\sum_{i=1}^{n} \operatorname{vol}((1-\lambda)W_i(\mathbf{h}_1) \oplus \lambda W_i(\mathbf{h}_2)) = \sum_{i=1}^{n} A_i,$$

因此, 对于所有的 i 等号都成立, 即胞腔 $W_i(\mathbf{h}_1)$ 和 $W_i(\mathbf{h}_2)$ 彼此相位似, 又因为相应的体积相等, 因此彼此相差一个平移. 又因为邻接条件, 两个胞腔分解相差一个平移. 考虑到 Ω 固定, 边界胞腔体积相同, 则两个胞腔分解重合, 由此得到 $P(\mathbf{h}_1)$ 和 $P(\mathbf{h}_2)$ 相差一个垂直平移. 最后由高度向量的归一化条件, 我们得到 $\mathbf{h}_1 = \mathbf{h}_2$. 由此得到映射 φ 是单射.

条件 3. 由构造方法, 我们可以直接证明投影体积 $w_i(\mathbf{h})$ 是高度向量的 d 次多项式, 由此映射 $\varphi(\mathbf{h}) = \mathbf{A}(\mathbf{h})$ 是连续映射.

条件 4. 如果存在一个序列 $\{\mathbf{h}_i\} \subset \mathcal{A}$, 其像为 $\{\mathbf{A}_i\} \subset \mathcal{B}$, $\varphi(\mathbf{h}_i) = \mathbf{A}_i$. 同时当 $j \to \infty$ 时, 序列 $\{\mathbf{A}_j\}$ 收敛于 $\mathbf{A}$. $\mathcal{A}$ 中的归一化条件 $\sum_{i=1}^{n} h_i = 0$ 可以等价地修改为 $h_1 = 0$, 那么对于任意的支持平面 $\pi_k(\mathbf{h})$, $\pi_1(\mathbf{h})$ 和 $\pi_k(\mathbf{h})$ 交线的投影落在紧集 $\overline{\Omega}$ 内, 故 h_k 上下有界, $h_k \in [\alpha_k, \beta_k]$. 因此我们得到 $\mathcal{A}$ 是有界的,

$$\mathcal{A} \subset \{0\} \times [\alpha_1, \beta_1] \times [\alpha_2, \beta_2] \times \cdots \times [\alpha_n, \beta_n].$$

因此序列 $\{\mathbf{h}_i\}$ 存在收敛子列 $\{\mathbf{h}_{n_k}\}$, $\lim_{k\to\infty}\mathbf{h}_{n_k}=\mathbf{h}$, 于是我们有

$$\mathbf{A}=\lim_{k\to\infty}\mathbf{A}_{n_k}=\lim_{k\to\infty}\varphi(\mathbf{h}_{n_k})=\varphi(\lim_{k\to\infty}\mathbf{h}_{n_k})=\varphi(\mathbf{h}),$$

这就证明了闭图像条件.

由 Alexandrov 映射引理, 映射 $\varphi:\mathcal{A}\to\mathcal{B}$ 是满射, 即拓扑同胚. 这就证明了 Alexandrov 多面体的存在性和唯一性定理. ■

在下一章, 我们将用变分法来证明 Alexandrov 定理.

第五章 半离散最优传输的变分原理

本章将用变分原理来证明 Alexandrov 定理, 即证明在欧氏距离平方代价下的半离散最优传输映射的存在性与唯一性 [40]. 这种方法将最优传输映射理论和计算几何的 power 图理论联系起来, 从而提供了一种高效稳定的计算方法.

5.1 变分法原则

Alexandrov 和 Pogorelov 研究了无界凸多面体的 Minkowski 问题, Alexandrov 解决了所有无界面都平行于给定直线的情况, Pogorelov 解决了无界多面体包含一个圆锥的剩余情况. 在 Alexandrov 关于凸多面体的著作 [2] 中, 他证明了以下基本定理, 如图 5.1 所示.

定理 5.1 (Alexandrov) 设 Ω 是 $\mathbb{R}^n$ 中具有非空内部的紧凸多面体, $p_1, \cdots, p_k \subset \mathbb{R}^n$ 是不同的 k 个点, 且 $A_1, \cdots, A_k > 0$, 有

$$\sum_{i=1}^{k} A_i = \mathrm{vol}(\Omega).$$

则存在一个向量 $h = (h_1, \cdots, h_k) \in \mathbb{R}^k$, 直到加入常数 $(c, c, \cdots, c)$ 是唯

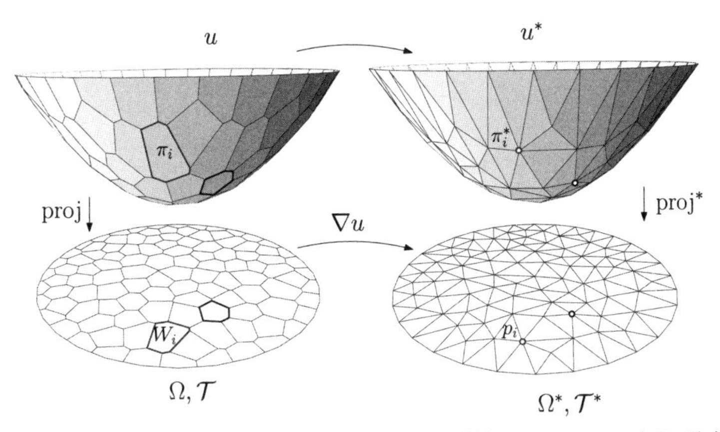

图 5.1 离散最优传输映射 (从左到右): 把 W_i 映到 p_i. 离散的 Monge-Ampère 方程 (从右到左): $\mu_\sigma(W_i)$ 是 p_i 的离散 Hesse 行列式.

一的, 换言之, 这样的两个向量彼此相差一个常向量 $(c, c, \cdots, c)$, 使得分段线性函数

$$u(x)=\max_{1 \leqslant i \leqslant k}\{\langle x, p_i\rangle+h_i\}$$

满足

$$A_i=\operatorname{vol}(\{x \in \Omega | \nabla u(x)=p_i\}). \quad \blacklozenge$$

Alexandrov 用几何语言描述了他的定理. 我们用凸函数来表述上述定理, 称定理中的函数 u 和 ∇u 为 Alexandrov 势能函数和 Alexandrov 映射. 我们用有限维变分证明定理 5.1, 并将其推广成一般情形. 变分原则给出了 Alexandrov 势能函数的算法, 同时也证明了 Alexandrov 无穷小刚性.

变分原理 下面是一个简单的框架, 我们将用它来建立求解方程的变分原理. 设 $X \subset \mathbb{R}^k$ 是一个单连通开集, 并且

$$A(x)=(A_1(x), \cdots, A_k(x)): X \rightarrow \mathbb{R}^k$$

是一个光滑函数, 满足对称条件:

$$\frac{\partial A_i(x)}{\partial x_j}=\frac{\partial A_j(x)}{\partial x_i}, \quad \forall i, j. \tag{5.1}$$

则对任意给定的 $B=(B_1, \cdots, B_k) \in \mathbb{R}^k$, 方程 $A(x)=B$ 的解 x 正好是以下函数的临界点

$$E(x)=\int_a^x \sum_{i=1}^k(A_i(x)-B_i) d x_i. \tag{5.2}$$

事实上, 对称假设 (5.1) 表示微分 1-形式

$$\omega=\sum_{i=1}^k(A_i(x)-B_i) d x_i \tag{5.3}$$

在单连通域 X 是闭的, 即

$$d \omega=\sum_{i, j}\left(\frac{\partial A_i}{\partial x_j}-\frac{\partial A_j}{\partial x_i}\right) d x_j \wedge d x_i=0.$$

所以积分 (5.2) 是良好定义的, 与 a 到 x 的路径选择无关. 由定义,

$$\frac{\partial E(x)}{\partial x_i}=A_i(x)-B_i, \tag{5.4}$$

即 $\nabla E(x)=A(x)-B$, 所以 $A(x)=B$ 与 $\nabla E(x)=0$ 是等价的. 此外, 函数的 Hesse 矩阵为

$$\frac{\partial^2 E(x)}{\partial x_i \partial x_j}=\frac{A_i(x)}{\partial x_j}. \tag{5.5}$$

我们将利用上述框架给出 Alexandrov 定理的变分证明. 只考虑分段线性凸函数, 给定一组不同点 $\{p_1,\cdots,p_n\}\in\mathbb{R}^d$, 且 $h=(h_1,\cdots,h_n)\in\mathbb{R}^n$, 可以构造 n 个超平面, 每个平面的方程为

$$\pi_i(x)=\langle p_i,x\rangle+h_i.$$

这些超平面的上包络记为 $\mathrm{env}(\{\pi_i\}_{i=1}^n)$, 对应分片线性凸函数 $u_{\mathbf{h}}(x)$ 的图, 定义为

$$u_{\mathbf{h}}(x)=\max_{1\leqslant i\leqslant n}\{\langle p_i,x\rangle+h_i\}. \tag{5.6}$$

由 π_i 上包络的投影可以得到 $\mathbb{R}^n$ 的 power Voronoi 图, 如图 5.2 所示,

$$\mathbb{R}^d=\bigcup_{i=1}^n W_i(\mathbf{h}),$$

其中每个 power Voronoi 胞腔是一个封闭的凸多面体,

$$\begin{aligned} W_i(\mathbf{h}) &= \{x\in\mathbb{R}^d|\nabla u(x)=p_i\} \\ &= \{x|\langle p_i,x\rangle+h_i\geqslant\langle p_j,x\rangle+h_j,\quad \forall j=1,\cdots,n\}. \end{aligned} \tag{5.7}$$

注意 $W_i(\mathbf{h})$ 可能为空或者无界, 如图 5.2 所示. 我们将 Alexandrov 定理推广为:

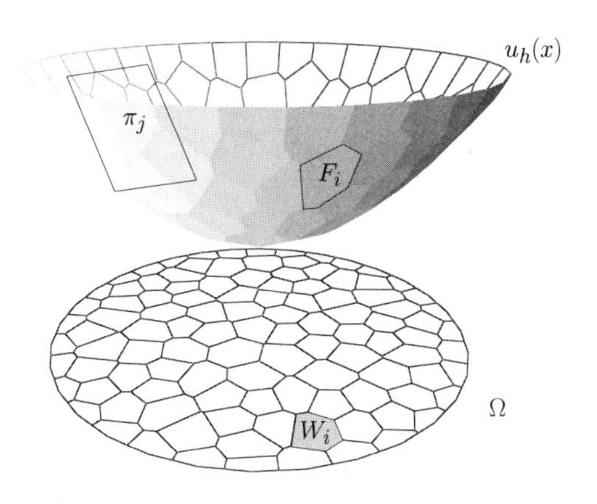

图 5.2 平面的上包络和得到的 power Voronoi 图.

定理 5.2 (推广 Alexandrov) 设 Ω 是 $\mathbb{R}^d$ 上的一个紧的凸区域, $\{p_1, \cdots, p_n\}$ 为 $\mathbb{R}^d$ 上一组不同的点, 并且 $\sigma : \Omega \to \mathbb{R}$ 是一个正的连续函数 (密度函数). 若对任意的 $A_1, \cdots, A_n > 0$ 满足约束条件

$$\sum_{i=1}^{n} A_i = \int_{\Omega} \sigma(x)dx,$$

则存在高度向量 $\mathbf{h} = (h_1, \cdots, h_n) \in \mathbb{R}^n$, 使得

$$\int_{W_i(\mathbf{h})\cap\Omega} \sigma(x)dx = A_i, \quad \forall i.$$

这样的高度向量在彼此相差一个常数向量 $(c, \cdots, c)$ 的意义下唯一, 并且高度向量 $\mathbf{h}$ 是下面凸函数的最小值点

$$E(\mathbf{h}) = \int_0^{\mathbf{h}} \sum_{i=1}^{n} \mu_\sigma(W_i(\mathbf{h}) \cap \Omega)dh_i - \sum_{i=1}^{n} h_i A_i, \tag{5.8}$$

其中每个胞腔的 μ-体积定义为

$$\mu_\sigma(W_i(\mathbf{h}) \cap \Omega) := \int_{W_i(h)\cap\Omega} \sigma(x)dx.$$

此凸函数定义在开凸集上 (可容许高度空间),

$$\mathcal{H} := \{h \in \mathbb{R}^n | \mu_\sigma(W_i(h) \cap \Omega) > 0, \quad \forall i = 1, \cdots, k\}.$$

此外, 在所有的 (保测度) 传输映射 $T : (\Omega, \sigma dx) \to (\mathbb{R}^d, \sum_{i=1}^k A_i\delta_{p_i})$ 中, 梯度映射 $\nabla u_{\mathbf{h}}$ 使得欧氏距离平方的传输代价

$$\int_{\Omega} \frac{1}{2}|x - T(x)|^2\sigma(x)dx$$

达到最小. ♦

如果密度函数 σ 等于常数 1, 则推广的 Alexandrov 定理成为经典的 Alexandrov 定理. 定理 5.2 的存在性和唯一性是 Brenier 最优传输定理 (Villani [77]) 的特殊情况. 变分法证明中的能量函数 $E(\mathbf{h})$, 其 Hesse 矩阵有明显的几何意义, 基于计算几何的 power Voronoi 图可以很容易计算出来, 这使得用 Newton 方法能够有效计算 Alexandrov 映射 $\nabla u_{\mathbf{h}}$. 此外, 我们得到一个 Alexandrov 的无限小刚性定理的证明, 即

$$\nabla E : \mathcal{H}_0 \to \mathcal{A} = \left\{(A_1, \cdots, A_k) \in \mathbb{R}^k \middle| A_i > 0, \sum_{i=1}^{k} A_i = \int_{\Omega} \sigma(x)dx\right\}$$

是一个局部微分同胚映射 (推论 5.3), 这里 $\mathcal{H}_0$ 定义在式 (5.21) 中.

离散 Monge-Ampère 方程 与最优传输问题密切相关的是 Monge-Ampère 方程. 设 Ω 是 $\mathbb{R}^d$ 上的一个紧区域, $g:\partial\Omega\to\mathbb{R}$ 和 $A:\Omega\times\mathbb{R}\times\mathbb{R}^n\to\mathbb{R}$ 给定. 则 Monge-Ampère 方程的 Dirichlet 问题是找到一个函数 $u:\Omega\to\mathbb{R}$, 从而得到

$$\begin{cases}\det D^2u(x)=A(x,u(x),\nabla u(x)),\\ u|_{\partial\Omega}=g,\end{cases}\tag{5.9}$$

其中 D^2u 是 u 的 Hesse 矩阵. 关于 Monge-Ampère 方程解的存在性、唯一性和正则性已有很多理论结果. 我们主要是在最简单情况下求解离散 Monge-Ampère 方程, 即 $A(x,u,\nabla u)=A(x):\Omega\to\mathbb{R}$, 使得 $A(\Omega)$ 是一个有限集. 利用 Alexandrov 势能函数 u 的 Legendre-Fenchel 对偶, 我们用有限维变分原理来解离散 Monge-Ampère 方程. 在离散情况下, 主要任务是对分段线性函数定义离散 Hesse 行列式.

定义 5.1 (离散 Hesse 行列式) 设 $(X,\mathcal{T})$ 是 $\mathbb{R}^d$ 的一个区域, $\mathcal{T}$ 是 X 的一个凸胞腔分解, 且 $w:X\to\mathbb{R}$ 是一个凸函数, 在每个胞腔内都是线性的 (分片线性凸函数). 则 w 的离散 Hesse 行列式定义如下: 设 v 是 $\mathcal{T}$ 的一个顶点, 胞腔 $C_1,C_2,\cdots,C_k$ 与 v 相邻, 在每个胞腔上 w 都是线性函数, 梯度 $\nabla w|_{C_i}$ 是一个常数向量. 顶点 v 的对偶胞腔 $v^*(w)$ 定义为这些梯度向量的凸包,

$$v^*(w):=\operatorname{conv}\{\nabla w|_{C_1},\nabla w|_{C_2},\cdots,\nabla w|_{C_k}\},$$

分片线性函数 w 在 v 处的离散 Hesse 行列式定义为 $v^*(w)$ 的体积. ♦

问题 5.1 (离散 Monge-Ampère 方程的 Dirichlet 问题) 设 $\Omega=\operatorname{conv}(v_1,\cdots,v_m)$ 是 $\mathbb{R}^d$ 上的 $v_1,\cdots,v_m$ 的凸包. 令 $p_1,\cdots,p_n$ 在 $\operatorname{int}(\Omega)$ 中. 给定任意的 $g_1,\cdots,g_m\in\mathbb{R}$ 且 $A_1,\cdots,A_n>0$, 找到 Ω 的一个顶点为 $\{v_1,\cdots,v_m,p_1,\cdots,p_n\}$ 的凸剖分 $\mathcal{T}$, 以及一个对 $\mathcal{T}$ 的每个胞腔都是线性的分片线性凸函数 $w:\Omega\to\mathbb{R}$, 满足:

(1) (离散 Monge-Ampère 方程) w 在 p_i 处的离散 Hesse 行列式为 A_i;

(2) (Dirichlet 条件) $w(v_i)=g_i$. ♦

Pogorelov 证明了分片线性函数 w 存在且唯一 [66].

定理 5.3 (Pogorelov) 设 $\Omega = \text{conv}(v_1, \cdots, v_m)$ 是 $\mathbb{R}^d$ 中一个 d 维的紧凸多面体, 从而对所有的 i, $v_i \notin \text{conv}(v_1, \cdots, v_{i-1}, v_{i+1}, \cdots, v_k)$, 且 $p_1, \cdots, p_n$ 在 Ω 内部. 对任意的 $g_1, \cdots, g_m \in \mathbb{R}$ 和 $A_1, \cdots, A_n > 0$, 存在以 v_i 和 p_j 为顶点的凸胞腔分解 $\mathcal{T}$, 分段线性凸函数 $w : (\Omega, \mathcal{T}) \to \mathbb{R}$ 有 $w(v_i) = g_i$, $i = 1, \cdots, m$, 并且 w 在 p_j 处的离散 Hesse 行列式为 A_j, $j = 1, \cdots, n$. 事实上, 解 w 是以下函数的 Legendre 对偶

$$\max\{\langle x, p_j\rangle + h_j, \langle x, v_i\rangle - g_i | j = 1, \cdots, n, i = 1, \cdots, m\},$$

且 $\mathbf{h}$ 是某个严格凸函数的唯一最小值点. ♦

5.2 Legendre-Fenchel 对偶

我们将使用以下符号: 对 $p_1, \cdots, p_n \in \mathbb{R}^d$, 用 $\text{conv}(p_1, \cdots, p_n)$ 来记 $\{p_1, \cdots, p_n\} \subset \mathbb{R}^d$ 的凸包 (convex hull). 凸多面体是有限多个封闭半空间的交集, 也是有限集的凸包, 紧凸集 X 的相对内部记为 $\text{int}(X)$.

Legendre-Fenchel 对偶 函数 $f : \mathbb{R}^d \to (-\infty, \infty]$ 的有效域 (domain) 记为 $D(f)$, 即为集合 $\{x \in \mathbb{R}^d | f(x) < \infty\}$. 函数 f 称为正常的 (proper), 即当 $D(f) \neq \emptyset$, 对一个正常函数 $f : \mathbb{R}^d \to (-\infty, \infty]$, f 的 Legendre-Fenchel 对偶是正常函数 $f^* : \mathbb{R}^n \to (-\infty, \infty]$, 定义为

$$f^*(y) = \sup\{\langle x, y\rangle - f(x) | x \in \mathbb{R}^d\}.$$

显然, 如果 f 是一个正常凸函数, 则 f^* 是正常的下半连续凸函数. 例如, 线性函数 $f(x) = \langle a, x\rangle - b$, 它的对偶 f^* 有效域为 $D(f^*) = \{a\}$, 从而 $f^*(a) = b$. Legendre-Fenchel 对偶定理证明, 对于正常的下半连续凸函数 f, 有 $(f^*)^* = f$.

对 $P = \{p_1, \cdots, p_n\} \subset \mathbb{R}^d$ 和 $h = (h_1, \cdots, h_n) \in \mathbb{R}^k$, 我们定义分片线性凸函数 $u_{\mathbf{h}}(x)$ 为

$$u_{\mathbf{h}}(x) := \max\{\langle p_i, x\rangle + h_i | i = 1, \cdots, n\}. \tag{5.10}$$

对偶 u^* 的有效域 $D(u^*)$ 是凸包 $\mathrm{conv}(p_1,\cdots,p_n)$, 从而

$$u^*(y)=\min\left\{-\sum_{i=1}^{n}\lambda_i h_i\middle|\lambda_i\geqslant 0,\sum_{i=1}^{n}\lambda_i=1,\sum_{i=1}^{k}\lambda_i p_i=y\right\}\tag{5.11}$$

(根据 Hörmander [44] 中的定理 2.2.7 和凸性定义). 特别地, u^* 是有效域 $D(u^*)$ 内的分片线性凸函数. 例如, 若 $\mathbf{h}=\mathbf{0}$, 则对所有的 $y\in D(u^*)$, 有 $u^*(y)=0$.

推论 5.1 若 $p_i\notin\mathrm{conv}(p_1,\cdots,p_{i-1},p_{i+1},\cdots,p_n)$, 则

$$u^*(p_i)=-h_i.\quad\blacklozenge\tag{5.12}$$

事实上, 将 p_i 表示为 $p_1,\cdots,p_n$ 的凸组合, 则必有 $p_i=1\cdot p_i$. 因此 (5.12) 成立.

凸细分 定义在闭凸多面体 K 上的分片线性凸函数 f 生成 K 的凸细分 $\mathcal{T}$ (也称作自然细分), 它与计算几何中使用的 power 图相同 [11].

定义 5.2 (凸细分) 闭多面体 K 的一个凸细分 (convex subdivision) $\mathcal{T}$ 是一族凸多面体 (称为胞腔), 满足:

(1) $K=\bigcup_{\sigma\in\mathcal{T}}\sigma$;

(2) 若 $\sigma,\tau\in\mathcal{T}$, 则 $\sigma\cap\tau\in\mathcal{T}$;

(3) 若 $\sigma\in\mathcal{T}$ 和 $\tau\subset\sigma$, 则 $\tau\in\mathcal{T}$ 当且仅当 τ 是 σ 的一个面.

凸细分 $\mathcal{T}$ 由其最高维的胞腔所决定. 所有 $\mathcal{T}$ 的零维胞腔的集合记为 $\mathcal{T}^0$, 称为 $\mathcal{T}$ 的顶点. $\blacklozenge$

定义 5.3 (分片线性函数的凸细分) 若 f 是定义在凸多面体 K 上的分片线性凸函数, 与 f 相关的 K 的自然凸细分 $\mathcal{T}$ 是这样一种细分, 它在 $\mathcal{T}$ 中的最高维胞腔是最大凸子集 σ, 使得 f 限制在 σ 上是线性的. $\blacklozenge$

f 的顶点定义为 $\mathcal{T}$ 上的顶点. 设 $\{v_1,\cdots,v_n\}$ 是 f 的所有顶点集合, 则 f 由其顶点 $\{v_i\}$ 和顶点上的值 $\{f(v_i)\}$ 决定. 事实上, f 在 K 上的图是凸包的下边界

$$\mathrm{conv}((v_1,f(v_1)),\cdots,(v,f(v_n)))\subset\mathbb{R}^d\times\mathbb{R}.$$

回想一下, 若 P 是 $\mathbb{R}^d\times\mathbb{R}$ 上的一个凸多面体, 则 P 的底面 (lower faces) 是 P 的这些面 F, 从而若 $x\in F$, 则对所有 $\lambda>0$, $x-(0,\cdots,0,\lambda)$ 不在

P 内. P 的下边界是 P 的所有底面的并集. 也可以用 Epigraph 描述 $\mathcal{T}$. $f: K \to \mathbb{R}$ 的 Epigraph 为

$$\operatorname{epi}(f) := \{(x, z) \in K \times \mathbb{R} | z \geqslant f(x)\}.$$

Epigraph 自然是一个凸多面体, $\mathcal{T}$ 中的每个胞腔是 Epigraph 的底面的垂直投影.

因为对偶函数 f^* 也是在其有效域 $D(f^*)$ 上的分片线性凸函数, 诱导相关的 $D(f^*)$ 的凸细分 $\mathcal{T}^*$. 凸细分 $(D(f), \mathcal{T})$ 和 $(D(f^*), \mathcal{T}^*)$ 互为对偶, 即存在一个双射 $\sigma \to \sigma^*$, 表示为 $\mathcal{T} \to \mathcal{T}^*$, 满足:

(1) $\sigma, \tau \in \mathcal{T}$ 有 $\tau \subset \sigma$ 当且仅当 $\sigma^* \subset \tau^*$;

(2) 若在 $\mathcal{T}$ 内 $\tau \subset \sigma$, 则 $\operatorname{cone}(\tau, \sigma)$ 是 $\operatorname{cone}(\sigma^*, \tau^*)$ 的对偶.

此处锥体定义为

$$\operatorname{cone}(\tau, \sigma) = \{t(x - y) | x \in \sigma, y \in \tau, t \geqslant 0\},$$

且锥体 C 的对偶为

$$\{x \in \mathbb{R}^d | \langle y, x \rangle \leqslant 0, \quad \forall y \in C\}.$$

参考 Passare 和 Rullgård [65] 第 2 节的命题 1.

分片线性凸函数 $u_{\mathbf{h}}(x)$ 由 (5.10) 给定, 定义凸多面体为

$$W_i(\mathbf{h}) = \{x \in \mathbb{R}^d | \langle x, p_i \rangle + h_i \geqslant \langle x, p_j \rangle + h_j, \quad \forall j\}$$

(注意 W_i 可能是空集). 由定义, 与 $u_{\mathbf{h}}$ 相关的 $\mathbb{R}^d$ 上的凸细分 $\mathcal{T}$ 是所有的 $W_i(\mathbf{h})$ 和它们的面的并集. u^* 的恒等式 (5.11) 蕴含 u^* 的图 $\{(y, u^*(y)) | y \in \operatorname{conv}(p_1, \cdots, p_n)\}$ 是凸包的下边界

$$\operatorname{conv}((p_1, -h_1), \cdots, (p_k, -h_n)).$$

分片线性凸函数诱导的凸细分具有如下性质.

命题 5.1 设 $P = \{p_1, \cdots, p_n\}$ 是 $\mathbb{R}^d$ 上不同点的集合.

(a) 若 $\operatorname{int}(W_i(\mathbf{h})) \neq \emptyset$, 则

$$\operatorname{int}(W_i(\mathbf{h})) = \left\{x \in \mathbb{R}^d | \langle x, p_i \rangle + h_i > \max_{j \neq i}\{\langle x, p_j \rangle + h_j\}\right\}.$$

(b) 若 $p_i \notin \operatorname{conv}(P \setminus \{p_i\})$, 则 $\operatorname{int}(W_i(\mathbf{h})) \neq \emptyset$, 并且 $W_i(\mathbf{h})$ 是无限的.

(c) 若 $\operatorname{conv}(P\setminus\{p_i\})$ 是 d 维的, 且 $p_i\in\operatorname{int}(\operatorname{conv}(P\setminus\{p_i\}))$, 则 $W_i(\mathbf{h})$ 要么是有限的, 要么是空的.

(d) 若对所有 i 都有 $\operatorname{int}(W_i(\mathbf{h}))\neq\emptyset$, 则 $u_{\mathbf{h}}$ 诱导的 $\mathcal{T}$ 的最高维胞腔就是 $\{W_i(\mathbf{h})|i=1,\cdots,n\}$, u^* 诱导的 $\operatorname{conv}(P)$ 的对偶细分 $\mathcal{T}^*$ 的顶点就是 $\{p_1,\cdots,p_n\}$.

(e) 对任意不同点 $p_1,\cdots,p_n\in\mathbb{R}^d$, 存在 $\mathbf{h}\in\mathbb{R}^n$, 使得对所有的 i 都有 $\operatorname{int}(W_i(\mathbf{h}))\neq\emptyset$. ♦

证明 证明是很直接的.

(a) 由定义

$$\left\{x\in\mathbb{R}^n|\langle x,p_i\rangle+h_i>\max_{j\neq i}\{\langle x,p_j\rangle+h_j\}\right\}$$

是开的并且在 $W_i(\mathbf{h})$ 内, 所以它被包含在 $\operatorname{int}(W_i(h))$ 的内部. 由定义, 对所有 $x\in W_i(\mathbf{h})$ 都有 $\pi_i(x)\geqslant\pi_j(x)$. 有待证明对每个 $p\in\operatorname{int}(W_i(\mathbf{h}))$, 对 $j\neq i$, 都有 $\pi_i(p)>\pi_j(p)$. 取一个点 $q\in\operatorname{int}(W_i(\mathbf{h}))$ 使得 $\pi_i(q)>\pi_j(q)$ (这是有可能的, 因为对任意 $j\neq i$ 都有 $\pi_i\neq\pi_j$). 在 $\operatorname{int}(W_i(\mathbf{h}))$ 中从 q 到 r 选取一个线段 I, 从而 $p\in\operatorname{int}(I)$. 存在某个 $\lambda\in(0,1)$, $p=\lambda q+(1-\lambda)r$, 然后用 $\pi_i(q)>\pi_j(q),\pi_i(r)\geqslant\pi_j(r)$ 和函数是线性的, 可以得到 $\pi_i(p)>\pi_j(p)$. (a) 证毕.

(b) $\operatorname{int}(W_i(\mathbf{h}))\neq\emptyset$, 由 $u^*_{h,P'}$ 的恒等式 (5.11), $P'=\{p_1,\cdots,p_n\}-\{p_i\}$, 有 $u^*_{h,P'}(p_i)=\infty$. 然而

$$u^*_{h,P'}(p_i)=\sup\left\{\langle x,p_i\rangle-u_{h,P'}(x)|x\in\mathbb{R}^n\right\},$$

所以存在 x, 使得

$$\langle x,p_i\rangle+h_i>u_{h,P'}(x)=\max_{j\neq i}(\langle x,p_j\rangle+h_j),$$

即 $\operatorname{int}(W_i(\mathbf{h}))\neq\emptyset$. 此外, $u^*_{h,P'}(p_i)=\infty$ 说明 $W_i(\mathbf{h})$ 是非紧的, 即是无界的.

(c) 假设 $W_i(\mathbf{h})$ 无限, 则对某些非零向量 v, 集合 $W_i(\mathbf{h})$ 包含一条射线 $\{tv+a|t\geqslant 0\}$. 因此,

$$\langle tv+a,p_i\rangle+h_i\geqslant\langle tv+a,p_j\rangle+h_j,\quad\forall j\neq i.$$

不等式除以 t 且令 $t \to \infty$, 可以得到

$$\langle v, p_i \rangle \geqslant \langle v, p_j \rangle, \quad \forall j \neq i.$$

这说明 p_i 到直线 $\{tv|t \in \mathbb{R}\}$ 上的投影不在 $\{p_1, \cdots, p_k\} - \{p_i\}$ 在直线上投影的凸包内部. 这与 p_i 在 d 维凸包内部的假设矛盾.

(d) 第一部分是由定义得到的, 由对偶定理可以得到第二部分.

(e) 重新标记集合 $p_1, \cdots, p_n$ 从而对所有 i, 若 $j > i$, 则 p_j 不在 $\{p_1, \cdots, p_i\}$ 的凸包内. 由于假设 $p_1, \cdots, p_n$ 是不同的, 所以这总是有可能的. 事实上, 选择一条直线 L, 从而 p_i 到 L 的正交投影是不同的. 现在根据投影到 L 的线性顺序重新标记这些点. 根据 $p_1, \cdots, p_n$ 的重新排序, 我们构造 $h_1, \cdots, h_n$, 从而 $W_i(\mathbf{h})$ 包含一个非空开集. 设 $h_1 = 0$, 因为 $p_2 \neq p_1$, 对于任意的 h_2, 都有

$$\operatorname{vol}(\{x|\nabla u_{(h_1,h_2)}(x) = p_i\}) > 0, \quad i = 1, 2.$$

归纳来说, 假设 $h_1, \cdots, h_i$ 已经构造好, 则

$$\operatorname{vol}(\{x|\nabla u_{(h_1,\cdots,h_i)}(x) = p_j\}) > 0, \quad \forall\, j = 1, 2, \cdots, i.$$

为构造 h_{i+1}, 首先注意因为 p_{i+1} 不在 $p_1, \cdots, p_i$ 的凸包内, 由 (b), 对任意的 h_{i+1}, $\operatorname{vol}(W_{i+1}(h_1, \cdots, h_{i+1})) > 0$ 且 $W_{i+1}(h_1, \cdots, h_{i+1})$ 是无界的. 现在选择 h_{i+1} 为足够大的正数, 可以使所有的

$$\operatorname{vol}(W_j(h_1, \cdots, h_{i+1})) > 0, \quad \forall\, j = 1, 2, \cdots, i+1. \qquad \blacksquare$$

Power 图 我们已知在 $\mathbb{R}^d$ 上的分片线性凸函数 $u_{\mathbf{h}}(x)$ 诱导的凸细分就是 power 图 (power diagram) ([10, 74]).

定义 5.4 (power 图) 设 $P = \{p_1, \cdots, p_n\}$ 是 $\mathbb{R}^d$ 上 n 个点的集合, 且 $w_1, \cdots, w_n$ 是 n 个实数. 加权点 $\{(p_1, w_1), \cdots, (p_n, w_n)\}$ 的 power 图是凸细分 $\mathcal{T}$. 高维胞腔为

$$U_i = \left\{ x \in \mathbb{R}^d \middle| |x - p_i|^2 + w_i \leqslant |x - p_j|^2 + w_j, \forall j \right\}.$$

此处 $|x|^2 = x \cdot x$ 是欧氏范数的平方, 且 $\frac{1}{2}|x - p_i|^2 + w_i$ 是从 x 到 (p_i, w_i) 的 power 距离. ♦

若所有的权重为 0, 则 $\mathcal{T}$ 是关于 P 的 Voronoi 胞腔分解. 因为

$|x-p_i|^2+w_i \leqslant |x-p_j|^2+w_j$ 等价于

$$\langle x,p_i\rangle - \frac{1}{2}\left(|p_i|^2+w_i\right) \geqslant \langle x,p_j\rangle - \frac{1}{2}\left(|p_j|^2+w_j\right).$$

可以看到 $U_i=\{x\in\mathbb{R}^n|\langle x,p_i\rangle+h_i \geqslant \langle x,p_j\rangle+h_j,\forall j\}$, 其中

$$h_i=-\frac{1}{2}\left(|p_i|^2+w_i\right). \tag{5.13}$$

这说明了如下显然的事实.

命题 5.2 由 $\{(p_i,w_i)|i=1,\cdots,k\}$ 所决定的 power 图是分片线性凸函数 $u_{\mathbf{h}}$ 所诱导的凸细分, $u_{\mathbf{h}}$ 由 (5.10) 定义, 其中 $h_i=-(|p_i|^2+w_i)/2$. ♦

如图 5.3 所示, power Voronoi 图与加权 Delaunay 三角剖分对偶.

胞腔体积的变分 以下是我们建立变分原理的关键技术性命题.

命题 5.3 设 $\sigma:\Omega\to\mathbb{R}$ 是定义在紧凸区域 $\Omega\subset\mathbb{R}^d$ 上的连续函数. 若 $p_1,\cdots,p_n\in\mathbb{R}^d$ 是不同的点, 且 $\mathbf{h}\in\mathbb{R}^n$, 使得对任意的 i 都有 $\mathrm{vol}(W_i(\mathbf{h})\cap\Omega)>0$, 则

$$w_i(\mathbf{h})=\int_{W_i(\mathbf{h})\cap\Omega}\sigma(x)dx=\mu_\sigma(W_i(\mathbf{h})\cap\Omega)$$

是 $\mathbf{h}$ 的可微函数. 此外, 对 $j\neq i$, 若 $W_i(\mathbf{h})\cap\Omega$ 和 $W_j(\mathbf{h})\cap\Omega$ 共用一个余维数为 1 的面 $\Gamma_{\mathbf{h}}(i,j)$, 则有

$$\frac{\partial w_i(\mathbf{h})}{\partial h_j}=-\frac{1}{|p_i-p_j|}\int_{\Gamma_h(i,j)}\sigma|_{\Gamma_h(i,j)}(x)dA, \tag{5.14}$$

其中 dA 是 $\Gamma_h(i,j)$ 上的面积元, 否则这个偏导数为零. 特别地, 对任意的 i,j,

$$\frac{\partial w_i(\mathbf{h})}{\partial h_j}=\frac{\partial w_j(\mathbf{h})}{\partial h_i}.$$ ♦

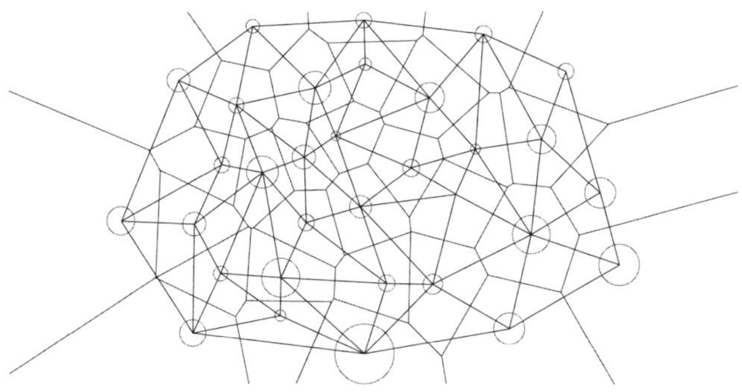

图 5.3 Power 图及其对偶加权 Delaunay 三角剖分.

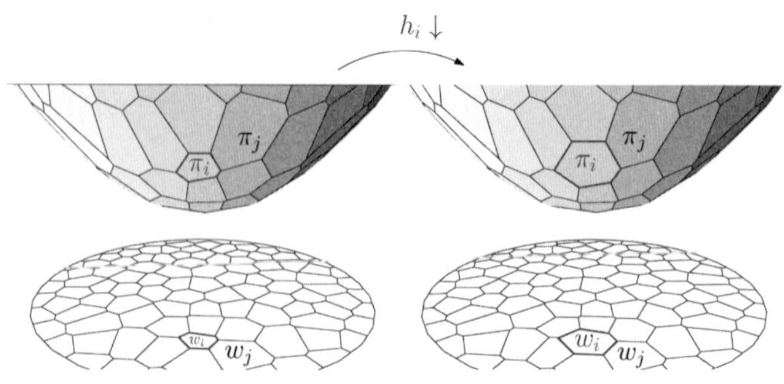

彩 图

图 5.4 高维胞腔的体积变分.

证明基于下面的简单引理, 高维胞腔的体积变分如图 5.4 所示.

引理 5.1 设 X 是 $\mathbb{R}^d$ 上的紧域, $f : X \to \mathbb{R}$ 是一个非负连续函数, 并且

$$\tau : \{(x,t) \in X \times \mathbb{R} | 0 \leqslant t \leqslant f(x)\} \to \mathbb{R}$$

是连续的. 对每个 $t \geqslant 0$, 令 $f_t(x) = \min\{t, f(x)\}$, 则

$$W(t) = \int_X \left(\int_0^{f_t(x)} \tau(x,s) ds \right) dx$$

满足

$$\lim_{t \to t_0^+} \frac{W(t) - W(t_0)}{t - t_0} = \int_{\{x | f(x) > t_0\}} \tau(x, t_0) dx, \tag{5.15}$$

并且

$$\lim_{t \to t_0^-} \frac{W(t) - W(t_0)}{t - t_0} = \int_{\{x | f(x) \geqslant t_0\}} \tau(x, t_0) dx. \tag{5.16}$$

它在 t_0 处是可微的, 当且仅当

$$\int_{\{x \in X | f(x) = t_0\}} \tau(x, t_0) dx = 0.$$

♦

证明 如图 5.5 所示, 设 $G_t(x) = \int_0^{f_t(x)} \tau(x,s) ds$, 且 M 是其域上的 $|\tau(x,t)|$ 的上界. 因为 $|\min(a,b) - \min(a,c)| \leqslant |b-c|$, 有 $|f_t(x) - f_{t'}(x)| \leqslant |t - t'|$. 对任意的 $t \neq t'$,

$$\begin{aligned} \left| \frac{G_t(x) - G_{t'}(x)}{t - t'} \right| &= \frac{1}{|t - t'|} \left| \int_{f_{t'}(x)}^{f_t(x)} \tau(x,s) ds \right| \\ &\leqslant \frac{M}{|t - t'|} |f_t(x) - f_{t'}(x)| \leqslant M. \end{aligned} \tag{5.17}$$

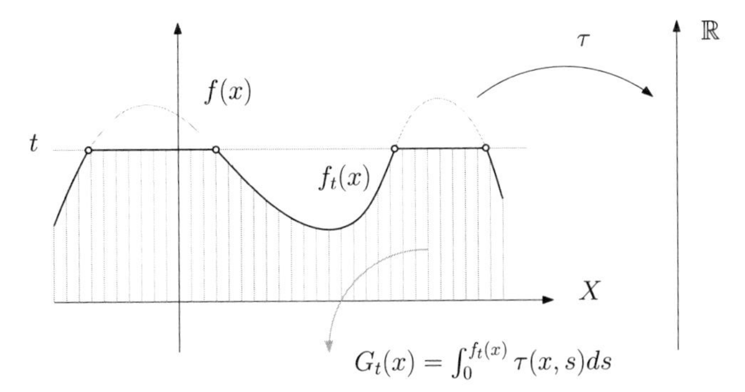

图 5.5 辅助函数.

固定 t_0 且 $x \in X$. 若 $f(x) < t_0$, 则当 t 非常接近 t_0, 有 $f_t(x) = f(x)$,

$$G_t(x) = \int_0^{f(x)} \tau(x,s)ds \implies \lim_{t \to t_0} \frac{G_t(x) - G_{t_0}(x)}{t - t_0} = 0.$$

若 $f(x) > t_0$, 则当 t 非常接近 t_0 时,

$$G_t(x) = \int_0^t \tau(x,s)ds \implies$$

$$\lim_{t \to t_0} \frac{G_t(x) - G_{t_0}(x)}{t - t_0} = \lim_{t \to t_0} \frac{1}{t - t_0} \int_{t_0}^t \tau(x,s)ds = \tau(x,t_0).$$

若 $f(x) = t_0$, 则上述计算说明

$$\lim_{t \to t_0^+} \frac{G_t(x) - G_{t_0}(x)}{t - t_0} = 0 \quad 且 \quad \lim_{t \to t_0^-} \frac{G_t(x) - G_{t_0}(x)}{t - t_0} = \tau(x,t_0).$$

所以, 由 Lebesgue 收敛定理, 有

$$\begin{aligned} \lim_{t \to t_0^+} \frac{W(t) - W(t_0)}{t - t_0} &= \lim_{t \to t_0^+} \int_X \frac{G_t(x) - G_{t_0}(x)}{t - t_0} dx \\ &= \int_{\{x | f(x) > t_0\}} \tau(x,t_0)dx, \end{aligned} \tag{5.18}$$

并且

$$\begin{aligned} \lim_{t \to t_0^-} \frac{W(t) - W(t_0)}{t - t_0} &= \lim_{t \to t_0^-} \int_X \frac{G_t(x) - G_{t_0}(x)}{t - t_0} dx \\ &= \int_{\{x | f(x) \geqslant t_0\}} \tau(x,t_0)dx, \end{aligned} \tag{5.19}$$

所以

$$\lim_{t \to t_0^-} \frac{W(t) - W(t_0)}{t - t_0} - \lim_{t \to t_0^+} \frac{W(t) - W(t_0)}{t - t_0} = \int_{\{f | f(x) = t_0\}} \tau(x,t_0)dx.$$

这就证明了引理. ■

固定 $a<b$, 我们称与函数 f 相关的一个区域

$$\{(x,t)\in X\times\mathbb{R}|a\leqslant f(x),a\leqslant t\leqslant\min(f(x),b)\}$$

为冠状区域 (cap domain), 有高 $b-a$, 基部 $\{x|f(x)\geqslant a\}$ 和顶部 $\{x|f(x)\geqslant b\}$. 接下来, 我们证明命题 5.3.

命题 5.3 的证明 为证明命题 5.3, 令 $\mathbf{h}'=(h_1,\cdots,h_{i-1},h_i-\delta,h_{i+1},\cdots,h_k)$. 对非常小的正数 $\delta>0$, 由定义, $W_i(\mathbf{h}')\subset W_i(\mathbf{h})$ 且 $W_j(\mathbf{h})\subset W_j(\mathbf{h}')$. 若 $W_i(\mathbf{h})\cap W_j(\mathbf{h})\cap\Omega=\emptyset$, 则对于足够小的 δ, $W_j(\mathbf{h})\cap\Omega=W_j(\mathbf{h}')\cap\Omega$, 所以 $\partial W_j(\mathbf{h})/\partial h_i=0$. 若 $W_i(\mathbf{h})\cap\Omega$ 和 $W_j(\mathbf{h})\cap\Omega$ 共用一个余维数为 1 的面 F, 则闭包 $\mathrm{cl}(W_j(\mathbf{h}')\cap\Omega-W_j(\mathbf{h})\cap\Omega)$ 是以 F 为底的一个冠状区域, 这个冠状区域与定义在 F 上的凸函数 f 相关联. 冠状区域的高度为 $\frac{1}{|p_i-p_j|}\delta$, 且 f 是分片线性凸函数, 从而形式为 $\{x\in F|f(x)=t\}$ 的集合的 $d-1$ 维 Lebesgue 测度为 0. 此外, 对 $\delta>0$, 由定义

$$\begin{aligned}\frac{w_j(h')-w_j(h)}{\delta}&=\frac{1}{\delta}\int_{W_j(h')\cap\Omega-W_j(h)\cap\Omega}\sigma(x)dx\\&=\frac{1}{\delta}\int_F\int_0^{f_t(y)}\tau(y,s)dsdy,\end{aligned}$$

其中 $y\in F$ 是欧氏坐标, 并且 $\tau(y,s)$ 是 σ 在新坐标中的表示. 所以, 由引理 5.1, 可以看出

$$\lim_{\delta\to0^+}\frac{w_j(h')-w_j(h)}{\delta}=\int_F\sigma|_F dA. \tag{5.20}$$

同样的计算表明, 对 $\delta<0$ 且接近于 0, 由 $\mathrm{cl}(W_j(h)\cap\Omega-W_j(h')\cap\Omega)$ 是冠状区域, 其顶部为 F, 可以看到 (5.20) 也成立. 最后, 若 $W_i(\mathbf{h})\cap\Omega$ 和 $W_j(\mathbf{h})\cap\Omega$ 共用一个维数最多为 $d-2$ 的面, 则同样的计算仍有效, 关联的冠状区域顶部面积为 0 或者基部面积为 0. 因此结果成立. ■

5.3 Alexandrov 定理证明的推广

推广 Alexandrov 定理 5.2 的证明分为下面的步骤:

(1) 证明可容许高度集合

$$\mathcal{H}=\{\mathbf{h}\in\mathbb{R}^n|\,\mathrm{vol}(W_i(\mathbf{h})\cap\Omega)>0,\quad\forall i\}$$

是一个非空的开凸集;

(2) 证明

$$E(\mathbf{h})=\int_a^{\mathbf{h}}\sum_{i=1}^k\int_{W_i(\mathbf{h})\cap\Omega}\sigma(x)dxdh_i-\sum_{i=1}^k h_iA_i$$

在 $\mathcal{H}$ 上是良定义的, 并且 C^1 光滑. 从而

$$\partial E(\mathbf{h})/\partial h_i=\mu_\sigma(W_i(h)\cap\Omega)-A_i,$$

并且对所有 $c\in\mathbb{R}$, $E(\mathbf{h}+(c,\cdots,c))=E(\mathbf{h})$.

(3) 证明 $E(\mathbf{h})$ 在 $\mathcal{H}$ 上是凸的, 且在

$$\mathcal{H}_0=\mathcal{H}\cap\left\{\mathbf{h}|\sum_{i=1}^k h_i=0\right\}\tag{5.21}$$

上是严格凸的.

(4) 通过考察限制 $E|_{\mathcal{H}_0}$, 证明能量 E 在 $\mathcal{H}$ 上有最小点.

(5) 最后为了完备性, 证明 $\nabla u_{\mathbf{h}}$ 是最小化欧氏距离平方代价函数的最优传输映射.

可容许高度区域 $\mathcal{H}$ 的凸性 我们从一个简单的观察开始, 即一个紧凸集 $X\subset\mathbb{R}^d$ 有正的体积, 当且仅当 X 包含一个非空开集, 亦即 X 是 d 维的. 因此 $\mathrm{vol}(W_i(\mathbf{h})\cap\Omega)>0$ 等价于 $W_i(\mathbf{h})\cap\Omega$ 包含一个 $\mathbb{R}^d$ 的非空开集. 由命题 5.1 (a), 最后一个条件等价于存在 $x\in\Omega$ 满足

$$\langle x,p_i\rangle-h_i>\max_{j\neq i}\{\langle x,p_j\rangle-h_j\}.$$

欲证 $\mathcal{H}$ 是凸的, 因为 $\mathcal{H}=\cap_{i=1}^n\mathcal{H}_i$, 只要证明对每个 i, $\mathcal{H}_i$ 是凸的, 其中

$$\mathcal{H}_i=\{\mathbf{h}\in\mathbb{R}^n|\,\mathrm{vol}(W_i(\mathbf{h})\cap\Omega)>0\}.$$

为此取 $\alpha,\beta\in\mathcal{H}_i$ 和 $\lambda\in(0,1)$, 则存在向量 $x_1,x_2\in\Omega$, 从而

$$\langle x_1,p_i\rangle+\alpha_i>\langle x_1,p_j\rangle+\alpha_j,\quad\langle x_2,p_i\rangle+\beta_i>\langle x_2,p_j\rangle+\beta_j,\quad\forall j\neq i.$$

因此,

$$\begin{aligned}&\langle\lambda x_1+(1-\lambda)x_2,p_i\rangle+(\lambda\alpha_i+(1-\lambda)\beta_i)\\&\quad>\langle\lambda x_1+(1-\lambda)x_2,p_j\rangle+(\lambda\alpha_j+(1-\lambda)\beta_j),\quad\forall j\neq i.\end{aligned}$$

这证明了 $\lambda\alpha+(1-\lambda)\beta$ 属于 $\mathcal{H}_i$, 因此 $\mathcal{H}_i$ 是凸的.

现在证明每个 $\mathcal{H}_i$ 是非空的. 事实上, 给定 $h_1,\cdots,h_{i-1},h_{i+1},\cdots,h_n$, 计算 $\pi_1,\cdots,\pi_{i-1},\pi_{i+1},\cdots,\pi_n$ 的上包络, 则设 h_i 为 ∞, 因而 π_i 在包络下面. 减少 h_i 直到 π_i 接触包络, 再削去包络的一个角, 可以得到 $\mathbf{h}=(h_1,\cdots,h_k)$ 属于 $\mathcal{H}_i$. 从定义看, $\mathcal{H}_i$ 是一个开集. 所以, 为了证明 $\mathcal{H}$ 是一个开凸集, 还需证明 $\mathcal{H}$ 非空.

欲证 $\mathcal{H}\neq\emptyset$, 只要证明存在 $\mathbf{h}$ 从而 $\mathrm{vol}(W_i(h))>0$ (可以是 ∞) 对所有的 i 成立. 事实上, 经过平移, 可以假设 0 在 Ω 内部. 由

$$u_{\lambda\mathbf{h}}(x)=\lambda u_{\mathbf{h}}\left(\frac{x}{\lambda}\right),\quad W_i(\lambda\mathbf{h})=\frac{W_i(\mathbf{h})}{\lambda}$$

我们得到

$$\mathrm{vol}(W_i(\mathbf{h}))>0,\ \forall i\quad\Rightarrow\quad\exists\text{足够大的}\,\lambda>0,\ \mathrm{vol}(W_i(\lambda h)\cap\Omega)>0.$$

现在由命题 5.1(e), 可以找到 $\mathbf{h}$ 使得对所有的 $1\leqslant i\leqslant n$, $\mathrm{vol}(W_i(\mathbf{h}))>0$, 所以 $\mathcal{H}\neq\emptyset$.

能量函数及其梯度 由命题 5.3, 可以看到微分 1-形式

$$\eta=\sum_{i=1}^{k}\int_{W_i(h)\cap\Omega}\sigma(x)dxdh_i-\sum_{i=1}^{k}A_idh_i$$

是定义在单连通开集 $\mathcal{H}$ 上的闭 1-形式, 因此是恰当形式. 积分

$$E(\mathbf{h}):=\int_{\mathbf{a}}^{\mathbf{h}}\eta=\int_{\mathbf{a}}^{\mathbf{h}}\sum_{i=1}^{k}\int_{W_i(h)\cap\Omega}\sigma(x)dxdh_i-\sum_{i=1}^{k}A_ih_i$$

是良定义的 C^1-光滑函数, 与 $\mathcal{H}$ 中从 $\mathbf{a}$ 到 $\mathbf{h}$ 路径选择无关. 此外由定义我们得到梯度,

$$\frac{\partial E(\mathbf{h})}{\partial h_i}=\int_{W_i(\mathbf{h})\cap\Omega}\sigma(x)dx-A_i.$$

遵循定义, 因为 $W_i(\mathbf{h}+(c,\cdots,c))=W_i(\mathbf{h})$, 我们得到条件

$$E(\mathbf{h}+(c,\cdots,c))=E(\mathbf{h}).$$

可以证明存在一个常数 C, 从而得到 Alexandrov 势能函数与能量的关系:

$$E(\mathbf{h})=\int_{\Omega}u_{\mathbf{h}}(x)\sigma(x)dx-\sum_{i=1}^{k}A_ih_i+C.$$

能量函数的凸性 这一节证明能量 $E(\mathbf{h})$ 的 Hesse 矩阵是半正定的, 且有一个由 1 维向量 $(1,1,\cdots,1)^t$ 张成的零空间. 这说明能量 E 在可

容许高度向量空间 $\mathcal{H}$ 上是凸的, 并且当限制在 $\mathcal{H}_0$ 上是严格凸的. 令 $w_i(\mathbf{h})=\mu_\sigma(W_i(\mathbf{h})\cap\Omega)$. 由以上计算, 我们得到

$$\frac{\partial E(\mathbf{h})}{\partial h_i}=w_i(\mathbf{h})-A_i \quad 且 \quad \sum_{i=1}^{k}w_i(\mathbf{h})=\mu_\sigma(\Omega),$$

因此

$$\sum_{i=1}^{k}\frac{\partial^2 E}{\partial h_i\partial h_j}=0.$$

由命题 5.3, 对每个 j 和 $i\neq j$, $\partial w_i(h)/\partial h_j\leqslant 0$. 此外, 若 $W_i(\mathbf{h})$ 和 $W_j(\mathbf{h})$ 在 Ω 共用一个余维数 1 的面 $\Gamma_{\mathbf{h}}(i,j)$, 则

$$\frac{\partial w_i(\mathbf{h})}{\partial h_j}=-\frac{1}{|p_i-p_j|}\int_{\Gamma_{\mathbf{h}}(i,j)}\sigma(x)dA<0.$$

这意味着 Hesse 矩阵

$$D^2(E)=\left(\frac{\partial^2 E(\mathbf{h})}{\partial h_i\partial h_j}\right)=\left(\frac{\partial w_i(\mathbf{h})}{\partial h_j}\right)$$

对角线占优, 因此是半正定的 (即所有对角线元素都是正的, 所有非对角线元素是非正的, 并且每行的元素之和为零). 因此 $E(\mathbf{h})$ 在 $\mathcal{H}$ 中是凸的.

推论 5.2 $E(\mathbf{h})$ 的 Hesse 矩阵 $D^2(E)$ 是半正定的, 有由 $(1,1,..,1)^t$ 生成的 1 维零空间, 特别地,

$$E|_{\mathcal{H}_0}:\mathcal{H}_0=\left\{\mathbf{h}\in H\left|\sum_{i=1}^{k}h_i=0\right.\right\}\to\mathbb{R}$$

是严格凸的, 且其梯度映射 $\nabla(E|_{\mathcal{H}_0})$ 是一个微分同胚映射. ♦

证明 为证明 $E|_{\mathcal{H}_0}$ 是严格凸的, 我们证明 Hesse 矩阵 $D^2(E)=(\partial w_i(\mathbf{h})/\partial h_j)=(a_{ij})$ 的零空间是由 $(1,\cdots,1)^t$ 生成. 显然 $(1,\cdots,1)^t$ 在零空间内. 为了证明零空间是 1 维的, 设 $v=(v_1,\cdots,v_k)^t$ 是一个非零向量 (v^t 是 v 的转置), 并且 $D^2(E)v=0$. 不失一般性, 让我们假设 $|v_{i_1}|=\max_i\{|v_i|\}$ 且 $v_{i_1}>0$. 由

$$a_{i_1i_1}v_{i_1}=-\sum_{j\neq i_1}a_{i_1j}v_j \quad 且 \quad a_{i_1i_1}=\sum_{j\neq i_1}|a_{i_1j}|,$$

我们得到, 对所有指标 j, 如果 $a_{i_1,j}\neq 0$, 则 $v_j=v_{i_1}$. 定义指标集 $I=\{i|v_i=\max_j\{|v_j|\}\}$, 那么 I 具有以下性质: 若 $i_1\in I$ 且 $a_{i_1,i_2}\neq 0$, 则 $i_2\in I$. 我们断言 $I=\{1,2,\cdots,n\}$, 这就推出 $v=v_1(1,1,\cdots,1)^t$.

事实上, 对任意两个指标 $i \neq j$, 因为 Ω 是连通的且 $W_k(\mathbf{h})$ 是凸的, 存在一个指标序列 $i = i_1, i_2, \cdots, i_m = j$, 从而对每个 k, $W_{i_k}(\mathbf{h}) \cap \Omega$ 和 $W_{i_{k+1}}(\mathbf{h}) \cap \Omega$ 共用一个余维数 1 的面. 因此 $a_{i_k, i_{k+1}} \neq 0$. 将其转换成 Hesse 矩阵 $D^2(E) = (a_{ij})$, 对任意两个对角元素 a_{ii} 和 a_{jj}, 存在指标序列 $i = i_1, i_2, \cdots, i_m = j$, 从而 $a_{i_k, i_{k+1}} < 0$. 这最后一个条件与 I 的性质蕴含了 $I = \{1, 2, \cdots, n\}$, 亦即 $\dim(\mathrm{Ker}(D^2(E))) = 1$. ■

能量最小点的存在性 由变分原理架构, $E(\mathbf{h})$ 在 $\mathcal{H}$ 内的临界点是定理 5.2 的解 $\mathbf{h}^*$. 为了证明 $E(\mathbf{h})$ 在 $\mathcal{H}$ 内有临界点, 由于 E 和 $E(\mathbf{h} + (c, \cdots, c)^t) = E(\mathbf{h})$ 的凸性, 只要证得 $E(\mathbf{h})$ 在 $\mathcal{H}_0$ 内有最小点即可.

首先我们断言 $\mathcal{H}_0$ 是有界的. 否则, 在 $\mathcal{H}_0$ 内存在一个向量序列 $\{\mathbf{h}^{(m)}\}$, 从而对某些指标 i 和 j,

$$\lim_{m \to \infty} h_i^{(m)} = -\infty \quad \text{且} \quad \lim_{m \to \infty} h_j^{(m)} = +\infty.$$

因为 Ω 是紧的, 可以看到对所有点 $x \in \Omega$, m 足够大,

$$\langle x, p_i \rangle - h_i^{(m)} > \langle x, p_j \rangle - h_j^{(m)}.$$

这证明了 $W_j(\mathbf{h}^{(m)}) \cap \Omega = \emptyset$, 这与假设 $\mathbf{h}^{(m)} \in \mathcal{H}_0$ 相矛盾.

函数 $E(\mathbf{h})$ 可以连续拓展到 $\mathcal{H}_0$ 的紧闭包 $X = \overline{\mathcal{H}_0}$ 上, 保持同样的表达式. 因此, $E(\mathbf{h})$ 有最小点 $q \in X$, 我们断言 $q \in \mathcal{H}_0$. 如若不然, $q \in \partial X$, 即有指标 j 使得 $\mu_\sigma(W_j(q) \cap \Omega) = 0$, 下面推出矛盾.

由于凸性, 存在一个非零向量 $v \in \mathbb{R}^n$, 对于足够小的 $t > 0$ 有 $q + tv \in \mathcal{H}_0$. 此时对任意的 $c \in \mathbb{R}$, 我们有 $q + t(v + c(1, \cdots, 1)) \in \mathcal{H}$. 因此, 让 c 增大, 我们可以假设所有的 $v_i > 0$ 且对于足够小的 $t > 0$, $q + tv \in \mathcal{H}$. 定义 $\delta \in \mathbb{R}^n$, 使得

$$\delta_i = \begin{cases} v_i, & \text{如果 } w_i(q) = 0, \\ 0, & \text{如果 } w_i(q) > 0. \end{cases}$$

注意对所有的 i, $v_i \geqslant \delta_i$. 我们断言对于足够小的 $t > 0$, $q + t\delta \in \mathcal{H}$, 即对所有的 i 都有 $w_i(q + t\delta) > 0$. 事实上, 由连续性, 若 $w_i(q) > 0$, 则对于足够小的 $t > 0$, $w_i(q + t\delta) > 0$. 下面, 若 $w_i(q) = 0$, 我们断言

$W_i(q+tv) \subset W_i(q+t\delta)$. 因为 $w_i(q+tv) > 0$, 这说明 $w_i(q+t\delta) > 0$. 为证明断言, 取

$$x \in W_i(q+tv) = \{x | \langle x, p_i \rangle + (q_i + tv_i) \geqslant \langle x, p_j \rangle + (q_j + tv_j), \forall j\},$$

则

$$\begin{aligned}\langle x, p_i \rangle + q_i + t\delta_i &= \langle x, p_i \rangle + q_i + tv_i \\ &\geqslant \langle x, p_j \rangle + q_j + tv_j \\ &\geqslant \langle x, p_j \rangle + q_j + t\delta_j,\end{aligned}$$

即 $x \in W_i(q+t\delta)$.

因为 $E(\mathbf{h}+(c,\cdots,c)^t) = E(\mathbf{h})$ 且每个点 $x \in \mathcal{H}$ 形式为 $\mathbf{h}+(c,\cdots,c)$, 其中 $\mathbf{h} \in \mathcal{H}_0, c \in \mathbb{R}$, 点 q 同样也是定义在 $\mathcal{H}$ 的闭包上的 E 的最小点.

对于任意构造的 δ, 必有 $E(q+t\delta) \geqslant E(q)$, 通过在 $t=0$ 时对 t 求导, 可得 $\langle \nabla E(q), \delta \rangle \geqslant 0$, 即

$$\sum_{i=1}(w_i(q) - A_i)\delta_i \geqslant 0. \tag{5.22}$$

但是由 δ 的构造, 左边是 $-\sum_{i \in J} A_i v_i < 0$, 其中 $J = \{i | w_i(q) = 0\}$ 且 $A_i > 0$, 矛盾. 因此假设错误, q 是 $\mathcal{H}_0$ 的内点.

无穷小刚性　在这一节, 我们证明梯度映射

$$\mathbf{h} \mapsto \Phi(\mathbf{h}) = (w_1(\mathbf{h}), \cdots, w_n(\mathbf{h}))$$

是从 $\mathcal{H}_0$ 到

$$\mathcal{A} = \left\{(A_1, \cdots, A_n) \in \mathbb{R}^n | A_i > 0, \quad \sum_{i=1}^n A_i = \int_\Omega \sigma(x)dx\right\}$$

的一个微分同胚.

事实上, 由上述计算, $\Phi(\mathbf{h})$ 是 $\nabla \tilde{E}|_{H_0}$, 其中

$$\tilde{E}(h) = E(h) + \sum_{i=1}^k A_i h_i$$

在 $\mathcal{H}_0$ 上有正定的 Hesse 矩阵, 因此是一个严格凸函数. 特别地, 其梯度 Φ 是一个从 $\mathcal{H}_0$ 到 $\mathcal{A}$ 的局部微分同胚映射. 另一方面, 对于任意的 $A \in \mathcal{A}$, 能量 $\tilde{E}(h) - \sum_{i=1}^k A_i h_i$ 临界点的存在性证明说明了 Φ 是满射. 我们得到

了 Alexandrov 的无穷小刚性定理的证明.

推论 5.3 (Alexandrov) 映射 $\nabla \widetilde{E}: \mathcal{H}_0 \to \mathcal{A}$ 是一个局部微分同胚映射, 将归一化的高度 $\mathbf{h}$ 映到面积向量 $(w_1(\mathbf{h}), w_2(\mathbf{h}), \cdots, w_k(\mathbf{h}))$. ♦

梯度映射是最优传输映射 在欧氏距离平方的传输代价下, 梯度映射 $\nabla u_{\mathbf{h}}$ 的总传输代价为:

$$\sum_{i=1}^{n} \frac{1}{2} \int_{W_i} |p_i - x|^2 \sigma(x) dx.$$

由命题 5.2, $\{W_i\}_{i=1}^n$ 是 $\mathbb{R}^d$ 上由 $\{(p_i, w_i)\}_{i=1}^n$ 所决定的 power Voronoi 图, 这里权重定义为

$$w_i = |p_i|^2 - 2h_i, \quad i = 1, 2, \cdots, n.$$

假设 $\{U_i\}_{i=1}^n$ 是 $\mathbb{R}^d$ 的任意剖分, 并且满足

$$\int_{U_i} \sigma(x) dx = \int_{W_i} \sigma(x) dx, \quad i = 1, 2, \cdots, n. \tag{5.23}$$

由 power Voronoi 图的定义, 我们有

$$\begin{aligned}
&\sum_{i=1}^{n} \int_{W_i} \left(\frac{1}{2}|x - p_i|^2 + w_i \right) \sigma(x) dx \\
&\qquad = \sum_{i,j=1}^{k} \int_{W_i \cap U_j} \left(\frac{1}{2}|x - p_i|^2 + w_i \right) \sigma(x) dx \\
&\qquad \leqslant \sum_{i,j=1}^{k} \int_{W_i \cap U_j} \left(\frac{1}{2}|x - p_j|^2 + w_j \right) \sigma(x) dx \\
&\qquad = \sum_{j=1}^{k} \int_{U_j} \left(\frac{1}{2}|x - p_j|^2 + w_j \right) \sigma(x) dx.
\end{aligned}$$

由 (5.23), 有

$$\sum_{i=1}^{k} \int_{W_i} \frac{1}{2}|x - p_i|^2 \sigma(x) dx \leqslant \sum_{i=1}^{k} \int_{U_i} \frac{1}{2}|x - p_i|^2 \sigma(x) dx.$$

这证明了 $\nabla u_{\mathbf{h}}$ 最小化二次传输代价.

5.4 Pogorelov 定理的证明

在整个证明过程中, 我们固定 $g_1, \cdots, g_m$. 为简单起见, 令 $p_{n+j} = v_j$ 和 $h_{n+j} = -g_j$, $j = 1, \cdots, m$, 令胞腔

$$W_i(\mathbf{h}) = \left\{ x \in \mathbb{R}^d | \langle x, p_i \rangle + h_i \geqslant \langle x, p_j \rangle + h_j, j = 1, \cdots, n+m \right\}.$$

定义可容许高度向量空间

$$\mathcal{H} = \{ h \in \mathbb{R}^n | \operatorname{vol}(W_i(\mathbf{h})) > 0, i = 1, \cdots, n+m \}.$$

引理 5.2 空间 $\mathcal{H}$ 和胞腔分解有两个性质:

(1) $\mathcal{H}$ 是 $\mathbb{R}^n$ 上的一个非空开凸集;

(2) 对每个 $\mathbf{h} \in \mathcal{H}$, $i = 1, \cdots, n$ 和 $j = 1, \cdots, m$, 胞腔 $W_i(\mathbf{h})$ 是一个非空有界凸集合, 且胞腔 $W_{n+j}(\mathbf{h})$ 是一个非空无界集合. ♦

证明 $\mathcal{H}$ 的凸性证明与 5.3 节的证明完全相同. 同样, 由定义 $\mathcal{H}$ 是开的. 为了证明 $\mathcal{H}$ 非空, 由命题 5.1 (e), 存在 $\bar{\mathbf{h}} \in \mathbb{R}^n$, 从而对所有 $i = 1, \cdots, n$, $\operatorname{vol}(W_i(\bar{\mathbf{h}})) > 0$. 我们断言对足够大的 $t > 0$, 向量 $\mathbf{h} = \bar{h} + (t, \cdots, t) \in \mathcal{H}$. 事实上, 令 B 是一个大的紧球, 所以对所有 $i = 1, \cdots, k$, $B \cap W_i(\bar{h}) \neq \emptyset$. 现在选择大一些的 t 值, 则

$$\min_{x \in B} \{ \langle x, p_i \rangle + h_i | i = 1, 2, \cdots, k \} > \max_{x \in B} \{ \langle x, v_j \rangle + g_j | j = 1, \cdots, m \}.$$

对 h 的这个选择, 由定义, $W_i(\bar{h}) \cap B \subset W_i(h)$. (b) 部分由命题 5.1 (b) 和 (c) 引出. ■

对 $\mathbf{h} \in \mathcal{H}$ 和 $i = 1, \cdots, n$, 令 $w_i(\mathbf{h}) = \operatorname{vol}(W_i(\mathbf{h})) > 0$. 对每个 $\mathbf{h} \in \mathcal{H}$, 将命题 5.3 应用到一个大的紧域 X, 它的内部包含 $\cup_{i=1}^k W_i(\mathbf{h})$, 可以看到 $w_i(\mathbf{h})$ 是一个可微函数, 所以

$$\frac{\partial w_i}{\partial h_j} = \frac{\partial w_j}{\partial h_i}, \quad \forall i, j = 1, \cdots, n.$$

因此微分 1-形式 $\eta = \sum_{i=1}^n w_i(h) dh_i$ 是在凸集 $\mathcal{H}$ 上的一个闭的 1-形式. 因为 $\mathcal{H}$ 是单连通的, 存在一个 C^1-光滑函数 $E(\mathbf{h}) : \mathcal{H} \to \mathbb{R}$, 从而 $\partial E / \partial h_i = w_i(\mathbf{h})$.

引理 5.3 E 的 Hesse 矩阵 $\operatorname{Hess}(E)$ 对每个 $\mathbf{h} \in \mathcal{H}$ 都是正定的. 特

别地, E 是严格凸的, 且 $\nabla E:\mathcal{H}\to\mathbb{R}^n$ 是光滑嵌入. ♦

证明 同 5.2 节中的证明, 对 $i\neq j$, 若 $W_i(\mathbf{h})$ 和 $W_j(\mathbf{h})$ 共用一个余维数 1 的面 F,

$$\frac{\partial w_i(\mathbf{h})}{\partial h_j}=-\frac{1}{|p_i-p_j|}\operatorname{vol}(F)<0,$$

否则为 0. 此外, 对每个 $j=1,\cdots,n$,

$$\sum_{i=1}^{n}\frac{\partial w_i}{\partial h_j}=\frac{\partial(\sum_{i=1}^{k}w_i(\mathbf{h}))}{\partial h_j}>0,$$

若 $W_j(\mathbf{h})$ 和某个 $W_{\mu+k}(\mathbf{h})$ 共用一个余维数 1 的面, 否则为 0. 这证明了 Hesse 矩阵 $\operatorname{Hess}(E)=[a_{ij}]$ 对角线占优, 从而对所有的 $i\neq j$, $a_{ij}\leqslant 0$, 并且 $a_{ii}\geqslant\sum_{j\neq i}|a_{ij}|$. 所以 $\operatorname{Hess}(E)$ 是半正定的. 为证明它没有零空间, 我们进行与推论 5.2 相同的论证. 同样的论证表明了若 $\mathbf{b}=(b_1,\cdots,b_k)$ 是 $[a_{ij}]$ 的一个零向量, 则 $b_1=b_2=\cdots=b_k$. 另一方面, 存在指标 i 使得 $W_i(\mathbf{h})$ 和某个 $W_{j+n}(\mathbf{h})$ 共用一个余维数 1 的面, 即 $a_{ii}>\sum_{i=1}^{n}|a_{ij}|$. 由 $\sum_{j=1}^{n}a_{ij}b_1=0$, 可以看出 $b_1=0$, 即 $\mathbf{b}=\mathbf{0}$. 这证明了引理. ■

下面我们证明定理 5.3. 令

$$\mathcal{A}=\{\mathbf{A}=(A_1,\cdots,A_n)|A_i>0\},$$

并且考虑严格凸函数 $E(\mathbf{h}):\mathcal{H}\to\mathbb{R}$ 有 $\partial E(\mathbf{h})/\partial h_i=w_i(\mathbf{h})$. 我们的目的是通过证明存在 $\mathbf{h}\in\mathcal{H}$ 使得 $\mathbf{A}=\nabla E(\mathbf{h})$, 来证明 $E(\mathbf{h})-\sum_{i=1}^{k}A_ih_i$ 在 $\mathcal{H}$ 有一个最小点.

设 $\Phi=\nabla E:\mathcal{H}\to\mathcal{A}$ 是梯度映射. 由引理 5.3, Φ 是从 $\mathcal{H}$ 到 $\mathcal{A}$ 的 (单射) 局部微分同胚映射. 特别地, 由于 $\dim(\mathcal{H})=\dim(\mathcal{A})$, $\Phi(\mathcal{H})$ 在 $\mathcal{A}$ 是开的. 为完成证明 $\Phi(\mathcal{H})=\mathcal{A}$, 因为 $\mathcal{A}$ 是连通的, 只需证明在 $\mathcal{A}$ 中 $\Phi(\mathcal{H})$ 是闭的. 取一个在 $\mathcal{H}$ 的点序列 $\{h^{(i)}\}$, 从而 $\Phi(h^{(i)})$ 收敛到点 $a\in\mathcal{A}$. 我们断言 $a\in\Phi(\mathcal{H})$. 取一个子序列后, 我们假设 $\{h^{(i)}\}$ 收敛到 $[-\infty,\infty]^k$ 内的一个点. 我们首先证明 $\{h^{(i)}\}$ 在 $\mathbb{R}^n$ 中是有界集合. 如若不然, 有三种可能:

(a) 当 $i\to\infty$ 时, 对某些 j 有 $h_j^{(i)}\to-\infty$;

(b) 有两个指标 j_1 和 j_2, 从而 $\lim_{i\to\infty}h_{j_1}^{(i)}=\infty$ 和 $\{h_{j_2}^{(i)}\}$ 是有界的;

(c) 对所有指标 j, $\lim_{i\to\infty}h_j^{(i)}=\infty$.

情况 (a) 由于 $p_j \in \operatorname{int}(\operatorname{conv}(v_1, \cdots, v_m))$ 且 $h_j^{(i)}$ 是负的, 当 i 足够大, 对所有 x,

$$\langle x, p_j \rangle + h_j^{(i)} < \max\{\langle x, v_{j'} \rangle + g_\mu | \mu = 1, \cdots, m\}.$$

这说明当 i 足够大时, $W_j(h^{(i)}) = \emptyset$, 与假设 $\lim_i \Phi(h^{(i)}) = a \in \mathcal{A}$ 相矛盾.

情况 (b) $\{h_{j_2}^{(i)}\}$ 是有界的, 则 $W_{j_2}(h^{(i)})$ 位于紧集 B 中. 当 i 足够大时,

$$\langle x, p_{j_1} \rangle + h_{j_1}^{(i)} \geqslant \max\{\langle x, v_j \rangle + g_j, \langle x, p_{j_2} \rangle + h_{j_2}^{(i)}\}, \quad \forall x \in B.$$

这说明当 i 足够大时, $W_{j_2}(h^{(i)}) = \emptyset$, 与假设 $\lim_i \Phi(h^{(i)}) = a \in \mathcal{A}$ 相矛盾.

情况 (c) 因为对每个 j, $\lim_{i\to\infty} h_j^{(i)} = \infty$, 对任意的紧集 B, 有指标 i 使得 $B \subset \cup_{\mu=1}^k W_\mu(h^{(i)})$. 这说明体积和 $\sum_{\mu=1}^k \operatorname{vol}(W_\mu(h^{(i)}))$ 趋于无穷, 又与假设 $\lim_i \Phi(h^{(i)}) = a \in \mathcal{A}$ 相矛盾.

注意 $h^{(i)}$ 收敛于 $\mathbb{R}^n$ 内的一个点, 通过在 $\mathbb{R}^n$ 上将 $\mathbf{h}$ 映到 $(w_1(\mathbf{h}), \cdots, w_k(\mathbf{h}))$ 的映射的连续性, 可以看到 $\Phi(\mathbf{h}) = a$. 这证明了 $\mathbf{h} \in \mathcal{H}$ 和 $a \in \Phi(\mathcal{H})$, 即 $\Phi(\mathcal{H})$ 在 $\mathcal{A}$ 是闭的.

所以, 给定任意的 $(A_1, \cdots, A_n) \in \mathcal{A}$, 存在唯一的 $\mathbf{h} \in \mathcal{H}$ 使得 $\Phi(\mathbf{h}) = (A_1, \cdots, A_n)$. 令

$$u = \max\left\{\langle x, p_i \rangle + h_i | i = 1, \cdots, n+m\right\}$$

为 $\mathbb{R}^d$ 上的分片线性凸函数, 且 w 是其对偶. 由推论 5.1, 可以得出 w 的顶点恰好为 $\{v_i, p_j | i, j\}$, $w(v_i) = g_i$ 和 $w(p_j) = -h_j$, 从而在 p_i 处 w 的离散 Hesse 矩阵为 $w_i(\mathbf{h}) = A_i$. 此外, 由命题 5.1, w 在 Ω 上相关的凸细分有顶点集 $\{v_1, \cdots, v_n, p_1, \cdots, p_k\}$.

第三部分

球面最优传输

这一部分将最优传输理论推广到球面几何. 通过定义不同的球面传输代价函数, 引入球面广义 Legendre 变换, 将欧氏最优传输理论推广为球面最优传输理论. 我们给出球面 Alexandrov 定理的证明, 并证明反射镜和透射镜设计问题解的存在性和唯一性.

第六章 球面 power 图理论

6.1 曲面微分几何基本概念

正则曲面 假设 S 是由 C^2 映射 $\mathbf{r}:\Omega\to\mathbb{R}^3$ 表示的曲面, 这里 $\Omega\subset\mathbb{R}^2$ 是平面区域, 参数化为 $(u,v)\mapsto\mathbf{r}(u,v)$, 其中 $\mathbf{r}(u,v)=(x(u,v),y(u,v),z(u,v))$. 映射的偏导数为

$$\frac{\partial\mathbf{r}}{\partial u}=\left(\frac{\partial x}{\partial u},\frac{\partial y}{\partial u},\frac{\partial z}{\partial u}\right),\quad \frac{\partial\mathbf{r}}{\partial v}=\left(\frac{\partial x}{\partial v},\frac{\partial y}{\partial v},\frac{\partial z}{\partial v}\right),$$

令 $\mathbf{r}_u=\partial r/\partial u$, $\mathbf{r}_v=\partial r/\partial v$, 如果

$$\mathbf{r}_u\times\mathbf{r}_v\neq\mathbf{0},\quad \forall(u,v)\in\Omega,$$

我们说参数化 (u,v) 是正则的. 以下讨论中, 我们总假设参数化是正则的.

固定曲面上一点 $p=\mathbf{r}(u,v)$, 该点处的一个切向量定义成 $d\mathbf{r}=\mathbf{r}_u du+\mathbf{r}_v dv$, 所有的切向量构成切平面 T_pS. 切平面的法向量定义为

$$\mathbf{n}(u,v)=\frac{\mathbf{r}_u\times\mathbf{r}_v}{|\mathbf{r}_u\times\mathbf{r}_v|}.$$

曲面的 Gauss 映射 $\nu:S\to\mathbb{R}^2$ 将位置向量 $\mathbf{r}(u,v)$ 映到法向量 $\mathbf{n}(u,v)$ 上,

$$\nu(u,v)=\mathbf{n}(u,v).$$

曲面第一基本形式 我们定义曲面的第一基本形式,

$$E(u,v)=\langle\mathbf{r}_u,\mathbf{r}_u\rangle,\quad F(u,v)=\langle\mathbf{r}_u,\mathbf{r}_v\rangle,\quad G(u,v)=\langle\mathbf{r}_v,\mathbf{r}_v\rangle,$$

曲面的 Riemann 度量张量定义为

$$\mathbf{g}(u,v):=\begin{pmatrix}E(u,v) & F(u,v)\\ F(u,v) & G(u,v)\end{pmatrix}.$$

面积测度可以用度量来定义, 给定定义域 $A\subset\Omega$, 曲面区域 $\mathbf{r}(A)\subset S$, 那么 $\mathbf{r}(A)$ 的面积为

$$\mu_{\mathbf{g}}(A):=\int_A\sqrt{E(u,v)G(u,v)-F^2(u,v)}dudv.$$

曲面间的映射 假设 $\varphi:(S,\mathbf{g})\to(\Sigma,\mathbf{h})$ 是一个光滑映射, S 的局部参数为 (u,v), Σ 的局部参数为 (ξ,η). φ 有局部表示 $(x,y)\to(\xi,\eta)$, 映射的 Jacobi 矩阵为

$$D\varphi:=\begin{pmatrix}\partial\xi/\partial u & \partial\xi/\partial v\\ \partial\eta/\partial u & \partial\eta/\partial v\end{pmatrix}.$$

映射 φ 把 $\mathbf{h}$ 拉回到原曲面并诱导 (拉回) 度量,

$$\varphi^*\mathbf{h}=(D\varphi)^T\mathbf{h}D\varphi.$$

我们说: 若 $\mathbf{g}=\varphi^*\mathbf{h}$, 映射 φ 是等距的; 若有一个函数 $\lambda:S\to\mathbb{R}$, 满足 $e^{2\lambda}\mathbf{g}=\varphi^*\mathbf{h}$, 映射是共形的; 若 $\det(\mathbf{g})=\det(\varphi^*\mathbf{h})$, 映射是保面积的. 在一般情况下, 保面积意味着

$$\varphi_\#\mu_{\mathbf{g}}=\mu_{\mathbf{h}}.$$

特别地, 对任何 $B\subset\Sigma$, 我们有

$$\int_{\varphi^{-1}(B)}\det(\mathbf{g})(u,v)dudv=\int_B\det(\mathbf{h})(\xi,\eta)d\xi d\eta.$$

曲面第二基本形式 我们定义曲面的第二基本形式,

$$L(u,v)=-\langle\mathbf{r}_u,\mathbf{n}_u\rangle,\quad M(u,v)=-\langle\mathbf{r}_u,\mathbf{n}_v\rangle,\quad N(u,v)=-\langle\mathbf{r}_v,\mathbf{n}_v\rangle,$$

曲面的第二基本形式可以表示为

$$\mathrm{II}(u,v):=\begin{pmatrix}L(u,v) & M(u,v)\\ M(u,v) & N(u,v)\end{pmatrix}.$$

假设 $\gamma:[0,1]\to S$ 是曲面上的一条曲线, Gauss 映射将 γ 映成球面上的一条曲线 $\nu(\gamma(t))$. 假设在时刻 0, $\gamma(0)=p$, Gauss 映射的导映射将 γ 的速度向量映射到 $\nu\circ\gamma$ 的速度向量:

$$D_p\nu:T_pS\to T_{\nu(p)}\mathbb{S}^2,\quad \frac{d}{dt}\gamma(t)\big|_{t=0}\mapsto\frac{d}{dt}\nu\circ\gamma(t)\big|_{t=0}.$$

我们定义曲面的 Weingarten 映射为

$$\mathcal{W}_p:=-D_p\nu:T_pS\to T_p\mathbb{S}^2.$$

Weingarten 映射可以被视为 T_pS 的线性自同胚, 其特征根称为曲面的主曲率, 特征方向为曲面的主方向, 其行列式的值称为曲面在 p 点的 Gauss

曲率,

$$K(p) := \det(\mathcal{W}_p), \quad \forall p \in S.$$

Weingarten 映射可以由第一和第二基本形式来表示,

$$\mathcal{W}_p = \begin{pmatrix} E & F \\ F & G \end{pmatrix}^{-1} \begin{pmatrix} L & M \\ M & N \end{pmatrix}.$$

由此, 曲面的 Gauss 曲率具有计算公式

$$K = \frac{LN - M^2}{EG - F^2}. \tag{6.1}$$

Gauss-Bonnet 定理 根据 Gauss 绝妙定理, 虽然 Gauss 曲率的原始定义依赖于第一和第二基本形式, 但是本质上 Gauss 曲率由第一基本形式决定. 我们可以取一种特殊的正则参数化——等温参数, 第一基本形式具有表示

$$\mathbf{g} = e^{2\lambda(u,v)}(du^2 + dv^2),$$

这里函数 $\lambda : S \to \mathbb{R}$ 称为共形因子. 在等温参数下, Gauss 曲率为

$$K(u,v) = -\frac{1}{e^{2\lambda}}\Delta\lambda = -\frac{1}{e^{2\lambda(u,v)}}\left(\frac{\partial^2}{\partial u^2} + \frac{\partial^2}{\partial v^2}\right)\lambda(u,v).$$

给定曲面上的一条曲线 $\gamma : [0,1] \to S$, 曲线在参数平面上的表示为 $\tilde{\gamma}(t) = (u(t), v(t))$, 平面曲线 $\tilde{\gamma}$ 的曲率定义为

$$k(t) := \frac{\dot{u}\ddot{v} - \dot{v}\ddot{u}}{(\dot{u}^2 + \dot{v}^2)^{\frac{3}{2}}}.$$

则曲面上曲线 γ 的测地曲率等于

$$k_{\mathbf{g}} = e^{-\lambda}(k - \partial_n \lambda),$$

这里 k 是参数平面上 $\tilde{\gamma}$ 的曲率, n 是 $\tilde{\gamma}$ 的平面外法向量. 如果曲面上曲线 γ 的测地曲率恒为零, $k_{\mathbf{g}} \equiv 0$, 则曲线称为曲面上的测地线.

Gauss-Bonnet 定理表明曲面的总 Gauss 曲率实际上是一个拓扑不变量.

定理 6.1 假设 $\Omega \subset S$ 是曲面上的一个子集, 具有分片光滑边界 $\partial\Omega$,

$$\partial\Omega = \gamma_0 \cup \gamma_1 \cdots \cup \gamma_k,$$

在角点处边界切向量的外角是 $\theta_0, \theta_1, \cdots, \theta_k$, 那么

$$\int_\Omega K d\mu_{\mathbf{g}} + \int_{\partial\Omega} k_g(s) ds + \sum_{i=0}^{k} \theta_i = 2\pi\chi(\Omega), \tag{6.2}$$

这里 $\chi(\Omega)$ 是 Ω 的 Euler 特征数. ♦

6.2 球面微分几何

考虑单位球面 $\mathbb{S}^2$,

$$\mathbb{S}^2 := \{(x, y, z) \in \mathbb{R}^3 : x^2 + y^2 + z^2 = 1\}.$$

我们取一个正则参数化 (φ, θ),

$$\mathbf{r}(\varphi, \theta) = (\cos\varphi\cos\theta, \sin\varphi\cos\theta, \sin\theta), \tag{6.3}$$

得到典范切向量场,

$$\mathbf{r}_\varphi = (-\cos\theta\sin\varphi, \cos\theta\cos\varphi, 0),$$

$$\mathbf{r}_\theta = (-\sin\theta\cos\varphi, -\sin\theta\sin\varphi, -\cos\theta),$$

然后第一基本形式如下给出

$$E = \langle r_\varphi, r_\varphi \rangle = \cos^2\theta, \quad F = \langle r_\theta, r_\varphi \rangle = 0, \quad G = \langle r_\theta, r_\theta \rangle = 1, \tag{6.4}$$

即球面的第一基本形式为 $\cos^2\theta d\varphi^2 + d\theta^2$, 曲面的面元为 $d\mu_{\mathbf{g}} = \cos\theta d\varphi d\theta$.

定义 6.1 (球面测地线) 球面 $\mathbb{S}^2$ 的一个大圆, 是 $\mathbb{S}^2$ 与一个通过圆心的平面的交线. 球面测地线是 $\mathbb{S}^2$ 上某个大圆的一部分. 两个点 $p, q \in \mathbb{S}^2$ 在球面上的测地距离是连接它们的最短测地线长度: $d(p, q) = \cos^{-1}\langle p, q \rangle$. ♦

定义 6.2 (球面测地圆) 给定球面上的一点 $p_i \in \mathbb{S}^2$ 和正数 $0 \leqslant r_i \leqslant \pi/2$, 一个测地圆 c_i 由

$$c_i = \{p \in \mathbb{S}^2 \mid d(p, p_i) = r_i\}$$

来定义, 其中 p_i 为圆心, r_i 为半径. ♦

引理 6.1 (球面三角形面积) 如图 6.1 所示, 考虑在 $\mathbb{S}^2$ 上的一个球面三角形 $\triangle$, 其顶点为 A, B, C, 三条边为测地线段. 令 A, B, C 也表示测

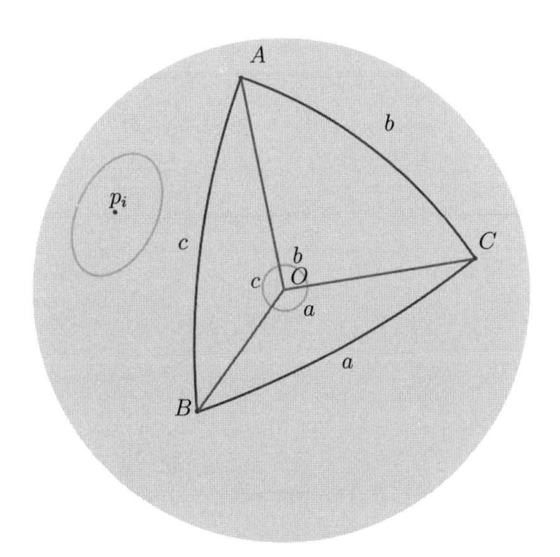

图 6.1 单位球面上的测地三角形和测地圆.

地边在顶点 A, B, C 处的相交角度, 即三角形的内角. 由 Gauss-Bonnet 定理, 球面上三角形面积为

$$\mu_{\mathbf{g}}(\triangle) = A + B + C - \pi. \quad \blacklozenge \tag{6.5}$$

证明 由 Gauss-Bonnet 定理的公式 (6.2), 我们有

$$\int_{\Delta} K d\mu_{\mathbf{g}} + \int_{\partial\Delta} k_{\mathbf{g}} ds + (\pi - A) + (\pi - B) + (\pi - C) = 2\pi\chi(\Delta),$$

因为球面 Gauss 曲率 K 恒为 1, 球面三角形边上测地曲率恒为 0, 三角形的 Euler 示性数为 $\chi(\Delta) = 1$, 我们得到球面三角形面积公式 (6.5). ■

令 a, b, c 是测地边相对于球心张成的球心角, 同时 a, b, c 也给出了三条边的测地距离, 则我们有球面余弦定律 (spherical cosine law)

$$\cos c = \cos a \cos b + \sin a \sin b \cos C \tag{6.6}$$

和球面正弦定律 (spherical sine law)

$$\frac{\sin a}{\sin A} = \frac{\sin b}{\sin B} = \frac{\sin c}{\sin C}. \tag{6.7}$$

对于直角三角形, 设在顶点 C 的内角是 $\pi/2$, 则球面直角三角形的面积为

$$\mu_{\mathbf{g}}(\triangle) = A + B - \pi/2.$$

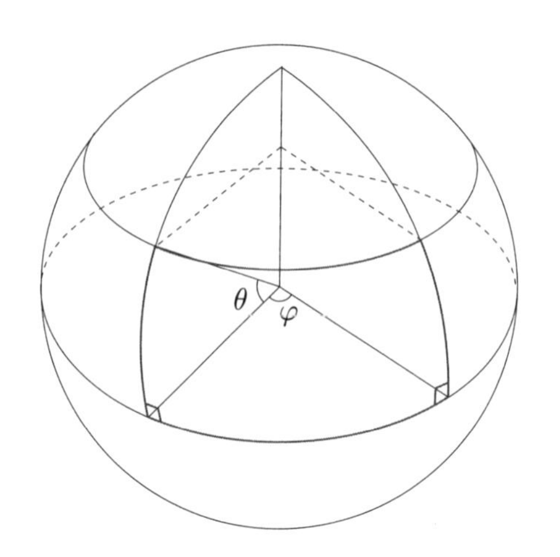

图 6.2 球面四边形.

球面直角三角形的边长和内角有如下关系

$$\cos c = \cos a \cos b. \tag{6.8}$$

引理 6.2 (球面四边形面积) 如图 6.2 所示, 球面四边形底边为赤道, 侧边与底边垂直, 则其面积等于 $\varphi \sin \theta$. ♦

证明 我们应用单位球面的 (φ, θ) 正则参数化 (6.3), 则球面的面积元由 $\cos \theta d\theta d\varphi$ 给出. 球面四边形的面积为

$$\int_0^{\varphi} \int_0^{\theta} \cos \eta d\eta d\xi = \varphi \sin \theta.$$ ■

6.3 球面 power 图

球面 power 图 给定一族球面测地圆 $\mathcal{C} = \{c_1, c_2, \cdots, c_k\}$, $\mathcal{C} \subset \mathbb{S}^2$, 这里 c_i 是一个球面测地圆, 圆心为 p_i, 半径为 r_i. 如图 6.3 所示, 类似于欧氏 power 距离, 我们可以定义球面 power 距离.

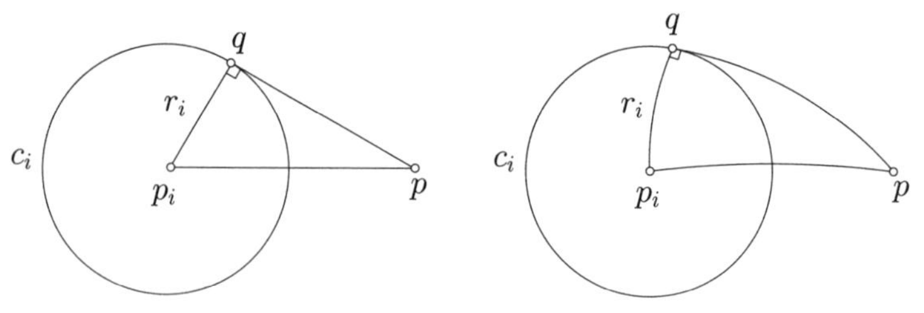

图 6.3 Euclid power 距离 (左) 和球面 power 距离 (右) 的几何解释.

定义 6.3 (球面 power 距离) 给定一个球面测地圆 $c_i(p_i, r_i)$ 和点 $p \in \mathbb{S}^2$, 由 p 出发的测地线与 c_i 相切于 q 点, 则 p 和 c_i 间的球面 power 距离为

$$\mathrm{pow}(p, c_i) = \cos d_{\mathbb{S}^2}(p, q).$$

根据球面直角三角形的余弦定律 (6.8),

$$\mathrm{pow}(p, c_i) = \frac{\cos d(p, p_i)}{\cos r_i} = \frac{\langle p, p_i \rangle}{\cos r_i},$$

其中 $\langle \cdot, \cdot \rangle$ 是欧氏点积. ♦

根据球面上的余弦定理, $\mathrm{pow}(p, c_i) = \cos d(p, q) / \cos r_i$. 如图 6.3 所示, 当 p 在圆 c_i 之外时, $\mathrm{pow}(p, c_i)$ 测量了过 p 点、与圆 c_i 相切的测地线段的长度. 当点 p 在圆 c_i 的内部时, power 距离的定义是一致的. 此时, 我们有 $\mathrm{pow}(p, c_i) > 1$, power 距离不能像 p 在 c_i 之外的情形简单直观地表示. 为方便起见, 当圆由 $\{(p_i, r_i)\}$ 给出时, 我们用 $\mathrm{pow}(p, p_i)$ 来表示 $\mathrm{pow}(p, c_i)$.

如图 6.4 所示, 球面上的 power 图可以如下定义.

定义 6.4 (球面 power 图) 给定单位球面上的一族测地圆 $\mathcal{C} = \{(p_i, r_i)\}, i = 1, 2, \cdots k$, 球面 power 图 (spherical power diagram) 是球面

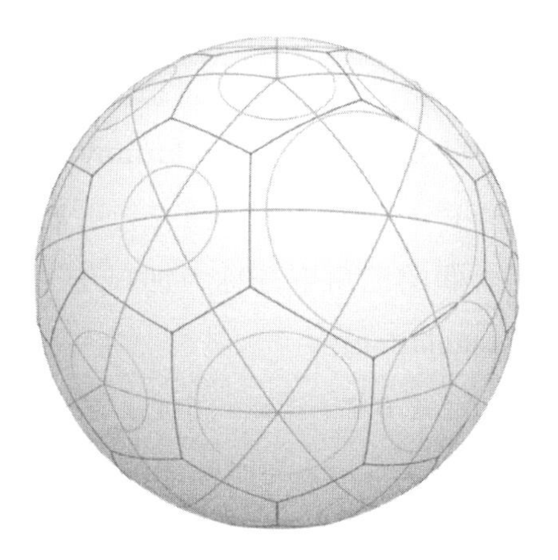

图 6.4 球面 power 图. 绿色的圆圈表示测地圆, 粉色的框图表示 power 图, 蓝色的框图表示球面上的加权 Delaunay 三角剖分, 蓝线与粉线彼此正交.

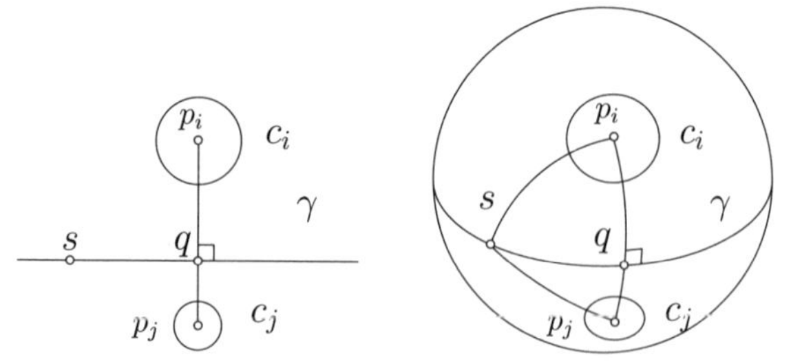

图 6.5 欧氏 (左) 与球面 (右) 等 power 距离轨迹 $\mathrm{LB}(c_i, c_j)$.

的胞腔分解

$$\mathbb{S}^2 = \bigcup_{i=1}^{k} W_i(\mathcal{C}),$$

其中每个球面的 power 胞腔定义为

$$W_i(\mathcal{C}) := \left\{p \in \mathbb{S}^2 | \operatorname{pow}(p, p_i) \leqslant \operatorname{pow}(p, p_j),\ \forall j = 1, \cdots, k\right\}. \quad \blacklozenge$$

定义 6.5 (Laguerre 等分线) 如图 6.5 所示, 给定两个球面测地圆 c_i 和 c_j, 其中心为 p_i 和 p_j, γ 是等 power 距离线, 即 Laguerre 等分线,

$$\mathrm{LB}(c_i, c_j) = \{p \in \mathbb{S}^2 | \operatorname{pow}(p, p_i) = \operatorname{pow}(p, p_j)\},$$

若 $p \in \mathrm{LB}(c_i, c_j)$, 则 p 满足

$$\frac{\langle p, p_i\rangle}{\cos r_i} = \frac{\langle p, p_j\rangle}{\cos r_j}. \quad \blacklozenge \tag{6.9}$$

如图 6.4 所示, Laguerre 等分线 $\mathrm{LB}(c_i, c_j)$ 是测地线, 垂直于经过 p_i 和 p_j 的测地线. $\mathbb{S}^2$ 被这些等分线剖分, 得到球面 power 图.

定义 6.6 (加权 Delaunay 三角剖分) 给定单位球面上的一族测地圆 $\mathcal{C} = \{(p_i, r_i)\}, i = 1, 2, \cdots, k$, 以测地圆中心为顶点、与球面 power 图对偶的三角剖分称为加权 Delaunay 三角剖分 (weighted Delaunay triangulation). ♦

定义 6.7 (power 中心) 如图 6.6 所示, 给定球面三角形 $\triangle p_i p_j p_k$, 其中 p_i, p_j 和 p_k 为顶点, 相应的顶点测地圆半径为 r_i, r_j 和 r_k. o 是三角形的 power 中心, 如果它到三个顶点的 power 距离相等,

$$\operatorname{pow}(o, p_i) = \operatorname{pow}(o, p_j) = \operatorname{pow}(o, p_k) = \cos R_{ijk}, \tag{6.10}$$

这里 R_{ijk} 称为三角形的 power 半径 (power radius). ♦

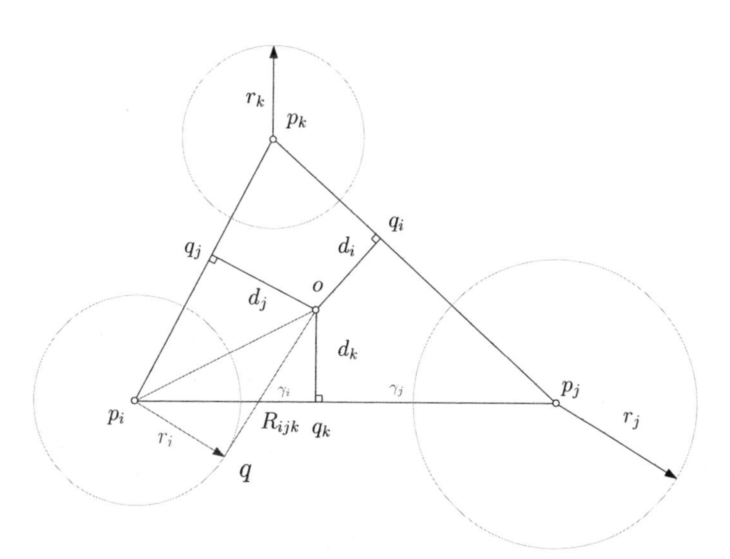

图 6.6 一个球面加权 Delaunay 三角形和其内部对偶 power 图的边以及 power 半径.

通过 power 中心画出垂直于三条边的测地线, 垂足分别为 q_i, q_j, q_k. 从 power 中心到垂足的测地距离为 d_i, d_j 和 d_k.

引理 6.3 如图 6.6 所示, 一个加权 Delaunay 三角形, 则其 power 半径由下式给出:

$$\cos R_{ijk} = \frac{\cos d_k \cos d(p_i, q_k)}{\cos r_i} = \frac{\cos d_k \cos d(p_j, q_k)}{\cos r_j}. \quad \blacklozenge \tag{6.11}$$

证明 对球面直角三角形 $[p_i, q_k, o]$ 应用球面余弦定理,

$$\cos d(o, p_i) = \cos d(p_i, q_k) \cos d_k.$$

在直角三角形 $[p_i, q, o]$ 中, 我们有

$$\cos d(o, p_i) = \cos d(p_i, q) \cos d(o, q) = \cos r_i \cos R_{ijk}.$$

结合这两个等式, 我们得到

$$\cos R_{ijk} = \cos d_k \cos d(p_i, q_k) / \cos r_i,$$

同理得到

$$\cos R_{ijk} = \cos d_k \cos d(p_j, q_k) / \cos r_j. \quad \blacksquare$$

球面 power 图的微分对称性 如图 6.7 所示, 球面 power Voronoi 图依赖于半径的变化而变化, 这里我们求胞腔面积关于半径的偏导数.

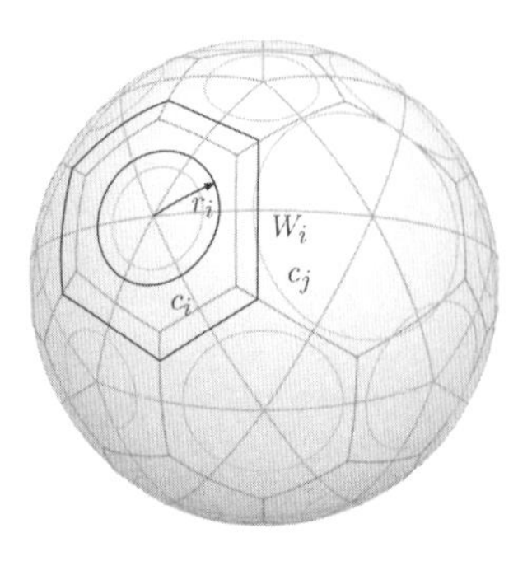

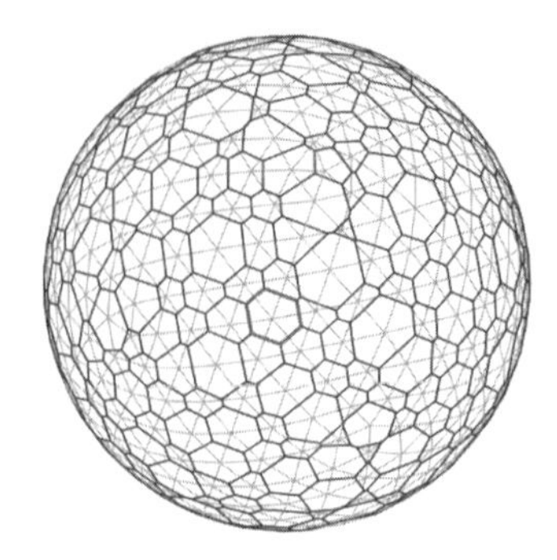
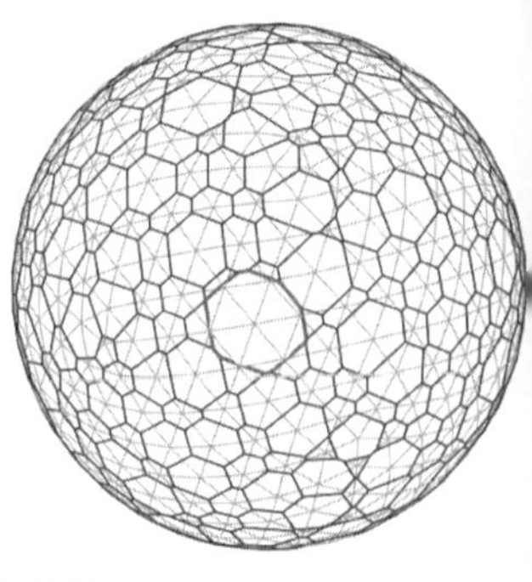

图 6.7 一个球面 power 图的变化, 胞腔 W_i 通过增加 r_i 来扩大. 左: 增加 r_i; 中: 之前; 右: 之后.

引理 6.4 (对称偏导数) 一个加权 Delaunay 三角形如图 6.6 所示, 那么下面的偏导数等式成立:

$$\begin{cases} \dfrac{d\gamma_i}{dh_j} = -\dfrac{\cos^2 R_{ijk}}{\sin\gamma_{ij}\cos^2 d_k}\cos r_i \cos r_j, \\ \dfrac{d\gamma_i}{dh_j} = \dfrac{d\gamma_j}{dh_i}, \end{cases} \tag{6.12}$$

其中

$$h_i = -\log\cos r_i, \quad h_j = -\log\cos r_j, \quad h_k = -\log\cos r_k.$$

并且 $\gamma_i = d_{\mathbb{S}^2}(p_i, q_k)$, $\gamma_j = d_{\mathbb{S}^2}(p_j, q_k)$ 和 $\gamma_{ij} = \gamma_i + \gamma_j$. ♦

证明 因为 q_k 在 power 距离等分线上, 我们可以直接代入公式 (6.9), 从而得到等式

$$\begin{cases} \gamma_i + \gamma_j = \gamma_{ij}, \\ \cos\gamma_i e^{h_i} = \cos\gamma_j e^{h_j}. \end{cases} \tag{6.13}$$

由 $\gamma_i = \gamma_{ij} - \gamma_j$, 我们得到

$$\cos(\gamma_{ij} - \gamma_j)e^{h_i} = \cos\gamma_j e^{h_j},$$

$$(\cos\gamma_{ij}\cos\gamma_j + \sin\gamma_{ij}\sin\gamma_j)e^{h_i} = \cos\gamma_j e^{h_j},$$

这表明

$$\tan\gamma_j = \frac{1}{\sin\gamma_{ij}}(e^{h_j - h_i} - \cos\gamma_{ij}).$$

求导数, 我们得到

$$\frac{d\tan\gamma_j}{dh_i} = \frac{d\tan\gamma_j}{d\gamma_j}\frac{d\gamma_j}{dh_i} = \frac{1}{\cos^2\gamma_j}\frac{d\gamma_j}{dh_i},$$

因此

$$\frac{d\gamma_j}{dh_i} = \cos^2\gamma_j \frac{d\tan\gamma_j}{dh_i} = \cos^2\gamma_j\left(-\frac{1}{\sin\gamma_{ij}}e^{h_j-h_i}\right)$$
$$= -\frac{1}{\sin\gamma_{ij}}e^{-h_i-h_j}(\cos\gamma_j e^{h_j})^2.$$

因为 $\cos r_i = e^{-h_i}$ 和 $\cos r_j = e^{-h_j}$, 由引理 6.3, 我们得到

$$\cos R_{ijk} = \frac{\cos d_k \cos\gamma_j}{\cos r_j},$$
$$\frac{d\gamma_j}{dh_i} = -\frac{1}{\sin\gamma_{ij}}\cos r_i \cos r_j\left(\frac{\cos R_{ijk}}{\cos d_k}\right)^2.$$

此公式关于角标 i, j 对称, 由此我们得到公式 (6.12) 中的第二个等式. ■

引理 6.5 如图 6.8 所示, 令 $w_j^{ik} := \text{area}(W_j \cap \triangle p_i p_j p_k)$, 则 w_j^{ik} 关于 $h_i = -\ln\cos r_i$ 的偏导数为

$$\frac{\partial}{\partial h_i}w_j^{ik} = -\frac{\cos R_{ijk}^2 \sin d_k}{\sin\gamma_{ij}\cos^2 d_k}\cos r_i \cos r_j, \tag{6.14}$$

其中 R_{ijk} 是三角形 $\triangle p_i p_j p_k$ 的 power 半径, $\gamma_{ij} = \gamma_i + \gamma_j$. ♦

证明 如图 6.8 所示, 我们改变 h_i 到 $h_i + \delta h_i$, γ_j 压缩到 $\gamma_j - \delta\gamma_j$, 则 power 中心从 o 移到 o_1. W_j 的变化区域表示成一个球面四边形和一个高阶无穷小的三角形. 由球面四边形区域公式 (6.12) 和引理 6.2, 球面四边形的面积 (蓝色) 表示为

$$\sin d_k \delta\gamma_j = -\sin d_k \frac{\cos R_{ijk}^2}{\sin\gamma_{ij}\cos^2 d_k}\cos r_i \cos r_j \delta h_i, \tag{6.15}$$

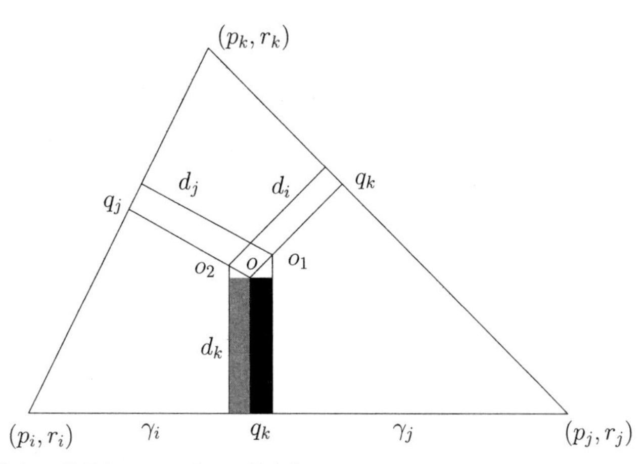

图 6.8 单独修改 r_i 将导致 w_i, w_j 和 w_k 的变化.

彩 图

则我们证明了等式 (6.14). 等式关于指标 i 和 j 是对称的, 因此我们得到

$$\frac{\partial}{\partial h_i} w_j^{ik} = \frac{\partial}{\partial h_j} w_i^{jk}. \qquad \blacksquare$$

引理 6.6 如图 6.8 所示, 令 $w_j^{ik} := \text{area}(W_j \cap \triangle p_i p_j p_k)$, 则 w_j^{ik} 关于 $h_i = -\ln\cos r_i$ 的偏导数为

$$\frac{\partial}{\partial h_i} w_j^{ik} = -\frac{\sin d_k}{\tan\gamma_i + \tan\gamma_j}. \quad \blacklozenge \tag{6.16}$$

证明 由公式 (6.14), 我们得到

$$\frac{\partial}{\partial h_i} w_j^{ik} = -\frac{\cos R_{ijk}^2 \sin d_k}{\sin\gamma_{ij}\cos^2 d_k}\cos r_i \cos r_j,$$

由公式 (6.11), 我们有

$$\cos R_{ijk} = \frac{\cos d_k \cos\gamma_i}{\cos r_i} = \frac{\cos d_k \cos\gamma_j}{\cos r_j},$$

代入右侧,

$$\begin{aligned}
\frac{\partial}{\partial h_i} w_j^{ik} &= -\frac{\cos R_{ijk}^2 \sin d_k}{\sin\gamma_{ij}\cos^2 d_k}\cos r_i \cos r_j \\
&= -\frac{\cos d_k \cos\gamma_i}{\cos r_i}\frac{\cos d_k \cos\gamma_j}{\cos r_j}\frac{\sin d_k \cos r_i \cos r_j}{\sin\gamma_{ij}\cos^2 d_k} \\
&= -\sin d_k \frac{\cos\gamma_i\cos\gamma_j}{\sin(\gamma_i+\gamma_j)} \\
&= -\sin d_k \frac{\cos\gamma_i\cos\gamma_j}{\sin\gamma_i\cos\gamma_j + \sin\gamma_j\cos\gamma_i} \\
&= -\frac{\sin d_k}{\tan\gamma_i + \tan\gamma_j}.
\end{aligned} \qquad \blacksquare$$

由此, 我们得到关于球面 power 胞腔面积关于 power 对数偏导数的对称性关系 (图 6.9).

定理 6.2 (球面 power 图的微分对称性) 如图 6.9 所示构造球面 power 图, 则胞腔面积的偏导数满足对称关系:

$$\frac{\partial w_i}{\partial h_j} = \frac{\partial w_j}{\partial h_i} = -\frac{\sin d_k + \sin d_l}{\tan d_i + \tan d_j}, \tag{6.17}$$

$$\frac{\partial w_i}{\partial h_i} = -\sum_{j\neq i}\frac{\partial w_i}{\partial h_j}. \quad \blacklozenge \tag{6.18}$$

证明 由公式 (6.16), 将 γ_i, γ_j 用 d_i, d_j 替换, 我们结合

$$\frac{\partial w_i}{\partial h_i} = \frac{\partial w_i^{jk}}{\partial h_i} + \frac{\partial w_i^{lj}}{\partial h_i}$$

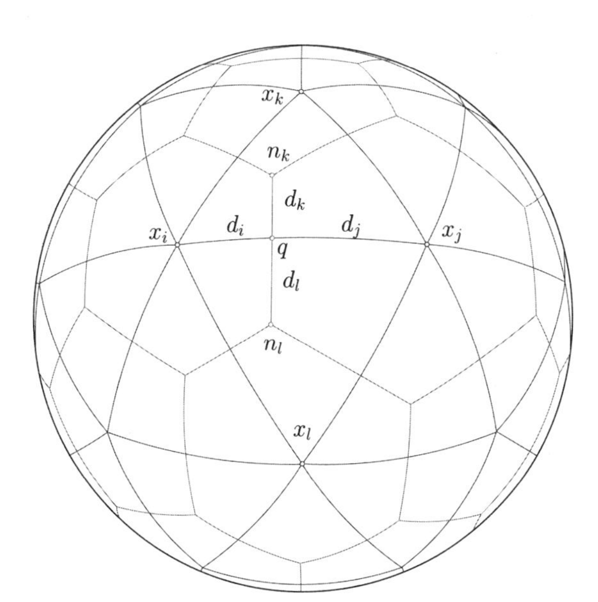

彩 图

图 6.9 球面 power 胞腔面积关于 power 对数偏导数的对称性.

得到公式 (6.17). 因为球面总面积是常数 4π, 故 $\partial \sum_j w_j/\partial h_i = 0$, 由对称性 $\partial w_i/\partial h_j = \partial w_j/\partial h_i$, 我们得到等式 (6.18). ■

第七章 Minkowski I 问题

本章介绍求解 $\mathbb{R}^3$ 中 Minkowski I 问题的计算方法 [26]. 我们首先将第四章 Minkowski-Alexandrov 理论中的一般概念在 $\mathbb{R}^3$ 中重新定义.

7.1 球面的 Legendre 对偶

连续球面 Legendre 对偶 给定一个凸曲面, 我们经过平移将原点移到曲面内部, 这时凸曲面可以用球面极坐标来表示, 我们得到凸曲面的径向图.

定义 7.1 (径向图) 假设 $\rho : \mathbb{S}^2 \to \mathbb{R}_+$ 是定义在球面上的函数, 则其径向图 (radial graph) 定义为

$$\Gamma(\rho) := \{x\rho(x) | x \in \mathbb{S}^2\} \subset \mathbb{R}^3,$$

也记为 S_ρ. ♦

定义 7.2 (径向表示) 假设 S 是 $\mathbb{R}^3$ 上的一个凸曲面, 如果存在一个函数 $\rho : \mathbb{S}^2 \to \mathbb{R}_+$, 满足 $S = \Gamma(\rho)$, 则我们说 ρ 是 S 的一个径向表示. ♦

例如, 具有法向量 y 和高度 h 的平面具有径向表示

$$\pi : \mathbb{S}^2 \to \mathbb{R}_+, \quad \pi(x) = \frac{h}{\langle y, x \rangle},$$

其中 h 是原点到平面的距离, 并称为平面的高.

定义 7.3 (球面的 Legendre 对偶) 假设 $\rho : \mathbb{S}^2 \to \mathbb{R}_+$ 是一个正的球面函数, 其球面 Legendre 对偶是一个球面函数, $\rho^* : \mathbb{S}^2 \to \mathbb{R}_+$, 定义为

$$\rho^*(y) := \sup_{x \in \mathbb{S}^2} \rho(x)\langle x, y \rangle. \quad ♦ \tag{7.1}$$

S_ρ 的球面 Legendre 对偶是其支撑平面的集合,

$$\{\rho^*(y) : \mathbb{S}^2 \to \mathbb{R}_+ | \rho^*(y)/\langle z, y \rangle \text{ 是 } S_\rho \text{ 的支撑平面}\},$$

其径向表示 S_{ρ^*} 也是一个凸曲面. S_ρ 和 S_{ρ^*} 彼此相互决定. 如图 7.1 左帧所示, 球面 Legendre 对偶的几何意义可以解释如下. 假设 S_ρ 是 $\mathbb{R}^3$ 中

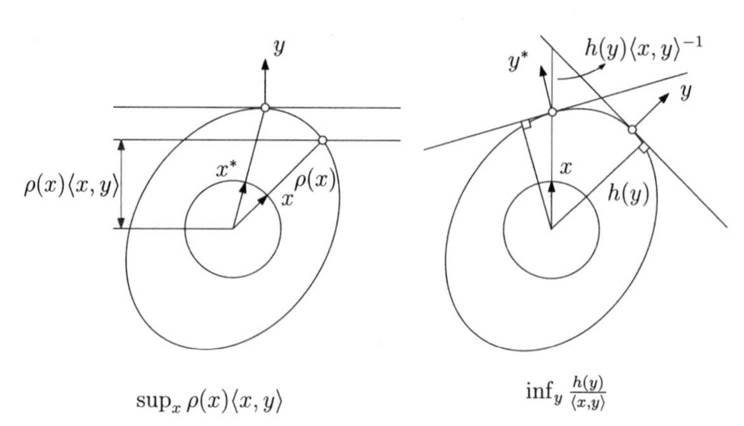

彩 图

图 7.1 球面的 Legendre 对偶, $\rho^*(y)=\sup_{x\in\mathbb{S}^{d-1}}\rho(x)\langle x,y\rangle$, $\rho(x)=\inf_{y\in\mathbb{S}^{d-1}}\rho^*(y)/\langle x,y\rangle$.

的一个凸曲面, 径向表示为 ρ. 如果我们固定一个方向 $y\in\mathbb{S}^2$, 则存在唯一的平面支撑 S_ρ 以 y 为法向量, 高为 $\rho^*(y)$. 假设支撑平面 $\rho^*(y)/\langle y,x\rangle$ 与 S_ρ 交于 $\rho(x)x$, 则

$$\rho^*(y)=\rho(x)\langle x,y\rangle. \tag{7.2}$$

对于任何没有接触到支撑平面的点 $\tilde{x}\rho(\tilde{x})$, 我们有 $\rho^*(y)>\rho(\tilde{x})\langle\tilde{x},y\rangle$.

相反地, 如图 7.1 右帧所示, 在 $\mathbb{S}^2$ 上固定一个点 x, 从原点出发、方向为 x 的射线与所有支撑面都相交. 从原点到交点的最短距离是 $\rho(x)$, 即

$$\rho(x)=\inf_{y\in\mathbb{S}^2}\frac{\rho^*(y)}{\langle x,y\rangle}. \tag{7.3}$$

类似地, 等式成立当且仅当支撑平面 $\rho^*(y)/\langle x,y\rangle$ 在 $x\rho(x)$ 处与曲面 S_ρ 相切.

定义 7.4 (次法向) 给定一个凸曲面 S_ρ 径向表示为 $\rho:\mathbb{S}^2\to\mathbb{R}_+$, 固定一个点 $x\in\mathbb{S}^2$, 在 x 点的次法向 (subnormal) 定义为

$$\partial\rho(x):=\left\{y\in\mathbb{S}^2|\rho(x)\langle x,y\rangle\geqslant\rho(\xi)\langle\xi,y\rangle,\quad\forall\xi\in\mathbb{S}^2\right\},$$

即凸曲面 S_ρ 在点 $x\rho(x)$ 处的支撑平面法向集合. ♦

定义 7.5 (Gauss 曲率测度) 假设一个凸曲面 S_ρ 具有径向表示 $\rho:\mathbb{S}^2\to\mathbb{R}_+$. 次法向映射 (subnormal map) $\partial\rho$ 是一个集值映射 (set-valued map),

$$\partial\rho:\mathbb{S}^2\to\mathbb{S}^2,\quad x\mapsto\partial\rho(x),$$

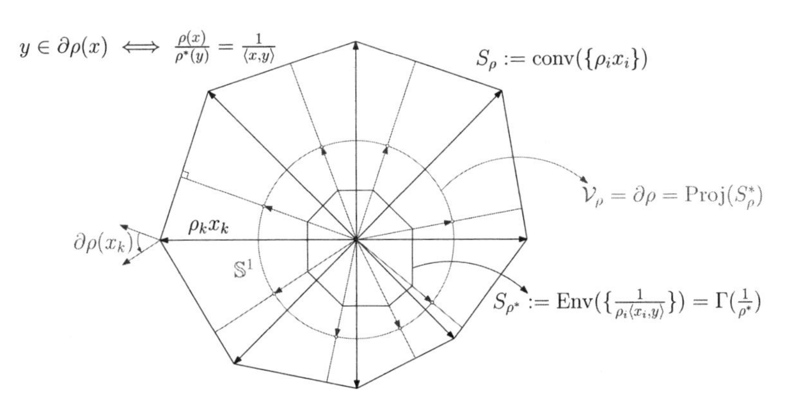

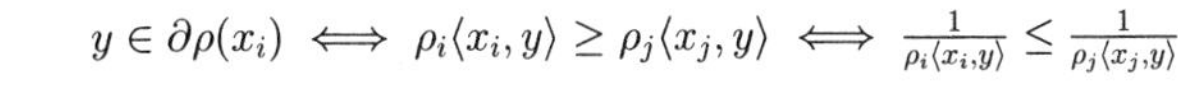

图 7.2 球面 Legendre 对偶的几何意义.

由 $\partial\rho$ 诱导的拉回测度称为 Gauss 曲率测度 (Gaussian curvature measure), 记作 μ_ρ. 对任何可测集合 $\Omega \subset \mathbb{S}^2$,

$$\mu_\rho(\Omega) = \mathcal{H}(\partial\rho(\Omega)), \tag{7.4}$$

这里 $\mathcal{H}(\cdot)$ 是球面的 Hausdorff 测度. ♦

离散球面 Legendre 对偶 如图 7.2 所示, 假设 $\rho : \mathbb{S}^2 \to \mathbb{R}_+$ 是一个离散函数 $\rho(x) = \sum_{i=1}^k \rho_i\delta(x - x_i)$. ρ 的径向图是 $\{\rho_i x_i\}$ 的凸包,

$$S_\rho = \mathrm{conv}(\{\rho_1 x_1, \rho_2 x_2, \cdots, \rho_k x_k\}). \tag{7.5}$$

球面 Legendre 对偶 $\rho^* : \mathbb{S}^2 \to \mathbb{R}_+$ 是个连续函数, 由连续的球面对偶公式 (7.1), 我们有

$$\rho^*(y) := \max_{i=1}^{k} \rho_i\langle x_i, y\rangle, \tag{7.6}$$

或者等价地,

$$\frac{1}{\rho^*(y)} = \min_{i=1}^{k} \frac{1}{\rho_i}\frac{1}{\langle x_i, y\rangle}, \tag{7.7}$$

我们将 $1/\rho^* : \mathbb{S}^2 \to \mathbb{R}_+$ 视作一个球面函数, 则 $1/\rho^*(y)$ 的球面图是一个凸多面体, 是平面族的球面包络. 每个 x_i 对应着一个平面

$$\pi^i_\rho(y) = \frac{1}{\rho_i\langle x_i, y\rangle}, \tag{7.8}$$

平面族的球面包络的定义如下.

定义 7.6 (球面包络) 给定球面上的函数 $f_1, \cdots, f_k : \mathbb{S}^2 \to \mathbb{R}_+$, 函

数 $f_1, \cdots, f_k$ 的包络是下面函数的图像

$$f(y) = \min\{f_1(y), f_2(y), \cdots, f_k(y)\},$$

即

$$\operatorname{env}(f_1, \cdots, f_k) = \Gamma(f),$$

则平面族 $\{\pi_\rho^i\}$ 的球面包络 (spherical envelope) 由下式给出

$$\begin{aligned} S_{\rho^*} :=&\ \operatorname{env}\left(\pi_\rho^1, \pi_\rho^2, \cdots, \pi_\rho^k\right) \\ =&\ \Gamma\left(\min\left\{\pi_\rho^1, \cdots, \pi_\rho^k\right\}\right) = \Gamma\left(\frac{1}{\rho^*}\right). \quad \blacklozenge \end{aligned} \tag{7.9}$$

次法向映射诱导了球面的一个胞腔分解. 凸多面体 S_ρ 每个面的次法向是一个单点, S_ρ 每个顶点的次法向是一个球面凸多边形, 所有这些凸多边形构成了球面的一个胞腔分解.

定义 7.7 (次法向胞腔分解) 给定一个凸多面体曲面 S_ρ 具有球面径向表示 $\rho = \sum_i^k \rho_i \delta(x - x_i)$, S_ρ 的次法向映射诱导了球面胞腔分解:

$$\mathbb{S}^2 = \bigcup_{i=1}^k \partial\rho(x_i). \quad \blacklozenge \tag{7.10}$$

定义 7.8 (中心投影胞腔分解) 给定一个凸多面体曲面 S_ρ 具有球面径向表示 $\rho = \sum_i^k \rho_i \delta(x - x_i)$, 球面 Legendre 对偶是 ρ^*, S_{ρ^*} 的中心投影诱导了球面胞腔分解

$$\mathbb{S}^2 = \bigcup_{i=1}^k W_i(\rho), \quad W_i(\rho) := \left\{y \in \mathbb{S}^2 | \pi_\rho^i(y) \leqslant \pi_\rho^j(y),\ \forall j\ \right\}. \tag{7.11}$$

$W_i(\rho)$ 的面积记为 $w_i(\rho)$. $\blacklozenge$

命题 7.1 给定一个凸多面体曲面 S_ρ 具有球面表示 $\rho = \sum_i^k \rho_i \delta(x - x_i)$, 其 Legendre 对偶是 ρ^*. S_ρ 的次法向胞腔分解 (7.10) 与 S_{ρ^*} 的中心投影胞腔分解 (7.11) 相同. 因此, 这个球面胞腔分解可以表示为 $\mathcal{D}_\rho$. $\blacklozenge$

证明 由 (7.10) 和 (7.11), 我们有 $\forall y \in \mathbb{S}^2$,

$$\begin{aligned} y \in \partial\rho(x_i) \iff&\ \rho_i\langle x_i, y\rangle \geqslant \rho_j\langle x_j, y\rangle, \quad \forall j \\ \iff&\ \frac{1}{\rho_i\langle x_i, y\rangle} \leqslant \frac{1}{\rho_j\langle x_j, y\rangle}, \quad \forall j \\ \iff&\ y \in W_i(\rho). \end{aligned}$$

■

定义 7.9 (球面加权 Delaunay 三角剖分) 给定一个凸多面体曲面 S_ρ 具有球面径向表示 $\rho = \sum_i^k \rho_i \delta(x - x_i)$, 诱导的球面胞腔分解是 $\mathcal{D}_\rho$. 加权 Delaunay 三角剖分 $\mathcal{T}_\rho$ 是 $\{x_1, x_2, \cdots, x_k\}$ 的对偶于 $\mathcal{D}_\rho$ 的三角剖分, 给定两个胞腔 $W_i(\rho), W_j(\rho) \in \mathcal{D}_\rho$, 它们的交集是非空的, 当且仅当 x_i 和 x_j 在 $\mathcal{T}_\rho$ 中相连:

$$W_i(\rho) \cap W_j(\rho) \neq \emptyset \iff x_i \sim x_j \in \mathcal{T}_\rho, \quad \forall i, j = 1, \cdots, k. \qquad \blacklozenge$$

球面胞腔分解的算法 凸包 S_ρ, 包络 S_{ρ^*} 和球面胞腔分解 $\mathcal{D}_\rho$ 可以依照下面的算法来构造.

(1) S_ρ: 根据定义 7.5, 凸多面体 S_ρ 可由点 $\{\rho_1 x_1, \cdots, \rho_k x_k\}$ 的凸包得到.

(2) $\mathcal{T}_\rho$: $\{x_1, x_2, \cdots, x_k\}$ 的加权 Delaunay 三角剖分 $\mathcal{T}_\rho$ 和 S_ρ 具有相同的组合结构.

(3) $\mathcal{D}_\rho$: 对于 S_ρ 的每一个面 f_i, 计算其法向量 n_i, 胞腔分解 $\mathcal{D}_\rho$ 的顶点是这些法向量. $\mathcal{D}_\rho$ 的组合结构对偶于 S_ρ 的组合结构. 面 f_i 和 f_j 在 S_ρ 上彼此相邻, 当且仅当 n_i 和 n_j 在 $\mathcal{D}_\rho$ 中相连.

(4) S_{ρ^*}: S_{ρ^*} 的组合结构与 $\mathcal{D}_\rho$ 的组合结构相同. S_ρ 的每一个顶点 $\rho_i x_i$ 对应 S_{ρ^*} 的一个面 π_ρ^i, 由等式 (7.8) 表示. S_ρ 的每一个面, 具有顶点 $\rho_i x_i, \rho_j x_j$ 和 $\rho_k x_k$, 对应着 S_{ρ^*} 的一个顶点, 即平面 π_ρ^i, π_ρ^j 和 π_ρ^k 的交集.

7.2 求解 Minkowski I 问题

离散 Minkowski I 问题 经典的 Minkowski I 问题也可以用半离散最优传输映射方法来求解. 下面我们将讨论如何在 $\mathbb{R}^3$ 中求解, 该算法可以直接推广到任意维. 回忆一下, Minkowski I 问题可以表述为: 给定一个定义在球面 $\mathbb{S}^2$ 上的正值测度 ν, 满足总测度等于 4π, $\nu(\mathbb{S}^2) = 4\pi$, 我们希望找到一个凸曲面 S_ρ, 使得曲面的 Gauss 曲率测度等于 ν, $\mu_\rho = \nu$. Minkowski I 问题的离散版本可以表述如下.

问题 7.1 (离散 Minkowski I) 给定球面 Dirac 测度之和

$$\nu=\sum_{i=1}^{k}\nu_i\delta(x-x_i),\quad x_i\in\mathbb{S}^2, i=1,2,\cdots,k,$$

满足 $\nu_i>0$, 总测度等于 4π, $\sum_{i=1}^k\nu_i=4\pi$, 并且 $\{x_1,\cdots,x_k\}$ 不能被任何半球所包含. 求一个球面函数 $\rho=\sum_{i=1}^k\rho_i\delta(x-x_i)$, 使得凸曲面 S_ρ 的 Gauss 曲率测度等于 ν, 即 $\mu_\rho=\nu$. ♦

离散球面最优传输 离散 Minkowski I 问题可以用离散球面最优传输来求解. 由球面 Legendre 变换公式 (7.1), 我们得到

$$\frac{1}{\rho^*(y)}=\inf_{x\in\mathbb{S}^2}\frac{1}{\langle x,y\rangle}\frac{1}{\rho(x)},$$

这等价于

$$\log\rho(x)=\inf_{y\in\mathbb{S}^2}-\log\langle x,y\rangle-(-\log\rho^*(y)),$$

$$-\log\rho^*(y)=\inf_{y\in\mathbb{S}^2}-\log\langle x,y\rangle-\log\rho(x).$$

如果我们定义损失函数 $c(x,y)=-\log\langle x,y\rangle$, Kantorovich 势能函数 $\varphi(x)=\log\rho(x)$, 则上面公式表明其球面 Legendre 对偶函数为 $\varphi^c(y)=-\log\rho^*(y)$. 而且, 公式 (7.2) 等价于:

$$\begin{aligned}\varphi(x)+\varphi^c(y)=c(x,y)&\iff\log\rho(x)-\log\rho^*(y)=-\log\langle x,y\rangle\\&\iff y\in\partial\rho(x).\end{aligned}$$

根据最优传输的对偶理论, 对偶能量定义为:

$$I(\varphi,\psi)=\int_{\mathbb{S}^2}\varphi(x)d\nu(x)+\int_{\mathbb{S}^2}\psi d\mu(y),\quad \varphi\oplus\psi\leqslant c,$$

这里球面函数 φ 表示成向量 $(\varphi_1,\varphi_2,\cdots,\varphi_k)$, 其中 $\varphi_i=\log\rho_i$, $\nu=\sum_{i=1}^k\nu_i\delta(x-x_i)$, μ 是球面的 Hausdorff 测度, $\psi=\varphi^c$ 代入上式, 我们得到

$$\begin{aligned}I(\varphi)&=\sum_{i=1}^k\nu_i\varphi_i+\int_{\mathbb{S}^2}\varphi^c(y)d\mu(y)\\&=\sum_{i=1}^k\nu_i\varphi_i+\sum_{i=1}^k\int_{W_i(\varphi)}(c(y,x_i)-\varphi_i)d\mu(y)\\&=\sum_{i=1}^k(\nu_i-w_i(\varphi))\varphi_i+\sum_{i=1}^k\int_{W_i(\varphi)}c(y,x_i)d\mu(y).\end{aligned}$$

φ 诱导了球面胞腔分解 $\mathcal{D}_\varphi$, $\mathbb{S}^2=\bigcup_{i=1}^k$, 如公式 (7.10) 或 (7.11) 中所定义.

引理 7.1 对偶能量

$$I(\varphi)=\sum_{i=1}^{k}(\nu_i-w_i(\varphi))\varphi_i+\sum_{i=1}^{k}\int_{W_i(\varphi)}c(y,x_i)d\mu(y) \tag{7.12}$$

的梯度为

$$\nabla I(\varphi)=(\nu_1-w_1(\varphi),\nu_2-w_2(\varphi),\cdots,\nu_k-w_k(\varphi)), \tag{7.13}$$

Hesse 矩阵非对角元素为

$$\frac{\partial^2 I(\varphi)}{\partial\varphi_i\partial\varphi_j}=-\frac{\partial w_i(\varphi)}{\partial\varphi_j}=-\frac{\partial w_j(\varphi)}{\partial\varphi_i}=\frac{\sin d_l+\sin d_k}{\tan d_i+\tan d_j}, \tag{7.14}$$

对角元素为

$$\frac{\partial^2 I(\varphi)}{\partial\varphi_i^2}=-\sum_{i\neq j}\frac{\partial w_i(\varphi)}{\partial\varphi_j}. \tag{7.15}$$

进一步, 能量 (7.12) 在空间

$$\Phi:=\left\{\varphi:\sum_{i=1}^{k}\varphi_i=0\right\} \tag{7.16}$$

中是严格凹的. ♦

证明 假设球面 power 胞腔 $W_i(\varphi)$ 和 $W_j(\varphi)$ 相邻, 令 $\varphi'=\varphi+\delta\mathbf{e}_i$, $\mathbf{e}_i$ 是沿着第 i 个坐标轴的单位向量, $\delta>0$. 那么 W_i 扩张, W_j 缩小. 令 $x\in W_i(\varphi')\cap W_j(\varphi)$,

$$x\in W_j(\varphi)\implies c(x,x_j)-\varphi_j\leqslant c(x,x_i)-\varphi_i,$$

$$x\in W_i(\varphi')\implies c(x,x_j)-\varphi_j\geqslant c(x,x_i)-\varphi_i-\delta,$$

因此我们有 $0\leqslant(c(x,x_i)-\varphi_i)-(c(x,x_j)-\varphi_j)\leqslant\delta$, 计算

$$\begin{aligned}I(\varphi')-I(\varphi)=\delta(\nu_i-w_i(\varphi))+\sum_{j\neq i}\int_{W_j(\varphi)\cap W_i(\varphi')}&[c(x,x_i)-\varphi_i-\delta\\&-(c(x,x_j)-\varphi_j)]d\mu(x),\end{aligned}$$

第二项被积项

$$-\delta\leqslant c(x,x_i)-\varphi_i-\delta-(c(x,x_j)-\varphi_j)\leqslant 0.$$

由公式 (6.17), 我们得到第二项的积分域

$$\sum_{j\neq i}|W_i(\varphi')\cap W_j(\varphi)|=O(\delta),$$

第二项是高阶无穷小 $o(\delta)$, 因此

$$\frac{\partial I(\varphi)}{\partial \varphi_i} = \nu_i - w_i(\varphi),$$

我们证明了梯度公式 (7.13). 由梯度公式和公式 (6.18), 我们得到公式 (7.15).

由公式 (7.14) 和 (7.15), 我们得到 Hesse 矩阵在空间 Φ 上是负定的, 因此能量 (7.12) 严格凹. ■

等价地, 我们可以直接在 Φ 中定义凹能量 (7.12), 能量的全局最大点给出了 Minkowski I 问题的解.

定理 7.1 给定球面离散点集 $\{x_1, x_2, \cdots, x_k\} \subset \mathbb{S}^2$, 不包含在任意半球面内, 球面函数 $\rho = \sum_{i=1}^k \rho_i \delta(x - x_i)$ 的径向图为凸多面体 S_ρ, S_ρ 的次法向映射诱导的球面 power 图为 $\mathcal{D}_\rho$, $\mathbb{S}^2 = \bigcup_{i=1}^k W_i(\rho)$. 令 $\varphi_i = \log \rho_i$, $\varphi = (\varphi_1, \varphi_2, \cdots, \varphi_k)$, 则能量

$$E(\varphi) := \sum_{i=1}^k \nu_i \varphi_i - \int^{\varphi} \sum_{i=1}^k w_i(\varphi) d\varphi_i \tag{7.17}$$

在可容许解空间

$$\begin{aligned}\Phi := \{(\varphi_1, \cdots, \varphi_k) \in \mathbb{R}^k : w_i(\varphi) > 0, \\ \forall i = 1, \cdots, k\} \bigcap \left\{\sum_{i=1}^k \varphi_i = 0\right\}\end{aligned} \tag{7.18}$$

上良定义、严格凹, 并且存在唯一的全局极大值内点 $\varphi^* \in \Phi$. φ^* 是 Minkowski I 问题的解. ♦

证明 我们构造可容许 ρ^* 空间,

$$\begin{aligned}\mathcal{H} := \left\{ \left(\frac{1}{\rho_1}, \cdots, \frac{1}{\rho_k}\right) \in \mathbb{R}^k : w_i(\rho) > 0, \right. \\ \left. \forall i = 1, \cdots, k \right\} \bigcap \left\{ \sum_{i=1}^k \frac{1}{\rho_i} = 1 \right\}.\end{aligned} \tag{7.19}$$

给定球面函数 $\rho = \sum_{i=1}^k \rho_i \delta(x - x_i)$, 相应的凸多面体为 ρ 的径向图 S_ρ, 即 $\{\rho_i x_i\}_{i=1}^k$ 的凸包; 考察其 Legendre 对偶 ρ^*, 其径向图 S_{ρ^*} 为平面 $\{\frac{1}{\rho_i} \frac{1}{\langle y, x_i \rangle}\}_{i=1}^k$ 的包络. 如果 $\frac{1}{\rho}$ 和 $\frac{1}{\eta}$ 属于可容许解空间 $\mathcal{H}$, 则 S_{ρ^*} 和 S_{η^*} 的所有的面都非空. $\lambda \frac{1}{\rho} + (1-\lambda)\frac{1}{\eta}$, $0 < \lambda < 1$, 对应的径向图为 Minkowski

和, $\lambda S_{\rho^*} \oplus (1-\lambda) S_{\eta^*}$. 由 Brunn-Minkowski 不等式 (4.3), $\lambda\frac{1}{\rho}+(1-\lambda)\frac{1}{\eta}$ 也属于 $\mathcal{H}$. 因此 $\mathcal{H}$ 是凸集. 显然我们有 $\frac{1}{k}(1,1,\cdots,1)\in\mathcal{H}$, 因此 $\mathcal{H}$ 非空. 构造微分同胚 $f:\mathcal{H}\to\Phi$, 假设 $(\frac{1}{\rho_1},\frac{1}{\rho_2},\cdots,\frac{1}{\rho_k})\in\mathcal{H}$,

$$f(\rho)=(\log\rho_1,\log\rho_2,\cdots,\log\rho_k)-\frac{1}{k}\sum_{i=1}^{k}\log\rho_i(1,1,\cdots,1).$$

可以看出 f 是微分同胚, 可以延拓到边界, $f:\partial\mathcal{H}\to\partial\Phi$. 因为 $\mathcal{H}$ 是单连通的, f 是微分同胚, 因此其像 Φ 也是单连通的.

我们构造微分形式

$$\omega=\sum_{i=1}^{k}w_i(\varphi)d\varphi_i,$$

由公式 (7.14), 我们得到 $d\omega=0$, 即 ω 是闭形式. 因为可容许 φ-空间也是单连通的, 所以我们得到 ω 是恰当形式, 其积分 $\int\omega$ 与积分路径无关, 能量 (7.17) 在 Φ 中是良定义的. 由公式 (7.14) 和 (7.15), 我们得到能量 (7.17) 的 Hesse 矩阵在 Φ 中是负定的.

$E(\varphi)$ 在紧集 $\overline{\Phi}$ 上存在极大值点 φ^*. 如果 φ^* 在边界 $\partial\Phi$ 上, 则存在某个胞腔 $W_i(\varphi^*)$ 为空, 梯度 $\nabla E(\varphi^*)$ 的分量 $\nu_i-w_i(\varphi^*)$ 严格正. 如果我们沿着 $\nabla E(\varphi^*)$ 进行微小移动, 则 w_i 变成正值, 这说明梯度指向 Φ 的内部. 这意味着最大值在 Φ 的内部, 与假设矛盾. 因此 φ^* 是 Φ 的内点. 极大值点梯度为零,

$$(\nu_1-w_1(\varphi^*),\nu_2-w_2(\varphi^*),\cdots,\nu_k-w_k(\varphi^*))=\mathbf{0},$$

故 φ^* 是 Minkowski I 问题的解. φ^* 的唯一性由能量的严格凹性决定. ■

计算方法 球面函数 ρ 的径向图 S_ρ 是所求的凸多面体曲面. 由 ρ 所诱导的球面胞腔分解 $\mathcal{D}_\rho$, 如其在 (7.10) 或 (7.11) 中所定义, 是一个球面 power 图, 其中球面测地圆 c_i 的圆心为 x_i, 测地半径为 r_i. 自变量 φ_i、测地半径 r_i 和极径 ρ_i 满足关系式 (如图 7.3 所示),

$$\varphi_i=\log\rho_i,\quad \rho_i=\frac{1}{\cos r_i},\quad i=1,\cdots,k.$$

求解离散 Minkowski I 问题等价于用 Newton 法最大化能量 $E(\varphi)$. 具体算法流程如下:

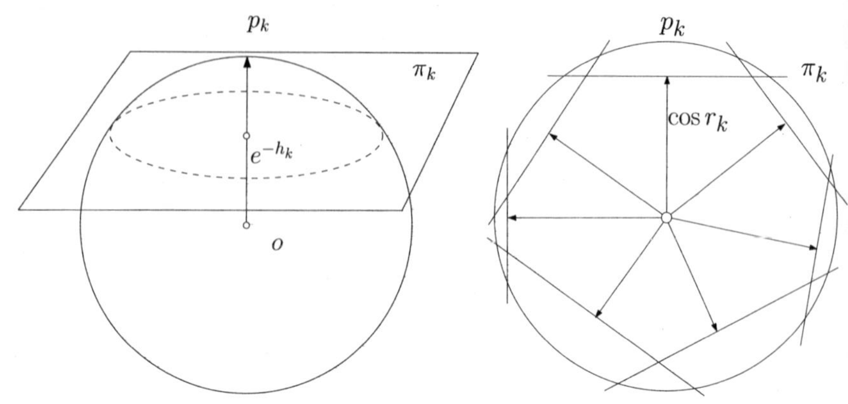

图 7.3 球面 power 图和凸多面体的构造方式. 注意 $e^{-\varphi_k} = \cos r_k$, 它是从球面中心 O 到平面 π_k 的欧氏距离.

(1) 初始化每一个 ρ_i 为 1, 相应的 φ_i 为 0;

(2) 应用 157 页的算法来构造凸包 S_ρ、包络 S_{ρ^*} 和球面 power 图 $\mathcal{D}_\rho$;

(3) 对于每个球面胞腔 $W_i(\rho)$, 将其分解成球面三角形, 并用球面余弦定理 (6.6) 和球面三角形面积公式 (6.5) 来计算 $w_i(\rho)$ 的面积;

(4) 用公式 (7.15) 和 (7.14) 来计算 Hesse 矩阵 D^2E;

(5) 求解线性系统 $(D^2E)h = \nabla E(\varphi)$; 满足约束条件 $h_1+h_2+\cdots+h_k = 0$.

(6) 更新 $\rho_i \leftarrow \rho_i e^{\lambda h_i}$, 这里 λ 是一个小心选择的步长;

(7) 重复步骤 2 至步骤 6, 直到所有的 $i = 1, \cdots, k$, $|\nu_i - w_i(\rho)| < \varepsilon$, 这里 ε 是一个预先规定的阈值.

在计算过程中, 我们需要确保所有的中间解在可容许解空间 Φ 中. 如果步长 λ 选取不当, $\varphi + \lambda h$ 可能落在 Φ 之外, 某些球面 power 胞腔 $W_i(\phi + \lambda h)$ 消失, 这等价于相应的第 i 个顶点从凸包 S_ρ 中消失. 这时我们将步长减半 $\lambda \leftarrow \frac{1}{2}\lambda$, 重新检测 $\phi + \lambda h$ 是否在 Φ 中. 重复这一过程, 直至临时解可容许, 即所有的胞腔非空, 凸包 S_ρ 包含所有顶点.

计算实例 作为直接应用, 我们用球面最优传输理论来计算曲面的保面积参数化. 假设 S 是一个零亏格的闭曲面, 即为一个拓扑球, 嵌入在三维欧氏空间中, 具有诱导欧氏度量 $\mathbf{g}$. 不失一般性, 假设曲面 S 的总面积是 4π. 我们希望计算一个保面积的映射 $\varphi : (S, \mathbf{g}) \to \mathbb{S}^2$, 满足

$$\varphi_{\#}\mu_{\mathbf{g}} = \mu_{\mathbb{S}^2}.$$

算法分成两步, 我们先计算一个共形映射 $f: S \to \mathbb{S}^2$, 它将原曲面映射到单位球面上, 并将表面积测度 $\mu_{\mathbf{g}}$ 向前推到球面上, 该球面测度记作 $f_{\#}\mu_{\mathbf{g}}$. 其次, 我们计算一个球面最优传输映射 g, 它将 $f_{\#}\mu_{\mathbf{g}}$ 映射到球面标准的 Hausdorff 测度 ν. 复合映射 $\varphi := g \circ f : S \to \mathbb{S}^2$ 给出了所需的曲面保面积参数化.

在实际应用中, 输入曲面 S 由一个三角剖分的多面体曲面来表示. 我们将三角网格归一化, 使其总面积为 4π. 我们应用离散球面调和映射算法, 可以得到 $f: S \to \mathbb{S}^2$ 的离散调和映射, 然后将顶点 v_i 的像作为球面上的样本, $x_i = f(v_i)$. 假设每个顶点 v_i 与多个三角形面相邻, 这些三角形面的面积之和的 $\frac{1}{3}$ 定义为 μ_i, 由此我们用 Dirac 测度和来逼近 $f_{\#}\mu_{\mathbf{g}}$,

$$f_{\#}\mu_{\mathbf{g}} := \sum_i \mu_i \delta(x - x_i).$$

由此我们在计算出从 ν 到 $f_{\#}\mu_{\mathbf{g}}$ 的离散球面最优传输映射, 再用复合映射得到曲面的保面积参数化.

图 7.4 显示了 Stanford 兔子保面积参数化的例子. 左帧为原始兔子曲面, 中帧为球面共形映射结果, 右帧为保面积映射结果. 观察在中帧, 我们看到在共形映射下, 兔子耳朵区域急剧缩小, 几乎无法辨认. 但是在右帧中, 在最优传输映射下, 耳朵区域被扩大到等于原来的面积. 图 7.5 显示了滴水兽模型的球面保面积参数化. 我们看到, 在球面共形映射下, 滴水兽的翅膀压缩得非常剧烈, 在球面最优传输映射下, 翅膀恢复到初始面积. 图 7.6 显示了大脑皮层曲面到球面的保面积映射.

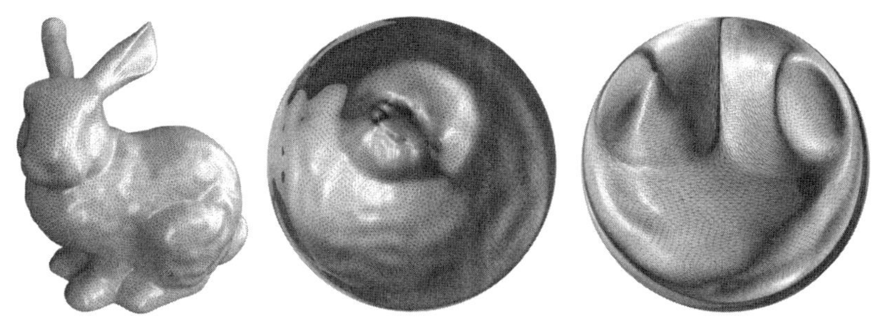

彩 图

图 7.4 Stanford 兔子模型的保面积参数化. 左帧为兔子曲面模型, 中帧为球面共形映射结果, 右帧是保面积映射结果.

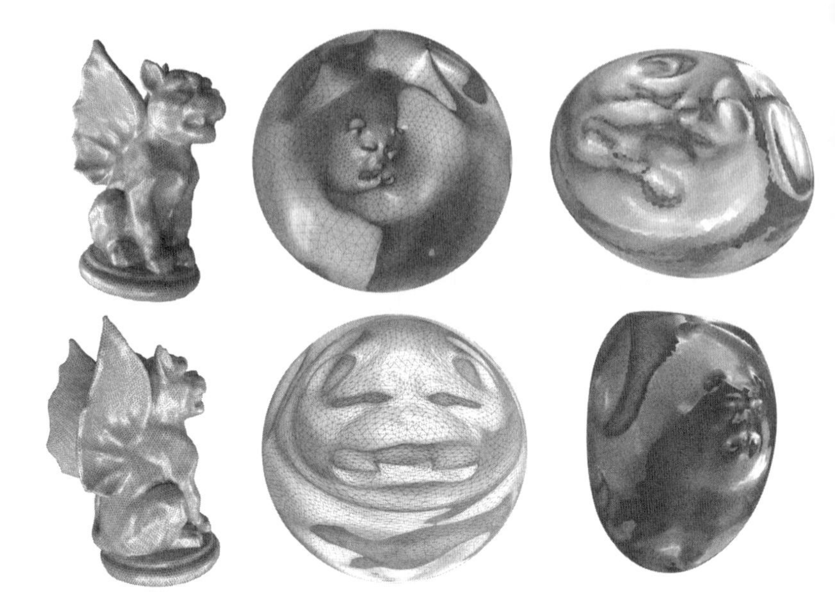

彩 图

图 7.5 滴水兽的球面保面积映射, 左列显示了原始的曲面模型, 中上帧是球面共形映射的结果, 中下帧是球面表面积映射结果, 右下帧是 Minkowski 凸多面体, 右上帧是 Legendre 对偶曲面.

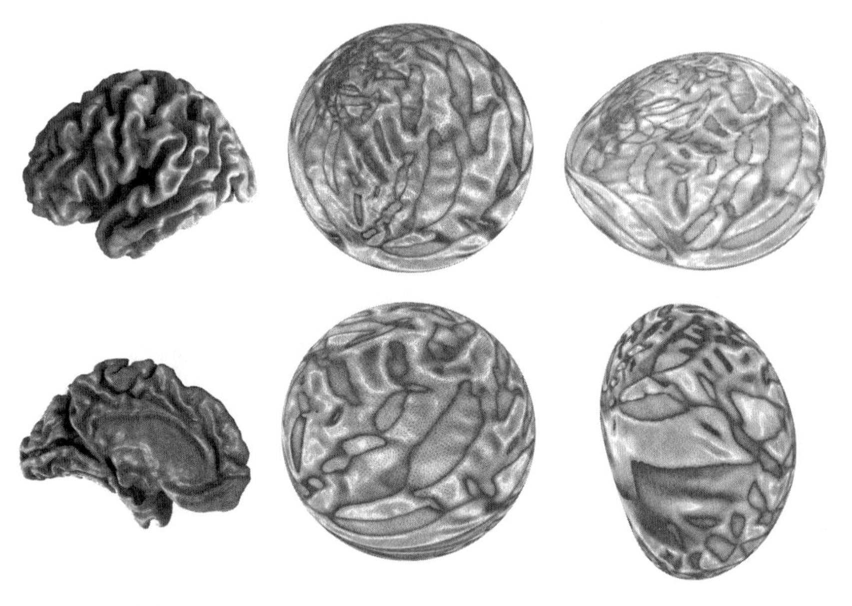

彩 图

图 7.6 显示了大脑皮层曲面的球面保面积映射, 左列显示了原始的曲面模型, 中上帧是球面共形映射的结果, 中下帧是球面表面积映射结果, 右下帧是 Minkowski 凸多面体, 右上帧是 Legendre 对偶曲面.

第八章 反射镜曲面设计

在几何光学设计领域 [50, 83], 最优传输理论可用于反射天线的设计 [51, 19, 22, 33, 35]. 经典的反射天线设计问题如下: 给定远场光强分布, 如何应用球面最优传输理论来设计反射曲面的几何形状? 本章介绍相应的理论 [79, 80] 和算法.

8.1 反射镜设计问题

图 8.1 显示了一个光照系统, 该系统由位于 $\mathcal{O}$ 处的点光源和一个反射曲面 Γ 组成. 反射曲面表示成径向函数的图

$$\Gamma_\rho = \{x\rho(x); x \in \Omega\}, \quad \rho > 0, \tag{8.1}$$

这里定义域 Ω 位于北半球 $\left\{x = (x_1, x_2, x_3) \in \mathbb{S}^2 : x_3 > 0\right\}$ 中. 反射镜面将入射光线进行反射, 在光学中, 如果只考虑远场 (far field) 问题, 则可只关注反射光线的方向. 假设所有反射射线的方向都落在南半球的一个区域 Ω^* 之中, Ω^* 称为目标区域或输出域.

设 f 为输入域 Ω 的照明强度 (illumination), 即 $\mathcal{O}$ 中的射线分布, 设 g 是输出域 Ω^* 的照明强度. 假设反射过程中没有能量损失, 根据能量守

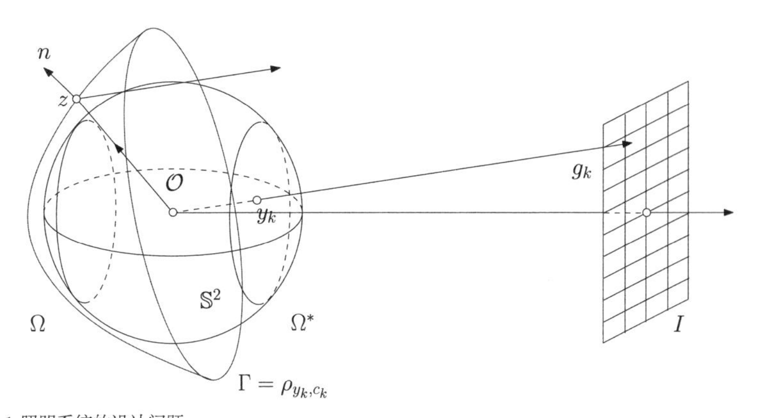

图 8.1 照明系统的设计问题.

恒定律, 我们有

$$\int_{\Omega} f = \int_{\Omega^*} g. \tag{8.2}$$

令一条光线从光源出发, 沿着方向 $x \in \Omega$ 传播, 与镜面相交于点 $z = x\rho(x) \in \Gamma_\rho$, 则反射光线的方向由反射定律所决定,

$$T(x) = T_\rho(x) = \partial\rho(x) = x - 2\langle x, n\rangle n, \tag{8.3}$$

其中 n 是反射曲面 Γ_ρ 在点 z 处的外法向量, $\langle x, n\rangle$ 表示欧氏内积. 根据能量守恒定律, T 是保测度的映射, 即

$$\int_{T^{-1}(E)} f = \int_E g, \quad \forall \text{ Borel 集合 } E \subset \Omega^*. \tag{8.4}$$

由保测度条件 (8.4), 我们可以获得反射系统的偏微分方程. 实际上, 在 $x \in \Omega$ 处, 映射 T 的 Jacobi 行列式等于 $f(x)/g(T(x))$, 在 $\mathbb{S}^2$ 上的一个局部正交坐标系中, 得出方程的局部表示

$$\mathcal{L}\rho = \eta^{-2}\det(-\nabla_i\nabla_j\rho + 2\rho^{-1}\nabla_i\rho\nabla_j\rho + (\rho-\eta)\delta_{ij}) = f(x)/g(T(x)), \tag{8.5}$$

这里 ∇ 是协变量导数, $\eta = (|\nabla\rho|^2 + \rho^2)/2\rho$, 且 δ_{ij} 是 Kronecker 函数. 这是一个极度复杂、完全非线性的 Monge-Ampère 型偏微分方程, 一个自然的边界条件是

$$T_\rho(\Omega) = \partial\rho(\Omega) = \Omega^*. \tag{8.6}$$

问题 8.1 (反射曲面设计) 给定球面区域 Ω, $\Omega^* \subset \mathbb{S}^2$, 以及密度函数 $f : \Omega \to \mathbb{R}_+$ 和 $g : \Omega^* \to \mathbb{R}_+$, 找到反射曲面 Γ_ρ, 以使 (8.3) 中的反射映射 T_ρ 满足保测度条件 (8.4) 和边界条件 (8.6). ♦

8.2 具有均匀反射性质的表面

为了介绍广义解的概念, 我们需要支撑抛物面的概念. 如图 8.2 所示, 以原点为焦点的旋转抛物面 可以表示为径向图 $\Gamma_p = \{xp(x) : x \in \mathbb{S}^2\}$, 径向坐标函数为

$$p(x) = p_{y,C}(x) = \frac{C}{1 - \langle x, y\rangle}, \tag{8.7}$$

彩　图

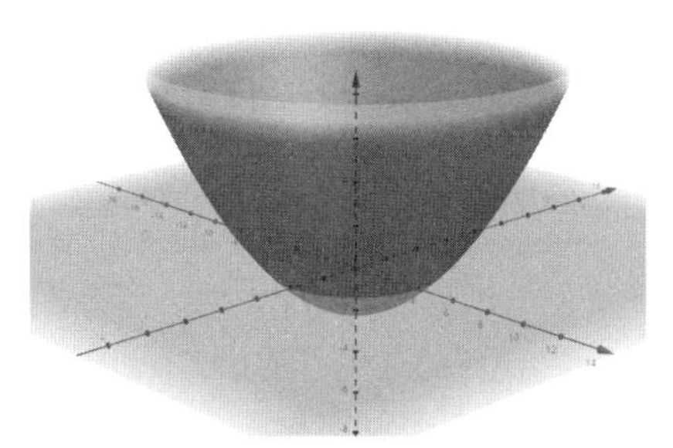

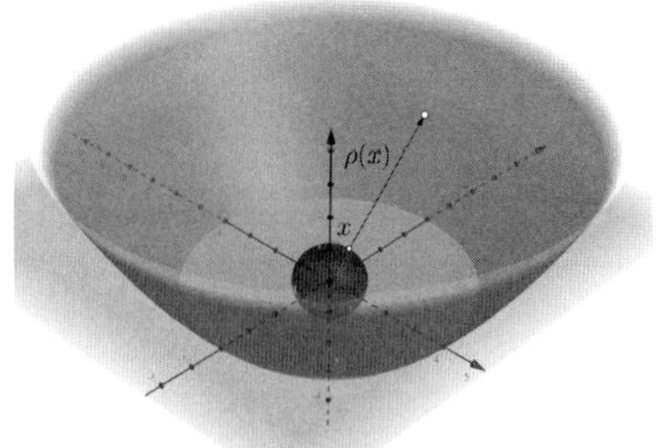

图 8.2 抛物面的径向表示为 $\rho(x) = C/(1 - \langle x, y \rangle)$, 其中 y 为轴方向.

这里常数 $C > 0$, $y \in \mathbb{S}^2$ 是旋转抛物面的旋转轴方向. 图 8.3 显示了反射定律, 入射方向 x, 反射方向 y 和表面法线是共面的, 入射角 θ_1 等于反射角 θ_2. 由向量形式, 我们有

$$y = x - 2\langle x, n \rangle n. \tag{8.8}$$

我们考虑反问题, 假如曲面 Γ_ρ 将从原点发出的光线进行反射, 所有反射光线的发射方向都是 y, 我们希望找到径向坐标函数 ρ 的解析形式. 考察曲面 Γ_ρ 上的任意曲线 $\gamma(t) = \rho(x(t))x(t)$, $x(t) \subset \mathbb{S}^2$. 切线向量 $\dot{\gamma}(t)$ 与曲面 Γ_ρ 的法向量 n 正交,

$$\langle \dot{\gamma}(t), x(t) - y \rangle - \langle \dot{\gamma}(t), 2\langle x, n \rangle n \rangle = 0.$$

由 $\dot{\gamma} = \dot{\rho}x + \rho\dot{x}$, $|x|^2 = 1$ 和 $\langle x, \dot{x} \rangle = 0$, 我们得到

$$\begin{aligned} 0 &= \langle \dot{\rho}x + \rho\dot{x}, x - y \rangle \\ &= \dot{\rho}|x|^2 + \rho\langle \dot{x}, x \rangle - \dot{\rho}\langle x, y \rangle - \rho\langle \dot{x}, y \rangle \\ &= \frac{d}{dt}\rho(1 - \langle x, y \rangle). \end{aligned} \tag{8.9}$$

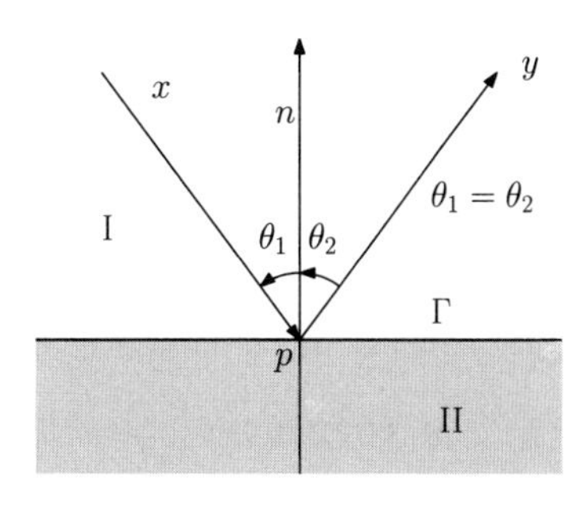

图 8.3 反射法则.

由此, 对一切 $x \in \mathbb{S}^2$, 我们都有

$$\rho(x)(1-\langle x, y\rangle)=c,$$

这里 $c \in \mathbb{R}$ 为常数. 因此, 曲面 Γ_ρ 必须是绕其轴 y 旋转的抛物面,

$$\rho(x)=\frac{c}{1-\langle x, y\rangle}. \tag{8.10}$$

相反, 给定抛物面上的点 $\rho(x)x$, 等式 (8.9) 说明 $(x-y)/|x-y|$ 正交于所有切线方向 $\dot{\gamma}$, 因此在 $\rho(x)x$ 处为 Γ_ρ 的法线. 根据反射定律 (8.8), 我们得出反射方向为

$$\begin{aligned}
T(x)-x &= -2\langle x, n\rangle n=-2\langle x, x-y\rangle \frac{x-y}{|y-x|^2} \\
&= \frac{2(1-\langle x, y\rangle)}{2-2\langle x, y\rangle}(y-x)=y-x,
\end{aligned}$$

因此 $T(x)=y$. 这就证明了旋转抛物面的反射特性: 进入旋转抛物面的光线, 如果平行于旋转轴, 则都被反射到焦点, 反之亦然.

命题 8.1 设 $\rho=p_{y,c}$ 是轴方向为 y 的抛物面, 射线从原点发出并由 Γ_ρ 反射, 那么反射射线平行于轴 y , T_ρ 的反射图像就是一个单点 y,

$$T_\rho(\Omega)=T_{p_{y,c}}(\Omega)=\{y\}. \quad \blacklozenge \tag{8.11}$$

8.3 广义解和广义 Legendre 变换

广义解 我们首先定义球面 Monge-Ampère 方程 (8.5) 的广义解.

定义 8.1 (支撑抛物面) 令 $\rho \in C(\Omega)$ 是正函数, $\Gamma_\rho=\{x\rho(x): x \in \Omega\}$ 表示 ρ 的径向图. 我们称 Γ_p 是 ρ 在 $x_0\rho(x_0) \in \Gamma_\rho$ 点的一个支撑抛物面, 其中 $p=p_{y,C}$, 如果有

$$\begin{cases}
\rho(x_0)=p_{y,C}(x_0), \\
\rho(x) \leqslant p_{y,C}(x), \quad \forall x \in \Omega.
\end{cases} \quad \blacklozenge \tag{8.12}$$

定义 8.2 (可容许函数) 称 ρ 是可容许函数 (admissible function), 如果在其径向图 Γ_ρ 的任意点处都有支撑抛物面. ♦

定义 8.3 (次微分) 令 ρ 为可容许函数, 次微分 (subdifferential) 是一个集值映射 $\partial\rho: \Omega \rightarrow \mathbb{S}^2$: 对于任意 $x_0 \in \Omega$, $\partial\rho(x_0)$ 是这样的点 y_0 的集

合, 使得存在某个正数 $C>0$, $p_{y_0,C}$ 是 ρ 在点 x_0 的支撑抛物面,

$$\partial\rho(x)=\left\{y\in\Omega^*:\exists\, C>0 \text{ 使得抛物面 } p_{y,C} \text{ 在点 } x \text{ 处支撑 } \rho\right\}. \qquad \blacklozenge$$

对于任何子集 $E\subset\Omega$, 我们将其在次微分映射下的像集表示为

$$\partial\rho(E)=\bigcup_{x\in E}\partial\rho(x).$$

从定义中可以看出, 如果 $\partial\rho(x)$ 包含多个点, 则 ρ 在点 x 处是不可微的, 即 $\partial\rho$ 在任何可微分点处都是单值的. 由于可容许函数在其径向图的任何点上都具有支撑抛物面, 因此它是凸的, 因而几乎处处二阶可微. 因此, $\partial\rho$ 是几乎处处单值映射.

定义 8.4 (广义 Alexandrov 测度) 通过次微分映射 $\partial\rho$, 我们引入 Ω 中的测度 $\mu=\mu_{\rho,g}$, 其中 $g\in L^1(\mathbb{S}^2)$ 是球面上的非负可测函数, 使得对于任何 Borel 集 $E\subset\Omega$,

$$\mu(E)=\int_{\partial\rho(E)}g(x)dx. \tag{8.13}$$

$\mu_{\rho,g}$ 称为广义 Alexandrov 测度. ♦

Wang [79] 中已经证明 μ 是 Radon 度量, 也可参见 Ma et al. [57].

定义 8.5 (广义解) 可容许的函数 ρ 称为方程 (8.5) 的广义解, 如果作为测度

$$\mu_{\rho,g}=fdx.$$

等价地, 对于任意的 Borel 集 $E\subset\Omega$, 都有

$$\int_E f=\int_{\partial\rho(E)}g. \tag{8.14}$$

进一步, 若 ρ 满足

$$\Omega^*\subset\partial\rho(\Omega),\quad |\{x\in\Omega:f(x)>0 \text{ 且 } \partial\rho(x)-\overline{\Omega^*}\neq\emptyset\}|=0, \tag{8.15}$$

则 ρ 是具边界条件 (8.6) 的球面 Monge-Ampère 方程 (8.5) 的广义解. ♦

上面的定义在 Wang [79] 中引入. 显然, 可容许光滑解是广义解, 光滑解能否被容许取决于域 Ω 的几何形状. 例如 Monge-Ampère 方程,

$$\det D^2u=f(x) \text{ 在 } \Omega \text{ 内}, \tag{8.16}$$

其中 $f \geqslant 0$, 函数的可容许性等价于全局凸性. 函数 u 具有全局凸性, 如果函数图 Γ_u 在任何点处的切平面之上. 如果定义域 Ω 不是凸的, 则局部凸的光滑解可能不是全局凸的. 对于方程 (8.5), 为了令光滑解可容许, 我们需要假设域 Ω 为 c-凸, 参见 Ma et al. [57].

广义 Legendre 变换 接下来, 我们需要 [41] 中引入的 Legendre 类型变换, 另请参见 [79] 中的引理 1.1. 如图 8.4 所示, 假设 ρ 是可容许的, 固定一个方向 $y \in \mathbb{S}^2$, 存在一个支撑抛物面以 y 为轴方向, 表示为 $p_{y,c}$. 也就是说, 抛物面的径向表示为 $\frac{c}{1-\langle x,y\rangle}$, 且在 $\rho(x)x$ 处支撑 Γ_ρ. 那么如图 8.4 所示, 对于任意轴向为 y、与 Γ_ρ 相交的抛物线 $p_{y,\tilde{c}}$, 我们都有 $\tilde{c} \leqslant c$. 假设 Γ_ρ 与抛物面 $p_{y,\tilde{c}}$ 在 $\rho(x)x$ 处相交, 则我们有 $\rho(x) = \frac{\tilde{c}}{1-\langle x,y\rangle}$, $\tilde{c} = \rho(x)(1-\langle x,y\rangle)$. 因此我们得到

$$c = \sup_{x\in\Omega} \rho(x)(1-\langle x,y\rangle) \iff \frac{1}{c} = \inf_{x\in\Omega} \frac{1}{\rho(x)(1-\langle x,y\rangle)},$$

$1/c$ 是 y 的函数, 我们将其表示为 $\eta: \Omega^* \to \mathbb{R}_+$, $\eta(y) = 1/c$.

定义 8.6 (广义 Legendre 变换) 假设 ρ 是 Ω 的可容许函数, ρ 关于函数 $\frac{1}{1-\langle x,y\rangle}$ 的广义 Legendre 变换 (generalized Legendre transform) 是定义在 $\mathbb{S}^2$ 上的函数 η,

$$\eta(y) = \inf_{x\in\Omega} \frac{1}{\rho(x)(1-\langle x,y\rangle)}. \quad \blacklozenge \tag{8.17}$$

我们用 Ω^* 表示 Ω 在次微分映射下的像, $\Omega^* = \partial\rho(\Omega)$. 对于任意固定

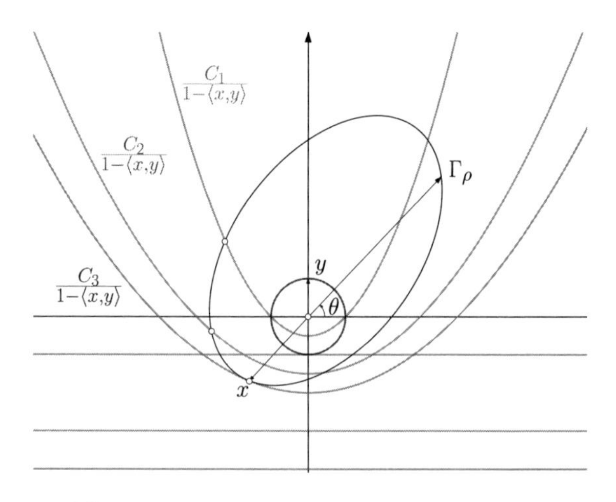

图 8.4 广义 Legendre 变换.

的 $y_0 \in \Omega^*$, 令其下确界 (8.17) 在点 $x_0 \in \Omega$ 处取得, 由此有

$$\eta(y_0) = \frac{1}{\rho(x_0)(1 - \langle x_0, y_0 \rangle)}, \tag{8.18}$$

对于任何不同于 x_0 的点 x, 我们有

$$\eta(y_0) \leqslant \frac{1}{\rho(x)(1 - \langle x, y_0 \rangle)}, \quad \forall x \in \Omega. \tag{8.19}$$

由于 x 和 y 之间的对称性, 我们得到

$$\eta(y) \leqslant \frac{1}{\rho(x_0)(1 - \langle x_0, y \rangle)}, \quad \forall y \in \Omega^*, \tag{8.20}$$

由公式 (8.18) 和 (8.19), 对于一般的 $x \in \Omega$ 和 $y \in \Omega^*$,

$$\rho(x)\eta(y) \leqslant \frac{1}{1 - \langle x, y \rangle}, \tag{8.21}$$

并且我们知道 $p_{y_0,C}(x) = \frac{C}{1-\langle x,y_0 \rangle}$ $(C = 1/\eta(y_0))$ 是 ρ 位于 x_0 处的支撑抛物面. 由公式 (8.18) 和 (8.20), 我们看到 $p_{x_0,C}(y) = \frac{C}{1-\langle x_0,y \rangle}$ $(C = 1/\rho(x_0))$ 是 η 在点 y_0 处的支撑抛物面, 所以 η 是可容许的. 因此, $y_0 \in \partial\rho(x_0)$ 当且仅当 $x_0 \in \partial\eta(y_0)$,

$$y_0 \in \partial\rho(x_0) \iff x_0 \in \partial\eta(y_0).$$

特别地, 当 η 的广义 Legendre 变换限制在 Ω 上时, 就是 ρ 自身,

$$\rho^{**} = \rho.$$

更进一步, 如果 ρ 光滑且满足 Monge-Ampère 方程 (8.5), 则次微分映射 $\partial\eta$ 是 $\partial\rho$ 的逆映射. 因此, η 满足方程

$$\mathcal{L}\rho = \frac{f(x)}{g(\partial\eta(x))}, \quad \mathcal{L}\eta = \frac{g(y)}{f(\partial\eta(x))}, \tag{8.22}$$

这里 $\mathcal{L}$ 是方程 (8.5) 中的算子. 函数图 Γ_η 被称为对偶反射天线 (dual reflector antenna). 有关 Legendre 变换的讨论参见 [41].

8.4 存在性和唯一性定理

定理 8.1 (反射曲面设计问题解的存在唯一性) 假设 Ω 和 Ω^* 分别是包含在北半球和南半球中的连通域, f 和 g 是有界正函数. 那么存在一

对函数 (ϕ_1, ψ_1) 极大化下述能量,

$$\sup\{I(u,v) : (u,v) \in K\}, \tag{8.23}$$

其中

$$I(u,v) = \int_\Omega f(x)u(x)dx + \int_{\Omega^*} g(y)v(y)dy, \tag{8.24}$$

$$K = \{(u,v) \in (C(\overline{\Omega}), C(\overline{\Omega^*})) :$$

$$u(x) + v(y) \leqslant c(c,y), \forall x \in \Omega, y \in \Omega^*\}, \tag{8.25}$$

$$c(x,y) = -\log(1 - \langle x,y \rangle), \tag{8.26}$$

$\langle x,y \rangle$ 是 $\mathbb{R}^3$ 中的内积, 使得 $\rho_1 = e^{\phi_1}$ 是满足边界条件 (8.6) 的 Monge-Ampère 方程 (8.5) 的解, 并且所有这样的解 ϕ_1 彼此相差一个常数. ♦

对偶地, 我们也可以通过极小化能量来求解反射曲面设计问题,

定理 8.2 令 Ω, Ω^*, f, g 如定理 8.1 所定义, 那么存在一对函数 (ϕ_2, ψ_2) 极小化下述能量,

$$\inf\{I(u,v) : (u,v) \in K'\}, \tag{8.27}$$

其中 $K' = \{(u,v) \in (C(\overline{\Omega}), C(\overline{\Omega^*})) : u(x) + v(y) \geqslant c(c,y), \forall x \in \Omega, y \in \Omega^*\}$, 使得 $\rho_2 = e^{\phi_2}$ 是满足边界条件 (8.6) 的 Monge-Ampère 方程 (8.5) 的解. ♦

在上述定理中, 最优函数 (ϕ_k, ψ_k), $k = 1, 2$ 是 Lipschitz 连续的, 但可能不是 C^1 光滑的, 因此应该被视为广义解. [79] 中已证明 (8.5) 和 (8.6) 的广义解的存在性和唯一性, 且若边界 $\partial\Omega$ 和 $\partial\Omega^*$ 满足一定的几何条件, 则广义解是光滑的. 这也表明, 一般而言几何条件对于解的正则性是必需的. 请注意, 广义解的唯一性意味着带有边界条件 (8.6) 的 Monge-Ampère 方程 (8.5) 的解必须是定理 8.1 或 8.2 中 ρ_1 或 ρ_2 的常数倍.

存在唯一性定理的证明

引理 8.1 存在 Lipschitz 连续函数 $(\phi, \psi) \in K$ 最大化能量 $I(u,v)$, 即问题 $\sup_{(u,v)\in K} I(u,v)$ 存在解. ♦

证明 对于任意给定的一对 $(u,v)\in K$, 令

$$v^*(y)=\inf_{x\in\Omega}[c(x,y)-u(x)],\quad \forall y\in\Omega^*. \tag{8.28}$$

对于任意 $y\in\Omega^*$, 由 c 和 u 的连续性, 存在 $x\in\overline{\Omega}$, 使得

$$v^*(y)=c(x,y)-u(x)\geqslant v(y).$$

最后一个不等式是因为 $(u,v)\in K$, 因此 $v^*\geqslant v$. 接下来, 对任意 $y_1\neq y_2\in\Omega^*$, 令 $x_1\in\overline{\Omega}$, 使得 $v^*(y_1)=c(x_1,y_1)-u(x_1)$. 那么

$$\begin{aligned}v^*(y_1)-v^*(y_2)&\geqslant[c(x_1,y_1)-u(x_1)]-[c(x_1,y_2)-u(x_1)]\\&=c(x_1,y_1)-c(x_1,y_2)\\&\geqslant-\beta|y_1-y_2|,\end{aligned}$$

其中 $\beta=\sup\{|Dc(x,y)|:x\in\Omega,y\in\Omega^*\}$. 相似地, 我们有

$$v^*(y_2)-v^*(y_1)\geqslant-\beta|y_2-y_1|,$$

因此 v^* 是 Lipschitz 连续的, 其中 Lipschitz 常数为 β. 令

$$u^*(x)=\inf_{y\in\Omega^*}[c(x,y)-v^*(y)],\quad \forall x\in\Omega. \tag{8.29}$$

如上所述, 我们有 $u^*\geqslant u$ 和 u^* 是 Lipschitz 连续的, Lipschitz 常数是 β. 由 (8.29), 我们也有 $(u^*,v^*)\in K$, 故 $I(u,v)\leqslant I(u^*,v^*)$, 因为 f,g 是正的.

选择一个序列 $(u_k,v_k)\in K$ 使得 $I(u_k,v_k)\to\sup_K I(u,v)$, 那么有 $(u_k^*,v_k^*)\in K$ 且 $I(u_k^*,v_k^*)\to\sup_K I(u,v)$. 我们观察到

$$I(u,v)=I(u+C,v-C). \tag{8.30}$$

根据能量法则 (8.2), 对于任何常量 C, 可以假设通过添加常量 $v_k^*(y_0)=0$ 代表某个固定点 $y_0\in\Omega^*$. 由 Lipschitz 连续性, 我们可以得出 $\{v_k^*\}$ 是均匀有界的, 故 $\{u_k^*\}$ 也是统一有边界的. 通过选择一个子序列, 我们可以假设 (u_k^*,v_k^*) 统一收敛到 (ϕ,ψ), 那么 ϕ 和 ψ 是 Lipschitz 连续的且 (ϕ,ψ) 是最大化的. ■

从证明中, 我们可以看到 (ϕ,ψ) 满足

$$\begin{cases}\phi(x)=\inf\{c(x,y)-\psi(y):y\in\Omega^*\},\\ \psi(y)=\inf\{c(x,y)-\phi(x):x\in\Omega\}.\end{cases} \tag{8.31}$$

令 $\rho=e^{\phi}$ 且 $\eta=e^{\psi}$. 从 (8.31) 中, 我们可以看到 ρ 和 η 是可允许的函数, 并且 ρ 是 η 的 Legendre 变换, 而 η 也是 ρ 的 Legendre 变换.

引理 8.2 设 (ϕ,ψ) 为引理 8.1 中的最大化函数对. 那么, 在 ϕ 的任何可微分点 x 处, 方程

$$\phi(x)+\psi(t(x))=c(x,t(x)) \tag{8.32}$$

存在唯一的解 $t(x)\in\overline{\Omega^*}$. 更进一步, 映射 t 是 Borel 可测的, 在 $\rho=e^{\phi}$ 的任意可微点处, t 由下式决定

$$t(x)=\partial\rho(x)=x-2\langle x,n\rangle n, \tag{8.33}$$

这里 n 是点 $x\rho(x)$ 处 ρ 的径向图的外法向量. ♦

证明 令 $x_0\in\Omega$ 为 ϕ 的可微点. 令 $y_0\in\overline{\Omega^*}$, 使得

$$\begin{cases}\phi(x_0)=c(x_0,y_0)-\psi(y_0),\\ \phi(x)\leqslant c(x,y_0)-\psi(y_0), \quad \forall x\in\Omega.\end{cases} \tag{8.34}$$

我们称 y_0 是唯一确定的, 并由 (8.33) 的右侧给出.

事实上, 记

$$p(x)=\exp(c(x,y_0)-\psi(y_0))=\frac{C}{1-\langle x,y_0\rangle}, \tag{8.35}$$

其中 $C=\exp(-\psi(y_0))$. 那么 ρ 和 p 是 Ω 上的正函数, 由 (8.34), p 是 Γ_ρ 在 x_0 点处的支撑抛物面, 轴方向为 y_0. 请注意, 在 ρ 的可微点上, 支撑抛物面是唯一确定的, 因此 y_0 是唯一的. 由抛物面的反射特性, 我们有

$$y_0=T_p(x_0)=x_0-2\langle x_0,n\rangle n,$$

这里 n 是抛物面 Γ_p 在点 $x_0p(x_0)$ 处的法线. 因此 y_0 由 (8.33) 给出.

现在, 我们通过 $t(x_0)=y_0$ 定义映射 t. 那么 t 能被良好定义, 并且由 Rademacher 定理[①], t 是 Borel 可测的. ■

引理 8.3 引理 8.2 中的映射 t 是保测度映射. ♦

证明 我们需要证明 t 满足 (8.4), 这相当于证明对于任意连续函数

---

① 在数学分析中, 以 Hans Rademacher 命名的 Rademacher 定理陈述如下: 如果 U 是 $\mathbb{R}^n$ 的开子集, $f:U\to\mathbb{R}^m$ 是 Lipschitz 连续的, 则 f 在 U 上几乎处处可微; 也就是说, 在 U 中, f 的不可微点集合的 Lebesgue 测度为零.

$h \in C(\overline{\Omega^*})$,

$$\int_{\Omega} h(t(x))f(x)dx = \int_{\Omega^*} h(y)g(y)dy. \tag{8.36}$$

设 $h \in C(\overline{\Omega^*})$ 且 $\epsilon \in (-1,1)$ 是一个小常数, 令

$$\begin{cases} \psi_\epsilon(y) = \psi(y) + \epsilon h(y), y \in \Omega^*, \\ \phi_\epsilon(x) = \inf\limits_{y\in\overline{\Omega^*}} \{c(x,y) - \psi_\epsilon(y)\}, x \in \Omega, \end{cases} \tag{8.37}$$

其中 (ϕ, ψ) 是引理 8.1 中的最大化函数对, 那么 $(\phi_\epsilon, \psi_\epsilon) \in K$. 我们证明如果 ϕ 在 x 处是可微的, 则

$$\phi_\epsilon(x) = \phi(x) - \epsilon h(t(x)) + o(\epsilon). \tag{8.38}$$

实际上, 假设 (8.37) 的最小值在 $y_\epsilon \in \overline{\Omega^*}$ 处达到. 由于 $t(x)$ 是唯一确定的, 当 $\epsilon \to 0$ 时 $y_\epsilon \to t(x)$. 因此, 由 (8.31)、(8.37) 和 h 的连续性, 我们得出 (8.38).

接下来, 由于 (ϕ, ψ) 是一个最大化函数对, 我们有

$$\begin{aligned} 0 &= \lim_{\epsilon\to 0} \frac{1}{\epsilon}[I(\phi_\epsilon, \psi_\epsilon) - I(\phi, \psi)] \\ &= \lim_{\epsilon\to 0} \left\{ \int_{\Omega} \frac{\phi_\epsilon(x) - \phi(x)}{\epsilon} f(x)dx + \int_{\Omega^*} h(y)g(y)dy \right\} \\ &= -\int_{\Omega} h(t(x))f(x)dx + \int_{\Omega^*} h(y)g(y)dy. \end{aligned}$$

因此 (8.26) 成立. ■

现在我们来证明定理 8.1.

定理 8.1 的证明 令 (ϕ, ψ) 为 (8.23) 的最大化函数对. 记 $\rho = e^\phi$ 和 $\eta = e^\psi$, 那么由 (8.31), ρ 和 η 是可容许的, 且 η 是 ρ 的 Legendre 变换 (限制在 Ω^* 上). 在 9.3 节中, 我们证明, 如果 $y \in \partial\rho(x_1) \bigcup \partial\rho(x_2)$, 这里 $x_1 \neq x_2$, 那么 $x_1, x_2 \in \partial\eta(y)$, 所以 η 在 y 处不可微. 由于 η 不可微分点的集合为零测度, 因此根据引理 8.3, 映射 t 从 Ω 到 Ω^* 几乎处处是一一映射. 根据保测度条件 (8.4), 并注意几乎处处 $\partial\rho = t$, 我们得到 $\partial\rho$ 满足 (8.4), 亦即 ρ 是方程 (8.5) 的广义解. 根据引理 8.2, 在 ρ 的任意可微分点处, 我们都有 $t(x) \in \overline{\Omega^*}$. 由能量守恒条件 (8.2) 和密度假设 $f, g > 0$, 方程 (8.5) 成立, 因此 ρ 是具有边界条件 (8.6) 的球面 Monge-Ampère 方程

(8.5) 的广义解. (8.23) 最大化函数对的唯一性将在引理 8.5 中证明. ■

使用较低的可容许性替换较高的可容许性, 定理 8.2 可用与上述相同的方法证明.

还需指出, 我们在定理 8.1 和 8.2 中假设 Ω 和 Ω^* 被包含在南北半球中, 这在应用中很自然, 但在数学分析中不是必要的. 我们只需假设 $\inf\{|x-y| : x \in \Omega, y \in \Omega^*\} > 0$, 使得函数 $\frac{1}{1-\langle x,y\rangle}$ 一致有界.

8.5 最优传输的观点

在本节中, 我们证明反射曲面设计问题的确是一个最优传输问题, 即 Monge-Kantorovich 传输问题, 其代价函数 $c(x,y)$ 在 (8.26) 中给出. 令 Ω 和 Ω^* 是流形上或者 $\mathbb{R}^n$ 中的两个区域, f 和 g 是总质量相等的两个质量分布. 回想一下, 一个映射的总传输代价等于

$$\mathcal{C}(s) = \int_\Omega c(x, s(x)) f(x) dx. \tag{8.39}$$

函数 $\mathcal{C}$ 衡量将 $f \in L^1(\Omega)$ 中的质量 (能量) 分布转移到 $g \in L^1(\Omega^*)$ 所花费的代价. 如果映射 s 是 Borel 可测, 并且满足 (8.4) 或 (8.36), 那么映射是保测度的. 最优传输问题考虑最优映射的存在性, 即在所有保测度映射中, 寻找总传输代价的最小者.

引理 8.4 令 $c(x,y) = -\log(1 - x\cdot y)$ 是 (8.26) 中的代价函数, 那么引理 8.2 中的映射 t 是函数 $\mathcal{C}$ 的唯一最小化子 (minimizer), 并且

$$\inf_{s\in\mathcal{S}} \mathcal{C}(s) = \sup_{(u,v)\in K} I(u,v), \tag{8.40}$$

这里 $\mathcal{S}$ 表示从 Ω 到 Ω^* 的所有保测度映射集. ♦

证明 对任意 $(u,v) \in K$ 和 $s \in \mathcal{S}$, 我们有

$$\begin{aligned}\int_\Omega u(x)f(x)dx + \int_{\Omega^*} v(y)g(y)dy &= \int_\Omega u(x)f(x)dx + \int_\Omega v(s(x))f(x)dx \\ &\leqslant \int_\Omega c(x,s(x))f(x)dx,\end{aligned} \tag{8.41}$$

因此

$$I(u,v) \leqslant \mathcal{C}(s), \quad \forall (u,v) \in K, s \in \mathcal{S}. \tag{8.42}$$

由等式 (8.32), 当 $(u,v)=(\phi,\psi)$ 且 $s=t$ 时, (8.41) 中的等式成立, 因此 t 是 $\inf_{s\in\mathcal{S}}\mathcal{C}$ 的最小化子.

假设存在另一个最小化子 $\hat{t}\in\mathcal{S}$, 那么 $\mathcal{C}(\hat{t})=\mathcal{C}(t)=I(\phi,\psi)$. 当 $(u,v)=(\phi,\psi)$ 时, 对于任意 $x\in\Omega, y\in\overline{\Omega^*}$, 都有 $\phi(x)+\psi(y)\leqslant c(x,y)$, (8.41) 中的等式成立, 对几乎所有的 $x\in\Omega$, 必然有

$$\phi(x)+\psi(\hat{t}(x))=c(x,\hat{t}(x)).$$

由引理 8.2, 对几乎所有的 $x\in\Omega$, $\hat{t}(x)=t(x)$. 证毕. ■

引理 8.5 假设 Ω 和 Ω^* 是连通区域, 则 $\sup_K I(u,v)$ 的最大化子 (ϕ,ψ) 在相差一个常数的意义下是唯一的. ♦

证明 令 $(\phi',\psi')\in K$ 是另一个最大化子 (maximizer). 令 $\rho'=e^{\phi'}$, 根据引理 8.4 和 (8.33), 映射 $T_{\rho'}$ 也是最优映射, 并且几乎处处 $T_{\rho'}=T_\rho$.

因为 ϕ 和 ϕ' 是 Lipschitz 连续的, 所以 $\phi-\phi'$ 作为 Sobolev 空间 $W^{1,2}(\Omega)$ 中的函数, 梯度消失, 即几乎处处 $D\phi'=D\phi$, 因此 $\phi=\phi'+C$. 由 (8.31), $\psi=\psi'-C$. ■

我们还可以考虑使代价函数 $\mathcal{C}$ 最大化的问题, 我们相应有

$$\sup_{s\in\mathcal{S}}\mathcal{C}(s)=\inf_{(u,v)\in K}I(u,v). \tag{8.43}$$

对于 $\inf_K I(u,v)$ 的最小化子, 我们得到与引理 8.4 和 8.5 相似的结果.

广义解唯一性的另一个证明 本节将给出广义解唯一性的另一个证明. 我们仅考虑定义 9.1 引入的可容许广义解.

定理 8.3 令 ρ 为具有边界条件 (8.6) 的球面 Monge-Ampère 方程 (8.5) 的广义解, 那么存在正的常数 C, 使得 $\rho=C\rho_1$, 这里 ρ_1 是定理 8.1 中的函数解. ♦

证明 令 η 是 ρ 的 Legendre 变换. 在点集 E 上, ρ 不可二次微分; 同样, 在点集 E^* 上, η 不可二次求导. 那么有 $|E|=|E^*|=0$. 我们观察到 $x\in\partial\eta(y)$ 当且仅当 $y\in\partial\rho(x)$; 并且如果 $x\in\partial\eta(E^*)$ 是 ρ 的可微分点, 那么 $\partial\rho(x)$ 是 E^* 中的单点集, 因此由 (8.4), 我们有

$$\int_{\partial\eta(E^*)}f=\int_{E^*}g=0. \tag{8.44}$$

由上面公式可推断, T_ρ 在 $\{x \in \Omega : f(x) > 0\}$ 上几乎处处都是单射, 而 T_η 是 T_ρ 的逆映射, 因此 T_ρ 是保测度映射, 即满足等式 (8.4).

令 $\phi = \log \rho$ 且 $\psi = \log \eta$. 因为 η 是 ρ 的 Legendre 变换, 且 ρ 也是 η 的 Legendre 变换, 因此 (8.31) 对 ϕ 和 ψ 成立. 由引理 8.2, 我们有

$$\phi(x) + \psi(T_\rho(x)) = c(x, T_\rho(x)) \quad \text{a.e.}, \tag{8.45}$$

因此

$$\begin{aligned}
&\int_\Omega \phi(x) f(x) dx + \int_{\Omega^*} \psi(y) g(y) dy \\
&\qquad = \int_\Omega \phi(x) f(x) dx + \int_\Omega \psi(T_\rho(x)) f(x) dx \\
&\qquad = \int_\Omega c(x, T_\rho(x)) f(x) dx,
\end{aligned} \tag{8.46}$$

亦即由 (8.40), (ϕ, ψ) 是最大化子. 由 8.5 节中证明的唯一性, 我们得出结论: 存在某个常数 C, $\phi = \phi_1 + C$, 这里 ϕ_1 是定理 8.1 中的最大化子. ■

8.6 反射曲面设计的计算方法

反射曲面设计问题被归结为最优传输问题 $T_\rho : (\Omega, \mu) \to (\Omega^*, \nu)$, $d\mu = f(x)dx$ 和 $d\nu = g(y)dy$. 根据关系 (8.21), 我们有

$$\rho(x)\eta(y) \leqslant \frac{1}{1 - \langle x, y \rangle},$$

因而, 传输代价函数 $c : \Omega \times \Omega^* \to \mathbb{R}_+$ 被定义为

$$c(x, y) = \log \frac{1}{1 - \langle x, y \rangle} = -\log(1 - \langle x, y \rangle),$$

定义 $\varphi(y) = \log \eta(y)$, $\varphi^c(x) = \log \rho(x)$, 则 Kantorovich 对偶泛函由下式给出:

$$F(\varphi) = \int_\Omega \varphi^c(x) f(x) d\mathcal{H}^2(x) + \int_{\Omega^*} \varphi(y) g(y) d\mathcal{H}^2(y).$$

如图 8.1 所示, 我们利用远场的目标图像对 (Ω^*, ν) 进行离散化. 我们计算从光源出发经过图像第 i 个像素的射线, 求出射线与球面区域 Ω^* 的交点 y_i, 此像素的强度记为 ν_i. 我们将 ν 表示成 Dirac 测度之和 $\nu = \sum_{i=1}^k \nu_i \delta(y - y_i)$, 并对 ν 进行归一化, 以使总质量等于 $\mu(\Omega)$.

Kantorovich 势能函数 φ 成为 Dirac 函数和 $\varphi(y)=\sum_{i=1}^k \varphi_i\delta(y-y_i)$, 将泛函重写为

$$F(\varphi)=\int_\Omega \varphi^c(x)f(x)dx+\sum_{i=1}^k \varphi_i\nu_i. \tag{8.47}$$

每个 $\varphi_i\delta(y-y_i)$ 确定一个旋转抛物面,

$$p_{y_i,\varphi_i}(x)=\frac{1}{e^{\varphi_i}}\frac{1}{1-\langle x,y_i\rangle}.$$

反射曲面 ρ 是 e^φ 的广义 Legendre 对偶, $\rho(x)=\inf_{y\in\Omega^*}\frac{1}{\eta(y)(1-\langle x,y\rangle)}$,

$$\rho(x)=\min_{i=1}^k\{p_{y_i,\varphi_i}(x)\}=\min_{i=1}^k\left\{\frac{1}{e^{\varphi_i}}\frac{1}{1-\langle x,y_i\rangle}\right\}.$$

径向图 Γ_ρ 是旋转抛物面 $\{p_{y_i,\varphi_i}\}$ 的内包络, 包络通过中心投影产生球面 power 图 $\mathcal{D}_\rho$,

$$\Omega=\bigcup_{i=1}^k W_\varphi(i),\quad W_\varphi(i):=\left\{x\in\Omega|p_{y_i,\varphi_i}\leqslant p_{y_j,\varphi_j},\forall j=1,\cdots,k\right\}. \tag{8.48}$$

图 8.5 显示了两个旋转抛物面的内包络及其相应的 power 图. 根据定义, power 胞腔定义为

$$W_\varphi(i)=\left\{x\in\Omega\left|\frac{1}{e^{\varphi_i}(1-\langle x,y_i\rangle)}\leqslant\frac{1}{e^{\varphi_j}(1-\langle x,y_j\rangle)},\forall j=1,\cdots,k\right.\right\}. \tag{8.49}$$

如果设置超平面 $\pi_{y_i,\varphi_i}(x)=e^{\varphi_i}(1-\langle x,y_i\rangle)$, 则

$$W_\varphi(i)=\left\{x\in\Omega|\pi_{y_i,\varphi_i}(x)\geqslant\pi_{y_j,\varphi_j}(x),\forall j=1,\cdots,k\right\}.$$

我们可以在 $\mathbb{R}^4$ 中计算超平面 $\{\pi_{y_1,\varphi_1},\pi_{y_2,\varphi_2},\cdots,\pi_{y_k,\varphi_k}\}$ 的上包络, 然后通过投影来生成 $\mathbb{R}^3$ 的欧氏 power 图, 如图 8.6 所示,

彩图

$$\mathbb{R}^3=\bigcup_{i=1}^k D_\varphi(i),\ D_\varphi(i):=\left\{x\in\mathbb{R}^3|\pi_{y_i,\varphi_i}(x)\geqslant\pi_{y_j,\varphi_j}(x),\forall j=1,\cdots,k\right\}.$$

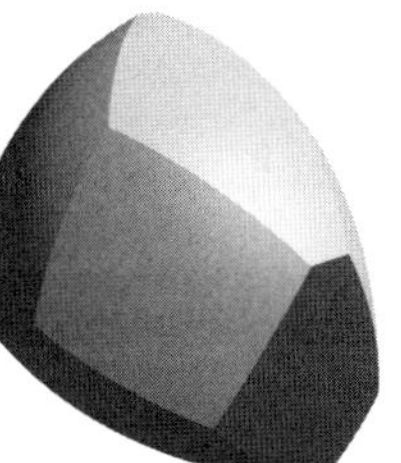
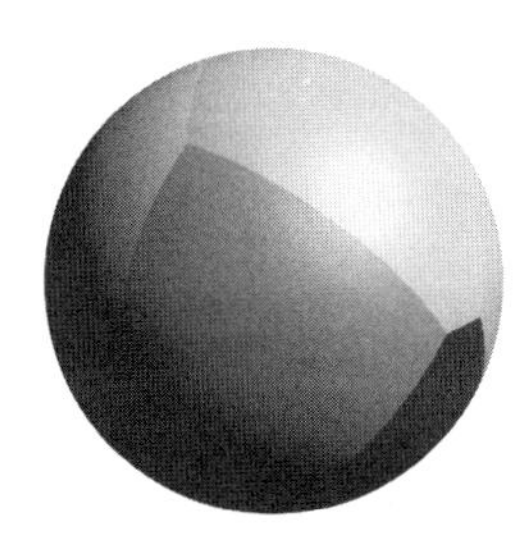
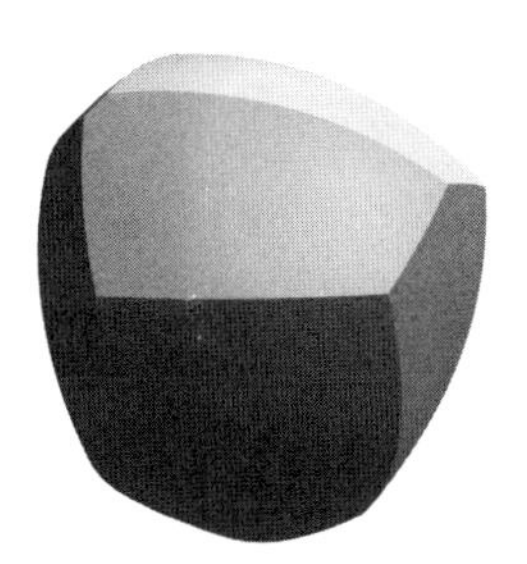

图 8.5 帧 1 和帧 3 显示旋转抛物面的内包络线, 帧 2 和帧 4 显示由中心投影产生的球面 power 图.

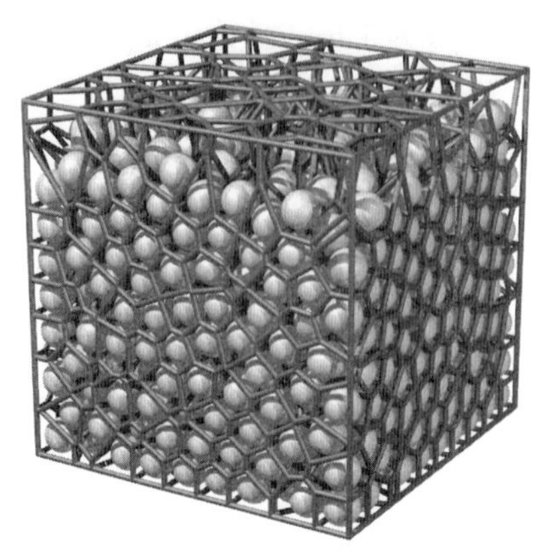

彩 图

图 8.6 $\mathbb{R}^3$ 的欧氏 power 图及其在单位球面上的限制.

欧氏 power 图在 $\Omega \subset \mathbb{S}^2$ 上的限制是球面 power 图 $\mathcal{D}_\varphi$, 这说明球面 power 图上的边不是球面测地线, 而是球面与欧氏平面之间的交点, 这增加了计算胞腔面积和胞腔边长的难度.

我们将胞腔 $W_\varphi(i)$ 的面积记为 $w_\varphi(i)$, 则能量的梯度为

$$\nabla F(\varphi) = (\nu_1 - w_\varphi(1), \nu_2 - w_\varphi(2), \cdots, \nu_k - w_\varphi(k))^T .$$

能量的 Hesse 矩阵更加复杂, 如图 6.9 所示, Hesse 矩阵的元素由下式给出:

$$\frac{\partial w_\varphi(i)}{\partial \varphi_j} = -\frac{\sin d_k + \sin d_l}{\cot \frac{\gamma_i}{2} + \cot \frac{\gamma_j}{2}}, \quad \frac{\partial w_\varphi(i)}{\partial \varphi_i} = -\sum_{i \neq j} \frac{\partial w_\varphi(i)}{\partial \varphi_j}.$$

由此, 我们可以应用 Newton 法解决最优传输问题, 从而得到反射曲面的设计方案.

计算球面胞腔面积 图 8.7 解释了球面 power 胞腔面积的计算方法. 所有的测地线均为黑色, 平面与球面之间的交线为红色的平面圆弧. 测地三角形表示为 $\triangle$, 由两个测地线段和一个 (非测地) 平面圆弧形成的三角形表示为 δ.

具有法向量 q 和高度 d 的欧氏平面 $\pi_{q,d}$ 的极坐标形式为 $\rho(x) = \frac{d}{\langle y,x \rangle}$. 假设 $\pi_{y,d}$ 与单位球面 $\mathbb{S}^2$ 交于一个平面圆 γ, 其中心为 c, 半径为 $r = \sqrt{1-d^2}$, $\pi_{y,d}$ 上方的球冠面积为 $2\pi(1-d)$.

Power 图的所有边都是平面和球面之间的相线. 我们在一个胞腔中选

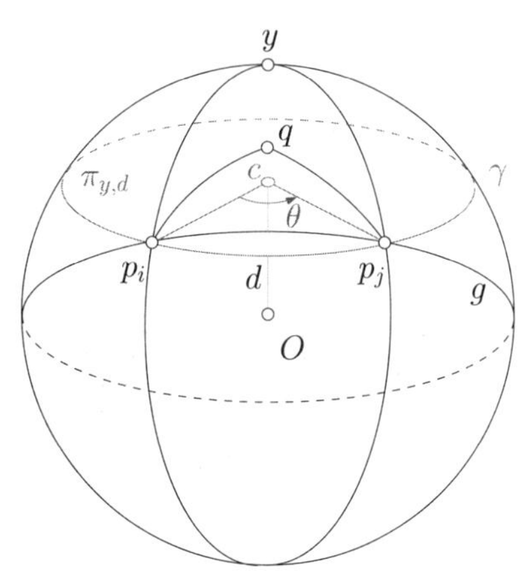

彩 图

图 8.7 Power 胞腔面积的计算方法.

择一个点 q, 并用测地线将 q 与单元格的所有顶点相连, 例如 qp_i 和 qp_j. 由测地线 qp_i、qp_j 和 γ 中的圆弧 p_ip_j 组成的三角形表示为 $\delta_{p_jqp_i}$, 三角形 $\delta_{p_jqp_i}$ 分解为测地三角形 $\triangle_{p_jqp_i}$ 和阴影区域, 可以使用球面余弦定律和 Gauss-Bonnet 定理来计算球面测地三角形 $\triangle_{p_jqp_i}$ 的面积. 阴影区域的面积可以如下计算. 如图 8.7 所示, 角度 θ 可由下式得到

$$\theta = \cos^{-1}\langle p_i - dy, p_j - dy\rangle.$$

在 γ 上由测地线 p_iq、p_jq 和平面圆弧 p_ip_j 界定的三角形表示为 $\delta_{p_jqp_i}$, 它的面积为

$$\text{area}\left(\delta_{p_jqp_i}\right) = \frac{\theta}{2\pi}2\pi(1-d) = (1-d)\theta.$$

测地线三角形 $\triangle_{p_jqp_i}$ 的面积也可以使用球余弦定律和 Gauss-Bonnet 定理来计算. 阴影区域是 $\delta_{p_jqp_i}$ 和 $\triangle_{p_jqp_i}$ 之间的差. 因此, 可以计算 $\delta_{p_jqp_i}$ 的面积, 也可以获得胞腔的面积.

图 8.8 和图 8.9 显示了一个计算实例, 远场图像为 Gauss 的肖像. 在图 8.8 中, 远场的原始图像显示在左帧, 计算的反射图像显示在右帧. 我们使用光线跟踪法来模拟反射图像: 跟踪从光源发出并被反射表面 Γ_ρ 所反射的光线, 在远场中与像平面相交. 图 8.9 显示了球面 power 图, 我们可以看到每个胞腔的面积与相应像素的强度成正比.

图 8.10 和图 8.11 显示了远场图像为 Lena 相片的计算结果. 原始图像和反射图像显示在图 8.10 中, 反射表面在图 8.11 中以不同的视图显示.

图 8.8 左帧是初始的远场图像, Gauss 肖像; 右帧是计算模拟的反射图像.

 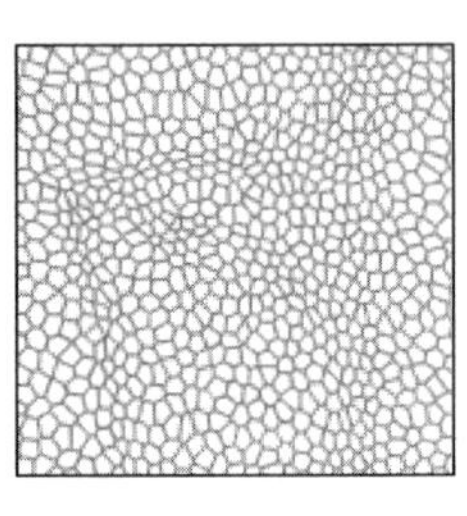

彩　图

图 8.9 球面 power 图.

图 8.10 左帧是初始的远场图像, Lena 相片; 右帧是计算模拟的反射图像.

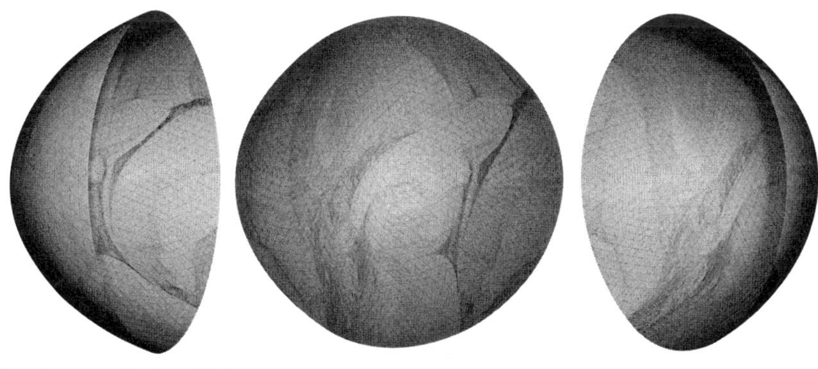

彩 图

图 8.11 Lena 相片的反射曲面.

图 8.12 和图 8.13 显示了远场图像为 Monge 肖像的计算结果. 原始图像和反射图像显示在图 8.12 中, 带有 power 图的反射表面在图 8.13 中以不同的视图显示.

图 8.12 左帧是初始的远场图像, Monge 肖像; 右帧是计算模拟的反射图像.

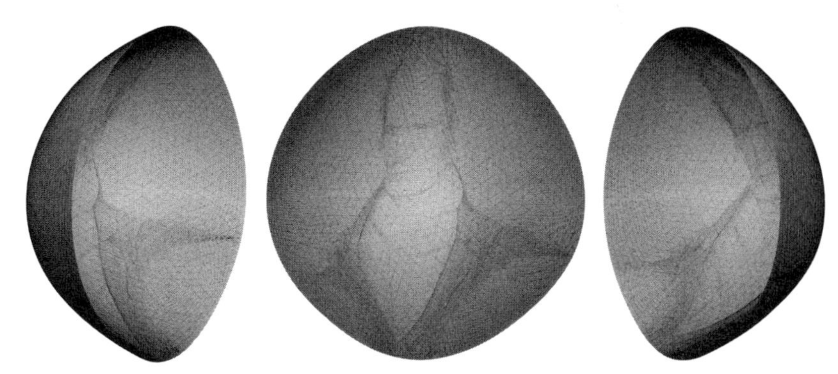

彩 图

图 8.13 Monge 肖像的反射表面.

第九章　折射透镜设计

9.1 折射透镜设计问题

设 n_1 和 n_2 分别为两种均匀、各向同性介质 I 和 II 的折射率. 假设从介质 I 中的点 $\mathcal{O}$ 发出强度为 $f(x)$ 的光, 沿着方向 $x \in \Omega \subset \mathbb{S}^2$. 如图 9.1 所示, 我们希望构造一个具有径向表示的折射曲面 Γ_ρ,

$$\Gamma_\rho = \{x\rho(x); x \in \Omega\}, \quad \rho > 0, \tag{9.1}$$

Γ_ρ 分离介质 I 和 II, 使得所有被 Γ_ρ 折射到介质 II 中的光线方向都落在 $\Omega^* \subset \mathbb{R}^2$ 中, 并且沿着方向 $y \in \Omega^*$ 的光线照明强度等于 $g(y)$, 这里球面函数 $g : \Omega^* \to \mathbb{R}$ 被事先规定. 假设折射中没有能量损失, 则根据能量守恒定律,

$$\int_\Omega f(x)dx = \int_{\Omega^*} g(y)dy. \tag{9.2}$$

从 $\mathcal{O}$ 出发到达点 $x\rho(x) \in \Gamma_\rho$ 的射线, 这里 $x \in \Omega$, 其折射射线的方向为

$$T(x) = T_\rho(x) = \partial\rho(x). \tag{9.3}$$

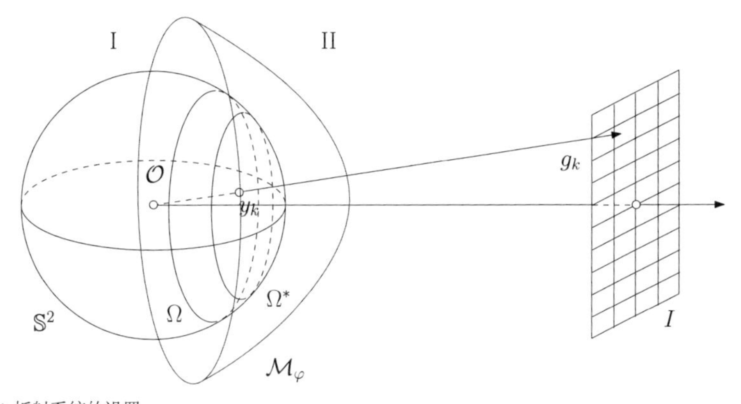

彩　图

图 9.1 折射系统的设置.

根据能量守恒, T 是保测度映射, 即

$$\int_{T^{-1}(E)} f(x)dx = \int_E g(y)dy, \quad \forall \text{ Borel 集 } E \subset \Omega^*, \tag{9.4}$$

具有自然边界条件

$$T_\rho(\Omega) = \partial\rho(\Omega) = \Omega^*. \tag{9.5}$$

问题 9.1 (设计折射镜面) 令 n_1 和 n_2 分别为两种均质和各向同性介质 I 和 II 的折射率. 给定球面区域 $\Omega, \Omega^* \subset \mathbb{S}^2$, 密度函数 $f : \Omega \to \mathbb{R}_+$ 和 $g : \Omega^* \to \mathbb{R}_+$, 找到折射镜表面 Γ_ρ, 将两种介质分开, 这样折射映射 T_ρ (9.3) 满足保测度条件 (9.4) 和边界条件 (9.5). ♦

这意味着存在以规定的方式折射光束的透镜. 为了解决这个问题, 首先我们求出具有均匀折射特性的曲面, 曲面使从点 O 发出的所有光线都折射到某个固定方向; 然后, 我们利用均匀折射曲面和能量守恒, 提出折射镜面问题的弱解概念; 再次, 我们将折射镜面问题转换为从 Ω 到 Ω^* 的最优传输问题, 这里适当选取的传输代价函数由 $\kappa = n_2/n_1$ 决定; 最后, 我们证明解的存在性和唯一性.

9.2 具有均匀折射特性的区面

我们回顾折射的物理定律, 来寻找具有均匀折射特性的曲面. 众所周知, 任何旋转抛物面都将从其焦点发射的所有光线反射到其轴向方向. 我们将证明: 当 $n_2 < n_1$, 则具有均匀折射特性的曲面是半旋转椭球曲面; 当 $n_2 > n_1$ 时, 则是双叶旋转双曲面.

Snell 折射定律 如图 9.2 所示, 假设 Γ 是 $\mathbb{R}^n$ 中的一个曲面, 该曲面将两个均匀各向同性的介质 I 和 II 分开. 设 v_1 和 v_2 分别为介质 I 和 II 中光的传播速度. 根据定义, 介质 I 的折射指数为 $n_1 = c/v_1$, 其中 c 是真空中光的传播速度, 类似地, $n_2 = c/v_2$. 如果一束方向为 $x \in \mathbb{S}^{n-1}$ 的光线 (因为折射角取决于辐射的频率, 因此我们假设光线是单色的) 穿过介质 I 在点 p 处命中 Γ, 折射进入介质 II, 折射射线的方向为 $y \in \mathbb{S}^{n-1}$, 则

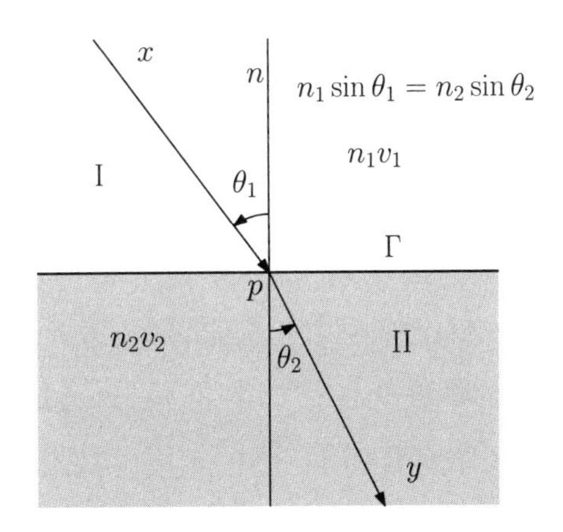

图 9.2 Snell 折射定律.

Snell 定律断言

$$n_1 \sin\theta_1 = n_2 \sin\theta_2,$$

这里 θ_1 是 x 和 n 之间的夹角 (入射角), θ_2 是 y 和 n 之间的夹角 (折射角), 而 n 是 Γ 在 p 处的法向单位, 指向介质 II. 向量 x, n 和 y 是共面的.

在向量形式中, Snell 定律可以通过向量 $n_2 y - n_1 x$ 平行于法向量 n 来表达. 若设 $\kappa = n_2/n_1$, 则存在实数 $\lambda \in \mathbb{R}$, 使得

$$x - \kappa y = \lambda n. \tag{9.6}$$

可以看出 $\lambda = \cos\theta_1 - \kappa\cos\theta_2$, $\cos\theta_1 = \langle x, n\rangle > 0$, 且 $\cos\theta_2 = \langle y, n\rangle = \sqrt{1 - \kappa^{-2}(1 - \langle x, n\rangle^2)}$.

当 $\kappa < 1$ 或等价地 $v_1 < v_2$ 时, 光波在介质 II 中的传播要快于介质 I, 介质 I 的密度要大于介质 II. 在这种情况下, 折射光线倾向于偏离法线. 因此, 当 $\sin\theta_1 = n_2/n_1 = \kappa$ 时, 实现最大折射角 θ_2 为 $\pi/2$. 因此, 当入射角 θ_1 超出此临界值时, 就不会发生折射, 也就是说我们必须使 $0 \leqslant \theta_1 \leqslant \theta_c = \arcsin\kappa$. 如果 $\theta_1 > \theta_c$, 则发生全内反射现象. 很容易验证, 当 $\theta_1 \in [0, \theta_c]$ 时,

$$\theta_2 - \theta_1 = \arcsin(\kappa^{-1}\sin\theta_1) - \theta_1 \tag{9.7}$$

严格递增, 因此 $0 \leqslant \theta_2 - \theta_1 \leqslant \frac{\pi}{2} - \theta_c$.

在 $\kappa > 1$ 的情况下, 介质 I 中的波传播速度快于介质 II 中的速度, 并

且折射射线倾向于向法线方向弯曲. 根据 Snell 定律, 当 $\theta_1 = \frac{\pi}{2}$ 时, 可获得由 θ_c^* 表示的最大折射角, $\theta_c^* = \arcsin(1/\kappa)$, 同样可得当 $\theta_2 \in [0, \theta_c^*]$ 时,

$$\theta_2 - \theta_1 = \arcsin(\kappa \sin \theta_2) - \theta_2 \tag{9.8}$$

严格递增, 因此 $0 \leqslant \theta_1 - \theta_2 \leqslant \frac{\pi}{2} - \theta_c^*$.

综上所述, 我们总结以下关于折射现象的物理约束.

命题 9.1 设 n_1 和 n_2 分别是两种介质 I 和 II 的折射率, 并且 $\kappa = n_2/n_1$. 那么, 在介质 I 中方向为 $x \in \mathbb{S}^{n-1}$ 的光线被表面折射, 进入介质 II 中, 方向为 $y \in \mathbb{S}^{n-1}$, 若 $\kappa < 1$, 当且仅当 $\langle y, x \rangle \geqslant \kappa$; 若 $\kappa > 1$, 当且仅当 $\langle y, x \rangle \geqslant 1/\kappa$. ♦

具有均匀折射特性的曲面 设 $y \in \mathbb{S}^{n-1}$ 为固定向量, 我们提出以下问题: 如果光线从介质 I 内的原点发出, 介质 I 和 II 的界面是 Γ, 什么样的 Γ 将所有这些光线折射为与 y 平行的光线?

假设 Γ 由极坐标参数化表示为 $\rho(x)x$, 其中 $\rho > 0$ 并且 $x \in \mathbb{S}^{n-1}$. 考虑 Γ 上的一条曲线由下式给出

$$\gamma(t) = \rho(x(t))x(t), \quad x(t) \in \mathbb{S}^{n-1}.$$

根据 Snell 定律的向量形式 (9.6), 切向量 $\dot{\gamma}(t)$ 与 Γ 表面法线正交,

$$\langle \dot{\gamma}(t), x(t) - \kappa y \rangle = \langle \dot{\gamma}(t), \lambda n \rangle = 0.$$

由 $\dot{\gamma} = \dot{\rho} x + \rho \dot{x}$, 我们得到

$$\begin{aligned} 0 &= \langle \dot{\rho} x + \rho \dot{x}, x - \kappa y \rangle \\ &= \dot{\rho}|x|^2 + \rho \langle \dot{x}, x \rangle - \kappa \dot{\rho} \langle x, y \rangle - \kappa \rho \langle \dot{x}, y \rangle \\ &= \frac{d}{dt}(\rho - \kappa \langle x, y \rangle). \end{aligned} \tag{9.9}$$

因此, 存在某个常数 $b \in \mathbb{R}$, 对于任意 $x \in \mathbb{S}^{n-1}$, 我们都有

$$\rho(x) = \frac{b}{1 - \kappa \langle x, y \rangle}. \tag{9.10}$$

容易看出, 当 $\kappa < 1$ 和 $b > 0$ 时, 由 (9.10) 给出的曲面是旋转椭球面, 旋转轴为 y, 焦点为 0 和 $\frac{2\kappa b}{1-\kappa^2} y$. 由折射的物理约束 (命题 9.1), 入射方向

和折射方向应满足 $\langle x, y\rangle \geqslant \kappa$. 因此, 半椭球面 $e_{y,b}$ 由下式给出

$$e_{y,b}=\left\{\rho(x)x:\rho(x)=\frac{b}{1-\kappa\langle y,x\rangle},x\in\mathbb{S}^{n-1},\langle x,y\rangle\geqslant\kappa\right\}. \tag{9.11}$$

这个半椭球面具有一致折射特性, 从原点 $\mathcal{O}$ 发出的任何光线都会折射成 y 方向. 等式 (9.9) 显示了在 $\rho(x)x$ 处 Γ_ρ 的法线由下式给出:

$$n(x)=\frac{x-\kappa y}{|x-\kappa y|}.$$

假设折射方向为 $T(x)$, 根据 Snell 定律 (9.6), 我们有

$$x-\kappa T(x)=\lambda n(x),$$

因此 $T(x)=y$. 这表明 $e_{y,b}$ 具有一致折射特性 (uniform refraction property), 也就是说, 它将从原点发出的任何光线都折射成 y 方向.

现在转到 $\kappa>1$ 的情形. 由于折射的物理约束 (命题 9.1), 我们在 (9.10) 中必有 $b<0$. 为了使 $b>0$, 我们定义如下

$$h_{y,b}=\left\{\rho(x)x:\rho(x)=\frac{b}{\kappa\langle y,x\rangle-1},x\in\mathbb{S}^{n-1},\langle x,y\rangle\geqslant 1/\kappa\right\}. \tag{9.12}$$

很容易看出, $h_{y,b}$ 是双叶旋转双曲面 (如图 9.3) 的一叶, 双曲面的旋转轴为 y, 两个焦点为 0 和 $\frac{2\kappa b}{\kappa^2-1}y$, $h_{y,b}$ 所在叶的开口方向为 $+y$. 由等式 (9.9) 知, 向量 $(\kappa y-x)/(\kappa y-x)$ 在 $\rho(x)x$ 处向 $h_{y,b}$ 的向内法线. 根据 Snell 定

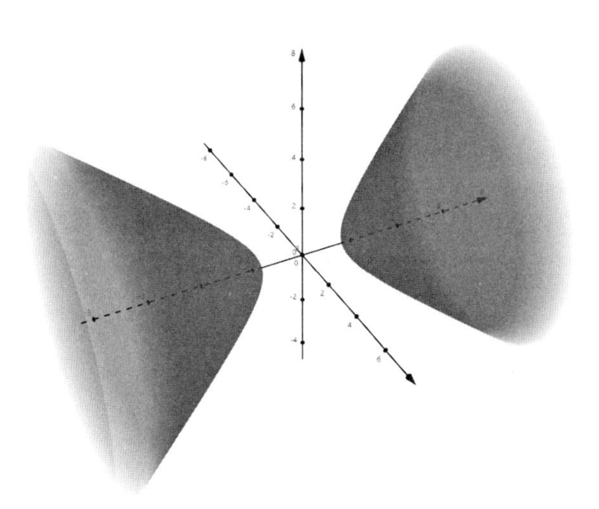

图 9.3 双叶旋转双曲面.

律 (9.6), 折射方向 $T(x)$ 满足

$$x - \kappa T(x) = \lambda n(x) = \lambda'(\kappa y - x),$$

这就证明了 $T(x) = y$. 这表明 $\kappa > 1$ 时, 双叶旋转双曲面 $h_{y,b}$ 具有一致折射特性.

通过以上讨论, 我们证明了以下引理.

引理 9.1 设 n_1 和 n_2 分别是两种介质 I 和 II 的折射率, 并且 $\kappa = n_2/n_1$. 假设原点 $\mathcal{O}$ 在介质 I 内, 而 $e_{y,b}$, $h_{y,b}$ 分别由 (9.11) 和 (9.12) 所定义, 我们有:

(1) 如果 $\kappa < 1$ 并且 $e_{y,b}$ 是两种介质 I 和 II 的界面, $e_{y,b}$ 将所有从 $\mathcal{O}$ 发出的光线折射进入介质 II, 折射为方向 y.

(2) 如果 $\kappa > 1$ 并且 $h_{y,b}$ 是两种介质 I 和 II 的界面, $h_{y,b}$ 将所有从 $\mathcal{O}$ 发出的光线折射进入介质 II, 折射为方向 y. ♦

9.3 广义解和广义 Legendre 变换

我们首先定义球面 Monge-Ampère 方程 (9.4) 的广义解.

广义解 令 $\rho \in C(\Omega)$ 为正函数, 并令 $\Gamma_\rho = \{x\rho(x) : x \in \Omega\}$ 表示 ρ 的径向图. 令 $e = e_{y,c}$ 是一个旋转椭球面, 其径向图为 Γ_e. 如果我们有

$$\begin{cases} \rho(x_0) = e_{y,c}(x_0), \\ \rho(x) \leqslant e_{y,c}(x), \quad \forall x \in \Omega, \end{cases} \tag{9.13}$$

则称 Γ_e 是 ρ 在点 $x_0\rho(x_0) \in \Gamma_\rho$ 处的支撑椭球面. 如果径向图 Γ_ρ 在任意点处都有支撑椭球面, 则称 ρ 是可容许的.

令 ρ 为可容许函数. 我们定义一个集值映射 $\partial\rho : \Omega \to \mathbb{S}^2$, 即所谓的次微分. 对于任意 $x_0 \in \Omega$, $\partial\rho(x_0)$ 是这样的点 y_0 的集合, 使得存在 $c > 0$, $e_{y_0,c}$ 是 ρ 在点 x_0 处的支撑椭球面. 对任意子集 $E \subset \Omega$, 我们定义 $\partial\rho(E) = \bigcup_{x \in E} \partial\rho(x)$.

从定义中可以看出, 如果 $\partial\rho(x)$ 包含多个点, 则 ρ 在 x 处是不可微的, 并且 $\partial\rho$ 在任何可微点都是单值的. 由于可容许函数在其径向图的任何点

上都具有支撑椭球面, 因此它是半凸的, 几乎处处二次可微. 因此, $\partial\rho$ 几乎处处都是单值映射.

通过次微分映射 $\partial\rho$, 我们引入了 Ω 中的测度 $\mu = \mu_{\rho,g}$, 这里 $g \in L^1(\mathbb{S}^2)$ 是非负的可测函数, 使得对于任意 Borel 集 $E \subset \Omega$,

$$\mu(E) = \int_{\partial\rho(E)} g(x)dx. \tag{9.14}$$

μ 已经被证明是 Radon 测度.

定义 9.1 (广义解) 可容许函数 ρ 称为方程 (9.4) 的广义解, 如果作为测度 $\mu_{\rho,g} = fdx$, 则对于任意 Borel 集 $E \subset \Omega$,

$$\int_E f = \int_{\partial\rho(E)} g. \tag{9.15}$$

更进一步, 如果 ρ 还满足

$$\Omega^* \subset \partial\rho(\Omega), \quad |\{x \in \Omega : f(x) > 0 \text{ 且 } \partial\rho(x) - \overline{\Omega^*} \neq \emptyset\}| = 0, \tag{9.16}$$

那么我们称 ρ 是具有边界条件 (9.5) 的方程 (9.4) 的广义解. ♦

广义 Legendre 变换 可以很容易验证 (9.10) 中的椭球偏心率是 κ, 并且原点是焦点之一. 如图 9.4 所示, 假设 ρ 是可容许的, 固定方向 $y^* \in \mathbb{S}^2$, 存在一个支撑旋转椭球面以 y^* 为旋转轴方向, 记为 e_{y^*,c^*}, 即椭球面的径向表示为 $\frac{c^*}{1-\kappa\langle x^*,y^*\rangle}$, 并在 $\rho(x^*)x^*$ 处支撑 Γ_ρ.

那么从图 9.4 可以看出, 在所有以 y^* 为轴向, 且与 Γ_ρ 相交的椭球

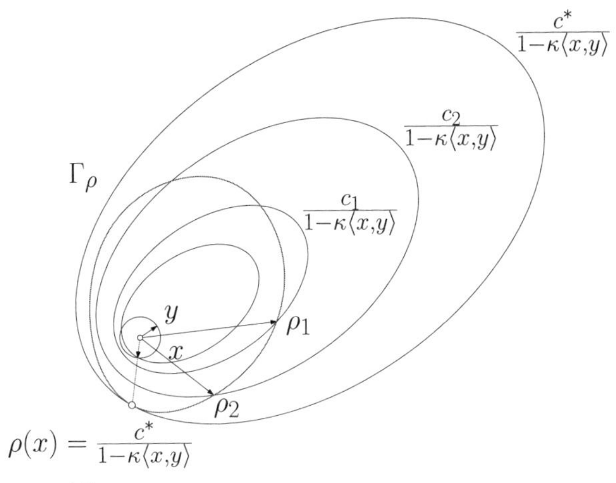

图 9.4 广义 Legendre 变换.

面 $e_{y^*,c}$ 中, $c \leqslant c^*$. 假设 Γ_ρ 与椭球面 $e_{y^*,c}$ 相交, 则在交点处我们有 $\rho(x) = \frac{c}{1-\kappa\langle x,y^*\rangle}$, $c = \rho(x)(1-\kappa\langle x,y^*\rangle)$, 因此我们得到

$$c^* = \sup_{x\in\Omega} \rho(x)(1-\kappa\langle x,y^*\rangle) \iff \frac{1}{c^*} = \inf_{x\in\Omega} \frac{1}{\rho(x)(1-\kappa\langle x,y^*\rangle)}.$$

$1/c^*$ 是 y^* 的函数, 我们将其记作 $\eta : \Omega^* \to \mathbb{R}_+$.

定义 9.2 (广义 Legendre 变换) 设 ρ 是定义在 Ω 上的可容许函数. ρ 关于函数 $\frac{1}{1-\kappa\langle x,y\rangle}$ 的广义 Legendre 变换是定义在 $\mathbb{S}^2$ 上的函数 η, 由下式给出

$$\eta(y) = \inf_{x\in\Omega} \frac{1}{\rho(x)(1-\kappa\langle x,y\rangle)}. \quad \blacklozenge \tag{9.17}$$

我们记 $\Omega^* = \partial\rho(\Omega)$. 对于任何固定的 $y_0 \in \Omega^*$, 令 (9.17) 在 $x_0 \in \Omega$ 达到最小值, 则

$$\eta(y_0) = \frac{1}{\rho(x_0)(1-\kappa\langle x_0,y_0\rangle)}, \tag{9.18}$$

而对于点 x 而非 x_0, 我们有

$$\eta(y_0) \leqslant \frac{1}{\rho(x)(1-\kappa\langle x,y_0\rangle)}, \quad \forall x \in \Omega. \tag{9.19}$$

由 x 和 y 之间的对称性, 我们得到

$$\eta(y) \leqslant \frac{1}{\rho(x_0)(1-\kappa\langle x_0,y\rangle)}, \quad \forall y \in \Omega^*, \tag{9.20}$$

由 (9.18) 和 (9.19), 我们可以说对一般条件下的 $x \in \Omega$ 和 $y \in \Omega^*$,

$$\rho(x)\eta(y) \leqslant \frac{1}{1-\kappa\langle x,y\rangle}. \tag{9.21}$$

由 (9.18) 和 (9.19), 我们可以看出 $e_{y_0,C}(x) = \frac{C}{1-\kappa\langle x,y_0\rangle}$ $(C = 1/\eta(y_0))$ 是 ρ 在 x_0 处的支撑椭球面. 由 (9.18) 和 (9.20) 易得 $e_{x_0,C}(y) = \frac{C}{1-\kappa\langle x_0,y\rangle}$ $(C = 1/\rho(x_0))$ 是 η 在点 y_0 处的椭球面, 因此 η 是可容许的. 更进一步,

$$y_0 \in \partial\rho(x_0) \iff x_0 \in \partial\eta(y_0).$$

特别地, η 的广义 Legendre 变换, 限制在 Ω 之上时, 又是 ρ 自身,

$$\rho^{**} = \rho.$$

此外, 如果 ρ 光滑且满足 (9.4), 则 $\partial\eta$ 是 $\partial\rho$ 的逆. 径向图 Γ_η 称为对偶折射曲面.

9.4 存在唯一性定理

定理 9.1 设 Ω 和 Ω^* 是 $\mathbb{S}^{n-1}$ 中的两个区域, 则发射光束的照明强度由在 Ω 上的正有界函数 $f(x)$ 给出, 折射光束的规定照明强度由 $\overline{\Omega^*}$ 上的正有界函数 $g(y)$ 给出. 假设 $|\partial\Omega| = 0$ 并且满足物理约束

$$\inf_{x\in\Omega, y\in\Omega^*} \langle x, y\rangle \geqslant \kappa. \tag{9.22}$$

进一步, 假设总能量守恒

$$\int_{\Omega} f(x)dx = \int_{\Omega^*} g(y)dy > 0, \tag{9.23}$$

其中 dx, dy 表示 $\mathbb{S}^{n-1}$ 上的曲面测度. 那么, 存在一个弱解 Γ_ρ, 对 $\kappa < 1$ 具有发射照明强度 $f(x)$ 和规定的折射照明强度 $g(y)$. 这样的解 Γ_ρ 彼此相差一个相似变换. ♦

对于反射透镜曲面设计问题的解的存在和唯一性, 该证明与定理 8.1 相似. 可以将问题转化为最优传输问题, 然后我们可以证明存在一对函数 (ϕ_1, ψ_1), 在相差一个常数的意义下唯一, 最大化如下问题

$$\sup\{I(u,v) : (u,v) \in K\}, \tag{9.24}$$

其中

$$I(u,v) = \int_{\Omega} f(x)u(x)dx + \int_{\Omega^*} v(y)g(y)dy, \tag{9.25}$$

$$K = \left\{(u,v) \in (C(\overline{\Omega}), C(\overline{\Omega^*})) : u(x) + v(y) \leqslant c(c,y), \forall x \in \Omega, y \in \Omega^*\right\}, \tag{9.26}$$

$$c(x,y) = -\log(1 - \kappa\langle x,y\rangle), \tag{9.27}$$

这里 $\langle x, y\rangle$ 是 $\mathbb{R}^n$ 上的内积, 使得 $\rho_1 = e^{\phi_1}$ 是具有边界条件 (9.5) 的方程 (9.4) 的解. 我们可以应用类似方法来证明 $\kappa > 1$ 的情形.

定理 9.2 设 Ω 和 Ω^* 是 $\mathbb{S}^{n-1}$ 上的两个区域, 则发射光束的照明强度由在 Ω 上的正有界函数 $f(x)$ 给出. 折射光束的规定照明强度由在 $\overline{\Omega^*}$ 上的正有界函数 $g(y)$ 给出. 假设 $|\partial\Omega| = 0$ 并且满足物理约束

$$\inf_{x\in\Omega, y\in\Omega^*} \langle x, y\rangle \geqslant \frac{1}{\kappa}. \tag{9.28}$$

进一步, 假设总能量守恒

$$\int_{\Omega} f(x)dx = \int_{\Omega^*} g(y)dy > 0, \tag{9.29}$$

其中 dx, dy 表示 $\mathbb{S}^{n-1}$ 上的曲面测度. 那么存在一个弱解 Γ_ρ, 对于 $\kappa > 1$ 具有发射照明强度 $f(x)$ 和规定的折射照明强度 $g(y)$. 这样的解 Γ_ρ 彼此相差一个相似变换. ♦

该证明类似于 $\kappa < 1$ 的情况, 但是代价函数被修改为

$$c(x, y) = -\log(\kappa\langle x, y\rangle - 1). \tag{9.30}$$

9.5 折射透镜设计的算法

折射透镜设计问题被归结化为最优传输问题 $T_\rho : (\Omega, \mu) \to (\Omega^*, \nu)$, $d\mu = f(x)dx$ 且 $d\nu = g(y)dy$. 根据关系 (9.21), 我们有

$$\rho(x)\eta(y) \leqslant \frac{1}{1-\kappa\langle x, y\rangle}.$$

因此, 代价函数 $c : \Omega \times \Omega^* \to \mathbb{R}_+$ 被定义为

$$c(x, y) = \log \frac{1}{1-\kappa\langle x, y\rangle} = -\log(1-\kappa\langle x, y\rangle),$$

令 $\varphi(y) = \log \eta(y)$, $\varphi^c(x) = \log \rho(x)$, 则 Kantorovich 对偶函数由

$$F(\varphi) = \int_{\Omega} \varphi^c(x) f(x) d\mathcal{H}^2(x) + \int_{\Omega^*} \varphi(y) g(y) d\mathcal{H}^2(y)$$

给出.

如图 9.1 所示, 我们利用远场的目标图像对 (Ω^*, ν) 进行离散化. 我们计算从光源出发经过图像第 i 个像素的射线, 求出射线与球面区域 Ω^* 的交点 y_i, 此像素的强度记为 ν_i. 我们将 ν 表示成 Dirac 测度之和 $\nu = \sum_{i=1}^k \nu_i \delta(y - y_i)$, 并对 ν 进行归一化, 以使总质量等于 $\mu(\Omega)$. Kantorovich 势能函数 φ 成为 Dirac 函数和 $\varphi(y) = \sum_{i=1}^k \varphi_i \delta(y - y_i)$, 然后将泛函重写为

$$F(\varphi) = \int_{\Omega} \varphi^c(x) f(x) dx + \sum_{i=1}^k \varphi_i \nu_i. \tag{9.31}$$

每个样本 (y_i,φ_i) 确定一个旋转椭球面,

$$e_{y_i,\varphi_i}(x)=\frac{1}{e^{\varphi_i}}\frac{1}{1-\kappa\langle x,y_i\rangle},$$

那么折射镜曲面 ρ 是 e^{φ} 的广义 Legendre 对偶, $\rho(x)=\inf\limits_{y\in\Omega^*}\frac{1}{\eta(y)(1-\kappa\langle x,y\rangle)}$,

$$\rho(x)=\min_{i=1}^{k}\{e_{y_i,\varphi_i}(x)\}=\min_{i=1}^{k}\left\{\frac{1}{e^{\varphi_i}}\frac{1}{1-\kappa\langle x,y_i\rangle}\right\}.$$

径向图 Γ_ρ 是椭球面 $\{e_{y_i,\varphi_i}\}$ 的内包络, 包络通过中心投影产生球面 power 图 $\mathcal{D}_\rho$,

$$\Omega=\bigcup_{i=1}^{k}W_\varphi(i),\ W_\varphi(i):=\left\{x\in\Omega|e_{y_i,\varphi_i}\leqslant e_{y_j,\varphi_j},\forall j=1,\cdots,k\right\}. \quad (9.32)$$

由定义, power 胞腔由下式给出

$$W_\varphi(i)=\left\{x\in\Omega\left|\frac{1}{e^{\varphi_i}(1-\kappa\langle x,y_i\rangle)}\leqslant\frac{1}{e^{\varphi_j}(1-\kappa\langle x,y_j\rangle)},\forall j=1,\cdots,k\right.\right\}. \quad (9.33)$$

设超平面 $\pi_{y_i,\varphi_i}(x)=e^{\varphi_i}(1-\kappa\langle x,y_i\rangle)$, 那么

$$W_\varphi(i)=\left\{x\in\Omega|\pi_{y_i,\varphi_i}(x)\geqslant\pi_{y_j,\varphi_j}(x),\forall j=1,\cdots,k\right\}.$$

我们可以在 $\mathbb{R}^4$ 中计算超平面的上包络 $\{\pi_{y_1,\varphi_1},\pi_{y_2,\varphi_2},\cdots,\pi_{y_k,\varphi_k}\}$, 然后投影得到 $\mathbb{R}^3$ 的欧氏 power 图,

$$\mathbb{R}^3=\bigcup_{i=1}^{k}D_\varphi(i),\ D_\varphi(i):=\left\{x\in\mathbb{R}^3|\pi_{y_i,\varphi_i}(x)\geqslant\pi_{y_j,\varphi_j}(x),\forall j=1,\cdots,k\right\}.$$

欧氏 power 图在 $\Omega\subset\mathbb{S}^2$ 上的限制是球面 power 图 $\mathcal{D}_\varphi$. 同样, 球面 power 图的边不是测地线, 而是平面与球面的交线, 这增加了计算的难度. 记每个胞腔 $W_\varphi(i)$ 的面积为 $w_\varphi(i)$, 则泛函的梯度为

$$\nabla F(\varphi)=(\nu_1-w_\varphi(1),\nu_2-w_\varphi(2),\cdots,\nu_k-w_\varphi(k))^T.$$

Hesse 矩阵更为复杂, 我们可以使用 Newton 法来解最优传输问题.

第四部分

流体力学方法

这一部分介绍最优传输理论的流体力学观点. 首先我们介绍不可压缩流体的 Euler 方程和 Arnold 的解释, 即 Euler 方程是保测度微分同胚群的测地线方程. 然后介绍依赖时间的最优传输理论, 及其与经典最优传输理论的相容性条件, 并且给出最优性方程. 这一方程等价于 Wasserstein 空间的测地线方程, 测地线可以由 McCann 插值直接构造. 再后介绍 Benamou-Brenier 理论, 证明最优传输与动能最小流场的等价性, 从而得到 Benamou-Brenier 泛函和计算方法. 同时介绍 Otto 的解释, 为 Wasserstein 空间赋予 Riemann 度量结构, 从而定义协变微分. 最后, 我们介绍 Tannenbaum 算法.

第十章 流体动力学

本章介绍最优传输理论的流体动力学理论, 更多细节可参考 Villani [77], Villani [78] 和 Santambrogio [72].

10.1 Euler 观点和 Lagrange 观点

流体力学的研究中有两种观点: Euler 观点和 Lagrange 观点. 令 $\Omega \subset \mathbb{R}^n$ 是欧氏空间中的有界区域, 其边界曲面为 $S = \partial\Omega$, 空间中的一点记为 $x \in \Omega$, 时间变量为 $t \in \mathbb{R}_+$.

Euler 观点 在 Euler 的描述中, 我们盯着空间中一个给定的固定点 $x \in \Omega$, 并测量在时刻 $t \in \mathbb{R}_+$, 经过该点的流体粒子的速度 $v(t,x)$,

$$v(t,x) : \mathbb{R}_+ \times \Omega \to \mathbb{R}^n, \tag{10.1}$$

这里 $v(t,x)$ 是流体的速度场, 也记为 $v_t(x)$. 同时测量流场的密度函数,

$$\rho(t,x) : \mathbb{R}_+ \times \Omega \to \mathbb{R}. \tag{10.2}$$

$\rho(t,x)$ 也记为 $\rho_t(x)$.

Lagrange 观点 在 Lagrange 的描述中, 在每个粒子上放置一个标签, 然后研究每个被标记的粒子轨迹. 例如, 假设我们用粒子的初始位置 x 来标记粒子, 该粒子在时刻 t 的位置表示为 $\gamma(t,x) : \mathbb{R}_+ \to \Omega$, 则 $\gamma(t,x)$ 描述了流场中粒子的轨迹, 也记为 $\gamma_x(t)$.

Euler-Lagrange 观点转换 我们需要在这两个观点之间进行转换. 考察一个粒子, 其初始位置为 $x \in \Omega$, 此粒子在流场中运动, 在时刻 t 的位置为 $\gamma_x(t)$, 粒子的速度向量为 $v(t, \gamma_x(t))$. 由此我们得到 Euler-Lagrange 观点的转换公式

$$\begin{cases} \frac{d}{dt}\gamma_x(t) = v_t(\gamma_x(t)), \\ \gamma_x(0) = x. \end{cases} \tag{10.3}$$

10.2 时变速度场的流

我们考察依赖时间速度场 v_t 所决定的流场 (如图 10.1 所示), 根据流场的 Lagrange 观点, 一个粒子的轨迹为 $\gamma_x(t)$, 满足常微分方程 (10.3). 流场诱导了依赖时间的单参数自同胚群 $g:\mathbb{R}_+\times\Omega\to\Omega$,

$$\forall(t,x)\in\mathbb{R}_+\times\Omega,\quad g(t,x):=\gamma_x(t).$$

$g(t,x)$ 也记为 $g_t(x)$, $g_t:\Omega\to\Omega$ 是一个自同胚 (因为时间可逆, 流场可逆). 我们将单参数自同胚群 $\{g_t\}$ 称为由时变速度场 v_t 诱导的流, 那么粒子轨迹的常微分方程 (10.3) 可被改写为自同胚群 $\{g_t\}$ 的微分方程

$$\begin{cases}\frac{d}{dt}g_t(x)=v_t(g_t(x)),\\ g_0(x)=x.\end{cases}\tag{10.4}$$

下述命题证明了依赖时间的速度场诱导了流 $\{g_t\}$ 的存在性, 更多证明细节可参看 Amann [3].

命题 10.1 如果对于每个 t, 速度向量场 v_t 关于 x 是连续的, 则对于每个初始数据, 都存在局部解 (至少存在一个解, 定义在 $t=0$ 的某个邻域中). 更进一步, 如果 v_t 满足

$$|v_t(x)|\leqslant C_0+C_1|x|,$$

那么存在相对于时间的全局解. 如果 v_t 关于 x 是 Lipschitz 的, 关于 t 是一致的, 则解是唯一的, 并定义了流 $g_t(x):=\gamma_x(t)$. 在这种情况下, 如果我

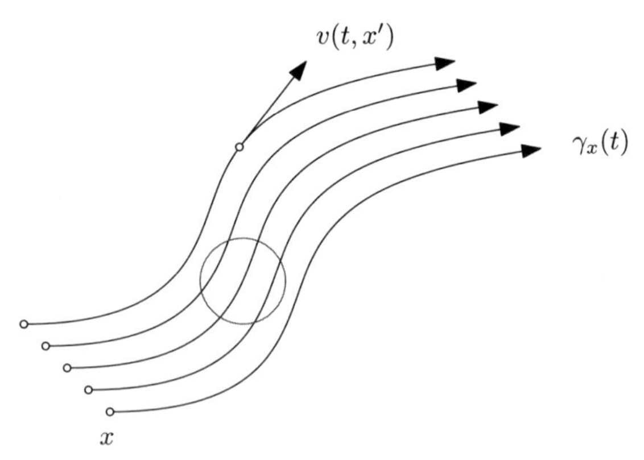

彩 图

图 10.1 Lagrange 观点.

们设 $L := \sup_t \operatorname{Lip}(v_t)$, 则映射 $g_t(\cdot)$ 具有相同的 Lipschitz 常数. ♦

证明 存在性可以通过曲线空间中的不动点方法来证明. 考虑具有 L^∞ 范数的曲线空间

$$\Gamma_{\varepsilon,\rho} = \left\{C([0,\varepsilon],\mathbb{R}^d), \|\gamma\|_{L^\infty} < \rho\right\},$$

其中 $\varepsilon < 1/L$ 是一个常数. 定义映射 $F : \Gamma_{\varepsilon,\rho} \to \Gamma_{\varepsilon,\rho}$,

$$F(\gamma(t)) := x + \int_0^t v_\tau(\gamma(\tau))d\tau,$$

那么常微分方程 (10.3) 的解是 $F(\gamma)$ 的一个不动点. 对于任意 $t \in (0,\varepsilon)$, 我们有

$$\begin{aligned}\left|F\left(\gamma^{(1)}(t)\right) - F\left(\gamma^{(2)}(t)\right)\right| &\leqslant \int_0^t \left|v_\tau(\gamma^{(1)}(\tau)) - v_\tau(\gamma^{(2)}(\tau))\right| d\tau \\ &\leqslant L\int_0^t |\gamma^1(\tau) - \gamma^2(\tau)|d\tau \\ &\leqslant \varepsilon L\|\gamma^{(1)} - \gamma^{(2)}\|_{L^\infty}. \end{aligned} \tag{10.5}$$

由此可见, 如果 $\varepsilon L < 1$,

$$\left\|F\left(\gamma^{(1)}(t)\right) - F\left(\gamma^{(2)}(t)\right)\right\|_{L^\infty} \leqslant \varepsilon L\|\gamma^{(1)} - \gamma^{(2)}\|_{L^\infty},$$

即 F 是一个压缩映射, 因此具有唯一不动点, 这就是常微分方程 (10.3) 的解.

至于唯一性以及对初始条件 x 的依赖性, 我们考虑两条曲线 $\gamma^{(1)}$ 和 $\gamma^{(2)}$, 它们都是方程 $\gamma'(t) = v_t(\gamma(t))$ 的解, 定义 $E(t) = |\gamma^{(1)}(t) - \gamma^{(2)}(t)|^2$, 我们有

$$\frac{d}{dt}E(t) = 2(\gamma^{(1)}(t) - \gamma^{(2)}(t)) \cdot (v_t(\gamma^{(1)}(t)) - v_t(\gamma^{(2)}(t))),$$

从而得到 $|E'(t)| \leqslant 2LE(t)$. 由 Gronwall 引理 [39], 可以得出

$$E(0)e^{-2L|t|} \leqslant E(t) \leqslant E(0)e^{2L|t|},$$

这就证明了 g_t 的唯一性、单射性和 bi-Lipschitz, 也证明了 g_t 是从 $\mathbb{R}^d$ 到 $\mathbb{R}^d$ 的同胚, 因为对于任意 $x_0 \in \mathbb{R}^d$, 我们能够求解具有 Cauchy 边界条件 $\gamma_x(0) = x$ 的常微分方程. ■

10.3 不可压缩流体的 Euler 方程

在本节中, 我们研究流体动力学, 考虑作用于流体上的力所引起的运动变化, 首先研究不可压缩流体 (参见 [9], [23] 和 [58]). 如图 10.2 所示, 给定流体中一个体积为 $\Omega \subset \mathbb{R}^n$、表面积为 $S = \partial\Omega$ 的小区域, 它包含很多流体粒子. 我们通过考察作用于这个区域上的力来推导流体动量的演化方程.

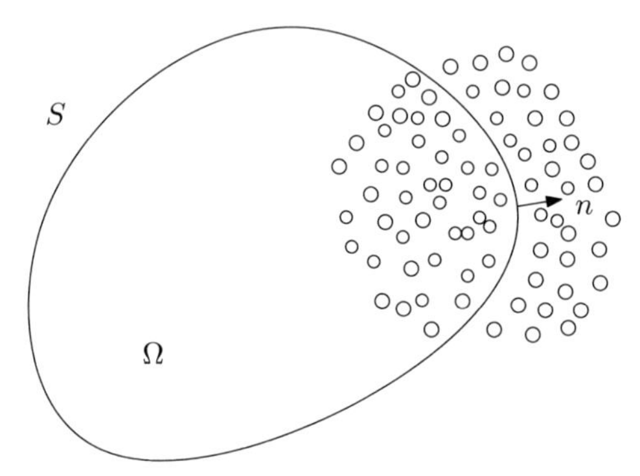

图 10.2 流体中的一个小区域及其上的各种作用力.

物质导数 考虑一个标量函数 $\varphi = \varphi(x, t)$, 其中 t 是时间, x 是位置, 这里 φ 可能是一些物理变量, 如温度或化学浓度. 标量函数 φ 所表示的物理量存在于一个连续体中, 其宏观速度由向量场 $v(t, x)$ 表示.

计算 φ 关于时间的 (全) 微分, 应用多元微分的链式法则进行扩展:

$$\frac{d}{dt}\varphi(t, x) = \frac{\partial \varphi}{\partial t} + \dot{x} \cdot \nabla \varphi.$$

显然, 该导数取决于速度向量 $\dot{x} = dx/dt$, 这里 $x(t)$ 描述了流体粒子在空间中的运动轨迹. 粒子的运动路径依随流体的流场, 速度向量场 $\dot{x}$ 等于流体速度场 $v(t, x)$, $\dot{x} = v$. 因此, 标量函数 φ 的物质导数为

$$\frac{D\varphi}{Dt} = \frac{\partial \varphi}{\partial t} + v \cdot \nabla \varphi,$$

同样, 速度场 v 的物质导数为

$$\frac{Dv}{Dt} = \frac{\partial v}{\partial t} + v \cdot \nabla v.$$

流体的作用力 作用在流体上的力可以分为两种类型: 体作用力和表面力. 体作用力 (例如重力) 作用于整个 Ω 中的所有粒子,

$$F_\Omega = \int_\Omega \rho \mathbf{g} \, d\Omega.$$

表面力是由表面 $S = \partial\Omega$ 上的相互作用引起的, 例如流体压强. 表面 S 两侧的流体分子之间的碰撞会产生跨边界的动量通量, 通量沿着表面的法线方向 $\mathbf{n}$. 流体区域表面 S 的外侧向 V 的内部施加作用力, 依照惯例表示为

$$F_S = \int_S -p\mathbf{n} \, dS.$$

Newton 第二运动定律告诉我们, 流体体积 Ω 上的作用力之和等于其动量的变化率. 由于 Dv/Dt 是 Ω 内的流体粒子的加速度, 因此我们有

$$\int_\Omega \rho \frac{Dv}{dt} \, d\Omega = \int_S -p\mathbf{n} \, dS + \int_\Omega \rho \mathbf{g} \, d\Omega.$$

现在应用散度定理,

$$\int_\Omega \rho \frac{D\mathbf{v}}{Dt} = \int_\Omega (-\nabla p + \rho \mathbf{g}) d\Omega,$$

因为 Ω 是任意区域, 两个等式右侧必须相同. 由此得到流体动量演化的 Euler 方程,

$$\rho \frac{Dv}{Dt} = \rho \left[\frac{\partial v}{\partial t} + (v \cdot \nabla) v \right] = -\nabla p + \rho \mathbf{g}. \tag{10.6}$$

该方程忽略了黏性效应 (由于速度梯度而产生的表面切向力), 否则会引入额外项 $\mu \nabla^2 v$, 其中 μ 是流体的黏度, 如在 Navier-Stokes 方程中,

$$\rho \frac{Dv}{Dt} = -\nabla p + \rho \mathbf{g} + \mu \nabla^2 v. \tag{10.7}$$

在下文中, 我们将仅考虑具有恒定质量密度的无黏性和不可压缩的理想流体.

Euler 方程 Euler 方程是流体力学中最基本的方程之一. 在其最简单的版本中, Euler 方程描述了有界光滑开集 $\Omega \subset \mathbb{R}^n$ 中不可压缩的无黏性流体. 这里未知变量是流体的速度场,

$$v(x,t) : \Omega \times \mathbb{R}_+ \to \mathbb{R}^n.$$

由 Newton 定律得到 v 的物质导数等于压强的梯度 $Dv/Dt = -\nabla p$, 由 (10.6) 我们得到不可压缩流体的 Euler 方程,

$$\begin{cases} \frac{\partial v}{\partial t} + v \cdot \nabla v = -\nabla p, \\ \nabla \cdot v = 0. \end{cases} \tag{10.8}$$

根据定义, $\nabla \cdot v = \sum_i (\partial v_i / \partial x_i)$ 是 v 的散度, $v \cdot \nabla v = (v \cdot \nabla) v$ 是向量场, 它的第 i 个分量是

$$(v \cdot \nabla) v_i = \sum_{j=1}^{n} v_j \frac{\partial v_i}{\partial x_j}.$$

在实际应用中, Euler 方程 (10.8) 必须补充边界条件, 最典型的是 v 和 Ω 的边界相切.

条件 $\nabla \cdot v = 0$ 表示流体是不可压缩的, 满足该不可压缩条件的向量场 v 称为无散场.

未知的 $p(x,t) : \Omega \times \mathbb{R}_+ \to \mathbb{R}$ 是压强. 为了使演化问题有意义, 压强不必有演化方程, 也不必规定初始条件. 实际上, 我们可以将其视为与无穷维不可压缩约束相关联的 Lagrange 乘子.

动能守恒 Euler 方程的光滑解保持总动能不变.

定理 10.1 (Euler 方程光滑解的能量守恒) 假设 $\mathbf{v}$ 是 Euler 方程 (10.8) 的光滑解. 那么, 总动能

$$\int_\Omega |v(x,t)|^2 dx = \|v(\cdot,t)\|^2_{L^2(\Omega;\mathbb{R}^n)}$$

守恒. ♦

证明 我们给出了证明的简化步骤.

$$\frac{1}{2}\frac{d}{dt}\int_\Omega |v|^2 = \int_\Omega v \cdot \frac{\partial v}{\partial t} = -\int_\Omega v \cdot (v \cdot \nabla v) - \int_\Omega v \cdot \nabla p$$

因为 $\nabla \cdot (pv) = \nabla p \cdot v + (\nabla \cdot v) p$, 我们得到

$$\int_\Omega \nabla \cdot (pv) = \int_\Omega \nabla p \cdot v + \int_\Omega (\nabla \cdot v) p,$$

由 Stokes 定理,

$$\int_\Omega \nabla \cdot (pv) = \int_{\partial\Omega} \langle pv, \mathbf{n} \rangle ds,$$

这里 $\mathbf{n}$ 是边界 $\partial\Omega$ 的外法向量. 由于 v 与 Ω 的边界相切, 因此上式为 0.

由此

$$\int_\Omega v\cdot\nabla p=-\int_\Omega(\nabla\cdot v)p,$$

由于 $\nabla\cdot v=0$, 因此上述值等于 0. 另一方面,

$$\begin{aligned}\int_\Omega v\cdot(v\cdot\nabla v)&=\sum_{1\leqslant i,j\leqslant n}\int_\Omega v_iv_j\partial_jv_i\\&=\frac{1}{2}\sum_{ij}\int_\Omega v_j\partial_j(v_i)^2\\&=\frac{1}{2}\int_\Omega v\cdot\nabla|v|^2\\&=-\frac{1}{2}\int_\Omega(\nabla\cdot v)|v|^2=0.\quad\blacksquare\end{aligned}\tag{10.9}$$

10.4 可压缩流体的连续性方程

我们考察可压缩流体动力学方程. 在动态模型中, 假设速度场 v_t 决定的流场为 g_t, 密度为 ρ_t, 我们规定初始密度为 ρ_0, 那么 ρ_t 和 v_t 一起满足连续性方程:

$$\partial_t\rho_t+\nabla\cdot(\rho_tv_t)=0.\tag{10.10}$$

我们首先定义连续性方程的分布解.

定义 10.1 我们考虑一族密度/速度向量场 (ρ_t,v_t), 这里 $v_t\in L^1(\rho_t;\mathbb{R}^d)$, 并且

$$\int_0^T\|v_t\|_{L^1(\rho_t)}dt=\int_0^T\int_\Omega|v_t|d\rho_tdt<+\infty.$$

如果对于任意有界 Lipschitz 测试函数 $\varphi\in C_c^1(]0,T[)\times\overline{\Omega}$ (我们要求支撑集远离 $t=0,T$, 但是当 Ω 有界时, 不必远离 $\partial\Omega$), 都有

$$\int_0^T\int_\Omega(\partial_t\varphi)d\rho_tdt+\int_0^T\int_\Omega\nabla\varphi\cdot v_td\rho_tdt=0,\tag{10.11}$$

我们说 (ρ_t,v_t) 在分布意义下、在 $]0,T[$ 上求解连续性方程. 此公式包括 v_t 在 $\partial\Omega$ 上的零通量边界条件, 即

$$\langle\rho_tv_t,\mathbf{n}\rangle=0.\qquad\blacklozenge$$

更进一步, 我们为连续性方程规定初始测度 ρ_0 和最终测度 ρ_T, 这时

Lipschitz 测试函数 $\varphi \in C_c^1[0,T] \times \overline{\Omega}$ 不必远离 $t=0,T$. 如果对于任意测试函数, 都有

$$\int_0^T \int_\Omega (\partial_t \varphi) d\rho_t dt + \int_0 \int_\Omega \nabla\varphi \cdot v_t d\rho_t dt \\ = \int_\Omega \varphi(T,x) d\rho_T(x) - \int_\Omega \varphi(0,x) d\rho_0(x), \tag{10.12}$$

我们说 (ρ_t, v_t) 在分布意义上求解 (具有初始和最终测度数据 ρ_0 和 ρ_T 的) 连续性方程.

我们再来定义连续性方程的弱解.

定义 10.2 (连续性方程的弱解) 我们说 (ρ_t, v_t) 是连续性方程的弱解, 如果对于任何测试函数 $\psi \in C_c^1(\overline{\Omega})$, 函数 $t \mapsto \int \psi d\rho_t$ 是相对于 t 的绝对连续函数, 并且在几乎所有点 t 处有

$$\frac{d}{dt}\int_\Omega \psi d\rho_t = \int_\Omega \nabla\psi \cdot \mathbf{v}_t d\rho_t.$$

在这种情况下, 相对于弱收敛映射 $t \mapsto \rho_t$ 自动连续, 并且我们可以逐点定义 ρ_0 和 ρ_1 的值. ♦

命题 10.2 弱解和分布解的概念是等价的. 每个弱解都是一个分布解, 并且每个分布解都有一个弱解的代表 (若另外一族测度 $\tilde{\rho}_t$ 也是弱解, 对于几乎所有的 t, 都有 $\tilde{\rho}_t = \rho_t$), 并且这个弱解代表弱连续. ♦

证明 为了证明等价性, 任选一个分布解 (ρ_t, v_t), 然后选取测试函数 φ 进行测试. φ 具有形式 $\varphi(t,x) = a(t)\psi(x)$, 这里 $\psi \in C_c^1(\overline{\Omega})$, 并且 $a \in C_c^1(]0,1[)$. 我们有

$$\int_0^T a'(t)\int_\Omega \psi(x) d\rho_t dt + \int_0^T a(t) \int_\Omega \psi \cdot v_t d\rho_t dt = 0.$$

由 a 的任意性, 我们得到 $\int_\Omega \psi(x) d\rho_t$ 相对于时间的分布导数为 $\int_\Omega \nabla\psi \cdot v_t d\rho_t$. 后面的函数关于时间是 L^1 的, 因为

$$\int_0^T \left| \int_\Omega \nabla\psi \cdot v_t d\rho_t \right| dt \leqslant \operatorname{Lip}\psi \int_0^T \|v_t\|_{L^1(\rho_t)} dt < +\infty,$$

这蕴含 (ρ, v) 是一个弱解.

相反, 相同的计算表明, 对于任何测试函数 φ, 形式为 $\varphi(t,x) = a(t)\psi(x)$ 的弱解都满足 (10.11). 对于每个紧集 $K \subset \mathbb{R}^d$, 这类函数的有限线性组合在 $C^1([0,T] \times K)$ 中稠密. ■

光滑函数是经典解, 当且仅当它是弱 (或分布) 解. 同时 Lipschitz 函数是弱解, 则它几乎处处等于经典解 (详细证明可参看 [72], 命题 4.3).

命题 10.3 假设密度函数 ρ_t 关于 (t,x) 是 Lipschitz 连续, 速度场 v_t 关于 x 是 Lipschitz 的, 如果 (ρ_t, v_t) 是连续性方程 $\partial_t\rho_t + \nabla\cdot(\rho_t v_t) = 0$ 的弱解, 那么在经典意义下 (ρ_t, v_t) 几乎处处满足连续性方程. ♦

下面我们证明 Lipschitz 速度场 v_t 诱导的微分自同胚群 $\{g_t\}$, g_t 将初始测度 ρ_0 传输到 ρ_t, 那么 (v_t, ρ_t) 是连续性方程的唯一解.

定理 10.2 假设 $\Omega\subset\mathbb{R}^d$ 或者是有界区域, 或者是 $\mathbb{R}^d$ 本身, 速度场 $v_t:\Omega\to\mathbb{R}^d$ 相对于 x 是 Lipschitz 连续的, 相对于 t 是一致连续的, 并且一致有界, 考虑流 g_t. 假设对于每个 $x\in\Omega$ 和每个 $t\in[0,T]$, 我们都有 $g_t(x)\in\Omega$ (如果 $\Omega=\mathbb{R}^d$, 这会自动满足; 否则, v_t 需要满足合适的 Neumann 边界条件). 然后, 对于任意的概率测度 $\rho_0\in\mathcal{P}(\Omega)$, 测度 $\rho_t := (g_t)_\#\rho_0$ 是连续性方程 $\partial_t\rho_t + \nabla\cdot(\rho_t v_t) = 0$ 的解, 并且满足初始条件 ρ_0. 此外, 同一方程的任意一个解 $\tilde{\rho}_t$, 如果对于每个 t 都有 $\tilde{\rho}_t \ll \mathcal{L}^d$, 则 $\tilde{\rho}_t = (g_t)_\#\rho_0$. 特别地, 连续性方程式具有一个唯一的解. ♦

证明 证明分成两步, 首先我们证明 v_t 决定的流 g_t 诱导的推前测度 $\rho_t = (g_t)_\#\rho_0$ 是连续性方程的解; 第二步证明连续性方程的解一定是某个流的推前测度, 即满足传输方程.

第一步: 首先, 我们验证通过解常微分方程 (10.3) 获得的 $\rho_t = (g_t)_\#\rho_0$ 是连续性方程的一个弱解. 固定一个测试函数 $\varphi\in C^1(\mathbb{R}^d)$, 使得 φ 和 $\nabla\varphi$ 都有界, 并进行计算

$$\frac{d}{dt}\int_\Omega \varphi d\rho_t = \frac{d}{dt}\int_\Omega \varphi(\gamma_x(t))d\rho_0(x) = \int_\Omega \nabla\varphi(\gamma_x(t))\cdot\gamma_x'(t)d\rho_0(x),$$
$$\int_\Omega \nabla\varphi(\gamma_x(t))\cdot v_t(\gamma_x(t))d\rho_0(x) = \int_\Omega \nabla\varphi(y)\cdot v_t(y)d\rho_t(y).$$

这就验证了 ρ_t 是弱解.

第二步: 我们证明连续性方程的分布解 ρ_t 都是 v_t 决定的流 g_t 所诱导的推前测度 $\rho_t = (g_t)_\#\rho_0$.

1. 我们首先观察 (10.11) 即在分布意义下连续性方程的解, 假设密度族 $\{\rho_t\}$ 为连续性方程 (10.10) 的解, 不妨设对于所有 t, 密度 ρ_t 是绝对连

续的, $\rho_t \ll \mathcal{L}^d$. 那么对于一切 Lipschitz 紧支撑测试函数 $\varphi(t,x)$, 下面的等式成立:

$$\int_0^T \int_\Omega (\partial_t \varphi + v_t \cdot \nabla \varphi) d\rho_t dt = 0. \tag{10.13}$$

我们可以将 Lipschitz 测试函数 φ 与紧支撑核卷积, 得到光滑函数序列 $\{\varphi_\varepsilon \in C_c^\infty\}$, $\{\varphi_\varepsilon\}$ 几乎处处收敛到 φ, $\nabla_{t,x}\varphi_\varepsilon \to \nabla_{t,x}\varphi$. 因为 $|\nabla_{t,x}\varphi_\varepsilon| \leqslant \mathrm{Lip}(\varphi)$, 我们可以应用控制收敛 (dominated convergence) 定理来证明等式 (10.13). (因为 $\varphi_\varepsilon \to \varphi$ 只是 Lebesgue-几乎处处收敛, 所以我们需要 ρ_t 是绝对连续的, $\rho_t \ll \mathcal{L}^d$.)

2. 我们然后任选一个测试函数 $\psi \in C_c^1(\mathbb{R}^d)$, 并且定义

$$\varphi(t,x) := \psi((g_t)^{-1}(x)).$$

因为流 $\{g_t\}$ 是 bi-Lipschitz, 所以函数 φ 是 Lipschitz 连续的. 如果我们可以证明 $t \mapsto \int \varphi(t,x) d\rho_t(x)$ 是常数, 那么就证明了 $\rho_t = (g_t)_\# \rho_0$. 因为有 $\varphi(t, g_t(x)) = \psi(x)$, 相对于 t 进行微分 (φ 相对于 (t,x) 几乎处处可微), 我们得到

$$\partial_t \varphi(t, g_t(x)) + v_t(g_t(x)) \cdot \nabla \varphi(t, g_t(x)) = 0, \tag{10.14}$$

由于 g_t 是满射, 所以 $\partial_t \varphi + v_t \cdot \nabla \varphi = 0$ 处处成立. 这相当于说 φ 是传输方程的解.

3. 因为 $\mathrm{Supp}\,\varphi$ 紧致, 所以 φ 具有紧致的空间支撑集, 但是 φ 关于时间的支撑集并非紧致. 设速度场的时空上界为 $M := \sup_{t,x} |v_t(x,t)|$. 我们得到对于所有的 (x,t), 满足条件 x 到支撑集 $\mathrm{Supp}\,\psi$ 的距离大于 tM, 则必有 $\varphi(t,x)$ 为零. 因此, 将 φ 乘以截断函数 $\chi(t)$, $\chi \in C_c^1(]0,T[)$, 我们有

$$\partial_t(\chi\varphi) + v_t \cdot \nabla(\chi\varphi) = \chi'(t)\varphi(t,x) + \chi(t)(\partial_t \varphi(t,x) + v_t(x) \cdot \nabla \varphi(t,x)).$$

由等式 (10.14), 上式化简为:

$$\partial_t(\chi\varphi) + v_t \cdot \nabla(\chi\varphi) = \chi'(t)\varphi(t,x).$$

4. 对上式两边积分, 我们得到

$$\int_0^T \int_{\mathbb{R}^d} (\partial_t(\chi\varphi) + v_t \cdot \nabla(\chi\varphi)) d\rho_t(x) dt = \int_0^T \int_{\mathbb{R}^d} \chi'(t)\varphi(t,x) d\rho_t(x) dt.$$

因此, 根据分布解的定义 (10.13), 我们有左侧为 0,

$$0=\int_0^T \chi'(t)\int_{\mathbb{R}^d}\varphi(t,x)d\rho_t(x)dt=0.$$

因为测试函数 $\chi\in C_c^1(]0,T[)$ 是任意的, 我们得到 $t\mapsto\int_{\mathbb{R}^d}\varphi(t,x)d\rho_t(x)$ 是常数. ■

10.5 Arnold 几何化理论

Arnold 将不可压缩流体力学与 Riemann 几何结合, 将 Euler 方程视为保体积微分同胚群中的测地线方程 [9].

保体积微分同胚族 映射 g_t 是单射, 因为不同的轨迹不会在同一时刻相交. 映射是满射, 否则在区域内部会产生真空, 这与流体具有恒定密度 (不可压缩性) 的事实相矛盾. 因此自然地, 我们经常用 $\{g_t\}_{t\geqslant 0}$ 作为从 Ω 到 Ω 的微分同胚族.

不可压缩约束可以用 g_t 来等价描述: 如果速度场 v 足够规则, 则

$$\nabla\cdot v=0\iff\det(D_xg_t)(x)\equiv 1.\tag{10.15}$$

事实上, (10.15) 右边的恒等式显然在时刻 0 成立, 因为 $g_0(\cdot)$ 是恒同映射; 一般情形下, 有

$$\frac{\partial}{\partial t}\log\det(D_xg_t)=(\nabla\cdot v)(t,g_t(x)).\tag{10.16}$$

由 v 为无散场得到 (10.15) 右侧的恒等式对一切 t 成立, 这里等式 (10.16) 可以使用下列矩阵行列式的导数来证明,

$$\frac{d}{dt}\det(A(t))=\det\left[A(t)\operatorname{tr}\left(A(t)^{-1}\frac{d}{dt}A(t)\right)\right].$$

这意味着映射 g_t 保持 Lebesgue 测度, 因此是保体积的. 我们将 Ω 上保体积微分自同胚群记为 $G(\Omega)$.

Lagrange 加速度的 Euler 表达式 在 Lagrange 观点下, Euler 方程可以被视为从时间 t 到保体积微分自同胚群 $G(\Omega)$ 的映射演化方程:

$$g:\mathbb{R}_+\to G(\Omega),\quad t\mapsto g_t(\cdot).\tag{10.17}$$

物理解释是在时间演化过程中, 一组粒子的体积保持恒定, 这恰好就是不可压缩性. 因此, 我们将 (10.4) 重写为

$$v(t,g_t(x))=\frac{d}{dt}g_t(x)\quad\Longleftrightarrow\quad v(t,x)=\frac{\partial g}{\partial t}\circ g^{-1}(t,x).\tag{10.18}$$

对等式 (10.4) 关于时间求导, 我们得到 Lagrange 加速度的 Euler 表达式:

$$\frac{d^2}{dt^2}g_t(x)=\left[\frac{\partial v}{\partial t}+(v\cdot\nabla v)\right](t,g_t(x)),\tag{10.19}$$

这就解释了 Euler 方程中出现的对流导数 (convective derivative) $v\cdot\nabla v$. 结合 Euler 方程 (10.8), 我们得到定义在轨迹场上的演化方程,

$$\frac{d^2}{dt^2}g_t(x)=-\nabla p(t,g_t(x)).\tag{10.20}$$

Arnold 的解释 Arnold 提出以下解释: Euler 方程是 $G(\Omega)$ 上的测地线方程, 这里 $G(\Omega)$ 的 Riemann 度量结构是从 $L^2(\Omega;\mathbb{R}^n)$ 中继承所得, $L^2(\Omega;\mathbb{R}^n)$ 是所有从 Ω 到 $\mathbb{R}^n$ 的 L^2 映射构成的空间.

假设 $g(t)$ 是 Riemann 流形 M 上的一条路径, $g(t)$ 长度定义为

$$\left[\int_{t_1}^{t_2}|\dot g(t)|^2dt\right]^{\frac{1}{2}}.\tag{10.21}$$

考察所有曲线 $\gamma:[t_1,t_2]\to M$, 满足边界条件 $\gamma(t_1)=g(t_1),\gamma(t_2)=g(t_2)$, 不妨设 t_2 足够接近 t_1. 如果在曲线族中, $g(t)$ 极小化长度, 则 $g(t)$ 称为一条测地线. 这等价于 $g(t)$ 的加速度向量在切空间的投影处处为零. 在这里, 按照 Arnold 的解释, 我们考虑 $G(\Omega)$ 从 $L^2(\Omega;\mathbb{R}^n)$ 继承的 Riemann 度量结构, 这意味着加速度 d^2g/dt^2 应该是正交于 $L^2(\Omega;\mathbb{R}^n)$ 中的切空间 $T_{g(t)}G(\Omega)$.

回想一下前面的讨论, 一条从 $g_0\in G$ 开始的路径 $g(t)$ 一直驻留在 G 内, 当且仅当 $\partial g/\partial t$ 与边界 $\partial\Omega$ 相切, 并且速度场无散 $\nabla\cdot v(t,x)=0$, 由 (10.18), 我们得到

$$\nabla\cdot\left[\frac{\partial g}{\partial t}\circ g^{-1}\right]=0.$$

因此 T_gG 中的切向量是使 $\nabla\cdot(\mathbf{h}\circ g^{-1})=0$ 的所有向量场 $\mathbf{h}$, 或者等效地, $\mathbf{h}=\mathbf{w}_0\circ g$, 其中 $\mathbf{w}_0$ 属于 D_0, D_0 是无散向量场空间. 利用 g 是保体

积微分同胚的事实, 立即得到 $(T_g G)^{\perp}$ 是所有向量场 $\mathbf{q}_0 \circ g$ 的空间, 其中 $\mathbf{q}_0 \in D_0^{\perp}$, $D_0^{\perp}$ 是 L^2 中 D_0 正交子空间. Hodge-Helmholtz 分解定理 3.14 断言, 如果 Ω 满足合理的规则条件, 则 $D_0^{\perp}$ 是梯度场,

$$D_0^{\perp} = \{-\nabla p,\ p : \Omega \to \mathbb{R}\}.$$

因此, 测地线方程变为

$$\frac{d^2}{dt^2} g_t(x) = -\nabla p(t, g_t(x)),$$

这正是不可压缩流体 Euler 方程 (10.20) 中的 Lagrange 公式, 这就解释了压力场.

在这个图景中, 出现在 (10.21) 中的积分被解释为轨迹 $g_t(x)$ 的作用, 即速度场决定的动能随时间的积分. 如果 $g_t(x)$ 是 Euler 方程的光滑解, 并且压力场在 $C^2(\Omega)$ 中关于时间一致有界, 那么存在一个 $\varepsilon > 0$, 使得如果 $|t_1 - t_2| < \varepsilon$, 对于任何轨道映射 $\gamma \subset G(\Omega)$ 满足 $\gamma(t_1) = g(t_1)$ 和 $\gamma(t_2) = g(t_2)$, 我们都有

$$\int_{t_1}^{t_2} \left(\int_{\Omega} \left| \frac{\partial g}{\partial t}(t, x_0) \right|^2 dx_0 \right) dt \leqslant \int_{t_1}^{t_2} \left(\int_{\Omega} \left| \frac{\partial \gamma}{\partial t}(t, x_0) \right|^2 dx_0 \right) dt.$$

如果 Ω 是凸的, 我们可以选择

$$\varepsilon = \frac{\pi}{\sqrt{\|D^2 p\|_{L^\infty}}}.$$

第十一章 依赖时间的最优传输理论

11.1 依赖时间的最优传输

迄今为止, 我们只考虑了与时间无关的最优传输问题, 传输代价函数 $c(x,y)$ 只与初始位置和最终位置有关, 与传输历史无关. 下面我们从粒子轨迹的角度来研究最优传输问题, 这对理论和实践都具有重要意义. 例如, 轨迹不能交叉是理解最优传输问题的关键. 简而言之, 最优传输问题可以被视为距离问题, 即找到两个测度之间的距离; 依赖时间的最优传输问题可以被视为测地线问题, 即找到测度之间的最优路径.

回想一下 Monge 问题的经典公式,

$$\inf\left\{\int_X c(x,T(x))d\mu(x); T_{\#}\mu=\nu\right\}. \tag{11.1}$$

在新模型中, 我们将通过研究所有点的轨迹来研究传输过程: 每个 x 将关联一个轨迹 $(T_t(x))_{0\leqslant t\leqslant 1}$, 我们通常将其简写为 (T_tx), $C[(T_tx)]$ 是相应的位移成本. 我们要求对于 μ-几乎所有的 x, 映射 $t\mapsto T_tx$ 连续且分段 C^1. 我们寻找以下问题的解:

问题 11.1 (依赖时间的最优传输) 依赖时间的最优传输映射 T_t 定义为

$$\inf\left\{\int_X C[(T_tx)_{0\leqslant t\leqslant 1}]d\mu(x); T_0=\mathrm{id}, T_{1\#}\mu=\nu\right\}, \tag{11.2}$$

依赖时间的最优传输问题就是求依赖时间的最优传输映射. ♦

我们说 Monge 问题 (11.1) 和依赖时间的最优传输问题 (11.2) 彼此兼容, 如果它们预测相同的总传输代价和相同的传输映射, 对于依赖时间的最优传输问题 (11.2) 的每一个最优解 (T_t), 当 $t=1$ 时, $T=T_1$ 都是 Monge 问题 (11.1) 的最优传输映射 T. 兼容性的一个简单而自然的充分条件是对所有 x 和 y,

$$c(x,y)=\inf\{C[(z_t)_{0\leqslant t\leqslant 1}]; z_0=x, z_1=y\}. \tag{11.3}$$

如果轨迹是可微的, 并且 $\dot{z}_t$ 表示 z_t 对时间 t 的导数, 那么有

$$C[(z_t)] = \int_0^1 c(\dot{z}_t)dt,$$

其中 $c(z)$ 可以被视为微分代价 (differential transportation cost). 例如, 在 $\mathbb{R}^n$ 中,

$$C[(z_t)] = \int_0^1 |\dot{z}_t|^p dt,\ p \geqslant 1 \quad \Longrightarrow \quad c(x,y) = |x-y|^p;$$

在一个光滑完备的 Riemann 流形上,

$$C[(z_t)] = \int_0^1 \|\dot{z}_t\|^p dt,\ p \geqslant 1 \quad \Longrightarrow \quad c(x,y) = d(x,y)^p.$$

如果在欧氏空间中的代价函数是凸函数, 那么对于每一个粒子, 其最优的轨道是直线.

命题 11.1 (凸代价的极值轨迹是直线) 若 c 是 $\mathbb{R}^n$ 上的凸函数, 则

$$\inf\left\{\int_0^1 c(\dot{z}_t)dt; z_0 = x, z_1 = y\right\} = c(y-x). \tag{11.4}$$

更进一步, 若 c 是严格凸的, 那么下确界由下式唯一取得:

$$z_t = x + t(y-x).$$

♦

证明 本证明是凸函数的 Jensen 不等式的推论. 对于有限情况, 由于 $\varphi(x)$ 是凸的, 给定正数 $\{a_1,\cdots,a_k\}$, 我们有

$$\varphi\left(\frac{\sum a_i x_i}{\sum a_j}\right) \leqslant \frac{\sum a_i \varphi(a_i)}{\sum a_j},$$

如果 $\varphi(x)$ 是严格凸的, 等式成立, 当且仅当所有 x_i 都相等. 类似地, 积分的 Jensen 不等式成立:

$$\varphi\left(\int_a^b f\right) \leqslant \int_a^b \varphi(f).$$

因为 $c(\cdot)$ 是凸的,

$$c(y-x) = c\left(\int_0^1 \dot{z}(t)dt\right) \leqslant \int_0^1 c(\dot{z}(t))dt,$$

若 c 是严格凸的, 当 $\dot{z}(t)$ 为常量时, 该等式成立, 即 $z(t) = x + t(y-x)$. ■

在命题 (11.1) 的情况下, 对于严格凸微分代价 c, 唯一的最优轨迹是直线, 并且具有恒定速度的参数化. 类似地, 给定 Riemann 流形上的微分成本 $c(z) = \|z\|^p$ $(p > 1)$, 唯一的最优轨迹是弧长参数化的最短测地线,

它们可能不是唯一的. 相反, $p=1$ 的情形是退化的, 因为最短测地线的任何重参数化都是一个极小化子.

为了满足条件 (11.3), 依赖时间的最优传输化问题的解必须满足以下条件: 对于 μ-几乎所有的 x, $(T_t x)_{0\leqslant t\leqslant 1}$ 在 (11.3) 中是最优的, 即

$$c(x,T(x))=C[(T_t x)_{0\leqslant t\leqslant 1}].$$

也就是说, 除去可以忽略不计的初始位置集合, 每条轨迹都应该是最优的. 如果在 $\mathbb{R}^n$ 中, $c(x,y)=c(x-y)$, c 严格凸, $c(0)=0$, 那么几乎所有轨迹都必须是直线. 如果在流形 M 上, $c(x,y)=d(x,y)^p$ $(p\geqslant 1)$, 那么几乎所有轨迹都必须是最短测地线.

从不依赖于时间的最优传输问题出发, 结合如上的考虑, 我们可以解决依赖时间的最优传输问题.

定理 11.1 (依赖时间的最优传输) 考虑在 $\mathbb{R}^n$ 上的传输代价函数 $c(x,y)=c(x-y)$, 其中 c 严格凸, $c(0)=0$. 设 μ,ν 是在 $\mathbb{R}^n$ 中的概率测度, 相对于 Lebesgue 测度绝对连续, 令

$$C[(z_t)]=\int_0^1 c(\dot{z}_t)dt.$$

令 ψ 是 ($d\mu$-几乎处处) 唯一的 c-凹函数, 其梯度 $\nabla\psi$ 满足

$$[\mathrm{id}-\nabla c^*(\nabla\psi)]_{\#}\mu=\nu.$$

那么依赖时间的最优传输问题 (11.2) 的解由下式给出:

$$T_t(x)=x-t\nabla c^*(\nabla\psi(x)),\quad 0\leqslant t\leqslant 1.\quad\blacklozenge \tag{11.5}$$

证明 若最优解 $\{T_t\}$ 存在, 则 T_t 必须满足 $T_0=x$, $T_1(x)=x-\nabla c^{-1}(\nabla\psi(x))$, 并且 $T_t(x)$ 应该等于 $T_0(x)$ 和 $T_1(x)$ 之间的线性插值, 这就推出了 (11.5) 式. 我们可以直接检验这确实是一个最优解. ■

我们说 $\mathbb{R}^n$ 中的传输代价函数 $c(x,y)=|x-y|^p$, 或者在光滑完备 Riemann 流形上的传输代价函数 $c(x,y)=d(x,y)^p$, $p\geqslant 1$ 为齐次的. 依赖时间的最优传输问题的解在时间的重新参数化下不变, 由此我们可以证明如下命题.

命题 11.2 令 μ 和 ν 是 $\mathbb{R}^n$ 中或者光滑完备 Riemann 流形上的绝

对连续的概率测度, 并且 $c(x,y)$ 是齐次代价函数; 假设存在唯一的 Monge 极小化问题的解, 那么 $(T_t)_{0\leqslant t\leqslant 1}$ 是依赖时间的最优传输问题 (11.2) 的解, 当且仅当对于所有的中间时刻 $t_0\in[0,1]$, 轨道族 $(T_t)_{0\leqslant t\leqslant t_0}$ 是从 μ 到 $T_{t_0\#}\mu$ 的最优传输, 同时 $(T_t)_{t_0\leqslant t\leqslant 1}$ 是从 $T_{t_0\#}\mu$ 到 ν 的最优传输. ♦

11.2 McCann 插值

McCann 定理 假设 $(M,\mathbf{g})$ 是一个 Riemann 流形, 度量张量 $\mathbf{g}=(g_{ij})$, $\gamma:[0,1]\to M$ 是流形上的一条路径, 具有局部参数表示 $x(t)=(x_1(t),x_2(t),\cdots,x_n(t))$, 速度向量的长度为

$$\|\dot{\gamma}(t)\|^2=\sum_{i,j}g_{ij}(\tau)\dot{x}_i(t)\dot{x}_j(t),$$

那么曲线的长度为速度关于时间的积分. 给定两点 $x,y\in M$, 考察连接这两点的所有分片 C^1 路径, 长度最小者称为测地线, 两点间的距离为

$$d(x,y)=\inf_{\gamma}\left\{\int_0^1\|\dot{\gamma}(t)\|dt;\gamma(0)=x,\gamma(1)=y\right\}.$$

Riemann 几何断言具有最短长度的路径是测地线, 满足方程 $\nabla_{\dot{\gamma}}\dot{\gamma}=0$, 即加速度为零, 并且对一切 $t<1$, 它是从 x 到 $\gamma(t)$ 的极小路径. 测地线由起点和起点处的切向量唯一决定. 如果流形完备, 则测地线可以无限延长.

定义 11.1 (指数映射) 给定一个切向量 $\xi\in T_xM$, 指数映射定义为

$$\exp_x\xi=\gamma(1),$$

这里 $\gamma(t)_{t\geqslant 0}$ 是测地线, 以 x 点为起点, ξ 为速度向量. ♦

Riemann 流形 $(M,\mathbf{g})$ 的体积测度 μ 是 Lebesgue 测度的推广,

$$d\mu=\det(g_{ij})dx_1dx_2\cdots dx_n.$$

给定函数 $F:M\to\mathbb{R}$, 梯度算子由以下等式定义:

$$\forall\xi\in T_xM,\quad DF(x)\cdot\xi=\langle\nabla F(x),\xi\rangle_{\mathbf{g}}.$$

McCann 证明了下面的定理 [59].

定理 11.2 (McCann) 假设 M 是一个连通、完备、光滑的 Riemann

流形, 其标准体积测度为 dx. μ,ν 是 M 上两个具有紧致支撑集的概率测度, 传输代价函数 $c(x,y)$ 等于 $d(x,y)^2$, 其中 d 是 M 上的测地距离. 那么, 存在唯一的从 μ 到 ν 的 Monge-Kantorovich 最优传输方案, 其形式是 $d\pi(x,y)=d\mu(x)\delta[y=T(x)]$, 或者等价地

$$\pi=(\mathrm{id}\times T)_{\#}\mu,$$

这里 T 是唯一确定的, μ-几乎处处有 $T_{\#}\mu=\nu$, 并且

$$T(x)=\exp_x(-\nabla\varphi(x)), \tag{11.6}$$

这里 φ 是某个 $d^2/2$-凹函数. ♦

[59] 的关键观察在于: 如果 φ 在 x 点可微, 并且函数 $x'\mapsto\frac{1}{2}d^2(x',y)-\varphi(x')$ 在 $x'=x$ 达到最小, 则必有 $y=\exp_x(-\nabla\varphi(x))$.

定理 11.3 (中间时刻的最优性) 考虑如下情况 Monge-Kantorovich 问题的解.

(1) μ, ν 不给小集合质量, $c(x-y)=|x-y|^p$ 在 $\mathbb{R}^n$ $(p>1)$ 中, 并且最优传输形式为

$$T(x)=x-\nabla c^*(\nabla\psi),$$

其中 ψ 由 McCann 定理 11.2 给出.

(2) μ,ν 在光滑完备 Riemann 流形 M 上是绝对连续且具有紧致的支撑, $c(x,y)=d(x,y)^2$, 则最优传输的形式如下:

$$T(x)=\exp_x(-\nabla\psi(x)),$$

其中 ψ 由 McCann 定理 11.2 得到.

并且对所有 $t\in[0,1]$, 通过改变 ψ 对 $t\psi$ 的表达式来定义 T_t, 则对所有 $t\in[0,1]$, T_t 也是从 μ 到 $T_{t\#}\mu$ 的最优传输. ♦

证明 回想 $d^2/2$-凹函数具有如下形式,

$$\psi(x)=\inf_{y\in M}\left[\frac{d(y,x)^2}{2}+\zeta(y)\right],\quad \zeta:M\to\mathbb{R}\cup\{-\infty\}. \tag{11.7}$$

我们要证明的是当 $0\leqslant t\leqslant 1$ 时, $t\psi$ 也是 $d^2/2$-凹函数. 从公式 (11.7) 中可以看到, 我们只需处理特殊情况 $\psi(x)=d(z,x)^2/2$, 这里 $z\in M$ 是某个

固定点. 所以, 我们需要证明的是对任意 $\lambda \in [0,1]$, 都存在函数 $\zeta(y)$ 满足

$$\lambda d(z,x)^2 = \inf_{y\in M}\left[\frac{d(y,x)^2}{2} + \zeta(y)\right]. \tag{11.8}$$

这只是下面众所周知的恒等式的特例:

$$\inf_y\left[\frac{d(x,y)^2}{a} + \frac{d(y,z)^2}{b}\right] = \frac{d(x,z)^2}{a+b}, \quad a,b>0. \tag{11.9}$$

为了从 (11.9) 推出 (11.8), 我们可以选择 a 和 b, 使得 $a/(a+b)=\lambda$. ■

McCann 插值 当传输代价等于欧氏距离平方 $c(x,y)=\frac{1}{2}|x-y|^2$ 时, 依赖时间的最优传输问题的解与 McCann 插值一致, 它也称为位移插值 (displacement interpolation) [60].

定义 11.2 (McCann 插值) 令 μ,ν 是 $\mathbb{R}^n$ 的两个概率测度, 假设 μ,ν 不给小集合质量. 则存在一个凸函数 φ, $d\mu$-几乎处处存在唯一的梯度 $\nabla\varphi$, 满足 $\nabla\varphi_{\#}\mu=\nu$. 定义 McCann 插值

$$\rho_t = [\mu,\nu]_t := [(1-t)\operatorname{id} + t\nabla\varphi]_{\#}\mu. \quad ♦ \tag{11.10}$$

概率测度族 $(\rho_t)_{0\leqslant t\leqslant 1}$ 在 μ 和 ν 之间进行线性插值. 显然,

$$[\mu,\nu]_0=\mu, \quad [\mu,\nu]_1=\nu,$$

而且因为

$$(1-t)\operatorname{id} + t\nabla\varphi = \nabla\left[(1-t)\frac{\langle x,x\rangle}{2} + t\varphi\right]$$

始终是一个凸函数的梯度, 我们看到将 μ 传输到 $[\mu,\nu]_t$ 上的最优代价是

$$\begin{aligned}\mathcal{T}_2(\mu,\rho_t) &= \int_{\mathbb{R}^n} |x-[(1-t)x+t\nabla\varphi(x)]|^2 d\mu(x)\\ &= t^2\int_{\mathbb{R}^n}|x-\nabla\varphi(x)|^2 d\mu(x) = t^2\mathcal{T}_2(\mu,\nu).\end{aligned} \tag{11.11}$$

用二次 Wasserstein 距离 $W_2=\sqrt{\mathcal{T}_2}$ 表示,

$$W_2(\mu,\rho_t) = tW_2(\mu,\nu). \tag{11.12}$$

McCann 插值的其他基本性质如下.

命题 11.3 (McCann 插值的基本性质) 用与上面相同的符号, 我们有

(1) $[\mu,\nu]_t = [\nu,\mu]_{1-t}$;

(2) $[[\mu,\nu]_t,[\mu,\nu]_{t'}]_s=[\mu,\nu]_{(1-s)t+st'}$;

(3) 若 μ 或 ν 绝对连续, 则对所有的 $t\in(0,1)$, 都有 $[\mu,\nu]_t$. ♦

证明 为了证明 (1), 我们有

$$\begin{aligned}[\mu,\nu]_t&=((1-t)\,\mathrm{id}+t\nabla\varphi)_\#\mu\\&=((1-t)\,\mathrm{id}+t\nabla\varphi)_\#(\nabla\varphi^*_\#\nu)\\&=[((1-t)\,\mathrm{id}+t\nabla\varphi)\circ\nabla\varphi^*]_\#\nu\\&=((1-t)\nabla\varphi^*+t\,\mathrm{id})_\#\nu.\end{aligned}\tag{11.13}$$

(2) 的证明是直接的, 我们转向 (3) 的证明, 由于 (1), 我们只需要考虑 μ 是绝对连续的情况. 定义

$$\varphi_t(x)=t\varphi(x)+(1-t)\frac{\langle x,x\rangle}{2},$$

我们注意到

$$\langle\nabla\varphi_t(x)-\nabla\varphi_t(y),x-y\rangle\geqslant(1-t)|x-y|^2.\tag{11.14}$$

左边是

$$\begin{aligned}&\langle(1-t)(x-y)+t(\nabla\varphi(x)-\nabla\varphi(y)),x-y\rangle\\&\qquad=(1-t)|x-y|^2+t\langle\nabla\varphi(x)-\nabla\varphi(y),x-y\rangle,\end{aligned}$$

由 c-循环单调,

$$\langle\nabla\varphi(x)-\nabla\varphi(y),x-y\rangle\geqslant0,$$

所以不等式 (11.14) 成立. 特别地,

$$|\nabla\varphi_t(x)-\nabla\varphi_t(y)|\geqslant(1-t)|x-y|.\tag{11.15}$$

由于 φ_t 是一致凸的, 它的 Legendre 变换 φ_t^* 处处可微分, 并且由 (11.15), 我们推断 $\nabla\varphi_t^*=(\nabla\varphi_t)^{-1}$ 是 Lipschitz 的, Lipschitz 常数小于 $(1-t)^{-1}$. 特别地, 当 A 是 Lebesgue 零测度时, $\nabla\varphi_t^*(A)$ 也是 Lebesgue 零测度. 由于 μ 是绝对连续的, 我们可以这样写,

$$\rho_t[A]=\mu[\partial\varphi_t^*(A)]=\mu[\nabla\varphi_t^*(A)]=0.$$ ■

11.3 平移凸性

当一个定义在 $\mathbb{R}^n$ 中的测度 ρ 是绝对连续的, 我们将其用 Lebesgue 密度来表示, $d\rho(x)=\rho(x)dx$. 我们用 $P_{ac}(\mathbb{R}^n)$ 来表示绝对连续概率测度的集合. 令 $\mu,\nu\in P_{ac}(\mathbb{R}^n)$, 由欧氏距离平方代价下的依赖时间的最优传输问题, μ 和 ν 之间的平移插值 $(\rho_t)_{0\leqslant t\leqslant 1}$ 定义为

$$\rho_t=[(1-t)\,\mathrm{id}+t\nabla\varphi]_{\#}\mu,\quad 0\leqslant t\leqslant 1,$$

这里 φ 是凸函数, 并且 $\rho_1=\nu$. 更一般地, 给定严格凸的代价函数 c, 我们可以定义

$$\rho_t=[(\mathrm{id}-t\nabla c^*(\nabla\psi)]_{\#}\mu,\quad 0\leqslant t\leqslant 1,$$

这里 ψ 是 c-凹函数, 并且 $\rho_1=\nu$.

假设 F 是定义在概率测度构成的空间上的泛函, 我们考察 $F(\rho_t)$ 在单位区间 $[0,1]$ 上的表现.

定义 11.3 (平移凸性) (1) 称一个集合 $\mathcal{P}\subset P_{ac}(\mathbb{R}^n)$ 具有平移凸性 (displacement convexity), 如果它在平移插值下稳定: 对一切 $\mu,\nu\in\mathcal{P}$ 以及一切 $t\in[0,1]$, 平移插值 $\rho_t=[\mu,\nu]_t$ 依然在 $\mathcal{P}$ 中.

(2) 令 F 是定义在平移凸集 $\mathcal{P}\subset P_{ac}(\mathbb{R}^n)$ 上的泛函, 值域为 $\mathbb{R}\cup\{+\infty\}$. F 称为在 $\mathcal{P}$ 上是平移凸的, 如果 F 满足下述性质: 给定 $\mathcal{P}$ 中的任意元素 $\rho_0=\mu$ 和 $\rho_1=\nu$, 以及它们的位移插值 $(\rho_t)_{0\leqslant t\leqslant 1}$, 函数 $t\mapsto F(\rho_t)$ 在单位区间 $[0,1]$ 上为凸. ♦

我们通常考察下面的典型泛函: 内能

$$\mathcal{U}(\rho)=\int_{\mathbb{R}^n}U(\rho(x))dx,\quad U:\mathbb{R}_+\to\mathbb{R}\cup\{+\infty\}\text{ 可测;}\tag{11.16}$$

势能

$$\mathcal{V}(\rho)=\int_{\mathbb{R}^n}V(x)\rho(x)dx,\quad V:\mathbb{R}^n\to\mathbb{R}\cup\{+\infty\}\text{ 可测;}\tag{11.17}$$

交换能

$$\mathcal{W}(\rho)=\int_{\mathbb{R}^n\times\mathbb{R}^n}W(x-y)d\rho(x)d\rho(y),\quad W:\mathbb{R}^n\to\mathbb{R}\cup\{+\infty\}\text{ 可测.}\tag{11.18}$$

McCann 证明了泛函平移凸性的判据 [60].

定理 11.4 (平移凸性的判据) 令 $\mathcal{P}$ 是 $P_{ac}(\mathbb{R}^n)$ 中的平行凸集, $\mathcal{U},\mathcal{V}$ 和 $\mathcal{W}$ 定义在 $\mathcal{P}$ 上.

(1) 如果 U 满足 $U(0)=0$,

$$\Psi : r \mapsto rU(r^{-n}) \tag{11.19}$$

在 $(0,+\infty)$ 上凸且非增, 那么 $\mathcal{U}$ 在 $\mathcal{P}$ 上是平移凸的. 相反, 如果 Ψ 非增且 $\mathcal{U}$ 在 $P_{ac}(\mathbb{R}^n)$ 上平移凸, 那么 Ψ 是凸的.

(2) 如果 V 是凸的, 那么 $\mathcal{V}$ 在 $\mathcal{P}$ 上平移凸. 相反, 如果 $\mathcal{V}$ 是平移凸的, 那么 V 是凸的.

(3) 如果 W 是凸的, 那么 $\mathcal{W}$ 是平移凸的; 如果 W 严格凸, 则对一切 $a\in\mathbb{R}^n$, $\mathcal{W}$ 在子空间 $\mathcal{P}_a$ 上是严格凸的, 这里 $\mathcal{P}_a$ 是所有均值为 a 的概率测度. 相反, 如果 $\mathcal{W}$ 是平移凸的, 那么 W 是凸函数. ♦

McCann 证明了下面的定理 [60].

定理 11.5 (严格平行凸性蕴含极小化子的唯一性) 考虑定义在 $\mathbb{R}^n$ 上的绝对连续概率测度空间 $P_{ac}(\mathbb{R}^n)$ 上的能量泛函,

$$F(\rho)=\int_{\mathbb{R}^n} U(\rho(x))dx+\int_{\mathbb{R}^n} Vd\rho+\frac{1}{2}\int_{\mathbb{R}^n\times\mathbb{R}^n} W(x-y)d\rho(x)d\rho(y). \tag{11.20}$$

假设 U 满足条件 (11.19), $\inf V>-\infty$, 并且 V 和 W 为凸函数. 如果 V (或者 W) 严格凸, 那么在绝对连续概率测度空间上至多存在一个能量 (11.20) 的极小化子 (可能相差一个平移). ♦

证明 令 ρ_1,ρ_2 是绝对连续的极小化子, 考虑 $\rho=[\rho_1,\rho_2]_{1/2}$. 由定理 11.4, F 是严格平移凸的; 因此 $t\mapsto F([\rho_1,\rho_2]_{1/2})$ 是严格凸的 (存在例外的可能: V 非严格凸, 并且 ρ_1 和 ρ_2 彼此相差一个平移). 但是严格凸性蕴含 $F(\rho)<[F(\rho_1)+F(\rho_2)]/2$, 这与 ρ_1 和 ρ_2 是极小化子矛盾. ■

11.4 最优性方程

在 Lagrange 的观点下, 我们考察所有轨迹, 由此解决了依赖时间的最优传输问题. 我们也可以在 Euler 的观点下来讨论. 从 Lagrange 观点切

换到 Euler 观点, 可应用公式

$$v(t, g_t(x)) = \frac{dg}{dt}(t, x),$$

这里 v 是依赖时间的速度向量场, $g_t(x) = g(t, x)$ 是轨道族. 如果 v 是 C^1 光滑的, g_t 是微分同胚族, 这种方法奏效. 我们考察了 $T_t(x) := g_t(x)$, 即粒子的最优轨迹. 但是, 我们并不先验知道这些轨道是否定义了微分同胚族. 当传输代价为欧氏距离平方, μ 和 ν 满足合适条件时, 我们可以应用 Caffarelli 关于 Monge-Ampère 方程的正则性理论来保证 $\{g_t\}$ 是微分同胚族. Lagrange 方法经常由于激波现象而失效, 所谓激波就是不同的轨道相遇. 对于可压缩流体, 即便在光滑的初始条件下, 激波在有限时间内有可能出现. 但是在最优传输中, 激波不会出现. 假如传输代价是严格凸函数, 每条轨迹都是直线. 如果两个粒子 x_1, x_2 的轨迹在某个时刻 t 彼此相交, 它们在 $t + \varepsilon$ 时刻的位置为 y_1, y_2, $\varepsilon > 0$, 那么由循环单调性, 我们得到矛盾. 因此, 可以假设 $\{g_t\}$ 是微分同胚族.

令 $(T_t)_{0\leqslant t\leqslant 1}$ 是依赖时间的最优传输问题 (11.2) 的解, 考虑中间时刻的概率测度

$$\rho_t = (T_t)_{\#}\mu.$$

我们推导 (ρ_t) 的自然演化方程, 方程用速度场来表示.

定理 11.6 (线性传输方程的特征方法) 令 X 为 $\mathbb{R}^n$ 或者更一般的光滑完备流形. 设

$$(T_t)_{0\leqslant t\leqslant T_*}, \quad T_0 = \mathrm{id}$$

是 X 的局部 Lipschitz 微分同胚族. 设 $v = v(t, x)$ 是与轨迹 (T_t) 相联系的速度场. 设 μ 是 X 上的概率测度, $\rho_t = T_{t\#}\mu$. 那么, $\rho_t = \rho(t, \cdot)$ 是线性传输方程

$$\begin{cases} \frac{\partial \rho}{\partial t} + \nabla \cdot (\rho v) = 0, & 0 < t < T_*, \\ \rho_0 = \mu \end{cases} \tag{11.21}$$

的唯一解, 这里 ρ_t 在 $C([0, T_*); \mathcal{P}(X))$ 中, 其中 $\mathcal{P}(X)$ 带有弱拓扑. ◆

当我们说 (T_t) 是一个局部 Lipschitz 微分同胚族, 是说对于所有 t

T_t 是一个 $X \to X$ 双射; 对于所有 $t, t < T_*$ 和所有的紧集 $K \subset X$, 映射 $(t,x) \mapsto T_t(x)$ 和 $T_t^{-1}(x)$ 在 $[0,T] \times K$ 上 Lipschitz. 例如, 如果给定一个速度场 $v = v(t,x)$, 并且在 $\mathbb{R}_+ \times \mathbb{R}^n$ 上一致 Lipschitz, 那么根据 Cauchy-Lipschitz 理论, 它生成了所有时间的全局 Lipschitz 微分同胚族. 方程 (11.21) 在物理学中称为质量守恒. 当 X 有边界时, 则我们应该为方程 (11.21) 补充边界条件.

散度算子 $\nabla\cdot$ 由下面公式对偶地定义:

$$\int \varphi d(\nabla \cdot m) = -\int \nabla\varphi \cdot dm, \tag{11.22}$$

其中 φ 是任意具有紧致支撑集的平滑测试函数且 m 是向量值测度. 如果 v 光滑, 那么散度算子具有表示

$$\nabla \cdot v = \sum_{i=1}^{n} \frac{\partial v_i}{\partial x_i}.$$

证明 这里给一个概要性证明, 我们记 $v_t(x) = v(t,x)$.

(1) 首先, 我们证明 $\rho_t = T_{t\#}\mu$ 确实是方程 (11.21) 的解. 对于所有 $\varphi \in \mathcal{D}(X)$ 和 $T \in (0, T_*)$, 映射 $t \mapsto \int \varphi d\rho_t$ 在 $(0,T)$ 内 Lipschitz, 对几乎所有的 t 导数为

$$\frac{d}{dt}\int \varphi d\rho_t = \int \varphi \frac{d\rho_t}{dt},$$

由连续性方程, $d\rho_t/dt = -\nabla \cdot (v_t\rho_t)$, 代入上式得到

$$\int \varphi \frac{d\rho_t}{dt} = -\int \varphi d[\nabla \cdot (v_t\rho_t)].$$

再由散度算子的定义 (11.22), 我们得到

$$-\int \varphi d[\nabla \cdot (v_t\rho_t)] = \int (\nabla\varphi \cdot v_t) d\rho_t.$$

为此, 我们首先使用前推测度的定义来写

$$\int \varphi d\rho_t = \int \varphi \circ T_t d\mu.$$

由于 φ 是紧支撑, 且 T_t^{-1} 连续, 因此函数 $\varphi \circ T_t$ 是紧支撑 (对于 $0 \leqslant t \leqslant T$ 一致紧支); 更进一步, 对几乎所有的 t 和 x, 它是 Lipschitz 的,

$$\frac{\partial}{\partial t}(\varphi \circ T_t) = (\nabla\varphi \circ T_t) \cdot \frac{\partial T_t}{\partial t} = (\nabla\varphi \circ T_t) \cdot (v_t \circ T_t).$$

于是, 对 $h>0$, 我们有

$$\frac{1}{h}\left(\int \varphi d\rho_{t+h}-\int \varphi d\rho_t\right)=\int\left(\frac{\varphi\circ T_{t+h}(x)-\varphi\circ T_t(x)}{h}\right)d\mu.$$

在 $[0,T-h]\times\mathbb{R}^n$ 内, 右边括号内的被积函数是一致有界的, 对于几乎所有的 t, 当 $h\to 0$ 时, 它收敛于 $(\nabla\varphi\circ T_t)\cdot v_t$, 对于几乎所有的 x. 根据 Lebesgue 控制收敛定理, 我们推导出映射 $t\mapsto\int\varphi d\rho_t$ 对几乎所有的 t 都是可微分的, 并且

$$\begin{aligned}\frac{d}{dt}\int\varphi d\rho_t&=\int(\nabla\varphi\circ T_t)\cdot(v_t\circ T_t)d\mu\\&=\int\nabla\varphi\cdot v_t d\rho_t,\end{aligned}\tag{11.23}$$

这就是我们希望证明的. 在测度的弱拓扑中, 很容易验证 $T_{t\#}\mu$ 作为 t 的函数的连续性.

(2) 现在证明唯一性. 由于方程是线性的, 我们只需证明: 如果一个依赖时间的测度 (ρ_t) 满足定理的正则性条件, 是方程 (11.21) 的解, 那么对于所有的 $T<T_*$,

$$\rho_0=0\implies\rho_T=0.$$

为此, 我们使用对偶方法. 假设我们可以构造一个 Lipschitz 函数 $\varphi(t,x)$, 定义在时间区间 $[0,t]$ 上, 具有紧致支撑集, 并且是下列方程的解:

$$\begin{cases}\frac{\partial\varphi}{\partial t}=-v\cdot\nabla\varphi,\\ \varphi|_{t=T}=\varphi_T,\end{cases}\tag{11.24}$$

这里 φ_T 是 $\mathcal{D}(X)$ 中的任意测试函数. 然后, 类似上面证明, 我们推断 $t\mapsto\int\varphi_t d\rho_t$ 是 Lipschitz 的, 并且对几乎所有的 t, 都有

$$\begin{aligned}\frac{d}{dt}\int\varphi_t d\rho_t&=\int\frac{\partial\varphi_t}{\partial t}d\rho_t+\int\varphi_t d\left(\frac{d\rho_t}{dt}\right)\\&=-\int v_t\cdot\nabla\varphi_t d\rho_t+\int\varphi_t d[\nabla\cdot(v_t\rho_t)]=0,\end{aligned}\tag{11.25}$$

所以

$$\int\varphi_T d\rho_T=\int\varphi_0 d\rho_0=0,$$

这里我们使用连续性直至 $t=0$. 由于 φ_T 是任意的, 这蕴含着 $\rho_T=0$.

余下的任务是构造方程 (11.24) 的一个解, 可以重写为 $\partial\varphi/\partial t+v\cdot$

$\nabla\varphi = 0$, 或 $(d/dt)\varphi_t(T_t x) = 0$. 这样的解应该满足

$$\varphi_t(T_t x) = \varphi_T(T_T x)$$

或者

$$\varphi_t = \varphi_T \circ T_T \circ T_t^{-1}.$$

因为 (T_t) 是一族局部 Lipschitz 映射, 所以上面的公式定义了一个具有紧支撑的 Lipschitz 函数, 几乎处处满足 (11.24). ■

影响流场行为的一个关键参数是速度场 v 的散度. 如果散度是 0, 则流体是不可压缩的; 如果散度为负, 那么流体是压缩的, 并且随着时间的推移趋向于产生更高的密度; 如果散度为正, 那么流体是膨胀的, 趋向于产生较低的密度. 现在, 我们希望确定对应于最优传输的速度场 $v(t, x)$. 首先考虑欧氏空间中严格凸代价函数的情形. 正如我们已经看到的, 在 Lagrange 表示中, 最优轨迹只是直线 (命题 11.1).

命题 11.4 (测地线轨迹的 Euler 表示) 设 $v_0 : \mathbb{R}^n \to \mathbb{R}^n$ 是 $\mathbb{R}^n$ 上的连续向量场, 几乎处处可微. 设 $T_t(x) = x - tv_0(x)$ 是粒子轨迹的场, 每个轨迹都以恒定速度运动. 假设 $(T_t)_{0 \leqslant t < T_*}$ 定义了一个微分同胚族, 对 $0 \leqslant t < T_*$ 对应的 Euler 速度场 $v_t = T_t^{-1} \circ dT_t/dt$, 满足方程

$$\frac{\partial v}{dt} + v \cdot \nabla v = 0. \quad \blacklozenge \tag{11.26}$$

比较此方程 (11.26) 与 Euler 方程 (10.8), 这里没有不可压缩约束 $\nabla \cdot v = 0$, 也没有 Lagrange 乘子 (无压强). 因此, 方程 (11.26) 也称为无压强 Euler 方程.

证明 因为 $T_t(x)$ 是一条匀速直线, 所以它的二阶导数是 0. 通过微分 $(d/dt)T_t(x) = v(t, T_t(x))$, 我们得到, 对任意给定的 x,

$$0 = \frac{d^2}{dt^2}(T_t x) = \frac{\partial v}{\partial t}(T_t x) + v(t, T_t x) \cdot \nabla v(t, T_t x).$$

这就证明了方程 (11.26). ■

结合 (11.21) 和 (11.26), 我们得到依赖时间的最优传输 Euler 系统,

$$\begin{cases} \frac{\partial \rho}{\partial t} + \nabla \cdot (\rho v) = 0, \quad \rho(t = 0, \cdot) = \mu, \\ \frac{\partial v}{\partial t} + v \cdot \nabla v = 0. \end{cases} \tag{11.27}$$

Euler 系统 (11.27) 丢失了传输代价函数 c. 事实上, 对于任意严格凸的传输代价函数, 这组方程都成立. 传输代价函数实际隐藏在初始条件 v 中, 这一点可以从如下命题看出.

命题 11.5 (最佳初速度场) 给定 Euler 系统 (11.27) 的光滑解 (ρ_t, v_t) 和严格凸传输代价 c, 那么相应的 Lagrange 轨迹场决定了相对于代价 c 的最优传输方案, 当且仅当存在某个 c-凹函数 φ, 使得

$$v(t=0,\cdot) = -\nabla c^*(\nabla\varphi). \quad \blacklozenge \tag{11.28}$$

可以从 (11.26) 开始执行进一步的简化. 我们来找一个这样的函数 $u = u(t,x)$, 满足

$$v = \nabla c^*(\nabla u), \tag{11.29}$$

容易看出 v 满足 (11.26), 若 u 满足 Hamilton-Jacobi 方程, 其中 Hamilton 函数 c^* 满足

$$\frac{\partial u}{\partial t} + c^*(\nabla u) = 0. \tag{11.30}$$

有了这些新的未知量, 最优性方程表示为

$$\begin{cases} \frac{\partial \rho}{\partial t} + \nabla\cdot(\rho\nabla c^*(\nabla u)) = 0, \quad \rho(t=0,\cdot) = \mu, \\ \frac{\partial u}{\partial t} + c^*(\nabla u) = 0. \end{cases} \tag{11.31}$$

此外, 如果 ∇c^* 是一个奇函数, 那么最优条件为 $-u(t=0,\cdot)$, 它是 c-凹的, 如方程 (11.28) 和 (11.29) 所示.

边界条件是主要的困难, 即便是 $\mathbb{R}^n$ 中的区域 Ω 具有光滑边界也是如此. 原因如下: 即使 μ 和 $\nu = T_{1\#}\mu$ 在 Ω 上严格正, 时刻 $t\in(0,1)$ 的插值 ρ_t 的支撑集可能会小于 Ω. 只要 T_1 无法保持 $\partial\Omega$ 逐点不变, 这种情形就会发生, 从而导致方程非常复杂.

第十二章 Benamou-Brenier 理论

Benamou-Brenier 将流场的总作用能量与传输映射的 Wasserstein 距离联系起来, 通过极小化流场的总能量来求解最优传输映射 [12].

12.1 Benamou-Brenier 定理

令 ρ_0 和 ρ_1 是 $\mathbb{R}^n$ 上的两个概率密度, 假设有紧致的支撑集, 把它们想象成某些粒子在时刻 $t=0$, $t=1$ 时的密度函数. 我们用 $\gamma_x(t)$ 来表示某个给定粒子在时刻 t 的位置, 粒子的初始位置为 x. 假设在每个时刻 t, 粒子运动的速度向量场为 v_t, 则

$$\frac{d}{dt}\gamma_x(t) = v_t(\gamma_x(t)). \tag{12.1}$$

如果 $v = v_t(x)$ 足够正则, 例如一致 Lipschitz, 则根据 Cauchy-Lipschitz 理论, 在整个时间区间 $0 \leqslant t \leqslant 1$ 内, 存在一个流: 对于任意的 x_0, 常微分方程 (12.1) 存在唯一解 $\gamma_{x_0}(t)$, $\gamma_{x_0}(0) = x_0$; 更进一步, 映射 $(t, x_0) \mapsto \gamma_{x_0}(t)$ 是全局 Lipschitz 的双射. 粒子在时刻 t 的密度 (ρ_t) 是线性传输方程的弱解,

$$\frac{\partial \rho_t}{\partial t} + \nabla_x \cdot (\rho_t v_t) = 0. \tag{12.2}$$

在每个时刻 t, 我们可以定义粒子的总动能 (kinetic) (相差因子 1/2):

$$E(t) = \int_{\mathbb{R}^n} \rho_t(x)|v_t(x)|^2 dx, \tag{12.3}$$

因此, 每个速度场都关联一个作用 (action), 或者动能关于时间的积分,

$$A[\rho, v] = \int_0^1 \left(\int_{\mathbb{R}^n} \rho_t(x)|v_t(x)|^2 dx \right) dt. \tag{12.4}$$

我们可以把 $A[\rho, v]$ 看作以速度场 (v_t) 来移动粒子所需要的总能量.

问题 12.1 (Benamou-Brenier 最小化问题)

$$\min A[\rho, v], \quad (\rho, v) \text{ 在空间 } V(\rho_0, \rho_1) \text{ 中}, \tag{12.5}$$

其中 $V(\rho_0,\rho_1)$ 是所有 $(\rho,v)=(\rho_t,v_t)_{0\leqslant t\leqslant 1}$ 的集合, 满足

$$\begin{cases}\rho\in C([0,1];w^*\text{-}P_{ac}(\mathbb{R}^n));\\ v\in L^2(d\rho_t(x)dt);\\ \bigcup_{0\leqslant t\leqslant 1}\operatorname{Supp}(\rho_t)\ \text{有界};\\ \text{在分布意义下}\ \frac{\partial\rho_t}{\partial t}+\nabla\cdot(\rho_t v_t)=0,\ \text{弱解};\\ \rho(t=0,\cdot)=\rho_0;\quad \rho(t=1,\cdot)=\rho_1.\end{cases}\quad\blacklozenge \tag{12.6}$$

这里的符号 $w^*\text{-}P_{ac}(\mathbb{R}^n)$ 代表绝对连续的密度函数集合 $P_{ac}(\mathbb{R}^n)$, 具有弱 * 拓扑.

定理 12.1 (Benamou-Brenier 公式) 令 $\rho_0,\rho_1\in P_{ac}(\mathbb{R}^n)$ 具有紧支撑. 然后, 使用 (12.5) 和 (12.6) 的符号, 二次 Wasserstein 距离的平方等于最小作用能量,

$$\mathcal{T}_2(\rho_0,\rho_1)=\inf\{A[\rho,v];(\rho,v)\in V(\rho_0,\rho_1)\}\,. \quad\blacklozenge$$

证明 证明分为三步.

第一步: 我们将证明

$$\inf\{A[\rho,v];(\rho,v)\in V_{sm}(\rho_0,\rho_1)\}\geqslant\mathcal{T}_2(\rho_0,\rho_1),$$

其中 V_{sm} 表示 $V(\rho_0,\rho_1)$ 中 (ρ,v) 的集合, 使得速度场 v 有界并且 C^1 光滑. 回想一下, 在我们关于 ρ_0 和 ρ_1 的假设下,

$$\mathcal{T}_2(\rho_0,\rho_1)=\inf\left\{\int\rho_0(x)|T(x)-x|^2dx;\ T_\#\rho_0=\rho_1\right\}. \tag{12.7}$$

当 $(\rho,v)\in V_{sm}(\rho_0,\rho_1)$ 时, 常微分方程 $(d/dt)T_t(x)=v_t(T_t(x))$ 的解定义了粒子的轨迹 $T_t(x)=T_tx$, 初始位置为 x, $T_0x=x$. 由 (12.2), 我们推断出 $\rho_t=T_{t\#}\rho_0$ (参见定理 11.6). 特别地,

$$\int\rho_t(x)|v_t(x)|^2dx=\int\rho_0(x)|v_t(T_tx)|^2dx=\int\rho_0(x)\left|\frac{d}{dt}T_tx\right|^2dx. \tag{12.8}$$

如果将此对 t 积分, 并使用命题 (11.1), 我们会发现

$$\begin{aligned}A[p,v]&\geqslant\int\rho_0(x)\left(\int_0^1\left|\frac{d}{dt}T_tx\right|^2dt\right)dx\\&\geqslant\int\rho_0(x)|T_1x-T_0x|^2dx=\int\rho_0(x)|T_1x-x|^2dx.\end{aligned} \tag{12.9}$$

因为 $T_{1\#}\rho_0=\rho_1$, 根据 (12.7) 这个量是下有界的.

第二步: 我们运用逼近方法, 将最小化问题归结到光滑速度场的情形, 并得出结论

$$\inf\{A[\rho, v]; (\rho, v) \in V(\rho_0, \rho_1)\} \geqslant \mathcal{T}_2(\rho_0, \rho_1). \tag{12.10}$$

首先, 我们将变量 (ρ, v) 替换为 $(\rho, m) = (\rho, \rho v)$, 这样做的好处是最小化问题 (12.5) 相对于这些新变量是凸的. 事实上, $\rho|v|^2$ 重写为 $|m|^2/\rho$, 函数 $(\rho, m) \mapsto |m|^2/\rho$ 在 $\mathbb{R}_+ \times \mathbb{R}^n$ 上关于 ρ 和 m 都是凸的; 而且它也是下半连续的 (如果约定 $0/0 = 0$). 接下来, 我们将 $(\rho, v) \in V(\rho_0, \rho_1)$ 记为 $(\rho, m) \in V(\rho_0, \rho_1)$, 将 $A[\rho, v]$ 记为 $A[\rho, m]$.

令 $(\rho, m) \in V(\rho_0, \rho_1)$. 由假设存在一个球 $B(0, R)$, 对所有的 t, 球 $B(0, R)$ 包含 ρ_t 的支撑集 $\mathrm{Supp}(\rho_t)$. 特别地, m 在 $B(0, R)$ 之外恒为 0. 令 $\bar{\rho}$ 是一个固定的光滑概率分布, 在 $B(0, R+1)$ 内紧致支撑, 在 $B(0, R)$ 中有一个正数为下界 (对应的 $\bar{m}$ 为 0). 等式 $\partial_t \rho + \nabla \cdot m = 0$ 蕴含

$$\frac{\partial \tilde{\rho}^\delta}{\partial t} + \nabla \cdot \tilde{m}^\delta = 0,$$

这里

$$\tilde{\rho}^\delta = (1-\delta)\rho + \delta\bar{\rho}, \quad \tilde{m}^\delta = (1-\delta)m + \delta\bar{m}.$$

换句话说, $(\tilde{\rho}^\delta, \tilde{m}^\delta) \in V(\tilde{\rho}_0^\delta, \tilde{\rho}_1^\delta)$. 另一方面, 由凸性,

$$A[\tilde{\rho}^\delta, \tilde{m}^\delta] \leqslant (1-\delta)A[\rho, m] + \delta A[\bar{\rho}, \bar{m}] = (1-\delta)A[\rho, m] \leqslant A[\rho, m],$$

因为当 $\delta \to 0$ 时 $\tilde{\rho}_0^\delta$ 收敛于 ρ_0, 相似地, $\tilde{\rho}_1^\delta$ 收敛于 ρ_1. 我们只需证明

$$A[\tilde{\rho}^\delta, \tilde{m}^\delta] \geqslant \mathcal{T}_2(\tilde{\rho}_0^\delta, \tilde{\rho}_1^\delta). \tag{12.11}$$

事实上, 由于概率密度族 $\tilde{\rho}^\delta$ 和 $\tilde{\rho}_1^\delta$ 的支撑是一致有界的, 并且当 $\delta \to 0$ 时分别收敛于 ρ_0, ρ_1, 所以我们知道

$$\mathcal{T}_2(\tilde{\rho}_0^\delta, \tilde{\rho}_1^\delta) \to \mathcal{T}_2(\rho_0, \rho_1), \quad 当\ \delta \to 0\ 时,$$

得到结论

$$A[\rho, m] \geqslant \mathcal{T}_2(\rho_0, \rho_1),$$

这就是 (12.10).

我们来证明不等式 (12.11). 对于所有的 t, 在 $\tilde{m}_t^\delta$ 的支撑集合的一个邻域中, $\tilde{\rho}_t^\delta$ 都是一致下有界的.

为了简化符号, 我们将 $\tilde{\rho}^\delta$, $\tilde{m}^\delta$ 仅以 ρ, m 表示.

接下来, 我们介绍正则化核

$$r_\varepsilon(t,x) = \frac{1}{\varepsilon^n} r_1\left(\frac{x}{\varepsilon}\right) \frac{1}{\varepsilon} r_2\left(\frac{1}{\varepsilon}\right),$$

其中 $r_1 \in \mathcal{D}(\mathbb{R}^n)$, $r_2 \in \mathcal{D}(\mathbb{R}_+)$, $r_i \geqslant 0$, $\int r_i = 1$ $(i=1,2)$, $\operatorname{Supp}(r_1) \subset B(0,1)$, $\operatorname{Supp}(r_2) \subset (0,1)$. 然后定义

$$\rho^\varepsilon = \rho * r_\varepsilon, \quad m^\varepsilon = m * r_\varepsilon,$$

卷积作用于两个变量 x 和 t 上, 所以

$$\frac{\partial \rho^\varepsilon}{\partial t} + \nabla \cdot m^\varepsilon = 0 \quad 在\ (\varepsilon, 1-\varepsilon) \times \mathbb{R}^n\ 上.$$

更进一步, 如果 ε 足够小, 在 m 的支撑集合的一个邻域中 (也在 m^ε 的支撑集合的一个邻域中), ρ 一致下有界; 对于所有 $t \in (\varepsilon, 1-\varepsilon)$ 和 $\mathbb{R}^n$ 中的所有 x (约定 $0/0=0$), 向量场

$$v_t^\varepsilon = \frac{m_t^\varepsilon}{\rho_t^\varepsilon}$$

是良好定义的. 它是一个平滑的 C^1 函数且具有紧支撑, 特别是一致有界的. 因此, 由第一步, 经过时间重参数化后,

$$(1-2\varepsilon)\int_\varepsilon^{1-\varepsilon}\int \rho_t^\varepsilon |v_t^\varepsilon|^2 dxdt \geqslant \mathcal{T}_2(\rho_\varepsilon^\varepsilon, \rho_{1-\varepsilon}^\varepsilon).$$

另一方面, 由 $(\rho, m) \mapsto |m|^2/\rho$ 的凸性,

$$\rho_t^\varepsilon |v_t^\varepsilon|^2 = \frac{|(\rho_t v_t) * r_\varepsilon|^2}{\rho_t * r_\varepsilon} \leqslant \frac{|\rho_t v_t|^2}{\rho_t} * r_\varepsilon,$$

这蕴含着

$$A[\rho, v] = \int_0^1 \int \frac{|\rho_t v_t|^2}{\rho_t} dxdt \geqslant \int_\varepsilon^{1-\varepsilon}\int \rho_t^\varepsilon |v_t^\varepsilon|^2 dxdt \geqslant \mathcal{T}_2(\rho_\varepsilon^\varepsilon, \rho_{1-\varepsilon}^\varepsilon).$$

让 ε 趋近于 0, 并由 $\mathcal{T}_2$ 在弱收敛下的连续性, 最终再次得到 $A[\rho, v] \geqslant \mathcal{T}_2(\rho_0, \rho_1)$.

第三步: 我们证明存在 $(\rho, v) \in V(\rho_0, \rho_1)$ 满足 $A[\rho, v] = \mathcal{T}_2(\rho_0, \rho_1)$. 为此, 令 $T = \nabla\varphi$ 是 Monge-Kantorovich 问题 (12.7) 的最优传输映射, 并

设

$$T_t(x)=(1-t)x+tT(x):=\nabla\varphi_t(x),\quad \rho_t=T_{t\#}\rho_0.$$

回想一下, 对于每一个 $t>0$, $\nabla\varphi_t^*$ 都是 $\nabla\varphi_t$ 的逆 ($d\rho_t$-几乎处处). 这使得引入速度场成为可能 ($d\rho_t$-几乎处处可定义),

$$v_t=\left(\frac{d}{dt}T_t\right)\circ T_t^{-1}=(T-\mathrm{id})\circ T_t^{-1},$$

根据对 ρ_0 和 ρ_1 的假设, 它是有界的. 每当 $\rho_t=0$ 时, 定义 v_t 为 0. 通过模仿定理 11.6 的证明, 容易验证 (ρ_t,v_t) 是方程 (12.2) 的弱解. 当 Φ 是一个非负可测函数时, 有

$$\int\rho_t\Phi(v_t)dx=\int\rho_0(x)\Phi(T(x)-x)dx.$$

特别地, 选择 $\Phi(v)=|v|^2$, 我们发现对于所有的 t,

$$\int\rho_t(x)|v_t(x)|^2dx=\int\rho_0(x)|T(x)-x|^2dx=\mathcal{T}_2(\rho_0,\rho_1),\tag{12.12}$$

因此,

$$A[\rho,v]=\mathcal{T}_2(\rho_0,\rho_1),$$

这就证明了定理. ■

12.2 Otto 的理论解释

Otto 将 Benamou-Brenier 公式解释成 Wasserstein 空间中的测地线方程 [64]. 如果我们回想一下 $\mathcal{T}_2$ 是二次 Wasserstein 距离 $\mathcal{W}_2$ 的平方, 那么 Benamou-Brenier 公式看起来很像 Riemann 几何中的测地线公式. 我们想在 Wasserstein 空间 $\mathcal{P}(\mathbb{R}^n)$ 上定义一个度量结构, 在测度 ρ 的切空间 $T_\rho\mathcal{P}$ 上, 定义内积 $\langle\cdot,\cdot\rangle_\rho$, 内积光滑依赖于 ρ. 这个度量结构应该在每个 $T_\rho\mathcal{P}$ 上定义一个范数 $\|\cdot\|_\rho$, 使得

$$\mathcal{W}_2(\rho_0,\rho_1)^2=\inf\left\{\int_0^1\left\|\frac{d\rho}{dt}\right\|_{\rho(t)}^2dt;\ \rho(0)=\rho_0,\ \rho(1)=\rho_1\right\},$$

这里下确界在所有连接 ρ_0 和 ρ_1 的路径中取得.

从流体力学的观点来看, 路径 $(\rho(t))$ 是一群粒子依随时间演化的密

度, 这群粒子连续运动, 其速度向量场为 v_t. 假设粒子的速度是由它们的位置唯一决定的, 那么 $\rho(t)$ 是传输方程 $\partial\rho/\partial t + \nabla\cdot(\rho v) = 0$ 的解. 我们将切空间视为所有形为 $-\nabla\cdot(\rho v)$ 的概率密度. 切向量的范数定义为

$$\left\|\frac{\partial\rho}{\partial t}\right\|_{\rho}^{2} = \inf_{v\in L^2(d\rho;\mathbb{R}^n)} \left\{\int \rho|v|^2;\ \frac{\partial\rho}{\partial t} + \nabla\cdot(\rho v) = 0\right\}. \tag{12.13}$$

如果所有速度场 $v:\mathbb{R}^n\to\mathbb{R}^n$ 满足连续性方程

$$-\nabla\cdot(\rho v) = \frac{\partial\rho}{\partial t},$$

则速度场与观测到的 ρ 的变化是相容的. 在所有这些可能的向量场中, 我们要找出动能最低的那一个. 假设 v_0 是动能最小者, w 是散度为零的向量场; 那么对于任何 $\varepsilon\neq 0$, $v_0+\varepsilon w/\rho$ 也是可容许的,

$$-\nabla\cdot\left[\rho\left(v_0+\varepsilon\frac{w}{\rho}\right)\right] = \frac{\partial\rho}{\partial t}.$$

因为 v_0 的动能最小, 我们应该有

$$\int\rho|v_0|^2 \leqslant \int\rho\left|v_0+\varepsilon\frac{w}{\rho}\right|^2.$$

取变分, 我们得到

$$\int v_0\cdot w = 0.$$

换句话说, v_0 (在 L^2 的意义上) 与任意无散向量场正交; 这意味着 v_0 应该是梯度场: $v_0=\nabla u_0$. 总结一下, 我们为 $\mathcal{P}(\mathbb{R}^n)$ 定义了 Riemann 度量

$$\begin{cases} \mathcal{W}_2(\rho_0,\rho_1)^2 = \inf\left\{\int_0^1 \left\|\frac{\partial\rho}{\partial t}\right\|_{\rho(t)}^2 dt;\ \rho(0)=\rho_0,\ \rho(1)=\rho_1\right\}, \\ \left\|\frac{\partial\rho}{\partial t}\right\|^2 = \int\rho|\nabla u|^2, \quad -\nabla\cdot(\rho\nabla u) = \frac{\partial\rho}{\partial t}. \end{cases} \tag{12.14}$$

定义 (12.14) 形式上赋予了 $\mathcal{P}(\mathbb{R}^n)$ Riemann 度量结构. 实际上, 通过极化分解 (polarization), 我们可定义两个切向量 $\partial\rho/\partial t_1$ 和 $\partial\rho/\partial t_2$ 的标量积:

$$\left\langle\frac{\partial\rho}{\partial t_1},\frac{\partial\rho}{\partial t_2}\right\rangle = \int\rho\langle\nabla u_1,\nabla u_2\rangle,$$

其中 u_1 和 u_2 满足

$$-\nabla\cdot(\rho\nabla u_1) = \frac{\partial\rho}{\partial t_1},\quad -\nabla\cdot(\rho\nabla u_2) = \frac{\partial\rho}{\partial t_2}.$$

从我们的构造中, 二次 Wasserstein 距离 $\mathcal{W}_2$ 是由这个 Riemann 结构所决定的测地线长度, 这个结构的测地线正是 McCann 位移插值: 若 ρ_0 和 ρ_1

给定, 则连接 ρ_0 和 ρ_1 的测地线长度是

$$\rho_t = [(1-t)\,\mathrm{id} + t\nabla\varphi]_{\#}\rho_0,$$

其中 $\nabla\varphi$ 是从 ρ_0 到 ρ_1 的二次代价的 Monge-Kantorovich 最优传输映射. 这里, 我们要求测地路径具有弧长参数化 (或者恒速), 这意味着 $\mathcal{W}_2(\rho_0,\rho_t) = t\mathcal{W}_2(\rho_0,\rho_1)$. 在 Euler 公式中, 这样一条测地线路径 $\rho(t,x) = \rho_t(x)$ 的方程为

$$\begin{cases} \frac{\partial\rho}{\partial t} + \nabla\cdot(\rho v) = 0, \quad v(t=0,x) = \nabla\varphi(x) - x, \\ \frac{\partial v}{\partial t} + v\cdot\nabla v = 0, \end{cases} \tag{12.15}$$

即 Euler 系统方程 (11.27).

12.3 最大熵原理

在实际应用中的很多情况下, 算法根据已有的观察来推断概率分布. 观察样本只提供关于未知分布的部分知识, 因此解并不唯一, 我们需要定义各种能量, 在满足观察的限制下, 来优化这些能量. 最为常见的优化框架就是最大熵原理. 熵衡量了一个随机变量的不确定性, 熵最大的时候, 随机变量最不确定. 最大熵原理就是在只掌握未知分布的部分知识时, 选择符合这些知识并且熵值最大的概率分布.

最优传输给出了另外一个理论框架. 给定空间 X, 其上所有的概率分布构成一个无穷维空间 $\mathcal{P}(X)$. 对于任意的概率分布 $\mu,\nu\in\mathcal{P}(X)$, 最优传输理论定义了它们之间的距离, 例如 Wasserstein 距离 $\mathcal{W}_2(\mu,\nu)$, 进而定义了 Riemann 度量、平行移动、协变微分, 这为我们在 $\mathcal{P}(X)$ 中进行优化供了理论工具. 作为定义在 $\mathcal{P}(X)$ 上的函数, 熵是平移凸函数.

定义 12.1 (熵) 给定一个概率测度 $\rho\in\mathcal{P}(X)$, 其熵 (entropy) 被定义为

$$\mathrm{Ent}(\rho) := \int_X -\rho\log\rho dx. \qquad \blacklozenge$$

这里, 我们首先用最大熵原理推导出给定期望和方差的分布中熵最大者必是 Gauss 分布; 然后用最优传输理论证明在 Riemann 流形

$(\mathcal{P}(X), \mathcal{W}_2)$ 上, 熵的梯度流就是通常意义下的热流, 无约束熵最大的分布是均匀分布.

最大熵原理 这里我们用最大熵原理来推导一些统计和信息论中的经典结果.

命题 12.1 对于定义在区间 $[a, b]$ 上的概率分布 $\rho(x)$, 熵最大的分布一定是均匀分布. ♦

证明 我们极大化熵能量,

$$\text{Ent}(\rho) = \int_a^b -\rho(x) \log \rho(x) dx,$$

$\rho(x)$ 具有限制

$$\int_a^b \rho(x) dx = 1, \quad \rho(x) \geqslant 0.$$

运用 Lagrange 乘子法, 能量转化为:

$$J(\rho) := \int_a^b \rho(x) \log \rho(x) + \lambda \left(\int_a^b \rho(x) dx - 1 \right),$$

直接求变分, 得到

$$\delta J = \int_a^b [\lambda(1 + \log \rho)] \delta\rho dx = 0.$$

由此得到 $\rho(x) = e^{\lambda - 1}$ 为常数. ■

命题 12.2 如果概率分布定义在 $[0, +\infty)$, 具有有限的期望值 μ, 那么熵最大的分布是指数分布. ♦

证明 同理, 我们定义能量

$$J(\rho) := \int_0^\infty \rho(x) \log \rho(x) dx + \lambda_0 \left(\int_0^\infty \rho(x) dx - 1 \right) + \lambda_1 \left(\int_0^\infty x\rho(x) dx - \mu \right),$$

直接求变分

$$\delta J = \int_0^\infty (-\log \rho(x) - 1 + \lambda_0 + \lambda_1 x) \delta\rho dx = 0,$$

由此得到 $\rho(x) = e^{(\lambda_0 - 1) + \lambda_1 x}$. 由单位面积和有限期望的条件, 我们得到 $e^{\lambda_0 - 1} = 1/\mu$, 并且 $\lambda_1 = -1/\mu$, 因此 $\rho(x) = \frac{1}{\mu} e^{-x/\mu}$, $x \geqslant 0$. ■

命题 12.3 如果概率分布定义在 $(-\infty, +\infty)$, 具有数学期望 μ, 方差为 σ^2, 那么熵最大的分布是 Gauss 分布. ♦

证明 我们定义能量

$$J(p)=\int_{-\infty}^{\infty}\rho(x)\log\rho(x)dx+\lambda_0\left(\int_{-\infty}^{\infty}\rho(x)dx-1\right)$$
$$+\lambda_1\left(\int_{-\infty}^{\infty}x\rho(x)dx-\mu\right)+\lambda_2\left(\int_{-\infty}^{\infty}x^2\rho(x)dx-\sigma^2\right),$$

直接求变分

$$\delta J=\int_0^{\infty}(-\log\rho(x)-1+\lambda_0+\lambda_1x+\lambda_2x^2)\delta\rho dx=0.$$

由单位面积和有限期望的条件, 我们得到:

$$\rho(x)=e^{(\lambda_0-1)+\lambda_1x+\lambda_2x^2}=\frac{1}{\sqrt{2\pi\sigma^2}}e^{\frac{(x-\mu)^2}{2\sigma^2}}.$$ ■

考察一条路径 $\rho(t)\subset\mathcal{P}(X)$, 我们对熵求导:

$$\frac{d}{dt}\operatorname{Ent}(\rho(t))=\int_X-\left(\dot\rho\log\rho+\rho\frac{\dot\rho}{\rho}\right)dx=-\int_X(1+\log\rho)\dot\rho dx.$$

由连续性方程 $\dot\rho+\nabla(\dot\rho v)=0$, 假设 $X=\mathbb{R}^n$, 由此

$$\int_X\dot\rho dx=-\int_X\nabla\cdot(\rho v)dx=-\int_{\partial X}v\rho dx=0,$$

同时

$$\nabla\cdot(\rho\log\rho v)=\log\rho\nabla(\dot\rho v)+\langle\nabla\log\rho,\rho v\rangle,$$

我们得到

$$\frac{d}{dt}\operatorname{Ent}(\rho(t))=\int_X-\langle\nabla\log\rho,v\rangle\rho dx.$$

这意味着熵的 Wasserstein 梯度等于 $\nabla\log\rho$, 代入连续性方程,

$$\frac{d\rho_t}{dt}+\nabla\cdot\left(\frac{\nabla\rho_t}{\rho_t}\right)\rho_t=\frac{d\rho_t}{dt}+\Delta\rho_t=0,$$

这意味着熵的 Wasserstein 梯度流等价于热流. 将 $v_t=\nabla\log\rho_t$ 代入, 我们得到熵耗散的速度等于

$$\frac{d}{dt}\operatorname{Ent}(\rho(t))=\int_X-\langle\nabla\log\rho,v\rangle\rho dx=\int_X\frac{|\nabla\rho|^2}{\rho}dx=4\int_X|\nabla\sqrt{\rho}|^2dx.$$

令时间趋于无穷, 则 ρ_∞ 成为均匀分布. 由此最优传输推导出的熵流和经典的热流相一致.

Kullback-Leibler 散度 类似地, 如果我们考虑定义在空间 $\mathcal{P}(X)$ 中的能量

$$\mathcal{E}(\rho) := \int \rho \log \rho + \int \rho V,$$

这里 $V : X \to \mathbb{R}$ 是一个光滑函数, 满足归一化条件

$$\int_X e^V = 1,$$

如此得到的 Wasserstein 梯度流是经典的线性 Fokker-Planck 方程:

$$\frac{\partial \rho}{\partial t} = \Delta \rho + \nabla \cdot (\rho \nabla V) = \nabla \cdot [\rho \nabla (\log \rho + V)].$$

由以上方程得到当 $t \to \infty$ 时, $\rho_t \to e^{-V}$. 由此我们得到能量的一种解释:

$$\mathcal{E}(\rho) := \int \rho(\log \rho + V) = \int \rho \log \frac{\rho}{\rho_\infty},$$

即 ρ 关于 ρ_∞ 的相对 Kullback 信息, 也称为 Kullback-Leibler 散度.

12.4 Benamou-Brenier 泛函和公式

Benamou-Brenier 泛函 考虑一对指数 p 和 q 使得 $\frac{1}{p} + \frac{1}{q} = 1$.

引理 12.1 如图 12.1 所示, 设

$$K_q := \left\{ (a, b) \in \mathbb{R} \times \mathbb{R}^d : a + \frac{1}{q}|b|^q \leqslant 0 \right\}.$$

那么对于 $(t, x) \in \mathbb{R} \times \mathbb{R}^d$, 我们有

$$\sup_{(a,b) \in K_q} (at + b \cdot x) = f_p(t, x) := \begin{cases} \frac{1}{p} \frac{|x|^p}{t^{p-1}}, & t > 0, \\ 0, & t = 0,\ x = 0, \\ +\infty, & t = 0,\ x \neq 0 \text{ 或者 } t < 0. \end{cases} \tag{12.16}$$

特别地, f_p 是凸函数且下半连续. ♦

证明 首先, 我们证明 (12.16). 假设 $t > 0$: 那么很显然, 应该在 sup 中取 a 的最大可能值, 因此

$$a = -\frac{1}{q}|b|^q,$$

从而得出了

$$\sup_b \left(-\frac{1}{q} t |b|^q + b \cdot x \right) = t \left(\sup_b -\frac{1}{q}|b|^q + b \cdot \left(\frac{x}{t} \right) \right).$$

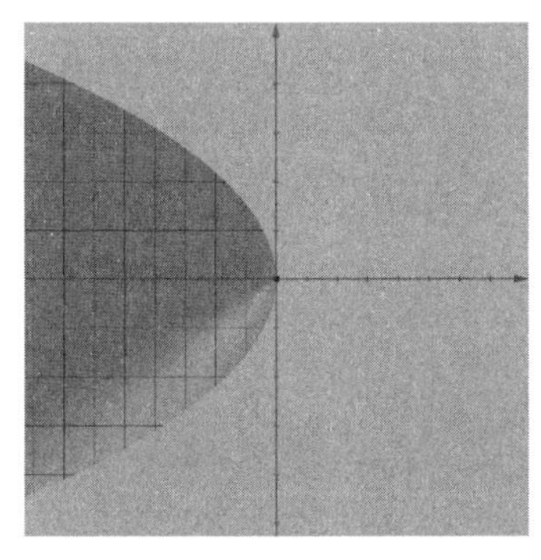

(a) K_q

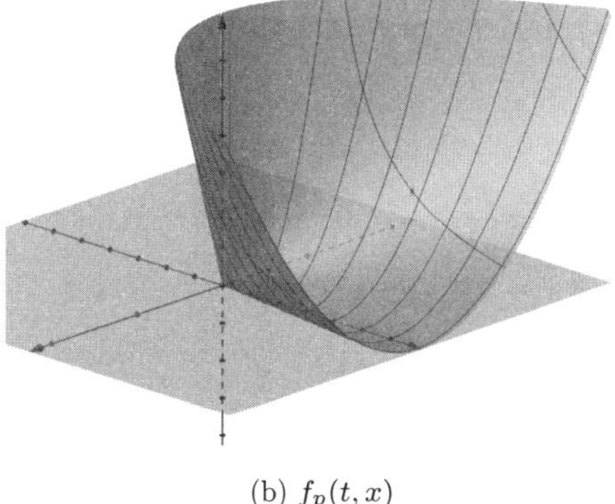

(b) $f_p(t,x)$

彩图

图 12.1 Benamou-Brenier 函数.

如果我们还记得 $p \mapsto \frac{1}{q}|p|^q$ 的 Legendre 变换是 $x \mapsto \frac{1}{p}|x|^p$, 这得出

$$\sup_b \left\{ b \cdot y - \frac{1}{q}|b|^q \right\} = \left\{ \frac{1}{q}|b|^q \right\}^* = \frac{1}{p}|y|^p \quad \text{对所有的 } y, \tag{12.17}$$

因此

$$\sup \left\{ at + b \cdot x : a \in \mathbb{R},\ a + \frac{1}{q}|b|^q \leqslant 0 \right\} = t\frac{1}{p}\left|\frac{x}{t}\right|^p = \frac{1}{p}\frac{|x|^p}{t^{p-1}}.$$

$(t,x) = (0,0)$ 的情况很简单. 如果 $t = 0$ 和 $x \neq 0$, 则很明显, 任何向量 b 都可以由负的 a 补偿, 从而得到

$$\sup \left\{ at + b \cdot x : a \in \mathbb{R}, a + \frac{1}{q}|b|^q \leqslant 0 \right\} = \sup_b\ b \cdot x = +\infty.$$

最后, 在 $t < 0$ 的情况下, 可以取 a 为任意负数, 而 $b = 0$ 使得

$$\sup \left\{ at + b \cdot x : a \in \mathbb{R}, b \in \mathbb{R}^d, a + \frac{1}{q}|b|^q \leqslant 0 \right\} \geqslant \sup_{a<0}\ at = +\infty.$$

可见 f_p 被表示为线性函数的上确界, 因此 f_p 是凸函数且下半连续. ■

我们看到 f_p 是 K_q 指示函数的 Legendre 变换, 它是 1-齐次凸函数. 我们用 f_p 作为定义在测度上的泛函. 对于 $\rho \in \mathcal{M}(X)$ 和 $E \in \mathcal{M}^d(X)$ (向量测度), 我们设置

$$\mathcal{B}_p(\rho, E) := \sup \left\{ \int_X a(x) d\rho + \int_X b(x) \cdot dE\ :\ (a,b) \in C_b(X; K_q) \right\},$$

那么 $\mathcal{B}_p(\rho, E)$ 具有以下属性.

命题 12.4 在弱收敛拓扑下, 泛函 $\mathcal{B}_p$ 在空间 $\mathcal{M}(X) \times \mathcal{M}^d(X)$ 上是凸且下半连续的. 此外, 以下属性成立:

(1) $\mathcal{B}_p(\rho, E) \geqslant 0$;

(2) $\mathcal{B}_p(\rho, E) := \sup\{\int a(x)d\rho + \int b(x) \cdot dE : (a, b) \in L^\infty(X; K_q)\}$;

(3) 固定一个 X 上的正测度 λ, 如果 ρ 和 E 相对于 λ 都是绝对连续的,则泛函 $\mathcal{B}_p(\rho, E)$ 可以改写成

$$\mathcal{B}_p(\rho, E) = \int_X f_p(\rho(x), E(x))d\lambda(x),$$

这里 ρ 和 E 用它们相对于 λ 的密度来表示;

(4) $\mathcal{B}_p(\rho, E) < +\infty$ 仅当 $\rho \geqslant 0$ 且 $E \ll \rho$;

(5) 对于 $\rho \geqslant 0$ 和 $E \ll \rho$, 我们有

$$E = v \cdot \rho \quad 且 \quad \mathcal{B}_p(\rho, E) = \int \frac{1}{p}|v|^p d\rho;$$

(6) 如果 $X = \mathbb{R}^d$, $\rho^\varepsilon := \rho * \eta_\varepsilon$ 并且 $E^\varepsilon := E * \eta_\varepsilon$, 这里 η_ε 是磨光核, 我们也有 $\mathcal{B}_p(\rho^\varepsilon, E^\varepsilon) \leqslant \mathcal{B}_p(\rho, E)$.

证明 (1) 根据定义, $\mathcal{B}_p$ 是线性函数的上确界, 因此 $\mathcal{B}_p$ 是凸和下半连续的泛函. 选取 $a = 0$ 和 $b = 0$, 由上确界的定义, $\mathcal{B}_p$ 非负.

(2) 即证明 $\mathcal{B}_p$ 可以在有界函数上取上确界, 而不必在连续函数上取上确界, 我们只需用连续函数来逼近任意有界函数即可.

空间 $L^\infty(X; K_q)$ 表示取值在 K_q 中的有界可测函数的空间, 函数的可测性独立于具体参考测度的选取. 这可以由 Lusin 定理来证明, 每个有界函数对 (a, b) 可以由连续函数对 $(\tilde{a}, \tilde{b})$ 来近似, 使得 $(\rho + |E|)(\{(a, b) \neq (\tilde{a}, \tilde{b})\}) < \varepsilon$ 且 $\sup|\tilde{a}| \leqslant \sup|a|$ 和 $\sup|\tilde{b}| \leqslant \sup|b|$. 然后, 我们可以将 $\tilde{a}$ 替换为 $\min\{\tilde{a}, -\frac{1}{q}|\tilde{b}|^q\}$ 以保证函数在 K_q 中取值. 逼近误差

$$\left|\int a(x)d\rho + \int b(x) \cdot dE - \left(\int \tilde{a}(x)d\rho + \int \tilde{b}(x) \cdot dE\right)\right| \leqslant C\varepsilon,$$

这里 C 仅取决于 $\sup|a|$ 和 $\sup|b|$.

(3) 可以由引理 12.1 得到, 我们可以使用可测函数 (a, b) 而不需要连续性, 通过等式 (12.16), 我们有

$$\begin{aligned}\mathcal{B}_p(\rho, E) &= \sup\left\{\int [a(x)\rho(x) + b(x) \cdot E(x)]d\lambda(x) : (a, b) \in L^\infty(X; K_q)\right\} \\ &= \int f_p(\rho(x), E(x))d\lambda(x).\end{aligned} \tag{12.18}$$

(4) 的证明简单直接. 首先证明 $\mathcal{B}_p$ 只有在 $\rho \geqslant 0$ 的情况下才是有限

的. 反之, 假设 ρ 可能取负值, 即存在一个集合 A 使得 $\rho(A)<0$. 选取 $a=-n\mathbb{I}_A$ 且 $b=0$, 这里 $\mathbb{I}_A$ 是 A 的指示函数, 则我们有 $\mathcal{B}_p(\rho,E)\geqslant n\rho(A)$. 因为 n 是任意的, 所以 $\mathcal{B}_p(\rho,E)=+\infty$, 矛盾. 其次证明 $\mathcal{B}_p$ 仅在 $E\ll\rho$ 的情况下才是有限的. 反之, 假设存在一个集合 A 使得 $\rho(A)=0$ 但是 $E(A)\neq 0$. 任取单位向量 e, 并设 $a=-\frac{n^q}{q}\mathbb{I}_A$ 和 $b=ne\mathbb{I}_A$, 我们有 $\mathcal{B}_p(\rho,E)\geqslant ne\cdot E(A)$. 因为 e 和 n 都是任意的, 因此我们得到 $\mathcal{B}_p(\rho,E)=+\infty$, 矛盾.

(5) 是 (3) 的推论, 这里我们限制在 $\rho\geqslant 0$ 和 $E=v\cdot\rho$ 的情况. 只需使用 $\lambda=\rho$, 直接得到

$$\mathcal{B}_p(\rho,v\cdot\rho)=\int f_p(1,v(x))d\rho(x)=\int\frac{1}{p}|v|^p d\rho.$$

(6) 采用任意有界函数 $a:\mathbb{R}^d\to\mathbb{R}$ 和 $b:\mathbb{R}^d\to\mathbb{R}^d$ 对于所有 x 都满足 $a(x)+\frac{1}{q}|b(x)|^q\leqslant 0$, 根据卷积的标准属性, 我们有

$$\int ad\rho^\varepsilon+\int b\cdot dE^\varepsilon=\int a^\varepsilon d\rho+\int b^\varepsilon\cdot dE,$$

其中 $a^\varepsilon:=a*\eta_\varepsilon$ 和 $b:=b*\eta_\varepsilon$. 注意, 通过 Jensen 不等式

$$|b^\varepsilon(y)|^q=\left|\int b(x)\eta_\varepsilon(x-y)dx\right|^q\leqslant\int|b(x)|^q\eta_\varepsilon(x-y)dx,$$

因此

$$a^\varepsilon(y)+\frac{1}{q}|b^\varepsilon(y)|^q\leqslant\int\left(a(x)+\frac{1}{q}|b(x)|^q\right)\eta_\varepsilon(x-y)dx\leqslant 0.$$

这证明了 $(a^\varepsilon,b^\varepsilon)\in C(\mathbb{R}^d;K_q)$, 因此我们有

$$\int ad\rho^\varepsilon+\int b\cdot dE^\varepsilon=\int a^\varepsilon d\rho+\int b^\varepsilon\cdot dE\leqslant\mathcal{B}_p(\rho,E).$$

传递给 a 和 b, 得到 $\mathcal{B}_p(\rho^\varepsilon,E^\varepsilon)\leqslant\mathcal{B}_p(\rho,E)$. ■

此外, 作为下半连续凸函数, $\mathcal{B}_p$ 具有次微分.

Benamou-Brenier 公式 通过前面的讨论, 我们找到代价函数 $c(x,y)=|x-y|^p$ 的最优传输方案等价于求解总能 (作用) 最小化问题

$$\min\left\{\int_0^1\int_\Omega|v_t|^p d\rho_t dt:\partial_t\rho_t+\nabla\cdot(v_t\rho_t)=0,\rho_0=\mu,\rho_1=\nu\right\},$$

其解是从 μ 到 ν 的恒速测地线.

以 (ρ_t,v_t) 为变量的最小化问题具有非线性约束 (由于乘积 $v_t\rho_t$) 而泛

函是非凸的 (因为 $(t,x)\mapsto t|x|^p$ 不是凸的). 我们将变量从 (ρ_t, v_t) 变换到 (ρ_t, E_t), 其中 $E_t = v_t\rho_t$, 然后在时空中使用泛函 $\mathcal{B}_p$. 泛函在引理 12.1 和方程 (12.16) 中定义, $\mathcal{B}_p(\rho, E) := \int f_p(\rho, E)$, 这里 $f_p : \mathbb{R}\times\mathbb{R}^d \to \mathbb{R}\cup\{+\infty\}$

问题 12.2 (Benamou-Brenier) 求解

$$(\mathrm{B}_p\mathrm{P}) \quad \min\{\mathcal{B}_p(\rho, E) : \partial_t\rho_t + \nabla\cdot E_t = 0,\ \rho_0 = \mu, \rho_1 = \nu\}. \qquad \blacklozenge$$

注意我们可以写

$$\mathcal{B}_p(\rho, E) = \int_0^1 \mathcal{B}_p(\rho_t, E_t)dt = \int_0^1 \int_\Omega f_p(\rho_t(x), E_t(x))dxdt, \qquad (12.19)$$

这里泛函的表达式 (12.19) 隐含假定了 $\rho_t, E_t \ll \mathcal{L}^d$. 事实上, 正如命题 12.4 中的属性 (3), 只要 ρ_t 和 E_t 相对于同一个正测度是绝对连续的, 那么泛函 $\mathcal{B}_p$ 就具有这种积分表示.

如果考虑向量形式 $(\rho, E) : [0,1]\times\Omega \to \mathbb{R}^{d+1}$, 则连续性方程给出的约束

$$\partial_t\rho_t + \nabla\cdot E_t = 0, \quad \rho_0 = \mu,\ \rho_1 = \nu$$

是时空的散度约束. 空间边界约束已经是无通量类型, 而 ρ 的初始值和最终值在边界 $\{0\}\times\Omega$ 和 $\{1\}\times\Omega$ 上是非齐次 Neumann 边界条件. 这些约束是线性的, 而泛函是凸的, 它是 1-齐次的, 但不是严格凸且不可微的, 这降低了任何梯度下降算法的效率.

12.5 Benamou-Brenier 算法

Uzawa 增强 Lagrange 方法 假设我们需要最小化凸函数 $f : \mathbb{R}^n \to \mathbb{R}$, 但要遵守 k 个线性等式约束 $Ax = b$, 其中 $b\in\mathbb{R}^k$ 且 $A \in M^{k\times n}$, 这个问题等价于

$$\min_{x\in\mathbb{R}^n}\left\{f(x) + \sup_{\lambda\in\mathbb{R}^k} \lambda\cdot(Ax-b)\right\}.$$

这给出了 Lagrange 函数的最小–最大问题

$$L(x,\lambda) := f(x) + \lambda\cdot(Ax-b).$$

根据对偶原理, 寻找 f 在约束下的极小值等价于寻找 $g(\lambda)$ 的最大值,

$$g(\lambda) := \inf_{x\in\mathbb{R}^n} f(x) + \lambda \cdot (Ax - b),$$

即我们最大化

$$\sup_{\lambda\in\mathbb{R}^n} \left\{ \inf_{x\in\mathbb{R}^n} f(x) + \lambda \cdot (Ax - b) \right\}.$$

这与为 L 找到一个鞍点 $(\bar{x}, \bar{\lambda})$ 相同, 对于每个 x 和 λ,

$$L(x, \bar{\lambda}) \geqslant L(\bar{x}, \bar{\lambda}) \geqslant L(\bar{x}, \lambda),$$

即一个点相对于 x 最小化, 相对于 λ 最大化.

Lagrange 函数的最小–最大问题可以用迭代算法来求解. 比较常见的 Uzawa 算法如下: 给定 (x_k, λ_k), 设 $x_{k+1} \leftarrow x(\lambda_k)$,

$$x(\lambda_k) := \arg\min_x f(x) + \lambda_k \cdot (Ax - b),$$

并且选取比较小的 τ,

$$\lambda_{k+1} \leftarrow \lambda_k + \tau \nabla g(\lambda_k) = \lambda_k + \tau(Ax_{k+1} - b),$$

在合理的假设下, 序列 $\{x_k\}$ 收敛到原始问题的最小化子 (x_*, λ_*), 如图 12.2 所示.

另一种使点列 $x(\lambda)$ 的计算更容易并加速收敛的替代方法如下: 用以

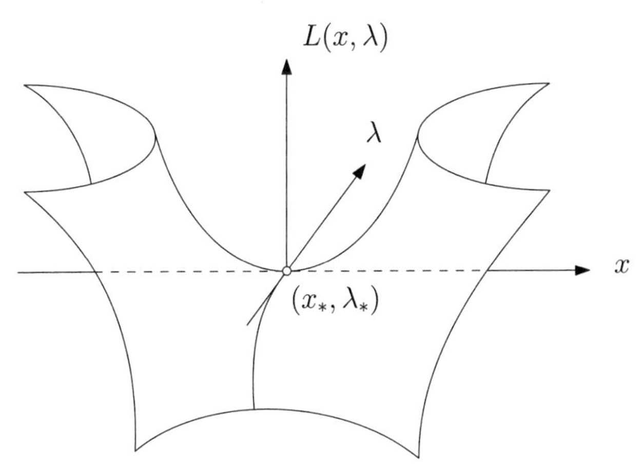

图 12.2 函数 $L(x, \lambda)$ 的鞍点 (x_*, λ_*).

下 Lagrange 函数的变体 $\tilde{L}(x,\lambda)$ 来取代 $L(x,\lambda)$,

$$\tilde{L}(x,\lambda):=L(x,\lambda)+\frac{\tilde{\tau}}{2}|Ax-b|^2,$$

这里 $\tilde{\tau}$ 是一个给定值. $\tilde{L}$ 和 L 的鞍点条件分别满足

$$\text{对于 } \tilde{L}:\begin{cases}\nabla f(x)+A^T\lambda+\tilde{\tau}(Ax-b)=0,\\ Ax-b=0,\end{cases}$$

$$\text{对于 } L:\begin{cases}\nabla f(x)+A^T\lambda=0,\\ Ax-b=0.\end{cases}$$

因此, $\tilde{L}$ 和 L 的鞍点是相同的, 但是使用 $\tilde{L}$ 会使问题在 x 中的凸性增强, 并且更加容易处理. 然后, 我们使用类似的梯度算法,

$$\tilde{g}(\lambda):=\inf_x\left\{f(x)+\lambda\cdot(Ax-b)+\frac{\tilde{\tau}}{2}|Ax-b|^2\right\},$$

选取一个步长 τ. 可以采用 $\tau=\tilde{\tau}$ 并迭代以下算法:

$$\begin{cases}x_{k+1}\leftarrow\arg\min\limits_{x\in\Omega}\left\{f(x)+\lambda_k\cdot(Ax-b)+\frac{\tau}{2}|Ax-b|^2\right\},\\ \lambda_{k+1}\leftarrow\lambda_k+\tau(Ax_{k+1}-b).\end{cases}$$

Benamou-Brenier 算法 我们可以按照分布的弱形式 (10.12) 来重写边界约束

$$\partial_t\rho_t+\nabla\cdot(\rho_t v_t)=0,$$

对于任意测试函数 $\varphi\in C_c^1([0,1]\times\overline{\Omega})$, 我们有

$$\int_0^1\int_\Omega(\partial_t\varphi)d\rho_t dt+\int_0^1\int_\Omega\nabla\varphi\cdot v_t d\rho_t dt=\int_\Omega\varphi(1,x)d\rho_1(x)-\int_\Omega\varphi(0,x)d\rho_0(x).$$

这意味着我们实际上要解决

$$\min_{\rho,E}\mathcal{B}_p(\rho,E)+\sup_\varphi\left(-\int_0^1\int_\Omega((\partial_t\varphi)\rho_t+\nabla\varphi\cdot E_t)+G(\varphi)\right),$$

其中我们设

$$G(\varphi):=\int_\Omega\varphi(1,x)d\nu(x)-\int_\Omega\varphi(0,x)d\mu(x),$$

并假设适当的正则性, 对 $[0,1]\times\Omega$ 上定义的所有函数计算上确界.

我们考虑最简单的情况, $p=2$. 在这种情况下, 我们可以将问题写为

$$\min_{(E,\rho):\rho\geqslant 0}\int_0^1\int_\Omega\frac{|E|^2}{2\rho}+\sup_\varphi\left\{-\int_0^1\int_\Omega((\partial_t\varphi)\rho+\nabla\varphi\cdot E)+G(\varphi)\right\},$$

在这里, 我们假设 $\rho\geqslant 0$ 绝对连续, 泛函 $\mathcal{B}_2$ 用积分来表达 (在 $\rho=0$ 的点,

我们必须有 $E=0$ 以保证能量有限).

如果我们形式地交换 inf 和 sup, 则会得到以下问题:

$$\sup_{\varphi}\left\{G(\varphi)+\inf_{(E,\rho):\rho\geqslant 0}\int_0^1\int_\Omega\left(\frac{|E|^2}{2\rho}-(\partial_t\varphi)\rho-\nabla\varphi\cdot E\right)\right\}.$$

我们可以先固定 ρ 和 φ, 然后计算最佳的 E. 将上式关于 E 求变分, 得出 E 和 φ, ρ 的关系:

$$E=\rho\nabla\varphi,$$

代入能量, 问题就变成了

$$\sup_{\varphi}\left\{G(\varphi)+\inf_{\rho\geqslant 0}\int_0^1\int_\Omega\left(-(\partial_t\varphi)\rho-\frac{1}{2}|\nabla\varphi|^2\rho\right)\right\}.$$

极小值有限 (因此消失) 的条件是

$$\partial_t\varphi+\frac{1}{2}|\nabla\varphi|^2\leqslant 0,$$

并且在最佳状态下, 我们必须在 $\{\rho>0\}$ 上具有等式. 这给出了 Hamilton-Jacobi 方程:

$$\partial_t\varphi+\frac{1}{2}|\nabla\varphi|^2=0\quad(\rho\text{-几乎处处}).$$

由最优的 φ, 我们可以得到 Kantorovich 势能函数 (ψ,ϕ), $\psi(x):=\varphi(1,x)$ 和 $\phi(x):=-\varphi(0,x)$.

这个变分问题中的泛函 $\mathcal{B}_p$ 可以表示为上确界 sup, 因此我们得到

$$\min_{\rho,E}\sup_{(a,b)\in K_q,\varphi}\int_0^1\int_\Omega(a(t,x)d\rho+b(t,x)\cdot dE-\partial_t\varphi d\rho-\nabla\varphi\cdot dE)+G(\varphi).$$

令 $m=(\rho,E)$, 这里 $m:[0,1]\times\Omega\to\mathbb{R}^{d+1}$ 是 $d+1$ 维向量场, 定义在 $d+1$ 维空间中. 记 $\xi=(a,b)$, φ 的时空梯度为 $\nabla_{t,x}\varphi$, 即 $\nabla_{t,x}\varphi=(\partial_t\varphi,\nabla\varphi)$, 该问题可以被重写为

$$\min_{m}\sup_{\xi,\varphi:\xi\in K_q}\langle\xi-\nabla_{t,x}\varphi,m\rangle+G(\varphi).$$

这样, 上述问题类似一个 Lagrange 问题, 但是方式相反: 对偶变量应为 m, 初始变量为 (ξ,φ), 同时函数 $f(\xi,\varphi)$ 包含项 $G(\varphi)$ 和约束 $\xi\in K_q$, 并且存在等式约束 $\xi=\nabla_{t,x}\varphi$. 我们使用增强 Lagrange 方法, 为优化问题添

加一项,

$$\frac{\tau}{2}|\xi-\nabla_{t,x}\varphi|^2,$$

这里 τ 是一个小常数. 因此, 最终我们将问题转化为:

$$\min_{m}\sup_{\xi,\varphi:\xi\in K_q}\langle\xi-\nabla_{t,x}\varphi,m\rangle+G(\varphi)-\frac{\tau}{2}|\xi-\nabla_{t,x}\varphi|^2. \tag{12.20}$$

该算法有三个迭代步骤. 假设我们有一个三元组 (m_k,ξ_k,φ_k).

第一步: 在给定 m_k 和 ξ_k 的情况下, 通过求解下式, 找到最优的 φ_{k+1},

$$\max_{\varphi}-\langle\nabla_{t,x}\varphi,m_k\rangle+G(\varphi)-\frac{\tau}{2}\|\xi_k-\nabla_{t,x}\varphi\|^2,$$

这归结为最小化关于 $\nabla_{t,x}\varphi$ 的二次问题. 极值函数可以通过求解 Laplace 方程

$$\tau\Delta_{t,x}\varphi=\nabla\cdot(\tau\xi_k-m_k)$$

来找到, 方程具有时空 Laplace 算子和 Neumann 边界条件. 这些条件关于空间是齐次的, 但是由于 G 的角色, 在 $t=0$ 和 $t=1$ 时刻是非齐次的. 大多数 Laplace 求解器可以在时间 $O(n\log n)$ 内找到解, 这里 n 是离散化顶点的个数.

第二步: 给定 m_k 和 φ_{k+1} 的情况下, 通过求解下式, 找到最优的 ξ_{k+1},

$$\max_{\xi\in K_q}\langle\xi,m_k\rangle-\frac{\tau}{2}|\xi-\nabla_{t,x}\varphi_{k+1}|^2.$$

通过展开平方项, 我们看到这个问题等价于计算 $\nabla_{t,x}\varphi_{k+1}+\frac{1}{\tau}m_k$ 的投影, 并且没有梯度出现在这一优化步骤里. 优化算法逐点执行, 对每点 (t,x), 将 $\nabla_{t,x}\varphi_{k+1}(t,x)+\frac{1}{\tau}m_k(t,x)$ 向凸集 K_q 中选取投影, 得到垂足 $\xi=(a,b)$. 如果我们有一个在 $\mathbb{R}^{n+1}$ 中的投影算法, 并且此投影算法具有常值复杂度, 则这一步骤的计算复杂度为 $O(n)$.

第三步: 最后, 我们通过设置 $m_{k+1}\leftarrow m_k-\tau(\xi_{k+1}-\nabla_{t,x}\varphi_{k+1})$ 来更新 m.

该算法在每次迭代时全局需要 $O(n\log n)$ 运算, 其中 n 等于时空离散

化给出的顶点数目, 收敛性可以被证明. Benamou-Brenier 方法具有许多重要的优点: 它对概率测度的支撑集不做任何假设, 可以处理密度消失的情形; 它可以计算一般的凸代价函数 $h(y-x)$, 也可以根据位置和时间来调节代价函数, 并且适用于 Riemann 流形; 它可以加入密度 ρ 的凸约束; 它可以处理多个概率测度, 并且测度之间可以具有相互作用.

12.6 Angenent-Haker-Tannenbaum 算法

我们这里介绍一种基于流体力学的方法来计算最优传输映射的方法, Angenent-Haker-Tannenbaum 算法, 这种方法在 Angenent et al. [7] 和 Haker et al. [42] 中提出.

给定边界规则的紧集 Ω, 概率密度函数 ρ 光滑, 在 Ω 上严格正, 目标概率测度为 ν, 且传输代价函数 c 光滑, 例如 C^1, 我们欲求 Monge-Kantorovich 最优传输映射. 我们从一个可容许的传输映射 T 开始, 依随时间演化逐渐调节 T 的值, 从而使得 Monge 传输代价

$$M(T)=\int c(x,T(x))\rho(x)dx \tag{12.21}$$

逐步减小. 为此, 我们构造依赖时间的速度场 v_t, 从而得到微分同胚族 g_t, 粒子轨迹为 $\gamma_x(t)$, 满足方程

$$\begin{cases}\frac{d}{dt}\gamma_x(t)=v_t(\gamma_x(t)),\\ \gamma_x(0)=x,\end{cases}$$

这里 $g_t(x):=\gamma_x(t)$, 使 g_t 保持测度 ρ 不变. 更进一步, 将 T 复合微分同胚 g_t, 即用 $T\circ(g_t)^{-1}$ 来取代 T, 使得 $T\circ(g_t)^{-1}$ 的传输代价单调减小.

首先我们计算传输代价函数的导数: 令 $T_t(x):=T(\gamma_x(-t))$, 这里 γ_x 是速度场 v 定义的流. 微分同胚 g_t 保持测度 ρ, 则连续性方程

$$\partial_t\rho_t+\nabla\cdot(\rho_t v)=0,\quad \rho_0=\rho\ (\text{边界条件})$$

中的密度是时间上的常值函数 $\rho_t=\rho$, 因此速度场 v 的条件是 $\nabla\cdot(\rho v)=0$. 为简单起见, 设 $w=\rho v$. 选择满足此条件的 v, 假设 $x'=\gamma_x(-t)$, 则

$x = \gamma_{x'}(t)$, 由此

$$c(x, T(\gamma_x(-t))) = c(\gamma_{x'}(t), T(x')).$$

由 g_{-t} 保持测度 ρ, $g_{-t}(x) = x'$, 我们得到 $\rho(x)dx = \rho(x')dx'$, 因此

$$\begin{aligned}\int_\Omega c(x, T(\gamma_x(-t)))\rho(x)dx &= \int_\Omega c(\gamma_{x'}(t), T(x'))\rho(x')dx' \\ &= \int_\Omega c(\gamma_x(t), T(x))\rho(x)dx.\end{aligned}$$

从而,

$$\begin{aligned}&\frac{d}{dt}\left(\int_\Omega c(x, T(\gamma_x(-t)))\rho(x)dx\right) \\ &= \frac{d}{dt}\left(\int_\Omega c(\gamma_x(t), T(x))\rho(x)dx\right) \\ &= \int_\Omega \nabla_x c(\gamma_x(t), T(x)) \cdot \gamma_x'(t)\rho(x)dx \\ &= \int_\Omega \nabla_x c(\gamma_x(t), T(x)) \cdot v(\gamma_x(t))\rho(x)dx, \end{aligned} \tag{12.22}$$

在 $t = 0$ 时, 导数等于

$$\int_\Omega \nabla_x c(x, T(x)) \cdot v(x)\rho(x)dx,$$

代入 $w = \rho v$, 如果 T 是最优传输映射, 那么我们有

$$\int_\Omega \nabla_x c(x, T(x)) \cdot w(x)dx = 0.$$

因此向量场 $\nabla_x c(x, T(x))$ 一定和所有的无散场 w 相垂直, 是一个梯度向量场. 在特定情况下 $c(x, y) = \frac{1}{2}|x - y|^2$, 我们得到 $x - T(x) = \nabla\varphi(x)$, 由此 T 本身也是梯度场. 假设有充分的正则性条件, 由二阶最优性条件, 我们可以得到 φ 是凸函数.

我们的目标是从非最优的传输映射 T 开始并逐步改进, 为此必须选择合适的速度场 v. 我们看到, 传输代价 (12.21) 的导数由 $\int_\Omega \xi \cdot w$ 给出, 这里 $\xi(x) = \nabla_x c(x, T(x))$ 且 $w = \rho v$, $\nabla \cdot w = 0$. 因为 $\int_\Omega \xi \cdot w$ 是 L^2 空间的标量积, 因此 w 的最佳选择是 $-\xi$ 到无散向量场空间的投影. 考虑到与散度关联的边界条件, 我们像往常一样选择 Neumann 条件 $w \cdot \mathbf{n} = 0$, 这一条件保证没有质量流失到 Ω 之外.

根据 Hodge-Helmholtz 分解定理 3.14, $\xi \in L^2(\Omega; \mathbb{R}^d)$ 中的任何向量

场可以分解为梯度场和无散向量场 $\xi = \nabla u + w$, 这里在分布意义下, $u \in H^1(\Omega)$ 且 $\nabla \cdot w = 0$. 投影 $w = P[\xi]$ 可以通过等式 $\nabla \cdot \xi = \nabla \cdot w + \Delta u$ 来计算, 从而得到

$$w = \xi - \nabla(\Delta^{-1}(\nabla \cdot \xi)).$$

因此, 我们寻找满足以下条件的传输映射族 T_t, 流 g_t 和向量场 w_t:

(1) T_t 在每个时刻 t 被定义为 $T_t = T \circ (g_t)^{-1}$;

(2) 映射 g_t 是依赖时间的向量场 v_t 所决定的流, 通过 $\rho v_t = w_t$ 来定义;

(3) 向量场 $w_t = P[-\xi_t]$, 其中 P 是到无散向量场的投影, 满足 $w \cdot \mathbf{n} = 0$ 和 $\xi_t = \nabla_x c(x, T_t(x))$.

根据定义, $T_t(\gamma_x(t)) = T(x)$, 因此,

$$0 = \frac{d}{dt} T(x) = \frac{d}{dt} T_t(\gamma_x(t)) = \partial_t T_t + \gamma_x(t)' \cdot \nabla T_t(\gamma_x(t)).$$

设 $t = 0$, 我们得到 T_t 所满足的微分方程, 即传输方程

$$\partial_t T_t + v_t \cdot \nabla T_t = 0.$$

通过上述选择, 我们可以形式地计算传输代价 $M(T_t)$ 关于时间的导数,

$$\begin{aligned}\frac{d}{dt} M(T_t) = \frac{d}{dt}\left(\int c(x, T_t)\rho\right) &= \int \nabla_y c(x, T_t)(\partial_t T_t)\rho \\ &= -\int \nabla_y c(x, T_t) \cdot \nabla T_t \cdot w_t.\end{aligned}$$

根据 Stokes 定理, 并且 $\nabla \cdot w = 0$, 我们有

$$\nabla \cdot (cw) = \nabla c \cdot w + c \nabla \cdot w = \nabla c \cdot w,$$

因此, 根据 Neumann 边界条件, 有

$$\int_\Omega \nabla c \cdot w = \int_\Omega \nabla \cdot (cw) = \int_{\partial\Omega} cw \cdot \mathbf{n} = 0. \tag{12.23}$$

继续使用

$$\nabla[c(x, T_t(x))] = \nabla_x c(x, T_t(x)) + \nabla_y c(x, T_t(x)) \nabla T_t(x),$$

与方程式 (12.23) 一起, 通过无散度条件 $\nabla \cdot w_t = 0$, 我们得到

$$\int \nabla[c(x, T_t(x))] \cdot w_t(x) dx = 0,$$

因此得到

$$\frac{d}{dt}M(T_t) = \int \nabla_x c(x, T_t(x)) \cdot w_t(x) = \int \xi_t \cdot w_t$$
$$= -\int \xi_t P[\xi_t] = -\|P[\xi_t]\|^2 \leqslant 0.$$

这表明所提议的流使 $M(T_t)$ 随时间递减, 并且 $M(T_t)$ 到达驻点当且仅当 $P[\xi_t]=0$, 即 ξ_t 是梯度场.

Angenent-Haker-Tannenbaum 算法可以公式化为以下构建流程:

$$\begin{cases} \partial_t T_t + v_t \cdot \nabla T_t = 0, \\ \nabla \cdot (\rho v_t) = 0, \ v_t \cdot \mathbf{n} = 0, \\ -\nabla_x c(x, T_t) = \rho v_t + \nabla u_t, \\ T_0 \text{ 给定}. \end{cases} \tag{12.24}$$

可以看出流局部存在, 这也证明了当 $t \to \infty$ 时, T_t 的唯一极限是 T_0 与保测度微分同胚的复合 T [T 也称为 T_0 的一个重新排列 (rearrangement)], 使得 $\nabla_x c(x, T)$ 是梯度场.

即使该方法对任何传输成本而言都是通用的, 但主要应用在二次传输代价. 在这种情况下, 基本想法可以粗略概括为 "从允许的传输映射开始, 然后梯度化它", 即将其缓慢转换成一个梯度, 这时方程变为

$$\xi_t = \nabla_x c(x, T_t) = x - T_t, \quad T_t = x - \xi_t,$$

Angenent-Haker-Tannenbaum 流 (12.24) 变为

$$\begin{cases} \partial_t \xi_t - v_t + v_t \cdot \nabla \xi_t = 0, \\ v_t = \frac{1}{\rho}(\xi_t - \nabla(\Delta^{-1}(\nabla \cdot \xi_t))), \\ \xi_0(x) = x - T_0(x) \text{ 给出}. \end{cases}$$

在一般情况下, 无法证明这一算法收敛到最优传输映射. 在二次代价情况下, 这一问题容易理解. 这时, 这个流收敛到总传输代价 M 的一个临界点, 即传输映射 T 是一个梯度映射, 但是无法确定它是一个凸函数的梯度映射.

对于二维情况, 如果假设所有的量都光滑, 那么我们有以下命题.

命题 12.5 假设 $\Omega \subset \mathbb{R}^2$ 是二维欧氏空间中的有界光滑凸区域, $f, g \in \mathcal{P}(\Omega)$ 是光滑密度函数, 初始传输映射 T_0 的 Jacobi 行列

式 $\det(DT_0(x))$ 对每个点 $x \in \Omega$ 都为正, 传输代价为 Euclid 距离的平方. 假设 (ξ_t, v_t) 是 Angenent-Haker-Tannenbaum 系统的光滑解, 其中 $T_t(x) = x - \xi_t(x)$ 是传输映射; 当 $t \to \infty$ 时, T_t 收敛到光滑映射, $T_t \to T_\infty$, $T_\infty \in C^1(\Omega)$, 并且演化非平凡 (即存在 t 使得 $T_t \neq T_0$). 那么 T_∞ 是凸函数的梯度, 因此是最优传输映射. ♦

证明 基于以上考虑, 我们有

$$M(T_0) - M(T_t) = \int_0^t \|P[\xi_t]\|_{L^2}^2 dt, \tag{12.25}$$

这意味着

$$\int_0^\infty \|P[\xi_t]\|_{L^2}^2 dt < \infty,$$

并且至少当子序列 $t_n \to \infty$ 时, 我们在 $L^2(\Omega)$ 中有 $P[\xi_{t_n}] \to 0$, 因此 $P[\xi_\infty] = 0$. 因为 $\xi_{t_n} \to \xi_\infty := x - T_\infty(x)$ 在 $C^1(\Omega)$ 中收敛, 所以 ξ_∞ 和 T_∞ 都是梯度. 我们需要证明 T_∞ 是某个凸函数的梯度, 即 DT_∞ (现在是对称的 Hesse 矩阵) 的特征值都为正.

我们知道 $t \mapsto \det(DT_t(x))$ 关于时间连续, 在 $t = 0$ 处为正, 并且不会消失 (因为 T_t 保持测度 f). C^1 收敛性蕴含着对于每个 x, $\det(DT_\infty(x)) > 0$, DT_∞ 保持测度 f. 因此, 对于每个固定的点 x, $DT_\infty(x)$ 的特征值都具有相同的符号.

现在考虑 $\mathrm{tr}(DT_\infty(x))$ 在时间上是连续的, 在 $t = 0$ 处为正, 并且不会消失. 假如它在某处消失, 则此时两个特征值将具有不同的符号, 行列式为负. 因此, 该 Jacobi 矩阵迹的符号相对于 x 是恒定的. 请注意, 这仅适用于 $t = \infty$, 因为当 $t \in]0, \infty[$ 时, 矩阵可以先验地具有复特征值.

如果我们能够排除在每个点处都有 $\mathrm{tr}(DT_\infty(x)) < 0$ 的情况, 则可以完成证明. 然而, 这种情况对应 T_∞ 是凹函数的梯度 (在二维中, 正行列式和负迹蕴含着负定). 由引理 18.1 对于二次代价的情况, 凹函数梯度映射对应着最差传输. 这是不可能的, 因为 (12.25) 保证了 $M(T_\infty) < M(T_0)$ (除非曲线 $t \mapsto T_t$ 为常值). ■

第五部分

Monge-Ampère 方程

这一部分主要介绍经典的 Monge-Ampère 方程理论, 包括解的存在性、唯一性和正则性的基本定理.

第十三章 Monge-Ampère 方程

本章介绍 Monge-Ampère 方程的 Alexandrov 解, 然后证明 Dirichlet 问题解的存在性、唯一性和稳定性, 以及 Alexandrov 二分法. 具体的证明细节和更加深入的讨论, 请参考 Figalli [30].

13.1 Monge-Ampère 方程的退化性

Monge-Ampère 方程 假设 $\Omega \subset \mathbb{R}^d$ 是一个紧区域, $\mu, \nu \in \mathcal{P}(\Omega)$ 是概率测度. 再假设 μ 和 ν 都绝对连续, 并有密度函数 $d\mu(x) = f(x)dx$ 和 $d\nu(y) = g(y)dy$. 假设 $T : \Omega \to \Omega$ 是一个 C^1 微分同胚, 在源区域中给定一个无穷小体积元素 $dx_1 \wedge dx_2 \wedge \cdots \wedge dx_d$, T 将其映射到目标区域中的一个无穷小体积元素 $dy_1 \wedge dy_2 \wedge \cdots \wedge dy_d$, 如果它们之间的比值由 T 的 Jacobi 矩阵的行列式给出,

$$dy_1 \wedge dy_2 \wedge \cdots \wedge dy_d = \det(DT)dx_1 \wedge dx_2 \wedge \cdots \wedge dx_d,$$

其中

$$DT := \begin{pmatrix} \frac{\partial y_1}{\partial x_1} & \frac{\partial y_1}{\partial x_2} & \cdots & \frac{\partial y_1}{\partial x_d} \\ \frac{\partial y_2}{\partial x_1} & \frac{\partial y_2}{\partial x_2} & \cdots & \frac{\partial y_2}{\partial x_d} \\ \vdots & \vdots & & \vdots \\ \frac{\partial y_d}{\partial x_1} & \frac{\partial y_d}{\partial x_2} & \cdots & \frac{\partial y_d}{\partial x_d} \end{pmatrix}.$$

若 $T_{\#}\mu = \nu$, 则

$$\mu(dx_1 \wedge \cdots \wedge dx_d) = \nu(dy_1 \wedge \cdots \wedge dy_d),$$

$$f(x)dx_1 \wedge \cdots \wedge dx_d = g(y)dy_1 \wedge \cdots \wedge dy_d.$$

由此, 我们得到了 Jacobi 方程

$$\det(DT) = \frac{f(x)}{g \circ T(x)}. \tag{13.1}$$

如果传输代价函数是二次的 $c(x,y)=\frac{1}{2}|x-y|^2$, 则根据 Brenier 定理 3.4
存在一个凸函数 $u:\Omega\to\mathbb{R}$, 最优传输映射 T 是 u 的梯度映射, $T=\nabla u$
则 DT 是 u 的 Hesse 矩阵, $DT=D^2u$, 其中

$$D^2u:=\begin{pmatrix}\frac{\partial^2 u}{\partial x_1^2} & \frac{\partial^2 u}{\partial x_1\partial x_2} & \cdots & \frac{\partial^2 u}{\partial x_1\partial x_d}\\ \frac{\partial^2 u}{\partial x_2\partial x_1} & \frac{\partial^2 u}{\partial x_2^2} & \cdots & \frac{\partial^2 u}{\partial x_2\partial x_d}\\ \vdots & \vdots & & \vdots\\ \frac{\partial^2 u}{\partial x_d\partial x_1} & \frac{\partial^2 u}{\partial x_d\partial x_2} & \cdots & \frac{\partial^2 u}{\partial x_d^2}\end{pmatrix}.$$

代入 Jacobi 方程 (13.1), 我们得到 Monge-Ampère 方程

$$\det(D^2u)=\frac{f(x)}{g\circ\nabla u(x)}. \tag{13.2}$$

本节主要研究 Monge-Ampère 方程. 方程的经典形式表示为

$$\det(D^2u)=f(x,u,\nabla u)\quad 在\ \Omega, \tag{13.3}$$

换句话说, Monge-Ampère 方程规定 u 的 Hesse 矩阵特征值的乘积, 这和
规定特征值和的椭圆方程 $\Delta u=f$ 形成鲜明对比. 解 u 的凸性是使方程成
为退化椭圆型方程、同时保证解的正则性的必要条件.

Monge-Ampère 方程的退化性 二阶椭圆型偏微分方程的模型是
经典的 Laplace 方程

$$\Delta u=0$$

或者更一般的 Poisson 方程

$$\Delta u=f,$$

其中 $f:\Omega\to\mathbb{R}$ 是给定的函数. 这些方程是线性的, 因为它们线性依赖于
未知函数 u.

给定一族系数 $a_{ij}:\Omega\to\mathbb{R}$, $b_i:\Omega\to\mathbb{R}$, $c:\Omega\to\mathbb{R}$, $i,j=1,\cdots,d$, 线
性方程

$$\sum_{ij}a_{ij}\partial_{ij}u+\sum_i b_i\partial_i u+cu=f$$

被称为一致椭圆 (uniform elliptic) 的, 如果系数 a_{ij} 定义了正定有界矩阵

亦即存在常数 $0<\lambda\leqslant\Lambda<+\infty$, 使得

$$\lambda|\xi|^2\leqslant\sum_{ij}a_{ij}(x)\xi^i\xi^j\leqslant\Lambda|\xi|^2,\quad\forall\,\xi=(\xi^1,\cdots,\xi^d)\in\mathbb{R}^d,x\in\Omega.\quad(13.4)$$

若 λ 可以为 0 或 Λ 可以等于 ∞, 则方程是退化椭圆 (degenerate elliptic) 的. 当偏微分方程非线性依赖于未知函数 u, 则可以依据非线性结构来进行分类. 因为 Monge-Ampère 方程非线性依赖于 u 的 Hesse 矩阵, 因此它是完全非线性 (fully nonlinear) 的.

为了理解 Monge-Ampère 方程的退化椭圆结构, 我们给定一个光滑的函数 $f=f(x)>0$, 考虑 $u:\Omega\to\mathbb{R}$ 作为方程 (13.3) 的光滑解. 处理非线性方程的一种标准方法是对方程关于解 u 进行微分, 来得到关于导数的一个二阶线性方程. 更确切地说, 固定一个方向 $e\in\mathbb{S}^{d-1}$, 并对方程 (13.3) 进行微分. 令 $u_e=\partial_e u$, $f_e=\partial_e f$, $u_{ij}=\partial_{ij}u$, 因为

$$D^2u(x+\varepsilon e)=D^2(u(x)+\varepsilon u_e(x)+o(\varepsilon))=D^2u(x)+\varepsilon D^2u_e(x)+o(\varepsilon),$$

我们可以看出

$$\left.\frac{d}{d\varepsilon}\right|_{\varepsilon=0}\det(D^2u(x+\varepsilon e))=\left.\frac{d}{d\varepsilon}\right|_{\varepsilon=0}\det(D^2u(x)+\varepsilon D^2u_e(x)),$$

由公式

$$\left.\frac{d}{d\varepsilon}\right|_{\varepsilon=0}\det(A+\varepsilon B)=\det(A)\,\mathrm{tr}(A^{-1}B),\quad\forall A,B\in M_n(\mathbb{R}),A\text{ 可逆},$$

我们得到

$$\left.\frac{d}{d\varepsilon}\right|_{\varepsilon=0}\det(D^2u(x+\varepsilon e))=\det(D^2u(x))\,\mathrm{tr}(D^2(u(x))^{-1}D^2u_e(x)),$$

用 u^{ij} 表示 $u_{ij}=\partial_{ij}u$ 的逆矩阵, 并且用关于重复指标的 Einstein 求和约定, 我们推出

$$(\det(D^2u))u^{ij}\partial_{ij}u_e=f_e\quad\text{在 }\Omega\text{ 中}.$$

回顾 $\det(D^2u)=f>0$, 我们可以把上面的方程改写成

$$u^{ij}\partial_{ij}u_e=\frac{f_e}{f}\quad\text{在 }\Omega\text{ 中}.$$

通过设 $a^{ij}:=u^{ij}$, $v:=u_e$ 和 $g:=f_e/f$, 我们可以得到 v 的线性椭圆型偏

微分方程

$$a^{ij}\partial_{ij}v = g. \tag{13.5}$$

假设 u 是一致凸的 (uniformly convex) 和 $C^{1,1}$ 的, 则 u 的 Hesse 矩阵是正定的,

$$\frac{1}{\Lambda}|\xi|^2 \leqslant \xi^T D^2u(x)\xi \leqslant \frac{1}{\lambda}|\xi|^2, \quad \forall \xi \in \mathbb{R}^d,\ x \in \Omega,$$

线性化方程 (13.5) 是一致椭圆的. 更一般地, 为了确保 a_{ij} 至少是非负定的, 我们必须将 u 限制在凸函数上. 即便如此, 因为 a_{ij} 在一些点上可能为 0 或无穷, 方程依然可能是退化椭圆的.

令 u 是方程 (13.3) 的解, 假设 $f \geqslant a_0 > 0$ 并且

$$\|D^2u(x)\| := \sup_{e\in\mathbb{S}^{n-1}} \partial_{ee}u(x) \leqslant A, \quad \forall\ x \in \Omega,$$

然后给定 $x \in \Omega$, 我们可以选择一个坐标系使得 $D^2u(x)$ 是特征值 $(\lambda_1, \cdots, \lambda_d)$ 的对角化. 因为 $\det(D^2u(x)) = \prod_{i=1}^d \lambda_i$, 得到

$$\prod_{i=1}^d \lambda_i = f(x) \geqslant a_0 \quad 且 \quad \max_{1\leqslant k\leqslant d} \lambda_k \leqslant A,$$

然后我们得到

$$\lambda_i = \frac{\prod_j \lambda_j}{\prod_{k\neq i}\lambda_k} \geqslant \frac{a_0}{A^{n-1}}, \quad \forall i = 1, 2, \cdots, d,$$

这说明了

$$\frac{1}{C}\,\mathrm{id} \leqslant D^2u \leqslant C\,\mathrm{id} \quad 在\ \Omega\ 中, \tag{13.6}$$

这里 $C := \max\{A, A^{n-1}/a_0\}$. 在这种情况下, 线性化方程 (13.5) 是一致椭圆的. 从这个观点看, 证明不等式方程 (13.6) 的界是 Monge-Ampère 方程 (13.3) 的解的正则性的关键.

13.2 Alexandrov 解

在本节中, 我们介绍 Monge-Ampère 方程弱解的概念, 描述它们的主要性质, 证明 Dirichlet 问题的存在唯一性以及二维的 C^1 正则性.

Monge-Ampère 测度和 Alexandrov 解 给定一个开集 $\Omega \subset \mathbb{R}^d$, 考虑一个 C^2 类的凸函数 $u \to \Omega \to \mathbb{R}$, 使得

$$\det(D^2u) = f \quad \text{在 } \Omega \text{ 中} \tag{13.7}$$

对某个 $f : \Omega \to \mathbb{R}^+$ 成立. 然后给定任意 Borel 集 $E \subset \Omega$, 推出

$$\int_E f dx = \int_E \det(D^2u)dx = (Du)_{\#}\mathcal{L}(E) = |\nabla u(E)|,$$

其中 $|\cdot|$ 代表 Lebesgue 测度. 虽然上述论证需要 u 是 C^2 类的, 但若 u 只是 C^1 类的, 等式

$$\int_E f = |\nabla u(E)|$$

依然是有意义的. 进一步, 对任何凸函数 $u(x)$, 我们可以用次微分 $\partial u(x)$ 来替换梯度 $\nabla u(x)$, 并要求上面的等式适用于任何 Borel 集合 E.

定义 13.1 (Monge-Ampère 测度) 给定一个开集 $\Omega \subset \mathbb{R}^d$ 和一个凸函数 $u : \Omega \to \mathbb{R}$, 我们定义 u 诱导的 Monge-Ampère 测度,

$$\mu_u(E) := \left| \bigcup_{x \in E} \partial u(x) \right|. \quad \blacklozenge \tag{13.8}$$

Alexandrov 的基本思想是说 u 为方程 (13.21) 的一个弱解, 如果对所有的 Borel 集 $E \subset \Omega$, 都有

$$\mu_u(E) = \int_E f,$$

可以表明 Monge-Ampère 测度是一个 Borel 测度.

定理 13.1 令 Ω 为一个开集, $u : \Omega \to \mathbb{R}$ 是一个凸函数, 则 μ_u 是定义在 Ω 上的一个非负、局部有限的 Borel 测度. ♦

让我们将 u 拓展到 $\mathbb{R}^d \setminus \Omega$ 中, 得到

$$u(x) := \begin{cases} \liminf_{\Omega \ni z \to x} u(z), & x \in \partial\Omega, \\ +\infty, & x \in \mathbb{R}^d \setminus \bar{\Omega}. \end{cases}$$

如果 Ω 是凸的, 那么 $u : \mathbb{R}^d \to \mathbb{R} \cup \{+\infty\}$ 是一个下半连续凸函数, 其 Legendre 对偶为

$$u^*(p) = \sup_{x \in \mathbb{R}^d} \langle p, x \rangle - u(x) = \sup_{x \in \bar{\Omega}} \langle p, x \rangle - u(x).$$

一个经典结论是 u 和 u^* 的次微分互为倒数, 即

$$p \in \partial u(x) \iff x \in \partial^* u(p), \quad \partial u = (\partial u^*)^{-1}.$$

Monge-Ampère 测度和 Legendre 变换有如下关系.

引理 13.1 令 $\Omega \subset \mathbb{R}^d$ 是凸集, $u : \Omega \to \mathbb{R}$ 是凸函数, 并且 $u^* : \mathbb{R}^d \to \mathbb{R}$ 是 u 的 Legendre 变换. 假设对某个 $f \in L^1_{\mathrm{loc}}(\Omega)$,

$$\mu_u = f dx, \tag{13.9}$$

则

$$\int_{\partial u^*(F)} f dx = |F|, \quad \forall \, \text{Borel 集合 } F \subset \mathbb{R}^d \text{ 使得 } \partial u^*(F) \subset \Omega. \quad \blacklozenge \tag{13.10}$$

证明梗概 给定一个 Borel 集 F 满足 $\partial u^*(F) \subset \Omega$,

$$\int_{\partial u^*(F)} f dx = \mu_u(\partial u^*(F)) = |\partial u(\partial u^*(F))| = |F|. \qquad \blacksquare$$

定义 13.2 (Alexandrov 解) 令 ν 是一个定义在 Ω 上的 Borel 测度, 令 $u : \Omega \to \mathbb{R}$ 是一个凸函数, μ_u 是 u 诱导的 Monge-Ampère 测度. 若 $\mu_u = \nu$, 我们说 u 是

$$\det(D^2 u) = \nu$$

的一个 Alexandrov 解. ♦

Monge-Ampère 测度具有如下的稳定性.

命题 13.1 (Monge-Ampère 测度的稳定性) 令 $\Omega \subset \mathbb{R}^d$ 为开集, 并令凸函数序列 $u_k : \Omega \to \mathbb{R}$ 局部一致收敛到某个凸函数 $u : \Omega \to \mathbb{R}$, 则相应的 Monge-Ampère 测度 μ_{u_k} 弱 * 收敛于 μ_u, 即

$$\int_\Omega \varphi d\mu_{u_k} \to \int_\Omega \varphi d\mu_u, \quad \forall \, \varphi \in C_0(\Omega). \qquad \blacklozenge$$

次微分的单调性 给定一个开集 $\Omega \subset \mathbb{R}^d$ 和一个凸函数 $u : \Omega \to \mathbb{R}$, u 连续延拓到闭包 $\bar{\Omega}$ 上, 在边界 $\partial\Omega$ 上 u 的连续扩展与 g 重合, 表示为

$$u = g \quad \text{在 } \partial\Omega \text{ 上}.$$

引理 13.2 如图 13.1 所示, 令 $\Omega \subset \mathbb{R}^d$ 为一个开集, $\mathcal{O} \subset \Omega$ 为一个开

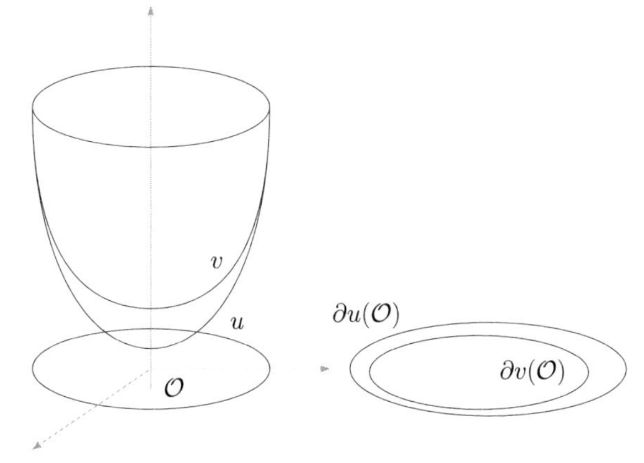

图 13.1 Monge-Ampère 测度的单调性.

有界集, 并且 $u, v : \Omega \to \mathbb{R}$ 为两个凸函数, 满足

$$\begin{cases} u = v & \text{在 } \partial\mathcal{O} \text{ 上}, \\ u \leqslant v & \text{在 } \mathcal{O} \text{ 内}, \end{cases}$$

则

$$\partial u(\mathcal{O}) \geqslant \partial v(\mathcal{O}),$$

即其 Monge-Ampère 测度满足不等式 $\mu_u(\mathcal{O}) \geqslant \mu_v(\mathcal{O})$. ♦

证明 对任一个点 $x \in \mathcal{O}$, 令 $p \in \partial v(x)$. 从几何角度来看, 这意味着仿射函数 $l_{x,p} := v(x) + \langle z - x, p \rangle$ 在 x 处从下方接触 v. 因为 $u \leqslant v$, 常数

$$a := \max_{z \in \overline{\mathcal{O}}} l_{x,p} - u(z)$$

是非负的, 并且 $l_{x,p} - a$ 在某点 $x_0 \in \bar{\mathcal{O}}$ 处从下方接触 u, 见图 13.2. 有两

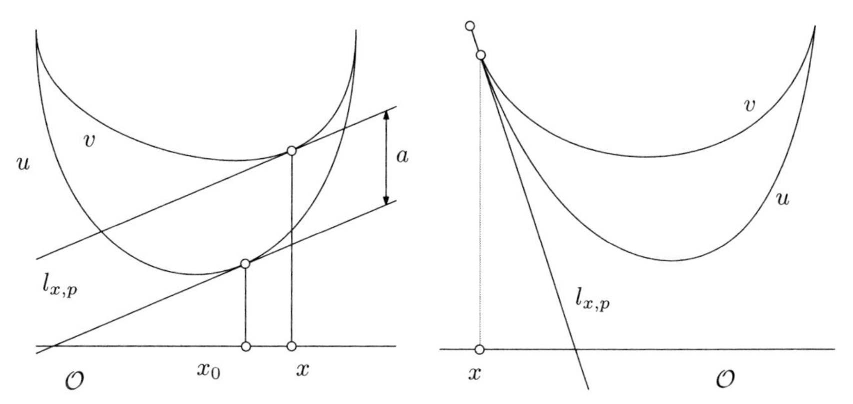

图 13.2 令 $l_{x,p}$ 在 x 处为 v 的一个支撑超平面, 要么将 $l_{x,p}$ 向下移动 $a > 0$, 我们得到了在某点 x_0 处 u 的一个支撑超平面 (左), 要么 $l_{x,p}$ 已经是在 x 处 u 的一个支撑超平面 (右).

种情况:

(1) $x_0 \in \mathcal{O}$, 则函数 $w := u - (l_{x,p} - a)$ 在 x_0 处达到局部极小值, 由 w 的凸性这也是全局最小值, 即

$$l_{x,p} - a \leqslant u \quad 在\ \Omega\ 中, \quad l_{x,p}(x_0) - a = u(x_0),$$

由此 $p \in \partial u(x_0) \subset \partial u(\mathcal{O})$, 得到我们希望的结果.

(2) $x_0 \in \partial\mathcal{O}$. 因为在 $\partial\mathcal{O}$ 上 $u = v$ 并且 $x_0 \in \partial\mathcal{O}$, 我们推断出 $a = 0$. 因此,

$$l_{x,p} \leqslant u \leqslant v \quad 在\ \mathcal{O}\ 中.$$

由于 $l_{x,p}(x) = v(x)$, 给出了 $l_{x,p}(x) = u(x)$, 所以 $l_{x,p}$ 在 x 点从下方接触 u, $p \in \partial u(x)$, 证明结束. ■

Alexandrov 极大值原理 单调性蕴含着重要的 Alexandrov 极大值原理. 注意若一个凸函数 u 在 $\partial\Omega$ 为 0, 则 Ω 必然是凸的.

定理 13.2 (Alexandrov 极大值原理) 令 $\Omega \subset \mathbb{R}^d$ 是一个有界开凸集, 并令 $u : \Omega \to \mathbb{R}$ 是凸函数, 在边界 $\partial\Omega$ 上 $u = 0$. 则存在一个只依赖维数的常数 $C_d > 0$, 满足

$$|u(x)|^d \leqslant C_d \operatorname{diam}(\Omega)^{d-1} \operatorname{dist}(x, \partial\Omega) |\partial u(\Omega)|, \quad \forall x \in \Omega. \quad \blacklozenge \tag{13.11}$$

证明 令 $(x, u(x))$ 为 u 图像上的一点, 考虑 '典范凸函数' $y \mapsto \hat{C}_x(y)$, 如图 13.3 所示, 锥面顶点位于 $(x, u(x))$ 并且在边界 $\partial\Omega$ 处为零. 由 u 的凸性, 在 Ω 中 $u \leqslant \hat{C}_x$, 引理 13.2 蕴含

$$|\partial\hat{C}_x(x)| \leqslant |\partial\hat{C}_x(\Omega)| \leqslant |\partial u(\Omega)|. \tag{13.12}$$

为了完成证明, 我们需要估计 $|\partial\hat{C}_x(x)|$ 的下界.

第一步: $\partial\hat{C}_x(x)$ 包含球 $B_\rho(0)$, 半径 $\rho := |u(x)|/\operatorname{diam}(\Omega)$. 选取 p 满足 $|p| < |u(x)|/\operatorname{diam}(\Omega)$, 并考虑仿射函数

$$l_{x,p}(z) := u(x) + \langle p, x - z\rangle.$$

注意到 $l_{x,p}(x) = u(x) = \hat{C}_x(x)$ 且

$$l_{x,p}(z) \leqslant u(x) + |p||z - x| \leqslant u(x) + |p| \operatorname{diam}(\Omega) \leqslant 0, \quad z \in \partial\Omega,$$

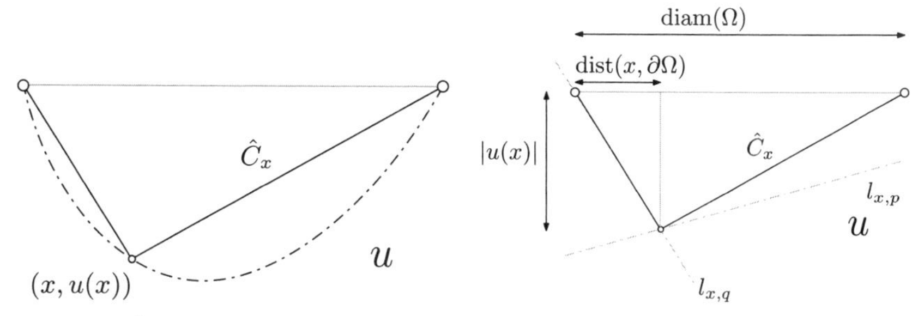

图 13.3 函数 $\hat{C}_x$ 在点 $(x, u(x))$ 从上边达到 u 并在 $\partial\Omega$ 为 0. 若 $|p| < |u(x)|/\operatorname{diam}(\Omega)$, 则 $l_{x,p}$ 在 x 从下边达到 $\hat{C}_x$. 并且存在 q, $|q| = |u(x)|/\operatorname{dist}(x, \partial\Omega)$, 满足 $l_{x,q}$ 在 x 从下边达到 $\hat{C}_x$.

如图 13.3 所示, 在 Ω 中, 由凸性有 $l_{x,p} \leqslant \hat{C}_x$. 因此 $l_{x,p}$ 在 x 处从下边接触 $\hat{C}_x$, 这意味着 $p \in \partial\hat{C}_x$. 由于 p 的任意性, 我们证明了 $\partial\hat{C}_x \supset B_\rho(0)$.

第二步: $\partial\hat{C}_x(x)$ 包含了一个模长为 $|u(x)|/\operatorname{dist}(x, \partial\Omega)$ 的向量. 现在考虑边界点 $\bar{x} \in \partial\Omega$ 满足 $|x - \bar{x}| = \operatorname{dist}(x, \partial\Omega)$, 并设

$$q := \frac{\bar{x} - x}{|\bar{x} - x|} \frac{|u(x)|}{\operatorname{dist}(x, \partial\Omega)},$$

则 $l_{x,q}(z) := u(x) + \langle q, z - x \rangle$ 满足

$$l_{x,q}(\bar{x}) = u(x) + \langle q, \bar{x} - x \rangle = u(x) + |u(x)| = 0,$$

并且超平面 $\{l_{x,q} = 0\}$ 与 Ω 相切于 $\bar{x}$, 如图 13.4 所示. 这表明在边界 $\partial\Omega$ 上 $l_{x,q} \leqslant 0 = \hat{C}_x$. 的确, 给定任意 $z \in \partial\Omega$, 我们都有 $\operatorname{dist}(x, \partial\Omega) \leqslant |z - x|$, 所以

$$l_{x,p}(z) \leqslant u(x) \left(1 - \frac{|z - x|}{\operatorname{dist}(x, \partial\Omega)}\right) \leqslant 0.$$

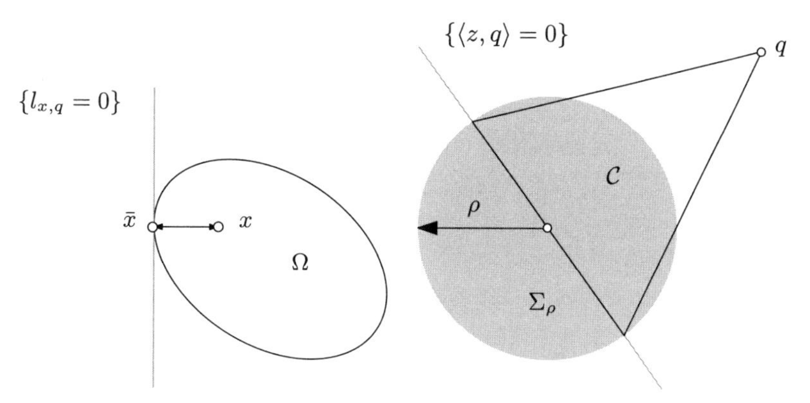

图 13.4 左图: 超平面 $\{l_{x,q} = 0\}$ 与 Ω 切于 $\bar{x}$. 右图: $\hat{C}_x$ 在 x 的次微分包含由 q 和 Σ_ρ 生成的锥 $\mathcal{C}$.

如第一步中的论述, 可以证明 $q \in \hat{C}_x(x)$.

第三步: 从前两步, 我们知道

$$\partial \hat{C}_x(x) \supset B_\rho(0) \cup \{q\}, \tag{13.13}$$

其中 $\rho = |u(x)|/\operatorname{diam}(\Omega)$ 和 $|q| = |u(x)|/\operatorname{dist}(x, \partial\Omega)$. 现在令 Σ_ρ 表示 $B_\rho(0)$ 与经过原点并与 q 正交的超平面的交, 即

$$\Sigma_\rho := B_\rho(0) \cap \{z : \langle z, q \rangle = 0\}.$$

因为 $\partial \hat{C}_x(x)$ 是凸的, 从公式 (13.13) 得到 $\partial \hat{C}_x(x)$ 包含由 q 和 Σ_ρ 生成的锥体 $\mathcal{C}$, 如图 13.4. 因此

$$|\partial \hat{C}_x(x)| \geqslant |\mathcal{C}| = c_d |q| \rho^{d-1} = c_d \frac{|u(x)|^d}{\operatorname{diam}(\Omega)^{d-1} \operatorname{dist}(x, \partial\Omega)},$$

其中 $c_d > 0$ 是一个只依赖于维数的常数. 由不等式 (13.12) 得证. ■

13.3 Dirichlet 问题

比较原理 本节介绍 Alexandrov 解之间的比较原理, 说明 Alexandrov 解的唯一性. 我们首先需要 Monge-Ampère 测度关于加法和乘法的表现行为的初步结论.

引理 13.3 令 $u, v : \Omega \to \mathbb{R}$ 为凸函数, 则

$$\mu_{u+v} \geqslant \mu_u + \mu_v \quad 且 \quad \mu_{\lambda u} = \lambda^d \mu_u, \quad \forall \lambda > 0. \qquad ◆$$

证明 当 $u, v \in C^2(\Omega)$, 上面陈述变为

$$\det(D^2 u + D^2 v) \geqslant \det(D^2 u) + \det(D^2 v), \tag{13.14}$$

这是不等式 (13.17) 的直接结果.

为了证明一般情况下的结果, 我们用逼近方法来论证: 将 u 和 v 延拓到整个 $\mathbb{R}^d$ 上的凸函数, 并定义 $u_k := u * \rho_k$ 和 $v_k := v * \rho_k$, 其中 $\rho_k \in C_0^\infty(\mathbb{R}^n)$ 是一个光滑卷积核 (convolution kernel) 的序列. 因为 $u_k, v_k \in C^2(\Omega)$, 我们知道

$$\mu_{u_k+v_k} \geqslant \mu_{u_k} + \mu_{v_k}$$

或者

$$\int_{\Omega} \varphi d\mu_{u_k+v_k} \geqslant \int_{\Omega} \varphi d\mu_{u_k} + \int_{\Omega} \varphi d\mu_{v_k}, \quad \forall \varphi \in C_0(\Omega), \varphi \geqslant 0. \tag{13.15}$$

函数 $u_k \to u$ 和 $v_k \to v$ 在 Ω 中局部一致收敛, 由稳定性命题 13.1 得

$$\mu_{u_k} \stackrel{*}{\rightharpoonup} u, \quad \mu_{v_k} \stackrel{*}{\rightharpoonup} v \quad \text{且} \quad \mu_{u_k+v_k} \stackrel{*}{\rightharpoonup} \mu_{u+v},$$

在不等式 (13.15) 中令 $k \to \infty$ 得到第一个不等式.

同理, 假设 $u \in C^2(\Omega)$, 那么

$$\det(D^2(\lambda u)) = \lambda^d \det(D^2 u),$$

我们再用近似法来将等式推广到一般情形. ■

我们下面证明矩阵情形下的不等式 (13.14).

引理 13.4 (同时对角化) 假设我们有两个正定矩阵 $A, B \in M_n(\mathbb{R})$, 证明存在一个非奇异矩阵 S, 使得

$$SAS^T = \mathrm{id}, \quad SBS^T = L,$$

其中 L 是一个对角矩阵. ♦

证明 因为 B 是正定的, 存在可逆矩阵 K 使得 $B = KK^T$. 定义 $G = K^{-1}AK^{-T}$, 则

$$G^T = (K^{-1}AK^{-T})^T = K^{-1}A^TK^{-T} = K^{-1}AK^{-T} = G.$$

因为 G 是对称的, 可以定义它的谱分解 $G = UDU^T$, 其中 U 正交且 D 对角. 令

$$S = D^{-1/2}U^TK^{-1}, \quad S^T = K^{-T}UD^{-1/2}.$$

通过直接计算,

$$\begin{aligned} SAS^T &= D^{-1/2}U^TK^{-1}AK^{-T}UD^{-1/2} = D^{-1/2}U^TGUD^{-1/2} \\ &= D^{-1/2}DD^{-1/2} = \mathrm{id}. \end{aligned}$$

且对 B

$$\begin{aligned} SBS^T &= D^{-1/2}U^TK^{-1}BK^{-T}UD^{-1/2} = D^{-1/2}U^TK^{-1}(KK^T)K^{-T}UD^{-1/2} \\ &= D^{-1/2}U^TUD^{-1/2} = D^{-1} = L. \end{aligned}$$

证毕. ■

引理 13.5 令 $A, B \in M_n(\mathbb{R})$ 是对称非负定矩阵, 则

$$\det(A+B)^{1/d} \geqslant \det(A)^{1/d} + \det(B)^{1/d}, \tag{13.16}$$

特别地,

$$\det(A+B) \geqslant \det(A) + \det(B). \tag{13.17}$$

此外, 若 A 和 B 都是正定的, 则等式 (13.16) 成立, 当且仅当存在某个 $\lambda > 0$, $A = \lambda B$. ♦

证明 我们注意到, 通过近似方法, 我们只需证明 A 和 B 为正定时的情形. 由引理 13.4, A 和 B 可以同时对角化, 即存在一个可逆矩阵 X 满足

$$A = X^T M X, \quad B = X^T N X,$$

并且

$$M = \operatorname{diag}(\alpha_1, \cdots, \alpha_d) \quad \text{且} \quad N = \operatorname{diag}(\beta_1, \cdots, \beta_d),$$

其中 $\alpha_i, \beta_i > 0$. 由算术–几何不等式, 我们有

$$\left(\prod_{i=1}^d \frac{\alpha_i}{\alpha_i+\beta_i}\right)^{1/d} + \left(\prod_{i=1}^d \frac{\beta_i}{\alpha_i+\beta_i}\right)^{1/d} \leqslant \frac{1}{d}\sum_{i=1}^d \frac{\alpha_i}{\alpha_i+\beta_i} + \frac{1}{d}\sum_{i=1}^d \frac{\beta_i}{\alpha_i+\beta_i} = 1,$$

或等价地

$$\left(\prod_{i=1}^d (\alpha_i+\beta_i)\right)^{1/d} \geqslant \left(\prod_{i=1}^d \alpha_i\right)^{1/d} + \left(\prod_{i=1}^d \beta_i\right)^{1/d},$$

等式成立当且仅当对所有 $i = 1, \cdots, d$ 都存在 $\lambda > 0$ 满足 $\alpha_i = \lambda\beta_i$. 因此, 我们得到

$$\begin{aligned}
\det(A+B)^{1/d} &= \det(X^T(M+N)X)^{1/d} = \det(X)^{2/d}\det(M+N)^{1/d} \\
&= \det(X)^{2/d}\left(\prod_{i=1}^d (\alpha_i+\beta_i)\right)^{1/d} \\
&\geqslant \det(X)^{2/d}\left[\left(\prod_{i=1}^d \alpha_i\right)^{1/d} + \left(\prod_{i=1}^d \beta_i\right)^{1/d}\right] \\
&= \det(X)^{2/d}(\det(M)^{1/d} + \det(N)^{1/d}) \\
&= \det(A)^{1/d} + \det(B)^{1/d},
\end{aligned}$$

这就证明了不等式 (13.16). 我们注意到

$$(a+b)^n \geqslant a^n + b^n, \quad \forall\, a, b \geqslant 0,$$

令 $a = \det(A)^{1/d}$ 和 $b = \det(B)^{1/d}$, (13.17) 马上可由 (13.16) 得到. ■

根据 Monge-Ampère 测度和边界值, 我们可以比较凸函数.

定理 13.3 (比较原理) 令 $\mathcal{U} \subset \Omega$ 是一个有界开集, 并令 $u, v : \Omega \to \mathbb{R}$ 为两个凸函数, 满足

$$\begin{cases} \mu_u \leqslant \mu_v & \text{在 } \mathcal{U} \text{ 内}, \\ u \geqslant v & \text{在 } \partial\mathcal{U} \text{ 上}, \end{cases}$$

那么

$$u \geqslant v \quad \text{在 } \mathcal{U} \text{ 内}.$$ ♦

证明 首先严格化 μ_u 和 μ_v 之间的不等式. 为此, 我们考虑函数

$$v_\varepsilon := v + \varepsilon w, \quad \text{其中 } w(z) := \frac{|z|^2 - R^2}{2},$$

选择 $R \gg 1$ 是为了 $\mathcal{U} \subset B_R(0)$. 由构造方法, 在边界 $\partial\Omega$ 上, 我们有 $v_\varepsilon \leqslant v \leqslant u$, 并且由引理 13.3 得出

$$\mu_{v_\varepsilon} \geqslant \mu_v + \mu_{\varepsilon w} = \mu_v + \det(\varepsilon D^2 w) dx = \mu_v + \varepsilon^d dx. \tag{13.18}$$

相反, 假设开集 $\mathcal{O} := \{u < v\} \subset\subset \mathcal{U}$ 非空. 则对于足够小的 $\varepsilon \ll 1$, $\mathcal{O}_\varepsilon := \{u < v_\varepsilon\} \subset\subset \mathcal{U}$ 也是非空的, 由不等式 $\mu_v \geqslant \mu_u$ 和 (13.18), 我们有

$$\mu_{v_\varepsilon}(\mathcal{O}_\varepsilon) \geqslant \mu_v(\mathcal{O}_\varepsilon) + \varepsilon^d |\mathcal{O}_\varepsilon| \geqslant \mu_u(\mathcal{O}_\varepsilon) + \varepsilon^d |\mathcal{O}_\varepsilon| > \mu_u(\mathcal{O}_\varepsilon). \tag{13.19}$$

另一方面, 因为

$$\begin{cases} u = v_\varepsilon & \text{在 } \partial\mathcal{O}_\varepsilon \text{ 内}, \\ u \leqslant v_\varepsilon & \text{在 } \mathcal{O}_\varepsilon \text{ 上}, \end{cases}$$

我们可以应用引理 13.2 推断出 $\mu_u(\mathcal{O}_\varepsilon) \geqslant \mu_{v_\varepsilon}(\mathcal{O}_\varepsilon)$. 这与 (13.19) 矛盾, 假设错误. 证毕. ■

弱解的唯一性和稳定性

推论 13.1 (Dirichlet 问题的唯一性) 令 Ω 是一个有界开集合, $g : \partial\Omega \to \mathbb{R}$ 是连续函数, v 是定义在 Ω 内的 Borel 测度, 则至多存在一个

凸函数 $u:\Omega\to\mathbb{R}$ 是以下 Dirichlet 问题的解:

$$\begin{cases}\mu_u=v & \text{在 } \Omega \text{ 内},\\ u=g & \text{在 } \partial\Omega \text{ 上}.\end{cases}$$ ♦

证明 假设 Dirichlet 问题有两个解, $u_1,u_2:\Omega\to\mathbb{R}$. 则在 Ω 内 $\mu_{u_1}\leqslant\mu_{u_2}$, 并且在边界 $\partial\Omega$ 上 $u_1\geqslant u_2$, 由定理 13.3, $u_1\geqslant u_2$. 根据对称性, 我们也有 $u_2\geqslant u_1$, 因此 $u_1=u_2$. ■

推论 13.2 (Dirichlet 问题的稳定性) 令 $\{\Omega_k\}_{k\in\mathbb{N}}$ 是一个有界开凸集序列, v_k 是定义在 Ω_k 内的 Borel 测度, $u_k:\Omega_k\to\mathbb{R}$ 是以下 Dirichlet 问题的解:

$$\begin{cases}\mu_{u_k}=\nu_k & \text{在 } \Omega_k \text{ 内},\\ u_k=0 & \text{在 } \partial\Omega_k \text{ 上}.\end{cases}$$

假设

$$\sup_k \nu_k(\Omega_k)<\infty,$$

并存在一个有界开凸集 Ω 和一个定义在 Ω 上的 Borel 测度, 满足当 $k\to\infty$ 时,

$$\operatorname{dist}(\partial\Omega_k,\partial\Omega)\to 0 \quad \text{且} \quad \nu_k \overset{*}{\rightharpoonup} \nu. \tag{13.20}$$

那么, $u_k|_\Omega$ 在 Ω 内局部一致收敛到以下 Dirichlet 问题的唯一解 u:

$$\begin{cases}\mu_u=\nu & \text{在 } \Omega \text{ 内},\\ u=0 & \text{在 } \partial\Omega \text{ 上}.\end{cases} \quad ♦ \tag{13.21}$$

证明 由等式 (13.20), $\sup_k \nu_k(\Omega_k)<\infty$ 且 $\operatorname{diam}(\Omega_k)\to\operatorname{diam}(\Omega)<\infty$, 由 Alexandrov 极大值原理 (定理 13.2), 我们有估计

$$|u_k(x)|\leqslant C\operatorname{dist}(x,\partial\Omega_k)^{1/d}, \quad \forall x\in\Omega_k, \tag{13.22}$$

这里 C 是不依赖 k 的常数. 这意味着函数 u_k 在 Ω_k 内一致有界. 因此, 由推论 1.1, $\{u_k\}$ 是局部 Lipschitz 函数.

由 $\Omega_k\to\Omega$、区域收敛性 (13.20) 和函数有界性 (13.22), Ascoli-Arzelà 定理表明存在一个子序列 $\{\mu_{k_j}\}$, 在 Ω 中局部一致收敛到某个凸函数

$\hat{u}:\Omega\to\mathbb{R}$, 满足如下条件

$$|\hat{u}(x)|\leqslant C\operatorname{dist}(x,\partial\Omega)^{1/d}.$$

这表明极限函数满足 0 边值条件, $\hat{u}|_{\partial\Omega}=0$. 另外, 由命题 13.1 得到 $\mu_{u_{k+j}|\Omega}\stackrel{*}{\rightharpoonup}\mu_{\hat{u}}$, 因为假设 $\mu_{u_k}=\nu_k\stackrel{*}{\rightharpoonup}\nu$, 我们推断出 $\mu_{\hat{u}}=\nu$.

因此, 我们已经证明了 $\hat{u}$ 是 Dirichlet 问题 (13.21) 的解. 由推论 13.1 得到这样的解是唯一的, 我们推出对于序列 $\{u_k\}_{k\in\mathbb{N}}$ 的任何聚点都等于这个解; 因此, 整个序列 $\{u_k\}$ 一定会收敛到 (13.21) 的唯一解. ■

零边值条件弱解的存在性

定理 13.4 (零边值条件弱解的存在性) 令 Ω 是一个有界开凸集, 并令 ν 为 Ω 上的 Borel 测度, 满足 $\nu(\Omega)<\infty$, 则存在唯一的凸函数 $u:\Omega\to\mathbb{R}$ 是以下 Dirichlet 问题的解:

$$\begin{cases}\mu_u=\nu & \text{在 } \Omega \text{ 内},\\ u=0 & \text{在 } \partial\Omega \text{ 上}.\end{cases}\quad\blacklozenge \tag{13.23}$$

证明 唯一性由推论 13.1 得到, 我们只需证明存在性.

因为任何有限测度都可以在弱 * 拓扑下用 Dirichlet 测度的有限和来近似, 并且由稳定性推论 13.2, 对于 Dirichlet 问题 (13.23) 我们只需解 $\nu=\sum_{i=1}^{N}\alpha_i\delta_{x_i}$ 的情形, 这里 $x_i\in\Omega$ 且 $\alpha_i>0$.

证明解的存在性, 我们使用所谓的 Perron 方法: 定义

$$S[\nu]:=\{u:\Omega\to\mathbb{R}\text{ 凸函数 }:u|_{\partial\Omega}=0,\mu_u\geqslant\nu\text{ 在 }\Omega\text{ 中}\},$$

我们欲证 $S[\nu]$ 中的最大元素是 Dirichlet 问题 (13.23) 的解. 论证分成几个步骤.

第一步: $S[\nu]\neq 0$. 构造 $S[\nu]$ 的一个元素, 我们考虑函数 $\hat{C}_{x_i}$, 它在 $\partial\Omega$ 为 0 并在顶点 x_i 处取值 -1, 如图 13.5 所示. 该函数的 Monge-Ampère 测度集中在 x_i, 并且质量等于某个正数 β_i, 对应于在 x_i 处支撑超平面集合的测度.

现在, 考虑凸函数 $\bar{v}:=\sum_{i=1}^{N}\lambda\hat{C}_{x_i}$, 其中 $\lambda>0$. 我们注意到 $\bar{v}|_{\partial\Omega}=0$.

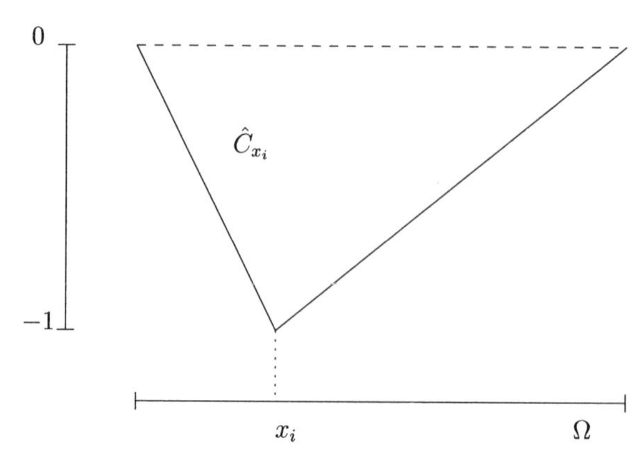

图 13.5 典范函数 $\hat{C}_{x_i}$ 在 $\partial\Omega$ 为 0, 并且在 x_i 取到最小值 −1.

此外, 只要 $\lambda > 0$ 够大, 引理 13.3 就表明

$$\mu_{\bar{v}} \geqslant \sum_{i=1}^{N} \mu_{\lambda \hat{C}_{x_i}} = \sum_{i=1}^{N} \lambda^n \mu_{\hat{C}_{x_i}} = \sum_{i=1}^{N} \lambda^n \beta_i \delta_{x_i} \geqslant \sum_{i=1}^{N} \alpha_i \delta_{x_i}.$$

这证明了 $\bar{v} \in S[\nu]$.

第二步: $u_1, u_2 \in S[\nu] \Rightarrow \max\{u_1, u_2\} \in S[\nu]$. 为了简化, 设 $w := \max\{u_1, u_2\}$, 并定义

$$\Omega_0 := \{u_1 = u_2\}, \quad \Omega_1 := \{u_1 > u_2\} \quad 且 \quad \Omega_2 := \{u_1 < u_2\}.$$

给定一个 Borel 集 $E \subset \Omega$, 考虑 $E_i := E \cap \Omega_i$, 这里 $i = 0, 1, 2$.

因为 Ω_1 和 Ω_2 是开集, $w|_{\Omega_1} = u_1$ 且 $w|_{\Omega_2} = u_2$, 我们有

$$\partial w(E_1) = \partial u_1(E_1) \quad 且 \quad \partial w(E_2) = \partial u_2(E_2).$$

此外, 因为在 Ω_0 内 $w = u_1$, 在其他任何地方 $w \geqslant u_1$, 由次微分的定义, 我们可以看到,

$$p_1 \in \partial u_1(x), \quad x \in \Omega_0 \Rightarrow p_1 \in \partial w(x),$$

它证明 $\partial w(E_0) \supset \partial u_1(E_0)$, 类似地, $\partial w(E_0) \supset \partial u_2(E_0)$. 因此 $u_1, u_2 \in S[\nu]$, 我们得到

$$\mu_w(E) = \sum_{i=0}^{2} \mu_w(E_i) = \mu_{u_1}(E_0) + \mu_{u_1}(E_1) + \mu_{u_2}(E_2) \geqslant \sum_{i=0}^{2} \nu(E_i) = \nu(E).$$

这证明了结论.

第三步: 函数 $u := \sup_{u \in S[\nu]}$ 属于 $S[\nu]$. 取序列 $\{u_k\}_{k \in \mathbb{N}} \subset S[\nu]$, 相

对于局部一致收敛而言它是可数稠密子集, 并且

$$u = \sup_{k\in\mathbb{N}} u_k = \lim_{m\to\infty} w_m, \quad 其中\ w_m := \max_{1\leqslant k\leqslant m} u_k.$$

由第二步证明, 我们有 $w_m \in S[\nu]$; 因此 $\mu_{w_m} \geqslant \nu$ 或等价地

$$\int_{\mathbb{R}^d} \varphi d\mu_{w_m} \geqslant \int_{\mathbb{R}^d} \varphi d\nu, \quad \forall \varphi \in C_0(\Omega), \varphi \geqslant 0. \tag{13.24}$$

因为 $w_m \to u$ 局部一致收敛, 由命题 13.1 得到 $\mu_{w_m} \xrightarrow{*} \mu_u$. 因此, 在等式 (13.24) 中令 $m \to \infty$ 得到 $\mu_u \geqslant \nu$. 进一步, 由构造我们可以立即推断出 $u|_{\partial\Omega} = 0$. 因此, $u \in S[\nu]$.

第四步: $\mu_u = \nu$. 这一步结合第三步, 证明了 u 是方程 (13.23) 的解.

4-a: 测度 μ_u 的支撑集为 $\{x_1, \cdots, x_N\}$. 假设情况并非如此, 则存在一个集合 $E \subset \Omega$ 满足

$$E \cap \{x_1, \cdots, x_N\} = \emptyset \quad 且 \quad |\partial u(E)| = \mu_u(E) > 0. \tag{13.25}$$

因为 $x_i \notin E$, 集合

$$\left\{\partial u(E) \bigcap \partial u(\{x_i\})\right\}_{i=1}^{N} \subset \mathcal{Z},$$

其中 $\mathcal{Z}$ 在引理 1.11 中定义, 因此它们都是零测度的. 同理, $|\partial u(\Omega) \cap \partial u(\partial\Omega)| = 0$, 由 (13.25) 得到

$$\left|\partial u(E) \setminus \left[\bigcup_{i=1}^{N} \partial u(\{x_i\}) \cup \partial u(\partial\Omega)\right]\right| > 0.$$

特别地, 上面的集合是非空的, 我们可以找到 $\bar{x} \in \Omega \setminus \{x_1, \cdots, x_N\}$ 和 $\bar{p} \in \mathbb{R}^d$ 满足

$$\bar{p} \in \partial u(\bar{x}) \quad 且 \quad \bar{p} \notin \bigcup_{i=1}^{N} \partial u(\{x_i\}) \cup \partial u(\partial\Omega).$$

从而存在这样的 $\delta > 0$ 满足

$$u \geqslant l_{\bar{x},\bar{p}} + 2\delta \quad 在\ \{x_1, \cdots, x_N\} \cup \partial\Omega\ 上, \tag{13.26}$$

其中 $l_{\bar{x},\bar{p}}(z) := u(\bar{x}) + \langle \bar{p}, z - \bar{x} \rangle$.

如图 13.6 所示, 考虑函数

$$\bar{u} := \max\{u, l_{\bar{x},\bar{p}} + \delta\}$$

由定义 $\bar{u} \geqslant u$, 并且由不等式 (13.26) 得到在 $\{x_1, \cdots, x_N\} \cup \partial\Omega$ 的一个

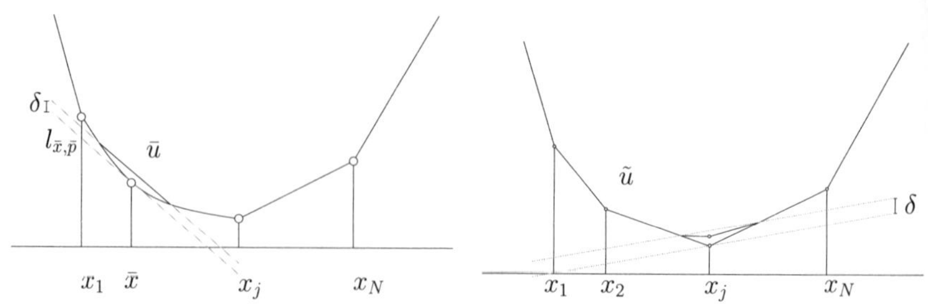

图 13.6 左图: 若测度 μ_u 的支撑集不是 $\{x_1, \cdots, x_N\}$, 我们可以构造一个函数 $\bar{u}$ 大于 u, 但仍然属于 $S[\nu]$. 右图: 若 u 在 x_j 的次微分太大, 我们可以构造一个函数 $\tilde{u}$ 大于 u, 但仍然属于 $S[\nu]$.

邻域内, $\bar{u} = u$. 特别地, 边值 $\bar{u}|_{\partial\Omega} = 0$, 并且对所有的 $i = 1, \cdots, N$ 都有 $\partial\bar{u}(x_i) = \partial u(x_i)$, 这意味着 $\bar{u} \in S[\nu]$. 但是 u 被定义为 $S[\nu]$ 中最大的元素, 产生矛盾.

4-b: 对所有的 $i = 1, \cdots, N$, 成立 $\mu_u(\{x_i\}) = \nu(\{x_i\})$. 由第三步我们已经知道 $u \in S[\nu]$; 因此对所有的 $i = 1, \cdots, N$, $\mu_u(\{x_i\}) \geqslant \nu(\{x_i\}) = \alpha_i$. 相反地, 假设有一个 $j \in \{1, \cdots, N\}$ 使以下严格不等式成立:

$$\beta_j := \mu_u(\{x_j\}) = |\partial u(x_j)| > \alpha_j.$$

因为 $\partial u(x_j)$ 是具有正测度的凸集, 选择一个向量 $p \in \mathbb{R}^d$ 属于 $\partial u(x_j)$ 的内部, 定义 $l_{x,p}(z) := u(x_j) + \langle p, z - x_j \rangle$, 并考虑函数 $U := u - l_{x_j,p}$. 注意到

$$\partial U(z) = \partial u(z) - p, \quad \forall z,$$

这表明 $|\partial U(x_j)| = \beta_j$, 并且 0 属于 $\partial U(x_j)$ 的内部.

选择 $\delta > 0$ 足够小使得

$$\{U \leqslant U(x_j) + \delta\} \cap (\{x_1, \cdots, x_{j-1}, x_{j+1}, \cdots, x_N\} \cup \partial\Omega) = \emptyset,$$

并定义函数

$$\tilde{U}(z) := \begin{cases} U(z), & \text{如果 } U > U(x_j) + \delta, \\ (1-\delta)U(z) + \delta[U(x_j) + \delta], & \text{如果 } U \leqslant U(x_j) + \delta. \end{cases}$$

取 $\delta > 0$ 尽可能小以保证

$$|\partial\tilde{U}(x_j)| = (1-\delta)^d |\partial U(x_j)| = (1-\delta)^d \beta_j > \alpha_j.$$

注意到 $\tilde{U} \geqslant U$ 且在 $\{x_i, i \neq j\} \cup \partial\Omega$ 的一个邻域中 $\tilde{U} = U$, 考虑

$\tilde{u} := \tilde{U} + l_{x,p}$, 我们可以看到 $\tilde{u} \geqslant u$,

$$\tilde{u}|_{\partial\Omega} = u|_{\partial\Omega} = 0, \quad \partial\tilde{u}(x_i) = \partial u(x_j), \quad \forall i \neq j \quad \text{且} \quad |\partial\tilde{u}(x_j)| \geqslant \alpha_j.$$

因此 $\tilde{u} \in S[\nu]$, 但这与 u 的最大值相矛盾, 证毕. ■

连续边值条件弱解的存在性 现在我们解释如何将这个结果推广到一般的连续边值条件. 对于这种情形, 我们需要假设 Ω 的严格凸性, 也就是说, 任何支撑平面只在一点与 $\bar{\Omega}$ 相切.

引理 13.6 令 Ω 是一个有界的严格凸开集, 并令 $g : \partial\Omega \to \mathbb{R}$ 是一个连续函数. 那么, 对任意 $\varepsilon > 0$ 和 $x \in \partial\Omega$, 存在两个仿射函数 $l^{\pm}_{x,\varepsilon} : \mathbb{R}^d \to \mathbb{R}$ 满足

$$l^{-}_{x,\varepsilon}(z) \leqslant g(z) \leqslant l^{+}_{x,\varepsilon}(z), \quad \forall\, z \in \partial\Omega \tag{13.27}$$

且

$$g(x) - \varepsilon \leqslant l^{-}_{x,\varepsilon}(x) \leqslant l^{+}_{x,\varepsilon}(x) \leqslant g(x) + \varepsilon. \quad \blacklozenge \tag{13.28}$$

证明 固定 $\varepsilon > 0$, 不失一般性, 假设

$$x = \mathbf{0} \in \partial\Omega \quad \text{且} \quad \Omega \subset \{z = (z_1, \cdots, z_d) \in \mathbb{R}^d : z_d < 0\}.$$

由 g 的连续性, 存在 $\delta > 0$ 满足

$$|g - g(\mathbf{0})| \leqslant \varepsilon \quad \text{在 } \partial\Omega \cap B_\delta(\mathbf{0}) \text{ 上}, \tag{13.29}$$

见图 13.7. 而且, 由 Ω 的严格凸性, 存在 $\eta > 0$ 满足

$$\partial\Omega \setminus B_\delta(\mathbf{0}) \subset \{z_n \leqslant -\eta\}. \tag{13.30}$$

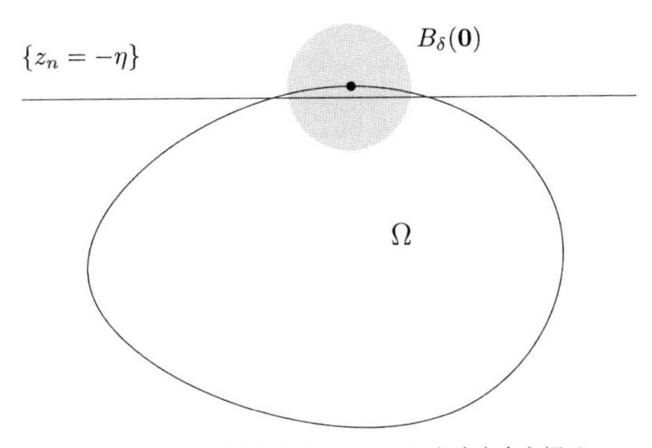

图 13.7 因为 Ω 严格凸, 存在着 $\eta > 0$ 使得集合 $\partial\Omega \setminus B_\delta(\mathbf{0})$ 包含在半空间 $\{z_n \leqslant -\eta\}$ 内.

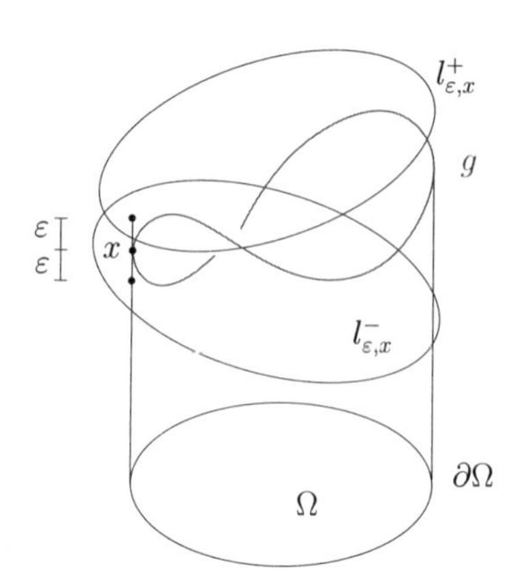

图 13.8 边界条件中的连续函数 g 被仿射函数 $l^{\pm}_{\varepsilon,x}$ 所界定, 且在 x 的邻域接近.

现在, 考虑仿射函数 (如图 13.8 所示)

$$l^-_{\mathbf{0},\varepsilon} := g(\mathbf{0}) - \varepsilon + \frac{\|g - g(\mathbf{0})\|_{L^\infty(\partial\Omega)}}{\eta} z_n$$

和

$$l^+_{\mathbf{0},\varepsilon} := g(\mathbf{0}) + \varepsilon - \frac{\|g - g(\mathbf{0})\|_{L^\infty(\partial\Omega)}}{\eta} z_n,$$

由这个定义, 直接得到不等式条件 (13.28).

因为 $\Omega \subset \{z_n < 0\}$, 由 (13.29) 可以推出

$$l^-_{\mathbf{0},\varepsilon} \leqslant g \leqslant l^+_{\mathbf{0},\varepsilon} \quad \text{在 } \partial\Omega \cap B_\delta(\mathbf{0}) \text{ 上},$$

然而 (13.31) 和 $l^{\pm}_{\mathbf{0},\varepsilon}$ 的定义表明

$$l^-_{\mathbf{0},\varepsilon} \leqslant g \leqslant l^+_{\mathbf{0},\varepsilon} \quad \text{在 } \partial\Omega \setminus B_\delta(\mathbf{0}) \text{ 上},$$

(13.27) 得证. ∎

下面的命题表明了 Dirichlet 问题的解关于目标测度、定义域和边界条件的稳定性.

命题 13.2 (稳定性) 令 Ω 是一个有界的严格凸开集, 令 $g : \partial\Omega \to \mathbb{R}$ 是连续函数, 令 $\{\nu_k\}_{k\in\mathbb{N}}$ 是定义在 Ω 上的一族 Borel 测度, 并令 $u_k : \Omega \to \mathbb{R}$ 是以下 Dirichlet 问题的解:

$$\begin{cases} \mu_{u_k} = \nu_k & \text{在 } \Omega \text{ 内}, \\ u_k = g & \text{在 } \partial\Omega \text{ 上}. \end{cases}$$

假设 $\sup_k \nu_k(\Omega) < \infty$, 且当 $k \to \infty$ 时, $\nu_k \overset{*}{\rightharpoonup} \nu$. 那么 $\{u_k\}$ 在 Ω 上一致

收敛于以下 Dirichlet 问题的唯一解 u:

$$\begin{cases} \mu_u = \nu & 在\ \Omega\ 内, \\ u = g & 在\ \partial\Omega\ 上. \end{cases}$$

♦

证明 假设 $v_k : \Omega \to \mathbb{R}$ 是 0 边值条件 Dirichlet 问题的解,

$$\begin{cases} \mu_{v_k} = \nu_k & 在\ \Omega\ 内, \\ v_k = 0 & 在\ \partial\Omega\ 上. \end{cases}$$

根据比较原理 (定理 13.3) (如图 13.9 所示), 我们知道

$$u_k \geqslant v_k - \|g\|_{L^\infty(\partial\Omega)} \quad 在\ \partial\Omega\ 上, \quad 且\ \mu_{u_k} \leqslant \mu_{v_k},$$

则得到

$$v_k - \|g\|_{L^\infty(\partial\Omega)} \leqslant u_k \leqslant \|g\|_{L^\infty(\partial\Omega)}.$$

由 Alexandrov 极大值原理 (定理 13.2), 我们有

$$-C\,\mathrm{dist}(z, \partial\Omega)^{1/d} \leqslant v_k(z) \leqslant 0, \quad \forall z \in \Omega. \tag{13.31}$$

我们推导出函数 v_k 是一致有界的; 因此, 函数 u_k 也是如此. 有了这个结论, 我们可以像证明推论 13.2 那样进行论证, 推导出存在一个子序列 $\{u_{k_j}\}$ 局部一致收敛到函数 u, 满足 $\mu_u = \nu$.

我们声称 $u|_{\partial\Omega} = g$. 为了这一目标, 固定 $\varepsilon > 0$ 和 $x \in \partial\Omega$, 考虑引理 13.6 所证明的仿射函数 $l^\pm_{x,\varepsilon}$, 因为 $\mu_{v_k + l^\pm_{x,\varepsilon}} = \mu_{v_k}$, 不等式条件 (13.27) 和 Alexandrov 极大值原理 (定理 13.2) 表明

$$v_k + l^-_{x,\varepsilon} \leqslant u_k \leqslant v_k + l^+_{x,\varepsilon} \quad 在\ \Omega\ 内,$$

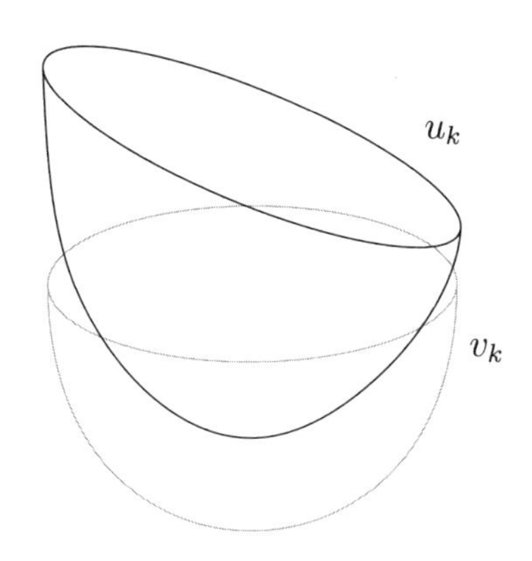

图 13.9 比较原理.

结合 (13.31) 得出

$$-C\operatorname{dist}(\cdot,\partial\Omega)^{1/d}+l^-_{x,\varepsilon}\leqslant u_k\leqslant l^+_{x,\varepsilon}\quad 在\ \Omega\ 内.$$

因此, 选择 $k=k_j$ 并令 $j\to\infty$ 取极限, 我们得到

$$-C\operatorname{dist}(\cdot,\partial\Omega)^{1/d}+l^-_{x,\varepsilon}\leqslant u\leqslant l^+_{x,\varepsilon}\quad 在\ \Omega\ 内.$$

回顾 (13.28), 这意味着

$$\begin{aligned}g(x)-\varepsilon&\leqslant\lim_{z\to x}\{-C\operatorname{dist}(z,\partial\Omega)^{1/d}+l^-_{x,\varepsilon}(z)\}\\&\leqslant\liminf_{z\to x}u(z)\\&\leqslant\limsup_{z\to x}u(z)\\&\leqslant\lim_{z\to x}l^+_{x,\varepsilon}(z)\leqslant g(x)+\varepsilon,\end{aligned}$$

并且因为 $\varepsilon>0$ 且 x 是任意的, 我们推出 u 是直到边界连续且 $u|_{\partial\Omega}=g$.

这证明了 u 是 Dirichlet 问题 (13.2) 的解, 由推论 13.1 得到这样的解是唯一的, 整个序列 $\{u_k\}$ 收敛到 u. ∎

定理 13.5 令 Ω 是一个有界的严格凸开集, 令 $g:\partial\Omega\to\mathbb{R}$ 是一个连续函数, 并令 ν 是 Ω 上的 Borel 测度且满足 $\nu(\Omega)<\infty$. 则存在唯一的凸函数 $u:\Omega\to\mathbb{R}$ 是以下 Dirichlet 问题的解:

$$\begin{cases}\mu_u=\nu & 在\ \Omega\ 内,\\ u=g & 在\ \partial\Omega\ 上.\end{cases}\quad\blacklozenge \tag{13.32}$$

证明 唯一性由推论 13.1 给出, 我们只需要证明存在性.

第一步: u 的构造. 由稳定性命题 13.2, 我们的目标测度为 Dirac 测度之和的 Dirichlet 方程 (13.32) 的特例, 这里 $\nu=\sum_{i=1}^N\alpha_i\delta_{x_i}$, 其中 $x_i\in\Omega$ 且 $\alpha_i>0$. 定义

$$S[\nu]:=\{v:\Omega\to\mathbb{R}\ 为凸函数 : v|_{\partial\Omega}\leqslant g,\ \mu_v\geqslant\nu\ 在\ \Omega\ 内\}.$$

考虑 "典范" 解 $\hat{C}_{x_i}$ 在 $\partial\Omega$ 为 0 并在其顶点 x_i 处取值 -1, 设

$$\bar{v}:=\sum_{i=1}^N\lambda\hat{C}_{x_i}, \tag{13.33}$$

若 λ 足够大, 则 $\mu_{\bar{v}}\geqslant\nu$ (见定理 13.4 的第一步证明); 因此, $\bar{v}-\|g\|_{L^\infty(\partial\Omega)}$

属于 $S[\nu]$, 这证明了 $S[\nu]$ 非空. 定义

$$u := \sup_{v\in S[\nu]} v, \tag{13.34}$$

应用与边界值 $g=0$ 时相同的论述, 可以证明 $\mu_u=\nu$. 所以, 唯一需要证明的就是在 Ω 的边界上 $u=g$.

第二步: u 直到边界连续且 $u|_{\partial\Omega}=g$. 这里的论证与命题 13.2 的证明相似.

固定 $\varepsilon>0$ 和 $x\in\partial\Omega$, 考虑由引理 13.6 给出的仿射函数 $l^{\pm}_{x,\varepsilon}$, 考察 (13.33) 定义的函数 $\bar{v}$, 满足 $\mu_{\bar{v}}\geqslant\nu$, 由 (13.27) 推出 $\bar{v}+l^{-}_{x,\varepsilon}\in S[\nu]$. 因此由 (13.34), 我们得到

$$\bar{v}+l^{-}_{x,\varepsilon}\leqslant u \quad 在\ \Omega\ 内.$$

另一方面, 由 Ω 的凸性, 我们看到任何在边界 $\partial\Omega$ 上低于 g 的凸函数都将在 Ω 的内部低于 $l^{+}_{x,\varepsilon}$. 由此得到

$$u\leqslant l^{+}_{x,\varepsilon} \quad 在\ \Omega\ 内.$$

特别地,

$$\begin{aligned}
g(x)-\varepsilon &= \lim_{z\to x}\{\bar{v}(z)+l^{-}_{x,\varepsilon}(z)\}\\
&\leqslant \liminf_{z\to x} u(z)\\
&\leqslant \limsup_{z\to x} u(z)\\
&\leqslant \lim_{z\to x} l^{+}_{x,\varepsilon}(z)\leqslant g(x)+\varepsilon,
\end{aligned}$$

由 ε 和 x 的任意性, 结论得证. ■

13.4 Alexandrov 二分法和 C^1 正则性

Alexandrov 证明, 要么一个解是 C^1, 要么任何奇点沿着一个线段传播穿过整个域. 这种二分是 Monge-Ampère 方程退化的标志.

定义 13.3 (局部有界) 一个定义在某个拓扑空间 X 的实值函数 f 被称为局部有界, 如果对 X 中的任何 x_0, 都存在 x_0 的一个邻域 A, 满足

对于某个数 $M > 0$ 有

$$|f(x)| \leqslant M, \quad \forall x \in A.$$

我们把局部有界函数表示为 $L^{\infty}_{\mathrm{loc}}(X)$. ♦

定理 13.6 (Alexandrov 二分法) 令 $\Omega \subset \mathbb{R}^2$ 为一个开集, 并令 $u : \Omega \to \mathbb{R}$ 为凸函数. 假设对某个 $f \in L^{\infty}_{\mathrm{loc}}(\Omega)$, $\mu_u = f dx$. 那么,

(1) $u \in C^1(\Omega)$; 或者

(2) 存在一个线段 Σ 穿越 Ω, u 沿着 Σ 是仿射函数且不可微. 更确切地说, 存在 $p_0, p_1 \in \mathbb{R}^2$, 且 $p_0 \neq p_1$, 满足

$$\partial\Sigma \subset \partial\Omega, \quad u|_{\Sigma} = \text{仿射} \quad \text{且} \quad \partial u(z) \supset [p_0, p_1], \quad \forall z \in \Sigma. \quad ♦$$

证明 假设 $u \notin C^1(\Omega)$, 则由引理 1.1、1.2 和 1.4, $\partial u(x)$ 在某个点 $\bar{x} \in \Omega$ 上不是独点集. 通过减去一个仿射函数并进行坐标变换, 我们可以假设 $\bar{x} = \mathbf{0}$, 并且

$$u \geqslant 0, \quad u(\mathbf{0}) = 0 \quad \text{且} \quad \partial u(\mathbf{0}) \supset [-\alpha e_1, \alpha e_1],$$

其中 $\alpha > 0$, $\{e_1, e_2\}$ 表示 $\mathbb{R}^2$ 的标准正交基. 特别地,

$$u(x) \geqslant \alpha |x_1|, \quad \forall x = (x_1, x_2) \in \mathbb{R}^2. \tag{13.35}$$

我们可以用 $\min\{\alpha, 1\}$ 来替代 α, 由此假设 $\alpha \leqslant 1$.

声明 奇异点沿着 e_2 轴传播. 更准确地说, 我们设 $\Sigma := \Omega \cap \{x_1 = 0\}$, 并声明

$$u|_{\Sigma} = 0. \tag{13.36}$$

第一步: 由 (13.36) 式可以推出结论. 我们需要证明,

$$\partial u(z) \supset [-\alpha e_1, \alpha e_1], \quad \forall z \in \Sigma,$$

这是 (13.35), (13.36) 和次微分定义的直接结果.

第二步: (13.36) 的证明. 定义

$$\hat{\tau} := \sup\{\tau \geqslant 0 : u(0, \tau) = 0\} \quad \text{且} \quad \bar{\tau} := \inf\{\tau \leqslant 0 : u(0, \tau) = 0\},$$

为了产生矛盾, 假设 $\{\hat{\tau} e_2, \bar{\tau} e_2\} \not\subset \partial\Omega$. 则或者 $\hat{\tau} e_2$ 在 Ω 之内, 或者 $\bar{\tau} e_2$ 在

Ω 之内. 不失一般性, 我们假设 $\hat{\tau}e_2 \in \Omega$.

令 $\Omega' \subset\subset \Omega$ 为 $[0, \hat{\tau}e_2]$ 的一个邻域, 并且 $L \geqslant 1$ 是函数 $u|_{\Omega'}$ 的 Lipschitz 常数 (由推论 1.1, u 在 Ω 内是局部 Lipschitz 的, L 是有限的). 固定足够小的正数 $\delta > 0$ (稍后决定如何选取), 设 $h := u(0, \hat{\tau} + \delta) > 0$, 考察矩形

$$\mathcal{R} := [-h, h] \times [\hat{\tau} - \delta, \hat{\tau} + (1 + L)\delta].$$

注意通过选择充分小的 δ, 我们可以确保 $\mathcal{R} \subset \Omega'$. 此外, 定义矩形的侧面和顶部边界 (见图 13.10),

$$\mathcal{G} := \{\pm h\} \times [\hat{\tau} - \delta, \hat{\tau} + (1 + L)\delta] \cup [-h, h] \times \{\hat{\tau} + (1 + L)\delta\}.$$

(a): $u|_{\mathcal{G}} \geqslant \alpha h$. 由 (13.35) 直接得到

$$u \geqslant \alpha h \quad \text{在 } \{\pm h\} \times [\hat{\tau} - \delta, \hat{\tau} + (1 + L)\delta] \text{ 上}.$$

而且, 由于 u 在 $\mathcal{R}$ 中是 L-Lipschitz 并且 $u(0, \hat{\tau}) = 0$, 我们推出

$$u(s, \hat{\tau}) \leqslant h, \quad \forall |s| \leqslant \frac{h}{L}. \tag{13.37}$$

因此, 由 u 的凸性,

$$u(z + t(z - x)) \geqslant u(z) + t[u(z) - u(x)], \quad \forall t \geqslant 0, \forall x, z \in \mathcal{R}.$$

现在, 由于 (13.37) 和 $u(0, \hat{\tau} + \delta) = h$, 应用上面的不等式于 $z \in (0, \hat{\tau} + \delta)$,

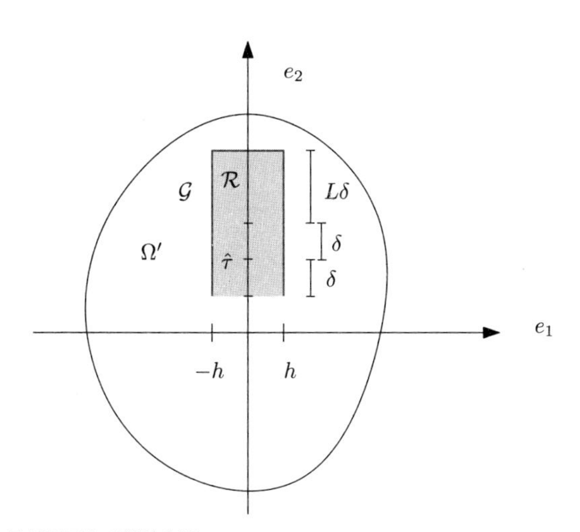

图 13.10 矩形 $\mathcal{R}$ 及其侧面和顶部的边界 $\mathcal{G}$.

$x \in [-h/L, h/L] \times \{\hat{\tau}\}$ 和 $t = L$, 我们可以看到

$$u \geqslant h \quad \text{在 } [-h, h] \times \{\hat{\tau} + (1+L)\delta\} \text{ 上}$$

(见图 13.11). 注意 $\alpha \leqslant 1$, 这就证明了欲证的估计.

(b): $\mu_u(\mathcal{R}) \geqslant h/\delta$. 给定

$$-\frac{\alpha}{4} \leqslant a \leqslant \frac{\alpha}{4} \quad \text{且} \quad 0 \leqslant b \leqslant \frac{\alpha h}{4(1+L)\delta}, \tag{13.38}$$

考虑仿射函数

$$l_{a,b}(z) := a z_1 + b(z_2 - \hat{\tau}),$$

其中 $z = (z_1, z_2)$. 注意到由于 (13.38),

$$l_{a,b}|_{\mathcal{G}} \leqslant \frac{\alpha}{4} h + \frac{\alpha h}{4(1+L)\delta}(1+L)\delta \leqslant \frac{\alpha}{2} h < u|_{\mathcal{G}}.$$

而且, 因为 $b > 0$ 并回顾 (13.35),

$$l_{a,b}|_{\partial\mathcal{R}\setminus\mathcal{G}} < \frac{\alpha}{4}|x_1| \leqslant \alpha|x_1| \leqslant u,$$

因此,

$$\begin{cases} l_{a,b}|_{\partial\mathcal{R}\setminus\mathcal{G}} < u|_{\partial\mathcal{R}}, \\ l_{a,b}(0, \hat{\tau}) = u(0, \hat{\tau}). \end{cases}$$

这意味着我们可以选择 $\varepsilon > 0$ (依赖 a, b) 充分小, 使得

$$\mathcal{O} := \{u < l_{a,b} + \varepsilon\} \subset\subset \mathcal{R}.$$

则由引理 13.2 得

$$\partial u(\mathcal{R}) \supset \partial u(\mathcal{O}) \supset \partial l_{a,b}(\mathcal{O}) = \{(a, b)\}.$$

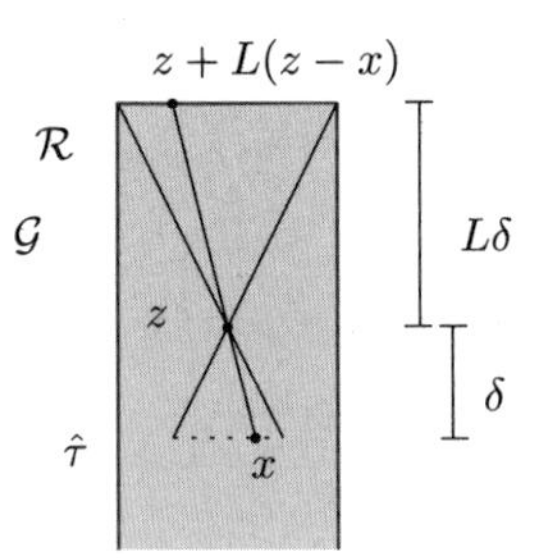

图 13.11 令 $z = (0, \hat{\tau} + \delta)$ 且 $x \in [-\frac{h}{L}, \frac{h}{L}] \times \{\hat{\tau}\}$. 因为 $u(z) = h$ 且 $u(x) \leqslant h$, u 的凸性蕴含 $u(z + L(z-x)) \geqslant h$.

因为 $(a,b)\in\mathbb{R}^2$ 是任意一个满足 (13.38) 的点, 我们得到

$$\partial u(\mathcal{R})\supset\left[-\frac{\alpha}{4},\frac{\alpha}{4}\right]\times\left[0,\frac{\alpha h}{4(1+L)\delta}\right],$$

因此

$$\mu_u(\mathcal{R})\geqslant\frac{\alpha^2 h}{8(1+L)\delta}. \tag{13.39}$$

(c): $|\mathcal{R}|\approx h\delta$ 和结论. 因为

$$|\mathcal{R}|=2(2+L)h\delta,$$

由 Monge-Ampère 方程可知

$$\mu_u(\mathcal{R})=\int_{\mathcal{R}}fdx\leqslant|\mathcal{R}|\|f\|_{L^\infty(\Omega')}\leqslant 2(2+L)h\delta\|f\|_{L^\infty(\Omega')}.$$

结合这个上界和 (13.39), 我们得到

$$\delta^2\geqslant\frac{\alpha^2}{16(1+L)(2+L)\|f\|_{L^\infty(\Omega')}},$$

若 δ 充分小, 则这是不可能的. 这一矛盾证明了结论. ■

推论 13.3 令 $\Omega\subset\mathbb{R}^2$ 是有界开集, 函数 $f:\Omega\to\mathbb{R}^+$ 局部有界, 设凸函数 $u:\Omega\to\mathbb{R}$ 是以下方程的解:

$$\begin{cases}\mu_u=fdx & 在\ \Omega\ 中,\\ u=0 & 在\ \partial\Omega\ 上,\end{cases}$$

那么 $u\in C^1(\Omega)$. ♦

证明 用反证法. 假设 $u\notin C^1(\Omega)$. 那么由定理 13.6, 存在穿越 Ω 的线段 Σ, u 沿着 Σ 是仿射的 (见图 13.12). 由 $u|_{\partial\Omega}=0$, 我们得到 $u|_{\Sigma}\equiv 0$. 特别地, 存在点 $x\in\Omega$ 使得 $u(x)=0$, u 的凸性蕴含着 $u\equiv 0$ (注意到 $u|_{\partial\Omega}=0$). 这与 $u\notin C^1(\Omega)$ 的假设相矛盾. ■

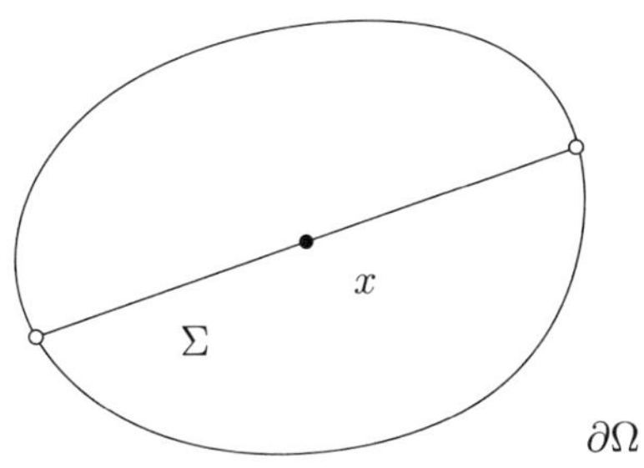

图 13.12 若 $u\notin C^1(\Omega)$, 则对某些 $x\in\Omega$ 有 $u(x)=0$. 因为 $u|_{\partial\Omega}=0$ 且 u 是凸的, 这表明 $u\equiv 0$.

假设 $\mu_u = f dx$, 当右侧远离零时, 作为定理 13.6 的自然类比, u 是严格凸的. 我们结合 Legendre 变换与定理 13.6 可以证明下面定理.

定理 13.7 令 $\Omega \subset \mathbb{R}^d$ 是一个开集且 $u : \Omega \to \mathbb{R}$ 是一个凸函数. 假设

$$\mu_u = f dx, \quad 其中\ 1/f \in L^\infty_{\mathrm{loc}}(\Omega). \tag{13.40}$$

则 u 在 Ω 内是严格凸的. ♦

证明 用反证法. 假设存在非平凡的线段 $\Sigma \subset \Omega$, 函数 u 在 Σ 上与仿射函数 $l(z) := \langle \bar{p}, z \rangle + \bar{a}$ 重合. 令 $\Omega' \subset \Omega$ 是一个开凸域满足 $\Sigma \cap \Omega' \neq \emptyset$, 并考虑 u^* 为 $u|_{\Omega'}$ 的 Legendre 变换, 即

$$u^*(p) := \sup \langle p, x \rangle_{x \in \Omega'} - u(x).$$

因为 $\bar{p} \in \partial u(z)$ 对所有的 $z \in \Sigma \cap \Omega'$ 成立, 公式 (1.10) 表明

$$\Sigma \cap \Omega' \subset \partial u^*(\bar{p}),$$

因此, u^* 在 $\bar{p}$ 处不可微. 进一步, (13.40) 和引理 13.1 表明

$$\mu_{u^*}(F) \leqslant \|1/f\|_{L^\infty(\Omega')} |F|, \quad \forall F \text{ Borel s.t. } \partial u^*(F) \subset \Omega'.$$

因为 Ω' 是凸的, 由引理 1.10 得到 $\partial u^*(\mathbb{R}^2) \subset \overline{\Omega'}$, 并且由于 $|\partial \Omega'| = 0$, 我们可以推断出对任意的 Borel 集 $F \subset \mathbb{R}^2$,

$$\begin{aligned} \mu_{u^*}(F) &= |\partial u^*(F)| = |\partial u^*(F) \cap \Omega'| \\ &= |\partial u^*(F \cap (\partial u^*)^{-1}(\Omega'))| \\ &\leqslant \|1/f\|_{L^\infty(\Omega')} |F \cap (\partial u^*)^{-1}(\Omega')| \\ &\leqslant \|1/f\|_{L^\infty(\Omega')} |F|, \end{aligned}$$

这就证明了

$$\mu_{u^*} \in L^\infty(\mathbb{R}^2).$$

因此, 由定理 13.6, 应用 $\Omega = \mathbb{R}^2$ 得到 u^* 在一个包含 $\bar{p}$ 的无限长线上是仿射的, 并且将引理 1.5 应用于 u^*, 我们得到 $\partial u^*(\mathbb{R}^2)$ 包含在一个超平面中. 但是另一方面, 公式 (1.13) 表明 $\partial u^*(\mathbb{R}^2) \supset \Omega'$, 这是不可能的. ■

第十四章 Monge-Ampère 方程解的估计

14.1 最大椭球引理

John 引理断言: 任何一个有界凸开集都包含一个体积最大的椭球 [45].

定义 14.1 (椭球) 一个椭球是单位球 $B_1(0)$ 在仿射变换下的像,

$$\mathbb{R}^d \ni z \mapsto Az + x \in \mathbb{R}^d,$$

这里 A 可逆, 并且 $x \in \mathbb{R}^d$. 这样的椭球被记为 $\mathcal{E}_{A,x}$, 可以被等价描述为

$$\mathcal{E}_{A,x} = \left\{ z \in \mathbb{R}^d : \left| A^{-1}(z-x) \right| < 1 \right\}.$$

点 x 被称为 $\mathcal{E}_{A,x}$ 的中心, 椭球的体积等于

$$|\mathcal{E}_{A,x}| = \det(A)|B_1(\mathbf{0})|. \quad \blacklozenge \tag{14.1}$$

给定 $r > 0$, 对椭球关于中心 x 进行位似变换, 相似系数为 r, 其像记为 $r\mathcal{E}$, 等价地,

$$r\mathcal{E}_{A,x} = \mathcal{E}_{rA,x}.$$

定义 14.2 (Minkowski 半和) 给定两个 Borel 集合 E, F, 其 Minkowski 半和 (semisum) 定义为

$$\frac{E+F}{2} := \left\{ z = \frac{z_1+z_2}{2}, z_1 \in E,\ z_2 \in F \right\}. \quad \blacklozenge$$

引理 14.1 (John 最大椭球引理) 令 $Z \subset \mathbb{R}^d$ 是有界开凸集, 那么存在唯一的椭球 $\mathcal{E}$ 被包含在 Z 的内部, 并且体积最大. 进一步, 椭球满足

$$\mathcal{E} \subset Z \subset d\mathcal{E}. \quad \blacklozenge \tag{14.2}$$

证明 令 $\mathcal{K}$ 表示 Z 中所包含的所有椭球集合, 定义

$$a := \sup_{\mathcal{E} \in \mathcal{K}} |\mathcal{E}|.$$

证明分三步.

第一步: 存在一个最大体积椭球 $\hat{\mathcal{E}} \in \mathcal{K}$. 考察序列 $\{\mathcal{E}_k = \mathcal{E}_{A_k,x_k}\}_{k\in\mathbb{N}} \subset \mathcal{K}$, 椭球序列体积收敛, $|\mathcal{E}_k| \to a$. 因为椭球 $\mathcal{E}_k$ 包含在 Z 中, 容易验证矩阵 A_k 和中心 x_k 都是有界的. 因此, 我们可以挑选子序列, 它们收敛到矩阵 $\hat{A}$ 和点 $\hat{x}$. 由连续性, 椭球 $\hat{\mathcal{E}} := \mathcal{E}_{\hat{A},\hat{x}}$ 满足:

$$\hat{\mathcal{E}} \in \mathcal{K} \quad \text{且} \quad |\hat{\mathcal{E}}| = a.$$

第二步: $\mathcal{K}$ 中最大体积椭球唯一. 假设存在两个体积最大的椭球, $\mathcal{E}_k = \mathcal{E}_{A_k,x_k} \in \mathcal{K}$, $k = 1, 2$, $|\mathcal{E}_1| = |\mathcal{E}_2| = a$, 考察它们的 Minkowski 半和,

$$\mathcal{E}_{1/2} := \frac{\mathcal{E}_1 + \mathcal{E}_2}{2} = \mathcal{E}_{\frac{1}{2}(A_1+A_2),\frac{1}{2}(x_1+x_2)}.$$

因为 $\mathcal{E}_1, \mathcal{E}_2 \subset Z$, 并且 Z 是凸集, 我们得到

$$\mathcal{E}_{1/2} \subset \frac{Z+Z}{2} = Z,$$

因此 $\mathcal{E}_{1/2} \subset \mathcal{K}$. 由体积公式 (14.1) 和不等式 (13.14), 我们得到

$$a^{1/d} \geqslant |\mathcal{E}_{1/2}|^{1/d} = \frac{1}{2}|\mathcal{E}_1 + \mathcal{E}_2|^{1/d} \geqslant \frac{1}{2}\left(|\mathcal{E}_1|^{1/d} + |\mathcal{E}_2|^{1/d}\right) = a^{1/d}.$$

如果 (13.14) 是等式, 则蕴含存在一个常数 $\lambda > 0$, $A_1 = \lambda A_2$. 因为

$$a = \det(A_1)|B_1(\mathbf{0})| = \det(A_2)|B_1(\mathbf{0})|,$$

因此 $A_1 = A_2$, 由此 $\mathcal{E}_2 = \mathcal{E}_1 + (x_2 - x_1)$. 如图 14.1 所示, 凸集 Z 包含了 $\mathcal{E}_1$ 和 $\mathcal{E}_2$ 的凸包, 如果 $x_1 \neq x_2$, 则我们沿着 $x_2 - x_1$ 方向拉伸 $\mathcal{E}_1$ 会得到一个体积更大的椭球, 依然被包含在 Z 中, 矛盾.

第三步: $Z \subset d\hat{\mathcal{E}}$. 经过一个仿射变换, 可以假设 $\hat{\mathcal{E}} = B_1(\mathbf{0})$, 我们欲证 $Z \subset B_d(\mathbf{0})$. 反之, 存在一点 $\bar{x} \in Z$ 满足 $\rho := |\bar{x}| > d$. 经过一个旋转, 我

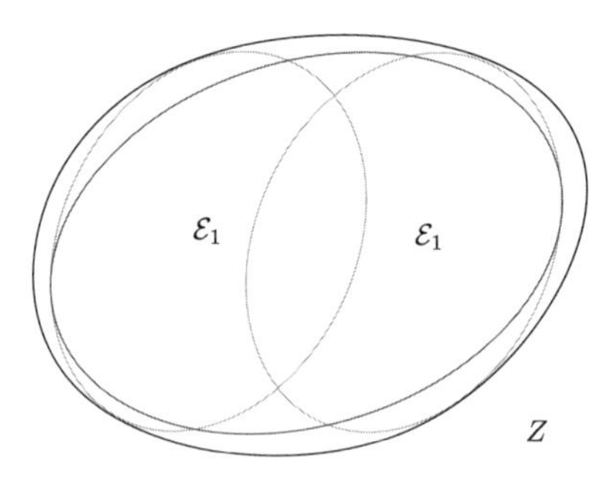

图 14.1 Z 包含两个椭球 $\mathcal{E}_1$ 和 $\mathcal{E}_2 = \mathcal{E}_1 + (x_2 - x_1)$. 我们沿着 $x_2 - x_1$ 方向拉伸 $\mathcal{E}_1$ 得到一个体积更大的椭球, 并且新的椭球依然被包含在 Z 中.

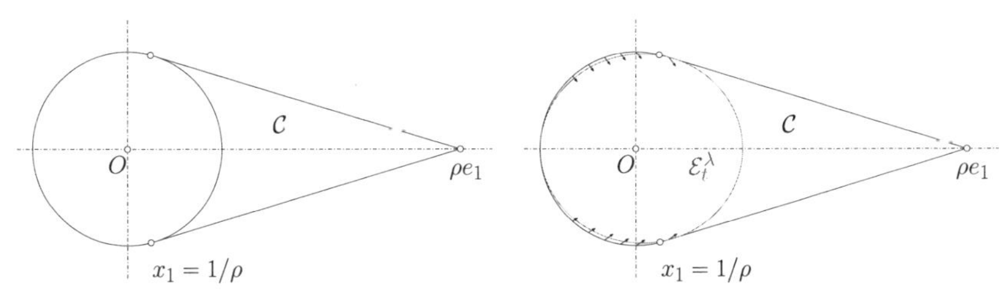

图 14.2 如果 $\rho > d$, 选择合适的向量场 V^λ, 我们可以将球 $B_1(\mathbf{0})$ 变形成椭球 $\mathcal{E}_t^\lambda$, 它的体积大于单位球 $B_1(\mathbf{0})$ 并且依然在 $\mathcal{C}$ 中.

们假设 $\bar{x} = \rho e_1$, 并且考虑 $B_1(\mathbf{0})$ 和 $\bar{x}$ 的闭包 $\mathcal{C}$. 因为 Z 是凸集, $\mathcal{C} \subset Z$, 并且

$$\partial B_1(\mathbf{0}) \cap \partial\mathcal{C} = \partial B_1(\mathbf{0}) \cap \{x_1 \leqslant 1/\rho\}, \tag{14.3}$$

如图 14.2 所示. 我们欲证存在一个椭球 $\mathcal{E} \subset \mathcal{C}$,

$$|\mathcal{E}| > |B_1(\mathbf{0})|,$$

这将和 $B_1(\mathbf{0})$ 的体积最大性相矛盾, 从而完成证明.

为了构造这样的椭球, 我们构造一个向量场,

$$V^\lambda(x_1, x') := ((x_1 + 1), -\lambda x'), \quad (x_1, x') \in \mathbb{R} \times \mathbb{R}^{d-1},$$

这里 $\lambda \in (0,1)$ 是待定参数. 然后通过求解常微分方程得到一族仿射变换:

$$\begin{cases} \partial_t \Phi_t^\lambda = V^\lambda(\Phi_t^\lambda), \\ \Phi_0^\lambda = \mathrm{id}, \end{cases}$$

我们得到

$$\Phi_t^\lambda(x_1, x') = \left(e^t x_1 + (e^t - 1), e^{-\lambda t} x'\right),$$

如此定义 $\mathcal{E}_t^\lambda := \Phi_t^\lambda(B_1(\mathbf{0}))$. 因为

$$\mathcal{E}_t^\lambda = \mathcal{E}_{A_t, x_t}, \quad A_t = \mathrm{diag}(e^t, e^{-\lambda t}, \cdots, e^{-\lambda t}), \quad x_t = (e^t - 1, 0, \cdots, 0),$$

我们得到椭球族, 如果 $\lambda < \frac{1}{d-1}$, 则

$$|\mathcal{E}_t^\lambda| = \det(A_t)|B_1(\mathbf{0})| = e^t e^{-(d-1)\lambda t}|B_1(\mathbf{0})| > |B_1(\mathbf{0})|, \quad \forall t > 0.$$

因此为了完成证明, 我们只需显示存在 $\lambda < \frac{1}{d-1}$, 使得对于足够小的 $t > 0$, $\mathcal{E}_t^\lambda \subset \mathcal{C}$.

在公共边界 $\partial B_1(\mathbf{0}) \cap \partial\mathcal{C}$ 处, 向量场 V^λ 指向 $\mathcal{C}$ 的内部 (见图

14.2). 我们考察单位球面 $\partial B_1(\mathbf{0})$ 的外法向量 $\nu_{\partial B}$ 与 V^λ 的内积: 因为 $\nu_{\partial B}(x_1,x')=(x_1,x')$, 并且在 $\partial B_1(\mathbf{0})$ 上, $|x'|^2=1-x_1^2$, 我们有

$$V^\lambda(x_1,x')\cdot\nu_{\partial B}(x_1,x')=x_1^2+x_1-\lambda(1-x_1^2),\quad \forall(x_1,x')\in\partial B_1(\mathbf{0})\cap\left\{x_1\leqslant\frac{1}{\rho}\right\}.$$

考察函数

$$x_1\mapsto\varphi_\lambda(x_1):=x_1^2+x_1-\lambda(1-x_1^2),$$

在区间 $\left(-1,\frac{\lambda}{1-\lambda}\right)$ 内 $\varphi_\lambda<0$, 如果 $\frac{1}{\rho}<\frac{\lambda}{1-\lambda}$ (等价地 $\lambda>\frac{1}{\rho-1}$), 我们得到

$$V^\lambda\cdot\nu_{\partial B}<0\quad 在\ \partial B_1(\mathbf{0})\cap\left\{-1<x_1\leqslant\frac{1}{\rho}\right\},$$

这蕴含着对于 $t\ll 1$, $\mathcal{E}_t^\lambda\subset\mathcal{C}$ (见图 14.2). 由条件 $\rho>d$, 我们只需选取

$$\lambda\in\left(\frac{1}{\rho-1},\frac{1}{d-1}\right),$$

这就导致了矛盾. 由此完成了证明. ■

引理 14.2 令 $Z\subset\mathbb{R}^d$ 是一个有界开集.

(1) 假设存在 $r,K>0$ 和某个点 $\bar{x}\in\mathbb{R}^d$, 满足

$$B_r(\bar{x})\subset Z\quad 且\quad |Z|\leqslant K.$$

那么存在 $R>0$, 依赖于 d,r, K 和 $R(d,r,K)$, 使得

$$Z\subset B_R(\bar{x}).$$

(2) 假设存在 $R,k>0$ 和某个点 $\bar{x}\in\mathbb{R}^d$, 满足

$$Z\subset B_R(\bar{x})\quad 并且\quad |Z|\geqslant k.$$

那么存在 $r>0$, 依赖于 d,r, K, $r(d,R,K)$ 和 $\hat{x}\in Z$, 使得

$$Z\supset B_r(\hat{x}).$$

♦

证明 如图 14.3 所示, 不失一般性, 我们假设 $\bar{x}=0$.

第一步: 证明结论 (1). 对于任意点 $x\in Z$, 考察与 x 垂直的超平面 $x^\perp:=\{z\in\mathbb{R}^d:\langle z,x\rangle=0\}$ 与球 $B_r(\mathbf{0})$ 的交集 Σ_x. 因为 Z 是凸集, 它包含以 Σ_x 为底、以 x 为顶点的锥体 $\mathcal{C}_x$; 因此,

$$K\geqslant|Z|\geqslant|\mathcal{C}_x|=c_d|x|r^{d-1},$$

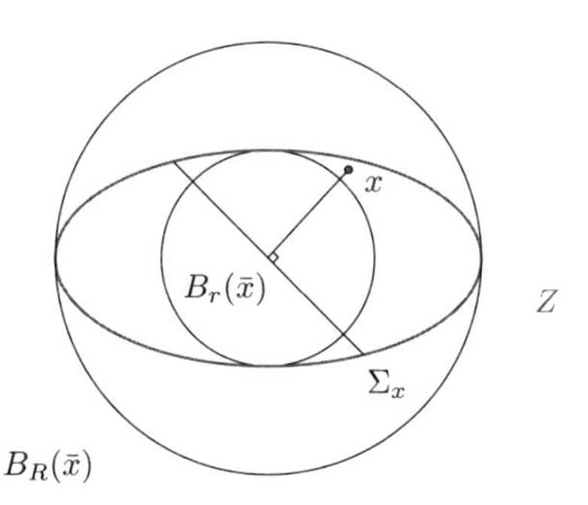

图 14.3 凸集 Z 被 $B_r(\bar{x})$ 和 $B_R(\bar{x})$ 所界定, 体积为 K, 则三个变量 r, R, K 中的两个决定第三个.

这里 $c_d > 0$ 是一个只和维数相关的常数. 这显示了

$$|x| \leqslant \frac{K}{c_d r^{d-1}} =: R, \quad \forall x \in Z.$$

这就证明了 $Z \subset B_R(\mathbf{0})$.

第二步: 证明结论 (2). 令 $\mathcal{E} = \mathcal{E}_{A,\hat{x}}$ 表示 Z 的极大椭球, 并且假设在相差一个旋转的意义下, 椭球为

$$\mathcal{E} = \left\{ z = (z_1, \cdots, z_d) \in \mathbb{R}^d : \sum_{i=1}^{d} \frac{(z_i - \hat{x}_i)^2}{a_i^2} < 1 \right\}.$$

因为 $\operatorname{diam}(\mathcal{E}) \leqslant \operatorname{diam}(Z) \leqslant 2R$, 我们得到所有的半轴 $a_1, \cdots, a_d$ 都以 R 为上界. 另一方面, 因为 $S \subset d\mathcal{E}$, 我们得到

$$k \leqslant |Z| \leqslant |d\mathcal{E}| = d^d |B_1(\mathbf{0})| \prod_{i=1}^{d} a_i.$$

因此,

$$a_i \geqslant \frac{k}{d^d |B_1(\mathbf{0})|} \frac{1}{\prod_{j \neq i} a_j} \geqslant \frac{k}{d^d |B_1(\mathbf{0})| R^{d-1}} =: r, \quad \forall i = 1, \cdots, d,$$

这就证明了 $B_r(\hat{x}) \subset Z$. ■

14.2 归一化解的 Alexandrov 估计

令 $\Omega \subset \mathbb{R}^d$ 是一个开集且 $u : \Omega \to \mathbb{R}$ 是凸函数. 如图 14.4 所示, 给定 $x \in \Omega$, $p \in \partial u(x)$ 和 $t > 0$, 我们定义中心为 x、斜率为 p、高为 t 的截面 (section),

$$S(x, p, t) := \{ z \in \Omega : u(z) < l_{x,p,t}(z) \},$$

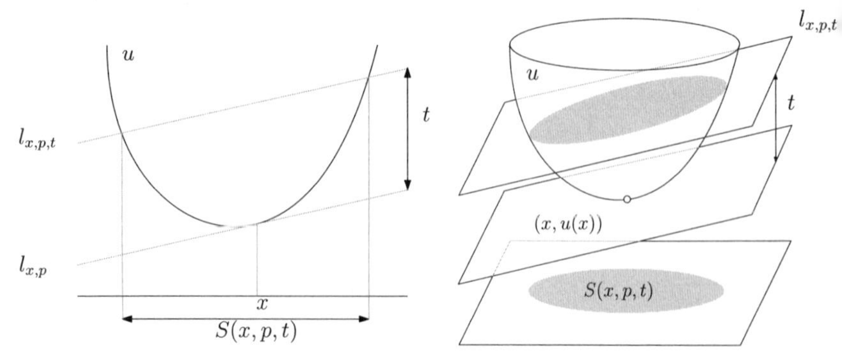

图 14.4 给定 u 在 x 点的一个支撑超平面 $l_{x,p}$, 梯度为 p, $p \in \partial u(x)$. 垂直提升支撑超平面, 提升距离为 $t > 0$, 得到 $l_{x,p,t}$. 我们用超平面 $l_{x,p,t}$ 切割 u 的上境图, 将割面投影到 Ω, 得到截面 $S(x,p,t)$.

这里 $l_{x,p,t} : \mathbb{R}^n \to \mathbb{R}$ 是由以下公式定义的仿射函数,

$$l_{x,p,t}(z) := u(x) + \langle p, z - x\rangle + t, \quad \forall z \in \mathbb{R}^d. \tag{14.4}$$

更进一步, 对于 $\tau > 0$, 我们用 $\tau S(x,p,t)$ 表示 $S(x,p,t)$ 相对于 x 点的相似变换, 相似比为 τ,

$$\tau S(x,p,t) := \left\{ y \in \mathbb{R}^n : x + \frac{y-x}{\tau} \in S(x,p,t) \right\}. \tag{14.5}$$

每当 $S(x,p,t) \subset\subset \Omega$ 时, 由 u 的凸性, 截面 $S := S(x,p,t)$ 是有界的凸开集, 所以存在一个椭球 $\mathcal{E} = \mathcal{E}_{A,\hat{x}}$ 使得

$$\mathcal{E} \subset S(x,p,t) \subset d\mathcal{E}.$$

考虑仿射映射 $Tz := Az + \hat{x}$, 并用 $L : \mathbb{R}^d \to \mathbb{R}^d$ 表示其逆, 即 $Lz := A^{-1}z - A^{-1}\hat{x}$. 然后根据定义 $\mathcal{E} = T(B_1(\mathbf{0}))$, 我们有 $L(\mathcal{E}) = B_1(\mathbf{0})$; 因此

$$B_1(\mathbf{0}) \subset Z \subset B_d(\mathbf{0}).$$

定义 14.3 一个开凸集 $Z \subset \mathbb{R}^d$ 是归一化的, 如果满足

$$B_1(\mathbf{0}) \subset Z \subset B_n(\mathbf{0}).$$

◆

有了这个定义, John 最大椭球引理 14.1 可以重述为: 对于任何开凸集 S, 都存在唯一的可逆仿射变换 L 将其归一化, 我们称 L 为 S 的归一化仿射变换.

仿射变换的范数定义为

$$\|L\| := \sup_{|v|=1} |Lv|.$$

我们有

$$\det(L) = \det(L^*) \quad 且 \quad \|L\| = \|L^*\|,$$

其中 L^* 表示矩阵 L 的转置.

仿射不变性和归一化解 令 $u \in C^2(\Omega)$ 满足

$$\det(D^2 u) = f \quad 在\ \Omega\ 上,$$

考虑 u 的一个截面 $S(x,p,t)$, 并假定 $S := S(x,p,t) \subset\subset \Omega$. 由于 $u \in C^2$, 由引理 1.1, $\partial u(x) = \{\nabla u(x)\}$; 因此, $p = \nabla u(x)$.

令 L 为 S 的归一化仿射变换, S 的归一化凸集记为 $S^* := L(S)$, 并考虑函数

$$\begin{aligned} v(z) &:= (\det(L))^{2/d}[u - l_{x,\nabla u(x),t}](L^{-1}z) \\ &= (\det(L))^{2/d}[u(L^{-1}z) - u(x) - \langle \nabla u(x), L^{-1}z - x\rangle - t], \end{aligned} \tag{14.6}$$

立即得到

$$D^2 v(z) = (\det(L))^{2/d}[\nabla L^*]^{-1} D^2 u(L^{-1}z)[\nabla L]^{-1}, \tag{14.7}$$

特别地,

$$\begin{aligned} \det(D^2 v(z)) &= [(\det(L))^{2/d}]^d \det\left([\nabla L^*]^{-1} D^2 u(L^{-1}z)[\nabla L]^{-1}\right) \\ &= (\det(L))^2 (\det(L^{-1}))^2 \det(D^2 u(L^{-1}z)) = f(L^{-1}z). \end{aligned}$$

此外, 因为在 ∂S 上 $u = l_{x,\nabla u(x),t}$, 我们推断在 ∂S^* 上有 $v = 0$; 因此,

$$\begin{cases} \det(D^2 v) = f \circ L^{-1} & 在\ S^*\ 内, \\ v = 0 & 在\ \partial S^*\ 上. \end{cases}$$

换言之, 我们可以通过解归一化凸集上的零边值 Dirichlet 问题来解 Monge-Ampère 方程, 我们称这样的解 v 是一个*归一化解*. 由 Monge-Ampère 测度的稳定性命题 13.1, 我们可以将归一化解的概念推广到 Alexandrov 解.

命题 14.1 $\Omega \subset \mathbb{R}^d$ 是一个开集, $u : \Omega \to \mathbb{R}$ 是凸函数, 对某个 $f \in L^1_{\text{loc}}(\Omega)$, 假设

$$\mu_u = f dx \quad 在\ \Omega\ 内.$$

假设截面 $S := S(x,p,t) \subset\subset \Omega$, L 是将 S 归一化的仿射变换, 集合 $S^* := L(S)$, v 在等式 (14.6) 中定义, 那么对 v 有

$$\begin{cases} \mu_v = f \circ L^{-1} dx & \text{在 } S^* \text{ 内}, \\ v = 0 & \text{在 } \partial S^* \text{ 上}. \end{cases} \quad \blacklozenge \tag{14.8}$$

如果 $\lambda \leqslant f \leqslant \Lambda$, 那么 $\lambda \leqslant f \circ L^{-1} \leqslant \Lambda$. 因此, Monge-Ampère 方程右侧的上下界在仿射变换下不变. 这种对应称为 Monge-Ampère 的仿射不变性.

归一化解的 Alexandrov 估计 定理 13.2 仅通过 Ω 的几何形状和维数就解决了对解的控制. 如果右侧远离零和无穷大, 并且对定义域进行了归一化, 那么我们可以找到关于解大小的通用估计.

命题 14.2 令 Z 是一个开凸集, 满足

$$B_r(\bar{x}) \subset Z \subset B_R(\bar{x}),$$

这里 $0 < r \leqslant R$ 并且 $\bar{x} \in \mathbb{R}^d$. 令 $v : Z \to \mathbb{R}$ 是一个凸函数, 满足

$$\begin{cases} \lambda dx \leqslant \mu_v \leqslant \Lambda dx & \text{在 } Z \text{ 内}, \\ v = 0 & \text{在 } \partial Z \text{ 上}, \end{cases}$$

这里 $0 < \lambda \leqslant \Lambda$. 那么存在正常数 $c_0 = c_0(d, \lambda, r)$, $C_0 = C_0(d, \Lambda, R)$ 和 $\hat{C} = \hat{C}(d, \Lambda, R)$, 使得

$$c_0 \leqslant \left|\min_Z v\right| \leqslant C_0 \quad \text{且} \quad |v(z)| \leqslant \hat{C} \operatorname{dist}(z, \partial Z)^{1/d}, \quad \forall z \in Z. \quad \blacklozenge$$

证明 因为 $\mu_v(Z) \leqslant \Lambda|Z| \leqslant \Lambda|B_R(\bar{x})|$ 且 $\operatorname{diam}(Z) \leqslant 2R$, 满足定理 13.2 的条件, 所以

$$|v(z)| \leqslant \hat{C} \operatorname{dist}(z, \partial Z)^{1/d}, \quad \forall z \in Z,$$

常数 $\hat{C}$ 只取决于维数 d、上界 Λ 和半径 R. 特别地, 我们有

$$\left|\min_Z v\right| \leqslant \max_Z |v| \leqslant \hat{C} \operatorname{diam}(Z)^{1/d} \leqslant \hat{C}(2R)^{1/d} =: C_0.$$

为了证明下界, 考虑函数

$$w(z) := \lambda^{1/d} \left(\frac{r^2 - |z - \bar{x}|^2}{2} \right)$$

就足够了, 因为

$$w\big|_{\partial B_r(\bar{x})} = 0 \geqslant v\big|_{\partial B_r(\bar{x})} \quad \text{且} \quad \mu_w = \det(D^2 w)\,dx = \lambda dx \leqslant \mu_v,$$

由定理 13.3 得

$$v \leqslant w \quad \text{在 } B_r(\bar{x}) \text{ 内};$$

因此,

$$\big|\min_Z v\big| \geqslant \big|\min_{B_r(\bar{x})} v\big| \geqslant \big|\min_{B_r(\bar{x})} w\big| = \frac{\lambda^{1/d} r^2}{2} =: c_0. \qquad \blacksquare$$

一个直接推论是凸函数的不同水平集是一致分离的.

推论 14.1 令 Z 是一个开凸集, 满足

$$B_r(\bar{x}) \subset Z \subset B_R(\bar{x}),$$

这里 $0 < r \leqslant R$ 和 $\bar{x} \in \mathbb{R}^d$, 并且令 $v : Z \to \mathbb{R}$ 是一个凸函数, 满足

$$\begin{cases} \lambda dx \leqslant \mu_v \leqslant \Lambda dx & \text{在 } Z \text{ 内}, \\ v = 0 & \text{在 } \partial Z \text{ 上}, \end{cases}$$

这里 $0 < \lambda \leqslant \Lambda$. 令 $\hat{x}_0$ 是 v 的最小点, 令 $h := \max_Z |v| = |v(\hat{x}_0)|$, 在 $t \in (0, 1]$ 中, 定义截面

$$Z_t := S(\hat{x}_0, 0, th).$$

那么对任意 $\tau \in (0, 1)$, 任意 $0 < t_1 \leqslant t_2 \leqslant 1$ 且 $t_2 - t_1 \geqslant \tau$, 存在常数 $\hat{c}_\tau > 0$, 只依赖于 $d, \lambda, \Lambda, r, R$ 和 τ, 使得

$$\operatorname{dist}(Z_{t_1}, \partial Z_{t_2}) \geqslant \hat{c}_\tau.$$

特别地, 选取 $\tau = 1/2$, $t_2 = 1$ 和 $t_1 \leqslant 1/2$, 我们得到

$$\operatorname{dist}(\hat{x}_0, \partial Z) \geqslant \hat{c},$$

其中 $\hat{c} > 0$ 取决于 d, λ, Λ, r 和 R. ♦

证明 固定 $0 < t_1 \leqslant t_2 \leqslant 1$ 且 $t_2 - t_1 \geqslant \tau$, 考虑函数 $\hat{v} := v + t_2 h$, 则

$$\begin{cases} \lambda dx \leqslant \mu_{\hat{v}} \leqslant \Lambda dx & \text{在 } Z_{t_2} \text{ 内}, \\ \hat{v} = 0 & \text{在 } \partial Z_{t_2} \text{ 上}, \end{cases}$$

由命题 14.2, 我们推断

$$|\hat{v}(z)| \leqslant \hat{C}\,\mathrm{dist}(z,\partial Z_{t_2})^{1/d}, \quad \forall z \in Z_{t_2}.$$

特别地, 因为对于 $z \in Z_{t_1}$, 有 $|\hat{v}(z)| \geqslant (t_2 - t_1)h \geqslant \tau h$, 我们得到

$$\tau h \leqslant |\hat{v}(z)| \leqslant \hat{C}\,\mathrm{dist}(z,\partial Z_{t_2})^{1/d}, \quad \forall z \in Z_{t_1},$$

这代表

$$\mathrm{dist}(Z_{t_1},\partial Z_{t_2}) \geqslant \left(\frac{\tau h}{\hat{C}}\right)^d.$$

回顾 $h \geqslant c_0$ (参阅命题 14.2), 这就证明了结果. ■

截面的大小 前面的讨论表明, 如果右侧远离 0 和 ∞, 那么 Monge-Ampère 方程的归一解具有通用上下界. 下面我们由此推导截面的大小. 第一个结果表明, 高度为 t 的截面的测度与 $t^{d/2}$ 相当.

引理 14.3 令 Ω 是一个开集, $u:\Omega \to \mathbb{R}$ 是一个凸函数, 对某些 $0<\lambda \leqslant \Lambda$ 满足

$$\lambda dx \leqslant \mu_u \leqslant \Lambda dx \quad \text{在 } \Omega \text{ 内}.$$

假设截面 $S(x,p,t) \subset\subset \Omega$. 那么存在常量 $0<c_1 \leqslant C_1$, 仅取决于 d,λ 和 Λ, 使得

$$c_1 t^{d/2} \leqslant |S(x,p,t)| \leqslant C_1 t^{d/2}.$$ ♦

证明 假设 L 是截面 $S := S(x,p,t)$ 的归一化仿射变换, 置 $S^* := L(S)$, 函数 v 如 (14.6) 中定义. 则根据命题 14.1 和命题 14.2, 我们有

$$c_0 \leqslant \big|\min_{S^*} v\big| \leqslant C_0,$$

等价地, 用 u 表示,

$$c_0 \leqslant (\det(L))^{d/2}\big|\min_{S}(u - l_{x,p,t})\big| \leqslant C_0.$$

由

$$\min_S(u - l_{x,p,t}) = -t,$$

我们得到

$$c_0 \leqslant (\det(L))^{d/2} t \leqslant C_0. \tag{14.9}$$

另一方面, 因为 $L(S)$ 是归一化的, 且 $|L(S)| = |\det(L)||S|$, 我们有

$$|B_1(\mathbf{0})| \leqslant |\det(L)||S| \leqslant |B_d(\mathbf{0})|. \tag{14.10}$$

结合 (14.9) 和 (14.10), 结论得证. ■

通过上面的体积估计和命题 14.2, 我们可以推出区域内高度大于 0 的截面中包含不平凡的球.

推论 14.2 假设 Ω 是一个有界的开集, $u : \Omega \to \mathbb{R}$ 是一个凸函数, 使得对某些 $0 < \lambda \leqslant \Lambda$,

$$\lambda dx \leqslant \mu_u \leqslant \Lambda dx \quad \text{在 } \Omega \text{ 内}.$$

令 $\bar{x} \in \Omega$, $\tau > 0$, 假设对某个 $t \geqslant \tau$, 截面 $S := S(\hat{x}, p, t) \subset\subset \Omega$. 令 L 是 S 的归一化仿射变换. 那么存在 K 和 $\rho > 0$, 仅取决于 $\tau, d, \lambda, \Lambda$ 和 $\operatorname{diam}(\Omega)$, 使得

$$\|L\| \leqslant K, \quad \|L^{-1}\| \leqslant K,$$

并且

$$B_\rho(\hat{x}) \subset S.$$ ♦

证明 由于 $S \subset \Omega \subset B_{\operatorname{diam}(\Omega)}(\hat{x})$ 和 $|S| \geqslant c_1 t^{d/2}$ (由引理 14.3), 我们可以应用引理 14.2 的 (2), 来得到 $r > 0$ 仅取决于 $\tau, d, \lambda, \Lambda$ 和 $\operatorname{diam}(\Omega)$, 使得对 $x \in S$ 有 $B_r(x) \subset S$. 因为

$$B_r(x) \subset S \subset B_{\operatorname{diam}(\Omega)}(x),$$

推断

$$L(B_r(x)) \subset B_d(\mathbf{0}) \quad \text{且} \quad L(B_{\operatorname{diam}(\Omega)}(x)) \supset B_1(\mathbf{0}),$$

等价地,

$$L(B_r(x)) \subset B_d(\mathbf{0}) \quad \text{且} \quad L^{-1}(B_1(x)) \subset B_{\operatorname{diam}(\Omega)}(\mathbf{0}),$$

满足

$$\|L\| \leqslant \frac{d}{r}, \quad \|L^{-1}\| \leqslant \operatorname{diam}(\Omega). \tag{14.11}$$

如 (14.6), 定义 $S^* := L(S)$ 和 v, 易得 $\hat{z} := L\hat{x}$ 是 v 的最小点; 因此, 由推

论 14.1 有

$$\operatorname{dist}(\hat{z}, \partial S^*) \geqslant \hat{c} > 0,$$

结合 (14.11) 中的

$$\operatorname{dist}(\hat{x}, \partial S) \geqslant \frac{1}{\|L\|} \operatorname{dist}(\hat{z}, \partial S^*) \geqslant \frac{\hat{c}r}{n} =: \rho,$$

我们得到想要的结果. ■

现在我们证明如果仿射变换将一个截面标准化, 那么所有其他具有相近高度的截面仍然包含相近半径的球.

引理 14.4 假设 Ω 是开集且 $u : \Omega \to \mathbb{R}$ 是凸函数, 使得对某些 $0 < \lambda \leqslant \Lambda$,

$$\lambda dx \leqslant \mu_u \leqslant \Lambda dx \quad \text{在 } \Omega \text{ 中}.$$

假设 $S_1 := S(\hat{x}, p, t_1)$ 和 $S_2 := (\hat{x}, p, t_2)$ 都是包含在 Ω 中的紧集, L 是 S_1 归一化的仿射变换, 并假设存在 $T > 1$,

$$\frac{t_1}{t_2} \in \left[\frac{1}{T}, T\right]. \tag{14.12}$$

存在半径 $\rho \in (0,1)$, 仅取决于 T, d, λ 和 Λ, 使得

$$B_\rho(L\hat{x}) \subset L(S_2) \subset B_{1/\rho}(L\hat{x}).$$ ♦

证明 置 $S_1^* := L(S_1)$, $S_2^* := L(S_2)$ 和 $\hat{x}^* := L\hat{x}$. 我们根据 t_2 是大于还是小于 t_1 来区分两种情况.

情况 1: $t_1 \leqslant t_2$. 因为 S_1^* 是归一化的, 且 $S_1^* \subset S_2^*$, 我们利用推论 14.1, 其中 $Z = S_1^*$, $r = 1$, $R = d$, $\bar{x} = 0$, 和 $\hat{x}_0 = \hat{x}^*$ 得到

$$\operatorname{dist}(\hat{x}^*, \partial S_2^*) \geqslant \operatorname{dist}(\hat{x}^*, \partial S_1^*) \geqslant \hat{c},$$

对于某些常数 $\hat{c} > 0$ 仅取决于 d, λ 和 Λ. 换句话说,

$$B_{\hat{c}}(\hat{x}^*) \subset S_2^*. \tag{14.13}$$

对于其他包含项, 我们应用引理 14.3 和 (14.12) 得到

$$\begin{aligned} |S_2^*| &= |\det(L)||S_2| \leqslant C_1|\det(L)|t_2^{d/2} \leqslant C_1 T^{d/2}|\det(L)|t_1^{d/2} \\ &\leqslant \frac{C_1 T^{d/2}}{c_1}|\det(L)||S_1| = \frac{C_1 T^{d/2}}{c_1}|S_1^*| \leqslant \frac{C_1 T^{d/2}}{c_1}|B_d(\mathbf{0})|. \end{aligned}$$

因此 $|S_2^*| \leqslant C_2$, f 对于某些常数仅取决于 T, d, λ 和 Λ. 该界限和包含项 (14.13) 使我们可以应用引理 14.2 的 (1) 来获得

$$S_2^* \subset B_{1/\rho}(\hat{x}^*),$$

对于一些小的 $\rho > 0$ 仅取决于 T, d, λ 和 Λ.

情况 2: $t_2 < t_1$. 在这种情况下, 我们应用推论 14.2, 其中 $\Omega = S_1^*$, $S = S_2^*$, $\bar{x} = \hat{x}^*$ 和 $\tau = 1/T$, 得到

$$B_\rho(\hat{x}^*) \subset S_2^*,$$

其中 ρ 仅取决于 T, n, λ 和 Λ. 另一方面, 由于 $\hat{x}^* \in S_1^* \subset B_n(\mathbf{0})$, 在不失一般性的前提下, 假设 $1/\rho \geqslant 2d$, 我们有

$$S_2^* \subset B_d(\mathbf{0}) \subset B_{1/\rho}(\hat{x}),$$

结论得证. ■

引理 14.4 和命题 14.2 给出了严格包含在圆之内截面的 Lipschitz 常数的一致界.

推论 14.3 设 Z 是一个有界开凸集, $v: Z \to \mathbb{R}$ 是一个凸函数, 满足

$$\begin{cases} \lambda dx \leqslant \mu_v \leqslant \Lambda dx & \text{在 } Z \text{ 内}, \\ v = 0 & \text{在 } \partial Z \text{ 上}, \end{cases}$$

这里 $0 < \lambda \leqslant \Lambda$. 令 $\hat{x}_0$ 是 v 的最小点, 置 $h := \max_Z |v| = |v(\hat{x}_0)|$, 考察截面

$$Z_{1/2} := S(\hat{x}_0, 0, h/2).$$

假设

$$B_r(\bar{x}) \subset Z_{1/2} \subset B_R(\bar{x}), \tag{14.14}$$

这里 $0 < r \leqslant R$ 并且 $\bar{x} \in \mathbb{R}^d$. 那么存在一个常数 C, 仅取决于 d, λ, Λ, r 和 R, 使得

$$|\nabla v| \leqslant C \quad \text{在 } Z_{1/2} \text{ 内}.$$

♦

证明 设 L 是 $Z_{1/2}$ 的归一化仿射映射. 则由 (14.14) 有

$$L(B_r(\bar{x})) \subset B_d(\mathbf{0}) \quad \text{且} \quad L^{-1}(B_1(\mathbf{0})) \subset B_R(\bar{x}),$$

所以,

$$\|L\| \leqslant \frac{d}{r} \quad \text{且} \quad \|L^{-1}\| \leqslant R. \tag{14.15}$$

应用引理 14.4, 其中 $S_1 = L(Z_{1/2})$, $S_2 = L(Z)$, $T = 2$, 我们得到存在 $\rho \in (0,1)$, 仅取决于 d, λ 和 Λ, 使得

$$B_\rho(L\hat{x}_0) \subset L(Z) \subset B_{1/\rho}(L\hat{x}_0).$$

因此由 (14.15), 可以得

$$B_{r\rho/d}(\hat{x}_0) \subset Z \subset B_{R/\rho}(\hat{x}_0).$$

这使我们可以应用命题 14.2 和推论 14.1 推断

$$c_0 \leqslant h \leqslant C_0 \quad \text{且} \quad \operatorname{dist}(Z_{1/2}, \partial Z) \geqslant \hat{c},$$

这里常数 c_0, C_0 和 $\hat{c} > 0$ 仅取决于 d, λ, Λ, r 和 R. 因此, 由推论 1.1 得出结论

$$\|\nabla v\|_{L^\infty(Z_{1/2})} \leqslant \frac{2C_0}{\hat{c}}.$$

得证. ■

14.3 解的严格凸性

Caffarelli 能够充分利用 Monge-Ampère 的仿射不变性, 将定理 13.6 扩展到更高的维度, 并证明 Monge-Ampère 的解或者是严格凸的, 或者在某个穿越定义域的线段上是仿射的. 这蕴含着零边值条件的 Monge-Ampère 方程解的严格凸性. 如果我们考虑归一化解, 则它们是一致严格凸的.

Hölder 空间

定义 14.4 (Hölder 连续) 当存在非负实常数 $C, \alpha > 0$ 时, 在 d 维

欧氏空间上的实值函数 f 满足 Hölder 条件, 或者称为 Hölder 连续, 满足

$$|f(x)-f(y)| \leqslant C|x-y|^{\alpha},$$

f 取定义域中所有的 x 和 y. 数值 α 称为 Hölder 指数. ♦

满足 $\alpha>1$ 条件的函数是常数; 如果 $\alpha=1$, 则该函数满足 Lipschitz 条件; 若 $\alpha>0$ 为任意正数, 则该函数是一致连续的.

定义 14.5 (Hölder 空间) 给定欧氏空间中的开子集 Ω, 整数 $k \geqslant 0$, $0<\alpha \leqslant 1$, Hölder 空间 $C^{k,\alpha}(\Omega)$ 由 Ω 上的函数组成, 这些函数具有直到 k 阶的连续导数, 且第 k 阶导数是 Hölder 连续的, Hölder 指数为 α. ♦

如果 Hölder 系数

$$|f|_{C^{0,\alpha}}=\sup_{x \neq y \in \Omega} \frac{|f(x)-f(y)|}{|x-y|^{\alpha}}$$

是有限的, 则函数 f 称为一致 Hölder 连续的, 并且在 Ω 中指数为 α. 如果 Hölder 指数只在 Ω 的紧子集中有限, 那么函数 f 称为局部 Hölder 连续的, 在 Ω 中的指数为 α.

如果函数 f 及其直到 k 阶导数在 Ω 的闭包内有界, 则可以在 Hölder 空间 $C^{k,\alpha}(\overline{\Omega})$ 中定义范数

$$\|f\|_{C^{k,\alpha}}=\|f\|_{C^{k}}+\max_{|\beta|=k}|D^{\beta} f|_{C^{0,\alpha}},$$

其中 β 取遍多个指标, 并且

$$\|f\|_{C^{k}}=\max_{|\beta| \leqslant k} \sup_{x \in \Omega}|D^{\beta} f(x)|.$$

如果 Ω 是有界开集, 那么 $C^{k,\alpha}(\overline{\Omega})$ 是关于范数 $\|\cdot\|_{C^{k,\alpha}}$ 的 Banach 空间.

零边值条件解的严格凸性 Caffarelli 证明了以下的定理, 将定理 13.6 扩展到了更高的维度.

定理 14.1 (Caffarelli) 假设 Ω 是开集且 $u: \Omega \rightarrow \mathbb{R}$ 是一个凸函数, 对某些 $0<\lambda \leqslant \Lambda$, 满足

$$\lambda d x \leqslant \mu_{u} \leqslant \Lambda d x \quad \text{在 } \Omega \text{ 中}.$$

令 $x \in \Omega$, $p \in \partial u(x)$, 考虑支撑平面 $l(z):=u(x)+\langle p, z-x\rangle$, 并定义凸集 $\Sigma:=\{u=l\}$. 那么以下两个性质之一成立:

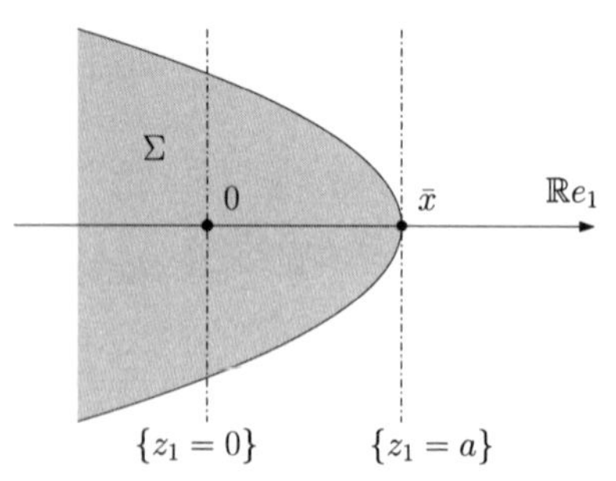

图 14.5 集合 $\Sigma=\{u=0\}$, 这里 Σ 也可以是低维的, 例如直线 $\mathbb{R}e_1$ 中的一个线段, $\bar{x}$ 是其终点之一.

(1) $\Sigma=\{x\}$, u 在 x 处严格凸;

(2) Σ 在 Ω 内部没有暴露点. ♦

证明 用反证法. 假定 Σ 不是一个点, 而是在 Ω 内部存在 Σ 的暴露点, 记为 $\bar{x}\in\Omega$. 通过减去一个仿射函数和经过一个坐标变换, 我们可以假设

$$l\equiv 0,\quad \mathbf{0}\in\Sigma,\quad \Sigma\cap\{z_1\geqslant 0\}\subset\Omega,\quad \Sigma\subset\{z_1\leqslant a\}\quad 且\quad \bar{x}=ae_1, \tag{14.16}$$

如图 14.5 所示, 这里常数 $a>0$.

给出一个小常数 $\varepsilon>0$, 令

$$l_\varepsilon(z):=\varepsilon z_1,\quad u_\varepsilon:=u-l_\varepsilon\quad 且\quad S_\varepsilon:=\{u<l_\varepsilon\},$$

我们注意到, 在 Hausdorff 距离下, 当 $\varepsilon\to 0$ 时,

$$S_\varepsilon\to\Sigma\cap\{z_1\geqslant 0\}, \tag{14.17}$$

并且

$$\begin{cases}\lambda dx\leqslant\mu_{u_\varepsilon}\leqslant\Lambda dx & 在\ S_\varepsilon\ 内,\\ u_\varepsilon=0 & 在\ \partial S_\varepsilon\ 上,\end{cases}$$

令 L_ε 是将 S_ε 归一化的仿射变换, 设 $S_\varepsilon^*:=L_\varepsilon(S_\varepsilon)$ 且 $x_\varepsilon^*:=L_\varepsilon(\bar{x})$, 令 v_ε 是关于 $(u_\varepsilon,L_\varepsilon)$ 的归一化解 (见命题 14.1).

基本思想是在 x_ε^* 处的 v_ε 值接近 S_ε^* 内部 v_ε 的最小值, 但同时 x_ε^* 接近 ∂S_ε^*, 这与命题 14.2 相矛盾 (见图 14.6).

第一步: $v_\varepsilon(x_\varepsilon^*)\simeq\min_{S_\varepsilon^*}v_\varepsilon$. 考虑 $v_\varepsilon(x_\varepsilon^*)$ 和 $\min_{S_\varepsilon^*}v_\varepsilon$ 之间的比值. 回

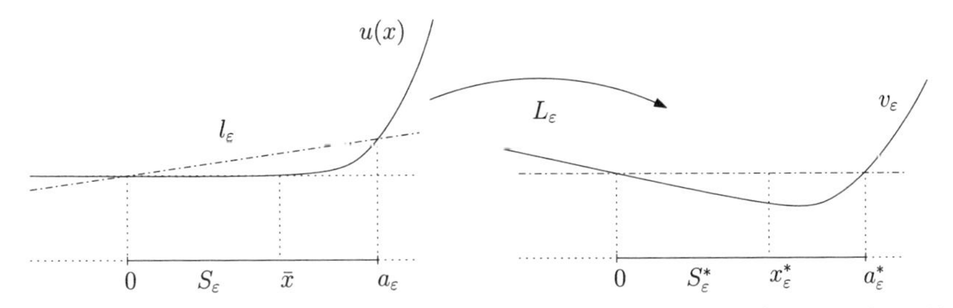

图 14.6 我们将仿射函数 l_ε 从函数 u 中减去, 然后归一化, 得到归一化的解 v_ε, 其极小点几乎在 x_ε^* 处. 但是, 当 $\varepsilon \to 0$ 时, x_ε^* 收敛到边界 ∂S_ε^* 上的某点, 当 $\varepsilon \ll 1$ 时, 这和 Alexandrov 估计相悖.

顾 v_ε 的定义 (14.6), $\bar{x} = ae_1$, 由于 $u(\bar{x}) = l(\bar{x}) = 0$, $u \geqslant 0$, $l \geqslant 0$, 我们有

$$\begin{aligned}\frac{v_\varepsilon(x_\varepsilon^*)}{\min_{S_\varepsilon^*} v_\varepsilon} &= \frac{(\det(L_\varepsilon))^{2/d} u_\varepsilon(\bar{x})}{(\det(L_\varepsilon))^{2/d} \min_{S_\varepsilon^*}(u_\varepsilon \circ L_\varepsilon^{-1})} = \frac{u(\bar{x}) - \varepsilon \bar{x}_1}{\min_{S_\varepsilon}(u - l_\varepsilon)} \\ &= \frac{-\varepsilon a}{\min_{S_\varepsilon}(u - \varepsilon x_1)} = \frac{\varepsilon a}{\min_{S_\varepsilon}(\varepsilon x_1 - u)} \\ &\geqslant \frac{\varepsilon a}{\max_{S_\varepsilon} \varepsilon x_1} = \frac{a}{\max_{S_\varepsilon} x_1},\end{aligned}$$

那么从 (14.16) 和 (14.17) 得出最后一项当 $\varepsilon \to 0$ 时收敛于

$$\frac{a}{\max_\Sigma x_1} = 1$$

(见图 14.5). 特别地, 对于 $\varepsilon \ll 1$,

$$\frac{v_\varepsilon(x_\varepsilon^*)}{\min_{S_\varepsilon^*} v_\varepsilon} \geqslant \frac{1}{2}.$$

第二步: $\operatorname{dist}(x_\varepsilon^*, \partial S_\varepsilon^*) \ll 1$. 考虑超平面

$$\Pi_0 := \{z_1 = 0\}, \quad \Pi_1 := \{z_1 = a\} \quad 和 \quad \Pi_2 := \{z_1 = a_\varepsilon\},$$

其中 $a_\varepsilon = a + o(1)$ 使得 Π_2 是 S_ε 的支撑超平面 (见图 14.7), 令 $\Pi_i^* := L_\varepsilon(\Pi_i)$, $i = 0, 1, 2$. 由于仿射变换保持平行超平面间距离的比率, 所以我

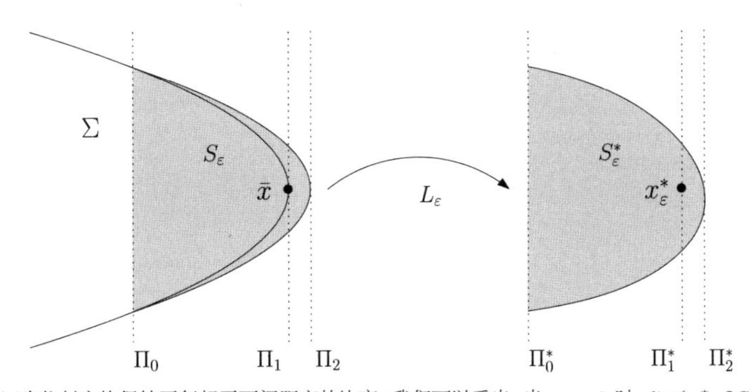

图 14.7 因为仿射变换保持平行超平面间距离的比率, 我们可以看出, 当 $\varepsilon \to 0$ 时, $\operatorname{dist}(x_\varepsilon^*, \partial S_\varepsilon^*) \to 0$.

们得到当 $\varepsilon \to 0$ 时,

$$\frac{\operatorname{dist}(\Pi_1^*,\Pi_2^*)}{\operatorname{dist}(\Pi_0^*,\Pi_2^*)}=\frac{\operatorname{dist}(\Pi_1,\Pi_2)}{\operatorname{dist}(\Pi_0,\Pi_2)}=\frac{a_\varepsilon-a}{a_\varepsilon}\to 0.$$

另一方面, 由于 Π_0^* 和 Π_2^* 是 $S_\varepsilon^* \supset B_1(0)$ 的支撑超平面, 并且 $x_\varepsilon^* \in \Pi_1^*$, 我们推断

$$\operatorname{dist}(x_\varepsilon^*,\partial S_\varepsilon^*) \leqslant \operatorname{dist}(\Pi_1^*,\Pi_2^*) \quad 且 \quad \operatorname{dist}(\Pi_0^*,\Pi_2^*) \geqslant 2.$$

结合这两个估计, 我们得出结论, 当 $\varepsilon \to 0$ 时,

$$\operatorname{dist}(x_\varepsilon^*,\partial S_\varepsilon^*) \to 0.$$

第三步: 结合第二步和命题 14.2, 我们有当 $\varepsilon \to 0$ 时,

$$|v_\varepsilon(x_\varepsilon^*)| \leqslant \hat{C}\operatorname{dist}(x_\varepsilon^*,\partial S_\varepsilon^*)^{1/d} \to 0,$$

而由第一步和命题 14.2 推出, 对 $\varepsilon \ll 1$,

$$|v_\varepsilon(x_\varepsilon^*)| \geqslant \frac{1}{2}\Big|\min_{S_\varepsilon^*} v_\varepsilon\Big| \geqslant \frac{c_0}{2},$$

矛盾. 结论得证. ■

现在, 我们可以证明一个重要推论.

推论 14.4 假设 $\Omega \subset \mathbb{R}^d$ 是有界凸集, $u:\Omega \to \mathbb{R}$ 是一个凸函数, 满足

$$\begin{cases} \lambda dx \leqslant \mu_u \leqslant \Lambda dx & 在\ \Omega\ 内, \\ u=\varphi & 在\ \partial\Omega\ 上, \end{cases}$$

这里 $0<\lambda \leqslant \Lambda$ 且 $\varphi \in C^{1,\alpha}(\partial\Omega)$, $\alpha > 1-2/d$, 那么 u 严格凸. ♦

证明 用反证法. 假定 u 不是严格凸的. 根据定理 14.1, 我们知道 u 在凸集 $\Sigma \subset \Omega$ 上是仿射变换, 而且在 Ω 内部 Σ 没有暴露点. 由于任何紧致的凸集都是其暴露点的凸包的闭合 (定理 1.2), 因此 $\bar{\Sigma}$ 的所有暴露点都必须包含在 $\partial\Omega$ 中. 此外, $\bar{\Sigma}$ 至少有两个暴露点必须位于 $\partial\Omega$, 否则 Σ 只是一个点.

设 $\hat{x},\hat{y} \in \bar{\Sigma} \cap \partial\Omega$ 是两个不同的点. 因为 Σ 是凸的, 推出 u 在连接 $\hat{x}$ 和 $\hat{y}$ 的线段 $\Sigma' := [\hat{x},\hat{y}]$ 上是仿射函数. 注意若 φ 是仿射, 则可以用与推论 13.3 相同的方法来证明. 现在可以解释如何在一般情况下进行推断.

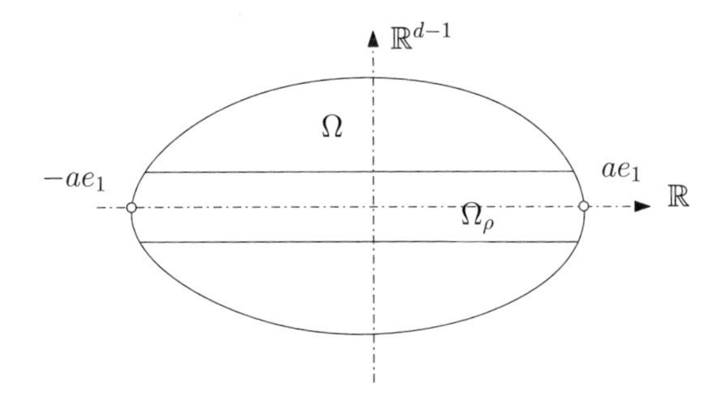

图 14.8 集合 Ω_ρ.

通过减去一个仿射函数, 我们可以假设

$$u \geqslant 0 \quad \text{在 } \Omega \text{ 内}, \quad u\big|_{\Sigma'} \equiv 0. \tag{14.18}$$

另外, 经过一个坐标变换, 我们可以假设存在 $a > 0$, $\hat{x} = ae_1$ 且 $\hat{y} = -ae_1$. 如图 14.8 所示, 我们选择一个很小的 $\rho > 0$ (稍后将确切定义) 并定义集合

$$\Omega_\rho := \{x = (x_1, x') \in \Omega \subset \mathbb{R} \times \mathbb{R}^{d-1} : |x'| < \rho\}.$$

由于 $\varphi \in C^{1,\alpha}(\partial\Omega)$ 与 $u|_{\partial\Omega}$ 重合, 由 (14.18) 得 $\varphi \geqslant 0$, φ 在 $\pm ae_1 \in \partial\Omega_\rho$ 处为 0; 因此

$$\varphi \leqslant \tilde{C}\rho^{1+\alpha} \quad \text{在 } \partial\Omega \cap \partial\Omega_\rho \text{ 上},$$

这里, $\tilde{C} := \|\varphi\|_{C^{1,\alpha}(\partial\Omega)}$. 由于 $u|_{\partial\Omega} = \varphi$, 上面的界限与 u 的凸性相结合得到

$$u \leqslant \tilde{C}\rho^{1+\alpha} \quad \text{在 } \partial\Omega_\rho \text{ 上}. \tag{14.19}$$

现在, 我们将选择一个正数 $h > 0$, 考察函数

$$v(x_1, x') := \lambda^{1/d}\left(h^{d-1}x_1^2 + \frac{1}{h}|x'|^2\right) - \rho^{1+\alpha}.$$

令 $\tilde{C} > 0$ 取自不等式 (14.19).

如果我们选择 $h := \hat{c}\rho^{1-\alpha}$ 和一个足够小的常数 $\hat{c} > 0$ ($\hat{c} > 0$ 与 ρ 独立), 由在 $\partial\Omega_\rho \setminus \partial\Omega$ 上 $|x'| = \rho$, 我们有

$$v \geqslant \frac{\lambda^{1/d}}{\hat{c}}\rho^{2-(1-\alpha)} - \rho^{1+\alpha} = \left(\frac{\lambda^{1/d}}{\hat{c}} - 1\right)\rho^{1+\alpha} \quad \text{在 } \partial\Omega_\rho \setminus \partial\Omega \text{ 上}.$$

进一步, 由于 $(d-1)(1-\alpha) < 1 + \alpha$ (因为 $\alpha > 1 - 2/d$), 且在 $\partial\Omega \cap \partial\Omega_\rho$

上 $|x_1| \geqslant a/2$, 只要 ρ 足够小, 我们可得到

$$\begin{aligned} v &\geqslant \lambda^{1/d}(\hat{c}\rho^{1-\alpha})^{d-1}\frac{a^2}{4} - \rho^{1+\alpha} \\ &= \frac{\lambda^{1/d}a^2}{4\hat{c}^{1-d}}\rho^{(d-1)(1-\alpha)} - \rho^{1+\alpha} \\ &\geqslant \tilde{C}\rho^{1+\alpha} \quad \text{在 } \partial\Omega_\rho \cap \partial\Omega \text{ 上}. \end{aligned}$$

由不等式 (14.19), 我们证明了对于足够小的 ρ,

$$v \geqslant u \quad \text{在 } \partial\Omega_\rho \text{ 上}.$$

我们注意到

$$\det(D^2 v)dx = \lambda dx \leqslant \mu_u \quad \text{在 } \Omega_\rho \text{ 上},$$

因此, 根据定理 13.3, 我们看到在 Ω_ρ 内 $v \geqslant u$. 但这是不可能的, 因为

$$v(\mathbf{0}) = -\rho^{1+\alpha} < 0 = u(\mathbf{0})$$

(注意到 $\mathbf{0} \in \Sigma'$), 这就证明了 u 必须是严格凸的. ■

归一化解的一致严格凸性 在不同的意义下, 归一化解具有一致严格凸性, 这些证明依赖于归一化解的紧性.

引理 14.5 假设 Z 为开凸集, 满足条件

$$B_r(\bar{x}) \subset Z \subset B_R(\bar{x}), \tag{14.20}$$

这里 $0 < r \leqslant R$ 且 $\bar{x} \in \mathbb{R}^d$. 令 $v: Z \to \mathbb{R}$ 是一个凸函数, 满足

$$\begin{cases} \lambda dx \leqslant \mu_v \leqslant \Lambda dx & \text{在 } Z \text{ 中}, \\ v = 0 & \text{在 } \partial Z \text{ 上}, \end{cases} \tag{14.21}$$

这里 $0 < \lambda \leqslant \Lambda$. 令 $\hat{x}_0$ 是 v 的最小点, 设 $h := \max_Z |v| = |v(\hat{x}_0)|$, 考虑截面

$$Z_{1/2} := S(\hat{x}_0, 0, h/2),$$

同时定义 $\tilde{v} := v + h$, 所以有

$$\tilde{v} \geqslant 0, \quad \tilde{v}(\hat{x}_0) = 0, \quad \tilde{v}\big|_{\partial Z} = h \quad \text{且} \quad \tilde{v}\big|_{\partial Z_{1/2}} = h/2.$$

那么存在 $\delta > 0$ 仅取决于 d, λ, Λ, r 和 R, 使得

$$\max_{\frac{1}{2}Z} \tilde{v} \leqslant (1-\delta)\frac{h}{2}.$$

♦

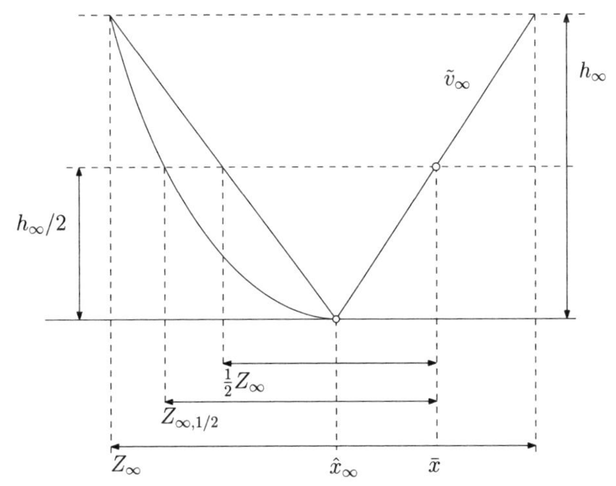

图 14.9 如果估计 $\max_{\frac{1}{2}Z}\tilde{v} \leqslant (1-\delta)h/2$ 为假, 那么由紧性, 我们可以构造一个解 $\tilde{v}_\infty$ 使得在某个点 $\bar{x} \in \partial Z_{\infty,1/2}$, $\tilde{v}_\infty(\bar{x}) = h_\infty/2$. 这意味着 $\tilde{v}_\infty$ 在线段 $[\hat{x}_\infty, \bar{x}]$ 上是仿射的, 这与它的严格凸性矛盾.

我们注意到 $Z = S(\hat{x}_0, 0, h)$, 所以 $\tilde{v}$ 的凸性意味着 $\frac{1}{2}Z \subset Z_{1/2}$ (如图 14.9 所示); 因此, $\max_{\frac{1}{2}Z}\tilde{v} \leqslant h/2$. $h/2$ 前面的因子 $1-\delta$ 量化了 v 的严格凸性.

证明 用反证法. 假定结论不成立, 则我们可以找到方程 (14.21) 的解序列 $v_k : Z_k \to \mathbb{R}$, 这里凸域 Z_k 满足条件 (14.20), 并且凸函数 v_k 满足

$$\left(1-\frac{1}{k}\right)\frac{h_k}{2} \leqslant \max_{\frac{1}{2}Z_k}\tilde{v}_k \leqslant \frac{h_k}{2}. \tag{14.22}$$

经过一个平移变换, 我们可以假设

$$B_r(\mathbf{0}) \subset Z_k \subset B_R(\mathbf{0}), \quad \forall k \in \mathbb{N}. \tag{14.23}$$

这样, 集族 $\{\overline{Z}_k\}_{k\in\mathbb{N}}$ 相对于集合的 Hausdorff 收敛性是紧的. 同样, 测度族 $\{\mu_{v_k}\}_{k\in\mathbb{N}}$ 关于弱 * 拓扑也是紧的. 因此, 我们可以应用推论 13.2 推出: 存在一致收敛的子序列 $v_k \to v_\infty$, 且 v_∞ 在凸域 Z_∞ 上是方程 (14.22) 的解, Z_∞ 满足条件 (14.23).

另一方面, 在不等式 (14.22) 中令 $k \to \infty$, 我们推断出存在一个点

$$\bar{x} \in \partial Z_{\infty,1/2} \quad \text{使得} \quad \tilde{v}_\infty(\bar{x}) = \frac{h_\infty}{2}.$$

由 $\tilde{v}_\infty$ 的凸性, 这意味着 $\tilde{v}_\infty$ 在连接其最小点和 $\bar{x}$ 的线段上是仿射的 (见图 14.9), 这与推论 14.4 相矛盾 (应用 $\varphi \equiv 0$). ■

类似的推理表明，如果高度足够小，以内部点为中心的截面将无法接触边界.

引理 14.6 假设 Z 是一个开凸集，满足条件 (14.20)，且凸函数 $v : Z \to \mathbb{R}$ 是方程 (14.21) 的解，这里 $0 < \lambda \leqslant \Lambda$. 固定 $\rho > 0$，假设 $\hat{x}_0$ 是 v 的最小值点，设 $h := \max_Z |v| = |v(\hat{x}_0)|$，并考虑截面

$$Z_\rho := S(\hat{x}_0, 0, (1-\rho)h).$$

那么存在 $\tau > 0$，仅依赖于 $d, \lambda, \Lambda, r, R$ 和 ρ，使得

$$S(x, p, t) \subset\subset Z, \quad \forall x \in Z_\rho, \quad p \in \partial v(x), \quad t \leqslant \tau. \qquad \blacklozenge$$

证明 用反证法. 假设结论不成立，我们得到方程 (14.21) 的解序列 $v_k : Z_k \to \mathbb{R}$，这里 Z_k 满足条件 (14.20)，使得

$$S(x_k, p_k, t_k) \cap \partial Z_k \neq \emptyset \quad \text{存在某个 } x_k \in Z_{k,\rho}, \quad p_k \in \partial v_k(x_k), \quad t_k > 0,$$

满足当 $k \to \infty$ 时，$t_k \to 0$. 经过一个平移变换，取一个子序列求极限，方程 (14.21) 的一个解 v_∞ 定义在凸域 Z_∞ 上，Z_∞ 满足 (14.20)，极限点 $x_\infty \in Z_{\infty,\rho}$，斜率 $p_\infty \in \partial v_\infty(x_\infty)$，使得

$$S(x_\infty, p_\infty, t) \cap \partial Z_\infty \neq \emptyset, \quad \forall t > 0.$$

这与推论 14.4 提供的 v_∞ 的严格凸性相矛盾，得出结论. ■

可以证明高度足够小的截面无法同时接近最小点 $\hat{x}_0 \in Z$ 和 $Z_{1/2}$.

引理 14.7 令 $\Omega \subset \mathbb{R}^d$ 是开集，开凸集 $Z \subset \Omega$ 满足条件 (14.20)，令凸函数 $v : \Omega \to \mathbb{R}$ 是方程 (14.21) 的解，这里 $0 < \lambda \leqslant \Lambda$. 令 v 在 Ω 中的最小值点 $\hat{x}_0 \in Z$，且 $h := \max_Z |v| = |v(\hat{x}_0)|$，考察截面

$$Z_{1/2} := S(\hat{x}_0, 0, h/2).$$

那么存在小的正数 θ，依赖于 d, λ, Λ, r 和 R，使得

$$x \in \Omega, \quad p \in \partial u(x) \quad \text{且} \quad S(x, p, \theta) \cap S(\hat{x}_0, 0, \theta) \neq \emptyset \implies x \in Z_{1/2}. \qquad \blacklozenge$$

证明 用反证法. 假设结论不成立，我们可找到凸函数序列 $v_k : \Omega_k \to \mathbb{R}$，在 $Z_k \subset \Omega_k$ 中解方程 (14.21)，这里 Z_k 满足条件 (14.20)，使得

$$S(x_k, p_k, \theta_k) \cap S(\hat{x}_k, 0, \theta_k) \neq \emptyset \quad \text{对某些 } x_k \in Z_k \setminus Z_{k,1/2}, \quad p_k \in \partial v_k(x_k),$$

这里序列 $\theta_k \to 0$, $\hat{x}_k$ 是 v_k 在 Z_k 中的最小值点. 特别地, 如果我们设 $l_{x_k,p_k}(z) := v_k(x_k) - \langle p_k, z - x_k\rangle$, 因为

$$0 \leqslant v_k - l_{x_k,p_k} \leqslant \theta_k \quad \text{在 } S(x_k, p_k, \theta_k) \text{ 中},$$

我们推出, 如果 k 足够大, 则存在线段 $\Sigma_k \subset S(x_k, p_k, \theta_k) \cap Z_k$, 使得

$$0 \leqslant (v_k - l_{x_k,p_k})\Big|_{\Sigma_k} \leqslant \theta_k, \quad \Sigma_k \cap \partial Z_{k,1/2} \neq \emptyset \quad \text{且} \quad \Sigma_k \cap S(\hat{x}_k, 0, \theta_k) \neq \emptyset.$$

因此, 令 $k \to \infty$, 我们得到极限函数 v_∞, 在凸集 Z_∞ 内解方程 (14.21), 这里 Z_∞ 满足条件 (14.20), 并且得到线段 $\Sigma_\infty \subset Z_\infty$ 使得 v_∞ 在 Σ_∞ 上是仿射的,

$$\Sigma_\infty \cap \partial Z_{\infty,1/2} \neq \emptyset, \quad \Sigma_\infty \cap S(\hat{x}_\infty, 0, t) \neq \emptyset, \quad \forall t > 0.$$

由 v_∞ 的严格凸性, 我们有

$$\bigcap_{t>0} S(\hat{x}_\infty, 0, t) = \{\hat{x}_\infty\},$$

得到 v_∞ 在连接 $\partial Z_{\infty,1/2}$ 和 $\hat{x}_\infty$ 的某个线段上是仿射的, 这是不可能的. 由此完成证明. ■

与引理 14.7 的证明相类似, 我们得到下面的引理.

引理 14.8 令 $\Omega \subset \mathbb{R}^d$ 是开集, 开凸集 $Z \subset \Omega$ 满足条件 (14.20), 令凸函数 $v : \Omega \to \mathbb{R}$ 是方程 (14.21) 的解, 这里 $0 < \lambda \leqslant \Lambda$. 令 v 在 Ω 中的最小值点 $\hat{x}_0 \in Z$, 并且 $h := \max_Z |v| = |v(\hat{x}_0)|$, 考察截面

$$Z_{1/2} := S(\hat{x}_0, 0, h/2).$$

那么对一切 $\rho > 0$, 存在 $\sigma > 0$, 依赖于 $d, \lambda, \Lambda, r, R$ 和 ρ, 使得

$$u(y) \geqslant u(x) + \langle p, y - x\rangle + \sigma, \quad \forall x \in Z_{1/2}, \quad p \in \partial u(x), \quad y \in \Omega \setminus B_\rho(x). \ \blacklozenge$$

以上, 我们得到归一化解截面的一致估计. 下面我们证明给定归一化解 u, 函数和某点 x 处的切平面之差至少是 $|x - y|^M$, 这里 $M > 0$ 是一个足够大的正常数.

定理 14.2 令 $Z \subset \mathbb{R}^d$ 是归一化的开集, 令凸函数 $u : \Omega \to \mathbb{R}$ 是方程 (14.21) 的解, 这里 $0 < \lambda \leqslant \Lambda$. 令 u 在 Ω 中的最小值点 $\hat{x}_0 \in Z$, 并且

$h := \max_Z |v| = |v(\hat{x}_0)|$, 考察截面

$$Z_{1/2} := S(\hat{x}_0, 0, h/2).$$

那么存在常数 $c > 0$ 和 $M > 1$, 依赖于 d, λ 和 Λ, 使得

$$u(y) \geqslant u(x) + \langle p, y - x\rangle + c|x - y|^M, \quad \forall x, y \in Z_{1/2},\ p \in \partial u(x). \quad \blacklozenge$$

证明 固定一点 $x \in Z_{1/2}$ 和 $p \in \partial u(x)$, 由引理 14.6 且令 $\rho = 1/2$, 我们得到 $\tau > 0$. 通过从 u 中减去一个仿射函数, 我们可以假设

$$u(x) = 0 \quad 且 \quad p = 0. \tag{14.24}$$

第一步: 欲证存在 $\gamma < 1$, 使得对一切 $x + y \in S(x, 0, \tau)$, 都有 $u(x + \gamma y) \geqslant u(x + y)/2$. 固定 $t \leqslant \tau$, 令 L 是 $S := S(x, 0, t)$ 的归一化仿射变换, 设 $S^* := L(S)$, v 如等式 (14.6) 中所定义. 令 $z^* := Lx \in S^*$ 是 v 的最小值点, $h^* := |v(z^*)|$, 定义

$$S^*_{1/2} := S(z^*, 0, h^*/2).$$

由推论 14.1, 存在普适常数 $\hat{c} > 0$, 满足

$$\mathrm{dist}(S^*_{1/2}, \partial S^*) \geqslant \hat{c},$$

因此, 选择一个普适常数 $\gamma \in (0, 1)$, 和 1 足够接近, 以保证

$$(1 - \gamma)z^* + \gamma z \in S^* \setminus S^*_{1/2}, \quad z \in \partial S^*$$

(参见图 14.10), 亦即

$$v((1 - \gamma)z^* + \gamma z) \geqslant -\frac{h^*}{2}, \quad z \in \partial S^*.$$

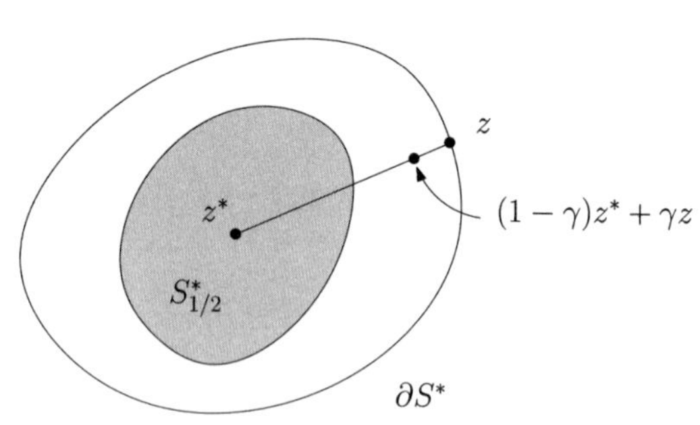

图 14.10 因为 $\mathrm{dist}(S^*_{1/2}, \partial S^*) \geqslant \hat{c} > 0$, 我们能够选择 $\gamma \in (0, 1)$, 充分接近 1, 从而 $\forall z \in \partial S^*$, 都有 $\mathrm{dist}((1 - \gamma)z^* + \gamma z, \partial S^*) \leqslant \hat{c}$.

注意 $v\Big|_{\partial S^*}=0$, 并且 $u(x)=0$ (参见等式 14.24), 上式翻译回函数 u 得到

$$u(x+\gamma y)\geqslant\frac{u(x+y)}{2},\quad \forall x+y\in\partial S(x,0,t).$$

因为 t 是小于 τ 的任意常数, 我们得到

$$u(x+\gamma y)\geqslant\frac{u(x+y)}{2},\quad \forall x+y\in S(x,0,\tau),$$

证明了欲证结果.

第二步: 迭代证明. 将第一步的估计迭代应用于点序列 $\{\gamma^k y\}_{k\geqslant 0}$, 我们得到

$$u(x+\gamma^k y)\geqslant\frac{u(x+\gamma^{k-1}y)}{2}\geqslant 2^{-k}u(x+y),\quad x+y\in S(x,0,\tau),\quad k\geqslant 0.$$

由推论 14.2, 存在普适半径 $\varrho>0$ 使得 $B_\varrho(x)\subset S(x,0,\tau)$; 因此,

$$u(x+\gamma^k y)\geqslant 2^{-k}u(x+y),\quad \forall y\in B_\varrho(\mathbf{0}),\quad k\geqslant 0,$$

选择 $M>1$ 使得 $\gamma^M=1/2$, 我们得到

$$u(x+\gamma^k y)\geqslant \gamma^{kM}u(x+y),\quad \forall y\in B_\rho(\mathbf{0}),\quad k\geqslant 0.$$

更进一步, 应用引理 14.8, 令 $\rho=\gamma\varrho$, 得到在球 $B_{\gamma\varrho}(x)$ 外, $u\geqslant\sigma$. 因此,

$$u(x+\gamma^k y)\geqslant\gamma^{kM}\sigma,\quad \forall y\in B_\varrho(\mathbf{0})\setminus B_{\gamma\varrho}(\mathbf{0}),\quad k\geqslant 0.\tag{14.25}$$

第三步: 结论. 给定任意一个点 $y'\in B_\varrho(\mathbf{0})$, 我们可以选择 $k=k(y')\geqslant 0$ 使得

$$\gamma^{k+1}\varrho<|y'|\leqslant\gamma^k\rho.$$

然后将 $y:=y'\gamma^{-k}\in B_\varrho(\mathbf{0})\setminus B_{\gamma\varrho}(\mathbf{0})$ 代入不等式 (14.25), 从而得到 (注意 $\gamma^k\geqslant|y'|/\rho$)

$$u(x+y')\geqslant\gamma^{kM}\sigma\geqslant\frac{\sigma}{\varrho^M}|y'|^M,\quad \forall y'\in B_\varrho(\mathbf{0}),$$

这样, 我们就证明了当 $x+y'\in B_\varrho(x)$ 时欲证的界.

另一方面, 当 $x+y'\notin B_\varrho(x)$ 时, 我们观察到在 $Z_{1/2}\setminus B_\varrho(x)$ 中 $u\geqslant\sigma$, 并且 $y'\in B_{2d}(\mathbf{0})$ (因为 $x,x+y'\in Z_{1/2}\subset B_d(\mathbf{0})$), 由此我们得到

$$u(x+y')\geqslant\frac{\sigma}{(2d)^M}\left|y'\right|^M,\quad \forall x+y'\in Z_{1/2}\setminus B_\varrho(x),$$

这就完成了整个证明. ■

14.4 解的 $C^{1,\alpha}$ 估计

$C^{1,\alpha}$ 正则性的判据 如果凸函数以 $C^{1,\alpha}$ 的方式分隔其支撑平面, 则它的确属于 $C^{1,\alpha}$ 类.

引理 14.9 假设 Z 是一个开凸集, 满足

$$B_r(\bar{x}) \subset Z \subset B_R(\bar{x}), \tag{14.26}$$

这里 $0 < r \leqslant R$ 和 $\bar{x} \in \mathbb{R}^n$. 设 $u: Z \to \mathbb{R}$ 是一个凸函数, 并假设存在常量 $K, C, \bar{\varrho} > 0$ 和 $\alpha \in (0,1]$ 使得成立: 在 Z 中, u 是 K-Lipschitz 的, 对于所有 $x \in Z$ 存在一个 $p_x \in \partial u(x)$, 满足

$$u(z) - u(x) - \langle p_x, z - x\rangle \leqslant C\|z - x\|^{1+\alpha}, \quad \forall z \in Z \cap B(x, \bar{\varrho}), \tag{14.27}$$

那么 $u \in C^{1,\alpha}(Z)$, 其中

$$\|\nabla u\|_{C^{0,\alpha}(Z)} \leqslant \bar{C} = \bar{C}(r, R, K, C, \bar{\varrho}).$$ ◆

证明 我们首先证明, 在任意点处 ∂u 都是单点集. 为此, 给定 $x \in Z$ 和 $p \in \partial u(x)$, 我们应用次微分的定义和 (14.27), 其中 $z = x + \varepsilon v$, 这里 $|v| = 1$, $\varepsilon < \varrho$, 我们得到

$$u(x) + \varepsilon\langle p, v\rangle \leqslant u(x + \varepsilon v) \leqslant u(x) + \varepsilon\langle p_x, v\rangle + C\varepsilon^{1+\alpha},$$

那么,

$$\langle p - p_x, v\rangle \leqslant C\varepsilon^{\alpha}, \quad \forall |v| = 1.$$

令 $\varepsilon \to 0$ 且因为 v 是任意的, 我们得到 $p = p_x$, 这就证明了 $\partial u(x)$ 是单点集. 再由引理 1.2 和 1.4 得到 $u \in C^1(Z)$, 因此 (14.27) 可以被改写为

$$u(z) - u(x) - \langle \nabla u(x), z - x\rangle \leqslant C\|z - x\|^{1+\alpha}, \quad x \in Z,\ z \in Z \cap B(x, \bar{\varrho}). \tag{14.28}$$

因此, 我们必须证明存在一个常数 $M = M(r, R, K, C, \bar{\varrho}) > 0$, 使得

$$|\nabla u(x) - \nabla u(x')| \leqslant M|x - x'|^{\alpha}, \quad \forall x, x' \in Z. \tag{14.29}$$

由于 Z 是凸集且满足 (14.26), 因此 ∂Z 一致 Lipschitz; 更确切地, 存在

$\varrho_0 \in (0, \bar{\varrho}/2)$ 和 $\eta > 0$, 仅依赖于 r 和 R, 使得对于任意 $x \in Z$ 和任意向量 $e \in \mathbb{R}^d$, 对任意 $\varrho \leqslant \varrho_0$, 都存在一个点 $z \in B(x, \varrho_0) \cap Z$ (见图 14.11), 满足

$$|\langle e, z - x\rangle| \geqslant \eta |z - x||e| \quad 且 \quad |z - x| = \varrho. \tag{14.30}$$

现在可以证明 (14.29). 不失一般性, 通过减去一个线性函数, 可以假定 $\nabla u(x) = 0$. 如果 $|x - x'| \geqslant \varrho_0$, 可以利用 $\|\nabla u\|_{L^\infty(Z)} \leqslant K$ (u 是 K-Lipschitz) 推出

$$|\nabla u(x')| \leqslant \frac{2K}{\varrho_0^\alpha} |x - x'|^\alpha,$$

这证明了 (14.29), 其中 $M := 2K/\varrho_0^\alpha$. 因此, 可以假定 $|x - x'| < \varrho_0$.

固定 $x' \in B(x, \varrho_0) \cap Z$, 应用 (14.30) 找到点 $z \in B(x', \varrho_0) \cap Z$, 使得

$$|\langle \nabla u(x'), z - x'\rangle| \geqslant \eta |z - x'||\nabla u(x')| \quad 且 \quad |z - x'| = |x' - x|.$$

那么, 由于 $\nabla u(x) = 0$, 将 (14.28) 应用于 x 和 x', 得到

$$\begin{aligned}
\eta |z - x'||\nabla u(x')| &\leqslant |\langle \nabla u(x'), z - x'\rangle| \\
&\leqslant |u(z) - u(x') - \langle \nabla u(x'), z - x'\rangle| \\
&\quad + |u(z) - u(x)| + |u(x') - u(x)| \\
&\leqslant C\left(|z - x'|^{1+\alpha} + |z - x|^{1+\alpha} + |x' - x|^{1+\alpha}\right) \\
&\leqslant C\left(|z - x'|^{1+\alpha} + (|z - x'| + |x' - x|)^{1+\alpha} + |x' - x|^{1+\alpha}\right).
\end{aligned}$$

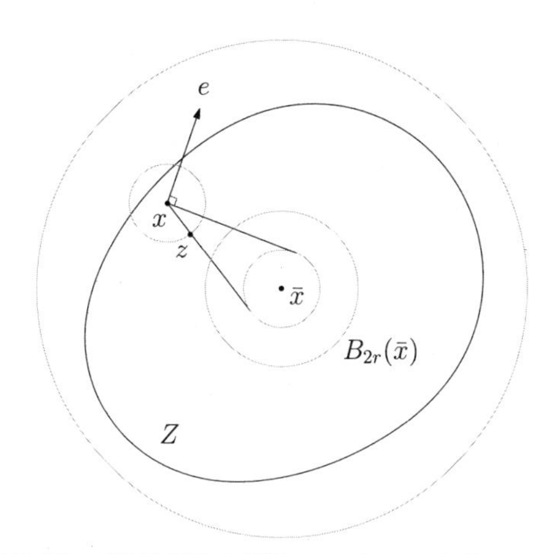

图 14.11 设 $x \in Z$, 并在不失一般性的前提下, 假设 $B_{3r}(\bar{x}) \subset Z$. 如果 $x \in B_{2r}(\bar{x})$, 那么有 (14.30) 和 $\varrho \leqslant r$, $z := x + \varrho e/|e| \in B_{3r}(\bar{x}) \subset Z$. 如果 $x \notin B_{2r}(\bar{x})$, 那么我们考虑由 x 和 $B_r(\bar{x})$ 生成的圆锥 $\mathcal{C}_x$, 并给定任何向量 $e \in \mathbb{R}^n$ 和 $\varrho \leqslant r$, 可以选择 $z \in \partial B_\varrho(x) \cap \mathcal{C}_x$ 使得 (14.30) 拥有 $\eta > 0$ 小度量, 其小的程度仅取决于圆锥 $\mathcal{C}_x$ 的开口大小, 而后者又仅取决于 r 和 R.

回顾 $|z-x'|=|x'-x|$, 这就证明了 (14.29), 其中 $M:=(2+2^{1+\alpha})C/\eta$. ■

内部 $C^{1,\alpha}$ 估计 Caffarelli 证明了当 Monge-Ampère 方程的右式远离 0 和无穷大时, Monge-Ampère 方程严格凸解的内部 $C^{1,\alpha}$ 正则性. 实际上, 我们只需对于归一化解来证明这个结论.

定理 14.3 假设 $Z\subset\mathbb{R}^d$ 是一个归一化的凸集, 令 $u:Z\to\mathbb{R}$ 是一个凸函数, 满足

$$\begin{cases}\lambda dx\leqslant\mu_u\leqslant\Lambda dx & \text{在 } Z \text{ 内},\\ u=0 & \text{在 } \partial Z \text{ 上}\end{cases}$$

对于某些 $0<\lambda\leqslant\Lambda$ 成立. 假设 $\hat{x}_0$ 是 u 的最小值点, 设 $h:=\max_Z|u|=|u(\hat{x}_0)|$, 考虑截面

$$Z_{1/2}:=S(\hat{x}_0,0,h/2).$$

那么存在 C, $\alpha>0$, 仅依赖于 d,λ 和 Λ, 使得

$$\|u\|_{C^{1,\alpha}(Z_{1/2})}\leqslant C.$$

♦

证明 固定 $x\in Z_{1/2}$ 和 $p\in\partial u(x)$, 令 $\rho=1/2$, 应用引理 14.6 得到 $\tau>0$.

通过从 u 中减去一个仿射函数, 我们可以假定

$$u(x)=0 \quad 且 \quad p=0. \tag{14.31}$$

固定 $t\leqslant\tau$, 令 L 是 $S:=S(x,0,t)$ 的归一化仿射变换, 设 $S^*:=L(S)$, v 如等式 (14.6) 中定义. 同样, 让 $z^*:=Lx\in S^*$ 表示 v 的最小点, 设 $h:=|v(z^*)|$, 定义 $\tilde{v}:=v+h$. 由引理 14.5, 有

$$\tilde{v}(z/2)\leqslant(1-\delta)\frac{h}{2},\quad\forall z\in S^*.$$

因为 $\tilde{v}|_{\partial S^*}=h$, 根据以上等式有

$$\tilde{v}(z/2)\leqslant\frac{1-\delta}{2}v(z),\quad\forall z\in\partial S^*.$$

回顾 (14.31), 就 u 而言, 我们得到

$$u(x+y/2)\leqslant\frac{1-\delta}{2}u(x+y),\quad\forall x+y\in\partial S(x,0,t).$$

注意到 t 是任意小于 τ 的常数, 我们证明了

$$u(x+y/2) \leqslant \frac{1-\delta}{2} u(x+y), \quad \forall x+y \in S(x,0,t).$$

由推论 14.2, 存在某个通用半径 $\varrho > 0$, 使得 $S(x,0,\tau) \supset B_\varrho(x)$. 将上述估计迭代地应用于序列 $\{2^{-k}y\}_{k \geqslant 0}$ 上, 我们得出

$$u(x+2^{-k}y) \leqslant \left(\frac{1-\delta}{2}\right)^k u(x+y), \quad \forall y \in B_\varrho(\mathbf{0}), \quad k \geqslant 0.$$

同时由于在 $B_\varrho(x)$ 中 $u \leqslant \tau$, 如果选取 $\alpha > 0$ 使得 $2^{-\alpha} = 1-\delta$, 我们得到

$$u(x+2^{-k}y) \leqslant 2^{-k(1+\alpha)}\tau, \quad \forall y \in B_\varrho(\mathbf{0}), \quad k \geqslant 0. \tag{14.32}$$

现在选取 $y' \in B_\varrho(\mathbf{0})$, 考虑 $k = k(y') \geqslant 0$, 使得

$$2^{-(k+1)}\varrho < |y'| \leqslant 2^{-k}\varrho,$$

应用 (14.32), 其中 $y := 2^k y' \in B_\varrho(\mathbf{0})$, 我们得到

$$u(x+y') \leqslant 2^{-k(1+\alpha)}\tau = \frac{2^{1+\alpha}\tau}{\varrho^{1+\alpha}}\left(2^{-(k+1)}\varrho\right)^{1+\alpha} \leqslant \frac{2^{1+\alpha}\tau}{\varrho^{1+\alpha}}|y'|^{1+\alpha},$$

等价地, 由等式 (14.31) 得到,

$$u(y) - u(x) - \langle p, y-x \rangle \leqslant \frac{2^{1+\alpha}\tau}{\varrho^{1+\alpha}}|y-x|^{1+\alpha}, \quad \forall y \in B_\varrho(x).$$

对任意 x 和 $p \in \partial u(x)$, 这证明了

$$u(y)-u(x)-\langle p, y-x\rangle \leqslant \hat{C}|y-x|^{1+\alpha}, \quad y \in B_\varrho(x) \cap Z_{1/2},\ x \in Z_{1/2},\ p \in \partial u(x),$$

其中 $\hat{C} := 2^{1+\alpha}\tau/\varrho^{1+\alpha}$. 同时, 令 $S_1 = Z$, $S_2 = Z_{1/2}$ 和 $T = 2$, 应用引理 14.4, 我们推断

$$B_{1/R}(\bar{x}) \subset Z_{1/2} \subset B_R(\bar{x}),$$

这里 $R = R(d, \lambda, \Lambda)$. 因此, 由推论 14.3 得到 $u|_{Z_{1/2}}$ 是一致 Lipschitz 的. 这使我们可以应用引理 14.9 并得出 $u|_{Z_{1/2}}$ 为一致 $C^{1,\alpha}$ 的结论. ■

推论 14.5 令 $\Omega \subset \mathbb{R}^d$ 是开集, 且 $u : \Omega \to \mathbb{R}$ 是严格凸函数, 满足

$$\lambda dx \leqslant \mu_u \leqslant \Lambda dx \quad \text{在 } \Omega \text{ 内}, \quad \text{对于某些 } 0 < \lambda \leqslant \Lambda.$$

那么存在某个正数 $\alpha > 0$, 依赖于 d, λ 和 Λ, 使得 $u \in C^{1,\alpha}_{\text{loc}}(\Omega)$. ♦

证明 给定点 $x \in \Omega$ 和 $p \in \partial u(x)$, 由 u 的严格凸性, 我们可以找到足够小的 $t > 0$, 使得 $S := S(x,p,t) \subset\subset \Omega$. 令 L 是 S 的归一化仿射映射,

设 $S^* := L(S)$, 且 v 由等式 (14.6) 定义. 应用定理 14.3 于 v, 我们得到 $v \in C^{1,\alpha}(S^*_{1/2})$, 翻译回到 u 蕴含在 $S(x,p,t/2)$ 内, $u \in C^{1,\alpha}$. 由 x 的任意性, 我们证明了结论. ■

14.5 最优传输映射正则性

令 Ω 和 Ω^* 是 $\mathbb{R}^n$ 中的有界区域, (u,v) 是 Kantorovich 势能函数, 由 c-变换

$$v(y) = \inf_x c(x,y) - u(x),$$

我们得到最优传输映射 $T : \Omega \to \Omega^*$ 的必要条件,

$$Du(x) = D_x c(x, T(x)),$$

对公式两边求导, 得到

$$D^2 u(x) = D_x^2 c(x, T(x)) + D_{xy}^2 c(x, T(x)) DT,$$

从而得到 Monge-Ampère 类型的方程,

$$\det[D^2 u(x) - D_x^2 c(x, T(x))] = \det\left[D_{xy}^2 c(x, T(x)) \frac{f(x)}{g \circ T(x)}\right],$$

有边界条件 $T(\Omega) = \Omega^*$. 令 f 和 g 是定义在 Ω 和 Ω^* 上的密度函数, 满足

(1) $0 \leqslant f \in L^1(\Omega)$, $0 \leqslant g \in L^1(\Omega^*)$,

$$\int_\Omega f = \int_{\Omega^*} g.$$

(2) 存在常数 $f_0, f_1, g_0, g_1 > 0$, 使得

$$f_0 \leqslant f \leqslant f_1, \quad g_0 \leqslant g \leqslant g_1.$$

Caffarelli 考察了最优传输映射的正则性问题. 如果代价函数为 $c(x,y) = |x-y|^2$, 等价地, $c(x,y) = \langle x, y\rangle$, 我们得到标准的 Monge-Ampère 方程,

$$\det(D^2 u) = \frac{f(x)}{g \circ Du(x)},$$

有边界条件 $Du(\Omega) = \Omega^*$. Caffarelli 证明了

(1) 如果 $f, g > 0$, $f, g \in C^\alpha$, 且 Ω^* 是凸的, 那么 $u \in C^{2,\alpha}(\Omega)$;

(2) 如果 $f,g>0$, $f,g\in C^0$, 且 Ω^* 是凸的, 那么 $u\in W^{2,p}_{\mathrm{loc}}(\Omega)$, $\forall p>1$ (对于足够大的 p, 需要连续性);

(3) 如果 $f,g>0$, $f,g\in C^\alpha$, Ω 和 Ω^* 一致凸且 $C^{2,\alpha}$, 那么 $u\in C^{2,\alpha}(\overline{\Omega})$.

一般代价函数情形下,

定理 14.4 (Ma-Trudinger-Wang) Kantorovich 势能函数 u 是 c^3 光滑, 若代价函数 c 光滑, f,g 为正值函数, $f\in C^2(\Omega)$, $g\in C^2(\Omega^*)$, 则

(1) $\forall x,\xi\in\mathbb{R}^n$, $\exists! y\in\mathbb{R}^n$, 使得 $\xi=D_xc(x,y)$ (存在性);

(2) $\det(D^2_{xy}c)\neq 0$;

(3) $\exists c_0>0$, 使得 $\forall\xi,\eta\in\mathbb{R}^n$, $\xi\perp\eta$,

$$\sum(c_{ij,rs}-c^{p,q}c_{ij,p}c_{q,rs})c^{r,k}c^{s,l}\xi_i\xi_j\eta_k\eta_l\geqslant c_0|\xi|^2|\eta|^2;$$

(4) Ω^* 关于 Ω 是 c-凸的, 即 $\forall x_0\in\Omega$,

$$\Omega^*_{x_0}:=D_xc(x_0,\Omega^*)$$

是凸的. ♦

传统的正则性理论都假设目标测度支撑集 Ω^* 的凸性, 但在实际应用中, Ω^* 经常是非凸集合, 这时最优传输映射可能是非连续的. Figalli 证明了如下定理, 刻画了间断点集合.

定理 14.5 (Figalli) 令 $\Omega,\Omega^*\subset\mathbb{R}^d$ 是有界开集, 令 $f,g:\mathbb{R}^d\to\mathbb{R}$ 是概率密度函数, 在 Ω,Ω^* 之外为 0, 在 Ω,Ω^* 内大于 0、小于 ∞. 令 $T=\nabla u:\Omega\to\Omega^*$ 为 Brenier 定理所保证的最优传输映射. 则存在两个相对紧集 $\Sigma_\Omega\subset\Omega$ 和 $\Sigma_{\Omega^*}\subset\Omega^*$, 具有零测度 $|\Sigma_\Omega|=0$ 且 $|\Sigma_{\Omega^*}|=0$, 使得

$$T:\Omega\setminus\Sigma_\Omega\to\Omega^*\setminus\Sigma_{\Omega^*}$$

是拓扑同胚, 且属于 $C^{0,\alpha}_{\mathrm{loc}}$ 类, 这里 $\alpha>0$ 是一个正常数. Σ_Ω 称为最优传输映射 $\nabla u:\Omega\to\Omega^*$ 的奇异集合. ♦

图 14.12 显示了最优传输映射的奇异集合. 源测度是定义在单位圆盘 Ω 上的均匀分布, 目标测度是定义在非凸区域 Ω^* 上的均匀分布, 奇异集合为 $\Sigma_\Omega=\cup_{k=0}^3\gamma_k\cup\{x_0\}$. Brenier 势能函数 $u:\Omega\to\mathbb{R}$ 在 $\Omega\setminus\Sigma_\Omega$ 上是 C^1 光滑, 但在奇异集合上只有 C^0. 给定一个内点 $p\in\gamma_k$, 势能函数 u 在

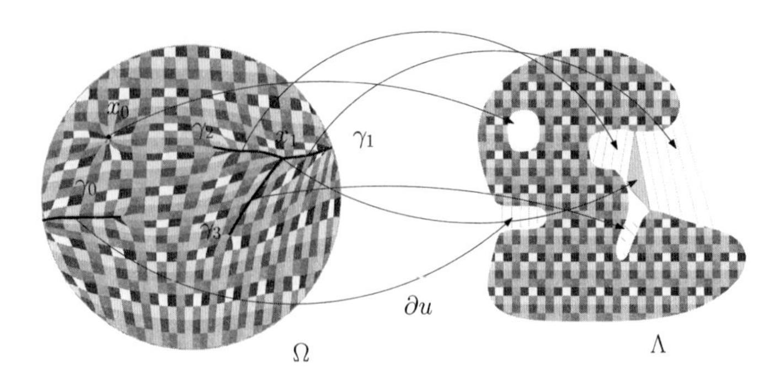

图 14.12 最优传输映射的奇异集合.

p 点的次微分是一条线段, 连接 Ω^* 的边界. 在 x_0 点, u 的次微分覆盖二维的洞; 在 x_1 点, u 的次微分覆盖一个三角形区域. 图 14.13 显示了另外一个算例, Brenier 势能函数 u 几乎处处 C^1 可微, 但是在红色曲线上只是 C^0 连续. 红色曲线的投影是奇异集合 Σ_Ω, 最优传输映射 ∇u 在奇异集合上间断.

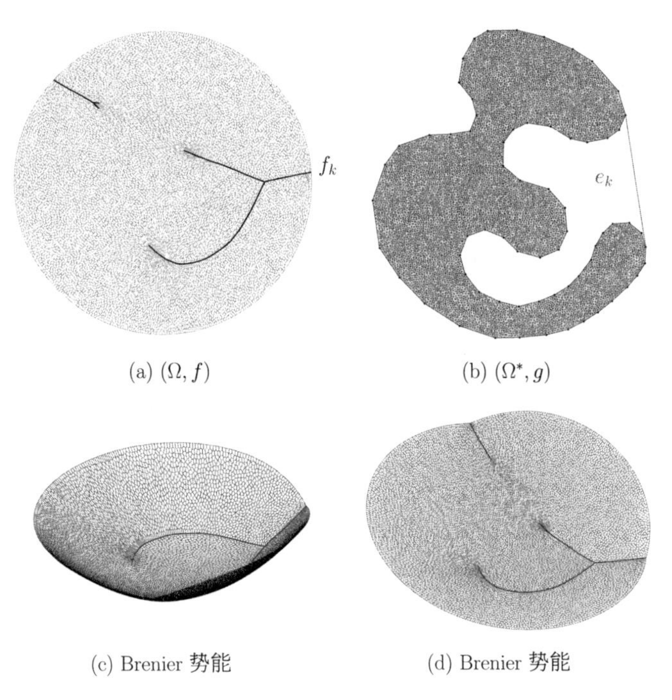

(a) (Ω, f)　(b) (Ω^*, g)

(c) Brenier 势能　(d) Brenier 势能

图 14.13 最优传输映射 $T:(\Omega, f)\rightarrow(\Omega^*, g)$ 的 Brenier 奇异集合, 这里密度函数 f, g 是常数.

第十五章　最优传输映射的奇异集合理论

在下面的讨论中，我们假设源区域 $\Omega \subset \mathbb{R}^d$ 是有界凸集，目标区域 $\Omega^* \subset \mathbb{R}^d$ 是有界集合. 密度函数 f, g 分别定义在 Ω 和 Ω^* 上，满足平衡条件

$$\int_\Omega f = \int_{\Omega^*} g, \tag{15.1}$$

且存在两个正实数 $c_1 \geqslant c_0 > 0$，满足

$$c_0 \leqslant f, \quad g \leqslant c_1. \tag{15.2}$$

令传输代价函数为 $c(x,y) = \frac{1}{2}|x-y|^2$，Brenier [15] 证明存在唯一的最优传输映射 $T : \Omega \to \Omega^*$，使得在所有保持测度的映射中，传输代价

$$\mathcal{C}(t) := \frac{1}{2}\int_\Omega |x - t(x)|^2 f(x)dx \tag{15.3}$$

最小. 一个映射 $t : \Omega \to \Omega^*$ 称为保测度的，记为 $t_\# f = g$，如果对于任意 Borel 集合 $E \subset \Omega^*$，我们都有

$$\int_{t^{-1}(E)} f = \int_E g.$$

更进一步，最优传输映射 $T = Du$ 是凸 Brenier 势能函数 $u : \Omega \to \mathbb{R}$ 的梯度. Brenier 势能函数是 Monge-Ampère 方程的弱解 [21, 15, 77].

$$\det(D^2u(x)) = \frac{f(x)}{g(Du(x))}, \quad Du(\Omega) = \Omega^*. \tag{15.4}$$

15.1 Fréchet 距离与自由空间

Fréchet 距离　Fréchet 距离衡量了形状之间的相似程度，我们可以用 '遛狗' 来形象地比喻. 如图 15.1 所示，假设一个人在遛他的狗. 人行走的轨迹是 γ_1，狗的轨迹是 γ_2. 人和狗都沿着轨道单向行走，从不回头. 在所有可能的走法中，求牵狗绳的最短长度. 这个牵狗绳的最短长度就定义为 γ_1 和 γ_2 的 Fréchet 距离.

彩图

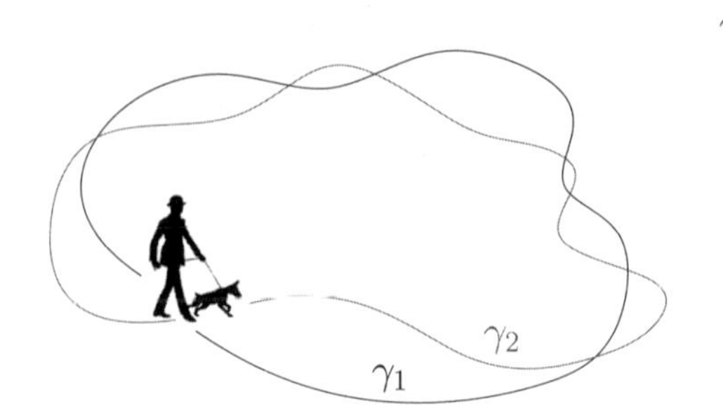

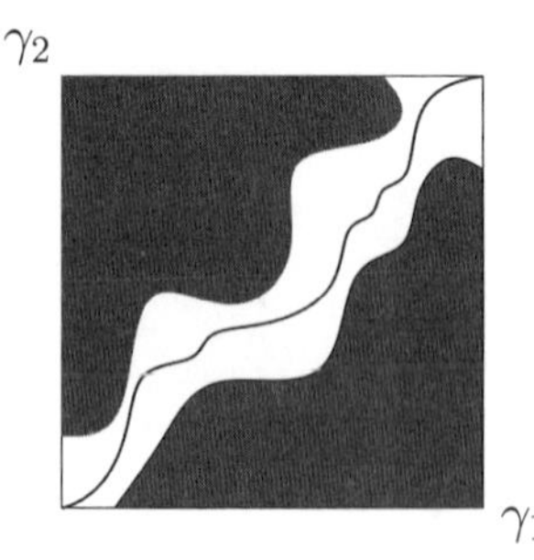

图 15.1 曲线 γ_1 和 γ_2 之间的 Fréchet 距离, 相应的 Fréchet 自由空间为 $F_\varepsilon(\gamma_1,\gamma_2)$.

令 M 是一个度量空间, 一条封闭曲线是一个从单位圆周到 M 的连续映射 $\gamma:\mathbb{S}^1\to M$. 单位圆周的一个重参数化 α 是一个保定向的同胚 $\alpha:\mathbb{S}^1\to\mathbb{S}^1$.

定义 15.1 (Fréchet 距离) 给定 M 上的两条封闭曲线 γ_1 和 γ_2, 它们之间的 Fréchet 距离定义为

$$d_F(\gamma_1,\gamma_2)=\inf_{\alpha,\beta}\max_{t\in\mathbb{S}^1}\left\{d_M(\gamma_1\circ\alpha(t),\gamma_2\circ\beta(t))\right\},$$

这里 α 和 β 取遍单位圆周所有的重参数化, t 取遍单位圆周上所有的点, d_M 是 M 上的测地距离. ♦

我们考察曲线间所有可能的保定向同胚构成的空间. 假设 $\varphi:\gamma_1\to\gamma_2$ 是曲线间的同胚, α, β 是 γ_1 和 γ_2 的重参数化, 则 $\beta\circ\varphi\alpha^{-1}:\mathbb{S}^1\to\mathbb{S}^1$ 是单位圆周的保定向自同胚. 我们将单位圆周保定向记为 $\varphi:\mathbb{S}^1\to\mathbb{S}^1$, 那么对一切 $p\in\mathbb{S}^1$, $(p,\varphi(p))$ 是圆环面 $T^2:=\mathbb{S}^1\times\mathbb{S}^1$ 上的曲线, 记为 $\Gamma_\varphi\subset T^2$,

$$\Gamma_\varphi:=\{(p,\varphi(p))\in\mathbb{S}^1\to\mathbb{S}^1,\forall p\in\mathbb{S}^1\}.$$

这条曲线具有特殊的性质:

(1) 首先这条曲线与对角线 Δ 同伦,

$$\Gamma_\varphi\sim\Delta,\quad \Delta:=\{(p,p)\in\mathbb{S}^1\to\mathbb{S}^1,\forall p\in\mathbb{S}^1\}.\tag{15.5}$$

(2) 我们定义投影映射,

$$\pi_x,\pi_y:T^2\to\mathbb{S}^1,\quad \pi_x(p,q)=p,\quad \pi_y(p,q)=q.$$

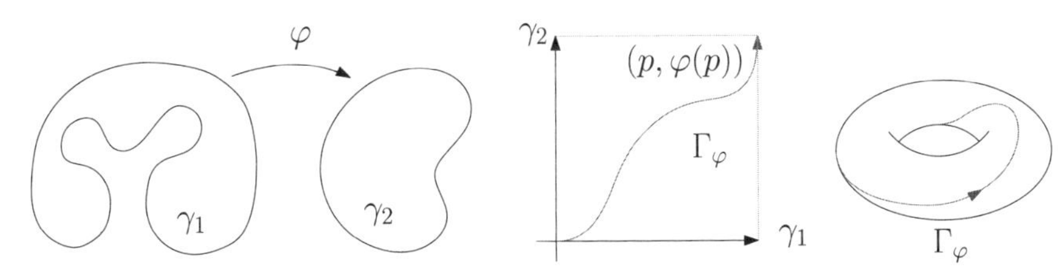

图 15.2 曲线间保定向同胚 φ 表示成圆环面上的曲线 Γ_φ, 与对角线同伦, 经纬方向都是单调的.

限制在 Γ_φ 上, 投影映射

$$\pi_x|_{\Gamma_\varphi}, \pi_y|_{\Gamma_\varphi} \text{ 是保定向的同胚.} \tag{15.6}$$

我们说 Γ_φ 沿着经向和纬向都是单调的 (如图 15.2).

我们下面定义曲线间的 Fréchet 自由空间.

定义 15.2 (Fréchet 自由空间) 给定度量空间 M 中的封闭曲线 γ_1, γ_2 和正数 $\varepsilon > 0$, 曲线 γ_1 和 γ_2 之间的自由空间为

$$F_\varepsilon(\gamma_1, \gamma_2) := \{(s,t) \in \mathbb{S}^1 \times \mathbb{S}^1 : d_M(\gamma_1(s), \gamma_2(t)) < \varepsilon\}. \quad \blacklozenge$$

我们可以用下述方法来表示 Fréchet 自由空间: 用正方形 $[0, 2\pi] \times [0, 2\pi]$ 来表示圆环面的一个基本域 (fundamental domain), 给定任意一点 $(s,t) \in T^2$, 如果 $d_M(\gamma_1(s), \gamma_2(t)) > \varepsilon$, 将此点染成红色, 否则染成白色. 那么基本域内的白色区域表示 Fréchet 自由空间 (如图 15.3).

命题 15.1 γ_1 和 γ_2 的 Fréchet 距离小于 ε, 当且仅当存在一条曲线 $\Gamma \subset T^2$, 满足条件 (15.5) 和 (15.6), 同时 Γ 包含在 Fréchet 自由空间中, $\Gamma \subset F_\varepsilon(\gamma_1, \gamma_2)$. $\blacklozenge$

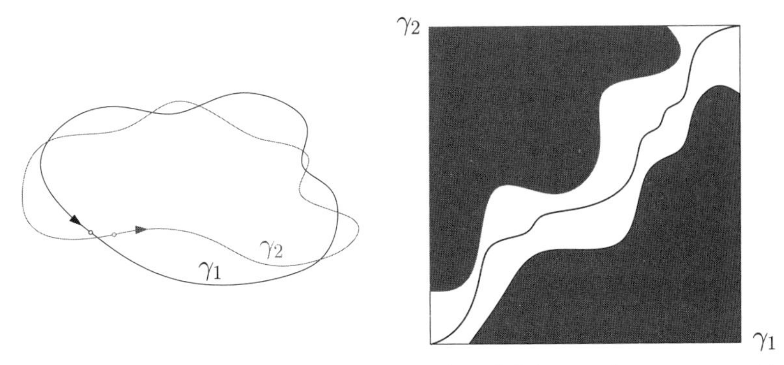

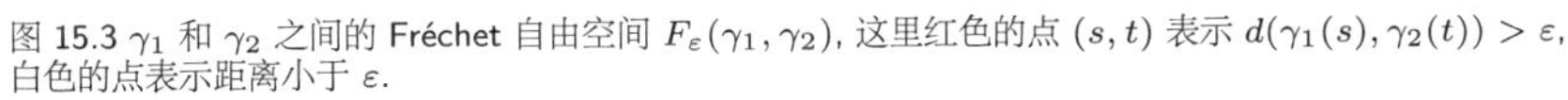
图 15.3 γ_1 和 γ_2 之间的 Fréchet 自由空间 $F_\varepsilon(\gamma_1, \gamma_2)$, 这里红色的点 (s,t) 表示 $d(\gamma_1(s), \gamma_2(t)) > \varepsilon$, 白色的点表示距离小于 ε.

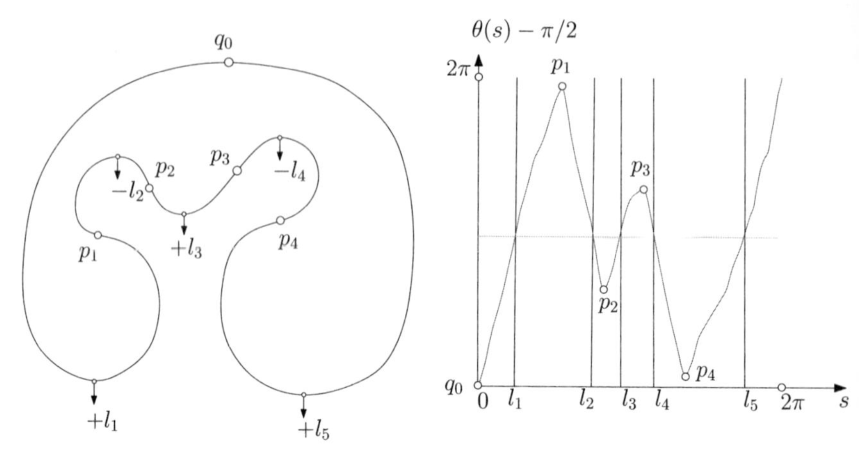

彩 图

图 15.4 曲线的 Gauss 映射 $G:\mathbb{S}^1\to\mathbb{S}^1$, q_0 是曲线的起点, p_k 是曲线的拐点, l_k 的法向量为 $(0,-1)$.

法向 Fréchet 距离 给定平面曲线 $\gamma:\mathbb{S}^1\to\mathbb{R}^2$, 假设 γ 是 C^2 光滑, 因此法向量 $n(s)$ 和曲率 $k(s)$ 是处处定义的. Gauss 映射 $G:\gamma\to\mathbb{S}^1$ 将点 $\gamma(s)$ 映射到法向量 $n(s)$. 图 15.4 显示了平面曲线的 Gauss 映射, 我们可以看到 Gauss 映射的奇异点对应着曲线的拐点.

定义 15.3 (法向 Fréchet 距离) 假设 $\gamma_1,\gamma_2:\mathbb{S}^1\to\mathbb{R}^2$ 是 C^2 光滑封闭平面曲线, 它们之间的法向 Fréchet 距离是它们的 Gauss 映射像在单位圆周上的 Fréchet 距离,

$$F_n(\gamma_1,\gamma_2)=\inf_{\alpha,\beta}\max_{t\in\mathbb{S}^1}\left\{d_{\mathbb{S}^1}(G\circ\gamma_1\circ\alpha(t),G\circ\gamma_2\circ\beta(t))\right\},$$

这里 $d_{\mathbb{S}^1}$ 是 $\mathbb{S}^1$ 上的测地距离, $\alpha,\beta:\mathbb{S}^1\to\mathbb{S}^1$ 是单位圆周的重参数化. ♦

类似地, 我们可以定义 γ_1 和 γ_2 之间的法向 Fréchet 自由空间.

定义 15.4 (法向 Fréchet 自由空间) 假设 $\gamma_1,\gamma_2:\mathbb{S}^1\to\mathbb{R}^2$ 是 C^2 平面封闭曲线. 固定一个正数 $\varepsilon>0$, γ_1 和 γ_2 之间的法向 Fréchet 自由空间定义为

$$F_{n,\varepsilon}(\gamma_1,\gamma_2):=\left\{(s,t)\in\mathbb{S}^1\times\mathbb{S}^1|d_{\mathbb{S}^1}(G\circ\gamma_1(s),G\circ\gamma_2(t))<\varepsilon\right\},\quad(15.7)$$

这里 $G:\gamma_k\to\mathbb{S}^1$ 是 Gauss 映射. ♦

图 15.5 显示了曲线 γ 和单位圆周 $\mathbb{S}^1$ 之间的法向 Fréchet 自由空间,

$$F_{n,\pi/2}(\gamma,\mathbb{S}^1):=\left\{(s,\tau)\in\mathbb{S}^1\times\mathbb{S}^1|d_{\mathbb{S}^1}(\theta(s),\tau)<\pi/2\right\},$$

这里 $\theta(s)$ 是法向量 $G\circ\gamma(s)$ 的角度. 我们将圆环面用基本域 $[0,2\pi]\times$

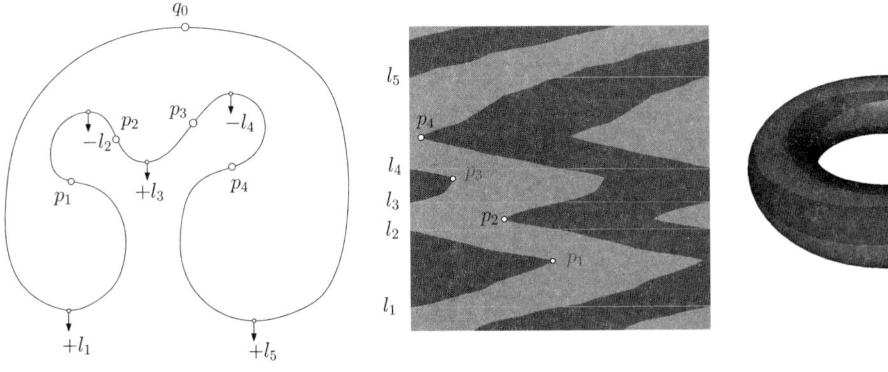

图 15.5 曲线的 Gauss 映射 $G:\mathbb{S}^1\to\mathbb{S}^1$, q_0 是曲线的起点, p_k 是曲线的拐点, l_k 的法向量为 $(0,-1)$.

$[0,2\pi]$ 来表示, 每一个点 $s\in\gamma$ 对应着基本域上的一条水平线, 线段 $(\theta(s)-\frac{\pi}{2},\theta(s)+\frac{\pi}{2})$ 被染成绿色, 另外一半的线段被染成红色. 由此, 圆环面 $\mathbb{S}^1\times\mathbb{S}^1$ 上的绿色区域代表了法向自由空间, 红色区域代表了禁止空间. 在每条水平线上, 自由空间和禁止空间彼此相差一个平移 π. 曲线上的拐点 p_k, $k=1,2,3,4$ 成为自由空间边界曲线的尖点.

如果光滑曲线 γ_1 和 γ_2 之间的法向 Fréchet 距离小于等于 $\frac{\pi}{2}$, 那么在自由空间 $F_{n,\pi/2}$ 内存在一条曲线 Γ, 与对角线同伦同时沿着经纬方向单调. 反之, 如果在自由空间 $F_{n,\pi/2}$ 内存在一条曲线 G, 与对角线同伦同时沿着经纬方向单调, 那么存在一个同胚 $\varphi:\gamma_1\to\gamma_2$, 并且原像 $\gamma_1(s)$ 点处的法向量与像点 $\gamma_2\circ\varphi(s)$ 处的法向量的夹角不大于 $\frac{\pi}{2}$.

如图 15.5 所示, 我们可以看到在 Fréchet 自由空间 $F_{n,\pi/2}$ 中, 不存在曲线 Γ 与对角线 Δ 同伦, 同时沿着经纬方向单调. 因为任何包含在绿色区域中的曲线 Γ 一定在 p_1 的右侧, 同时在 p_2 的左侧, 曲线上必有一点切线的斜率为负, 因此曲线不可能沿着经纬方向单调. 因此曲线 γ_1 和 γ_2 间的任意同胚一定经过红色的禁止区域. 这意味着 γ_1 和 γ_2 之间的法向 Fréchet 距离大于 $\frac{\pi}{2}$. 我们可以得到如下命题.

命题 15.2 光滑曲线 γ_1 和 γ_2 之间的法向 Fréchet 距离小于 ε, 当且仅当在 Fréchet 自由空间 $F_{n,\varepsilon}(\gamma_1,\gamma_2)$ 中存在曲线 Γ 与对角线同伦 (15.5), 沿着经纬方向单调 (15.6). ◆

15.2 最优传输映射的奇异点

奇异点 对目标区域 Ω^*, 如果最优传输映射 $T:\Omega\to\Omega^*$ 不一定为连续映射, 映射的非连续点集合称为最优传输映射的奇异点集合.

定义 15.5 (Alexandrov 势能) Brenier 势能函数 $u:\Omega\to\mathbb{R}$ 可以被拓展成一个全局定义的凸函数 $\tilde{u}:\mathbb{R}^d\to\mathbb{R}$,

$$\tilde{u}(x):=\sup\{L(x):\text{在 }\Omega\text{ 上,仿射函数 }L\leqslant u,\text{并且 }DL\in\Omega\}. \tag{15.8}$$

我们称 $\tilde{u}$ 为 Alexandrov 势能函数. ♦

我们看到 Alexandrov 势能函数是定义在整个 $\mathbb{R}^d$ 上的正常凸函数, 在 Ω^* 凸包的补集上为 $+\infty$, $\tilde{u}^*(y)=+\infty$, $\forall y\in\mathbb{R}^d\setminus\mathrm{conv}(\Omega^*)$, 这里 $\mathrm{conv}(\Omega^*)$ 是 Ω^* 的凸包 [20, 70]. Alexandrov 势能在 Ω 上的限制与 Brenier 势能相重合, 其 Legendre 对偶为:

$$\tilde{u}^*(y):=\sup_{x\in\mathbb{R}^d}\{\langle x,y\rangle-\tilde{u}(x)\},\quad y\in\mathbb{R}^d.$$

定义 15.6 (Alexandrov 奇异点) Alexandrov 势能函数不可导的点称为 Alexandrov 奇异点, 记为

$$\mathcal{A}(f,g):=\mathbb{R}^d\setminus\{x\in\mathbb{R}^d:\exists D\tilde{u}(x)\}.$$ ♦

定义 15.7 (Brenier 奇异点) Brenier 势能函数不可导的点称为 Brenier 奇异点, 记为

$$\mathcal{B}_\Omega(f,g):=\Omega\setminus\{x\in\Omega:\exists D\tilde{u}(x)\}.$$ ♦

由 $\tilde{u}|_\Omega=u$, 我们得到 Alexandrov 奇异点集与 Brenier 奇异点集的关系:

$$\mathcal{B}_\Omega(f,g)=\mathcal{A}(f,g)\cap\Omega.$$

由 Alexandrov 定理 1.6, 凸函数几乎处处二阶可导, 所以我们有 $\mathcal{B}_\Omega(f,g)$ 是零测度.

倾斜条件 最优传输映射诱导的边界映射满足倾斜条件, 即原像点和像点处的法向量内积非负. 假设 $x_1,x_2\in\partial\Omega$, $y_1,y_2\in\partial\Omega^*$ 是相应的像点.

那么由循环单调条件, 我们有 $c(x_1,y_1)+c(x_2,y_2)\leqslant c(x_1,y_2)+c(x_2,y_1)$, 即 $\langle x_2-x_1,y_2-y_1\rangle\geqslant 0$. 令 x_1 趋近于 x_2, 则 y_1 趋近于 y_2, 我们得到原像点 x_2 处 $\partial\Omega$ 的切向量与 y_2 处 $\partial\Omega^*$ 的切向量的内积非负, 由此得到倾斜条件. 下面的引理给出了等价的证明.

引理 15.1 (倾斜条件) 假设 $\Omega,\Omega^*\subset\mathbb{R}^d$ 是有界单连通区域, Ω 为凸集, 边界 $\partial\Omega$ 和 $\partial\Omega^*$ 是 C^1 光滑. 密度函数 f 和 g 满足平衡条件 $\int_\Omega f=\int_{\Omega^*}g$, 并且有界 $0<c_0<f,g<c_1<\infty$. Brenier 势能函数为 $u:\Omega\to\mathbb{R}$, 其 Legendre 对偶为 $u^*:\Omega^*\to\mathbb{R}$. 假设 $y\in\partial\Omega$ 和 $x\in\partial\Omega^*$, $Du(y)=x$, 那么

$$\langle n(x),n(y)\rangle\geqslant 0. \quad \blacklozenge \tag{15.9}$$

证明 用反证法. 如图 15.6 所示, 假设存在 $x\in\partial\Omega^*$ 且 $y\in\partial\Omega$, $\langle n(x),n(y)\rangle<0$, 那么 $\langle -n(x),n(y)\rangle\geqslant 0$. 令 $z=x-\varepsilon n(y)$, $\varepsilon>0$ 足够小, 我们有 $z\in\Omega^*$. 由假设 $\nabla u^*(z)\in\Omega$ 以及 u^* 的凸性, 我们有

$$\begin{gathered}\langle\nabla u^*(z)-\nabla u^*(x),z-x\rangle\geqslant 0,\\ \langle\nabla u^*(z)-y,z-x\rangle\geqslant 0,\\ \langle\nabla u^*(z)-y,-n(y)\rangle\geqslant 0,\\ \langle\nabla u^*(z)-y,n(y)\rangle\leqslant 0,\end{gathered}$$

这与 $\nabla u^*(z)\in\Omega$ 是内点相矛盾. 引理得证. ■

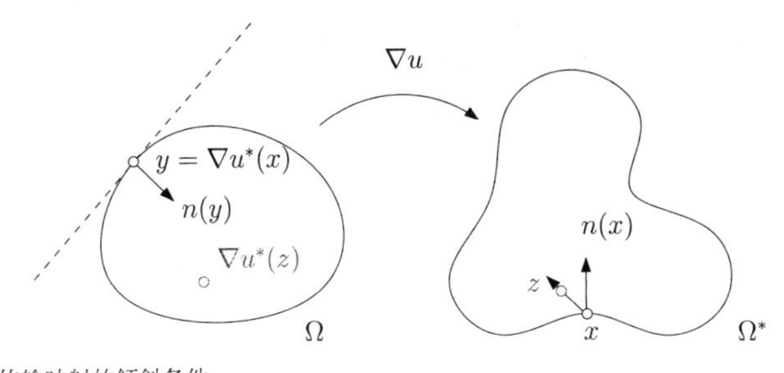

图 15.6 最优传输映射的倾斜条件.

15.3 奇异点存在的曲率条件

平面光滑曲线的形状由其曲率决定, 因此平面曲线 γ_1 和 γ_2 间的法向 Fréchet 距离由它们的曲率确定. 我们假设 γ_2 是严格凸曲线, 例如单位圆周.

引理 15.2 (曲率条件) 假设 $\gamma_1, \gamma_2 : \mathbb{S}^1 \to \mathbb{R}^2$ 是 C^2 平面简单闭曲线, γ_2 是严格凸曲线, 曲率处处为正. 如果存在曲线段 $\gamma \subset \gamma_1$, 满足曲率条件

$$\int_\gamma k(s)ds < -\pi, \tag{15.10}$$

那么 γ_1 和 γ_2 间的法向 Fréchet 距离大于 $\frac{\pi}{2}$, $F_n(\gamma_1, \gamma_2) > \frac{\pi}{2}$. ♦

证明 假设 $\tau \subset \gamma_2$ 是 γ_2 的子曲线段. 我们构造 γ 和 τ 之间的法向自由空间 $F_{n,\frac{\pi}{2}}(\gamma, \tau)$. 如图 15.7 所示, 任取一点 $\gamma(t)$, 其法向量的辐角为 $\theta(t)$, $\theta(t)$ 单调递减, 绿色区域代表自由空间, γ 的起点 $p = \gamma(0)$ 和终点 $q = \gamma(1)$ 分别对应自由空间的底边和顶边. 绿色区域代表的自由空间左下角和右上角在一条铅直线上. 因此, 绿色区域中不存在水平和铅直方向都单调的曲线, 即不存在同胚使得对应法向量的夹角不大于 $\frac{\pi}{2}$. 由 τ 的任意性, 我们得到 γ_1 和 γ_2 的法向 Fréchet 距离大于 $\frac{\pi}{2}$. ■

曲率障碍

命题 15.3 假设 Ω 是平面上有界单连通区域, 具有 C^2 边界 (如图 15.8 所示). 则存在 $\varepsilon_0 > 0$, 使得对一切 $0 < \varepsilon < \varepsilon_0$, $\Gamma_\varepsilon = \{x \in \Omega : \text{dist}(x, \partial\Omega) = \varepsilon\}$ 是一条简单 C^1 曲线, 并且存在微分同胚 $f_\varepsilon : \partial\Omega \to \Gamma_\varepsilon$,

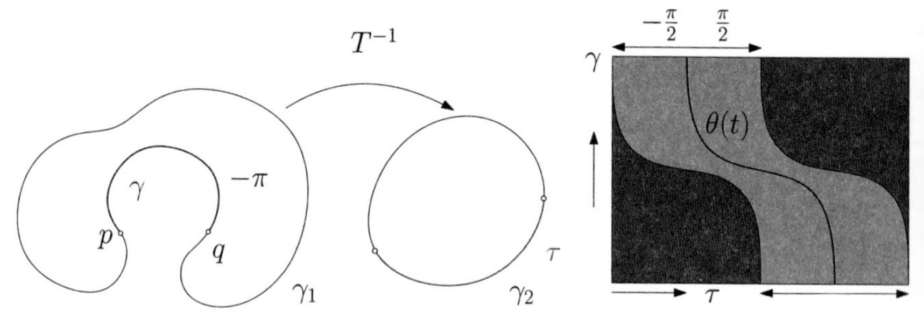

彩图

图 15.7 总曲率条件: 如果存在一个曲线段其总曲率小于 $-\pi$, 那么曲线间的法向 Fréchet 距离大于 $\frac{\pi}{2}$.

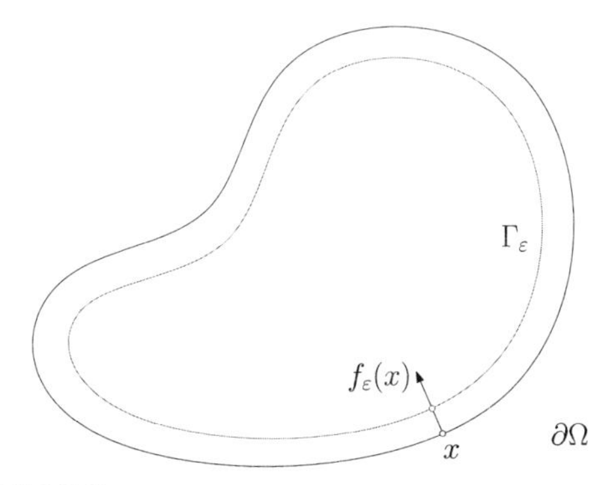

图 15.8 区域 Ω 边界的微小缩变.

满足 $f_\varepsilon(x)-x$ 同时与 $\partial\Omega$ 和 Γ_ε 垂直, 垂足为 $f_\varepsilon(x)$ 和 x, $|f_\varepsilon(x)-x|=\varepsilon$. ♦

证明 令 $n:\partial\Omega\to\mathbb{S}^1$ 是沿着边界的单位法向量场, 定义映射 $f_\varepsilon:\partial\Omega\to\Omega$ 为 $f_\varepsilon(x)=x+\varepsilon n(x)$, 这里 ε 足够小, 使得 f_ε 是良定义的, 并且 $\text{Im}(f_\varepsilon)\subset\Omega$. 我们将证明 f_ε 是微分同胚. 对于任意一点 $x\in\partial\Omega$, 都存在

$$\varepsilon_x:=\sup\{\varepsilon>0:\overline{B_\varepsilon(x-\varepsilon n(x))}\cap\partial\Omega=\{x\}\}.$$

我们断言: 存在 $\varepsilon_0>0$, 使得对一切 $x\in\partial\Omega$ 都有 $\varepsilon_x\geqslant\varepsilon_0$. 因为 $\partial\Omega$ 是 C^2, 所以其曲率半径是定义在 $\partial\Omega$ 上的连续严格正值函数, $\partial\Omega$ 是紧集, 曲率半径存在正下界. 选取 ε_0 小于曲率半径的正下界, 这就证明了断言.

选定 $0<\varepsilon<\varepsilon_0$, 我们得到 $\varepsilon=|f_\varepsilon(x)-x|=\text{dist}(f_\varepsilon(x),\partial\Omega)$, 因此 $\text{Im}(f_\varepsilon)\subset\Gamma_\varepsilon$. 进一步, 对一切 $y\in\Gamma_\varepsilon$, 存在 $x\in\partial\Omega$, 满足 $|x-y|=\varepsilon$, 特别地, $y=f_\varepsilon(x)$, 因此 $\text{Im}(f_\varepsilon)=\Gamma_\varepsilon$. 由条件

$$B_\varepsilon(f_\varepsilon(x))\cap\partial\Omega=\{x\},\quad\forall x\in\partial\Omega,$$

我们得到 f_ε 是双射.

最后, 由 $\partial\Omega$ 是 C^2, 故法向量 n 是 C^1, f_ε 是 C^1, $\Gamma_\varepsilon=\text{Im}(f_\varepsilon)$ 是 C^1 曲线, 微分同胚于 $\partial\Omega$. 同时, 根据定义 $x-f_\varepsilon(x)$ 在 x 点与 $\partial\Omega$ 垂直, 由

$$\text{dist}(x,\Gamma_\varepsilon)=\varepsilon=|x-f_\varepsilon(x)|,$$

我们也得到 $x-f_\varepsilon(x)$ 在 $f_\varepsilon(x)$ 处与 Γ_ε 垂直. 这就完成了证明. ■

命题 15.4 假设 $\gamma:[0,1]\to\mathbb{R}^2$ 是一条 C^2 简单 (非封闭) 曲线, 并

且 γ 是正则的 (即对一切 $t \in (0,1)$, $\gamma'(t) \neq 0$), 那么存在 $t \in (0,1)$, 使得 $\gamma'(t)$ 平行于 $\gamma(1)-\gamma(0)$. ♦

证明 我们将曲线记为 $\gamma(t)=(\gamma_1(t),\gamma_2(t))$, 假设 $\gamma_2(0)\neq\gamma_2(1)$, 定义 $h(t)=\gamma_1(t)-\lambda\gamma_2(t)$, 这里 λ 是一个固定值, 使得 $h(0)=h(1)$, 即

$$h(0)=h(1) \iff \lambda=\frac{\gamma_1(1)-\gamma_1(0)}{\gamma_2(1)-\gamma_2(0)}.$$

因为 γ_1 和 γ_2 在区间 $[0,1]$ 上连续, 并且在 $(0,1)$ 上可微, 所以 h 也是如此. 由 Rolle 定理, 存在 $c\in(0,1)$ 满足 $h'(c)=0$, 由 h 的定义, 我们有

$$0=h'(c)=\gamma_1'(c)-\lambda\gamma_2'(c)=\gamma_1'(c)-\frac{\gamma_1(1)-\gamma_1(0)}{\gamma_2(1)-\gamma_2(0)}\gamma_2'(c),$$

因此得到

$$\gamma_1'(c)(\gamma_2(1)-\gamma_2(0))=\gamma_2'(c)(\gamma_1(1)-\gamma_1(0)),\quad c\in(0,1). \tag{15.11}$$

如果 $\gamma_2(0)=\gamma_2(1)$, 那么应用 Rolle 定理, 存在 $c\in(0,1)$, 使得 $\gamma_2'(c)=0$, 因此等式 (15.11) 依然成立.

不失一般性, 假设 $\gamma_2(1)-\gamma_2(0)\neq 0$, 那么如果 $\gamma_2'(c)=0$, 我们得到 $\gamma_1'(c)=0$, 这与 γ 的正则性相矛盾. 将等式 (15.11) 两边同时除以 $(\gamma_2(1)-\gamma_2(0))\gamma_2'(c)$, 我们得到结论. ■

引理 15.3 假设 Ω^* 是一个有界单连通平面区域, 具有 C^2 光滑边界. 令 $\varepsilon>0$, 使得曲线

$$\Gamma_\varepsilon=\{x\in\Omega^*:\operatorname{dist}(x,\partial\Omega^*)=\varepsilon\}$$

是 C^1 简单曲线, 并且 $f_\varepsilon:\partial\Omega^*\to\Gamma_\varepsilon$ 是微分同胚, $f_\varepsilon(x)-x$ 在 x 点与 $\partial\Omega^*$ 垂直, 在 $f_\varepsilon(x)$ 点与 Γ_ε 垂直, 并且 $|f_\varepsilon(x)-x|=\varepsilon$ (存在性由命题 15.3 保证). 令 $\alpha:[0,1]\to\mathbb{R}^2$ 是 Ω^* 内一条简单闭曲线, 包含 Γ_ε (任意一条连接 Γ_ε 和 $\partial\Omega^*$ 的连续曲线都和 α 相交), 且 α 与 $\partial\Omega^*$ 和 Γ_ε 都不相交. 假设存在曲线段 $\gamma\subset\partial\Omega^*$, 总曲率小于 $-\pi$, $\int_\gamma k_{\partial\Omega^*}<-\pi$. 那么, 存在 $\tilde{\gamma}\subset\alpha$, 总曲率小于 $-\pi$, $\int_{\tilde{\gamma}}k_\alpha<-\pi$. ♦

证明 由定义 $\Gamma_\varepsilon=\{x\in\Omega^*:\operatorname{dist}(x,\partial\Omega^*)=\varepsilon\}$, 并且 α 在其内部包含 Γ_ε, 这意味着每一条连接 Γ_ε 和 $\partial\Omega^*$ 的连续曲线都与 α 相交. 由假设存在子曲线段 $\gamma\subset\alpha$, $\int_\gamma k<-\pi$. 我们在 α 上选择一个子曲线段接近 γ,

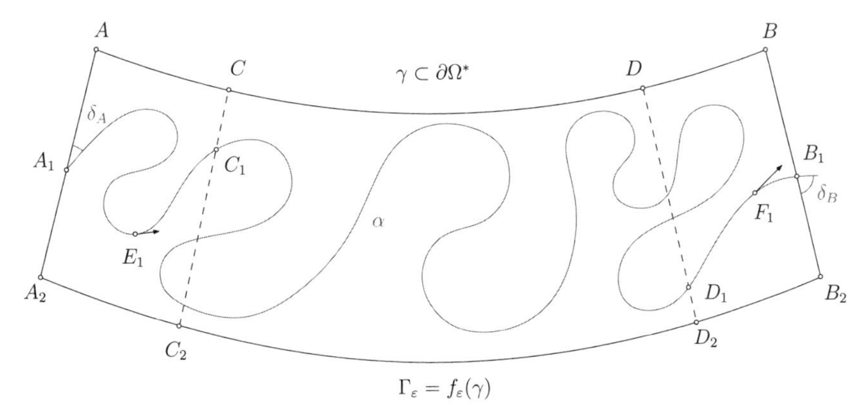

图 15.9 曲线 α 满足曲率条件, 曲线段 $\tilde{\gamma}_1 = A_1E_1$, $\tilde{\gamma}_2 = E_1F_1$ 和 $\tilde{\gamma}_3 = F_1B_1$ 中的一条总曲率小于 $-\pi$.

其总曲率小于 $-\pi$. 想法如图 15.9 所示.

令 A 和 B 是 γ 的端点, 令 $\delta > 0$, 选择 $C \in \gamma$ 靠近 A 点, 使得 $\partial\Omega^*$ 在 A 点的切向量与 AC 的夹角小于 $\frac{\delta}{2}$. 同样, 选取点 $D \in \gamma$ 靠近 B 点满足同样的条件. 对于足够小的 $\varepsilon > 0$, 考虑曲线 Γ_ε. 同胚 $f_\varepsilon : \Gamma \to \Gamma_\varepsilon$ 将 Γ 上的点映到相应 Γ_ε 的点, 相应点之间的距离为 ε. 令 $A_2 = f_\varepsilon(A)$, $B_2 = f_\varepsilon(B)$, $C_2 = f_\varepsilon(C)$ 且 $D_2 = f_\varepsilon(D)$. 选取 $\varepsilon > 0$ 足够小, 使得对任意的 $X \in AA_2$ 和 $Y \in CC_2$, 线段 AA_2 与 XY 的夹角属于区间 $(\frac{\pi}{2} - \delta, \frac{\pi}{2} + \delta)$, 并且任意 $X_1 \in BB_2$ 和 $Y_1 \in DD_2$, 线段 BB_2 与 X_1Y_1 的夹角属于区间 $(\frac{\pi}{2} - \delta, \frac{\pi}{2} + \delta)$. 这等价于 XY 的方向与 $\partial\Omega^*$ 在 A 点的切方向相差小于 δ, X_1Y_1 的方向与 $\partial\Omega^*$ 在 B 点的切方向相差小于 δ.

在 γ, $f_\varepsilon(\gamma)$, AA_2 与 BB_2 所围成的区域内, 存在子曲线段 $\tilde{\gamma} \subset \alpha$, 其端点为 $A_1 \in AA_2$ 和 $B_1 \in BB_2$. 我们从 A_1 出发沿着 $\tilde{\gamma}$ 到达 B_1, 第一次与 CC_2 的交点记为 C_1, 最后一次与 DD_2 的交点记为 D_1. 由命题 15.4, 在 $\tilde{\gamma}$ 上 A_1 和 C_1 之间, 存在 E_1, $\tilde{\gamma}$ 在 E_1 的切方向与线段 A_1C_1 平行, 因此切方向与线段 AA_2 的夹角属于 $(\frac{\pi}{2} - \delta, \frac{\pi}{2} + \delta)$. 同样, 我们可以在 $\tilde{\gamma}$ 上 D_1 和 B_1 之间选择 F_1, $\tilde{\gamma}$ 在 F_1 的切方向与 D_1B_1 平行, 切方向与线段 BB_2 的夹角属于 $(\frac{\pi}{2} - \delta, \frac{\pi}{2} + \delta)$.

记 $\tilde{\gamma}$ 在 A_1 点的切向量与 A_1A 的夹角为 δ_A, $\tilde{\gamma}$ 在 B_1 点的切向量与 B_1B_2 的夹角为 δ_B. 由定义, 我们看到 δ_A 和 δ_B 属于区间 $[0, \pi]$. 考虑由

$\gamma, \tilde{\gamma}, AA_1$ 和 BB_1 所围成的平面区域, 由 Gauss-Bonnet 定理, 有

$$\int_{\gamma} k_{\partial\Omega^*} + \frac{\pi}{2} + (\pi - \delta_A) - \int_{\tilde{\gamma}} k_{\alpha} + (\pi - \delta_B) + \frac{\pi}{2} = 2\pi, \tag{15.12}$$

我们得到关系

$$\int_{\tilde{\gamma}} k_{\alpha} = \int_{\gamma} k_{\partial\Omega^*} + \pi - \delta_A - \delta_B.$$

将 $\tilde{\gamma}$ 分成 3 段: 从 A_1 到 E_1 为 $\tilde{\gamma}_1$, 从 E_1 到 F_1 为 $\tilde{\gamma}_2$, 从 F_1 到 B_1 为 $\tilde{\gamma}_3$. 则存在 $\delta_1, \delta_3 \in (-\delta, \delta)$, 使得

$$\int_{\tilde{\gamma}_1} k_{\alpha} = \left(\frac{\pi}{2} + \delta_1\right) - \delta_A + 2n_1\pi, \quad n_1 \in \mathbb{Z},$$

这里 n_1 是某个整数, δ_1 是 $\tilde{\gamma}$ 在 A_1 点和 E_1 点切向量之间的夹角. 同时

$$\int_{\tilde{\gamma}_3} k_{\alpha} = (\pi - \delta_B) - \left(\frac{\pi}{2} - \delta_3\right) + 2n_3\pi = \frac{\pi}{2} - \delta_B + 2n_3\pi + \delta_3, \quad n_3 \in \mathbb{Z},$$

同样 n_3 是某个整数, δ_3 是 $\tilde{\gamma}$ 在 F_1 点和 B_1 点切向量之间的夹角.

(1) 如果 $n_1 < 0$, 那么有

$$\int_{\tilde{\gamma}_1} k_{\alpha} < -\frac{3\pi}{2} + \delta,$$

选择 δ 足够小, 我们得到

$$\int_{\tilde{\gamma}_1} k_{\alpha} < -\pi,$$

在这种情形下, $\tilde{\gamma}_1$ 是所需的曲线段.

(2) 如果 $n_1 > 0$, 那么如果 δ 足够小, 我们有

$$\begin{aligned}\int_{\tilde{\gamma}\setminus\tilde{\gamma}_1} k_{\alpha} &= \int_{\gamma} k_{\partial\Omega^*} + \pi - \delta_B - \delta_A - \int_{\tilde{\gamma}_1} k_{\alpha} \\ &< -\pi + \pi - \delta_B - \delta_A - \frac{\pi}{2} + \delta_A - 2\pi + \delta \\ &= -\delta_B - \frac{5}{2}\pi + \delta < -\pi.\end{aligned}$$

在这种情况下, $\tilde{\gamma} \setminus \tilde{\gamma}_1 = \tilde{\gamma}_2 \cup \tilde{\gamma}_3$ 的总曲率小于 $-\pi$.

(3) 如果 $n_1 = 0$, $n_3 \neq 0$, 重复上面的推理过程, 我们得到 $\tilde{\gamma}_3$ 或者 $\tilde{\gamma}_1 \cup \tilde{\gamma}_2$ 是所需的曲线段.

(4) 考察 $n_1 = n_3 = 0$ 的情形,

$$\int_{\tilde{\gamma}_1} k_{\alpha} = \frac{\pi}{2} - \delta_A + \delta_1, \quad \int_{\tilde{\gamma}_3} k_{\alpha} = \frac{\pi}{2} - \delta_B + \delta_3.$$

结合上面两式, 我们得到

$$\begin{aligned}\int_{\tilde{\gamma}_2} k_\alpha &= \int_{\tilde{\gamma}} k_\alpha - \int_{\tilde{\gamma}_1} k_\alpha - \int_{\tilde{\gamma}_3} k_\alpha \\ &= \int_\gamma k_{\partial\Omega^*} + \pi - \delta_B - \delta_A - \frac{\pi}{2} + \delta_A - \frac{\pi}{2} + \delta_B - \delta_1 - \delta_3 \\ &< \int_\gamma k_{\partial\Omega^*} + 2\delta.\end{aligned}$$

特别地, 选择

$$\delta < -\frac{1}{2}\int_\gamma k_{\partial\Omega^*} + \pi,$$

则有

$$\int_{\tilde{\gamma}_2} k_\alpha \leqslant \int_\gamma k_{\partial\Omega^*} + 2\delta < -\pi,$$

因此在这种情形, $\tilde{\gamma}_2$ 是所需的曲线段. ■

定理 15.1 令 Ω 和 Ω^* 是有界单连通开平面区域, 其边界 $\partial\Omega$ 和 $\partial\Omega^*$ 是 C^3 光滑封闭曲线. 假设 Ω 是凸的, 将 Ω 和 Ω^* 配备绝对连续测度 μ 和 ν. 令 $k_{\partial\Omega}$ 和 $k_{\partial\Omega^*}$ 是 $\partial\Omega$ 和 $\partial\Omega^*$ 的曲率. 如果存在一个连通子集 $J \subset \partial\Omega^*$, 满足

$$\int_J k_{\partial\Omega^*} < -\pi, \tag{15.13}$$

那么最优传输映射 $T : \Omega \to \Omega^*$ 是非连续的. ♦

证明 用反证法. 假设最优传输映射 $T : \Omega \to \Omega^*$ 在 Ω 上处处连续. 因为 Ω 是凸集合, T 的逆映射 $T^{-1} : \Omega^* \to \Omega$ 也是最优传输映射, 由 Caffarelli 正则性定理, T^{-1} 在 Ω^* 上处处 C^2 光滑. 我们知道, 对于 μ-几乎处处的 x 和 ν-几乎处处的 y, 都有 $T_2 \circ T_1(x) = x$ 且 $T_1 \circ T_2(y) = y$. 既然两个复合映射都连续并且几乎处处等于恒同映射, 它们必然处处是恒同映射, 因此处处 $T_2^{-1} = T_1$. 更进一步, 由 Caffarelli 的正则性定理, T^{-1} 是 C^2, 由 Monge-Ampère 方程, T^{-1} 的 Jacobi 矩阵在 Ω^* 的任意点处非奇异, 由反函数定理得到 T 也是 C^2. 因而 T^{-1} 是从 Ω^* 到 Ω 的微分同胚.

如图 15.10 所示, 对于足够小的 $\varepsilon > 0$, 考察集合

$$\Omega_\varepsilon = \{x \in \Omega^* : \mathrm{dist}(x, \partial\Omega^*) < \varepsilon\}, \quad \Gamma_\varepsilon = \{x \in \Omega^* : \mathrm{dist}(x, \partial\Omega^*) = \varepsilon\}.$$

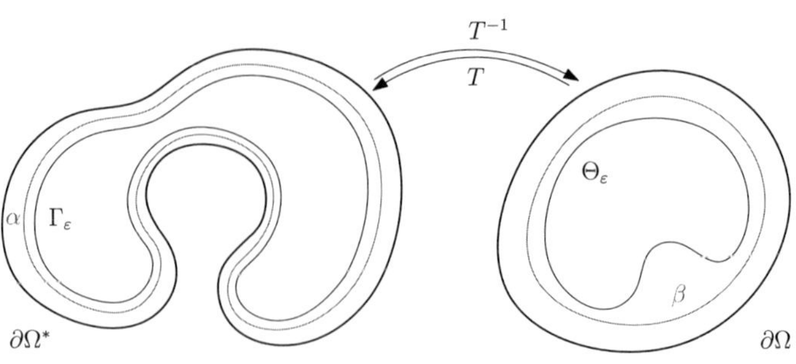

图 15.10 $\alpha = T(\beta)$ 非常接近 $\partial\Omega^*$, β 是凸曲线.

由命题 15.3, 我们知道存在 $\hat{\varepsilon} > 0$ 使得对一切 $0 < \varepsilon < \hat{\varepsilon}$, 曲线 Γ_ε 是 C^1. 进一步, 存在微分同胚 $f_\varepsilon : \partial\Omega^* \to \Gamma_\varepsilon$, 使得 $x - f_\varepsilon(x)$ 与 $\partial\Omega^*$ 和 Γ_ε 垂直. 假设 $T^{-1}(\Gamma_\varepsilon) = \Theta_\varepsilon$.

因为 T^{-1} 是 C^2 光滑且 Γ_ε 是紧集, 所以 $\Theta_\varepsilon \subset \Omega$ 也是紧的 C^1 曲线, 特别地, $\mathrm{dist}(\partial\Omega, \Theta_\varepsilon) > \delta > 0$. 我们构造一条 C^2 光滑凸曲线 $\beta \subset \Omega$, 其内部完全包含 Θ_ε: 在 Θ_ε 内部挑选一点 x_0, 以 x_0 为中心将 $\partial\Omega$ 进行相似变换, 相似比为 $1 - \tilde{\varepsilon} < t < 1$, 这里 $\tilde{\varepsilon} > 0$ 是足够小的正数, 所得的曲线记为 β_t. 因为 $\partial\Omega$ 是 C^3 凸的曲线, β_t 是 C^3 凸的曲线. 通过挑选 $\tilde{\varepsilon}$ 足够小, 我们可以保证 $\mathrm{dist}(\partial\Omega, \beta_t) < \frac{\delta}{2}$. 特别地, 我们可以挑选 t 使得 $\beta = \beta_t$ 的内部完全包含 Θ_ε, 并且足够接近 $\partial\Omega$. β 的凸性保证其曲率非负. 下一步, 考察 C^2 曲线 $\alpha = T(\beta)$, 我们可以看到 α 的内部包含 Γ_ε.

引理 15.3 断言: 如果曲线 α 足够接近区域 Ω^* 的边界 $\partial\Omega^*$, 那么 α 和 $\partial\Omega^*$ 的曲率行为比较接近. 我们可以挑选连通的子曲线段 $\gamma \subset \alpha$, 使得 γ 的总曲率小于 $-\pi$, $\int_\gamma k_\alpha < -\pi$. 最优传输映射在曲线上的限制 $T^{-1}|_\alpha : \alpha \to \beta$ 是一个 C^2 光滑的微分同胚. 由引理 15.2, α 和 β 之间的法向 Fréchet 距离大于 $\frac{\pi}{2}$, 这与最优传输映射的倾斜条件 (15.9) 相矛盾. 因此假设错误, 最优传输映射 $T : \Omega \to \Omega^*$ 在 Ω 上非连续. ■

15.4 power 中轴

给定区域 Ω, Ω^* 和密度函数 f, g 满足假设 (15.1) 和 (15.2), 我们用 $\mathcal{A}(f, g)$ 表示 Alexandrov 奇异集合. 令 $\tilde{u}$ 表示 Alexandrov 势能函数, $\tilde{u}^*$

是其 Legendre 对偶. 为了简单起见, 我们依然用 u 和 u^* 来表示. 令 $x_0 \in \mathcal{A}$, 由奇异集合的定义, 存在相异的两点 $y_1, y_2 \in \overline{\Omega^*}$, 满足

$$\theta y_1 + (1-\theta) y_2 \in \partial u(x_0), \quad \forall \theta \in [0,1],$$

这里 $\partial u(x_0)$ 是 u 在 x_0 的次微分,

$$\partial u(x_0) := \{y \in \mathbb{R}^d : u(x) \geqslant u(x_0) + (x - x_0) \cdot y, \quad \forall x \in \mathbb{R}^d\}.$$

由 Legendre 变换的定义, 我们有

$$u(x_0) + u^*(y_i) = x_0 \cdot y_i, \quad i = 1, 2.$$

因此, 简单计算表明

$$\begin{aligned}\frac{1}{2}|x_0 - y_i|^2 &= \frac{1}{2}|x_0|^2 + \frac{1}{2}|y_i|^2 - x_0 \cdot y_i \\ &= \frac{1}{2}|x_0|^2 - u(x_0) + \frac{1}{2}|y_i|^2 - u^*(y_i), \quad i = 1, 2.\end{aligned}$$

我们可以等价地定义 power 距离 $d_{u^*}^2 : \mathbb{R}^d \times \mathbb{R}^d \to \mathbb{R}$ 为

$$d_{u^*}^2(x, y) := \frac{1}{2}|x - y|^2 + u^*(y) - \frac{1}{2}|y|^2, \quad \forall x, y \in \mathbb{R}^d, \tag{15.14}$$

距离 $d_{u^*}^2$ 以 u^* 为权重, 因而可能取负值, 并且 $d_{u^*}(x, y)$ 关于 x, y 不对称. 当 $u^*(y) = \frac{1}{2}|y|^2$ 时, power 距离 $d_{u^*}^2$ 和经典欧氏距离等价. 从以上计算可以看到, 如果 $x_0 \in \mathcal{A}$, 那么存在两个相异点 $y_1, y_2 \in \overline{\Omega^*}$, 使得

$$d_{u^*}^2(x_0, y_1) = d_{u^*}^2(x_0, y_2). \tag{15.15}$$

这表明中轴的概念可以被推广成 power 中轴, 从而可以用来理解奇异集合.

由 (15.14), 我们定义 power 函数 r 为

$$r^2(y) := \frac{1}{2}|y|^2 - u^*(y), \quad \forall y \in \mathbb{R}^2. \tag{15.16}$$

目标区域 Ω^* 有界, 因此 $\operatorname{conv}(\Omega^*)$ 也有界. 如果 $y \in \mathbb{R}^2 \setminus \operatorname{conv}(\Omega^*)$, 我们有 $u^*(y) = +\infty$, 可以为 u^* 加上一个常数, 使得

$$r(y) = \sqrt{\frac{1}{2}|y|^2 - u^*(y)} \geqslant 0, \quad \forall y \in \operatorname{conv}(\Omega^*). \tag{15.17}$$

于是对任意 $y \in \operatorname{conv}(\Omega^*)$, 我们关联一个圆盘 $B(y, r(y)) \subset \mathbb{R}^2$, 圆心为 y, 半径为 $r(y)$.

定义 15.8 (power 距离) 一个点 $x \in \mathbb{R}^2$ 到一个圆盘 $B(y, r(y))$ 的 power 距离定义为

$$d_*^2(x,y) := \frac{1}{2}|x-y|^2 - r^2(y). \quad \blacklozenge \tag{15.18}$$

固定 u^*, 我们将 d_{u^*} 简写成 d_*.

定义 15.9 (power 圆盘) 以 $x \in \mathbb{R}^2$ 为中心、以 t 为 power 半径的 power 圆盘 $B(x,t) \subset \mathbb{R}^2$ 定义为

$$B^*(x,t) := \{y \in \mathbb{R}^2 : d_*(x,y)^2 < t\}. \quad \blacklozenge$$

通常情况下, power 圆盘不是欧氏圆盘. 特别地, 如果 $y \in \mathbb{R}^2 \setminus \text{conv}(\Omega^*)$, 对于所有的 $x \in \mathbb{R}^2$, 我们都有 $d_*^2(x,y) = +\infty$, 这意味着对一切 $x \in \mathbb{R}^2$ 和 $t \in \mathbb{R}$, 都有 $B^*(x,t) \subset \text{conv}(\Omega^*)$. 任取一点 $y \in \partial B^*(x,t)$,

$$d_*^2(x,y) = \frac{1}{2}|x-y|^2 + u^*(y) - \frac{1}{2}|y|^2 = t,$$

由此得到

$$u^*(y) = x \cdot y - \frac{1}{2}|x|^2 + t.$$

这意味着 $\partial B^*(x,t)$ 实际上是 u^* 的图与仿射函数

$$\mathcal{L}_{x,t}(y) = x \cdot y - \frac{1}{2}|x|^2 + t$$

的交线, 这里 $\mathcal{L}_{x,t}$ 的斜率为 x, 截距为 $-\frac{1}{2}|x|^2 + t$. 更进一步, power 圆盘 $B^*(x,t)$ 是 $\mathcal{L}_{x,t} - u^*$ 的次水平集,

$$B^*(x,t) = \{y \in \mathbb{R}^2 : (\mathcal{L}_{x,t} - u^*)(y) \leqslant 0\}. \tag{15.19}$$

由 u^* 的凸性, 我们得到 power 圆盘的性质:

(1) $B^*(x,t)$ 是 $\text{conv}(\Omega^*)$ 内的凸集;

(2) $B^*(x,t)$ 具有单调性, 即如果 $t \leqslant s$, $t, s \in \mathbb{R}$, 那么 $B^*(x,t) \subset B^*(x,s)$.

注意, $B^*(x,t) \subset D$ 并不蕴含 $x \in D$, x 自身不一定在 $B^*(x,t)$ 之中.

定义 15.10 (最大 power 圆盘) 一个 power 圆盘 $B^*(x,t)$ 称为最大的, 如果对任意 power 圆盘 $B^*(p,s)$, $B^*(x,t) \subset B^*(p,s)$ 蕴含 $B^*(x,t) = B^*(p,s)$. $\blacklozenge$

一般情况下, 最大 power 圆盘 $B^*(x,t) \subset \mathbb{R}^2 \setminus \Omega^*$ 且 $B^*(x,t) \cap \partial\Omega^* \neq \emptyset$.

定义 15.11 (power 核心) 区域 Ω^* 的 power 核心定义为

$$\mathrm{CORE}^*(\Omega^*) = \{B^*(x,t) : B^*(x,t) \text{ 是最大 power 圆盘}\}. \quad \blacklozenge$$

定义 15.12 (power 接触集) 令 $B^*(x,t) \in \mathrm{CORE}^*(\Omega^*)$, x 的 power 接触集定义为

$$C^*(x) := B^*(x,t) \cap \partial\Omega^*. \quad \blacklozenge$$

从 power 圆盘 $B^*(x,t)$ 的几何解释和 u^* 的凸性, 我们看到 $B^*(x,t)\cap \mathrm{conv}(\Omega^*)$ 或者是 $\partial\Omega^*$ 上的一个点, 或者是 $\mathrm{conv}(\Omega^*)$ 中的一个凸集, 其极值点 (extremal points) 在 $\partial\Omega^*$ 上. 因为 Ω^* 可能非凸, 接触集 $C^*(x)$ 可能包含一个或者多个点.

定义 15.13 (power n-分叉) 假设 $B^*(x,t) \in \mathrm{CORE}^*(\Omega^*)$, 中心 x 称为 power n-分叉的, $n \geqslant 1$, 如果 $C^*(x)$ 具有 n 个连通分支. $\blacklozenge$

假设 x_0 是一个 power 单叉点, 则存在唯一的 $y_0 \in \mathrm{conv}(\Omega^*)$, 使得对于相应的 t_0, 我们有 $\{y_0\} = B^*(x_0,t_0) \cap \mathrm{conv}(\Omega^*)$. 否则, 假设存在另外一个点 $\hat{y} \in B^*(x_0,t_0) \cap \mathrm{conv}(\Omega^*)$, $\hat{y} \neq y_0$. 因为 $B^*(x_0,t_0) \cap \mathrm{conv}(\Omega^*)$ 是凸集, 其极值点在 $\partial\Omega^*$ 之上, 因此必然有另外一点 $y_1 \in \partial\Omega^*$, $y_1 \neq y_0$, 满足 $\hat{y} = \theta y_0 + (1-\theta)y_1$, $\theta \in (0,1)$. 这蕴含 $\{y_0, y_1\} \subset C^*(x_0)$, 这和 x_0 是单叉点的假设矛盾. 由此, 如果 x_0 是单叉点, 则 $\partial u(x_0) = \{y_0\}$, 因此 u 在 x_0 点可微, $Du(x_0) = y_0$, x_0 是 u 的正常点, 而非奇异点.

定义 15.14 (power 中轴) Ω^* 的 (外) power 中轴, 记为 $\mathrm{MA}^*(\Omega^*)$, 是所有 power n-分叉点 $x \in \mathbb{R}^2$ 的集合, 这里 $n \geqslant 2$. 如果 $n \geqslant 3$, 一个 n-分叉点称为分支点. 相应地, power 中轴变换定义为:

$$\mathrm{MAT}^*(\Omega^*) := \{B^*(x,t) : x \in \mathrm{MA}^*(\Omega^*), \text{且 } B^*(x,t) \in \mathrm{CORE}^*(\Omega^*)\}. \quad \blacklozenge$$

引理 15.4 一个点 $x_0 \in \mathrm{MA}^*(\Omega^*)$, 当且仅当存在至少两个相异点 $y_1, y_2 \in \partial\Omega^*$, 使得

$$d_*^2(x_0,y_1) = d_*^2(x_0,y_2) \leqslant d_*^2(x_0,y), \quad y \in \mathrm{conv}(\Omega^*). \quad \blacklozenge \tag{15.20}$$

证明 令 $x_0 \in \mathrm{MA}^*(\Omega^*)$, 假设存在两个相异点 $y_1, y_2 \in B^*(x,t)\cap\partial\Omega^*$, 因此 $d_*^2(x_0,y_1) = d_*^2(x_0,y_2)$. 由几何解释, power 圆周 $B^*(x,t) = \{y :$

$(\mathcal{L}_{x,t} - u^*) \leqslant 0\}$. 我们抬升平面 $\mathcal{L}_{x,s}$, 截距 s 从 $-\infty$ 开始, 单调递增. 当截距等于 t 时, 平面从下面首次接触 u^*. 因此, 对一切 $\hat{y} \in \mathbb{R}^2$, $(\mathcal{L}_{x,t} - u^*)(\hat{y}) \geqslant 0$, 这蕴含了 (15.20).

另一方面, 假设 (15.20) 成立, 我们有

$$d_*^2(x_0, y_i) \leqslant d_*^2(x, y), \quad \forall y \in \mathbb{R}^2, i = 1, 2.$$

当 $y \in \mathbb{R}^2 \setminus \text{conv}(\Omega^*)$ 时, $u^*(y) = +\infty$, $d_*^2(x, y) = +\infty$. 这蕴含着, 当 s 从 $-\infty$ 单调递增时, power 圆盘 $B^*(x, t)$ 将首次同时在 y_1 和 y_2 接触 $\partial\Omega^*$, 因此 $y_1, y_2 \in C^*(x)$, 且 $x \in \text{MA}^*(\Omega^*)$. ■

我们下面证明, power 中轴实际上是最优传输映射的奇异集合.

定理 15.2 假设 (Ω, f) 和 (Ω^*, g) 给定, 最优传输映射为 $Du : \Omega \to \Omega^*$, 满足条件 (15.4), 那么最优传输映射 Du 的奇异集合 $\mathcal{B}_\Omega(f, g)$ 是 Ω^* 的外 power 中轴与 Ω 的交集:

$$\mathcal{B}_\Omega(f, g) = \text{MA}^*\left(\Omega^*, \frac{1}{2}|y|^2 - u^*\right) \bigcap \Omega. \quad \blacklozenge \tag{15.21}$$

证明 令 $x_0 \in \mathbb{R}^2$ 和 $y_0 \in \text{conv}(\Omega^*)$, 我们断言: $y_0 \in \partial u(x_0)$ 等价于对一切 $y \in \text{conv}(\Omega^*)$, $d_*^2(x_0, y_0) \leqslant d_*^2(x_0, y)$. 事实上, 如果 $y_0 \in \partial u(x_0)$, 由 Legendre 对偶, 我们有 $x_0 \in \partial u^*(y_0)$, 并且

$$u(x_0) + u^*(y_0) = x_0 \cdot y_0, \quad u(x_0) + u^*(y) \leqslant x_0 \cdot y, \quad \forall y \in \mathbb{R}^2.$$

因此,

$$\begin{gathered} u^*(y_0) - x_0 \cdot y_0 \leqslant u^*(y) - x_0 \cdot y, \\ \frac{1}{2}|x_0 - y_0|^2 - \left(\frac{1}{2}|y_0|^2 - u^*(y_0)\right) \leqslant \frac{1}{2}|x_0 - y|^2 - \left(\frac{1}{2}|y|^2 - u^*(y)\right), \\ d_*^2(x_0, y_0) \leqslant d_*^2(x_0, y), \quad \forall y \in \mathbb{R}^2. \end{gathered}$$

因为 $\partial u(\mathbb{R}^2) = \text{conv}(\Omega^*)$, 我们有 $y_0 \in \text{conv}(\Omega^*)$, 这意味着最优传输映射 Du 将每一个点 $x_0 \in \Omega$ 映射到由 u^* 诱导的 power 距离最近点 $y_0 \in \text{conv}(\Omega^*)$.

另一方面, 如果 $y \in \text{conv}(\Omega^*)$, $d_*^2(x_0, y_0) \leqslant d_*^2(x_0, y)$, 那么对一切

$y \in \mathbb{R}^2 \operatorname{conv}(\Omega^*)$, $u^*(y) = +\infty$, $d_*^2(x_0, y) = +\infty$, 我们有

$$d_*^2(x_0, y_0) \leqslant d_*^2(x_0, y), \quad \forall y \in \mathbb{R}^2.$$

同样地, 这蕴含

$$u^*(y) \geqslant u^*(y_0) + x_0 \cdot (y - y_0), \quad \forall y \in \mathbb{R}^2,$$

因此 $x_0 \in \partial u^*(y_0)$. 由 Legendre 对偶, 我们得到 $y_0 \in \partial u(x_0)$. 断言得证.

下面我们证明等式 (15.21). 假设 $x_0 \in \Omega$ 在 power 中轴 $\mathrm{MA}^*(\Omega^*, r^2)$ 上, 那么存在两个相异点 $y_1, y_2 \in \partial\Omega^*$ 使得等式 (15.20) 成立, 即在所有的点 $y \in \operatorname{conv}(\Omega^*)$ 中, $d_*^2(x, \cdot)$ 于 $y_1, y_2 \in \partial\Omega^*$ 取得最小. 由断言, 这意味着 $y_1, y_2 \in \partial u(x_0)$, 由 $\partial u(x_0)$ 的凸性, 我们有线段 $\overline{y_1 y_2} \subset \partial u(x_0)$, 因而 $x_0 \in \mathcal{B}_\Omega(f, g)$.

反之, 假设 $x_0 \in \mathcal{B}_\Omega(f, g)$, 那么 $\partial u(x_0)$ 包含至少两个相异点 $y_1, y_2 \in \partial\Omega^*$. 由 [20], 线段 $\overline{y_1 y_2} \subset \partial u(x_0) \cap \operatorname{conv}(\Omega^*)$. 由断言, 我们有

$$d_*^2(x_0, y_i) \leqslant d_*^2(x_0, y), \quad \forall y \in \operatorname{conv}(\Omega^*), \ i = 1, 2,$$

这就推出了 (15.20). 因此 $x_0 \in \mathrm{MA}^*(\Omega^*, r^2)$ 且等式 (15.21) 得证. ■

实际上, 上面的证明表明 Alexandrov 奇异集合

$$\mathcal{A}(f, g) = \mathrm{MA}^*(\Omega^*, r^2), \tag{15.22}$$

这里的 power 函数 r 由等式 (15.16) 给出.

在实际计算中, 我们将目标区域 Ω^* 离散化成采样点集 $Y = \{y_i\}_{i=1}^k$, 用 power 距离 $d_*^2(\cdot, y_i)$ 来定义 power 图.

定义 15.15 (power 图) Power 图 (power diagram) $\mathcal{D}^*(Y)$ 定义为

$$\mathbb{R}^2 = \bigcup_{i=1}^k W_i^*(Y), \quad W_i^*(Y) := \{x \in \mathbb{R}^2 : d_*^2(x, y_i) \leqslant d_*^2(x, y_j), \ \forall j\}. \quad \blacklozenge$$

Power 图的对偶称为加权 Delaunay 三角剖分, 记为 $\mathcal{T}^*(Y)$. 对于每一个三角形 $\triangle_{y_1 y_2 y_3} \in \mathcal{T}^*(Y)$, 存在唯一的中心 x_0, 满足条件

$$d_*^2(x_0, y_1) = d_*^2(x_0, y_2) = d_*^2(x_0, y_3). \tag{15.23}$$

引理 15.5 (power 中心) 令 $\triangle_{y_1 y_2 y_3} \in \mathcal{T}^*(Y)$, x_0 是其 power 中心,

满足条件 (15.23), 那么

$$d_*^2(x_0, y_i) \geqslant d_*^2(x_0, y_1), \quad y_i \in Y. \tag{15.24}$$

这意味着 $\triangle_{y_1y_2y_3}$ 的外接 power 圆 $B^*(x_0, t_0)$ $(t_0 = d_*(x_0, y_1))$ 的内部不包含其他采样点 y_i, $i > 3$. ♦

证明 注意三角形 $\triangle_{y_1y_2y_3} \in \mathcal{T}^*(Y)$ 蕴含着胞腔 $W_i(Y)$ 彼此相邻, $i = 1, 2, 3$. 由几何解释, 我们有如下观察.

(1) 点 $x \in W_i(Y)$ 意味着平面 $\mathcal{L}_{x,s}$ 具有斜率 x 和截距 s, 当 s 从 $-\infty$ 单调递增, 和 u^* 的图首先在 $(y_i, u^*(y_i))$ 点接触, 早于任何其他点 $(y_j, u^*(y_j))$.

(2) 点 $x \in W_i(Y) \cap W_j(Y)$, 则平面 $\mathcal{L}_{x,s}$ 同时与 $(y_1, u^*(y_1))$ 和 $(y_2, u^*(y_2))$ 接触, 早于任何其他点 $(y_j, u^*(y_j))$.

因此, power 中心 x_0 是 $W_1(Y)$, $W_2(Y)$ 和 $W_3(Y)$ 的交点, 平面 $\mathcal{L}_{x_0,s}$ 首先同时和 $(y_i, u^*(y_i))$ 接触, $i = 1, 2, 3$, 早于任何其他点 $(y_j, u^*(y_j))$. 这等价于不等式 (15.24). ■

选取一系列采样点 $Y_k = \{y_i\}_{i=1}^{n_k} \subset \Omega^*$. 我们说 Y_k 的密度为 $\theta > 0$, 如果 $\forall z \in \Omega^*$, 存在某个 $y_i \in Y_k$ 使得 $|z - y_i| \leqslant \theta^{-1}$. 将边界 $\partial\Omega^*$ 分解成两部分, $\partial\Omega^* = \partial_1\Omega^* \cup \partial_2\Omega^*$, 这里

$$\partial_1\Omega^* = \partial(\mathrm{conv}(\Omega^*)) \cap \partial\Omega^*, \quad \partial_2\Omega^* := \partial\Omega^* \setminus \partial_1\Omega^*.$$

对于 $y \in \partial_1\Omega^*$, Ω^* 在 y 的邻域中凸. $\partial_2\Omega^*$ 是被包含在 $\mathrm{conv}(\Omega^*)$ 内部的边界部分. 定义 Y_k 的 ‘边界点” 为

$$\partial Y_k := \{y_i \in Y_k : W_i^*(Y_k) \cap \partial_2\Omega^* \neq \emptyset\}, \tag{15.25}$$

且 $\mathcal{T}^*(\partial Y_k)$ 是 $T^*(Y_k)$ 中三角形的子集, 每个三角形的三个顶点中至少有一个属于 ∂Y_k.

定理 15.3 用 S_k^* 表示 $\mathcal{T}^*(\partial_2 Y_k)$ 中三角形的 power 中心, 那么当 $k \to \infty$ 时, $\theta_k \to \infty$, 我们有在 Hausdorff 度量下, 当 $k \to \infty$ 时,

$$S_k^* \to \overline{\mathrm{MA}_g^*(\Omega^*)},$$

这里 $\mathrm{MA}_g^*(\Omega^*)$ 是 $\mathrm{MA}^*(\Omega^*)$ 的子集, 包含所有的聚点. 对于每个聚点 x_0,

存在点列 $x_k \to x_0$, 对于每个 k, $x_k \in \partial u^*(y_k)$, 这里 y_k 是某个采样点在 $\mathrm{conv}(\Omega^*)$ 的内部. ♦

证明 令 $\{B_k^* = B^*(x_k, t_k)\}_{k\in\mathbb{N}}$ 是 power 圆周序列, 这里 B_k^* 是三角形 $\triangle_k \in \mathcal{T}^*(\partial Y_k)$ 的外接 power 圆周. 注意 u^* 有界, 因此对于一切 $k \in \mathbb{N}$, power 圆心 x_k 和 power 半径 t_k 也有界. 选取子序列, $x_k \to x_0$, $t_k \to t_0$, 且 $B_k^* \to B_0^* = B^*(x_0, t_0)$. 对于任意的 k, 由采样密度 θ_k 的定义, power 圆盘 $B^*(x_k, t_k - \theta_k^{-1})$ 不和 Y_k 中的任何采样点相交, 并且完全包含在 Ω^* 的补集 Ω^{*c} 中. 因为 $B^*(x_k, t_k - \theta_k^{-1}) \to B_0^*$ 并且包含关系在极限过程中保持, 我们得到 $B_0^* \subset \Omega^{*c}$.

我们用 $\triangle_{y_1y_2y_3}^k$ 来表示 B_k^* 所外接的三角形. 挑选一个子序列, 假设顶点分别收敛到 $\bar{y}_1$, $\bar{y}_2$ 和 $\bar{y}_3$. 因为 u^* 在 Ω^* 中严格凸 [20], 所有的极限点在 $\partial\Omega^*$ 上并且属于 B_0^*. 由于 $\theta_k \to \infty$, 不失一般性, 我们可以假设 $\{\bar{y}_1, \bar{y}_2, \bar{y}_3\}$ 包含: (1) 一个单点 $\hat{y}$; (2) 两个不同的点 $\hat{y}_1, \hat{y}_2$; (3) 三个不同的点 $\hat{y}_1, \hat{y}_2, \hat{y}_3$ (极限是非退化的三角形).

情形 (1): 令 $\triangle_{y_1y_2y_3}^k \to \hat{y}$ 收敛到单点 $\hat{y} \in \partial_2\Omega^*$, 由引理 15.5,

$$d_*^2(x_0, \hat{y}) \leqslant d_*^2(x_0, y), \quad \forall y \in \Omega^*,$$

并且因为 u^* 与仿射函数的接触集的极值点在 $\partial\Omega^*$ 上, 我们有

$$d_*^2(x_0, \hat{y}) \leqslant d_*^2(x_0, y), \quad \forall y \in \mathrm{conv}(\Omega^*).$$

因此, 由定理 15.2 的证明, $x_0 \in \partial u^*(\hat{y})$. 由 $\hat{y} \in \partial_2\Omega^*$, 我们有 $x_0 \in \overline{\mathrm{MA}_g^*(\Omega^*)}$. 为了区分 x_0 是 $\mathrm{MA}_g^*(\Omega^*)$ 的内点还是极限点, 我们可以计算接触集 $C^*(x_0) = B^*(x_0, t_0) \cap \partial\Omega^*$. 如果 x_0 是单分叉的, x_0 将是一个极限点; 如果 x_0 是 n-分叉的, $n \geqslant 2$, 那么 $x_0 \in \mathrm{MA}_g^*(\Omega^*)$.

情形 (2): 令 $\triangle_{y_1y_2y_3}^k \to \overline{\hat{y}_1\hat{y}_2}$. 由 u^* 的严格凸性 [20], 线段 $\overline{\hat{y}_1\hat{y}_2}$ 不可能包含 Ω^* 的内点. 进一步, 由 Alexandrov 关于二维情形严格凸性的证明 ([56] 的 2.4 节), 我们有 $\overline{\hat{y}_1\hat{y}_2} \not\subset \partial\Omega^*$. 因此 $\overline{\hat{y}_1\hat{y}_2} \subset \mathrm{conv}(\Omega^*) \setminus \Omega^*$, 并且 $x_0 \in \overline{\mathrm{MA}_g^*(\Omega^*)}$. 在这种情形下, x_0 不可能是单叉的, 因为 $\hat{y}_1, \hat{y}_2 \in \partial\Omega^*$ 是不同的点. 我们进一步得到结论, $x_0 \in \mathrm{MA}_g^*(\Omega^*)$.

情形 (3): 令 $\triangle_{y_1y_2y_3}^k \to \triangle_{\hat{y}_1\hat{y}_2\hat{y}_3}$, 因为 $\hat{y}_i \in \partial_2\Omega^*$, 三角形 $\triangle_{\hat{y}_1\hat{y}_2\hat{y}_3} \subset$

$\operatorname{conv}(\Omega^*)\setminus\Omega^*$, 并且 $x_0\in\overline{\mathrm{MA}_g^*(\Omega^*)}$. 因为 $\hat{y}_i$, $i=1,2,3$ 是不同的点, 由定义 15.14, 我们得到结论 $x_0\in\mathrm{MA}_g^*(\Omega^*)$ 且 x_0 是分叉点.

下一步, 我们证明上面的收敛在 Hausdorff 距离下是局部一致收敛. 为了简化记号, 记 $S_0^*:=\overline{\mathrm{MA}_g^*(\Omega^*)}$, 且 $S_0^*\oplus B(0,\varepsilon)$ 为 S_0^* 与欧氏圆盘 $B(0,\varepsilon)$ 的 Minkowski 和. 我们断言: $\forall\varepsilon>0$, $\exists k_0\in\mathbb{N}$, 使得对一切 $k>k_0$, 都有 $S_k^*\subset S_0^*\oplus B(0,\varepsilon)$. 用反证法证明. 令 $\varepsilon>0$, 且 $B_{i_k}^*=B^*(x_{i_k},t_{i_k})$ 是 $\mathcal{T}^*(\partial Y_{i_k})$ 中的 power 圆盘, 满足对一切 k, $\operatorname{dist}(x_{i_k},S_0^*)>\varepsilon$. 取一个子序列 $B_{i_k}^*$ 收敛到极限 $B^*(x_0,t_0)$. 因为 $\operatorname{dist}(x_0,S_0^*)\geqslant\varepsilon$, x_0 是 Ω 中规则的内点, 其像 $y_0=Du(x_0)$ 是 Ω^* 的内点. 这意味着, 平面 $\mathcal{L}_{x_0,s}(y)=x_0\cdot y+s$ 当 s 从 $-\infty$ 单调递增时, 与 u^* 的图在点 $(y_0,u^*(y_0))$ 首次接触, 先于任何其他 $\partial\Omega^*$ 上的点. 这与下述事实矛盾: 当 $k\to\infty$ 时, power 圆盘 $B^*(x_0,t_0)$ 与 $\mathcal{T}^*(\partial Y_{i_k})$ 相关联.

上面证明了 $\lim_{k\to\infty}S_k^*\subset S_0^*$, 现在我们需要证明

$$S_0^*\subset\lim_{k\to\infty}S_k^*.$$

任选 $x_0\in S_0^*$, 存在唯一的 $t_0\in\mathbb{R}$, 使得 $B_0^*=B^*(x_0,t_0)$ 是最大 power 圆盘. 记 $C^*(x_0)=B^*(x_0,t_0)\cap\partial\Omega^*$. 那么, 对于每一个 k, 令 $B_k^*=B^*(x_k,t_k)$ 是与 $\mathcal{T}^*(Y_k)$ 相关联的 power 圆盘, 满足 $C^*(x_0)\subset B_k^*$. 我们看到

$$C^*(x_0)\subset B_0^*\subset B_k^*.$$

注意 $B_k^*(x_k,t_k-\theta_k^{-1})$ 不和 Y_k 中的任何采样点相交, 因此包含在 Ω^{*c} 中. 令 $\bar{B}^*=B^*(x_0,\bar{t})$ 是 B_k^* 的极限, 那么

$$C^*(x_0)\subset B_0^*\subset\bar{B}^*\subset\Omega^{*c}.$$

因为 $B_k^*(x_0,t_0)$ 最大, $t_0=\bar{t}$ 是 B_k^* 的唯一极限点. 因此当 $k\to\infty$ 时, $B_k^*\to B_0^*$, 序列 B_k^* 的中心 x_k 收敛到 x_0. 证明完成. ■

15.5 次级多面体理论

定义 15.16 (点集构形) 一个点集构形 (point configuration) 是 $\mathbb{R}^n$ 中的一个有限相异点集 $Y=\{y_1,y_2,\cdots,y_k\}$. ♦

Y 的凸包记为 $\operatorname{conv}(Y)$, 如果点 y_i 在凸包的边界上, 则我们称 y_i 为边界点, 否则为内部点.

为每个点关联一个圆盘 $B(y_i, r_i)$, power 距离定义为 $\operatorname{pow}(x, y_i) = |x - y_i|^2 - r_i^2$. 最近 power 图 (nearest power diagram) 是 $\mathbb{R}^n$ 的一个胞腔分解,

$$\mathbb{R}^n := \bigcup_{i=1}^{k} W_i, \quad \{x \in \mathbb{R}^n : \operatorname{pow}(x, y_i) \leqslant \operatorname{pow}(x, y_j), \forall 1 \leqslant j \leqslant k\}.$$

类似地, 最远 power 图 (farthest power diagram) 定义为

$$\mathbb{R}^n := \bigcup_{i=1}^{k} W_i, \quad \{x \in \mathbb{R}^n : \operatorname{pow}(x, y_i) \geqslant \operatorname{pow}(x, y_j), \forall 1 \leqslant j \leqslant k\}.$$

最近 (最远) 加权 Delaunay 三角剖分是最近 (最远) power 图的 Poincaré 对偶. 加权 Delaunay 三角剖分中的任意一个单纯形具有顶点 $\{y_{i_1}, y_{i_2}, \cdots, y_{i_k}\}$, 对应 power 图中胞腔的交集 $W_{i_1} \cap W_{i_2} \cap \cdots \cap W_{i_m}$. 我们为每个点 $y_i \in Y$ 构造平面 $\pi_i(x) = x \cdot y_i - h_i$, 这里截距 $h_i = \frac{1}{2}(|y_i|^2 - r_i^2)$. 将所有的截距记为高度向量 $\mathbf{h} = (h_1, h_2, \cdots, h_k)$. 平面族 $\{\pi_i\}$ 的上包络 (upper envelope) 记为 $\operatorname{env}(\{\pi_i\}_{i=1}^k)$, 是离散凸函数的图 $u_{\mathbf{h}}(x) := \max_{i=1}^k \{\pi_i(x)\}$. 平面族的下包络 (lower envelope) 是离散凹函数的图, $u_{\mathbf{h}}(x) := \min_{i=1}^k \{\pi_i(x)\}$. 每个平面 π_i 的对偶是一个点 $\pi_i^* := (y_i, h_i)$, 所有对偶点的凸包记为 $\operatorname{conv}(\{\pi_i^*\}_{i=1}^k)$. 函数 $u_{\mathbf{h}}$ 的 Legendre 对偶定义为 $u_{\mathbf{h}}^*(y) := \sup_{x \in \Omega}\{x \cdot y - u_{\mathbf{h}}(x)\}$. 上包络 $u_{\mathbf{h}}$ 的 Legendre 对偶 $u_{\mathbf{h}}^*$ 是凸包 $\operatorname{conv}(\{\pi_i\}_{i=1}^k)$ 的下部分; 下包络 $u_{\mathbf{h}}$ 的 Legendre 对偶 $u_{\mathbf{h}}^*$ 是凸包 $\operatorname{conv}(\{\pi_i\}_{i=1}^k)$ 的上部分.

- 上包络投影到 $\mathbb{R}^n$ 得到最近 power 图; 下包络投影到 $\mathbb{R}^n$ 得到最远 power 图.
- 上凸包投影到 $\mathbb{R}^n$ 得到最远加权 Delaunay 三角剖分; 下凸包投影到 $\mathbb{R}^n$ 得到最近加权 Delaunay 三角剖分.
- 上包络和下凸包对偶; 下包络和上凸包对偶.
- 上下凸包的交集的投影是 $\operatorname{conv}(Y)$; 最近和最远 power 图分享无穷大的胞腔.

彩 图

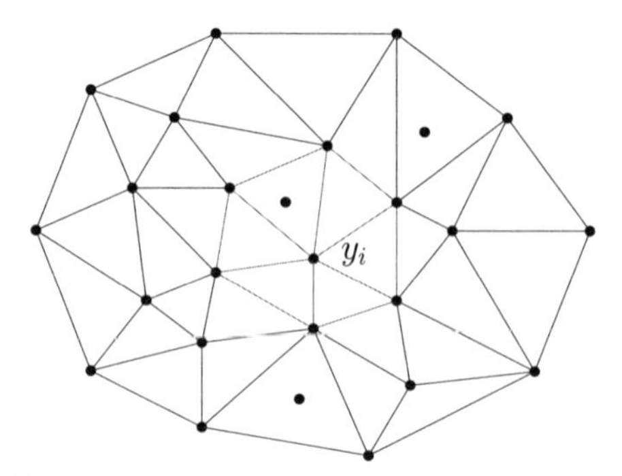

图 15.11 凸包 conv(Y) 的一个三角剖分.

我们考察凸包 conv(Y) 的三角剖分 T, 如图 15.11 所示, 凸包边界点都是 T 的顶点, 凸包的内部点不见得是 T 的顶点. 有些三角剖分是加权 Delaunay 三角剖分, 而另外一些三角剖分则不是. 我们下面来定义如何区分.

定义 15.17 (分片线性凹函数) 给定一个三角剖分 T, 一个分片线性函数 $g:\text{conv}(Y)\to\mathbb{R}$ 在 T 的每个单形上是仿射函数. 进一步, g 是凹的, 如果对一切 $x,y\in\Omega$, 都有

$$g(tx+(1-t)y)\geqslant tg(x)+(1-t)g(y).$$ ♦

定义 15.18 (一致三角剖分) 假设 Y 是一个点集构形, T 是其凸包 conv(Y) 的一个三角剖分. 我们说 T 是一致三角剖分 (coherent triangulation), 如果存在一个分片线性凹函数, 其线性定义域恰好是 T 的最大单纯形. 如果 T 的顶点包含 Y 的所有点, 那么 T 称为非退化的一致三角剖分. ♦

由定义我们可以看到, 加权 Delaunay 三角剖分都是一致的, 反之亦然.

引理 15.6 一致三角剖分等价于最近、最远加权 Delaunay 三角剖分. ♦

定义 15.19 (特征向量) 给定点的构形 Y, T 是其凸包 conv(Y) 的一个三角剖分. T 的特征向量 $\psi_T:=(\lambda_1,\lambda_2,\cdots,\lambda_k)$, $\lambda_i=\sum_{y_i\sim\sigma}\text{vol}(\sigma)$, 这里 σ 是 T 的单纯形. ♦

定义 15.20 (次级多面体) 给定点的构形 Y, T 是其凸包 conv(Y)

的三角剖分, T 的特征向量是 ψ_T. 所有特征向量的凸包称为 Y 的次级多面体 (secondary polytope), 记为 $\Sigma(Y)$. ♦

Gel'fand-Kapranov-Zelevinsky [34] 证明了如下引理.

引理 15.7 次级多面体上的特征向量对应的三角剖分是一致三角剖分. ♦

通过定义 15.21 中的 Bistella 变换, 我们可以将一个三角剖分变换成另一个三角剖分. 给定 $\mathbb{R}^n$ 中的一个 n 维单纯形 $\sigma = [v_0, v_1, \cdots, v_n]$, 单纯形的所有顶点再加上一个新的点 v_{n+1} 称为一个环路 (circuit), 记为 Z. 环路 Z 中的所有顶点具有仿射关系,

$$\sum_{v_i \in Z} \lambda_i v_i = 0, \quad \sum \lambda_i = 0.$$

不同的仿射关系系数相差一个实数.

定义 15.21 (Bistella 变换) 令 $Z_+ = \{v_i \in Z | \lambda_i > 0\}$ 且 $Z_- = \{v_i \in Z | \lambda_i < 0\}$. Z 的凸包 $\mathrm{conv}(Z)$ 具有两个三角剖分,

$$T_+ := \bigcup_{v_i \in Z_+} \mathrm{conv}(Z - \{v_i\}); \quad T_- := \bigcup_{v_i \in Z_-} \mathrm{conv}(Z - \{v_i\}).$$

我们称 T_+ 到 T_- 的变换为 Bistella 变换. ♦

定理 15.4 ([34]) 给定一个点构形 $Y = \{y_1, y_2, \cdots, y_k\} \subset \mathbb{R}^n$, $T_0, T_1 \in \Sigma(Y)$ 是两个一致三角剖分. 那么, 存在一系列 Bistella 变换, 将 T_0 变换成 T_1, 并且中间每一步都是一致三角剖分. ♦

15.6 奇异点同伦

我们可以证明当测度变化时, 相应的最优传输映射的奇异集合彼此同伦等价.

假设 $\Omega \subset \mathbb{R}^n$ 是凸集, 目标集合为离散点集 $Y = \{y_1, y_2, \cdots, y_k\} \subset \mathbb{R}^n$, 概率测度 μ 的支撑集为 Ω, 具有连续密度函数, 目标测度为 Dirac 测度之和 $\nu = \sum_{i=1}^n \nu_i \delta(y - y_i)$. 我们知道存在高度向量 $\mathbf{h} = (h_1, h_2, \cdots, h_k)$, $\sum h_i = 0$, 对应的上包络 $u_{\mathbf{h}}(x) = \max_{i=1}^n \{\langle x, y_i \rangle - h_i\}$ 是 Brenier 势能函数, $u_{\mathbf{h}}$ 的投影诱导 Ω 的 power 图 $\mathcal{D}(\Omega, \mathbf{h})$, 满足每个 power 胞腔

$W_i(\mathbf{h})\cap\Omega$ 的 μ-体积等于 ν_i,

$$\int_{W_i(\mathbf{h})\cap\Omega} d\mu = \nu_i, \quad i=1,2,\cdots,k.$$

最优传输映射 $T:(\Omega,\mu)\to(Y,\nu)$ 将每个胞腔 $W_i(\mathbf{h}\cap\Omega)\to\{y_i\}$. 我们定义的可容许高度空间是

$$\mathcal{H}(Y):=\{\mathbf{h}\in\mathbb{R}^k: W_i(\mathbf{h})\cap\Omega\neq\emptyset,\ \forall W_i(\mathbf{h})\in\mathcal{D}(\mathbf{h})\}.$$

将可容许高度空间 $\mathcal{H}(Y)$ 进行胞腔分解 $\mathcal{H}(Y)=\cup D_T(Y)$, 这里每个胞腔 $D_T(Y)$ 对应一个一致三角剖分 $T\in\Sigma(Y)$. 每个高度向量 $\mathbf{h}\in\mathcal{H}(Y)$ 诱导了加权 Delaunay 三角剖分 $T(\mathbf{h})$, 如果 $T(\mathbf{h})=T$, 那么高度 $\mathbf{h}\in D_T(Y)$. 如果两个高度向量 $\mathbf{h}_1$ 和 $\mathbf{h}_2$ 诱导同样的加权 Delaunay 三角剖分 $T(\mathbf{h}_1)=T(\mathbf{h}_2)=T$, 则它们属于同一个胞腔 $D_T(Y)$. 我们将这个胞腔分解称为次级 power 图.

定义 15.22 (次级 power 图) 给定区域 $\Omega\subset\mathbb{R}^n$ 为有界凸集, 给定离散点的构形 $Y=\{y_1,y_2,\cdots,y_k\}\subset\mathbb{R}^n$, 可容许高度空间 $\mathcal{H}(Y)$ 的胞腔分解称为次级 power 图 (secondary power diagram),

$$\mathcal{H}(Y)=\bigcup_{T\in\Sigma(Y)} D_T(Y), \quad D_T(Y):=\{\mathbf{h}\in\mathcal{H}(Y), T(\mathbf{h})=T\}. \quad \blacklozenge \tag{15.26}$$

我们定义一个线性函数 $\pi_T:\mathcal{H}\to\mathbb{R}$,

$$\pi_T(\mathbf{h})=\frac{1}{n+1}\langle\psi_T,\mathbf{h}\rangle=\frac{1}{n+1}\sum_{y_i\in Y}\sum_{y_i\sim\sigma,\sigma\in T}\mathrm{vol}(\sigma)h_i. \tag{15.27}$$

定理 15.5 给定点的构形 $Y=\{y_i\}_{i=1}^k\subset\mathbb{R}^n$, 凸区域 $\Omega\subset\mathbb{R}^n$ 包含原点, 则我们有

(1) 任意一个非退化的一致三角剖分 $T\in\Sigma(Y)$ 都对应一个非空的胞腔 D_T.

(2) 一个非退化的一致三角剖分 $T\in\Sigma(Y)$ 对应一个非空的胞腔 D_T, 那么 D_T 是凸集.

(3) 胞腔分解 (15.26) 是 power 图, 由上包络的投影得到,

$$U_Y(\mathbf{h}):=\max_{T\in\Sigma(Y)}\{-\pi_T(\mathbf{h})\}. \quad \blacklozenge$$

证明 假设 T 是一个非退化的一致三角剖分, 存在一个分片线性凹函

数 $f:\mathrm{conv}(Y)\to\mathbb{R}$, 那么函数 $-f$ 的图是分片线性凸函数, 我们定义高度向量

$$h_i=-f(y_i)+\frac{1}{n}\sum_{j=1}^{n}f(y_j),\quad 1\leqslant j\leqslant n,$$

则 $\mathbf{h}\in D_T(Y)$.

假设 $\mathbf{h}_1,\mathbf{h}_2\in D_T(Y)$, 对任意非空胞腔 $W_k(\mathbf{h}_1)$ 和 $W_k(\mathbf{h}_2)$, 我们有

$$W_k(\lambda\mathbf{h}_1+(1-\lambda)\mathbf{h}_2)=\lambda W_k(\mathbf{h}_1)\oplus(1-\lambda)W_k(\mathbf{h}_2),$$

由 Brunn-Minkowski 不等式, 我们得到 $W_k(\lambda\mathbf{h}_1+(1-\lambda)\mathbf{h}_2)$ 非空, 因此 $\lambda\mathbf{h}_1+(1-\lambda)\mathbf{h}_2\in D_T(Y)$, $D_T(Y)$ 是凸集.

固定高度向量 $\mathbf{h}\in\mathcal{H}(Y)$, 相应的凸函数是 $u_{\mathbf{h}}$, 其 Legendre 对偶是 $u_{\mathbf{h}}^*$, 由 $u_{\mathbf{h}}^*$ 图的投影得到三角剖分 $T(\mathbf{h})$. 设一个单纯形 $\sigma\in T(\mathbf{h})$, 顶点为 $\sigma=[y_{i_0},y_{i_1},\cdots,y_{i_n}]$, 提升到 $u_{\mathbf{h}}^*$ 上得到单形 $\tilde{\sigma}$,

$$\tilde{\sigma}=[(y_{i_0},h_{i_0}),(y_{i_1},h_{i_1}),(y_{i_2},h_{i_2}),\cdots,(y_{i_n},h_{i_n})].$$

如图 15.12 所示, 以 σ 为底面, $\tilde{\sigma}$ 为顶面, 我们得到一个棱柱, 记为 $P_\sigma(\mathbf{h})\subset\mathbb{R}^{n+1}$, 所有这些棱柱的总体积为

$$V(T(\mathbf{h})):=\sum_{\sigma\in T(\mathbf{h})}\mathrm{vol}\,P_\sigma(\mathbf{h})=\frac{1}{n+1}\langle\psi_T,\mathbf{h}\rangle.$$

考察 $\mathrm{conv}(Y)$ 的所有可能的三角剖分, 由 $u_{\mathbf{h}}^*$ 的凸性, 我们得到 $T(\mathbf{h})$ 对应

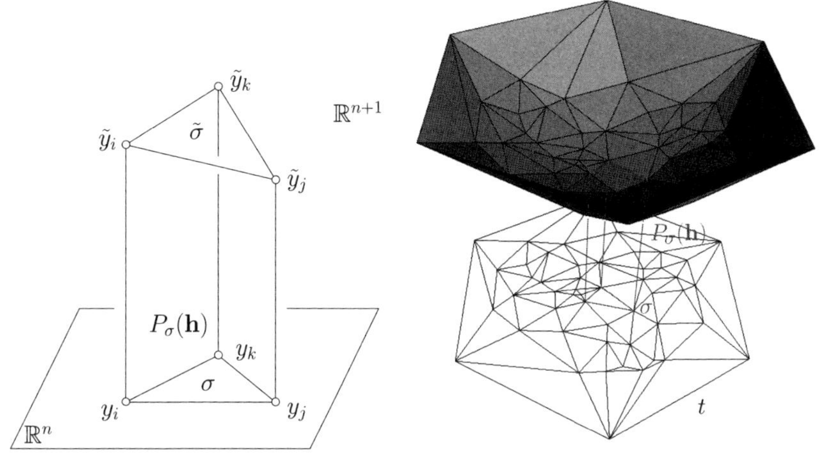

图 15.12 由一致三角剖分 $T\in\Sigma(Y)$ 的单形 σ 构造的棱柱 $P_\sigma(\mathbf{h})$, 及其体积.

的棱柱总体积最小, $V(T(\mathbf{h})) \leqslant V(T), \forall T \in \Sigma(Y)$. 因此我们得到胞腔分解 (15.26) 是 power 图, 由上包络的投影得到,

$$U_Y(\mathbf{h}) := \max_{T\in\Sigma(Y)} \{-\pi_T(\mathbf{h})\} = \max_{T\in\Sigma(Y)} \left\{-\frac{1}{n+1}\langle \psi_T, \mathbf{h}\rangle\right\}.$$

这就完成了证明. ■

定理 15.6 假设 $\Omega \subset \mathbb{R}^n$ 是一个有界凸集, $Y = \{y_1, y_2, \cdots, y_k\} \subset \mathbb{R}^n$ 是离散点集. 给定概率测度 μ_j 以 Ω 为支撑集具有连续密度函数, $\nu_j = \sum_{i=1}^k \nu_i^j \delta(y - y_i)$, $j = 1, 2$, 那么最优传输映射 $T_j : (\Omega, \mu_j) \to (Y, \nu_j)$ 的 Alexandrov 奇异集 $\mathcal{A}_j$ 同伦等价. ♦

证明 假设 T_j 所关联的高度向量为 $\mathbf{h}_j$, $j = 1, 2$. 由可容许高度空间 $\mathcal{H}(Y)$ 的凸性, 我们可以构造一条包含在 $\mathcal{H}(Y)$ 中的路径 $\gamma(t)$,

$$\gamma(t) := (1-t)\mathbf{h}_1 + t\mathbf{h}_2, \quad \forall t \in [0, 1].$$

$\mathcal{H}$ 具有胞腔分解, $\mathcal{H} = \cup D_T(Y)$, 我们将路径分段, 每一段在一个胞腔之中,

$$0 = t_0 < t_1 < t_2 < \cdots < t_l = 1,$$

满足

$$\forall t \in (t_i, t_{i+1}), \quad \gamma(t) \in D_{T_i}, \quad \gamma(t_i) \in D_{t_i} \cap D_{t_{i+1}}.$$

第一步: 考察一个线段, $\gamma(t), t \in (t_i, t_{i+1})$, Brenier 势能函数可以写成

$$u_{\gamma(t)} = \max_{j=1}^{k} \{\langle x, y_j\rangle - (\lambda h_j(t_i) + (1-\lambda) h_j(t_{i+1}))\},$$

这里 $\lambda = (t_{i+1} - t)/(t_{i+1} - t_i)$. Power 胞腔可以被表示成 Minkowski 和的形式,

$$W_i(\gamma(t)) = \lambda W_i(\gamma(t_i)) \oplus (1-\lambda) W_i(\gamma(t_{i+1})).$$

因此, Alexandrov 奇异集合可以表示成 power 图的 power 中轴,

$$\mathcal{A}(\gamma(t)) = \lambda \mathcal{A}(\gamma(t_i)) \oplus (1-\lambda)\mathcal{A}(\gamma(t_{i+1})). \tag{15.28}$$

因为 $\gamma(t)$ 在同一个 power 胞腔内部, $\mathcal{A}(\gamma(t))$ 的组合结构不变, 不同维数的每一个胞腔都可以表示成 Minkowski 求和意义下的线性插值, 等式

(15.28) 给出了从 $\mathcal{A}(\gamma(t_i))$ 到 $\mathcal{A}(\gamma(t_{i+1}))$ 的同伦变换.

第二步: 路径 $\gamma(t)$ 穿越胞腔 D_{T_i} 和 $D_{T_{i+1}}$ 的边界, 加权 Delaunay 三角剖分 T_i 通过一个 Bistella 变换成为 T_{i+1}. 为了简化讨论, 我们只讨论二维情形, 高维情形类似. 如图 15.13 所示, 当 $t < t_i$ 时, 加权 Delaunay 三角剖分 $T(\gamma(t))$ 中有两个相邻三角形 $[v_i, v_j, v_k]$ 和 $[v_j, v_i, v_l]$; 当 $t > t_i$ 时, 这两个三角形经过一个 Bistella 变换, 变成了 $[v_i, v_l, v_k]$ 和 $[v_j, v_k, v_l]$. 当 $t < t_i$ 时, 在三角形 $[v_i, v_j, v_k]$ 中, 每个顶点关联一个圆周 $B(v_i, r_i)$, $B(v_j, r_j)$ 和 $B(v_k, r_k)$, power 圆 $B(o_k, r_k)$ 和三个顶点圆同时垂直. 同样, 在三角形 $[v_j, v_i, v_l]$ 中, power 圆周 $B(o_l, r_l)$ 同时和三个顶点圆周垂直. Power 中心 o_k 和 o_l 是对偶 power 图的 Voronoi 顶点, 边 $[o_k, o_l]$ 是 power 图中的 Voronoi 边. 当 $t > t_i$ 时, 三角形 $[v_k, v_l, v_j]$ 的 power 中心 o_j 和三角形 $[v_l, v_k, v_i]$ 的 power 中心 o_i 都是对偶 power 图的 Voronoi 顶点, $[o_i, o_j]$ 是 power 图的一条 Voronoi 边. 当 $t \to t_i^-$ 时, Voronoi 边 $[o_k, o_l]$ 连续缩成一点; 同样, 当 $t \to t_i^+$ 时, Voronoi 边 $[o_i, o_j]$ 连续缩成一点, 由此我们有

$$\lim_{t \to t_i^-} \mathcal{A}(\gamma(t)) = \lim_{t \to t_i^+} \mathcal{A}(\gamma(t)).$$

结合第一步和第二步, 我们得到

$$\mathcal{A}(\gamma(t_i^+)) \sim \mathcal{A}(\gamma(t_{i+1}^-)) = \mathcal{A}(\gamma(t_{i+1}^+)) \sim \mathcal{A}(\gamma(t_i^-)),$$

由此

$$\mathcal{A}(\gamma(t_0)) \sim \mathcal{A}(\gamma(t_1^-)) = \mathcal{A}(\gamma(t_1^+)) \sim \cdots \sim \mathcal{A}(\gamma(t_l)).$$

彩图

证明完毕. ■

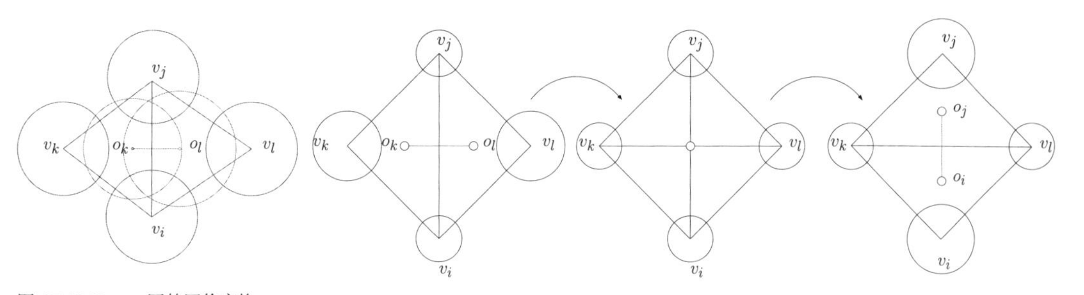

图 15.13 Power 图的同伦变换.

第六部分

计算方法

这一部分介绍最优传输映射的各种计算方法, 包括 Monge-Ampère 方程的经典数值方法、线性化 Monge-Ampère 算子法、Oliker-Prussner 方法和几何变分方法.

第十六章 基于 Delaunay 三角剖分的网格生成

求解偏微分方程有很多种方法, 其中有限元方法较为常用. 有限元方法要求我们将定义域进行三角剖分, 即所谓的生成网格. 我们在本章中介绍三角网格生成算法, 这一方法对任意维数都成立.

16.1 三角剖分

首先定义三角剖分.

定义 16.1 (单纯形) 一个带有顶点 $\{v_0, v_1, \cdots, v_n\}$ 的 n 维单纯形定义为点集

$$[v_0, v_1, \cdots, v_n] := \left\{\lambda_0 v_0 + \lambda_1 v_1 + \cdots + \lambda_n v_n : \sum_{i=0}^{n} \lambda_i = 1, \lambda_i \geqslant 0\right\}. \quad \blacklozenge$$

定义 16.2 (单纯形定向) 带有顶点 $\{v_0, v_1, \cdots, v_n\}$ 的 n 维单纯形有两个定向 (orientation). 设 $\sigma \in S_n$ 是一个置换, 单形 $[v_0, v_1, \cdots, v_n]$ 和 $[v_{\sigma(0)}, v_{\sigma(1)}, \cdots, v_{\sigma(n)}]$ 有同样的定向, 当且仅当 σ 是一个偶置换. 否则, 若 σ 是一个奇置换, 则两个单纯形定向相反, 我们记为

$$[v_{\sigma(0)}, v_{\sigma(1)}, \cdots, v_{\sigma(n)}] = -[v_0, v_1, \cdots, v_n]. \quad \blacklozenge$$

定义 16.3 (边界) 设 $[v_0, v_1, \cdots, v_n]$ 是一个 n 维单形, 其边界定义为

$$\partial[v_0, v_1, \cdots, v_n] = \sum_{i=0}^{n} (-1)^i [v_0, \cdots, v_{i-1}, v_{i+1}, \cdots, v_n]. \quad \blacklozenge$$

定义 16.4 (单纯复形) 设 $\mathcal{C}$ 是一个单纯形集合, 若 σ_i 和 σ_j 为 $\mathcal{C}$ 中的单形, 则它们的交集 $\sigma_i \cap \sigma_j$ 要么是空的, 要么是 $\mathcal{C}$ 中的单形, 那么我们称 $\mathcal{C}$ 为一个单纯复形. ♦

一个 n 维流形 M 的胞腔分解是将 M 分解成胞腔的不交并, 这里每个胞腔是一个 n 维球同胚. 如果胞腔分解的组合结构可以表示成一个单

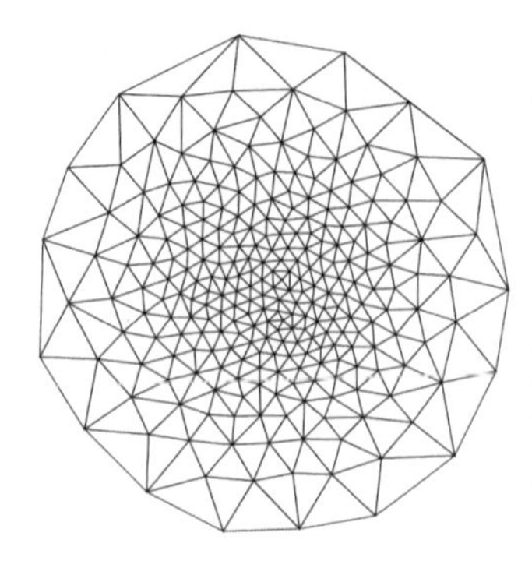 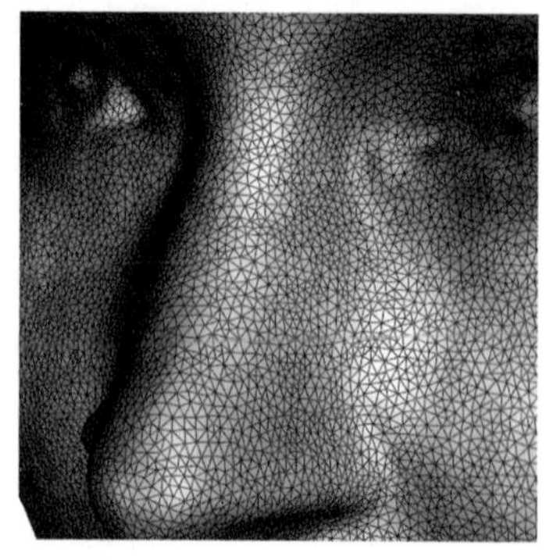

图 16.1 平面上的 Delaunay 三角剖分 (左帧), 曲面上的 Delaunay 三角剖分 (右帧).

纯复形 $\mathcal{T}$, 则 $\mathcal{T}$ 也称为 M 的三角剖分. 图 16.1 显示了平面区域的三角剖分 (左帧) 和曲面区域的三角剖分 (右帧).

16.2 增量凸包算法

给定一个点集 $P=\{p_1,p_2,\cdots,p_n\}\subset\mathbb{R}^d$, P 的凸包是包含 P 的最小凸集.

定义 16.5 (凸包) P 的凸包 (convex hull) 是所有包含 P 的凸集的交集,

$$\operatorname{conv}(P)=\left\{\lambda_1p_1+\lambda_2p_2+\cdots+\lambda_np_n\in\mathbb{R}^d:\sum_{i=1}^n\lambda_i=1,\ \lambda_i\geqslant 0,\forall i\right\}.\quad\blacklozenge$$

给定一个在 $\mathbb{R}^3$ 的离散点集 $P=\{p_1,p_2,\cdots,p_n\}$, $n>3$, P 的凸包由它的边界表示, 它是一个二维单纯复形, 即一个被三角剖分的多面体曲面. 凸包 $\operatorname{conv}(P)$ 可以用增量算法计算. 在初始步骤, 我们构造一个三维单形, 即用 $p_1,\cdots,p_4$ 表示的一个四面体. 四面体 $[p_1,p_2,p_3,p_4]$ 的有向体积由下式给出,

$$V([p_1,p_2,p_3,p_4])=\frac{1}{6}\det\begin{bmatrix}x_1&x_2&x_3&x_4\\y_1&y_2&y_3&y_4\\z_1&z_2&z_3&z_4\\1&1&1&1\end{bmatrix}.$$

若有向体积为负, 则交换 p_1 和 p_2 的次序. 初始的凸包 $\operatorname{conv}(p_1,p_2,p_3,p_4)$

由这个四面体给定.

然后, 我们逐一处理 P 中的所有顶点. 在第 k 步, 我们处理当前顶点 v_k, 把 $\text{conv}(p_1,\cdots,p_{k-1})$ 扩张到 $\text{conv}(p_1,\cdots,p_{k-1},p_k)$. 遍历 $\text{conv}(p_1,\cdots,p_{k-1})$ 的每个三角形面, $[p_\alpha,p_\beta,p_\gamma]$, 若四面体 $[p_k,p_\alpha,p_\beta,p_\gamma]$ 的有向体积为负, 则我们说该面相对于 p_k 是可见的, 否则此面是不可见的. 若所有的面都是不可见的, 则点 p_k 在 $\text{conv}(p_1,\cdots,p_{k-1})$ 之内. 此时, $\text{conv}(p_1,\cdots,p_k)$ 就等于 $\text{conv}(p_1,\cdots,p_{k-1})$. 否则, 存在一些可见的面. 删除所有可见的面, 所有不可见的面构成单连通多面体曲面, 曲面具有一条边界. 这条边界上的每条边都与一个可见面和一个不可见面相邻, 此边界称为轮廓. 我们用 p_k 连接每个轮廓上的每条边, 从而构成一个新的三角形面, 所有三角形面具有一致的定向. 所有旧的不可见面, 与新生成的三角形面的并集, 构成了更新的凸包, $\text{conv}(p_1,\cdots,p_k)$. 我们重复同样的算法来处理 v_{k+1}, v_{k+2}, 直至 v_n. 如此迭代, 凸包被逐步扩大, 直至包括所有顶点, 最后得到 $\text{conv}(p_1,p_2,\cdots,p_n)$.

可以通过仔细设计 $p_1,p_2,\cdots,p_n$ 的顺序来提高计算效率, 例如在第 k 步, 我们挑选 p_{i_k} 为距离当前凸包 $\text{conv}(p_{i_1},\cdots,p_{i_{k-1}})$ 最远的点, 即在每一步, 选择一个新的点来最大化下一个凸包的体积. 这将增加一个新点 p_{i_k} 在序列中先前点的凸包 $\text{conv}(p_{i_1},\cdots,p_{i_{k-1}})$ 内的机会, 从而减少计算. 增量凸包算法虽然简单, 却是普适的, 可以被直接推广为任意维.

16.3 Delaunay 三角剖分和 Voronoi 图

图 16.1 展示了在平面区域上的 Delaunay 三角剖分 (左帧), 以及在曲面上的 Delaunay 三角剖分 (右帧). 对于平面 Delaunay 三角剖分, 我们可以为每个三角形画一个外接圆, 则外接圆的内部不包含三角剖分的任何顶点. 类似地, 对于曲面 Delaunay 三角剖分, 所有的边都是测地线, 如果三角剖分足够稠密, 我们可以为每个测地三角形画一个唯一的测地外接圆, 则外接圆的内部不包含三角剖分的任何顶点. 这意味着可以用空外接圆的性质来定义 Delaunay 三角剖分.

定义 16.6 (Delaunay 三角剖分) 设 $V=\{v_i\}_{i=1}^k$ 是 $\mathbb{R}^d$ 上的有限点集, V 的一个三角剖分 $\mathcal{T}$ 称为 Delaunay 三角剖分, 如果对于任意在 $\mathcal{T}$ 中的 d 维单形 σ, σ 的外接球记作 $s(\sigma)$, $s(\sigma)$ 的内部与 V 相交是空集. ♦

Delaunay 三角剖分是 Voronoi 图的对偶, 如图 16.1 所示.

定义 16.7 (Voronoi 图) 给定一个包含在 $\mathbb{R}^d$ 的离散点集 $V=\{v_i\}_{i=1}^k$, V 的 Voronoi 图是 $\mathbb{R}^d$ 的一个胞腔分解,

$$\mathbb{R}^d=\bigcup_{i=1}^k W_i,$$

其中 W_i 是一个 Voronoi 单元, 定义为

$$W_i:=\left\{x\in\mathbb{R}^d|d(x,v_i)\leqslant d(x,v_j),\forall j\right\},$$

其中 $d(x,y)$ 为 x 和 y 之间的欧氏距离. ♦

如图 16.2 所示, 左帧是 Voronoi 图, 右帧是 Delaunay 三角剖分, Voronoi 图的 Poincaré 对偶是 Delaunay 三角剖分.

计算 Delaunay 三角剖分的算法可以转化为计算凸包的算法. 给定一族在 $\mathbb{R}^d$ 上的不同点 $P=\{p_1,p_2,\cdots,p_n\}$, 我们把它们提升到抛物面上,

$$x_{d+1}=|x|^2=x_1^2+x_2^2+\cdots+x_d^2,$$

即 $q_i:=(p_i,|p_i|^2)\in\mathbb{R}^{d+1}$, 然后可以计算 $Q=\{q_1,q_2,\cdots,q_n\}$ 的凸包. 下凸包 (由法线指向 e_{d+1} 负向的面构成) 的投影生成了 P 的 Delaunay 的三角剖分 $\mathcal{T}$.

这个算法的正确性可以很容易证明. 设 $\sigma=[q_0,q_1,\cdots,q_d]$ 是凸包的

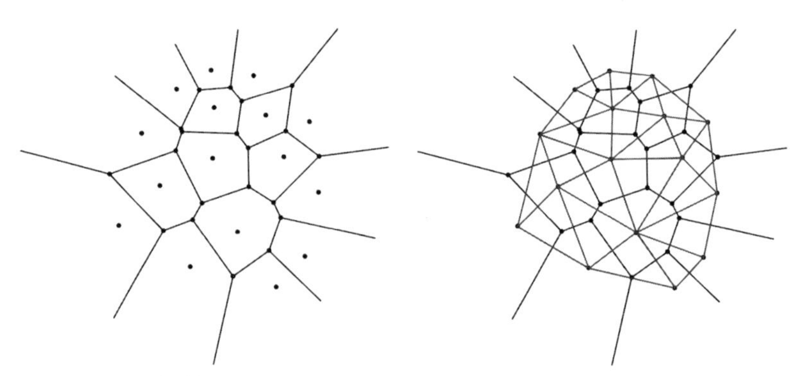

彩　图

图 16.2 Delaunay 三角剖分和 Voronoi 图的对偶.

一个面 (一个 d 维单纯形), 通过 σ 的支撑超平面为 π, 则 π 与抛物面相交于一个椭球, 椭球的投影是 d 维单纯形 $[p_0, p_1, \cdots, p_d]$ 的外接球. 对任意的 $k > d$, q_k 在 π 之上, 因为 π 支撑凸包, 所以它的投影 p_k 在 σ 外接球外面. 这表明三角剖分 $\mathcal{T}$ 满足空球条件, 所以是 Delaunay 三角剖分.

16.4 Delaunay 细化算法

网格生成在数值偏微分方程求解和工程应用中起着基本作用. 在有限元分析中, 网格质量是通过两个标准来衡量的:

(1) 采样密度、样本分辨率, 或者等价地, d 维胞腔的直径需要一致收敛于零;

(2) d 维胞腔的形状规则, 等价地, d 维胞腔的外接圆半径与内切圆半径之比上下有界.

当网格被细分后, 如果满足以上两个条件, 则离散解收敛于连续解. 接下来, 我们将解释如何基于 Delaunay 三角剖分生成高质量网格.

我们以二维情形为例介绍 Chow-Delaunay 加细算法, 高维情形非常类似. 给定一个紧的凸平面域 Ω, $\partial\Omega$ 分片光滑, 我们对边界 $\partial\Omega$ 进行一致采样, 边界采样点为 $P = \{p_0, p_1, \cdots, p_n\}$, 使得 p_k 和 p_{k+1} 之间的距离为

$$\frac{1}{\lambda}\varepsilon < d(p_k, p_{k+1}) < \lambda\varepsilon, \tag{16.1}$$

这里 $\lambda > 1$ 是一个接近 1 的实数, $\varepsilon > 0$ 是一个足够小的正数.

首先, 我们将 P 提升到抛物面, 然后计算凸包再投影, 如此得到 P 的 Delaunay 三角剖分 $\mathcal{T}$. 假设 f_α 是 $\mathcal{T}$ 的一个三角形面, 如果它的外接圆半径比 ε 大, 则计算它的外接圆圆心 q_α. 将 q_α (Steiner 点) 加入到 P 中, 更新增广点集 P 的 Delaunay 三角剖分 $\mathcal{T}$. 重复这个过程, 直到每个三角剖分面的外接圆半径都不大于 ε, 算法结束.

命题 16.1 如果 $\Omega \subset \mathbb{R}^2$ 是平面凸区域, 边界 $\partial\Omega$ 分片光滑, 边界采样满足条件 (16.1), 那么 Chow-Delaunay 加细算法进行有限步后终止. ♦

证明 每次将新的 Steiner 点 q_α 加入到 P 中, 它必须是某个半径大

于 ε 的外接圆圆心. 这说明从 q_α 到 P 中任意点的距离都大于 ε, 这意味着 P 中所有 Steiner 点之间的距离都大于 ε. 对每个 Steiner 点 q_α, 我们都可以画一个圆盘 $B(q_\alpha, \varepsilon/2)$. 由归纳法, 所有的圆盘都包含在 Ω 内, 并且彼此不交. 所以 Steiner 点的个数不大于

$$\frac{4|\Omega|}{\pi\varepsilon^2} < \infty.$$

在有限次添加 Steiner 点后, Chow-Delaunay 加细算法终止. ■

命题 16.2 Chow-Delaunay 加细算法生成的 Delaunay 三角剖分 $\mathcal{T}$, 若 $\sigma \in \mathcal{T}$ 不与边界相交, 则 σ 的最小内角不小于 $\pi/6$. ♦

证明 假设在第 α 步, 我们找到一个三角形面 f_α, 其外接圆半径大于 ε. 将 f_α 的外接圆圆心 q_α 作为 Steiner 点, 添加到 P 中, 则 Delaunay 三角剖分 $\mathcal{T}_\alpha$ 被更新为 $\mathcal{T}_{\alpha+1}$. 容易证明在 $\mathcal{T}_{\alpha+1}$ 中, 所有的新边都连接着 q_α (如图 16.3 右帧所示). 因为 $\mathcal{T}_\alpha$ 是 Delaunay 三角剖分, 则三角形 f_α 的外接圆内部都为空, 因此所有的新边都比外接圆半径 ε 大. 同理可证, 对于所有中间生成的内部三角形和最后留下的内部三角形, 所有的边长 (除了边界 $\partial\Omega$ 上的边) 都大于 ε.

在最后的三角剖分中, 对每个内部三角形, 边长长度都大于 ε, 但是外接圆半径不大于 ε, 因此根据正弦定律, 三角形的内角都不小于 $\arcsin\frac{1}{2} = \frac{\pi}{6}$. ■

当域非凸时, 算法需要考虑更多的约束条件, 比如保留特征点、特征边等. 算法可以修改得更为复杂来满足这些条件. 图 16.4 左帧显示了一个

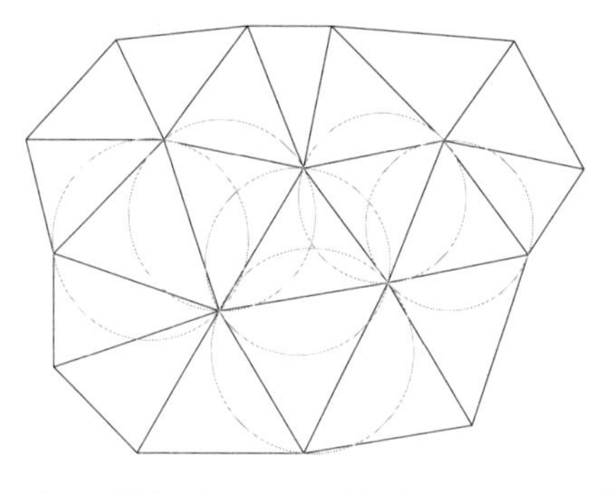

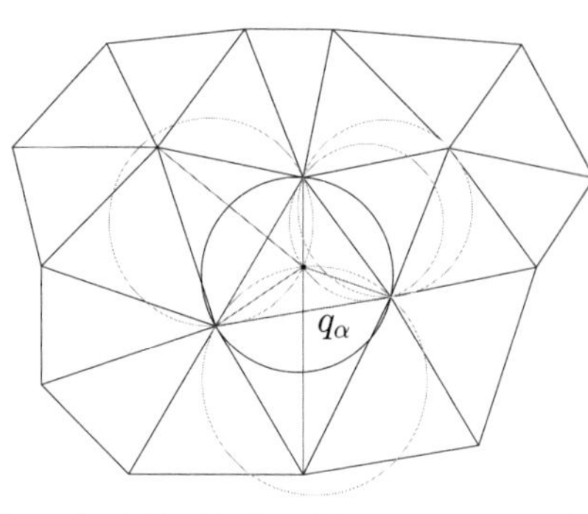

彩图

图 16.3 插入一个 Steiner 点到一个 Delaunay 三角剖分 $\mathcal{T}_k$ 中 (左帧), 并更新一个新的 Delaunay 三角剖分 $\mathcal{T}_{k+1}$, 所有新的边都连接 Steiner 点 (右帧).

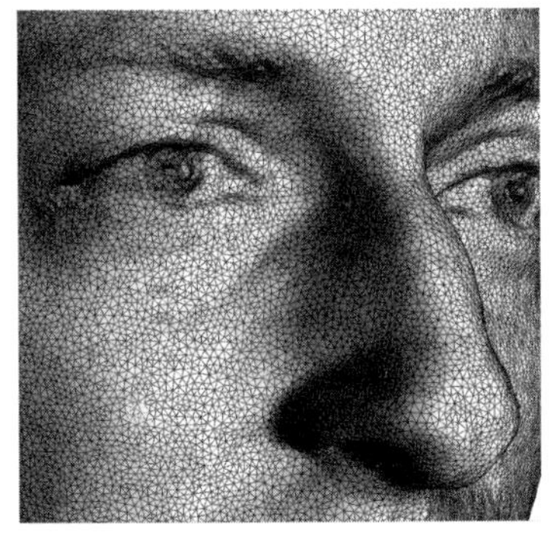

图 16.4 平面和曲面的网格生成域.

基于 Delaunay 加细算法的非凸区域的网格生成结果.

可以借助共形几何的方法, 将计算网格生成的 Delaunay 加细方法推广到曲面情形. 利用共形映射, 我们可以将曲面区域映射到平面区域, 在平面区域上计算高质量网格. 因为共形映射保持局部形状不变 (保持角度), 因此三角形的形状被保持. 但是共形映射会带来面积的畸变, 因此我们将面积畸变率定义为采样密度, 从而在平面网格生成时, 三角形外接圆半径 ε 要除以采样密度, 这样当平面三角剖分被拉回到曲面时, 在曲面上得到均匀一致的三角剖分. 如图 16.4 的右帧所示, 人脸曲面可以共形地映射到平面域上, 我们在平面域上生成一个高质量网格, 然后再映回到曲面上. 因为映射是保角的, 所以三角形的形状可以很好地保留, 我们可以看到所有曲面上的小三角形都近似是等边三角形. 同时平面网格生成的采样率补偿了面积畸变, 曲面上三角形的大小非常均匀一致.

第十七章　Monge-Ampère 方程的数值方法

17.1 Monge-Ampère 方程的数值方法

Monge-Ampère 方程是一个完全非线性椭圆型几何偏微分方程, 其应用非常广泛, 包括经典的由规定 Gauss 曲率重建曲面问题和二次代价函数的最优传输问题. 经典形式的 Monge-Ampère 偏微分方程为

$$\det(D^2u(x)) = f(x), \tag{17.1}$$

这里 D^2u 是函数 u 的 Hesse 矩阵. 如果我们限制在域 $\Omega \subset \mathbb{R}^2$ 上, 可以将方程重写为

$$\left(\frac{\partial^2 u}{\partial x^2}\frac{\partial^2 u}{\partial y^2} - \left(\frac{\partial^2 u}{\partial x \partial y}\right)^2\right)(x,y) = f(x,y) \quad 在\ \Omega \subset \mathbb{R}^2\ 中, \tag{17.2}$$

方程具有 Dirichlet 边界条件

$$u = g \quad 在\ \partial\Omega\ 上 \tag{17.3}$$

和额外的凸约束

$$u\ 是凸的. \tag{17.4}$$

这要求方程是椭圆型的, 这里 $\Omega \subset \mathbb{R}^2$ 是具有边界 $\partial\Omega$ 的有界区域且 "源项" $f : \Omega \to \mathbb{R}$ 是非负函数. 假设域是严格凸的, 当源项为严格正有界函数时, 算子是一致椭圆的, 且解是正则的. 当源项取到零时, 算子是退化椭圆的, 解可以是奇异的. 当然, 在退化椭圆情形下求解方程更具挑战性.

17.1.1 显式解法

显式解法使用标准中心差分, 在均匀直角坐标网格上离散逼近方程 (17.2) 的二阶导数, 得到方程组

$$(\mathcal{D}^2_{xx}u_{ij})(\mathcal{D}^2_{yy}u_{ij}) - (\mathcal{D}^2_{xy}u_{ij})^2 = f_{ij}, \tag{17.5}$$

这里离散差分算子表示为

$$\mathcal{D}_{xx}^2 u_{ij} = \frac{1}{h^2}(u_{i+1,j} + u_{i-1,j} - 2u_{ij}),$$

$$\mathcal{D}_{yy}^2 u_{ij} = \frac{1}{h^2}(u_{i,j+1} + u_{i,j-1} - 2u_{ij}),$$

$$\mathcal{D}_{xy}^2 u_{ij} = \frac{1}{4h^2}(u_{i+1,j+1} + u_{i-1,j-1} - u_{i-1,j+1} - u_{i+1,j-1}).$$

因为我们使用中心差分, 这种离散化与方程 (17.2) 一致, 如果解是光滑的, 则离散解具有二阶精度. 上述离散化在区域内部是有效的. 对于一般区域情形, 我们可能需要插值边界值, 以获得边界处的一阶格式. 下一步, 引入符号

$$\begin{aligned} a_1 &= \frac{1}{2}(u_{i+1,j} + u_{i-1,j}), \\ a_2 &= \frac{1}{2}(u_{i,j+1} + u_{i,j-1}), \\ a_3 &= \frac{1}{2}(u_{i+1,j+1} + u_{i-1,j-1}), \\ a_4 &= \frac{1}{2}(u_{i-1,j+1} + u_{i+1,j-1}), \end{aligned} \tag{17.6}$$

将方程 (17.5) 重写为关于 u_{ij} 的二阶方程

$$4(a_1 - u_{ij})(a_2 - u_{ij}) - \frac{1}{4}(a_3 - a_4)^2 = h^4 f_{ij}.$$

对 u_{ij} 求解, 并选择较小的根来保证解的局部凸性, 我们得到

$$u_{ij} = \frac{1}{2}(a_1 + a_2) - \frac{1}{2}\sqrt{(a_1 - a_2)^2 + \frac{1}{4}(a_3 - a_4)^2 + h^4 f_{ij}}. \tag{17.7}$$

现在可以使用 Gauss-Seidel 迭代来找到 (17.7) 的不动点. Dirichlet 边界条件 (17.3) 被规定在边界网格点上.

下面考察方程解的凸性要求. 如果选择 (17.7) 的正根, 则可能违背凸约束 (17.4). 给定任意网格方向 v, 方程的解应该满足沿着 v 的方向凸性 (directional convexity),

$$u(x) \leqslant \frac{u(x+v) + u(x-v)}{2}. \tag{17.8}$$

解 (17.7) 满足沿着轴向的方向凸性.

引理 17.1 对于网格方向 $v \in \{e_1, e_2\}$, 不动点 (17.7) 满足不等式 (17.8). ♦

证明 用 (17.6) 的符号, 不失一般性, 假设 $a_2 \leqslant a_1$. 从 (17.7) 估计

u_{ij}, 使用 f 为非负的事实,

$$u_{ij} \leqslant \frac{a_1 + a_2}{2} - \frac{a_1 - a_2}{2} = a_2 = \frac{u_{i,j+1} + u_{i,j-1}}{2},$$

得到沿着 $v = e_2$ 方向的凸性. 利用证明的第一个假设, 我们同样有

$$u_{ij} \leqslant \frac{u_{i+1,j} + u_{i-1,j}}{2},$$

它给出了沿着 $v = e_1$ 方向的凸性. ■

17.1.2 半隐式解法

我们研究的第二种方法是连续求解 Poisson 方程, 直到达到一个不动点为止. 该方法基于二维 Monge-Ampère 方程满足的代数恒等式. 我们将此思想推广到更高维的不动点算子.

展开 $(\Delta u)^2 = (u_{xx} + u_{yy})^2$ 并应用 (17.2), 我们得到等式

$$(u_{xx} + u_{yy})^2 = u_{xx}^2 + u_{yy}^2 + 2u_{xy}^2 + 2f,$$

这里 $u(x, y)$ 是方程 (17.2) 的解, 并假设足够光滑. 这个代数恒等式引出以下定义, 其中我们选择正平方根以保证解的局部凸性.

定义 17.1 定义算子 $T : \mathcal{H}^2(\Omega) \to \mathcal{H}^2(\Omega)$ 对 $\Omega \subset \mathbb{R}^d$ 有

$$T[u] := \Delta^{-1}\left(\sqrt{(\Delta u)^2 + 2(f - \det(D^2 u))}\right).$$

特别地, 在 $\mathbb{R}^2$ 中,

$$T[u] = \Delta^{-1}\left(\sqrt{u_{xx}^2 + u_{yy}^2 + 2u_{xy}^2 + 2f}\right). \quad ♦ \tag{17.9}$$

解算子 $T[u]$ 包括 Dirichlet 边界条件 (17.4).

引理 17.2 方程 (17.2) 在 $\mathcal{H}^2(\Omega)$ 中的解 u 是算子 T 的不动点. ♦

证明 令 v 是方程 (17.2) 的解, 具有边界条件 (17.3) 和凸性限制 (17.4). 因为 v 在 $\mathcal{H}^2(\Omega)$ 中, Δv 在 $L^2(\Omega)$ 中, 所以 Poisson 方程

$$\Delta u = |\Delta v|$$

在添加了 Dirichlet 边界条件 (17.3) 之后是良定义的. 将解 v 代入方程 (17.1), 得到

$$T[v] = \Delta^{-1}\left(\sqrt{(\Delta v)^2}\right) = \Delta^{-1}(|\Delta v|).$$

因为 v 是凸的, 由 (17.4), $\Delta v > 0$, 得

$$T[v] = \Delta^{-1}(\Delta v) = v.$$

因此, v 是 (17.9) 的一个不动点. ■

算法由迭代 $u^{n+1} = T[u^n]$ 组成, 每一次迭代步骤都需要求解下面的 Poisson 方程,

$$\Delta u^{n+1} = \sqrt{(u_{xx}^n)^2 + (u_{yy}^n)^2 + 2(u_{xy}^n)^2 + 2f}, \tag{17.10}$$

方程带有规定的 Dirichlet 边界条件 (17.3).

为了拓展到 $\mathbb{R}^d$, 我们可以用 Hesse 特征值来表示 Laplace 算子:

$$\Delta u = \sum_{i=1}^{d} \lambda_i[D^2 u].$$

取 Δu 的 d 次幂并展开, 得到所有可能的 d 个特征值乘积之和

$$(\Delta u)^d = d! \prod_{i=1}^{d} \lambda_i + P(\lambda_1, \cdots, \lambda_d),$$

这里 $P(\lambda)$ 是一个 d-齐次多项式, 我们不需要显式展开它, 结果是半隐式格式

$$\Delta u^{(n+1)} = (d!f + P(\lambda_1[D^2 u^{(n)}], \lambda_2[D^2 u^{(n)}], \cdots, \lambda_d[D^2 u^{(n)}]))^{\frac{1}{d}}. \tag{17.11}$$

迭代的一个自然初始值由

$$\Delta u^0 = (d!f)^{\frac{1}{d}} \tag{17.12}$$

的解给出.

17.1.3 线性化 Monge-Ampère 算子

Newton 法 假设我们寻找方程 $f(x) = 0$ 的解, 其中 $f : \mathbb{R}^d \to \mathbb{R}^d$ 是一个光滑映射. 假设存在一个解 $\bar{x}$, 且 $Df(\bar{x})$ 是一个可逆线性算子. 给定一个初始点 x_0, 我们可以定义一个递归序列

$$x_{k+1} := x_k - Df(x_k)^{-1} f(x_k),$$

这相当于迭代映射

$$x \mapsto g(x) := x - Df(x)^{-1} f(x).$$

映射是良定义的, 它在 $\bar{x}$ 的邻域内是压缩映射. 如果初始点属于这样一个合适的邻域, 则迭代收敛到 $\bar{x}$, 且收敛阶是二次的, 即 $|x_{k+1}-\bar{x}| \leqslant c|x_k-\bar{x}|^2$. 这是由于 g 在球 $B(\bar{x}, r)$ 中的 Lipschitz 常数与 $\max\{|f(x)| : x \in B(\bar{x}, r)\}$ 成正比, 因此 Lipschitz 常数与 $O(r)$ 同阶减小. 我们要看到这个事实, 只需计算

$$Dg = I - Df^{-1}Df + Df^{-1}D^2 f Df^{-1} \circ f = Df^{-1}D^2 f Df^{-1} \circ f.$$

另一种方法可以使用步长参数 $\alpha > 0$, 定义 $x_{k+1} = x_k - \alpha Df(x_k)^{-1} f(x_k)$. 这种情形下, 映射 $g(x)$ 是压缩的, 但它的压缩因子是 $1-\alpha$, 这会使收敛速度变慢, 但可以在较弱的假设下依然收敛.

矩阵行列式的线性化 单位矩阵邻域内行列式的线性化由公式

$$\det(I + \varepsilon N) = 1 + \varepsilon \operatorname{tr}[N] + O(\varepsilon^2)$$

给出, 这可以很容易通过展开 $I + \varepsilon N$ 的行列式, 并查看 ε 中的一阶项来检验. 如果我们寻找矩阵 M 附近行列式的线性化, 我们有

$$\begin{aligned} \det(M + \varepsilon N) &= \det(M)\det(I + \varepsilon M^{-1}N) \\ &= \det(M)(1 + \varepsilon \operatorname{tr}[M^{-1}N] + O(\varepsilon^2)) \\ &= \det(M) + \varepsilon \operatorname{tr}[M_{\mathrm{adj}}N] + O(\varepsilon^2), \end{aligned}$$

这里 M_{adj} 是转置伴随矩阵 (adjugate matrix), 它是伴随矩阵的转置. 当且仅当 M 为正定时, 转置伴随矩阵为正定. 当矩阵 M 可逆时, 转置伴随矩阵满足

$$M_{\mathrm{adj}} = \det(M)M^{-1}. \tag{17.13}$$

我们把行列式的线性化算子表示为

$$\nabla_M \det(M)[N] = \operatorname{tr}(M_{\mathrm{adj}}N).$$

线性化 Monge-Ampère 算子 我们现在将这些考虑应用于 Monge-Ampère 算子的线性化. 当 $u \in C^2$ 时, 可以将算子线性化为

$$\nabla_u \det(D^2u)[v] = \operatorname{tr}((D^2u)_{\mathrm{adj}}D^2v). \tag{17.14}$$

在二维情形, 我们得到

$$\nabla_u \det(D^2u)[v] = u_{xx}v_{yy} + u_{yy}v_{xx} - 2u_{xy}v_{xy},$$

它关于 D^2u 是一阶齐次的. 在维度 $d \geqslant 2$ 时, 线性化关于 D^2u 是 $d-1$ 阶齐次的. 当系数矩阵 $A(x)$ 正定时, 线性算子

$$L[u] := \operatorname{tr}(A(x)D^2u)$$

是椭圆的. 令 $u \in C^2$, 若 D^2u 为正定的, 或等价地, u 是 (严格) 凸的, 则 Monge-Ampère 算子的线性化 (17.14) 是椭圆的. 偏微分方程 (17.14) 是一个经典 Poisson 方程. 当函数 u 不是严格凸的, 线性化算子可能是退化椭圆的, 这影响了线性系统 (17.14) 的条件数. 当函数 u 为非凸函数时, 线性系统可能不稳定.

我们用阻尼 Newton 迭代 (damped Newton iteration)

$$u^{(n+1)} = u^{(n)} - \alpha v^{(n)} \tag{17.15}$$

来求解方程 $\det(D^2u) = f$ 的离散化, 这里每一步都要选取阻尼参数 α $(0 < \alpha < 1)$, 从而保证 $\|\det(D^2u^{(n)}) - f\|$ 单调减小. 修正项 $v^{(n)}$ 是线性系统

$$\left(\nabla_u \det\left(D^2u^{(n)}\right)\right)[v^{(n)}] = \det\left(D^2u^{(n)}\right) - f \tag{17.16}$$

的解. 在实际应用中, Poisson 方程 (17.14) 可以用有限差分法或基于变分框架的有限元法求解.

17.2 Oliker-Prussner 方法

Oliker-Prussner 方法基于凸几何中的比较原理解决 Monge-Ampère 方程问题. 在凸区域 Ω 中, 我们定义具有 Dirichlet 边界条件的 Monge-Ampère 方程,

$$\det(D^2u) = f \quad \text{在 } \Omega \text{ 内}, \tag{17.17}$$

$$u = \varphi \quad \text{在 } \partial\Omega \text{ 上}. \tag{17.18}$$

17.2.1 离散化

如图 17.1 左帧所示, 设 $\Omega \subset \mathbb{R}^2$ 是平面内的凸区域, 我们对域 Ω 三角剖分. 在欧氏空间中有很多三角剖分的算法, 比如 Delaunay 细化算法可以在凸域上得到高质量网格. 网格 Ω 的内顶点记为 $a_1, \cdots, a_n$, 边界 $\partial\Omega$ 的顶点记为 $b_1, \cdots, b_m$ $(b_{m+i} = b_i)$.

$\overline{\Omega}$ 上的连续凸函数类用 $\mathcal{W}$ 表示. 设 $u \in \mathcal{W}$ 且它的图 S_u 为一个多面体曲面, 即 S_u 可以被分解为有限个凸平面区域 (面). S_u 的顶点投影到 Ω 的内部, 一定落在 $\{a_i\}_{i=1}^n$ 中. 给定分片线性的边界函数 $\varphi : \partial\Omega \to \mathbb{R}$, φ 在每条边 $[b_i, b_{i+1}]$ 上都是线性的, 则 φ 的凸 $C_\varphi = \{(x, \varphi(x)), x \in \partial\Omega\}$ 是 $\mathbb{R}^3$ 中的一条分片线性曲线, 且 C_φ 的顶点一对一地投影到 $\{b_1\}_{j=1}^m$. 进一步假设 u 满足 Dirichlet 边界条件 $u|_{\partial\Omega} = \varphi$, 这些在 $\mathcal{W}$ 中的函数记作 $\mathcal{W}_n$. 图 17.1 展示了一个分段线性凸函数 $u \in \mathcal{W}_n$, 它的图 S_u 是点 $\{(a_i, u(a_i))\}_{i=1}^n$ 和 $\{(b_j, u(b_j))\}_{j=1}^N$ 的下凸包 (lower convex hull).

只有过 S_u 的顶点 $(a_i, u(a_i))$, 才可能存在严格支撑平面, 其与 S_u 只交于该顶点. 函数 u 的次微分 (subdifferential) 定义为

$$\partial u(x) = \{p \in \mathbb{R}^2 | u(y) \geqslant \langle p, y - x\rangle + u(x)\},$$

u 诱导的 Monge-Ampère 测度 μ_u 定义为

$$\partial u(E) := \left| \bigcup_{x \in E} \partial u(x) \right|.$$

设 Ω 如图 17.1 所示被三角剖分, 并且该三角剖分是 Delaunay 的, 则对应

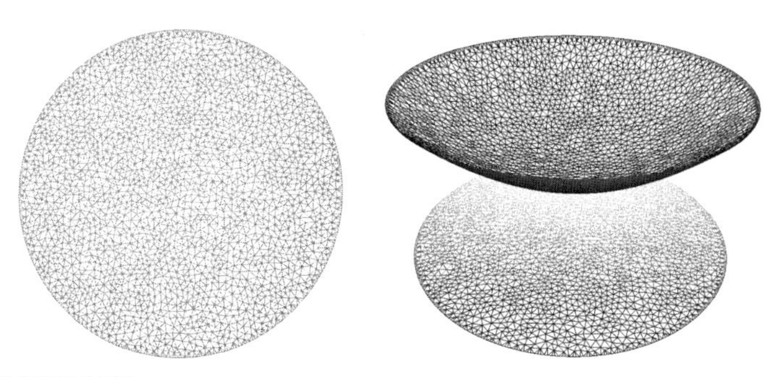

图 17.1 分段线性凸函数.

的 Voronoi 图为

$$\mathbb{R}^2 = \bigcup_{i=1}^{n} W_i,$$

这里每个 Voronoi 单元 W_i 都以 a_i 为中心. 我们定义离散测度

$$\nu := \sum_{i=1}^{n} \nu_i \delta(y - a_i), \quad \nu_i = \int_{W_i} f dx_1 \wedge dx_2,$$

这样具有 Dirichlet 边值条件 (17.18) 的 Monge-Ampère 方程问题 (17.17) 被转化成如下的离散问题.

问题 17.1 (Monge-Ampère 方程的 Alexandrov 解) 找到一个函数 $u \in \mathcal{W}_n$, 使得

$$\mu_u(a_i) = \nu_i, \quad i = 1, 2, \cdots, n, \tag{17.19}$$

其中 μ_u 是由函数 $u \in \mathcal{W}_n$ 诱导出的 Monge-Ampère 测度, 同时函数 u 在边界 $\partial\Omega$ 上, 满足 Dirichlet 条件 $u = \varphi$. ♦

即 $\mu_u = \nu$, u 是 Monge-Ampère 方程 (17.17) 的 Alexandrov 解.

17.2.2 分段线性凸函数的 Legendre 变换

图 17.2 显示了 Legendre 变换, 左帧是一个分片线性凸函数 $u \in \mathcal{W}_n$, 右帧是 u 的 Legendre 对偶 u^*. 固定点 x, 由次微分定义可知

$$\partial u(x) = \{p : u(y) \geqslant \langle p, y - x\rangle + u(x)\}.$$

容易看出 $\partial u(x)$ 是凸集, 每个点 $p \in \partial u(x)$ 都在超平面 $u^*(p) = \langle p, x\rangle - u(x)$ 上.

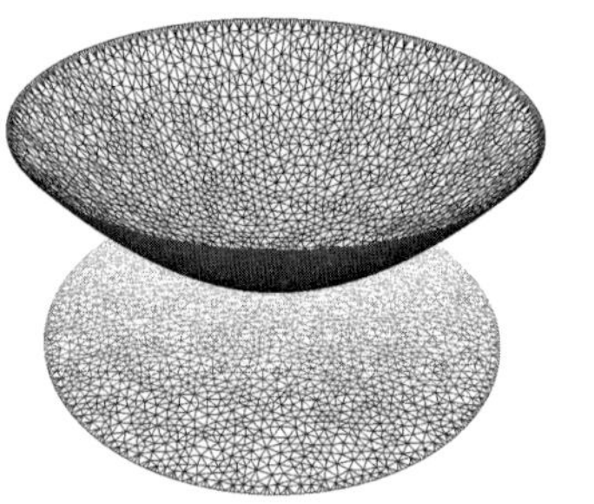
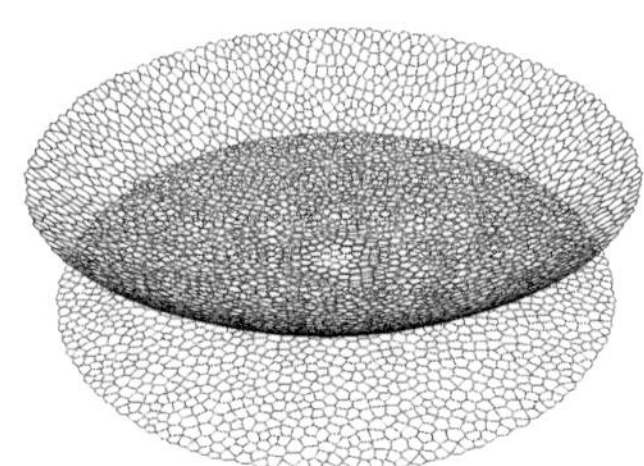

彩 图

图 17.2 分段线性函数的 Legendre 变换.

顶点–面对偶: 若 $(x,u(x))$ 是图 S_u 上的一个顶点 v, 则有 $|\partial u(x)|>0$. 我们定义其对偶,

$$v^* := \{(p,u^*(p))|p\in\partial u(x)\},$$

那么 v^* 是图 u^* 上的一个线性面, $v^*\subset S_{u^*}$, 其投影等于 $\partial u(x)$.

面–顶点对偶: 给定一个面 $f\in S_u$, f 的线性方程梯度为 p, 设 $(x,u(x))$ 是面 f 的一个内部点, 则 $\partial u(x)=\{p\}$, f 的所有内部点都对应到相同的点 $(p,u^*(p))\in S_{u^*}$. 这表明 $|\partial u^*(p)|>0$, 所以 $(p,u^*(p))$ 是 S_{u^*} 的顶点, 记作 f^*.

边–边对偶: 设 $(x,u(x))$ 是边 $e\in S_u$ 的一个内点, 则 $\partial u(x)$ 是测度值为零的线段, 它的对偶 e^* 是在 S_{u^*} 上的一条边.

我们用 $V(S_u)$, $E(S_u)$ 和 $F(S_u)$ 来分别表示多面体的顶点、边和面的集合. 在图 S_u 上的每个顶点 $v\in V(S_u)$, 不管是内点还是边界点, 均记为 (x_v,y_v,z_v); 每个面 $f\in S_u$ 都是一个三角形 $f:=[v_i,v_j,v_k]$, 且有一个支撑平面 π_f, 线性方程为 $z=p_fx+q_fy-r_f$. 系数 (p_f,q_f,r_f) 可以由 v_i, v_j 和 v_k 坐标直接计算得到: 由此三角形和平面 π_f 上的任意点构成的四面体体积为零, 从而得出线性方程

$$\begin{vmatrix} x & y & z & 1\\ x_i & y_i & z_i & 1\\ x_j & y_j & z_j & 1\\ x_k & y_k & z_k & 1 \end{vmatrix}=0, \tag{17.20}$$

而这反过来也给出了 (p_f,q_f,r_f). 由次微分的性质

$$p\in\partial u(x)\iff x\in\partial u^*(p),$$

我们可以直接得到 S_u 和 S_{u^*} 的对偶性.

命题 17.1 (分段线性凸函数的 Legendre 对偶) 给定一个分段线性凸函数 $u\in\mathcal{W}_n$, 它的 Legendre 对偶为 u^*, 设图 $S_u\subset\mathbb{R}^3$ 的坐标为 (x,y,z), Legendre 对偶的图 $S_{u^*}\subset(\mathbb{R}^3)^*$ 的坐标为 (p,q,r). 我们有

(1) 每个顶点 $v\in V(S_u)$ 都对偶一个面 $v^*\in F(S_{u^*})$, 坐标表示为

$$v:(x_v,y_v,z_v)\Longleftrightarrow v^*:(p,q,r),\quad r=x_vp+y_vq-z_v;$$

(2) 每个面 $f \in F(S_u)$ 都对偶一个面 $f^* \in V(S_{u^*})$, 坐标表示为

$$f : z = p_f x + q_f y - r_f \Longleftrightarrow f^* : (p_f, q_f, r_f);$$

(3) 每个边 $e \in E(S_u)$ 都对偶一条边 $e^* \in E(S_{u^*})$, 坐标表示为

$$e = f_1 \cap f_2 \Longleftrightarrow e^* = [f_1^*, f_2^*];$$

(4) S_u 是它的顶点的下凸包, $S_u = \mathrm{conv}(\{v_i\})$, $v_i \in V(S_u)$;

(5) S_u 是支撑平面的上包络, $S_u = \mathrm{env}(\{\pi_f\})$, $f \in F(S_u)$;

(6) S_{u^*} 是它的顶点的下凸包, $S_{u^*} = \mathrm{conv}(\{f^*\})$, $f \in F(S_u)$;

(7) S_{u^*} 是它的面的上包络, $S_{u^*} = \mathrm{env}(\{v^*\})$, $v \in V(S_u)$. ♦

17.2.3 迭代算法

我们对函数类 $\mathcal{W}_n$ 取一个映射 $g : \mathcal{W}_n \to \mathbb{R}^n$, 其中

$$g(u) = (g_1(u), \cdots, g_n(u)), \quad g_i(u) = \mu_u(a_i), \tag{17.21}$$

即将 $\mathcal{W}_n$ 中的函数 u 映射到其诱导的离散 Monge-Ampère 测度 μ_u, $g : u \mapsto \mu_u$. 问题 (17.19) 现在等价于寻找一个 $u^* \in \mathcal{W}_n$, 使得 $g(u^*) = \nu$, 这里 $\nu = (\nu_1, \nu_2, \cdots, \nu_n)$ 是一个提前规定的向量, 其分量均非负, 总和等于 $|\Omega|$.

引理 17.3 (分片多项式映射) 映射 $g : \mathcal{W}_n \to \mathbb{R}$ 的每个分量是自变量 $u = (u_1, u_2, \cdots, u_n)$ 的分片多项式. 特别地, $g_i(u)$ 是 u_i 的分片二次函数, 并且在全局范围内是连续的. ♦

证明 设 $u \in \mathcal{W}_n$ 是一个分片线性凸函数, u^* 为 u 的 Legendre 对偶. 固定 u 的图 S_u 上的一个顶点 $v_i = (a_i, u_i)$, 它的对偶 v_i^* 为 u^* 的图 S_{u^*} 上的一个面. v_i^* 的投影是一个平面凸多边形, 记作 a_i^*, 则 $g_i(u)$ 是 a_i^* 的面积. 现在来计算这个多边形的面积.

设在图 S_u 中, v_i 的直接邻域内存在 n_i 个顶点, 按逆时针方向排序记为 v_{n_j}, $j = 1, \cdots, n_i$. 考虑与 v_i 相邻的第 j 个面, 即三角形 $[v_i, v_{n_j}, v_{n_{j+1}}]$,

它的线性方程由 (17.20) 给出. 经过扩展后, 可得

$$x\begin{vmatrix} y_i & u_i & 1 \\ y_{n_j} & u_{n_j} & 1 \\ y_{n_{j+1}} & u_{n_{j+1}} & 1 \end{vmatrix} + y\begin{vmatrix} u_i & x_i & 1 \\ u_{n_j} & x_{n_j} & 1 \\ u_{n_{j+1}} & x_{n_{j+1}} & 1 \end{vmatrix} + z\begin{vmatrix} x_i & y_i & 1 \\ x_{n_j} & y_{n_j} & 1 \\ x_{n_{j+1}} & y_{n_{j+1}} & 1 \end{vmatrix} + \begin{vmatrix} x_i & y_i & u_i \\ x_{n_j} & y_{n_j} & u_{n_j} \\ x_{n_{j+1}} & y_{n_{j+1}} & u_{n_{j+1}} \end{vmatrix} = 0.$$

我们可以将它重写为 $z = p_j x + q_j y - r_j$, 容易看出 p_j, q_j, r_j 是 $u_i, u_{n_j}, u_{n_{j+1}}$ 的线性函数. 下面计算 a_i^* 的面积,

$$g_i(u) = \sum_{j=1}^{n_i} p_j(u)q_{j+1}(u) - p_{j+1}(u)q_j(u),$$

此为 $(u_1, \cdots, u_n)$ 的二次多项式, 特别地, 它是 u_i 的二次函数.

对每一个 u, S_u 是 $\{(a_i, u_i)\}_{i=1}^n$ 的凸包. S_u 的投影诱导出 Ω 的三角剖分, 其顶点为 $\{a_i\}_{i=1}^n$ 和 $\{b_j\}_{j=1}^N$. 所有可能的三角剖分的数量是有限的. 我们把 $\mathbb{R}^n$ 分解为有限个胞腔,

$$\mathbb{R}^n = \bigcup_{k=1}^N U_k.$$

若 u_1 和 u_2 位于相同胞腔内, $u_1, u_2 \in U_k$, 则 S_{u_1} 和 S_{u_2} 有相同的组合结构. 在每个胞腔中, $g_i(u)$ 具有相同的多项式表达式, 所以在全局上, $g_i(u)$ 是一个分片二次多项式. 容易看出, 凸包 S_u 连续依赖于 u, 因而 Legendre 对偶图 S_{u^*} 也连续依赖于 u, 故 $g(u)$ 是全局连续的. ■

引理 17.4 设 u 和 $u' \in \mathcal{W}_n$, $g(u) - g(u') \geqslant 0$, 即对任意的 $i = 1, \cdots, n$, $\mu_u(a_i) - \mu_{u'}(a_i) \geqslant 0$. 则 $u(a_i) \leqslant u'(a_i)$, 所以对 $p \in \overline{\Omega}$, 有 $u(p) \leqslant u'(p)$. 若 $g(u) = g(u')$, 则 $u(p) \equiv u'(p)$, $\forall p \in \overline{\Omega}$. ♦

证明 这个引理可用 Monge-Ampère 方程 (13.3) 的弱解比较原理来证明. ■

引理 17.5 存在唯一的 $u \in \mathcal{W}_n$ 使得 $g(u) = 0$, 即 $\mu_u(a_i) = 0$, $i = 1, \cdots, n$. ♦

证明 设 $q_i = (b_i, \varphi(b_i))$, 其中 b_i 为 $\partial\Omega$ 上的顶点, 考虑这些顶点 $\{q_1, \cdots, q_N\}$ 的凸包. 则下凸包定义了一个分段线性函数 $u \in \mathcal{W}_n$. 对每个内点 a_i, Monge-Ampère 测度 $\mu_u(a_i)$ 为 0, 所以 $g(u) = 0$. ■

定理 17.1 (Oliker-Prussner 一步算法) 设 $u \in \mathcal{W}_n$, $g_i(u) \leqslant \nu_i$, $i =$

$1, \cdots, n$, 且其中的一个不等式是严格不等式. 则有一个有限算法来定义唯一的 $u' \in \mathcal{W}_n$, 使得 $u' \leqslant u$, $g_i(u') \leqslant \nu_i$, 且 $\sum_{i=1}^n g_i(u) < \sum_{i=1}^n g_i(u')$. ♦

证明 设 S_u 为 $u \in \mathcal{W}_n$ 的图. 固定所有其他顶点, 只改变 v_i 的高度, 即 v_i 的位置从 (a_i, u_i) 改变到 (a_i, ξ), 这里 $\xi \in (-\infty, u_i]$. 区间 $(-\infty, u_i]$ 可以划分为有限个区间 $\Lambda_s = (\alpha_s, \beta_s]$, $s = 1, 2, \cdots, k$. 图 S_u 的凸包的组合结构在每个区间 Λ_s 内都保持不变, 而当 ξ 穿过不同区间时发生改变. 在临界值 β_s, 存在两个与 v_i 邻接的面成为共面.

为了方便起见, 我们定义 a_i 处的次微分测度为

$$h_i(\xi) = g_i(u_1, \cdots, u_{i-1}, \xi, u_{i+1}, \cdots, u_n).$$

由引理 17.3, $h_i(\xi)$ 是一个分片二次多项式. 且由比较原理 (定理 13.3) 可知 $h_i(\xi)$ 是单调的: 若 $\xi_1 < \xi_2$, 则 $h_i(\xi_1) > h_i(\xi_2)$, 所以 $h(\xi)$ 是严格单调的. 容易看出当 $\xi \to -\infty$ 时, $h_i(\xi) \to \infty$. 由 $h_i(\xi)$ 的严格单调性可知方程

$$h_i(\xi) = \nu_i \tag{17.22}$$

有唯一解, 记为 $\bar{\xi}_i$.

用同样的方法, 我们从 $j = 1$ 开始, 依次为所有的方程 $h_j(\xi) = \nu_j$ 都找到解 $\bar{\xi}_j$. 由此, 对每个内部顶点 $a_i \in \Omega$, 我们更新其位置为 $(a_i, \bar{\xi}_i)$. 边界点的位置 $(b_j, \varphi(b_j))$ 在求 $\bar{\xi}_i$, $i = 1, \cdots, n$ 的过程中保持不变. 然后计算 $(a_i, \bar{\xi}_i)$ 和 $(b_j, \varphi(b_j))$ 的下凸包, 更新的函数 u' 的图表示为 $S_{u'}$. 显然, 我们有对任意的 $p \in \overline{\Omega}$, $u'(p) \leqslant u(p)$; 对所有的 $p \in \partial\Omega$, $u'(p) = u(p)$. $S_{u'}$ 的顶点只能在 $(a_i, u'(a_i))$ 之内, 所以 $u' \in \mathcal{W}_n$.

下面来证明 $g_i(u') \leqslant \nu_i$, $i = 1, \cdots, n$. 记函数 $\tau \in \mathcal{W}_n$, 使得

$$\tau = \left(u_1, \cdots, u_{i-1}, \bar{\xi}_i, u_{i+1}, \cdots, u_n\right),$$

它的图是下凸包,

$$S_\tau := \operatorname{conv}\left\{\bigcup_{k \neq i}(a_k, u_k) \bigcup \left(a_i, \bar{\xi}\right)\right\}.$$

$v_i' = (a_i, u'(a_i)) = \left(a_i, \bar{\xi}_i\right)$ 是图 τ 上的一个顶点, $v_i' \in S_\tau$. 该顶点可能在图 $S_{u'}$ 上, 也可能不在. 若 v_i' 不在 $S_{u'}$ 上, 则 $g_i(u') = 0$. 否则, 在 v_i' 处 $S_{u'}$ 的任何支撑平面也在 v_i' 处支撑 S_τ, 所以 $g_i(u') \leqslant g_i(\tau) = \nu_i$.

最后, 我们证明对任意两个函数 u 和 $u' \in \mathcal{W}_n$, $u \neq u'$, 如果对任意 $p \in \overline{\Omega}$ 都有 $u(p) \geqslant u'(p)$, 那么 $\sum_{i=1}^n g_i(u) < \sum_{i=1}^n g_i(u')$. 事实上, 因为在边界 $\partial\Omega$ 上 $u(p) = u'(p)$, 对任何 S_u 的支撑平面, 都存在一个平行平面支撑 $S_{u'}$. 显然存在 $S_{u'}$ 的支撑平面, 没有与其平行的平面支撑 S_u. 这就完成了证明. ■

定理 17.2 (Oliker-Prussner 整体算法) 用定理 17.1 中的算法, 我们可以构造一个单调函数序列 $u_t \in \mathcal{W}_n$, $t = 1, 2, \cdots$, 且 $u_t(p) \geqslant u_{t+1}(p)$, 对所有的 $p \in \overline{\Omega}$, 在 $C(\overline{\Omega})$-范数下收敛到唯一的一个函数 $u^* \in \mathcal{W}_n$ 使得 $g(u^*) = \nu$. ♦

证明 用引理 17.5 中的方法来构造初始函数 u_0. 序列 $\{u_t\}$ 中的元素可以按照定理 17.1 的算法来生成, 如果存在 t, $|g_i(u_t) - \nu_i| < \varepsilon$, $i = 1, \cdots, n$, 这里 ε 是事先规定的阈值, 则算法停止; 否则继续. 如此得到一个单调序列 $u_t \in \mathcal{W}_n$, $t = 0, 1, \cdots$ 满足 $g_i(u_t) \leqslant \nu_i$, $i = 1, \cdots, n$. 现在证明该序列是收敛的.

令 $\sum_{i=1}^n \nu_i = \chi$, 我们断言存在一个常数 $C > 0$, 仅取决于 χ 和边界值 $u_t|_{\partial\Omega} = \varphi$, 使得

$$|u_t|_{L^\infty} = \max_{\overline{\Omega}} |u_t| \leqslant C, \quad \forall t = 1, 2, \cdots.$$

首先, 因为 $\mathcal{W}_n$ 的元素是分片线性函数, 若

$$\max_{\overline{\Omega}} |u_t| = \max_{\partial\Omega} |u_t|,$$

则估计值显然. 假设存在某个 i, 有 $\max |u_t| = |u_t(a_i)|$. 若 $u_t(a_i) \to -\infty$, 设 u_t' 为 $\mathcal{W}_n$ 中的函数, 它的图是下凸包

$$\operatorname{conv}\{(b_1, \varphi(b_1)), \cdots, (b_m, \varphi(b_m)), (a_i, u_t(a_i))\}.$$

因为当 t 趋于 ∞ 时, 经过一个边界边和顶点 $(a_i, u_t(a_i))$ 的平面接近一个垂直平面, 可以推断出

$$\mu_{u_t'}(\Omega) = \sum_{i=1}^n g_i(u_t')$$

趋于 ∞. 但是因为 $u_t' \geqslant u_t$, 可知 $\sum_{i=1}^n g_i(u_t') \leqslant \sum_{i=1}^n g_i(u_t)$, 这与假设 $\sum_{i=1}^n g_i(u_t) \leqslant \chi$ 相矛盾.

在此情况下, 向量的单调序列

$$((u_t)_1, (u_t)_2, \cdots, (u_t)_n) = u_t(a_i)$$

有界且收敛于向量 $(u_1^*, u_2^*, \cdots, u_n^*)$. 取点 (a_i, u_i^*) 和 $(b_j, \varphi(b_j))$ 的下凸包, 可以得到某个函数 $u^* \in \mathcal{W}_n$ 的图 S_{u^*}. 显然, 向量序列的收敛蕴含 u_t 在 $C(\overline{\Omega})$-范数下收敛到 u^*.

我们证明对所有的 i, 都有 $g_i(u^*) = \nu_i$. 将 g_i 看作高度向量的函数 $g_i(\xi_1, \cdots, \xi_n)$, 它是一个分片二次多项式. 高度向量在以下紧集中:

$$X := \{\xi = (\xi_1, \cdots, \xi_n) : u^* \leqslant \xi \leqslant u_0\}.$$

由引理 17.3, $g_i(\xi)$ 是 C^1 的, 所以梯度在紧集 X 中有界. 存在一个 Lipschitz 常数 M, 使得

$$|g_i(\xi_1) - g_i(\xi_2)| \leqslant M|\xi_1 - \xi_2|.$$

在我们的构造的第 t 步中, 设 $\xi = u_t$, $\bar{\xi} = u_{t+1}$,

$$g_i(\xi_0, \cdots, \xi_{i-1}, \bar{\xi}_i, \xi_{i+1}, \cdots, \xi_n) = \nu_i.$$

则可以估计

$$\begin{aligned} |g_i(u_{t+1}) - \nu_i| &= \left|g_i(\bar{\xi}) - g_i(\xi_0, \cdots, \xi_{i-1}, \bar{\xi}_i, \xi_{i+1}, \cdots, \xi_n)\right| \\ &\leqslant M|\bar{\xi} - \xi| = M|u_{t+1} - u_t|. \end{aligned} \tag{17.23}$$

当 $t \to \infty$ 时, 因为 $\{u_t\}$ 是单调递减收敛的, 右侧趋于 0, 则左侧有 $g_i(u_{t+1}) \to g(u^*)$, 所以 $g_i(u^*) = \nu_i$. ■

在规则细分网格下, Oliker-Brussner 算法的逼近误差有理论估计. 给定欧氏空间中的凸集 Ω, 考虑标准整数网格, 并用一个小的正值常数 h 进行缩放变换. 网格线与 Ω 的边界相交, 交点记为 $\{b_i\}_{i=1}^m$, 交点的凸包记为 Ω_h, 由 Ω 的凸性, 我们有 $\Omega_h \subset \Omega$. 网格的格点为 Ω_h 的内部顶点 $\{a_j\}_{j=1}^n$, 我们用 Ω_h 来作为离散问题的定义域. [24] 给出收敛率的误差估计.

定理 17.3 (Chen-Huang-Wang) 设 u 和 v_n 分别为 (17.17) 和 (17.19) 的解, Ω 是欧氏空间 $\mathbb{R}^d$ 中的有界、一致凸区域, 具有 C^3 光滑的

边界 $\partial\Omega$. 在 (17.17) 中, f 是 Ω 内的正函数, 上下有界:

$$\lambda \leqslant f \leqslant \Lambda,$$

这里 $\Lambda \geqslant \lambda > 0$ 是两个正常数; 在 (17.18) 中, 边界函数 $\varphi \in C^3(\Omega)$ 是一个凸函数.

(1) 若存在某 $\alpha \in (0,1)$, 有 $f \in C^\alpha(\overline{\Omega})$, 则有估计值

$$\|u - v_n\|_{L^\infty(\Omega_h)} \leqslant Ch^\alpha.$$

(2) 若对某 $\alpha \in (0,1)$, 有 $\partial\Omega \in C^{3,\alpha}$, $\varphi \in C^{3,\alpha}(\overline{\Omega})$ 且 $f \in C^{1,\alpha}(\overline{\Omega})$, 则有估计值

$$\|u - v_n\|_{L^\infty(\Omega_h)} \leqslant Ch^{1+\alpha}.$$

(3) 若对某 $\alpha \in (0,1)$, 有 $\partial\Omega \in C^{4,\alpha}$, $\varphi \in C^{4,\alpha}(\overline{\Omega})$ 和 $f \in C^{2,\alpha}(\overline{\Omega})$, 则有估计值

$$\|u - v_n\|_{L^\infty(\Omega_h)} \leqslant Ch^2.$$

在以上估计中, 常数 C 取决于 n, α, Ω, φ 和 f. ♦

图 17.3 是扫描得到的 3D 人脸曲面; 图 17.4 显示了共形映射的结果, 共形映射将曲面的面积测度前推到平面圆盘上; 图 17.5 显示了共形映射诱导的测度与 Lebesgue 测度之间的最优传输映射, 由类似 Oliker-Brussner 的算法得出. 图 17.6 是曲面的三角剖分, 图 17.7 是加权 Delaunay 三角剖分和 power 图. 共形变换与最优传输映射的复合给出了人脸曲面到平面圆盘之间的保面积映射. 图 17.8 显示了弥勒佛曲面到平面圆盘之间的保面积映射, 同时显示了 Brenier 势能函数及其 Legendre 对偶.

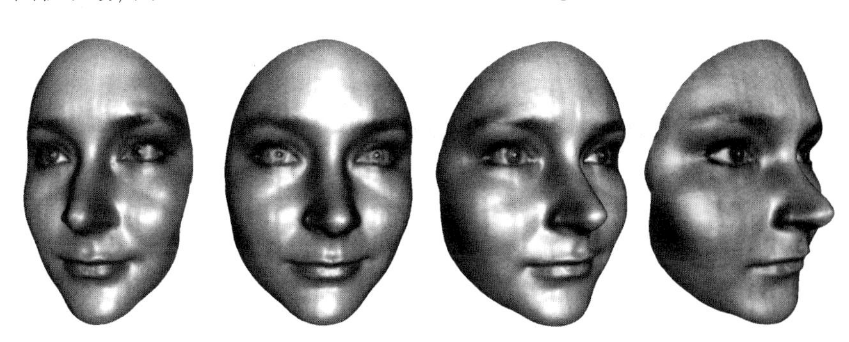

图 17.3 3D 照相机获取的人脸曲面.

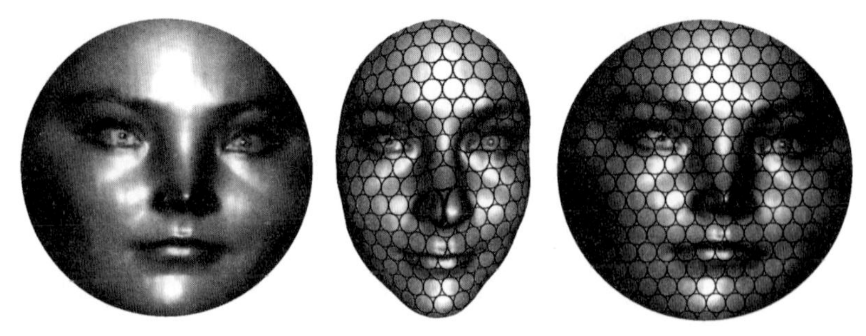

图 17.4 将人脸曲面共形映射到平面单位圆盘上，平面上的小圆被映射到曲面的小圆上.

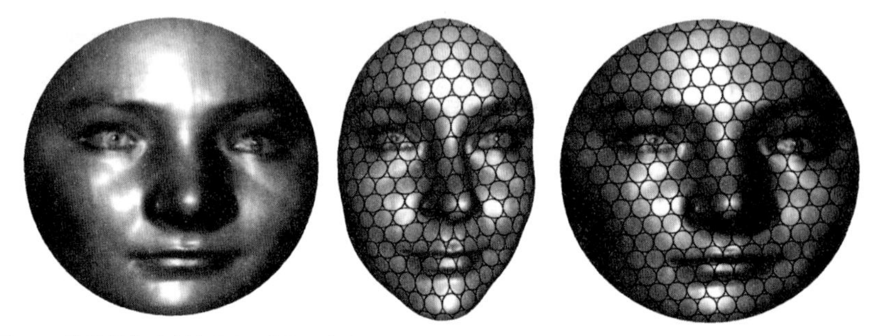

图 17.5 将脸部曲面映射到平面单位圆盘上，该映射是保测度的. 平面上的圆映射到具有相同面积的曲面上的椭圆.

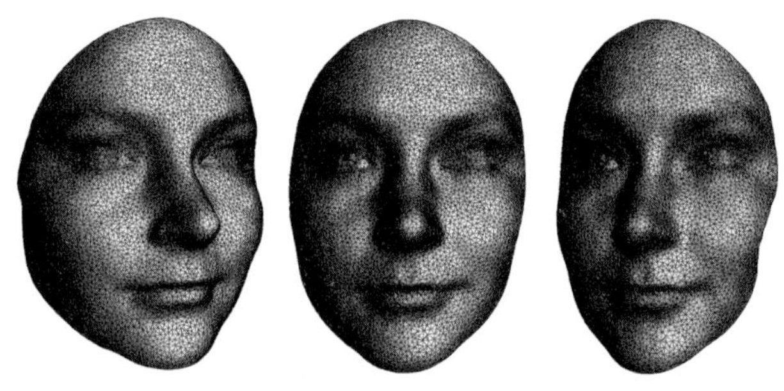

图 17.6 人脸曲面的三角剖分.

图 17.7 人脸曲面共形映射到单位圆盘上; 曲面面积测度映到圆盘上; 在通过共形映射诱导到圆盘上的测度与圆盘上的 Lebesgue 测度之间计算出最优传输映射.

a. 正面弥勒佛曲面

b. 背面弥勒佛曲面

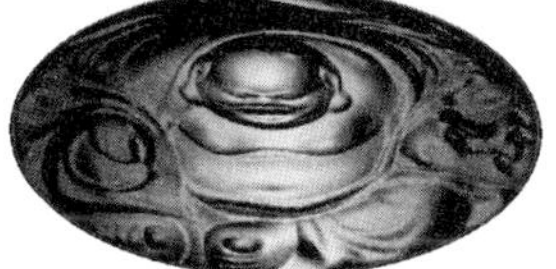

c. Brenier 势能函数

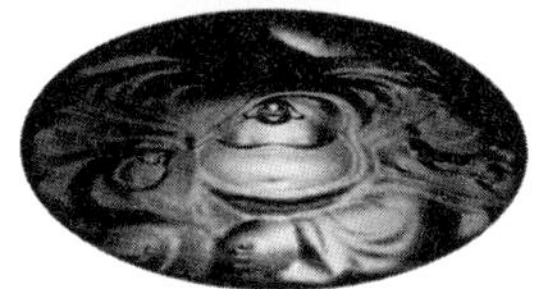

d. Legendre 对偶

图 17.8 弥勒佛曲面的最优传输映射.

第十八章　半离散最优传输算法

本章介绍半离散最优传输映射的计算方法，主要方法是应用计算几何中的 power Voronoi 图和加权 Delaunay 三角剖分.

18.1 半离散最优传输

在本节中, 我们将半离散最优传输的方法推广到更一般的代价函数情形. 假设我们想找到代价函数为 $c: X \times Y \to \mathbb{R}$ 的最优传输映射 $T:(X,\mu)\to(Y,\nu)$, 这里 μ 是一个紧空间 X 中的连续分布, $d\mu(x)=f(x)dx$, ν 是一个形如 $\nu=\sum_{i=1}^n \nu_i\delta(y-y_i)$ 的离散分布. 在这种情形下, 目标空间 Y 变成有限个不同的点

$$Y=\{y_1,y_2,\cdots,y_n\}.$$

基于对偶问题公式, 我们想找到 Kontarovich 势 $\varphi: Y\to\mathbb{R}$ 来最大化泛函

$$\max_{\varphi}\left\{F(\varphi):=\int_X \varphi^c(x)d\mu(x)+\int_Y \varphi(y)d\nu(y)\right\}.$$

因为 ν 是离散的, 上述公式可以重写为

$$\max_{\varphi}\left\{F(\varphi_1,\cdots,\varphi_n):=\int_X \varphi^c(x)f(x)dx+\sum_{i=1}^n \varphi_i\nu_i\right\}. \tag{18.1}$$

由 c-变换的定义, 我们得到

$$\varphi^c(x)=\inf_{y\in Y} c(x,y)-\varphi(y)=\min_{j=1}^n c(x,y_j)-\varphi_j. \tag{18.2}$$

定义 18.1 (c-Voronoi 胞腔分解)　c-变换诱导了 X 的一个 c-Voronoi 胞腔分解

$$X=\bigcup_{i=1}^n W_\varphi(i), \tag{18.3}$$

这里每个胞腔称为 c-Voronoi 胞腔, 并定义为

$$W_\varphi(i):=\{x\in X|c(x,y_i)-\varphi_i\leqslant c(x,y_j)-\varphi_j,\forall j=1,\cdots,n\}. \quad ♦ \tag{18.4}$$

假设 $W_\varphi(i)$ 和 $W_\varphi(j)$ 的交集为

$$\Gamma_\varphi(i,j) = W_\varphi(i) \bigcap W_\varphi(j),$$

它有零 μ-测度. 则 c-变换 φ^c 可以显式地写为

$$\varphi^c(x) = c(x, y_i) - \varphi_i, \quad \forall x \in W_\varphi(i), \tag{18.5}$$

代入 (18.1) 中, 得到

$$F(\varphi_1, \cdots, \varphi_n) = \sum_{i=1}^n \varphi_i \nu_i + \sum_{i=1}^n \int_{W_\varphi(i)} (c(x, y_i) - \varphi_i) f(x) dx. \tag{18.6}$$

由 $\int_{W_\varphi(i)} f(x)dx = \mu(W_\varphi(i))$, 上述泛函可以被化简为

$$F(\varphi_1, \cdots, \varphi_n) = \sum_{i=1}^n (\nu_i - \mu(W_\varphi(i))) \varphi_i + \sum_{i=1}^n \int_{W_\varphi(i)} c(x, y_i) f(x) dx. \tag{18.7}$$

我们定义一个辅助函数

$$\lambda(x) = c(x, y_i) - c(x, y_j), \tag{18.8}$$

则 $\Gamma_\varphi(i,j)$ 是水平集 $\lambda(x) = \varphi_i - \varphi_j$. 水平集与 λ 的梯度正交,

$$\nabla \lambda(x) = \nabla_x c(x, y_i) - \nabla_x c(x, y_j). \tag{18.9}$$

定义 18.2 (流线) 沿着 λ 的梯度场的流线定义如下

$$\frac{d}{dt}\gamma(x,t) = \frac{\nabla \lambda(x)}{|\nabla \lambda(x)|} \quad 且 \quad \gamma(x, 0) = x. \quad \blacklozenge \tag{18.10}$$

沿着流线, 我们有

$$\frac{d}{dt}\lambda(\gamma(x,t)) = \langle \nabla \lambda, \dot{\gamma} \rangle (\gamma(x,t)) = |\nabla \lambda|(\gamma(x,t)). \tag{18.11}$$

根据隐函数定理, 沿着流线 $\gamma(x,t)$, $\lambda(\gamma(x,t))$ 是可逆的, $(\lambda \circ \gamma)^{-1}$ 将 λ 的值映射到参数 t.

18.1.1 胞腔测度的导数

假设 $h = (h_1, h_2, \cdots, h_n)$ 是一个具有小范数的向量. 当 φ 变成 $\varphi + h$ 时, 一些点会从 c-Voronoi 胞腔 $W_\varphi(j)$ 变为 $W_{\varphi+h}(i)$, 如图 18.1 所示. 如果 $h_i > h_j$, 则第 i 个 c-Voronoi 胞腔会增大,

$$h_i > h_j \implies W_\varphi(j) \cap W_{\varphi+h}(i) \neq \emptyset.$$

彩　图

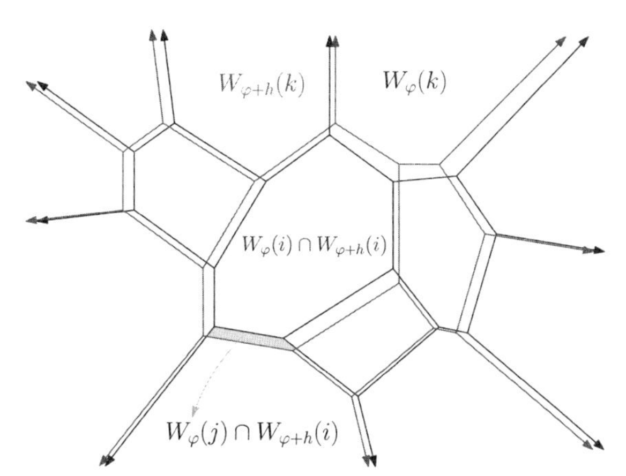

图 18.1 φ 和 $\varphi + h$ 诱导的 c-Voronoi 胞腔分解.

我们想估计一下这个集合的 μ-测度值. 每条流线 $\gamma(x,t)$ 从 $\Gamma_\varphi(i,j)$ 开始且在时刻 $T(x)$ 到达 $\Gamma_{\varphi+h}(i,j)$,

$$h_i - h_j = \lambda(\gamma(x,T)) - \lambda(\gamma(x,0)) = \int_0^T \dot{\lambda}(\gamma(x,t))dt = \int_0^T |\nabla\lambda|(\gamma(x,t))dt,$$

因此, 我们得到长度估计

$$h_i - h_j = |\nabla\lambda(\xi)|T(x), \quad \text{对某个 } \xi \in \gamma(x,t), t \in [0, T(x)].$$

γ 有单位速度, $T(x) = (h_i - h_j)/|\nabla\lambda(\xi)|$ 是曲线的长度. 因为 $W_\varphi(j) \cap W_{\varphi+h}(i)$ 是紧的, 由 λ 的正则性, 我们得到

$$\|D^2\lambda(\xi)\| \leqslant C, \quad \forall \xi \in W_\varphi(j) \cap W_{\varphi+h}(i).$$

h 足够小, 故

$$|\nabla\lambda(x)| - C|h| \leqslant |\nabla\lambda(\xi)| \leqslant |\nabla\lambda(x)| + C|h|, \tag{18.12}$$

我们得到曲线长度的估计

$$\begin{aligned} T(x) &= \frac{h_i - h_j}{|\nabla\lambda(\xi)|} = \frac{h_i - h_j}{|\nabla\lambda(x)|}\left(1 \pm \frac{C}{|\nabla\lambda(x)|}|h| + o(|h|^2)\right) \\ &= \frac{h_i - h_j}{|\nabla\lambda(x)|} + O(|h|^2). \end{aligned} \tag{18.13}$$

因为 $\gamma(x,t)$ 垂直于 $\Gamma_\varphi(i,j)$, 所以 μ-测度

$$\begin{aligned} \mu(W_\varphi(j) \cap W_{\varphi+h}(i)) &= \int_{\Gamma_\varphi(i,j)} f(x)T(x)dx \\ &= (h_i - h_j)\int_{\Gamma_\varphi(i,j)} \frac{f(x)}{|\nabla\lambda(x)|}dx + o(|h|^2) \end{aligned}$$

$$= (h_i - h_j)\int_{\Gamma_\varphi(i,j)} \frac{f(x)}{|\nabla_x c(x,y_i) - \nabla_x c(x,y_j)|}dx + o(|h|^2).$$

下面给出胞腔 μ-测度的偏导数

$$\frac{\partial}{\partial \varphi_j}\mu(W_\varphi(i)) = -\int_{\Gamma_\varphi(i,j)} \frac{f(x)}{|\nabla_x c(x,y_i) - \nabla_x c(x,y_j)|}dx, \tag{18.14}$$

以及对称关系

$$\frac{\partial}{\partial \varphi_j}\mu(W_\varphi(i)) = \frac{\partial}{\partial \varphi_i}\mu(W_\varphi(j)), \tag{18.15}$$

更进一步,

$$\frac{\partial}{\partial \varphi_i}\mu(W_\varphi(i)) = -\sum_{j\neq i}\frac{\partial}{\partial \varphi_j}\mu(W_\varphi(i)). \tag{18.16}$$

命题 18.1 在与 $(1,1,\cdots,1)^T$ 正交的线性空间里, 矩阵

$$H := \left(\frac{\partial}{\partial \varphi_j}\mu(W_\varphi(i))\right)$$

是正定的. ♦

证明 由 (18.14), 有

$$\frac{\partial}{\partial \varphi_j}\mu(W_\varphi(i)) \leqslant 0,$$

所有对角线以外的元素都是非正的. 由 (18.16), 我们看到每一行的总和为零, 因此 $(1,\cdots,1)^T$ 是 0 特征值的特征向量. 矩阵 $H+\varepsilon I$ 是对角占优的, 因此是正定的, 所有特征值都是正的. 令 $\varepsilon \to 0$, 则 H 的所有特征值是非负的.

假设零特征值是多重的, 还有另一个特征向量 v, $Hv = 0$ 且对任意实数 α, v 不等于 $\alpha(1,\cdots,1)^T$. 假设 $v_1 > 0$, 且对任意 $i = 1,\cdots,n$ 都有 $|v_1| \geqslant |v_i|$, 严格不等式至少对某个 i 成立. 则我们得到

$$\begin{aligned} v_1h_{11} + v_2h_{12} + \cdots + v_nh_{1n} &\geqslant v_1h_{11} - \sum_{i=2}^n |v_i|h_i \\ &= \sum_{i=2}^n (v_1 - |v_i|)h_i > 0, \end{aligned}$$

矛盾. 这说明 H 在与 $(1,1,\cdots,1)^T$ 正交的子空间中是正定的. ■

18.1.2 泛函导数

当 φ 变为 $\varphi+h$, c-Voronoi 胞腔分解变为

$$X=\bigcup_{i=1}^{n} W_{\varphi}(i)=\bigcup_{j=1}^{n} W_{\varphi+h}(j),$$

(18.6) 中的泛函 $F(\varphi)$ 也相应改变.

保留在同一胞腔内的点 在 $W_{\varphi}(i)\bigcap W_{\varphi+h}(i)$ 的集合中, 有

$$(\varphi+h)^c(x)-\varphi^c(x)=(c(x,y_i)-\varphi_i-h_i)-(c(x,y_i)-\varphi_i)=-h_i,$$

这给出了

$$\int_{W_{\varphi}(i)\cap W_{\varphi+h}(i)}((\varphi+h)^c-\varphi^c)(x)f(x)dx=-h_i\mu(W_{\varphi}(i)\cap W_{\varphi+h}(i)).\quad(18.17)$$

由 (18.14) 和 (18.16), 我们知道

$$\begin{aligned}\mu(W_{\varphi}(i))&=\mu(W_{\varphi}(i)\cap W_{\varphi+h}(i))+\sum_{j\neq i}\mu(W_{\varphi}(i)\cap W_{\varphi+h}(j))\\&=\mu(W_{\varphi}(i)\cap W_{\varphi+h}(i))+O(|h|),\end{aligned}$$

$$\int_{W_{\varphi}(i)\cap W_{\varphi+h}(i)}((\varphi+h)^c-\varphi^c)(x)f(x)dx=-h_i\mu(W_{\varphi}(i))+O(|h|^2).\quad(18.18)$$

改变所在胞腔的点 如图 18.2 所示, 在集合 $W_{\varphi}(j)\bigcap W_{\varphi+h}(i)$ 中, 我们应用 (18.10) 中定义的 $\Gamma_{\varphi}(i,j)$ 到 $\Gamma_{\varphi+h}(i,j)$ 的流线, 对 $t\in[0,T(x)]$,

$$\begin{aligned}(\varphi+h)^c(\gamma(x,t))-\varphi^c(\gamma(x,t))&=(c(x,y_i)-\varphi_i-h_i)-(c(x,y_j)-\varphi_j)\\&=\lambda(\gamma(x,t))-(\varphi_i-\varphi_j)-h_i\\&=\lambda(\gamma(x,t))-\lambda(\gamma(x,0))-h_i,\end{aligned}$$

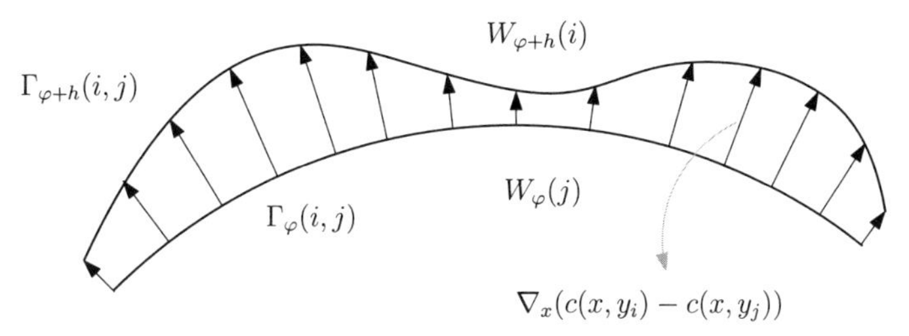

图 18.2 沿 $\Gamma_{\varphi}(i,j)$ 和 $\Gamma_{\varphi+h}(i,j)$ 之间的梯度场流线.

沿一条流线的积分为

$$\int_0^{T(x)}[(\varphi+h)^c(\gamma(x,t))-\varphi^c(\gamma(x,t))]dt=\int_0^{T(x)}[\lambda(\gamma(x,t))-\lambda(\gamma(x,0))-h_i]dt.$$

我们可以定义 $\rho(t)=\lambda\circ\gamma(x,t)$, 则

$$\frac{d\rho}{dt}(t)=|\nabla\lambda|(\gamma(x,t))>0.$$

改变变量, $t\mapsto\rho(t)-\rho(0)$, 上述积分可以重写为

$$\int_0^{T(x)}(\rho(t)-h_i)dt=\int_0^{h_i-h_j}\frac{\rho-h_i}{\dot{\rho}}d\rho.$$

由梯度估计 (18.12), 我们得到

$$\begin{aligned}\int_0^{h_i-h_j}\frac{\rho-h_i}{\dot{\rho}}d\rho&=\frac{1}{|\nabla\lambda(x)|}\int_0^{h_i-h_j}(\rho-h_i)d\rho+O(|h|^2)\\&=\frac{1}{|\nabla\lambda(x)|}\frac{1}{2}(-h_i^2-h_j^2)+O(|h|^2),\end{aligned}$$

则我们可以估计 $W_\varphi(j)\cap W_{\varphi+h}(i)$ 上的泛函差异,

$$\begin{aligned}&\int_{W_\varphi(j)\cap W_{\varphi+h}(i)}((\varphi+h)^c(x)-\varphi^c(x))f(x)dx\\&=\int_{\Gamma_\varphi(i,j)}\int_0^{T(x)}[(\varphi+h)^c(\gamma(x,t))-\varphi^c(\gamma(x,t))]f(\gamma(x,t))dtdx\\&=\int_{\Gamma_\varphi(i,j)}\frac{f(x)}{2|\nabla\lambda(x)|}(-h_i^2-h_j^2)dx+O(|h|^2),\end{aligned}$$

这说明

$$\int_{W_\varphi(j)\cap W_{\varphi+h}(i)}((\varphi+h)^c-\varphi)(x)f(x)dx=O(|h|^2). \tag{18.19}$$

结合 (18.18) 和 (18.19) 的估计, 我们得到如下定理.

定理 18.1 (半离散最优传输) 假设 X 是度量空间 $\mathcal{X}$ 中的一个紧区域, μ 是有连续密度函数 $d\mu=f(x)dx$ 的概率测度; $Y\subset\mathcal{X}$ 是一个有 Dirac 测度 $\nu=\sum_{i=1}^n\nu_i\delta(y-y_i)$, $\nu_i\geqslant 0$ 的离散点集 $Y=\{y_1,\cdots,y_n\}$. 总测度相等, $\mu(X)=\sum_{i=1}^n\nu_i$. 给定一个 C^2 传输代价函数 $c:X\times Y\to\mathbb{R}$, 半离散最优传输问题的 Kantorovich 对偶泛函定义为

$$F(\varphi)=\sum_{i=1}^n\nu_i\varphi_i+\int_X\varphi^c(x)f(x)dx.$$

泛函的一阶偏导数为

$$\frac{\partial F(\varphi)}{\partial\varphi_i}=\nu_i-\mu(W_\varphi(i)), \tag{18.20}$$

二阶偏导数为

$$\frac{\partial^2 F(\varphi)}{\partial\varphi_j\partial\varphi_i} = -\int_{\Gamma_\varphi(i,j)} \frac{f(x)}{|\nabla_x c(x,y_i) - \nabla_x c(x,y_j)|} d\mathcal{H}^{d-1}(x). \tag{18.21}$$

更进一步, 函数 $F(\varphi)$ 在空间

$$\Phi := \{\varphi : \varphi_1 + \varphi_2 + \cdots + \varphi_n = 1\}$$

中是严格凹的. ♦

证明 由泛函的定义, 我们得到

$$F(\varphi+h) = \sum_{i=1}^{n} (\varphi_i + h_i)\nu_i + \int_X (\varphi+h)^c(x) f(x) dx,$$

则

$$F(\varphi+h) - F(\varphi) = \sum_{i=1}^{n} h_i\nu_i + \int_X ((\varphi+h)^c - \varphi^c)(x) f(x) dx.$$

考虑 c-Voronoi 胞腔分解,

$$X = \bigcup_{i=1}^{n} W_{(\varphi+h)}(i) = \bigcup_{i=1}^{n} \left\{ (W_{\varphi+h}(i) \cap W_\varphi(i)) \bigcup_{j\neq i} (W_{\varphi+h}(i) \cap W_\varphi(j)) \right\}.$$

用这种分解估计第二项, 由 (18.18) 和 (18.19), 我们得到

$$\int_X ((\varphi+h)^c - \varphi^c)(x) f(x) dx = -\sum_{i=1}^{n} h_i \mu(W_\varphi(i)) + O(|h|^2),$$

这证明了函数的一阶导数公式 (18.20). 胞腔 (18.14) 的 μ-测度的偏导数给出了泛函的二阶偏导公式 (18.21). 命题 18.1 证明了泛函的严格凹性, 这就完成了证明. ■

18.2 Alexandrov 问题

我们求最优传输映射 $T : (\Omega, \mu) \to (D, \nu)$, 其中 Ω 是 $\mathbb{R}^d$ 中的一个紧凸域, μ 有连续密度 $d\mu = f(x)dx$. D 也是 $\mathbb{R}^d$ 中的一个紧凸域, ν 有连续密度 $d\nu = g(y)dy$. 总质量相等,

$$\int_\Omega f(x)dx = \int_D g(y)dy.$$

成本函数为二次距离 $c(x,y) = \frac{1}{2}|x-y|^2$. 则根据 Brenier 定理, 最优传输映射由 Brenier 势能函数 $u : \Omega \to \mathbb{R}$ 的梯度给出, $T(x) = \nabla u(x)$. Brenier

势满足 Monge-Ampère 方程,

$$\det(D^2u(x)) = \frac{f(x)}{g\circ\nabla u(x)}, \tag{18.22}$$

有边界条件

$$\nabla u(\Omega) = D. \tag{18.23}$$

在实践中, 我们离散化目标域及测度 (D,ν), 并用 Dirac 测度 $\left\{\nu^{(k)}\right\}$ 来逼近 ν, 然后找到 Alexandrov 解 $\left\{u^{(k)}\right\}$, 由于 Monge-Ampère 方程的稳定性, Alexandrov 解收敛到光滑解. 这为解决原最优传输问题提供了一条可行的途径.

我们对 D 均匀采样, 样本为 $\{y_1,\cdots,y_n\}$, 然后计算由样本诱导的 Voronoi 图

$$\mathbb{R}^d = \bigcup_{i=1}^k W_i,\quad W_i := \left\{y\in\mathbb{R}^d \middle| \frac{1}{2}|y-y_i|^2 \leqslant \frac{1}{2}|y-y_j|^2, \forall j=1,\cdots,k\right\},$$

接着用 Dirac 测度逼近 ν,

$$\sum_{i=1}^k \nu_i\delta(y-y_i),\quad \nu_i = \int_{W_i\cap D} g(y)dy.$$

给定一个函数 $\varphi:\{y_1,\cdots,y_k\}\to\mathbb{R}$, c-变换为

$$\varphi^c(x) = \min_{i=1}^k\{c(x,y_i)-\varphi_i\} = \min_{i=1}^k\left\{\frac{1}{2}|x-y_i|^2-\varphi_i\right\}.$$

c-Voronoi 胞腔分解定义为

$$\begin{aligned} W_\varphi(i) &= \{x|c(x,y_i)-\varphi_i \leqslant c(x,y_j)-\varphi_j\} \\ &= \left\{x\middle|\frac{1}{2}|x-y_i|^2-\varphi_i \leqslant \frac{1}{2}|x-y_j|^2-\varphi_j\right\} \\ &= \left\{x|\langle x,y_i\rangle + (\varphi_i-|y_i|^2/2) \geqslant \langle x,y_j\rangle + (\varphi_j-|y_j|^2/2)\right\}, \end{aligned}$$

在这种情况下, c-Voronoi 胞腔分解正是传统的加权 Voronoi 图. 然后考虑能量

$$F(\varphi) = \int_\Omega \varphi^c(x)d\mu(x) + \sum_{i=1}^k \nu_i\varphi_i,$$

则 $F(\varphi)$ 的梯度由公式 (18.20) 给出,

$$\frac{\partial F(\varphi)}{\partial\varphi_i} = \nu_i - \mu_f(W_\varphi(i)),$$

这里 $W_\varphi(i)$ 是关于 y_i 的加权 Voronoi 胞腔. 二阶导数由 (18.21) 式给出

$$\begin{aligned}\frac{\partial^2 F(\varphi)}{\partial\varphi_i\partial\varphi_j} &= -\int_{\Gamma_\varphi(i,j)}\frac{f(x)}{|\nabla c(x,y_i)-c(x,y_j)|}d\mathcal{H}^{d-1}\\ &= \frac{-1}{|y_i-y_j|}\int_{\Gamma_\varphi(i,j)} f(x)d\mathcal{H}^{d-1},\end{aligned}$$

这里 $\Gamma_\varphi(i,j)$ 是胞腔 $W_\varphi(i)$ 和 $W_\varphi(j)$ 的交集. 由定理 18.1, $F(\varphi)$ 在空间

$$\Phi = \{\varphi_1+\varphi_2+\cdots+\varphi_k = 1\}$$

中是严格凸的. 因此, 这个问题正是无界凸多面体的 Minkowski 问题. 我们可以用计算几何算法来解决它.

Newton 法 不失一般性, 我们可以假设 Ω 本身是一个凸多面体. 因为 Monge-Ampère 方程在仿射变换下是不变的, 可以伸缩平移 $Y=\{y_1,\cdots,y_k\}$ 到包含进 Ω 里. 接着计算 Y 的 Voronoi 图, 因为 $Y\subset\Omega$, 则每个 Voronoi 胞腔和 Ω 的交集非空, 这说明 $\mathrm{vol}(W_\varphi(i)\cap\Omega)>0$, 其中初始 $\varphi=(1/k,1/k,\cdots,1/k)\in\Phi$.

(1) 构造超平面

$$\pi_i(x) := \langle x, y_i\rangle + \varphi_i - \frac{1}{2}|y_i|^2;$$

(2) 计算超平面 $\{\pi_i\}$ 的上包络 $\mathrm{env}(\{\pi_i\}_{i=1}^k)$; 等价地, 计算分片线性凸函数

$$u_\varphi := \max_{i=1}^{k}\{\pi_i(x)\}$$

的图. 这等价于计算 Legendre 对偶 u_φ^* 的图, 即点集

$$\mathrm{conv}\left(\left\{\left(y_i, \frac{1}{2}|y_i|^2-\varphi_i\right)\right\}_{i=1}^{k}\right)$$

的凸包. 如图 18.3 所示, 左帧是 Brenier 势能函数, 平面投影是加权 Voronoi 图; 右帧是 Legendre 对偶, 平面投影是加权 Delaunay 三角剖分. 初始步骤中, 我们计算的就是经典的 Voronoi 图和 Delaunay 三角剖分.

(3) 计算每个加权 Voronoi 胞腔的体积

$$w_\varphi(i) = \int_{W_\varphi(i)} f(x)dx,$$

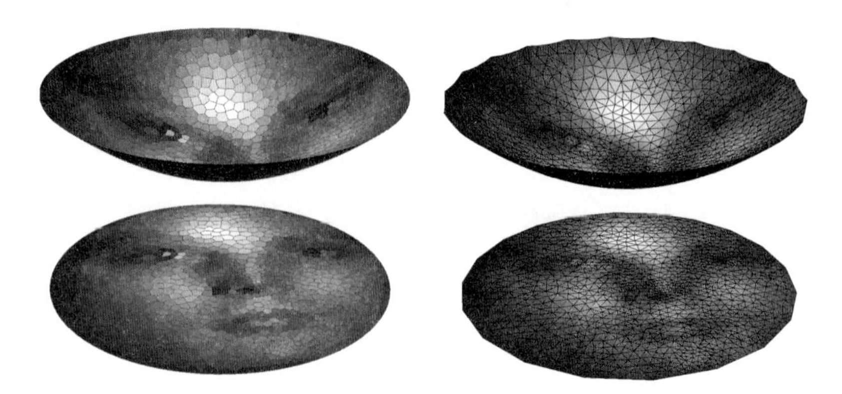

图 18.3 初始 Brenier 势能函数及其 Legendre 对偶.

$F(\varphi)$ 的梯度为

$$\nabla F(\varphi) = (\nu_1 - w_\varphi(1), \cdots, \nu_k - w_\varphi(k))^T.$$

(4) 计算两个加权 Voronoi 胞腔交集的测度

$$\omega_{ij} = -\frac{1}{|y_i - y_j|}\int_{\Gamma_\varphi(i,j)} f(x)dy, \quad \omega_{ii} = -\sum_{i\neq j}\omega_{ij}.$$

(5) Hesse 矩阵为 $D^2F(\varphi) = (\omega_{ij})$, 解线性方程组

$$D^2F(\varphi)h = \nabla F(\varphi).$$

(6) 令 $\lambda = 1$, 测试是否

$$\text{vol}(W_{\varphi+\lambda h}(i)) > 0, \quad \forall i = 1, 2, \cdots, k.$$

如果否, 令 $\lambda \leftarrow \lambda/2$ 并重复测试, 直到所有加权 Voronoi 胞腔非空.

(7) 重复步骤 1 到步骤 6, 直到

$$|\nu_i - w_\varphi(i)| < \varepsilon, \quad \forall i = 1, \cdots, k,$$

这里 ε 是预先规定的阈值. 如图 18.4 所示, 最终加权 Voronoi 胞腔的面积等于给定的 Dirac 测度.

图 18.5 显示了基于这种算法的曲面参数化实例. 输入曲面是弥勒佛曲面 $(S, \mathbf{g})$, 如图第一行所示. 我们将曲面共形映射到平面圆盘上, $f: S \to \mathbb{D}^2$, 曲面的 Riemann 度量表示为 $\mathbf{g} = e^{2\lambda(x,y)}(dx^2 + dy^2)$, 这里 $e^{2\lambda}$ 是映射诱导的共形因子, 它衡量了面积畸变的程度. 如此, 我们将曲面

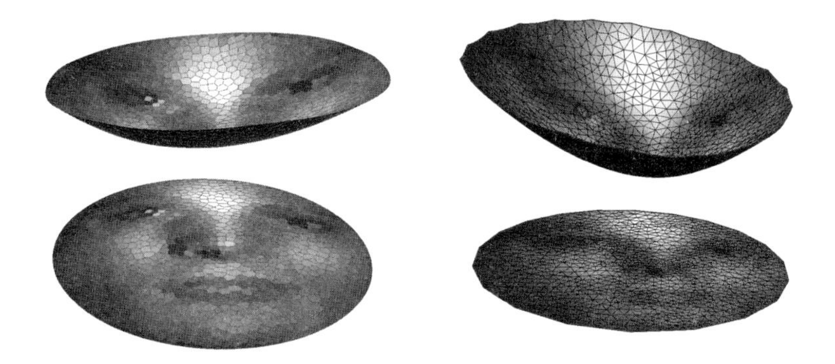

图 18.4 最终的 Brenier 势能函数及其 Legendre 对偶.

的面积元推到平面上, 在平面上表示为 $e^{2\lambda(x,y)}dxdy$, 然后计算最优传输映射. 最终的计算结果显示在第二行中. Brenier 势能函数在左帧, Legendre 对偶在右帧. 图 18.5 显示了迭代过程, 我们可以看到拓扑同胚序列, 弥勒佛的头部区域逐渐加大, 最后的面积等于曲面上头部的面积. 在实践中, 凸包 (或等价于上包络) 的数据结构是单纯复形, 其空间复杂度与维数成指数关系. 在计算过程中, 最耗时的步骤是构造上包络和求解线性方程组. 算法的关键在于保持 Brenier 势能函数 u_φ^* 的严格凸性, 这等价于在迭代过程中, 保证所有的加权 Voronoi 胞腔非空.

彩 图

图 18.5 弥勒佛曲面的最优传输映射的计算过程.

梯度下降算法 在实际应用中,我们经常需要求解高维空间中的最优传输问题.单纯复形的数据结构复杂度随维度呈指数增长,因此用于表示高维凸包、上包络、power Voronoi 图、加强 Delaunay 三角剖分是不切实际的.相反,我们可以存储超平面 $\{\langle x, y_i\rangle + h_i\}$,表达其上包络,

$$u_\varphi(x) = \max_{i=1}^{k}\{\langle x, y_i\rangle + h_i\},$$

并用 Monte-Carlo 方法对各幂胞腔的测度值进行估计.总的来说,对于第 i 个胞腔,开始设其测度 $\tilde{w}_i$ 为零,接着在 Ω 内均匀产生一个随机样本 $p \in \Omega$,然后再产生一个均匀分布的随机数 $\tau \in [0,1]$,如果 $\tau > f(p)$,则抛弃 p,否则保留,这里 $f(p)$ 是密度函数在 p 点的值.我们再找到 p 所属于的胞腔 $p \in W_\varphi(j)$,

$$j = \arg\max_{i=1}^{k}\{\langle p, y_i\rangle + h_i\},$$

接着更新测度 $w_j \leftarrow w_j + 1$.假设一共生成了 N 个样本,则 $W_\varphi(i)$ 的测度近似为 w_i/N.如果维数很高,那么样本数 N 与维数成指数关系.在实际应用中,为了提高效率,需要并行生成随机样本.我们用胞腔的测度来计算能量 $F(\varphi)$ 的梯度,然后可以使用传统的梯度下降算法进行优化,

$$\varphi \leftarrow \varphi + \lambda\nabla F(\varphi) = \varphi + \lambda(\nu_1 - w_\varphi(1), \nu_2 - w_\varphi(2), \cdots, \nu_k - w_\varphi(k))^T,$$

这里 λ 是步长参数.

下面的几幅图显示了不同几何曲面的保面积参数化.图 18.6 是一张人脸曲面,第一行是共形映射和保面积参数化的几何特性,共形参数化将无穷小圆映成无穷小圆,但是圆的半径不同;保面积参数化将无穷小圆映成无穷小椭圆,这些椭圆的偏心率不同,但是面积相同.图 18.7 显示了更有挑战性的人手曲面情形.在共形映射中,手指区域剧烈收缩,指尖部分的面积畸变非常大.经过最优传输映射后,手指区域被放大,从而面积畸变被消除.Brenier 势能函数相对平坦,其 Legendre 变换相对尖锐.图 18.8 和图 18.9 显示了大脑皮层曲面的计算结果.我们看到共形映射诱导面积元的剧烈畸变,保面积参数化将面积元畸变消除.这种方法也可以用于放大大脑皮层上的不同区域,同时缩小其他区域,以利于检查和诊断.

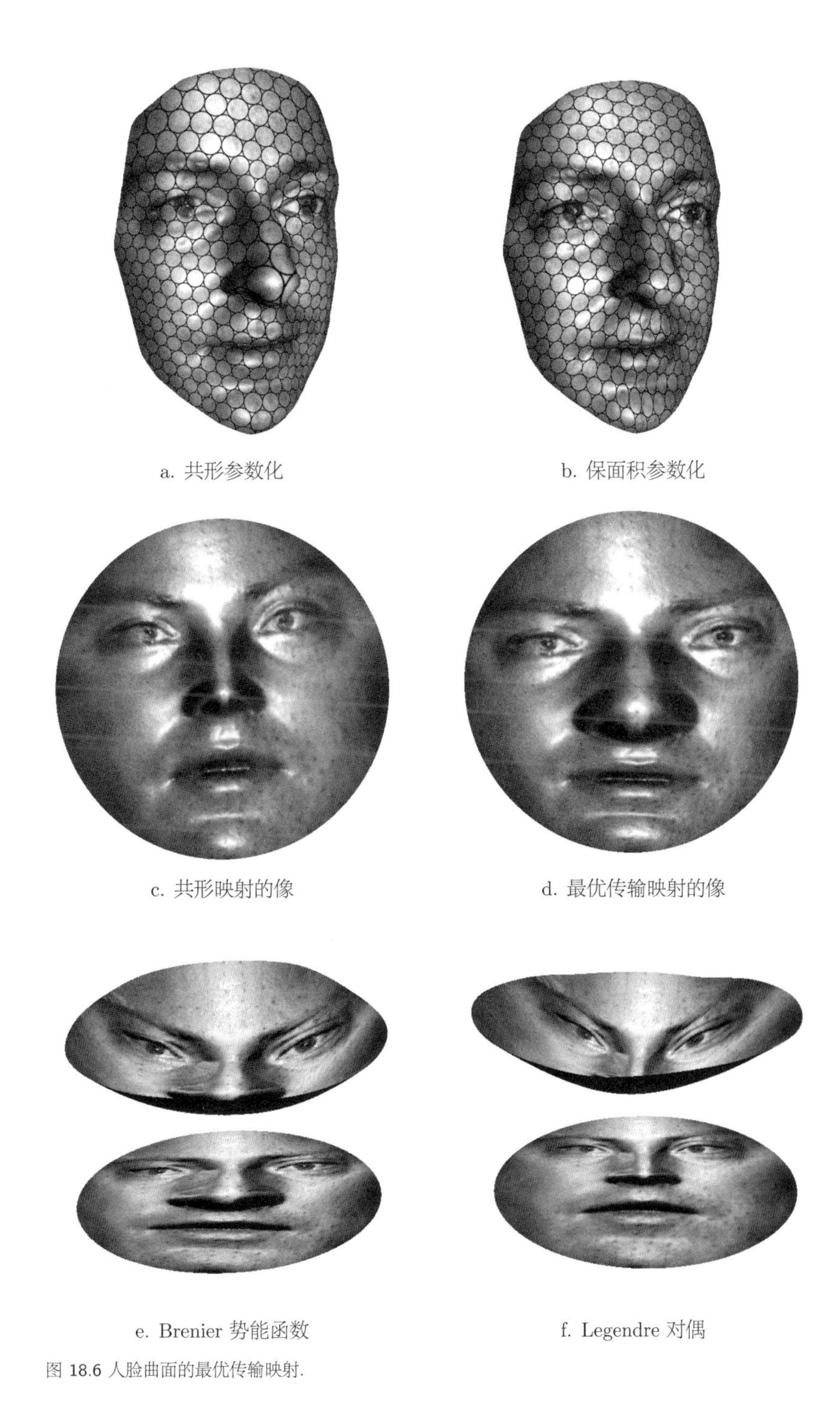

图 18.6 人脸曲面的最优传输映射.

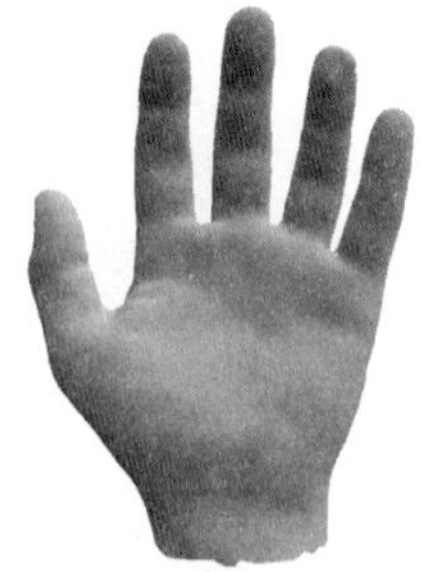

a. 人手曲面, 前视图

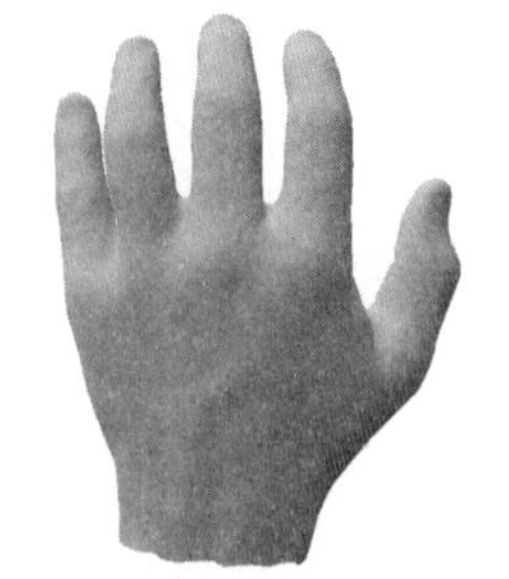

b. 人手曲面, 后视图

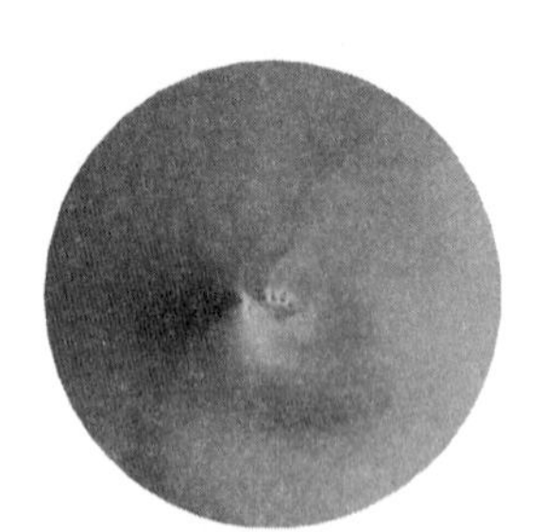

c. 共形参数化

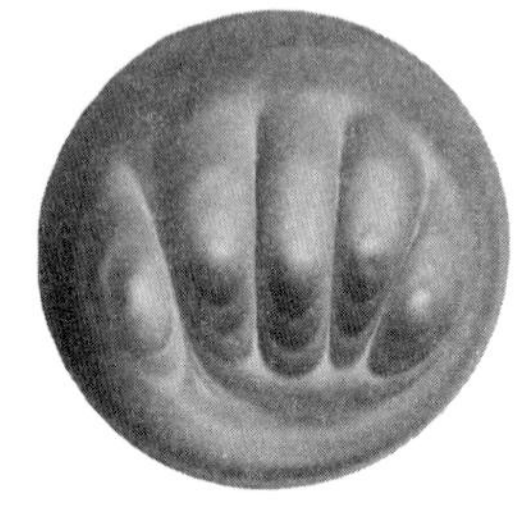

d. 保面积映射

e. 势能函数和对偶

f. 势能函数和对偶

彩 图

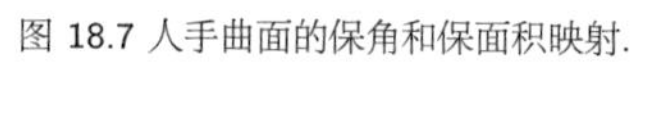

图 18.7 人手曲面的保角和保面积映射.

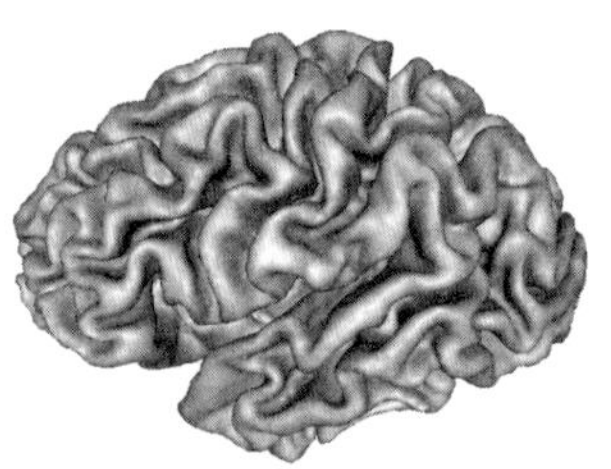

a. 大脑皮层曲面正面

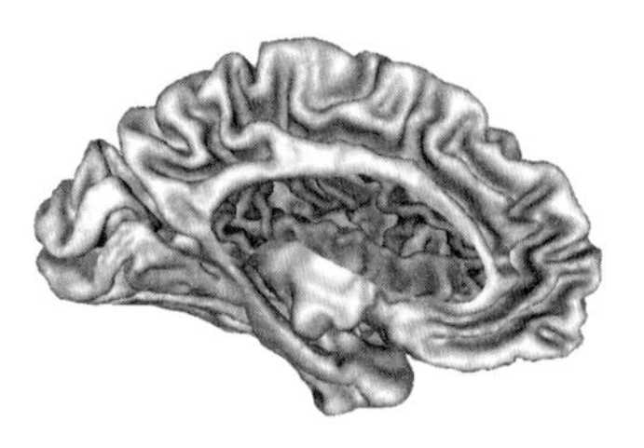

b. 大脑皮层曲面背面

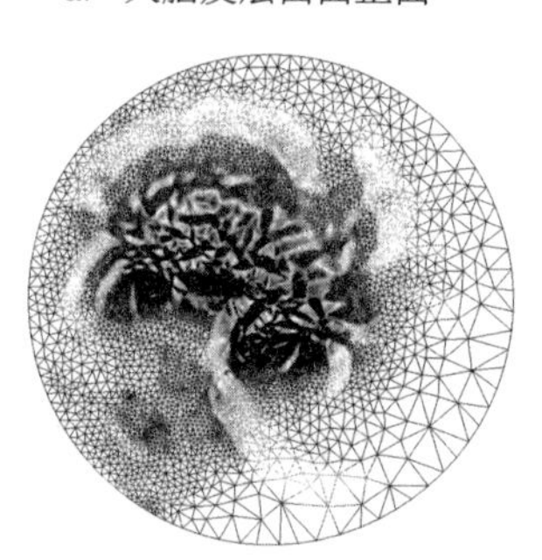

c. 共形映射的像

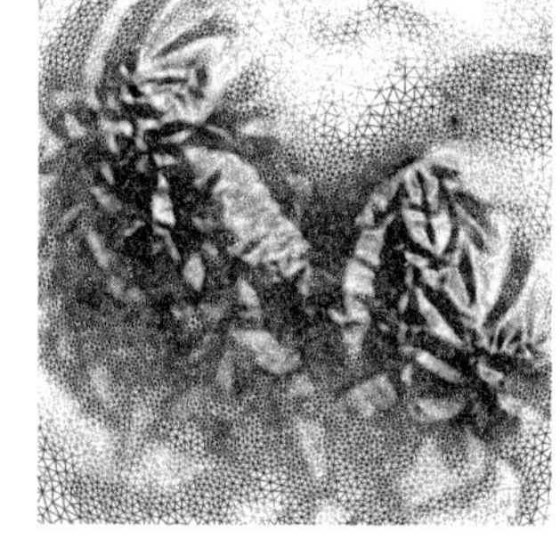

d. 局部放大 (c)

彩 图

图 18.8 大脑皮层曲面的共形映射.

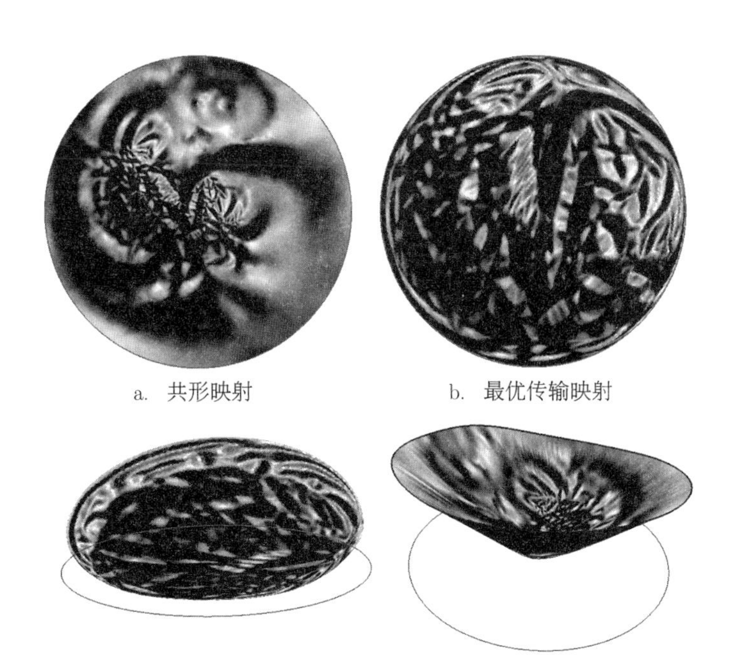

图 18.9 大脑皮层曲面的共形映射和最优传输映射.

18.3 最差传输映射

最优传输映射的算法可以直接推广到最差传输映射. 我们回顾一下最差传输映射问题, 给定概率测度和它们的支撑集 (Ω,μ), (Ω^*,ν), Ω,Ω^* 是 $\mathbb{R}^d$ 中的区域, 满足总测度相等的条件, $\mu(\Omega)=\nu(\Omega^*)$, 代价函数是欧氏距离的平方, 那么最差传输问题为:

$$\max\left\{\frac{1}{2}\int|x-T(x)|^2d\mu : T_{\#}\mu=\nu\right\}.$$

由引理 18.1, 我们知道如果 μ 绝对连续, 则此问题允许一个解, 并且最优映射 T 是某个凹函数的梯度.

我们将目标测度离散化成 $\nu=\sum_{i=1}^n\nu_i\delta(y-y_i)$, 每个采样点 y_i 都对应一个支撑平面 $\pi_i(x)=\langle y_i,x\rangle-h_i$, Brenier 势能函数表达为这些支撑平面的下包络 (lower envelope),

$$u_{\mathbf{h}}(x):=\min_{i=1}^{n}\left\{\langle y_i,x\rangle-h_i\right\}.$$

由 Brenier 势能函数的投影得到最远 power 图,

$$\mathbb{R}^d = \bigcup_{i=1}^{n} W_i(\mathbf{h}), \quad W_i(\mathbf{h}) = \left\{ x \in \mathbb{R}^d \;\middle|\; \frac{1}{2}|x - y_i|^2 - r_i \geqslant \frac{1}{2}|x - y_j|^2 - r_j, j \neq i \right\},$$

这里权重 $r_i = \frac{1}{2}|y_i|^2 - h_i$. 能量泛函的定义非常类似,

$$E(\mathbf{h}) = \int^{\mathbf{h}} \sum_{i=1}^{n} (\nu_i - w_i(\eta)) d\eta_i.$$

梯度与最优传输情形相同. Hesse 矩阵的计算非常相似, 但是符号恰好相反, 假设胞腔的测度为 $\mu(W_i(\mathbf{h})) = w_i(\mathbf{h})$, 密度为 $d\mu(x) = f(x)dx$,

$$\frac{\partial w_i(\mathbf{h})}{\partial h_j} = \frac{1}{|y_i - y_j|} \int_{W_i(\mathbf{h}) \cap W_j(\mathbf{h})} f(x) dy.$$

最优传输映射和最差传输映射具有内在的对称性, 我们将其总结为下列命题和引理.

命题 18.2 给定测度 (Ω, μ) 和 (Ω^*, ν), 这里 Ω, Ω^* 是 $\mathbb{R}^{2d}$ 中的区域, Ω 是凸区域, Ω^* 满足对称性,

$$\forall y \in \Omega^* \iff -y \in \Omega^*,$$

$d\mu = f(x)dx$, 密度函数 $f(x)$ 绝对连续; $d\nu = g(y)dy$, 满足对称性 $g(-y) = g(y)$. 传输代价为欧氏距离平方, $c(x, y) = \frac{1}{2}|x - y|^2$. 假设 $u : \Omega \to \mathbb{R}$ 是最优传输问题的 Brenier 势能函数, 那么 $-u$ 是最差传输映射的 Brenier 势能函数. ♦

证明 假设密度函数足够光滑, 则最优传输映射的 Brenier 势能函数满足 Monge-Ampère 方程,

$$\det(D^2 u) = \frac{f(x)}{g \circ \nabla u(x)}.$$

由对称性假设, 我们得到

$$\det(D^2 u) = \det(D^2(-u)) = \frac{f(x)}{g \circ \nabla u(x)} = \frac{f(x)}{g \circ \nabla(-u(x))},$$

这意味着凹函数 $-u$ 满足 Monge-Ampère 方程, 由最差传输映射的唯一性, 我们得到 $-u$ 是最差传输映射的 Brenier 势能函数. ■

图 18.10 显示了这种对称性, 上面一行是弥勒佛曲面最优传输映射的 Brenier 势能函数与 Legendre 对偶函数, 下面一行是最差传输映射的 Brenier 势能函数与 Legendre 对偶函数. 我们看到相应的 Brenier 势能函

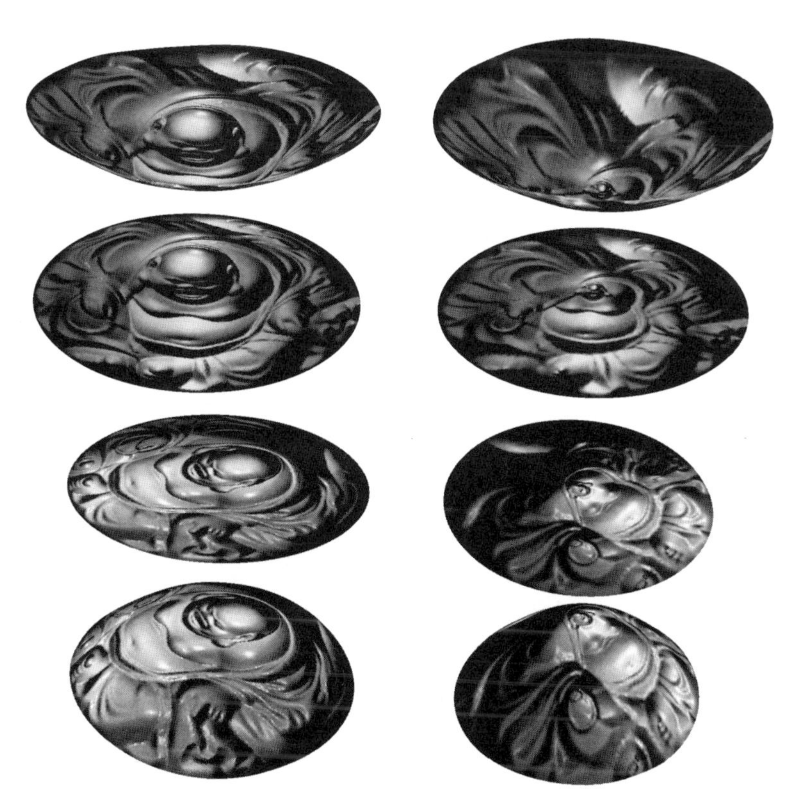

图 18.10 弥勒佛曲面最优传输映射的 Brenier 势能函数与 Legendre 对偶 (上行); 最差传输映射的 Brenier 势能函数与 Legendre 对偶 (下行); 满足对称性.

数互为相反. 图 18.11 显示了最优传输映射与最差传输映射的对称性, 我们将其中一个映射的像旋转 π 角度就得到另外一个映射的像.

如果目标区域几何上不满足对称性条件, 或者目标区域的概率密度函数不满足对称性条件, 那么最优传输映射和最差传输映射之间不会有互为相反的对称性. 例如, 图 18.12 显示了非对称的目标区域, 相应的最优传输

图 18.11 弥勒佛曲面的最优传输映射与最差传输映射.

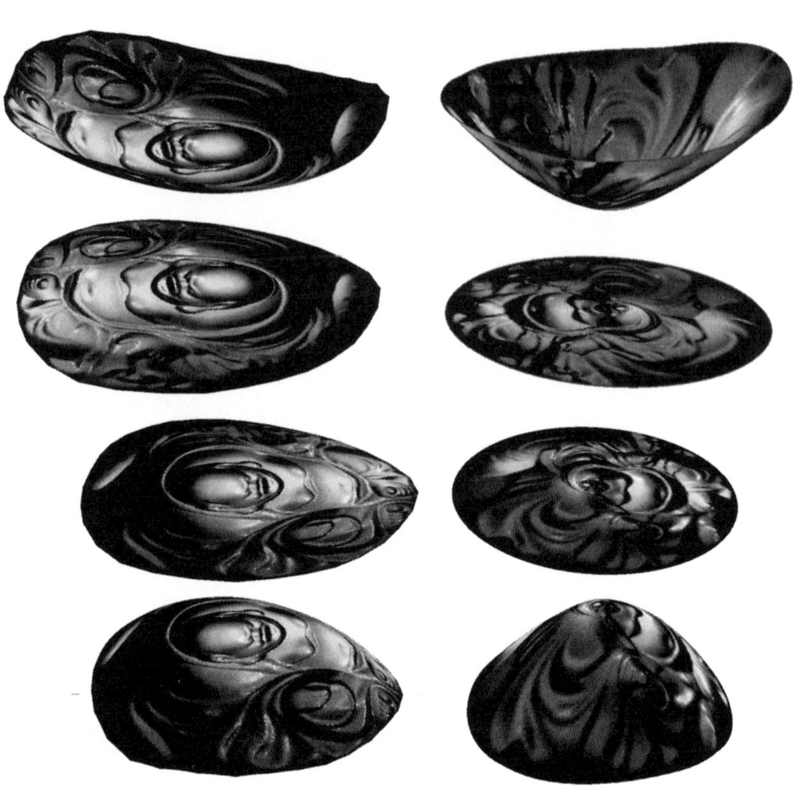

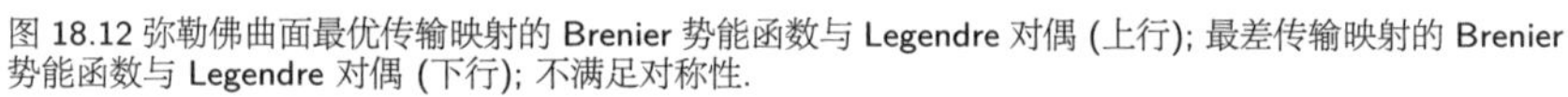
图 18.12 弥勒佛曲面最优传输映射的 Brenier 势能函数与 Legendre 对偶 (上行); 最差传输映射的 Brenier 势能函数与 Legendre 对偶 (下行); 不满足对称性.

映射和最差传输映射的 Brenier 势能函数并不互为相反, Legendre 对偶函数也不互为相反. 最差传输和最优传输的总传输代价, 给出了所有可能的传输映射代价的上下界.

引理 18.1 (最差传输) 考虑问题

$$\max\left\{\frac{1}{2}\int|x-T(x)|^2d\mu:T_{\#}\mu=\nu\right\},$$

如果 μ 绝对连续, 则此问题允许一个解, 并且最优映射 T 是某个凹函数的梯度. ♦

证明 作为对比, 我们先考虑最优传输问题

$$\min_{T_{\#}\mu=\nu}\int\frac{1}{2}|x-T(x)|^2d\mu. \tag{18.24}$$

右侧展开, 由 $T_{\#}\mu=\nu$, 我们得到

$$\begin{aligned}\frac{1}{2}\int|x-T(x)|^2d\mu&=\frac{1}{2}\int|x|^2d\mu+\frac{1}{2}\int|T(x)|^2d\mu-\int\langle x,T(x)\rangle d\mu\\&=\frac{1}{2}\int|x|^2d\mu+\frac{1}{2}\int|y|^2d\nu-\int\langle x,T(x)\rangle d\mu,\end{aligned}$$

前面两项与传输映射 T 无关, 因此原始问题 (18.24) 等价于

$$\max_{T_{\#}\mu=\nu}\int\langle x,T(x)\rangle d\mu.$$

转换成 Kantorovich 公式,

$$\max\left\{\int\langle x,y\rangle d\gamma,(\pi_x)_{\#}\gamma=\mu,(\pi_y)_{\#}\gamma=\nu\right\},$$

应用广义 Lagrange 乘子法, 这等价于

$$\max_{\gamma}\int\langle x,y\rangle d\gamma+\min_{\varphi,\psi}\left\{\int\varphi d\mu+\int\psi d\nu-\int\varphi\oplus\psi d\gamma\right\}.$$

交换 max 和 min 算子,

$$\min_{\varphi,\psi}\left\{\int\varphi d\mu+\int\psi d\nu\right\}+\max_{\gamma}\int(\langle x,y\rangle-\varphi\oplus\psi)d\gamma,\tag{18.25}$$

限制条件等价于

$$\max_{\gamma}\int(\langle x,y\rangle-\varphi\oplus\psi)d\gamma\begin{cases}=+\infty, & \langle x,y\rangle>\varphi\oplus\psi,\\<+\infty, & \text{否则}.\end{cases}$$

问题 (18.25) 等价于

$$\min\left\{\int\varphi d\mu+\int\psi d\nu:\varphi(x)+\psi(y)\geqslant\langle x,y\rangle\right\},$$

由此,

$$\varphi(x)\geqslant\langle x,y\rangle-\psi(y)\implies\varphi(x)=\sup_y\langle x,y\rangle-\psi(y).$$

因此 $\varphi(x)$ 是线性函数的上包络, $\varphi(x)$ 是凸函数. 同理可证 $\psi(y)$ 也是凸函数. 更进一步,

$$\nabla_x\langle x,y\rangle-\nabla\varphi(x)=0\implies y=\nabla\varphi(x).$$

现在考察最差传输问题,

$$\max_{T_{\#}\mu=\nu}\frac{1}{2}\int|x,T(x)|^2d\mu\iff\min_{T_{\#}\mu=\nu}\int\langle x,T(x)\rangle d\mu,$$

可以转换为对偶问题

$$\min_{\gamma} \int \langle x, y \rangle d\gamma + \max_{\varphi,\psi} \left\{ \int \varphi d\mu + \int \psi d\nu - \int \varphi \oplus \psi \right\}.$$

交换 min 和 max 算子,

$$\max_{\varphi,\psi} \left\{ \int \varphi d\mu + \int \psi d\nu \right\} + \min_{\gamma} \int (\langle x, y \rangle - \varphi \oplus \psi) d\gamma,$$

这等价于

$$\max \left\{ \int \varphi d\mu + \int \psi d\nu : \varphi(x) + \psi(y) \leqslant \langle x, y \rangle \right\}.$$

由此我们得到最优解的条件

$$\varphi(x) \leqslant \langle x, y \rangle - \psi(y) \implies \varphi(x) = \inf_{y} \langle x, y \rangle - \psi(y),$$

因此 φ 是线性函数的下包络, 必是凹函数. 同理 $\psi(y)$ 也是凹函数. 更进一步,

$$\nabla_x \langle x, y \rangle - \nabla \varphi(x) = 0 \implies y = \nabla \varphi(x). \qquad \blacksquare$$

第七部分

人工智能方面的应用

这一部分主要介绍最优传输映射在可解释深度学习中的应用,包括将深度学习的任务解释为学习流形上的概率分布,将深度学习的过程解释为在 Wasserstein 空间中进行优化,将深度学习的模式坍塌解释为最优传输映射的正则性问题,并且提出基于最优传输理论的生成模型等.

第十九章　最优传输在人工智能上的应用

本章讲解最优传输理论在人工智能领域的应用, 最优传输理论为人工智能的深度学习奠定了理论基础.

19.1 流形分布定则

深度学习方法在很多工程和医疗领域都取得巨大成功, 但是深度学习的理论基础依然薄弱, 对于深度学习机制的内在理解仍旧处于探索阶段. 有很多基本的未知问题留待人类去解答, 例如下面的问题.

问题 19.1 深度学习 (机器学习) 究竟在学习什么? 深度学习系统如何进行学习? 它们究竟是记住了学习样本, 还是真正学会了内在知识? 深度学习系统的学习效果如何? 是学会了人类教给它们的所有知识, 还是要迫不得已遗忘一些知识? ♦

最优传输理论有助于理解和解答这些基本问题, 并给出更加严密、准确、高效、透明的设计方案, 从而使得深度学习的 "黑箱" 变得透明. 在本节中, 我们为这些问题给出一些定性和定量的解答. 概括来说, 深度学习在学习流形上的概率分布, 即学习流形的结构, 也学习概率测度. 深度学习算法本质上是在所有概率测度构成的空间内进行优化, 算法既记住了训练样本, 又学习了内在知识. 目前深度学习算法的设计有内在缺陷, 无法确切表达概率变换映射, 因此会迫不得已遗忘一些知识. 我们可以设计更加完备的系统, 提高精度、效率和可解释性. 进一步的讨论可以参考 [54].

Helmholtz 假设 人类大脑一半的神经元都用于处理视觉, Helmholtz 提出了一个知名假设: 视觉系统本质上是在求解一个反问题 (inverse problem), 即通过视网膜上的图像来推断什么样的三维场景形成了这个图像. 用深度学习的语言来说, 大脑学习了一个视觉图像的生成模型 (generative model), 视觉感知就是基于这个生成模型来进行推断. 生成模

a. LeCun 的 MNIST 数据集

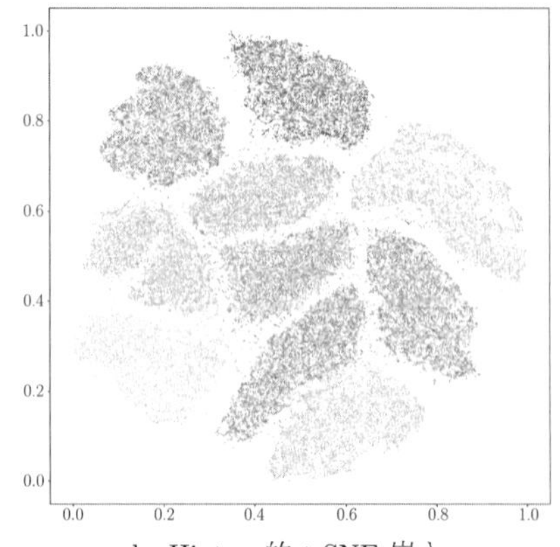

b. Hinton 的 t-SNE 嵌入

彩图

图 19.1 手写体阿拉伯数字集可以被视为嵌入在图像空间中二维曲面上的概率分布.

型将视觉世界用多层隐变量来表达, 隐变量的物理实在是神经元. 大脑将一个 ‘概念” 用一组神经元来表达, 每个概念嵌入到神经元所表示的隐空间.

例如, 图 19.1 显示了 LeCun 的 MNIST 数据集 [53], 代表了手写体阿拉伯数字这一概念. 每幅 28×28 的黑白二值图像都是从邮政系统的信封上扫描获取, 可以被视为从数据分布中抽取的一个采样. 每个采样点都是欧氏空间中的一个点, 这里欧氏空间为 $\mathbb{R}^{28\times 28}$ 维, 我们称之为图像空间或背景空间. 所有手写体数字图像构成一个点云, 分布在某个流形附近, 此流形称为数据流形. 数据流形嵌入在背景空间之中, 虽然背景空间的维度很高, 数据流形的维度可能非常低. 如图 19.1 所示, 我们用 Hinton 的 t-SNE 算法 [76], 将 MNIST 点云映射到二维隐空间, 这个映射称为编码映射, 每个编码映射可逆, 其逆映射称为解码映射. 手写体数字有 10 个类别, 分别对应着 $0, 1, 2, \cdots, 9$, 每一类被编码成隐空间中的一个团簇. 手写体数字点云在数据流形上的分布可以用概率测度来描述, 编码映射将数据分布映射到隐空间的数据分布, 同时每个子类在隐空间对应着不同的分布.

流形分布定则 图 19.2 显示了深度学习基本概念的数学提法. 某个概念自然对应一个数据集 (data set), 每个样本 (sample) 是数据集中的一个点. 数据集分布在某个流形附近, 这个流形称为数据流形 (data manifold) Σ, 数据流形 Σ 嵌入在图像空间 (image space) $\mathbb{R}^n$ 中. 数据集可

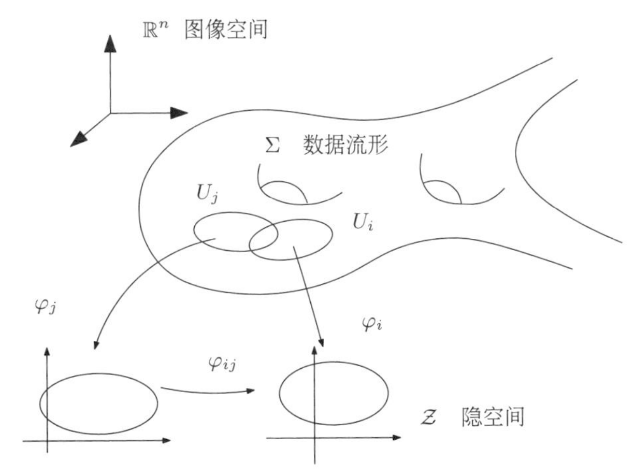

图 19.2 图像空间、数据流形、编码解码映射、隐空间和数据流形分布.

以被抽象成一个数据流形 Σ 上的概率分布 μ. 编码映射 (encoding map) $\varphi_i : U_i \to \mathcal{Z}$ 将数据流形上的一个邻域 U_i 映射到隐空间 (latent space) $\mathcal{Z}$ 上. 一个样本 $p \in \Sigma$ 被映到隐空间 $\mathcal{Z}$ 中, 其像 $\varphi_i(p)$ 称为 p 的特征向量 (feature vector) 或隐编码 (latent code). 编码映射将数据流形上的概率分布 μ 映射到隐空间上的数据分布 $(\varphi_i)_\#\mu$, 编码映射不唯一, 不同的编码映射诱导不同的隐空间分布. 假设 $\varphi_j : U_j \to \mathcal{Z}$ 是另一个编码映射, 则 $(\varphi_j)_\#\mu$ 是不同的隐空间分布. 不同的隐编码之间存在变换,

$$\varphi_{ij} : \varphi_i(U_i \cap U_j) \to \varphi_j(U_i \cap U_j), \quad \varphi_{ij} = \varphi_j \circ \varphi_i^{-1}.$$

图 19.3 显示了用 UMap 算法 [61] 将 MNIST 数据集嵌入在隐空间中,

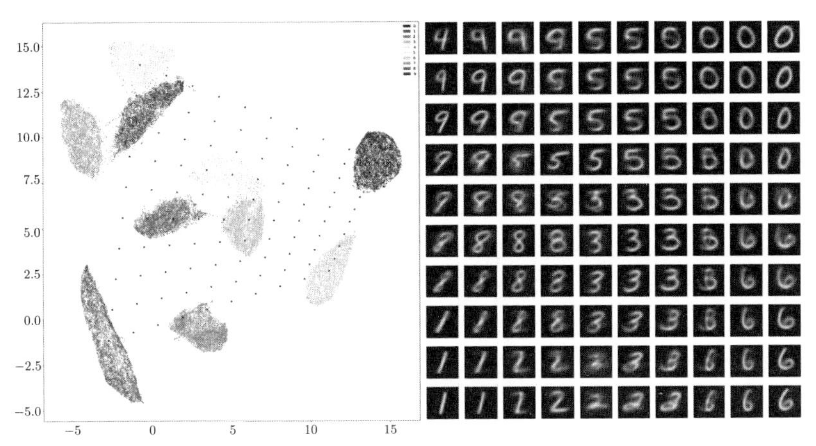

图 19.3 MNIST 数据集的 UMap 嵌入和解码.

然后在隐空间采样 $\{p_{\alpha\beta}\}$, 再用解码映射映回到数据流形, 每个 $\varphi_i^{-1}(p_{\alpha\beta})$ 是一幅手写体数字图像. 我们看到, 隐空间数据分布的支撑集具有 10 个团簇. 如果隐空间采样点 $p_{\alpha\beta}$ 落在团簇内部, 则对应的解码图像比较清晰; 如果 $p_{\alpha\beta}$ 落在团簇之间, 则其解码图像相对模糊, 具有歧义. 例如 p_{54} 介于团簇 8 和团簇 3 之间, 对应的解码图像 $\varphi_i^{-1}(p_{54})$ 是数字 8 和 3 的混合. 这意味着精确求解隐空间数据分布的支撑集, 在深度学习中具有重要作用.

图 19.4 显示了不同的编码映射诱导不同的隐空间数据概率分布. 假设数据流形是弥勒佛曲面, 嵌入在三维背景空间中, 数据在流形上均匀分布. 我们用不同方法将曲面嵌入在平面隐空间中, 上面一行是 Riemann 映射, 下面一行是 Riemann 映射复合上最优传输映射. 如果在隐空间均匀采样, 然后用解码映射拉回到流形上, 可以看到: 左上帧的采样非常不均匀, 头部稀疏, 腹部稠密; 左下帧采样均匀. 这意味着 Riemann 映射与最优传输映射复合所得的编码映射, 保持了数据分布, 在深度学习应用中具有优势.

深度学习方法的有效性可以部分归结为: 这种方法反映了数据集的内

彩图

图 19.4 不同的编码映射得到不同的隐空间数据分布.

在规律, 而数据集的内在规律可以归纳为流形分布定则. 这一定则类似物理中的定律, 我们无法用数学公理通过逻辑进行严格证明, 但在实际应用中无时无刻不起着至关重要的作用.

定理 19.1 自然数据集可以被视为低维数据流形上的概率分布, 数据流形嵌入在高维的背景空间之中. 不同子类对应的分布之间的距离足够远, 使得它们可以被区分. ♦

因此, 我们看到深度学习的目的是学习流形上的概率分布. 深度学习的中心任务包括:

(1) 学习数据流形的流形结构;

(2) 学习数据的概率测度分布.

深度神经网络非常适合表达非线性映射 (可以表达同胚变换群). 第一个任务学习流形结构, 这一结构由编码映射和解码映射所表达. 第二个任务学习概率分布, 有多种方法表达, 例如 Gauss 混合逼近 [13]、Gibbs 分布 [84]、归一化流 [69] 等方法. 最优传输映射更是一种严格、高效的方法.

图像去噪 我们用图像去噪为例来解释深度学习观点和传统观点的异同. 传统方法将图像进行 Fourier 变换, 然后在频域用低通滤波去除高频噪声, 再进行 Fourier 逆变换. 传统方法比较普适, 对于图像内容依赖性不强. 深度学习方法是数据驱动 [38], 因此依赖于图像内容. 如图 19.5 所示, 假如对人脸图像进行去噪, 我们首先用无噪声的人脸图像训练得到无噪声人脸图像流形 Σ. 带噪声的人脸图像是点 $\tilde{p}$, 靠近但不在流形上, $\tilde{p} \notin \Sigma$. 将 $\tilde{p}$ 投影到 Σ 上, 得到的垂足为 p, 则 p 是去除噪声的图像. 因此, 图像去噪被解释为几何上的投影, 如图 19.6 左帧所示. 由于数据驱动方法

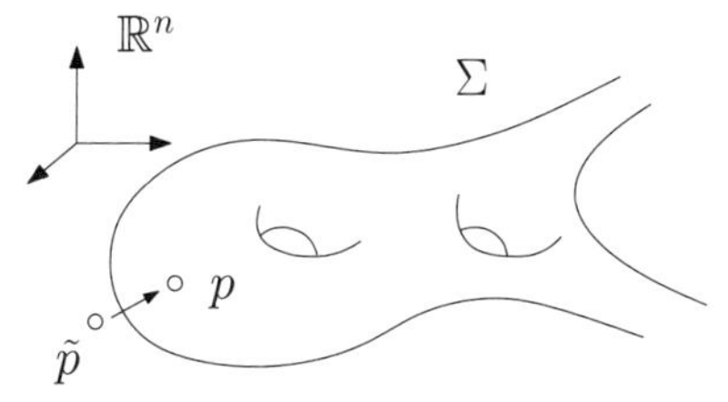

图 19.5 流形观点下的图像去噪.

彩 图

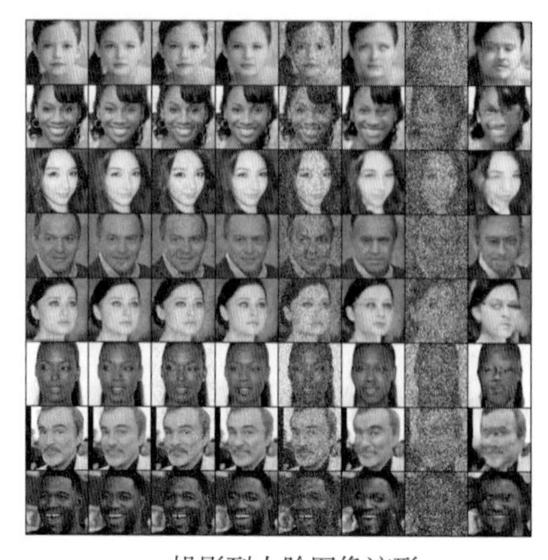

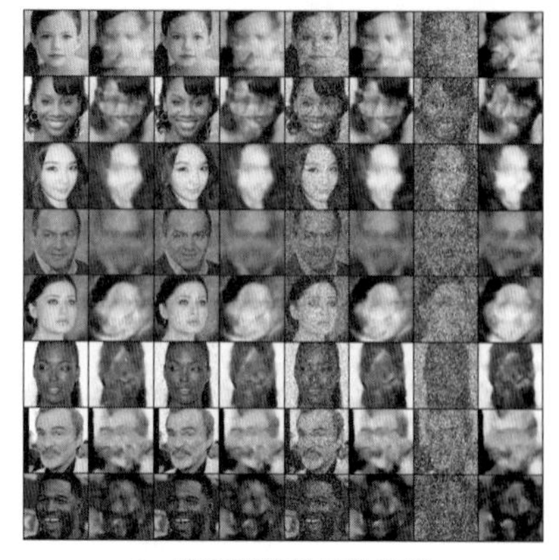

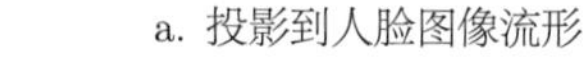

a. 投影到人脸图像流形　　b. 投影到猫脸图像流形

图 19.6 流形观点下的图像去噪.

学习了有关数据集的先验知识, 因此去噪效果通常优于传统方法, 但是这种方法强烈依赖于内容. 如图 19.6 右帧所示, 如果我们将带噪声的人脸图像投影到猫脸流形上, 所得图像是人脸和猫脸的混合.

19.2 流形嵌入定理

深度学习中的编码映射和解码映射本质上是将流形嵌入到不同维数的欧氏空间之中. 如果流形的嵌入具有纽结结构, 通过嵌入到不同维数的欧氏空间, 可以解除纽结结构; 如果初始流形嵌入的空间维数过高, 通过改变嵌入空间而实现逐步降维, 直至隐空间. 这些算法都与流形嵌入理论紧密相关.

流形嵌入与 Whitney 定理 数据流形的拓扑结构可能非常复杂, 例如存在纽结结构或者多个纽结套在一起构成链结构 (如图 19.7 所示). 一般位置 (general position) 定理保证, 如果升高流形嵌入空间的维数, 则可将流形解套 [52].

定理 19.2 (一般位置) 给定一个 m 维流形 M, 则存在 $\mathbb{R}^n$ 中的一个嵌入, $n \geqslant 2m+2$, 使得嵌入没有链结构. ♦

这意味着提高嵌入空间的维数, 可以为数据流形解套. 因此, 在深度学习系统中, 深度神经网络前几层的宽度持续增加, 这是为了升高流形嵌

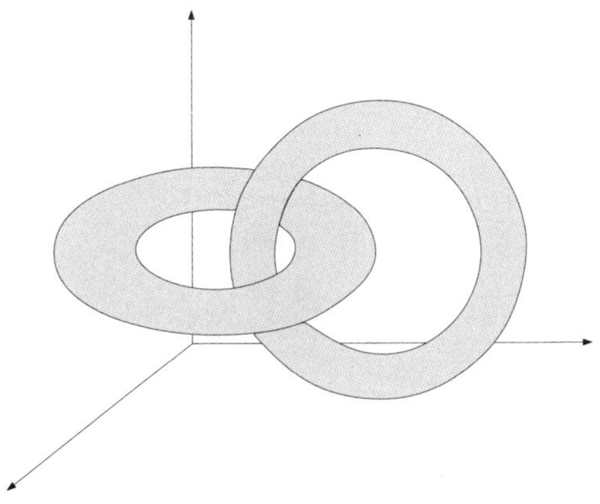

图 19.7 增加嵌入空间的维数, 可以打开流形的链结构.

入空间的维数, 然后逐步降低, 这是为了进行投影. 下面的 Whitney 流形嵌入定理给出了一般流形嵌入空间的下界 [81].

定义 19.1 (第二可数空间) 一个拓扑空间如果存在可数拓扑基, 则称为第二可数空间, 也称为完全可分空间. ♦

定义 19.2 (Hausdorff 空间) 给定拓扑空间 X 中的两个点 $x, y \in X$, 如果存在邻域 $x \in U$, $y \in V$, 使得 U 和 V 相离, $U \cap V = \emptyset$, 那么称 x 和 y 可以被邻域分开. 如果一个拓扑空间的任意一对不同点都可以被邻域分开, 则这个空间称为 Hausdorff 空间. ♦

定理 19.3 (Whitney) 任意 n 维光滑实流形, 如果是 Hausdorff 且第二可数的, 都可以光滑嵌入在 $2n+1$ 维的欧氏空间 $\mathbb{R}^{2n+1}$ 中. ♦

证明 我们这里证明流形 M 为紧的情形. 假设 $\mathcal{A} = \{(U_i, \varphi_i)\}_{i=1}^k$ 是 M 的图册, 因为 M 是紧流形, 因此局部坐标系有限. 令 $\{\rho_i : U_i \to \mathbb{R}\}_{i=1}^k$ 是单位分解, ρ_i 的支撑集包含在 U_i 中, 对任意点 $p \in M$, 都有 $\sum_{i=1}^k \rho_i(p) = 1$. 定义映射:

$$\Phi : M \to \mathbb{R}^{k(n+1)}, p \mapsto (\rho_1(p)\varphi_1(p), \cdots, \rho_k(p)\varphi_k(p), \rho_1(p), \cdots, \rho_k(p)).$$

第一步: 首先证明 Φ 是单射. 假设 $\Phi(p_1) = \Phi(p_2)$, 选择一个指标 i, $\rho_i(p_1) = \rho_i(p_2) \neq 0$, 那么 $p_1, p_2 \in \mathrm{Supp}(\rho_i) \subset U_i$. 由此得到 $\varphi_i(p_1) = \varphi_i(p_2)$, 因为 $\varphi_i : U_i \to \mathbb{R}^n$ 是双射, 于是必有 $p_1 = p_2$.

第二步: 证明 Φ 是浸入, 即对任意 $p \in M$, $D\Phi_p$ 是单射. 对于任意切

向量 $v_p \in T_pM$,

$$D\Phi_p(v_p) = (v_p(\rho_1)\varphi_1(p) + \rho_1(p)(D\varphi_1)_p(v_p), \cdots,$$
$$v_p(\rho_k)\varphi_k(p) + \rho_k(p)(D\varphi_k)_p(v_p), v_p(\rho_1), \cdots, v_p(\rho_k)), \quad (19.1)$$

如果 $D\Phi_p(v_p) = 0$, 那么对一切 i, $v_p(\rho_i) = 0$, 同时 $\rho_i(p)(D\varphi_i)_p(v_p) = 0$. 选择一个指标 i, 满足 $\rho_i(p) \neq 0$, 我们得到 $(D\varphi_i)_p(v_p) = 0$. 因为 φ_i 是微分同胚, 我们得到 $v_p = 0$, 这就证明了 $D\Phi_p$ 是单射.

第三步: 证明如果 n 维光滑流形 M 容许在 $\mathbb{R}^d$ 中浸入, 并且浸入是单射, $d > 2n+1$, 那么它也可以浸入在 $\mathbb{R}^{d-1}$ 中, 并且浸入也是单射. 考察 $\mathbb{R}^{d-1}$ 空间中所有过原点的一维直线, 这些直线构成射影空间 $\mathbb{RP}^{d-1}$. 对任意的直线 $[v] \in \mathbb{RP}^{d-1}$, 令

$$P_{[v]} := \{x \in \mathbb{R}^d | \langle x, v \rangle = 0\} \cong \mathbb{R}^{d-1}$$

是直线 $[v]$ 在 $\mathbb{R}^d$ 中的正交补空间. 令正交投影映射为

$$\pi_{[v]} : \mathbb{R}^d \to P_{[v]},$$

M 在 $P_{[v]}$ 中的光滑浸入定义为

$$\Phi_{[v]} = \pi_{[v]} \circ \Phi.$$

我们欲证使得 $\Phi_{[v]}$ 为非单射的直线 $[v]$ 构成 $\mathbb{RP}^{d-1}$ 中的零测度集. 假设 $[v]$ 令 $\Phi_{[v]}$ 非单射, 则存在 $p_1 \neq p_2$, 使得 $\Phi_{[v]}(p_1) = \Phi_{[v]}(p_2)$, 即

$$[v] = [\Phi(p_1) - \Phi(p_2)].$$

所以 $[v]$ 一定在光滑映射 λ 的像上,

$$\lambda : (M \times M) \setminus \Delta_M \to \mathbb{RP}^{d-1}, \quad (p_1, p_2) \mapsto [\Phi(p_1) - \Phi(p_2)],$$

这里 $\Delta_M = \{(p,p) | p \in M\}$ 是积流形 $M \times M$ 的对角线. 因为 $(M \times M) \setminus \Delta_M$ 是 $2n < d-1$ 维光滑流形, Sard 引理蕴含 λ 的像在 $\mathbb{RP}^{d-1}$ 中零测度, 因此使得 $\Phi_{[v]}$ 非单射的 $[v]$ 集合是零测度.

然后我们再考虑 $[v]$, 使得 $\Phi_{[v]}$ 不是浸入. 那么存在 $p \in M$ 和某个切向量 $0 \neq v_p \in T_pM$, 满足

$$(D\Phi_{[v]})_p(v_p) = 0 \to (D\pi_{[v]})_{\Phi(p)}(D\Phi)_p(v_p) = 0.$$

因为 $\pi_{[v]}$ 是线性的, $D\pi_{[v]} = \pi_{[v]}$, 由此得到向量 $(D\Phi)_p(v_p)$ 在法线 $[v]$ 上,

$$[v] = [(D\Phi)_p(v_p)].$$

换言之, $[v]$ 在 μ 的像上,

$$\mu : TM \setminus \{0\} \to \mathbb{RP}^{d-1}, \quad (p, v_p) \mapsto [(D\Phi)_p(v_p)],$$

这里 $TM \setminus \{0\} = \{(p, v_p) | v_p \neq 0\}$ 是切丛 TM 的开子流形, 其维数为 $2n$. 再次, 由 Sard 引理, μ 的像也是零测度. 由此, 所有的 $[v]$ 使得 $\Phi_{[v]}$ 非浸入具有零测度.

终上所述, 紧流形的浸入, 如果是单射, 则必是嵌入. 因此, 任意 n 维光滑流形 M 能够光滑嵌入在 $\mathbb{R}^{2n+1}$ 中. ■

Whitney 定理给出了流形嵌入的普适方法: 首先构造流形的一个有限开覆盖 $\{U_i\}$, 得到单位分解 $\{\rho_i\}$; 构造局部嵌入 φ_i 将每个开集 U_i 嵌入到线性子空间 $\mathbb{R}^n$ 中, 用单位分解将局部嵌入合成全局嵌入 (19.1); 随后进行随机投影, 降低嵌入空间的维数.

模式识别和 Urysohn 引理 在可监督学习中, 每个训练样本带有相应的标签. 在理想情形下, 所有训练样本集合被映入到隐空间中, 不同类别的隐编码 (特征) 被映成不同的团簇, 每个团簇被一个闭集覆盖, 不同闭集之间没有交集. 我们构造这些闭集的示性函数, 在不同的闭集上取不同的值. 这种示性函数的存在性, 由下面的 Urysohn 引理所保证.

定义 19.3 (正常拓扑空间) 一个空间 X 称为正常拓扑空间 (normal topological space), 如果给定任意相离闭集 E 和 F, 存在 E 的邻域 U 和 F 的邻域 V, U 和 V 相离, 即 E 和 F 被它们的邻域分离. ♦

下面的 Urysohn 引理是模式识别的理论基础 [82] (如图 19.8).

引理 19.1 (Urysohn) 假设 A 和 B 是正常拓扑空间 X 中的闭子集, 则存在连续函数 $f : X \to [0, 1]$, 使得 $f(A) = 0$ 且 $f(B) = 1$. ♦

深度学习系统通过训练学习 Urysohn 函数, 在不同模式上取值不同, 由此可以进行分类识别.

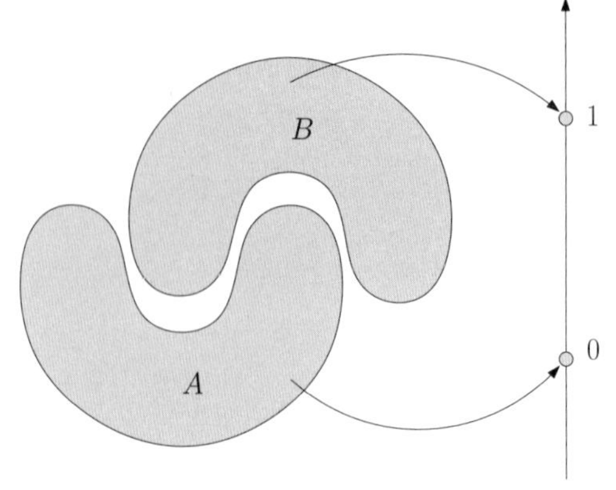

图 19.8 Urysohn 引理为监督学习、模式识别提供了理论基础.

19.3 万有逼近定理

深度学习的核心是用深度神经网络来逼近各种函数和映射. 本节我们介绍万有逼近定理, 分析网络的学习能力. 在传统的数值计算中, 例如有限元理论 [68]、样条理论 [29], 人们用分片多项式来逼近任意连续函数. 由 Weierstrass 逼近定理 [27], 多项式在配有 L^∞ 范数的连续函数空间内稠密.

定理 19.4 (Weierstrass 逼近) 假设 f 是连续实值函数, 定义在实数区间 $[a,b]$ 上. 对于任意 $\varepsilon > 0$, 存在一个多项式 p, 使得对于任意 $x \in [a,b]$, 有 $|f(x) - p(x)| < \varepsilon$, 或等价地, $\|f - p\|_\infty < \varepsilon$. ♦

在实际计算中, 我们先将空间区域进行剖分, 例如 Delaunay 三角剖分, 在每个胞腔内定义多项式基底, 这些基底的线性组合构成分片多项式. 将偏微分方程改写成变分形式, 然后在分片多项式空间中进行优化, 这样我们将偏微分方程转换成代数方程, 求解代数方程, 得到弱解. 通过将空间剖分加细来提高逼近精度, 弱解收敛到真实解.

在深度学习中, 人们用深度神经网络来逼近任意的连续函数和连续映射. 与传统方法不同, 深度学习是通过复合简单函数来逼近复杂函数的, 例如基于 Kolmogorov-Arnold 表示定理 [47].

定理 19.5 (Kolmogorov-Arnold) 假设 f 是一个多元连续函数,

那么 f 可以被写成单元连续函数的有限复合,

$$f(x_1, x_2, \cdots, x_n) = \sum_{q=0}^{2n} \Phi_q \left(\sum_{p=1}^{n} \varphi_{p,q}(x_p) \right), \qquad \blacklozenge$$

这里 φ, Φ 分别称为内、外函数.

我们有多种方式用深度神经网络来构造内、外函数, 例如用 Sigmoid、ReLU 激活函数来表示内函数.

微分同胚群 如何用深度神经网络来表达微分同胚群是深度学习的核心问题之一. 一种思路是构造一系列嵌套微分同胚子群,

$$\mathcal{F}_0 \supset \mathcal{F}_1 \supset \mathcal{F}_2 \supset \cdots \supset \mathcal{F}_n,$$

对于任意的映射 $f \in \mathcal{F}_{k-1}$, 我们可以找到有限个属于子群 $\mathcal{F}_k$ 的映射 $g_1, g_2, \cdots, g_r \subset \mathcal{F}_k$, 满足

$$f = g_1 \circ g_2 \circ g_3 \circ \cdots \circ g_r,$$

这样可以用子群 $\mathcal{F}_k$ 的元素来表示群 $\mathcal{F}_{k-1}$ 的元素. 同时, 我们可以把子群 $\mathcal{F}_n$ 设计得足够简单, 令其可以用深度神经网络来表示, 那么我们就可以表示初始的整个微分同胚群 $\mathcal{F}_0$. 如图 19.9 所示, $\mathcal{F}_0$ 代表 C^2 微分同胚群 (D^2), $\mathcal{F}_1$ 是具有紧支撑集的微分同胚群 (diff_c), $\mathcal{F}_2$ 是可以用流方法构造的微分同胚,

$$\frac{d}{dt}\varphi(p,t) = \mathbf{v}(\varphi(p,t),t), \quad \varphi(p,0) = \mathrm{id},$$

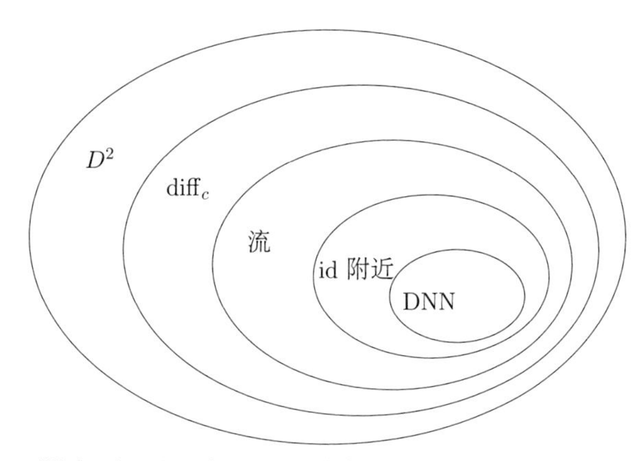

图 19.9 微分同胚群的表示和逼近 (图中 DNN 是深度神经网络的缩写).

这里 $\mathbf{v}(q,t)$ 是时变向量场. 空间 $\mathcal{F}_3$ 是非常靠近恒同映射的同胚构成的群,

$$\|D\varphi - I\| < \varepsilon.$$

由于 $\mathcal{F}_3$ 的简单性, 我们可以用深度神经网络来逼近其中的元素. 例如, 我们可以用仿射耦合流 (affine coupling flow) 的方法 [48], 控制映射的 Jacobi 矩阵, 从而得到靠近恒同映射的可逆同胚.

网络学习能力 我们可以分析 ReLU 深度神经网络的学习能力. 给定一个深度神经网络, 具有 $k \in \mathbb{N}$ 层, 输入输出空间维数为 w_0, w_{k+1}, 中间隐层的宽度为 $w_1, w_2, \cdots, w_k$. 那么任意相邻两层之间是仿射映射 T_i : $\mathbb{R}^{w_{i-1}} \to \mathbb{R}^{w_i}$, $i = 1, 2, \cdots, k$, 输出层是线性映射 $T_{k+1} : \mathbb{R}^{w_k} \to \mathbb{R}^{w_{k+1}}$. 整体映射表示为 $\varphi_\theta : \mathbb{R}^{w_0} \to \mathbb{R}^{w_{k+1}}$,

$$\varphi_\theta := T_{k+1} \circ \sigma \circ T_k \circ \cdots \circ T_2 \circ \sigma \circ T_1,$$

这里 θ 是网络参数, 包括权重和偏置, σ 是 ReLU 函数, $\sigma(x) = \max(0, x)$. 实际上 φ_θ 是分片线性映射.

定义 19.4 (激活路径) 给定一个 ReLU 深度神经网络, 所有的神经元集合记为 $\mathcal{S}$. 对于一个训练样本 $x \in \mathcal{X}$, x 的激活路径 $\rho(x)$ 是由所有被激活的神经元构成的子集. 由此, 激活路径可以被视为一个集值函数 $\rho : \mathcal{X} \to 2^{\mathcal{S}}$. ♦

定义 19.5 (等价关系) 给定一个 ReLU 深度神经网络, 如果任意两个训练样本 $x_1, x_2 \in \mathcal{X}$ 的激活路径相等, $\rho(x_1) = \rho(x_2)$, 则它们等价, $x_1 \sim x_2$. ♦

定义 19.6 (胞腔分解) 给定一个 ReLU 深度神经网络, 固定网络参数 θ, φ_θ 诱导输入空间的一个胞腔分解:

$$\mathcal{D}(\theta) : \mathcal{X} = \bigcup_\alpha U_\alpha,$$

每一个胞腔 U_α 对应一个等价类: $x_1, x_2 \in U_\alpha$, 当且仅当 $x_1 \sim x_2$. ♦

映射 $\varphi_\theta : \mathcal{X} \to \mathcal{Z}$ 限制在每个胞腔 U_α 上是线性映射, 因此整体上 φ_θ 是分片线性映射.

ReLU 深度神经网络所能表达的分片线性映射的片数的上限, 给出了神经网络学习能力的定量描述.

定义 19.7 (学习能力) 给定一个 ReLU 深度神经网络 $N(w_0, w_1, \cdots, w_{k+1})$, 网络的表达复杂度定义成网络能够表示的所有分片线性映射的片数上限,

$$\mathcal{N}(N) := \max_{\theta} \mathcal{N}(\varphi_\theta),$$

这里 $\mathcal{N}(\varphi_\theta)$ 是分片线性映射 φ_θ 的片数. ♦

我们可以给出网络表达复杂度的一个粗略估计.

引理 19.2 n 个超平面最多将 $\mathbb{R}^d$ 分割成 $\mathcal{C}(d,n)$ 个胞腔, 其中

$$\mathcal{C}(d,n) = \binom{n}{0} + \binom{n}{1} + \binom{n}{2} + \cdots + \binom{n}{d}. \quad ♦$$

证明 用 n 个超平面将 $\mathbb{R}^d$ 切成 $\mathcal{C}(d,n)$ 个胞腔, 每个胞腔都是凸多面体. 记第 $n+1$ 个超平面为 π, 那么前面 n 个超平面将 π 切割成 $\mathcal{C}(d-1,n)$ 个胞腔, π 上的每个胞腔将 $\mathbb{R}^d$ 中胞腔一分为二, 因此我们得到递归公式:

$$\mathcal{C}(d,n+1) = \mathcal{C}(d,n) + \mathcal{C}(d-1,n),$$

对 n 进行归纳, 假设等式在超平面个数不大于 n 时成立, 当超平面个数等于 $n+1$ 时, 我们有

$$\begin{aligned}\mathcal{C}(d,n+1) &= \sum_{i=0}^{d}\binom{n}{i} + \sum_{j=0}^{d-1}\binom{n}{j} = \binom{n}{0} + \sum_{i=1}^{d}\left[\binom{n}{i} + \binom{n}{i-1}\right] \\ &= \binom{n+1}{0} + \sum_{i=1}^{d}\binom{n+1}{i}.\end{aligned} \quad ■$$

定理 19.6 (ReLU 网络的表达复杂度) 给定一个 ReLU 深度神经网络 $N(w_0, w_1, \cdots, w_{k+1})$, 其表达的分片线性映射为 $\varphi_\theta : \mathbb{R}^{w_0} \to \mathbb{R}^{w_{k+1}}$, 隐层的宽度为 $\{w_i\}_{i=1}^k$, 那么网络的表达复杂度的上界为:

$$\mathcal{N}(N) \leqslant \prod_{i=1}^{k+1} \mathcal{C}(w_{i-1}, w_i). \quad ♦ \tag{19.2}$$

证明 考察第 i 层和第 $i+1$ 层, 相邻两层之间的映射可以视为 w_{i+1} 个超平面, 将 $\mathbb{R}^{w_i}$ 分割成至多 $\mathcal{C}(w_i, w_{i+1})$ 个胞腔. 前面层产生的胞腔被后面层一步步细分, 上界由公式 (19.2) 给出. ■

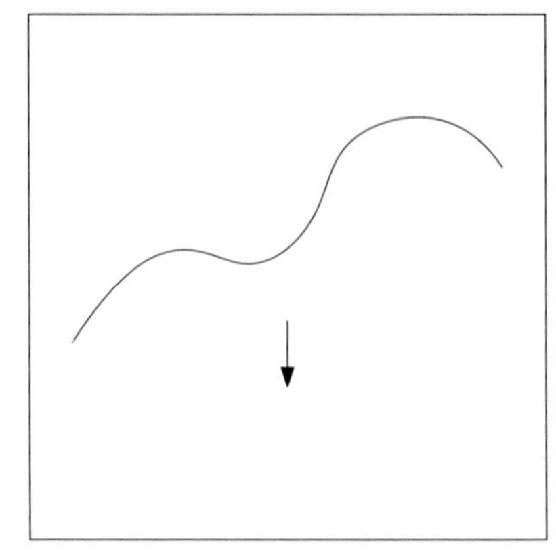
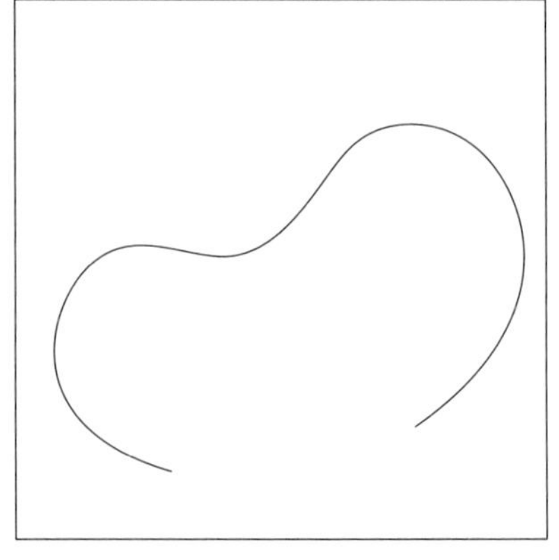

图 19.10 左帧的曲线可以被线性映射编码, 右帧的曲线无法被线性映射编码.

如图 19.10 所示, 左帧的曲线可以被垂直投影到水平直线上, 投影映射为同胚, 即编码映射; 但是右帧的曲线无法被一个线性映射编码, 必须将其分成几段, 每一段分别用线性映射编码. 对于一般的流形, 我们需要将其分片, 每一片用线性映射来编码. 这种分割的片数的下界, 给出了学习这个流形的难度.

定义 19.8 (线性图册) 给定一个 n 维流形 M 嵌入在欧氏空间 $\mathbb{R}^d$ 中, 假设 $\mathcal{A}$ 是一个图册, $\mathcal{A}=\{(U_i,\varphi_i)\}_{i=1}^k$, $M\subset\bigcup_{i=1}^k U_i$, 这里局部参数化映射 $\varphi_i:\mathbb{R}^d\to\mathbb{R}^n$ 为线性映射, 限制在 U_i 是同胚, 那么这样的图册称为线性图册. 图册的势定义为局部坐标系的个数, $|\mathcal{A}|:=k$. ♦

定义 19.9 (流形复杂度) 给定一个 n 维流形 M 嵌入在欧氏空间 $\mathbb{R}^d$ 中, M 的所有线性图册势的下界定义为嵌入流形的复杂度,

$$\mathcal{N}(\mathbb{R}^d,M):=\inf\{|\mathcal{A}|,\mathcal{A}\text{ 是 }M\text{ 的线性图册}\}. \qquad ♦$$

命题 19.1 (编码条件) 给定一个 ReLU 深度神经网络 $N(w_0,w_1,\cdots,w_{k+1})$, 一个 w_{k+1} 维流形嵌入在 $\mathbb{R}^{w_0}$ 中, 如果 N 可以表示 M 的编码映射 $\varphi_\theta:\mathbb{R}^{w_0}\to\mathbb{R}^{w_{k+1}}$, 那么流形的复杂度不大于网络的复杂度,

$$\mathcal{N}(\mathbb{R}^d,M)\leqslant\mathcal{N}(\varphi_\theta)\leqslant\mathcal{N}(N). \qquad ♦$$

图 19.11 显示了平面 Peano 曲线, 曲线可以递归构造, 第 k 次迭代得到的曲线记为 C_k. 复制 C_k 为 C_k^1, 水平移动 C_k^1 得到 C_k^2; 将 C_k^1 旋转 $\frac{\pi}{2}$, 再铅直移动得到 C_k^3; 将 C_k^1 旋转 $-\frac{\pi}{2}$, 再水平、铅直移动得到 C_k^4. 将

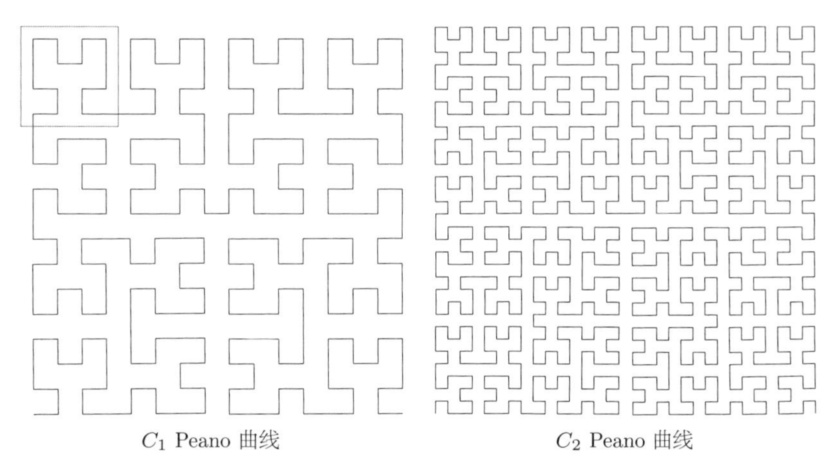

彩 图

图 19.11 Peano 曲线 $\mathcal{N}(\mathbb{R}^2, C_n) \geqslant 4^{n+1}$.

C_k^1, C_k^2, C_k^3 和 C_k^4 连接, 得到 C_{k+1}. 由此, 我们可以得到曲线 C_k 的复杂度不小于 4^{k+1}. 在实际应用中, 我们通过编码一系列 Peano 曲线 $\{C_n\}$ 来测试深度神经网络的学习能力 (表达复杂度).

19.4 生成模型

图 19.12 显示了一个生成模型 (generative model) 的框架. 上一行模块学习流形结构. 算法输入是训练数据集, 由在数据流形上的稠密采样得

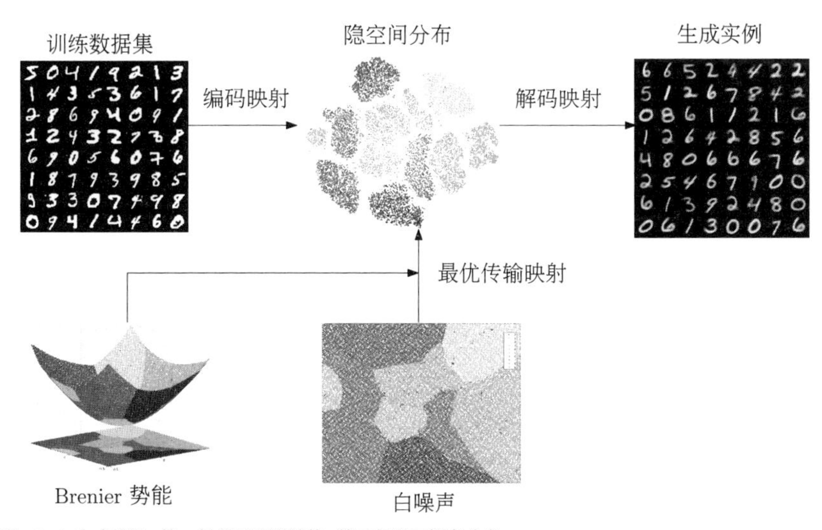

彩 图

图 19.12 生成模型, 第一行学习流形结构, 第二行学习概率分布.

到. 编码映射 φ 将数据流形 Σ 映射到隐空间 $\mathcal{Z}$, 同时将数据在流形上的分布 μ 映射成数据隐空间分布 $\varphi_{\#}\mu$. 解码映射 φ^{-1} 将隐编码重新映回数据流形. 这里编码映射 φ 和解码映射 φ^{-1} 都是强烈非线性映射, 可以用不同的深度神经网络来拟合. 下一行模块学习概率分布, 数据隐空间分布 $\varphi_{\#}\mu$ 被一个最优传输映射 T 所表示, 具体实现中传输映射 T 被一个深度神经网络来拟合. T 将隐空间的一个白噪声 ζ (已知的 Gauss 分布或者均匀分布) 映射到数据隐空间分布, $T:\zeta\to\varphi_{\#}\mu$. 这里白噪声的支撑集记为 Ω, 最优传输映射诱导了 Ω 的一个胞腔分解, 每个胞腔被映射到一个团簇 ($\varphi_{\#}\mu$ 支撑集的一个连通分支), 我们可以清晰地看到胞腔的边界. 对于分类问题, 给定一个数据采样 $p_i\in\Sigma$, 通过编码映射得到特征向量 $\varphi(p_i)\in\mathcal{Z}$, 再通过最优传输映射的逆映射 $T^{-1}\circ\varphi(p_i)$ 拉回到白噪声支撑集 Ω 上, 由此我们可以判定其像落在哪个胞腔内部, 从而可以进行分类. 对于生成问题, 我们首先产生一个白噪声点 $\zeta_i\in\Omega$, 通过最优传输映射得到一个隐编码 $T(\zeta_i)$, 再由解码映射 $\varphi^{-1}\circ T(\zeta_i)$ 得到数据流形上的一个点, 即生成一个图像, 符合所学习的数据分布 μ.

对于复杂数据集合, 生成模型的原则是相同的. 如图 19.13 所示, 我们用人脸图像集合训练人脸图像数据流形 Σ, 设数据在流形上的分布为 μ, 然后映射到隐空间 (特征空间) $\varphi:\Sigma\to\mathcal{Z}$, 计算从 Gauss 白噪声到隐空间数据分布的最优传输映射 $T:\zeta\to\varphi_{\#}\mu$. 如果希望生成一张逼真的人脸图片, 我们首先生成 Gauss 白噪声 ζ_i, 然后由最优传输映射与解码映射的复合映射 $\varphi^{-1}\circ T(\zeta_i)$ 得到欲求的图像. 在实际应用中, 很多时候编码映射可以被省略, 传输映射和解码映射可以复合在一起进行计算, 例如传统的对

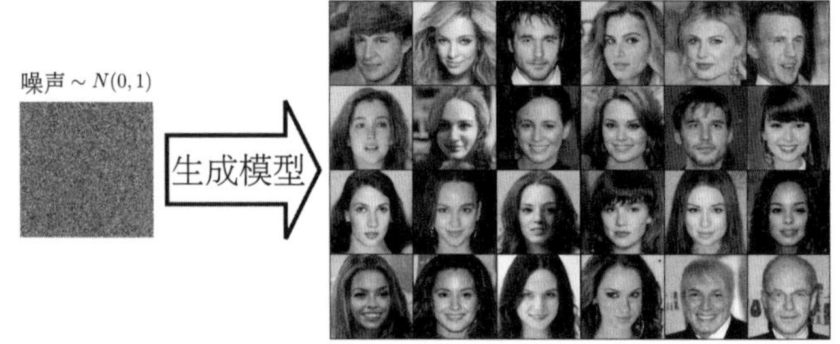

彩 图

图 19.13 人脸图片的生成模型.

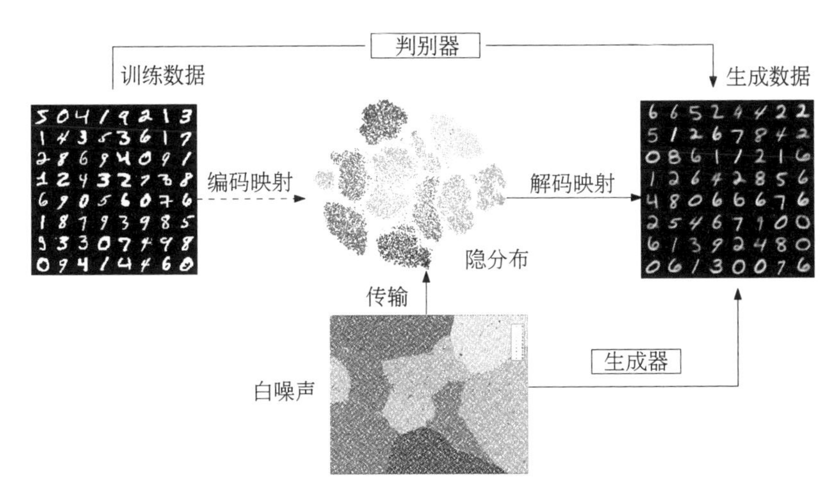

图 19.14 生成对抗网络模型.

抗生成网络 (generative-adversarial network) GAN 模型 [37]. 图 19.14 显示了对抗生成网络的框架, 在这里编码映射没有被显式地计算. 传输映射和解码映射的复合构成生成器 (generator), 生成器将白噪声样本变换成生成样本, 生成样本构成生成数据分布. 生成器用一个深度神经网络 G 表示, 生成映射表示为 g_θ, 这里 θ 是神经网络的参数. 白噪声分布记为 ζ, 则生成数据分布为 $\mu_\theta := g_\theta(\zeta)$. 判别器 (discriminator) 计算真实数据分布 ν 与生成数据分布 μ_θ 之间的距离. 判别器也由一个深度神经网络 D 来表示, 我们用 ξ 来表示网络参数. 应用最优传输理论, 判别器本质上是在计算生成分布 $(g_\theta)_\#\zeta$ 与真实数据分布 μ 之间的 Wasserstein 距离, 即最优传输映射 d_ξ 的传输代价. 等价地, 判别器计算相应的 Kantorovich 势能函数 φ_ξ. 由此, 生成器试图蒙骗判别器, 判别器试图分辨真假样本, 两者相互竞争, 达到 Nash 均衡 [28] 后, 生成器产生的样本即便是人类也无法分辨真伪. 因此, 整个生成对抗网络的优化过程可以概括为一个极小–极大过程:

$$\min_\theta W(\mu_\theta, \nu) = \min_\theta \max_\xi \left\{ \int \varphi_\xi d\mu + \int \varphi_\xi^c d\mu_\theta \right\}.$$

仔细观察图 19.15, 我们看到生成器 G 计算了从隐空间到数据流形的传输映射, $g_\theta : (\mathcal{Z}, \zeta) \to (\Sigma, \mu_\theta)$, 判别器计算了从生成分布 μ_θ 到真实分布 ν 的

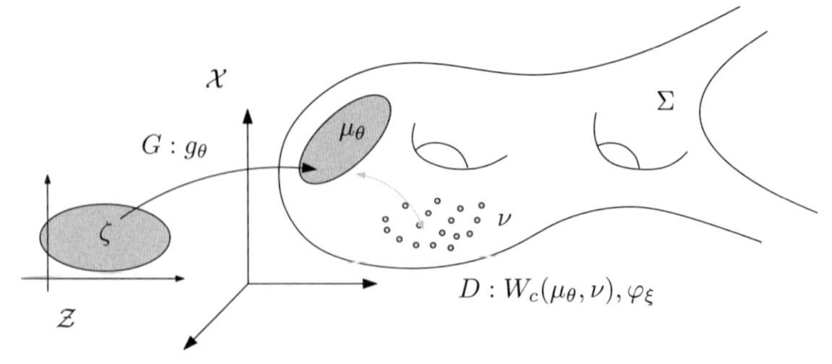

图 19.15 对抗生成网络的流形解释.

最优传输映射 $d_\xi : (\Sigma, \mu_\theta) \to (\Sigma, \nu)$, 两者的复合

$$d_\xi \circ g_\theta : (\mathcal{Z}, \zeta) \to (\Sigma, \nu)$$

给出了从隐空间的白噪声到数据流形上的真实分布, 而这正是整个生成模型的核心目的. 这意味着生成器和判别器应该合作共享中间计算成果, 而非竞争对抗, 用 $d_\xi \circ g_\theta$ 来更新 g_θ, 从而大幅度减少迭代步数.

流形结构学习 编码映射将数据流形映到隐空间, $\varphi : \Sigma \to \mathcal{Z}$, 解码映射 $\varphi^{-1} : \mathcal{Z} \to \Sigma$ 将隐空间映射到数据流形. 流形结构的信息由编码映射 φ 来表示. 在深度学习中, 编码映射和解码映射用深度神经网络来拟合.

我们通过实例来展示深度神经网络学习流形结构的一个基本方法——自动编码器 (auto-encoder). 如图 19.16 所示, 自动编码器有两个对称的深度神经网络, 输入和输出层的宽度等于背景空间 $\mathbb{R}^d$ 的维数 d, 中间瓶颈层的宽度等于隐空间 $\mathbb{R}^n$ 的维数 n. 前半部网络计算编码映射 φ_θ, 后半部网络计算解码映射 ψ_ξ. 我们在数据流形 $\Sigma \subset \mathbb{R}^d$ 上稠密采样

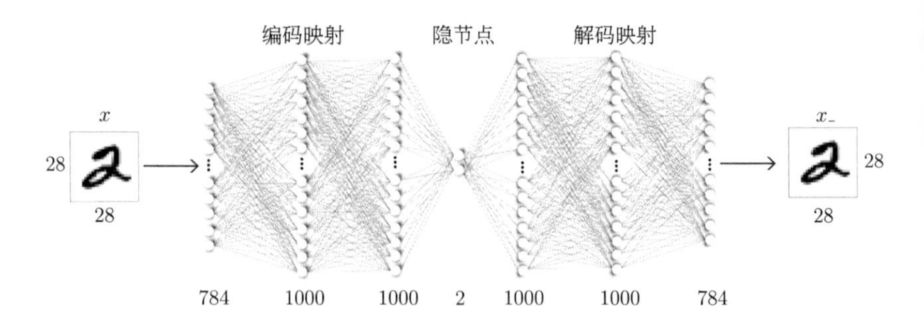

图 19.16 自动编码器的网络结构.

a. 数据流形
$\Sigma \subset \mathcal{X}$

b. 隐空间编码
$D = \varphi_\theta(\Sigma) \subset \mathcal{Z}$

c. 重建的流形
$\hat{\Sigma} = \psi_\xi(D) \subset \mathcal{X}$

彩 图

图 19.17 用自动编码器计算的弥勒佛曲面的编码、解码映射.

$\{x_1, x_2, \cdots, x_k\}$, 然后经过编码、解码得到重构的样本 $\tilde{x}_i = \psi_\xi \circ \varphi_\theta(x_i)$. 网络参数通过优化损失函数得到,

$$\min_{\theta,\xi} \mathcal{L}(\theta, \xi) = \min_{\theta,\xi} \sum_{i=1}^{k} \|x_i - \psi_\xi \circ \varphi_\theta(x_i)\|^2.$$

假如经过优化, 损失函数接近于 0, 并且采样足够稠密, 那么 $\psi_\xi \circ \varphi_\theta$ 限制在数据流形 Σ 上接近恒同映射. 因为 φ_θ 和 ψ_ξ 是连续映射, 因此 $\psi_\xi = \varphi_\theta^{-1}$, 它们为拓扑同胚.

图 19.17 显示了用自动编码器来计算弥勒佛曲面的结果. 左帧是初始的数据流形 Σ, 嵌入在背景空间 $\mathbb{R}^3$ 中. 我们在 Σ 上均匀采样 3 万个点, 用自动编码器计算编码映射 $\varphi_\theta : \Sigma \to \mathcal{Z}$ 和解码映射 ψ_ξ. 中间帧显示了编码映射在隐空间的像 $\varphi_\theta(\Sigma)$, 我们看到映射没有皱褶和重叠. 右帧显示了解码映射的像 $\hat{\Sigma} = \psi_\xi \circ \varphi_\theta(\Sigma)$. $\hat{\Sigma}$ 和 Σ 非常接近, 只有细微差别, 所有的几何细节, 例如手指、鼻尖都被完美复原. 这显示了简单的自动编码器的确能够计算拓扑同胚.

图 19.18 显示了编码、解码映射诱导的胞腔分解. 我们取包含弥勒佛曲面的一个立方体, 将立方体内的样本点进行归类, 每一类样本用同样的颜色来渲染, 如此得到背景空间的胞腔分解, 如左帧所示. 每个胞腔被映射到隐空间的一个胞腔, 用同样的颜色渲染. 在相应的胞腔之间, 编码映射为线性映射. 同样, 我们得到编码、解码映射的复合诱导的胞腔分解, 显示在右帧, 如此得到的胞腔分解更加复杂.

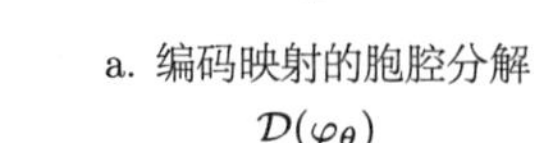

a. 编码映射的胞腔分解 $\mathcal{D}(\varphi_\theta)$　　b. 隐空间的胞腔分解　　c. 编码、解码映射复合的胞腔分解 $\mathcal{D}(\psi_\xi \circ \varphi_\theta)$

图 19.18 编码、解码映射诱导的胞腔分解.

概率测度学习　给定 Riemann 流形 $(X, \mathbf{g})$, 其上所有的概率测度空间记为 $\mathcal{P}(X)$, 即 Wasserstein 空间. 深度学习系统本质上在 Wasserstein 空间中进行优化. 经典的最大熵原理、最大似然法、最大后验概率等方法都是通过观察, 得到一些函数的期望值, 然后将这些期望作为限制来优化特定的能量. 因此, 深度学习需要在空间 $\mathcal{P}(X)$ 上定义 Riemann 度量和协变微分, 最优传输理论为此提供了理论基础. 给定传输代价 $c: X \times X \to \mathbb{R}$ 后, Wasserstein 距离给出了 $\mathcal{P}(X)$ 的 Riemann 度量, 即 Wasserstein 度量, 从而得到协变微分的理论框架, 使得变分在 $\mathcal{P}(X)$ 上得以施行.

我们回忆一下, X 为欧氏空间, 给定概率分布 $d\mu(x) = f(x)dx$ 和 $d\nu(y) = g(y)dy$, 代价函数为欧氏距离平方, 则最优传输映射 $T: X \to X$ 是 Brenier 势能函数的梯度映射, $u: X \to \mathbb{R}$, $T = \nabla u$, 这里 Brenier 势能函数满足 Monge-Ampère 方程:

$$\det\left(\frac{\partial^2 u}{\partial x_i \partial x_j}\right) = \frac{f(x)}{g \circ \nabla u(x)}.$$

连接 μ 和 ν 的测地线由 McCann 平移给出,

$$\gamma(t) = (1-t)\,\mathrm{id} + t(\nabla u)_{\#}\mu.$$

给定概率测度 μ, Wasserstein 空间的一个切向量是 X 上的一个梯度场 $d\varphi$. Wasserstein Riemann 度量给出两个切向量的内积,

$$\langle d\varphi_1, d\varphi_2 \rangle := \int_X \langle d\varphi_1, d\varphi_2 \rangle_{\mathbf{g}} d\mu(x).$$

传统的熵能量沿着 $\mathcal{P}(X)$ 中的测地线是凸的, 因此熵能量的 Hesse 矩阵

为 Riemann 度量. 局部来看, 熵能量的 Hesse 矩阵度量和 Wasserstein 度量彼此等价, 我们可以将基于熵度量的优化方法重新诠释成基于 Wasserstein 度量的优化方法, 从而得到新的视角和洞察, 例如最大熵原理.

19.5 模式坍塌和模式混淆

深度学习方法的一个核心困难是模式崩溃 [36]. 传统的生成模型例如对抗生成网络对于超参数非常敏感, 训练过程经常不稳定, 迭代过程经常不收敛. 如果目标概率分布的支撑集合有多个连通分支, 每个连通分支称为一个模式 (mode), 那么训练过程往往收敛到其中几个分支, 而遗忘掉其余分支, 这种现象称为*模式坍塌* (mode collapse). 如果加上正则限制, 强制生成模型覆盖所有的连通分支, 这时分支之间的间隙也被覆盖, 生成的样本是多个模式的混合, 称为*模式混淆* (mode mixture). 模式坍塌会遗落一些模式, 模式混淆会生成非真实的样本. 我们做一个简单的实验, 结果如图 19.19 所示, 左帧橙色点集显示了目标测度的支撑集, 支撑集具有 5×5 个连通分支, 即模式, 限制在每个模式上, 概率分布为 Gauss 分布. 第二帧显示了 GAN 模型学习的结果, 绿色十字架是生成样本, 我们可以看到生成样本遗落了几个模式, 这就是模式坍塌的现象. 如果用 pacgan 模型 (Lin et al. [55]), 我们看到生成样本覆盖所有的模式, 但是生成样本也覆盖了模式之间的空隙, 空隙间的生成样本是虚假样本, 本来应该避免, 这就是模式混淆现象. 图 19.20 显示了不同的生成模型在 MNIST 数据集上产生的模式混淆.

模式坍塌和模式混淆可以由最优传输映射的正则性来解释. 我们知道, 如果目标测度的支撑集非凸, 则最优传输映射可能非连续, 在奇异

彩图

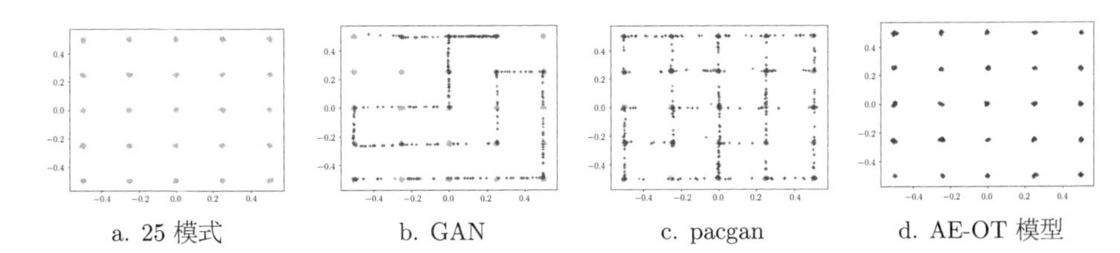

a. 25 模式　b. GAN　c. pacgan　d. AE-OT 模型

图 19.19 模式坍塌和模式混淆实验结果.

a. VAE

b. WGAN

c. AE-OT

图 19.20 VAE, WGAN 和 AE-OT 模型生成 MNIST 样本的比较. VAE 和 WGAN 会产生模式混淆, AE-OT 模型能够避免模式混淆.

集合上间断. 如图 19.21 所示, 我们计算实心球内部的均匀分布到实心 Stanford 兔子内部的均匀分布之间的最优传输映射. 利用最优传输映射来演示兔子实体到球体之间的线性插值, 我们看到兔子表皮变成球体内部的皱褶, 这就是最优传输映射的奇异集合. 这显示了三维最优传输映射奇异集合的一个实例. 由 Brenier 极分解定理, 一般的传输映射是最优传输映射与保测度同胚的复合. 因此, 在这种情形下, 传输映射也是非连续的.

我们知道, 深度神经网络只能表达连续映射, 因而无法表示一般的传输映射. 因此, 训练过程或者无法收敛, 或者收敛到某个连续的传输映射, 其目标区域限制在某些模式, 而遗漏其他模式, 这导致了模式坍塌; 或者收敛到某个连续传输映射, 其像覆盖所有模式, 同时也覆盖了模式之间的空隙, 这导致模式混淆. 这些问题的本质原因在于欲求传输映射的非连续性与深度神经网络只能表达连续映射的矛盾. 为了避免模式坍塌和模式混淆, 我们应该用深度神经网络来表示连续的 Brenier 势能函数 u, 而非间断的最优传输映射 ∇u, 这从根本上解决了模式坍塌的问题. 如图 19.22 所示, 我们用 Monte-Carlo 算法来计算胞腔面积, 从而在 GPU 上求解 Brenier 势能函数, 得到从白噪声到 MNIST 隐空间分布的最优传输映

彩 图

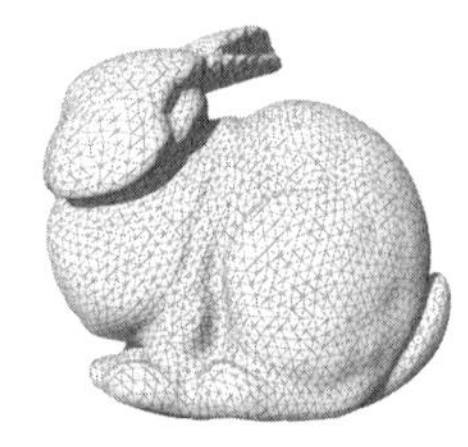
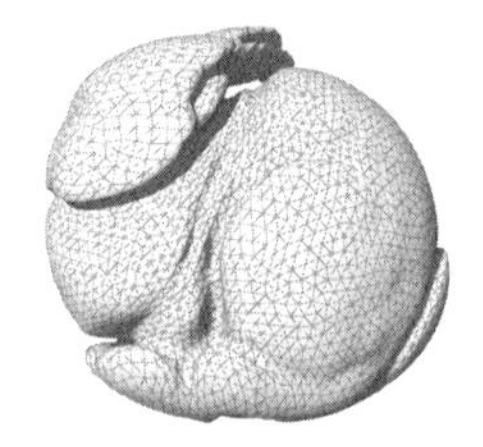
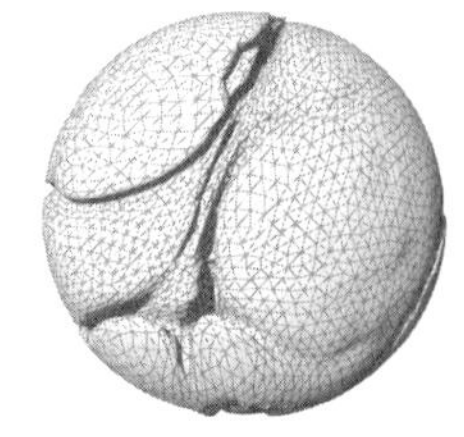

图 19.21 三维最优传输映射的奇异集合.

彩 图

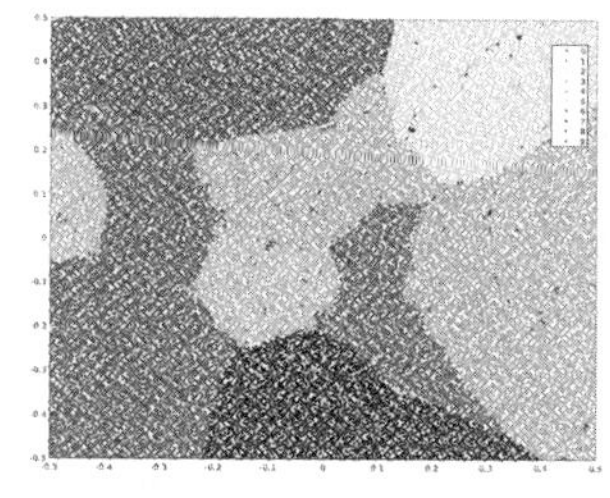

a. 白噪声

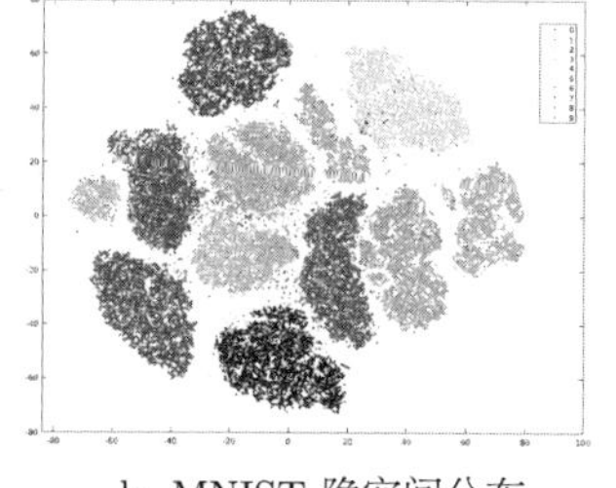

b. MNIST 隐空间分布

c. Brenier 势能

图 19.22 由 Monte-Carlo 算法得到的最优传输映射和 Brenier 势能函数.

射. 我们看到最优传输映射是非连续的, Brenier 势能函数是连续的.

我们展示一个实验, 来表明最优传输映射奇异集的存在性, 同时揭示如何精确确定目标概率测度支撑集的边界. 在实际应用中, 确定模式 (连通分支) 的边缘非常重要, 例如提高模式识别的精确度, 生成介于模式之间的样本, 或者生成出现概率非常小的样本以攻击或者测试其他识别系统的鲁棒性, 等等. 不同模式的边界等价于传输映射的奇异集合 Σ_Ω, 即 Brenier 势能函数非光滑点的轨迹. 如图 19.23 所示, 我们用人脸图像数据集 CelebA 训练得出人脸图像流形 Σ, 然后由自动编码器计算编码、解码映射 $\varphi : \Sigma \to \Omega^*$. 在隐空间中, 我们计算从单位球 Ω 上的均匀分布到数据分布之间的最优传输映射, $T : \Omega \to \Omega^*$. 在白噪声支撑集 Ω 中随意画出一条线段 γ, 最优传输映射将其映到 Ω^* 中的一条曲线, 再由解码映射得到数据流形上的一条曲线, $\tilde{\gamma} = \varphi^{-1} \circ T(\gamma) \subset \Sigma$. $\tilde{\gamma}$ 中的每一个点 P 都是一种人脸图像, 整体曲线给出了从人脸图像 $\tilde{\gamma}(0)$ 到 $\tilde{\gamma}(1)$ 之间的形变过程. 图 19.24 显示了 4 条人脸图像流形上的曲线.

彩 图

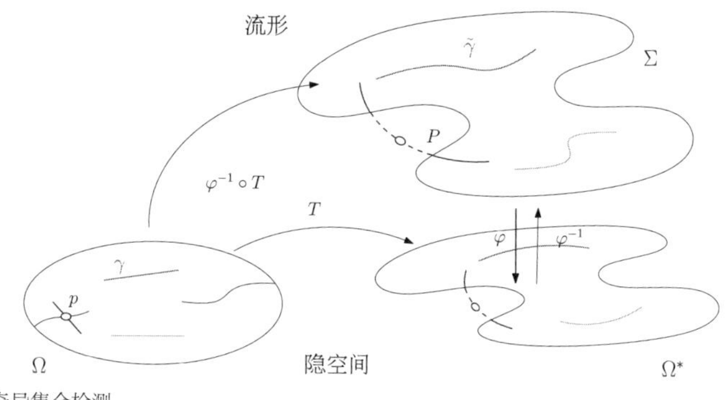

图 19.23 奇异集合检测.

彩图

图 19.24 人脸图像流形上的曲线.

如果 γ 与奇异集合 Σ_Ω 相交, 那么当沿着 $\tilde{\gamma}$ 追踪时, 会与人脸流形的边界相交. 假设 p 点是数据流形边界上和 $\tilde{\gamma}$ 相交的点, 那么 p 代表这样的人脸: 从生理学角度而言, 这样的人脸是合理的, 但是在现实生活中, 遇到这样人脸的概率为零. 如图 19.25 左帧所示, 我们生成了很多人脸图像, 非常真实逼真. 图右帧显示了遇到奇异集合的情形, 即穿越人脸图像流形边界. 从棕发棕眼的男孩开始, 到金发碧眼的女孩结束, 在形变过程中间, 我们看到了一只眼睛为棕色, 一只眼睛为蓝色的人脸图像. 这种人脸生理上是合理的, 但是在现实生活中遇到的概率几乎为零, 这意味着这种图像在人脸图像流形的边缘, 同时也意味着最优传输映射存在奇异集合 Σ_Ω, 白噪声支撑集 Ω 上的线段 γ 穿越了奇异集合. 在 Brenier 势能函数上, 判断只连续、非光滑点的方法比较直接, 只需要衡量相邻胞腔法向量的夹角即可.

(a) 生成样本

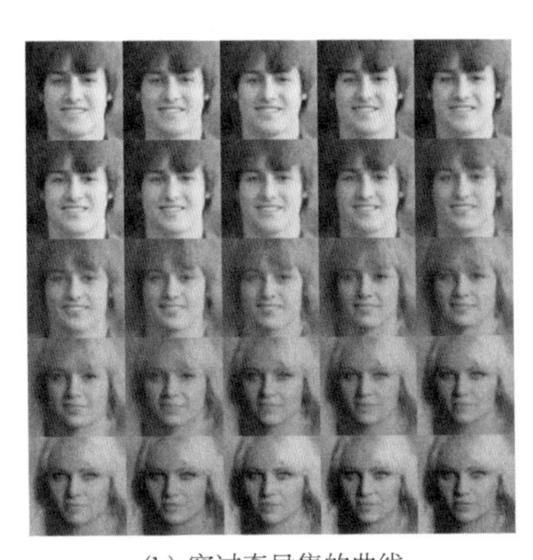

(b) 穿过奇异集的曲线

彩图

图 19.25 一些生成的人脸图像样本 (左帧) 和一条穿越人脸流形边界的曲线 (右帧).

19.6 几何生成模型

综上所述, 深度学习主要是学习流形上的概率分布, 其主要任务一是学习流形结构, 二是学习概率分布. 第二个任务可以用最优传输理论完成, 而第一任务主要是构造同胚映射群的近似. 因此, 我们可以针对这两个任务设计新型的模型——几何生成模型, 具体讨论可以参看 [5, 6, 54].

图 19.26 显示了几何生成模型的基本框架, 我们用深度神经网络来逼近微分同胚群, 计算编码映射 $f_\theta : \Sigma \to \Omega^*$ 和解码映射 $g_\xi : \Omega^* \to \Sigma$, 即将数据流形映射到隐空间中. 我们用另一个深度神经网络来计算最优传输映射 $T : \Omega \to \Omega^*$ 对应的 Brenier 势能函数. 这种计算框架有很多优点. 最优传输映射的计算归结为求解 Monge-Ampère 方程, 应用几何方法等价于凸优化, 解的存在性和唯一性有理论保证. 优化过程不会停留在局部最优点处. 理论上, 能量的 Hesse 矩阵可以被显式地计算出来, 可以用 Newton 法来进行优化, 相比传统的梯度下降方法, Newton 法二阶收敛, 极大提高了计算效率. 几何算法可以并行, 适合在 GPU 上实现. 也可以引入分层计算的方法, 进一步提高效率.

具体而言, 给定训练样本, 其在隐空间的编码表示为 $\{y_1, y_2, \cdots, y_n\}$, 隐空间的数据分布近似为 $\nu = \sum_{k=1}^n \nu_k \delta(y - y_k)$, 其中 $\nu_k = \frac{1}{n}$. Brenier 势能函数可以表示为 $u(x) = \max_{k=1}^n \{\langle x, y_k \rangle - h_k\}$. Brenier 势能函数的投影诱导的胞腔分解表示为 $\Omega = \cup_{i=1}^n W_i(\mathbf{h})$, 其中胞腔 $W_i(\mathbf{h}) = \{x \in$

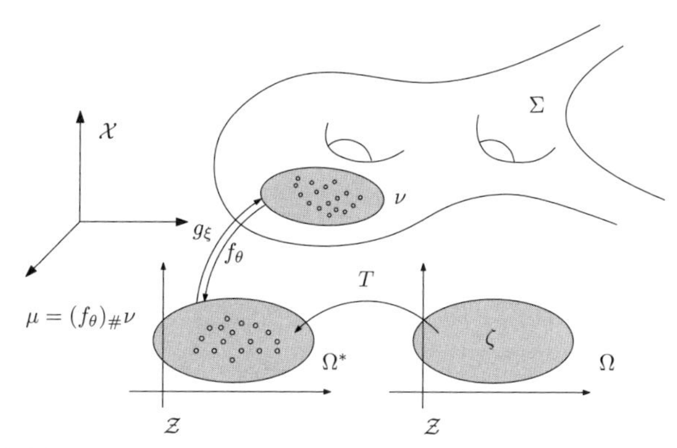

图 19.26 几何生成模型.

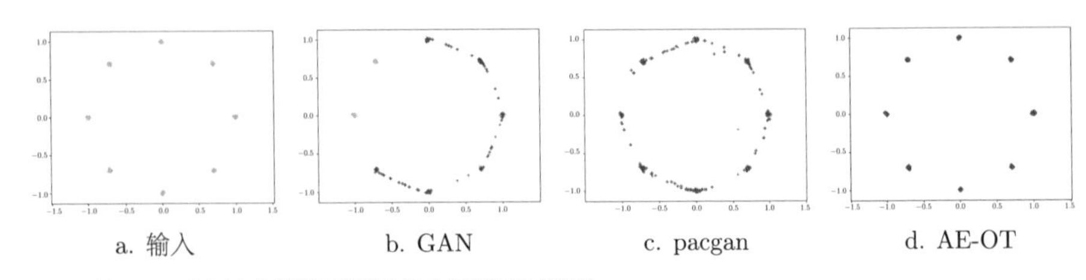

图 19.27 几何生成模型可以避免模式坍塌和模式混淆.

$\Omega|\langle x, y_i\rangle - h_i \geqslant \langle x, y_j\rangle - h_j, j = 1, 2, \cdots, n\}$. 我们用 Monte-Carlo 方法来估计每个胞腔的体积. 假设白噪声的密度函数为 $d\mu = f(x)dx$, 其中 $f: \Omega \to \mathbb{R}^+$. 我们首先在 Ω 内生成均匀分布的随机样本 p_α, 然后再生成一个随机数 λ, 如果 $\lambda \leqslant f(p_\alpha)$, 那么接受样本 p_α, 否则拒绝. 假如生成了 N 个样本, 其中 N_k 个落在 $W_k(\mathbf{h})$ 内部, 那么 $\mu(W_k(\mathbf{h}))$ 可以被估计为 N_k/N. 高度的更新规则符合梯度下降法: $h_k \leftarrow h_k + \tau(\nu_k - \mu(W_k(\mathbf{h})))$, 这里 $\tau > 0$ 是一个挑选的步长.

这种方法用深度神经网络来表达连续的 Brenier 势能函数, 因此不会引发模式坍塌问题. 如图 19.19 右帧所示, 几何生成模型能够精确生成目标测度, 既不会有模式坍塌, 也不会发生模式混淆, 因此性能优于 GAN 模型和 pacgan 模型. 图 19.27 显示了另外一个实验结果, 这里输入数据集的模式分布在一个圆周上, GAN 模型 [37] 产生了模式坍塌, pacgan 模型 [55] 覆盖了所有的模式, 但是也诱导了模式混淆. 图 19.20 显示了生成 MNIST 数据的结果, 右帧是几何生成模型的计算结果, 因为避免了模式混淆, 质量优于 VAE [49] 和 Wasserstein GAN [8] 生成的样本. 图 19.28 显示了几何生成模型生成的逼真人脸图像样本.

图 19.28 几何生成模型生成的人脸图像样本.

参考文献

[1] A. D. Alexandrov. Almost everywhere existence of the second differential of a convex function and some properties of convex surfaces connected with it. *Leningrad State Univ. Annals [Uchenye Zapiski] Math. Ser. 6*, pages 3–35, 1939.

[2] A. D. Alexandrov. *Convex Polyhedra. Translated from the 1950 Russian edition by N. S. Dairbekov, S. S. Kutateladze and A. B. Sossinsky.* Springer Monographs in Mathematics. Springer-Verlag, Berlin, 2005.

[3] H. Amann. *Ordinary Differential Equations. An Introduction to Nonlinear Analysis.* De Gruyter Studies in Mathematics 13. Walter de Gruyter & Co., Berlin, 1990.

[4] L. Ambrosio and P. Tilli. *Topics on Analysis in Metric Spaces.* Oxford Lecture Series in Mathematics and Its Applications. Oxford University Press, Oxford, 2004.

[5] D. An, Y. Guo, N. Lei, Z. Luo, S.-T. Yau, and X. Gu. Ae-ot: A new generative model based on extended semi-discrete optimal transport. In *International Conference on Learning Representations*, 2020.

[6] D. An, Y. Guo, M. Zhang, X. Qi, N. Lei, and X. Gu. Ae-ot-gan: Training gans from data specific latent distribution. In *ECCV*, 2020.

[7] S. Angenent, S. Haker, and A. Tannenbaum. Minimizing flows for the Monge-Kantorovich problem. *SIAM J. Math. Ann.*, 35(1):61–97, 2003.

[8] M. Arjovsky, S. Chintala, and L. Bottou. Wasserstein generative adversarial networks. In *ICML*, pages 214–223, 2017.

[9] V. I. Arnold and B. A. Khesin. *Topological Methods in Hydrodynamics.* Applied Mathematical Sciences 125. Springer, 1998.

[10] F. Aurenhammer. Power diagrams: properties, algorithms and applications. *SIAM Journal of Computing*, 16(1):78–96, 1987.

[11] F. Aurenhammer, F. Hoffmann, and B. Aronov. Minkowski-type theorems and least-squares clustering. *Algorithmica*, 20(1):61–76, 1998.

[12] J.-D. Benamous and Y. Brenier. A numerical method for the optimal time-continuous mass transport problem and related problems. In L. A. Caffarelli

and M. Milman, editors, *Monge-Ampère Equation: Applications to Geometry and Optimization (Deerfield Beach, FL)*, Contemporary Mathematics 226, pages 1–11, Providence, RI, 1999. American Mathematics Society.

[13] C. M. Bishop. *Pattern Recognition and Machine Learning.* Springer-Verlag Berlin, Heidelberg, 2006.

[14] Y. Brenier. Décomposition polaire et réarrangement monotone des champs de vecteurs (French). *C. R. Acad. Sci. Paris Séer. I Math.*, 305(19):805–808, 1987.

[15] Y. Brenier. Polar factorization and monotone rearrangement of vector-valued functions. *Comm. Pure Appl. Math.*, 44(4):375–417, 1991.

[16] H. Brezis. *Analyse fonctionnelle, Théorie et applications.* Masson, Paris, 1993.

[17] L. E. J. Brouwer. Beweis der invarianz der dimensionzahl. *Math. Ann.*, 70: 161–165, 1911.

[18] H. Busemann and W. Feller. Krümmungsindikatritizen konvexer flčhen. *Acta Math.*, 66:1–47, 1936.

[19] L. Caffarelli and V. Oliker. Weak solutions of one inverse problem in geometric optics. *Journal of Mathematical Sciences*, 154:39–49, 2008.

[20] L. A. Caffarelli. The regularity of mappings with a convex potential. *J. Amer. Math. Soc.*, 5:99–104, 1992.

[21] L. A. Caffarelli, S. A. Kochengin, and V. I. Oliker. On the numerical solution of the problem of reflector design with given far-field scattering data. In L. A. Caffarelli and M. Milman, editors, *Monge-Ampère Equation: Applications to Geometry and Optimization*, Contemporary Mathematics, Providence, RI, 1999. American Mathematics Society.

[22] L. A. Caffarelli, C. E. Gutiérrez, and Q. Huang. On the regularity of reflector antennas. *Annals of Mathematics*, 167(1):299–323, 2008.

[23] J.-Y. Chemin. *Perfect Incompressible Fluids.* Applied Mathematical Sciences 96. Clarendon Press, Oxford University, 1998.

[24] H. Chen, G. Huang, and X.-J. Wang. Convergence rate estimates for Alexksandrov's solution to the Monge-Ampère equation. *SIAM Journal on Numerical Analysis*, 57(1):173–191, 2018.

[25] M. G. Crandall, H. Ishii, and P.-L. Lions. Users guide to viscosity solutions of second order partial differential equations. *Bull. Amer. Math. Soc.*, 27(1):

1–67, 1992.

[26] L. Cui, X. Qi, C. Wen, N. Lei, X. Li, M. Zhang, and X. Gu. Spherical optimal transportation. *Computer-Aided Design*, 115:181–193, 2019.

[27] K. Davidson and A. Donsig. *Real Analysis with Real Applications*. Prentice Hall, 2002.

[28] David M. Kreps. *Nash Equilibrium*. Palgrave Macmillan (eds). The New Palgrave Dictionary of Economics, 1987.

[29] C. de Boor. Subroutine package for calculating with *b*-splines. *Techn. Rep.*, 1971.

[30] A. Figalli. *The Monge-Ampère Equation and Its Applications*. Zurich Lectures in Advanced Mathematics. European Mathematical Society, Zürich, Switzerland, 2017.

[31] W. Gangbo. An elementary proof of the polar factorization of vector-valued functions. *Arch. Ration. Mech. Anal.*, 128:381–399, 1994.

[32] W. Gangbo and R. McCann. The geometry of optimal transportation. *Acta Math.*, 177:113–161, 1996.

[33] W. Gangbo and V. Oliker. Existence of optimal maps in the reflector-type problems. *ESAIM: Control, Optimization and Calculus of Variation*, 13(1): 93–106, 2007.

[34] I. Gel'fand, M. Kapranov, and A. Zelevinsky. *Discriminants, Resultants, and Multidimensional Determinants*. Birkhäuser, 1994.

[35] T. Glimm and V. Oliker. Optical design of single reflector systems and the Monge-Kantorovich mass transfer problem. *Journal of Mathematical Sciences*, 117:4096–4108, 2003.

[36] I. Goodfellow. Nips 2016 tutorial: Generative adversarial networks. *arXiv:1701.00160*, 2016.

[37] I. Goodfellow, J. Pouget-Abadie, M. Mirza, B. Xu, D. Warde-Farley, S. Ozair, A. Courville, and Y. Bengio. Generative adversarial nets. In *NIPS*, pages 2672–2680, 2014.

[38] I. Goodfellow, Y. Bengio, and A. Courville. *Deep Learning*. MIT Press, 2016.

[39] T. H. Gronwall. Note on the derivatives with respect to a parameter of the solutions of a system of differential equations. *Ann. of Math.*, 20(2):292–296, 1919.

[40] X. Gu, F. Luo, J. Sun, and S.-T. Yau. Variational principles for Minkowski

type problems, discrete optimal transport, and discrete Monge-Ampère equations. *Asian Journal of Mathematics (AJM)*, 20(2):383–398, 2016.

[41] P. Guan and X.-J. Wang. On a Monge-Ampère equation arising in geometric optics. *Journal of Differential Geometry*, 48(2):205–223, 1998.

[42] H. Haker, L. Zhu, A. Tannenbaum, and S. Angenent. Optimal mass transport for registration and warping. *Int. J. Compupt. Vis.*, 60(3):225–240, 2004.

[43] M. Hirsch. *Differenital Topologoy.* GTM 33. Springer, 1976.

[44] L. Hörmander. *Notions of Convexity. Reprint of the 1994 edition.* Modern Birkhäuser Classics. Birkhäuser Boston, Inc., Boston, MA, 2007.

[45] F. John. Extremum problems with inequalities as subsidiary conditions. In *Studies and Essays Presented to R. Courant on His 60th Birthday*, New York, NY, 1948. Interscience Publishers, Inc.

[46] L. Kantorovich. On the transfer of masses. *Dokl. Acad. Nauk. USSR*, 37:7–8, 1942.

[47] B. A. Khesin and S. L. Tabachnikov. *Arnold: Swimming Against the Tide.* American Mathematical Society, 2014.

[48] D. P. Kingma and P. Dhariwal. Glow: Generative flow with invertible 1×1 convolutions. In *NeurIPS*, 2018.

[49] D. P. Kingma and M. Welling. Auto-encoding variational Bayes. *Preprint arXiv:1312.6114*, 2013.

[50] M. Kline and I. W. Kay. *Electromagnetic Theory and Geometrical Optics.* Monographs in Pure & Applied Mathematics XII. John Wiley & Sons Inc, 1965.

[51] S. A. Kochengin, V. I. Oliker, and O. von Tempski. On the design of reflectors with prespecified distribution of virtual sources and intensities. *Inverse Problems*, 14(3):661–678, 1998.

[52] K. Kuratowski. *Topology: Volume I.* PWN and Academic Press, 1966.

[53] Y. LeCun and C. Cortes. MNIST handwritten digit database, 2010.

[54] N. Lei, D. An, Y. Guo, K. Su, S. Liu, Z. Luo, S.-T. Yau, and X. Gu. A geometric understanding of deep learning. *Engineering*, 2020.

[55] Z. Lin, A. Khetan, G. Fanti, and S. Oh. Pacgan: The power of two samples in generative adversarial networks. In *Advances in Neural Information Processing Systems*, pages 1505–1514, 2018.

[56] J. Liu and X.-J. Wang. Interior a priori estimates for the Monge-Ampère

equation. *Surveys in Differential Geometry*, 19:151–177, 2014.

[57] X.-N. Ma, N. S. Trudinger, and X.-J. Wang. Regularity of potential functions of the optimal transportation problem. *Archive for Rational Mechanics and Analysis*, 177:151–183, 2005.

[58] C. Marchioro and M. Pulvirenti. *Mathematical Theory of Incompressible Nonviscous Fluids*. Applied Mathematical Sciences 96. Springer, 1994.

[59] R. McCann. Polar factorization of maps on Riemannian manifolds. *Geom. Func. Anal.*, 11(3):589–608, 2001.

[60] R. J. McCann. A convexity principle for interacting gases. *Adv. Math.*, 128 (1):153–159, 1997.

[61] L. McInnes, J. Healy, N. Saul, and L. Grossberger. Umap: Uniform manifold approximation and projection. *The Journal of Open Source Software*, 3(29): 861, 2018.

[62] F. Mignot. Contrôle dans les inéquations variationelles elliptiques. *Functional Analysis*, 22(2):130–185, 1976.

[63] J. Milnor. *Topology from a Differential Viewpoint*. University of Virginia Press, 1965.

[64] F. Otto. The geometry of dissipative evolution equations: the porous medium equation. *Commun. Part. Differ. Equat.*, 26:101–174, 2011.

[65] M. Passare and H. Rullgård. Ameobas, Monge-Ampère measures, and triangulations of the Newton polytope. *Duke Mathematics Journal*, 121(3): 481–507, 2004.

[66] A. V. Pogorelov. *Extrinsic Geometry of Convex Surfaces. Translated from the Russian by Israel Program for Scientific Translations*. Translations of Mathematical Monographs 35. American Mathematical Society, Providence, R.I., 1973.

[67] H. Rademacher. Über partielle und totale differenzierbarkeit von funktionen mehrerer variabeln und Über die transformation der doppelintegrale. *Math. Ann.*, 79:340–359, 1919.

[68] J. N. Reddy. *An Introduction to the Finite Element Method (Third ed.)*. PMcGraw-Hill, 2006.

[69] D. Rezende and S. Mohamed. Variational inference with normalizing flows. In *Proceedings of the 32nd International Conference on Machine Learning*, Proceedings of Machine Learning Research 37, pages 1530–1538. PMLR, 2015.

[70] R. Rockafellar. *Convex Analysis. Reprint of the 1970 original.* Princeton Landmarks in Mathematics and Physics. Princeton University Press, Princeton, NJ, 1997.

[71] L. Rüschendorf. On c-optimal random variables. *Stat. Probab. Lett.*, 27: 267–270, 1996.

[72] F. Santambrogio. *Optimal Transport for Applied Mathematicians - Calculus of Variations, PDEs and Modelling.* Progress in Nonlinear Differential Equations and Their Applications 87. Birkhäuser, 2015.

[73] R. Schneider. *Convex Bodies: The Brunn-Minkowski Theory.* Encyclopedia of Mathematics and Its Applications 44. Cambridge University Press, 1993.

[74] D. Siersma and M. van Manen. Power diagrams and their applications. *Preprint, arXiv:math/050803*, 2005.

[75] E. Sperner. Neuer beweis für die invarianz der dimensionszahl und des gebietes. *Abh. Math. Sem. Univ. Hamburg*, 6:265–272, 1928.

[76] L. van der Maaten and G. Hinton. Visualizing data using t-SNE. *Journal of Machine Learning Research*, 2008.

[77] C. Villani. *Topics in Optimal Transportation.* Graduate Studies in Mathematics 58. American Mathematical Society, Providence, RI, 2003.

[78] C. Villani. *Optimal Transport, Old and New.* Grundlehren der mathematischen Wissenschaften. Springer-Verlag Berlin, Heidelberg, 2009.

[79] X.-J. Wang. On the design of reflector antenna. *Inverse Problems*, 12:351–375, 1996.

[80] X.-J. Wang. On the design of reflector antenna. II. *Calc. Var. Partial Differential Equtions*, 20(3):329–341, 2004.

[81] H. Whitney, J. Eells, and D. Toledo. *Collected Papers.* Birkhäuser, Boston, 1992.

[82] S. Willard. *General Topology.* Dover Publications, 1970.

[83] P. J. Woods. *Reflector Antenna Analysis and Design.* IEE Electromagnetic Waves Series 7. Stevenage [Eng.]; New York : P. Peregrinus on behalf of the Institution of Electrical Engineers, 1980.

[84] S. C. Zhu, Y. Wu, and D. Mumford. Filters, random fields and maximum entropy (frame): towards a unified theory for texture modeling. *International Journal of Computer Vision*, 1998.

名词索引

F

G

H

J

K

Z

图书在版编目 (CIP) 数据

最优传输理论与计算 / 雷娜，顾险峰著 . — 北京：
高等教育出版社，2021.10（2022.2 重印）
ISBN 978-7-04-057000-7
Ⅰ.①最… Ⅱ.①雷… ②顾… Ⅲ.①人工智能
Ⅳ.①TP18
中国版本图书馆 CIP 数据核字 (2021) 第 186497 号

内容简介

最优传输理论是一门古老而又年轻、直观而又深刻、连续而又离散、基础而又应用的学科，将概率统计、微分几何、流体力学和非线性偏微分方程融为一体，和谐优美，深邃有力。Monge 在 250 年前提出了最优传输问题，Kantorovich 给出部分解答从而获得 1972 年度的诺贝尔经济学奖。丘成桐先生从微分几何角度为这一理论做出杰出贡献，而 Villani、Figalli 等数学家因为在这一领域的研究获得菲尔兹奖。

近来人工智能再度兴起，大数据、深度学习技术在工程、医疗等领域取得了巨大成功，最优传输理论作为人工智能技术的理论基础之一进入中心舞台，广泛应用于深度学习、计算机视觉、计算机图形学、计算机辅助几何设计、数字几何处理、计算机网络、计算力学以及医学影像等领域中。

本书以高等数学的基本概念为基础，以现代理论为目的，有机组织庞大丰富的知识体系，贯穿诸多数学分支，横跨数学和计算机科学，同时满足数学家和工程师的迫切需求。本书可供高等院校数学、计算机等各相关专业的广大师生参考，亦可供人工智能、计算机视觉、医学影像、互联网开发、动漫动画、建筑设计等领域的工程师和专业人士参考。

出版发行 高等教育出版社
社址 北京市西城区德外大街 4 号
邮政编码 100120
购书热线 010-58581118
咨询电话 400-810-0598
网址 http://www.hep.edu.cn
http://www.hep.com.cn
网上订购 http://www.hepmall.com.cn
http://www.hepmall.com
http://www.hepmall.cn
印刷 北京中科印刷有限公司
开本 787mm × 1092mm 1/16
印张 27.75
字数 450 千字
版次 2021 年 10 月第 1 版
印次 2022 年 2 月第 2 次印刷
定价 138.00 元

策划编辑 赵天夫 责任编辑 赵天夫
封面设计 张申申 责任印制 赵义民

最优传输理论与计算

Zuiyou chuanshu lilun yu jisuan